한솔아카데미가 답이다!
건축기사·건축산업기사 인터넷 강좌

한솔과 함께라면 빠르게 합격 할 수 있습니다.

단계별 완전학습 커리큘럼
기초핵심 - 정규이론과정 - 모의고사 - 마무리특강의 단계별 학습 프로그램 구성

기초핵심 (기초역학) ▶ **정규강의** (이론+문풀) ▶ **모의고사** (시험 2주전) ▶ **블랙박스 특강** (우선순위핵심)

건축기사·건축산업기사 유료 동영상 강의

구 분	과 목	담당강사	강의시간	동영상	교 재
필 기	건축계획	이병억	약 20시간		
	건축시공	한규대	약 43시간		
	건축구조	안광호	약 30시간		
	건축설비	오호영	약 20시간		
	건축법규	조영호	약 18시간		
	기사 과년도	과목별 교수님	약 50시간		
	산업기사 과년도	과목별 교수님	약 31시간		

• 유료 동영상강의 수강방법 : www.inup.co.kr

HANSOL INFO

수험생이 알아야 할 출제경향

 최근의 출제문제를 중심으로 분석한 출제빈도와 중요내용입니다.

과목	단원명	출제문항수	세부항목
건축계획	1. 총론	1	건축물을 만드는 과정, 모듈
	2. 주거건축	5(7)	단독주택, 농촌주택, 공동주택, 단지계획
	3. 상업건축	3(7)	사무소, 은행, 상점, 슈퍼, 백화점·쇼핑센타
	4. 교육시설	1(4)	학교, 도서관
	5. 숙박시설	1	호텔, 레스토랑
	6. 의료시설	2	병원
	7. 문화시설	3	극장, 영화관, 미술관
	8. 산업건축	1(2)	공장, 창고
	9. 건축환경	·	열환경, 시환경, 음환경
	10. 건축사	3	서양건축사, 한국건축사
계		20(20)	
건축시공	1. 총론	1.5	공사관련자, 계획 및 입찰, 계약서류, 공사계획
	2. 공정 및 품질관리	1	공정계획, N/W공정표, 품질계획
	3. 가설공사	1.5(1.1)	공통가설, 직접가설공사, 적산
	4. 토공사 및 기초공사	1.5(1.1)	지반조사, 터파기, 흙막이, 기초, 말뚝
	5. 철근콘크리트공사	4.5(4.8)	철근공사, 거푸집공사, 콘크리트공사, 적산
	6. 철골공사	1.5(1.1)	일반사항, 각종접합, 철골현장세우기, 적산
	7. 조적, 타일 및 테라코타공사	1.8(1.7)	벽돌, Block, 돌공사, 타일, 적산
	8. 목공사	1.4(1.1)	목재의 성질, 이음, 맞춤, 목재 제품
	9. 방수, 지붕 및 홈통공사	1.3(1.6)	방수공법의 종류, 비교, 아스팔트 방수
	10. 미장공사	1(1.3)	미장재료의 분류, 성질, 시공일반사항
	11. 기타공사	3(2.7)	창호 및 유리공사, 도장, 금속, 합성수지공사
계		20(20)	

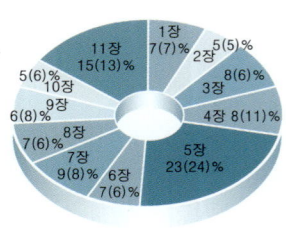

건축계획

건축시공

과목	단원명	출제문항수	세 부 항 목
건축구조	1. 건축구조역학	6~7	부정정차수, 지점반력, 전단력, 휨모멘트, 축방향력, 단면의 성질, 응력, 변형률, 단주 및 장주, 구조물의 변형, 부정정구조
	2. 철근콘크리트구조	7~9	보의 휨해석 및 전단해석, 기둥의 해석, 처짐 및 균열, 정착 및 이음, 슬래브, 기초 및 벽체
	3. 강구조	2~4	고력볼트접합, 용접접합, 인장재설계, 압축재설계, 휨재설계, 강합성구조, 주각, 강구조 처짐제한, 전단중심
	4. 일반구조	3~4	활하중, 조립식구조, 부등침하 및 연약지반에 대한 대책, 말뚝간격, 내진설계
계		20	

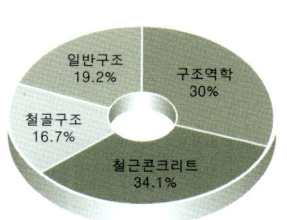

건축구조

과목	단원명	출제문항수	세 부 항 목
건축설비	1. 위생설비	6~8	급수설비, 급탕설비, 배수통기설비, 오물정화설비, 소화설비, 가스설비, 배관용재료
	2. 냉난방설비	7~8	난방설비, 공조설비, 냉동설비
	3. 전기설비	5~8	강전설비, 조명설비, 약전설비, 승강운송설비
계		20	

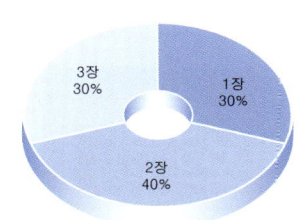

건축설비

과목	단원명	출제문항수	세 부 항 목
건축법규	1. 총칙	2~3	건축물, 지하층, 건축 및 대수선, 내화구조 등, 적용의 완화
	2. 건축물의 건축	4~5	건축허가 및 신고, 가설건축물, 착공 및 사용승인, 공사감리, 허용오차, 건축물의 용도분류, 용도제한, 용도변경
	3. 건축물의 유지관리	0~1	건축지도원 자격·업무
	4. 건축물의 대지 및 도로	1~2	옹벽의 기술기준, 조경, 공개공지 설치, 도로, 대지와 도로와의 관계, 건축선
	5. 건축물의 구조 및 재료	2~3	구조내력의 확인, 지하층, 피난계단, 방화구획, 주요구조부의 제한
	6. 지역 및 지구 안의 건축물	2~3	면적 및 높이산정 산정기준, 대지의 분할, 건축물 높이제한, 일조권제한
	7. 건축설비	1~2	관계전문기술사 협력, 승강설비, 배연설비
	8. 특별건축구역	0~1	특별건축구역
	9. 보칙	0~1	건축분쟁조정
	10. 주차장법	4~6	주차구획, 주차전용 건축물, 노외 및 기계식 주차장 설비기준, 부설주차장
	11. 국토의 계획 및 이용에 관한 법률	3~1	용도지역, 지구, 구역구분, 도시·군 계획시설, 도시계획, 광역도시계획, 지구단위계획, 건폐율 및 용적율
계		20	

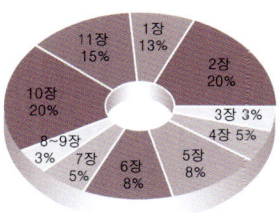

건축법규

• 건축법 : 65%
• 주차장법 : 20%
• 국계법 : 15%

200% 학습법

본 도서를 구매하신 분께 드리는 혜택

본 도서를 구매하신 후 홈페이지에 회원등록을 하시면 아래와 같은 학습 관리시스템을 이용하실 수 있습니다.

무료동영상 (4개월 제공)

건축기사 · 건축산업기사 합격은 출제경향 및 기출학습에서 갈린다

- 최근 3개년 기출문제 제공
- 2026년 대비 출제경향분석

전국 모의고사

건축기사 · 건축산업기사 시험일 2주전 실시 (세부일정은 인터넷 전용 홈페이지 참조)

- 전국 실전모의고사
- 건축기사 실기 동영상강좌 할인쿠폰
  모의고사 결과 상위 10% 이내 회원은 건축기사 실기 동영상강좌 30,000원 할인쿠폰

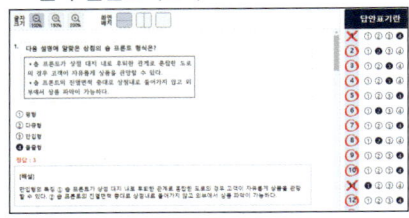

CBT 모의고사

건축기사 · 건축산업기사 CBT모의고사

- 건축기사 10회
  - CBT대비 기사 10회 실전테스트
  - CBT 건축기사 6회분(2023, 2024, 2025년 과년도)
  - CBT 건축기사 4회분(실전모의고사)
- 건축산업기사 10회
  - CBT대비 산업기사 10회 실전테스트
  - CBT 건축산업기사 6회분(2023, 2024, 2025년 과년도)
  - CBT 건축산업기사 4회분(실전모의고사)

[등록절차] 도서구매 후 뒷표지 회원등록 인증번호를 확인하세요.

모의고사 점수 변화 그래프 [☐ 건축기사   ☐ 건축산업기사]

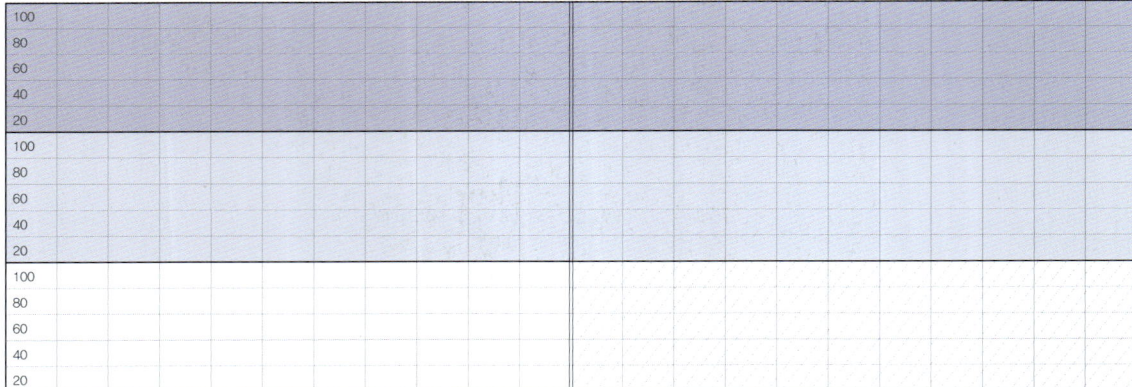

※ 모의고사 회당 회차 풀이 후 점수를 빈칸에 기입한 후 점수만큼 그래프에 ●으로 표시하여 자신의 점수 변화를 확인하세요.

건축설비

2026

건축기사·산업기사 시리즈

기출문제 무료동영상
CBT 모의고사

4

한솔아카데미

머리말

건축설비가 건축에서 차지하는 비중은 건축기술의 발전과 함께 비약적으로 증대하고 있으며 따라서 건축설계자는 설비에 대한 충분한 예비지식과 자료를 필요로 하게 된다. 그러나 대부분의 설비기계 및 관련장치들이 건물내부에 은폐되어 있고 기계적인 요소가 많으며 주로 물과 공기라는 유체를 다루는 분야이므로 많은 유체역학적인 지식을 요구하므로 그 범위가 광대하여 건축설계자로 하여금 이해하는데 상당한 어려움을 주었다. 따라서 이 책에서는 건축인에게 필요한 설비의 전반적인 흐름을 이해할 수 있도록 설비설계 실무경험 및 강의경험을 바탕으로 내용을 간단 명료하게 정리하였으며 특히 이해가 쉽도록 그림과 사진을 많이 첨부하였다.

이 책의 특징을 요약하면 다음과 같다.
첫째 : 각 단원별로 광대한 이론을 쉽게 이해할 수 있도록 간단 명료하게 정리하였다.
둘째 : 각 단원마다 출제경향분석 및 학습방향을 제시하여 혼자 공부하기에 도움이 되도록 하였다.
셋째 : 각 단원마다 충분한 예제 및 해설, 그림, 사진을 두어 내용 이해에 도움이 되도록 하였다.
넷째 : 각 단원마다 예상문제 및 과년도 출제문제를 수록하여 최근의 출제경향과 난이도를 파악할 수 있도록 하였다.
다섯째 : 지금까지 사용되어 오던 중력단위(공학단위)계에서 법정계량단위 시행정책 및 각종 기술자격고시 기준에 맞추어 SI 단위로 변경하여 정리하였다.

그러므로 이 책은 건축설계자, 건축기술자 뿐만 아니라 각종 시험대비자들, 학생들에게 좋은 지침서가 될 것을 기대한다.

이 책으로 독자 여러분이 건축설비를 이해하는데 다소라도 도움이 되기를 바라며 뜻하지 않은 오류나 부족한 점은 계속 수정·보완해 나갈 생각이다.

이 책의 출판에 적극적으로 협력해 주신 (주)한솔아카데미 임직원 여러분께 깊은 감사를 드리는 바입니다.

교재에 오류가 있다면 신속히 보완하여 더욱 좋은 책으로 거듭날 수 있도록 최선을 다하겠으며, 항상 조언을 부탁드립니다.

저자 드림

"한솔아카데미" 교재는 앞서갑니다.

교재구성 특징

각 항목별 단원에 학습방향을 두어 흐름을 파악할 수 있습니다.
본문에 들어가기전 핵심을 체크하면서 쉽고 간단하게 학습에 몰입할 수 있도록 해드립니다.

각 핵심문제를 통해서 시험의 유형을 파악할 수 있습니다.
본문내용의 흐름에 맞추어 핵심문제를 구성하여 핵심문제를 완벽하게 풀 수 있도록 해설을 명쾌하게 구성하였습니다.

각문제마다 출제비중을 알게 하였습니다
[15,21,22㉮] 출제횟수를 한눈에 파악할 수 있게 하여 출제경향을 파악할 수 있게 하였습니다.

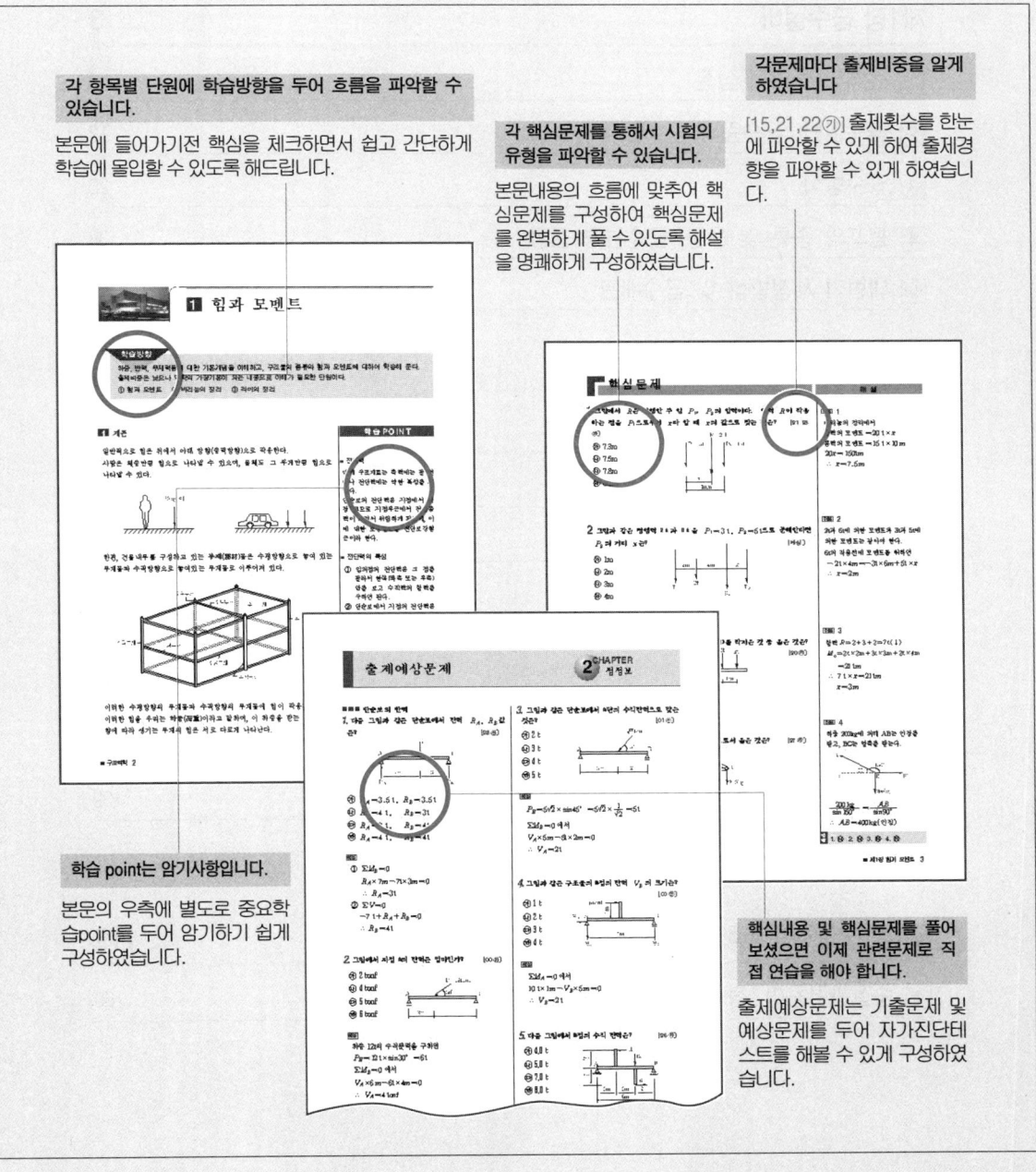

학습 point는 암기사항입니다.
본문의 우측에 별도로 중요학습point를 두어 암기하기 쉽게 구성하였습니다.

핵심내용 및 핵심문제를 풀어 보셨으면 이제 관련문제로 직접 연습을 해야 합니다.
출제예상문제는 기출문제 및 예상문제를 두어 자가진단테스트를 해볼 수 있게 구성하였습니다.

목 차

제1장 급수설비 3
1. 유체의 물리적 성질 4
2. 급수일반, 급수량과 급수압력 12
3. 급수방식 20
4. 펌프의 종류 및 용량, 급수관경 결정 38
5. 대변기 세정방식 및 급수배관 54

제2장 급탕설비 67
1. 급탕설계 및 급탕방식 68
2. 급탕배관 82

제3장 배수 · 통기설비 91
1. 배수용 트랩 및 통기관 92
2. 배수배관 109

제4장 오물정화설비 119
1. 수질관련용어, 정화조의 구조 및 원리 120

제5장 소화설비   129

1. 소방시설의 종류, 소화기, 옥내·옥외소화전   130
2. 스프링클러, 드렌처, 물분무등 소화설비   138
3. 연결송수관설비, 연결살수설비, 감지기   147

제6장 가스설비   153

1. 도시가스의 종류 및 공급, 가스배관   154

제7장 배관용재료   163

1. 배관 및 밸브의 종류, 도시기호   164

제8장 난방설비   179

1. 기초사항 및 전열   180
2. 증기난방, 온수난방   191
3. 복사난방, 온풍난방, 지역난방   208
4. 보일러 및 방열기   217

제9장 공기조화설비   233

1. 공조설비의 개요, 습공기선도, 공조부하계산   234
2. 공기조화기, 조닝, 에너지절약   255
3. 공조방식의 분류 및 특징   264
4. 덕트 및 부속기기, 송풍기, 환기설비   281

제10장 냉동 및 기타 열원설비   301

    1 냉동기, 냉각탑   302

    2 빙축열시스템, 열병합발전   305

제11장 전기설비   315

    1 전기설비기초, 수변전설비, 예비전원설비, 감시·제어, 전동기   316

    2 배전, 배선방식, 배선재료, 배선기구   341

    3 배선공사, 전기도시기호   357

    4 조명설비   371

    5 약전설비(전기통신설비)   392

    6 방재설비(피뢰침, 접지 등)   399

제12장 승강운송설비   411

    1 엘리베이터, 에스컬레이터, 덤웨이터, 이동보도   412

제13장 환경계획원론   429

    1 건축과 환경   430

    2 열환경   439

    3 빛환경   446

    4 음환경   454

제2편 부 록 : 과년도 출제문제

■ 건축기사

1	2023 건축기사 과년도 출제문제	3
2	2024 건축기사 과년도 출제문제	16
3	2025 건축기사 과년도 출제문제	31

■ 건축산업기사

1	2023 건축산업기사 과년도 출제문제	46
2	2024 건축산업기사 과년도 출제문제	60
3	2025 건축산업기사 과년도 출제문제	74

제4과목

건축설비
(과년도 기출문제 분석수록)

급수설비 01
급탕설비 02
배수·통기설비 03
오물정화설비 04
소화설비 05
가스설비 06
배관용재료 07
난방설비 08
공기조화설비 09
냉동 및 기타 열원설비 10
전기설비 11
승강운송설비 12
환경계획원론 13

출제기준

■ 적용기간 : 2025. 1. 1 ~ 2029. 12. 31

자격종목	주요항목	세부항목	세세항목
건축기사 (필기)	1. 환경계획원론	1. 건축과 환경	1. 건축과 풍토 2. 건축과 기후 3. 일조와 일사 4. 건축과 바람 5. 친환경건축 6. 신재생에너지
		2. 열환경	1. 전열이론 2. 단열 및 보온계획 3. 습기와 결로 4. 건물에너지 해석
		3. 공기환경	1. 공기의 오염인자 및 영향 2. 환기와 통풍 3. 필요환기량 산정
		4. 빛환경	1. 빛 이론 2. 자연채광 3. 인공조명
		5. 음환경	1. 음향이론 2. 흡음과 차음 3. 실내음향 4. 소음과 진동
	2. 전기설비	1. 기초적인 사항	1. 전류와 전압 2. 직류와 교류 3. 전자력, 정전기
		2. 조명설비	1. 조명의 기초사항 2. 광원의 종류 3. 조명방식 및 특징
		3. 전원 및 배전, 배선설비	1. 수변전설비 및 예비전원 2. 전기방식 및 배선설비 3. 동력 및 콘센트설비
		4. 피뢰침설비	1. 피뢰설비 2. 항공장애등설비
		5. 통신 및 신호설비	1. 전화설비 2. 인터폰설비 3. TV공동수신설비 4. 표시설비 5. 정보화설비
		6. 방재설비	1. 방범설비 2. 자동화재탐지설비
	3. 위생설비	1. 기초적인 사항	1. 유체의 물리적 성질 2. 위생설비용 배관 재료 3. 관의 접합 및 용도 4. 펌프의 종류 및 용도
		2. 급수 및 급탕설비	1. 급수·급탕량 산정 2. 급수방식 및 특징 3. 급탕방식 및 특징
		3. 배수 및 통기설비	1. 위생기구의 종류 및 특징 2. 배수의 종류와 배수방식 3. 통기방식 4. 배수·통기관의 재료 및 특징 5. 우수배수
		4. 오수정화설비	1. 오수의 양과 질 2. 오수정화방식 및 특징
		5. 소방시설	1. 소화의 원리 2. 소화설비 3. 경보설비 4. 피난구조설비 5. 소화용수설비 6. 소화활동설비
		6. 가스설비	1. 도시가스 및 액화석유가스 2. 가스공급과 배관방식 3. 가스설비용기기
	4. 공기조화설비	1. 기초적인 사항	1. 공기의 기본 구성 2. 습공기의 성질 및 습공기 선도 3. 공기조화(냉·난방) 부하 4. 공기조화계산식과 공조프로세스
		2. 환기 및 배연설비	1. 오염물질의 종류 및 필요환기량 2. 환기설비의 종류 및 특징 3. 배연설비 기준
		3. 난방설비	1. 난방설비의 종류 및 특징 2. 난방설비의 구성요소 및 특징
		4. 공기조화용 기기	1. 중앙 및 개별 공기조화기 2. 덕트와 부속기구 3. 취출구·흡입구 및 기류 분포 4. 열원기기 5. 전열교환기 6. 펌프와 송풍기 7. 공기조화배관
		5. 공기조화방식	1. 공기조화방식의 분류 2. 각종 공조방식 및 특징 3. 조닝계획과 에너지절약계획
	5. 승강설비	1. 엘리베이터설비	1. 엘리베이터의 종류 및 특징 2. 엘리베이터의 대수 산정 3. 엘리베이터의 배치 4. 엘리베이터 설치시 고려사항
		2. 에스컬레이터설비	1. 에스컬레이터의 구조 및 특징 2. 에스컬레이터의 대수 산정 3. 에스컬레이터의 배열
		3. 기타 수송설비	1. 덤웨이터 2. 이동보도 3. 컨베이어
건축산업기사 (필기)	1. 전기설비	1. 기초적인 사항	1. 전류와 전압 2. 직류와 교류 3. 전자력, 정전기
		2. 조명설비	1. 조명의 기초사항 2. 광원의 종류 3. 조명방식 및 특징
		3. 전원 및 배전, 배선설비	1. 수변전설비 및 예비전원 2. 전기방식 및 배선설비 3. 동력 및 콘센트설비
		4. 피뢰침설비	1. 피뢰설비 2. 항공장애등설비
		5. 통신 및 신호설비	1. 전화설비 2. 인터폰설비 3. TV공동수신설비 4. 표시설비 5. 정보화설비
		6. 방재설비	1. 방범설비 2. 자동화재탐지설비
	2. 위생설비	1. 기초적인 사항	1. 유체의 물리적 성질 2. 위생설비용 배관 재료 3. 관의 접합 및 용도 4. 펌프의 종류 및 용도
		2. 급수 및 급탕설비	1. 급수·급탕량 산정 2. 급수방식 및 특징 3. 급탕방식 및 특징
		3. 배수 및 통기설비	1. 위생기구의 종류 및 특징 2. 배수의 종류와 배수방식 3. 통기방식 4. 배수·통기관의 재료 및 특징 5. 우수배수
		4. 오물정화설비	1. 오수의 양과 질 2. 오수정화방식 및 특징
		5. 소방시설	1. 소화의 원리 2. 소화설비 3. 경보설비 4. 피난구조설비 5. 소화용수설비 6. 소화활동설비
		6. 가스설비	1. 도시가스 및 액화석유가스 2. 가스공급과 배관방식 3. 가스설비용기기
	3. 공기조화설비	1. 기초적인 사항	1. 공기의 기본 구성 2. 습공기의 성질 및 습공기 선도 3. 공기조화(냉·난방) 부하 4. 공기조화계산식과 공조프로세스
		2. 환기 및 배연설비	1. 오염물질의 종류 및 필요환기량 2. 환기설비의 종류 및 특징 3. 배연설비 기준
		3. 난방설비	1. 난방설비의 종류 및 특징 2. 난방설비의 구성요소 및 특징
		4. 공기조화용 기기	1. 중앙 및 개별 공기조화기 2. 덕트와 부속기구 3. 취출구·흡입구 및 기류 분포 4. 열원기기 5. 전열교환기 6. 펌프와 송풍기 7. 공기조화배관
		5. 공기조화방식	1. 공기조화방식의 분류 2. 각종 공조방식 및 특징 3. 조닝계획과 에너지절약계획

제1장 급수설비

출제경향분석

급수설비에서는 매 회 2~3문제 정도 출제되고 있다.
본 단원에서는 유체의 성질, 수압과 수두의 관계, 급수방식의 종류별 특징, 급수조닝의 목적과 종류, 옥상탱크·압력탱크·지하저수조의 구조 및 용량, 펌프의 종류별 특징 및 크기, 수격작용의 원인과 방지대책, 대변기 세정방식별 특징, 급수배관 시 주의사항 등에 대한 이해가 요구된다.

세부목차

1. 급수설비(Ⅰ) - 유체의 물리적 성질
2. 급수설비(Ⅱ) - 급수일반, 급수량과 급수압력
3. 급수설비(Ⅲ) - 급수방식
4. 급수설비(Ⅳ) - 펌프의 종류 및 용량, 급수관경 결정
5. 급수설비(Ⅴ) - 대변기 세정방식 및 급수배관

1 급수설비(Ⅰ) - 유체의 물리적 성질

학습방향

많은 유체 중 특히 물의 성질 및 압력단위, 수압계산 등에 대한 이해가 필요하며 공기의 성질 등에 대해서는 '제9장 공기조화설비'에서 설명한다. 또한 유체의 법칙 등은 유체역학에 관련된 내용으로 매우 어려운 부분이므로 기출문제 중심의 학습으로 충분하다.

1 유체의 물리적 성질

(1) 유체(流體, Fluid)란?

모든 물질은 고체(solid), 액체(liquid), 기체(gas)로 분류되며 이 중 흘러 다니는 물체인 액체와 기체를 유체라 한다. 이 장은 급수설비에 대한 설명이므로 액체 중 주로 물에 대해서 다루며 기체에 대해서는 '제9장 공기조화설비'에서 설명한다.

(2) SI단위

1) SI(The International System of Units, 국제단위계) 단위란?

척관법, 야드파운드법, 미터법 등 전세계적으로 단위의 종류가 너무 많아 불편하므로 이를 통일시키고자 국제도량형총회에서 '미터계'(또는 '미터법')라고 부르고 사용되어 오던 단위계를 현대화시킨 것이다. 대부분의 국가에서 채택하여 국제공동으로 사용하고 있는 단위계로서 우리나라도 2007년 7월 1일 부터 법정계량단위 의무화가 시행됨에 따라 SI단위를 사용하여야 한다.

2) SI 기본단위와 유도단위

① SI 기본단위 : SI의 가장 기본이 되는 7개의 단위로서 독립적인 차원을 갖도록 정의

〈표 1-1〉 SI 기본단위

기본량	길이	질량	시간	전류	온도	물질량	광도
이 름	미터	킬로그램	초	암페어	켈빈	몰	칸델라
기 호	m	kg	s	A	K	mol	cd

② SI 유도단위 : 물리적 원리에 따라 여러 SI 기본단위들을 곱하거나 나누어 유도한 새로운 단위

〈표 1-2〉 SI 유도단위

기본량	넓이	부피	속력	가속도	밀도	농도	광휘도
기 호	m^2	m^3	m/s	m/s^2	kg/m^3	mol/m^3	cd/m^2

학습POINT

■ 사용금지 단위

그 동안 실생활과 공학분야에서 길이, 면적, 무게 등의 단위로 많이 사용해 왔던 자, 관, 근, 돈, 캐럿, 파운드, 평, 야드, kcal, kgf, dyn 등의 단위는 사용할 수 없으며 공학분야에서도 SI단위를 사용하여야 한다. 그러나 새로운 단위가 정착되기에는 매우 오랜 시간(보통 10~20년)이 소요되므로 당분간 혼용은 피할 수 없을 것이다.

■ 미터단위계

① 절대단위계 : 여러 가지 물리량 중 질량(M), 길이(L), 시간(T)을 기본으로 한 것으로 주로 물리분야에서 사용해 왔다.
  ㉮ MKS 단위계 : 길이, 질량, 시간의 단위로 m, kg, s(초) 사용. 전자기학분야에서는 전류(A)를 더한 MKSA단위계가 사용되고 있고 이 MKSA 단위를 기본으로 통일한 단위계가 SI단위이다.
  ㉯ CGS 단위계 : 길이, 질량, 시간의 단위로 cm, g, s(초) 사용
② 중력단위계(공학단위계) : 질량대신 중량을 사용하여 중량(F), 길이(L), 시간(T)을 기본으로 한 것으로 주로 공학분야에서 사용해 왔다.

3) 건축설비의 SI단위

① 힘(F)의 단위

㉮ N(Newton) : 중력가속도가 작용하지 않을 때, 질량 1kg의 물질에 가속도 $1m/s^2$이 작용할 때의 힘을 1N(Newton)이라 하며, SI단위계에서는 힘의 단위로 N을 사용한다.

$$1N = 1kg \times 1m/s^2 = 1kg \cdot m/s^2 = 10^3 g \cdot cm/s^2 = 10^5 \, dyn$$

㉯ kgf : 질량 1kg의 물질에 중력가속도(g=9.8m/s²)가 작용할 때의 힘(즉, 중량)을 1kgf로 나타낸 중력단위(공학단위)이다.

$$1kgf = 1kg \times 9.8m/s^2 = 9.8kg \cdot m/s^2 = 9.8N$$

<표 1-3> 힘의 단위 환산비교표

양	SI 단위	비교단위		비 고
	N	kgf	dyn	
힘	1	0.01097	10^5	$1N = 1kg \times 1m/s^2$
	9.80665	1	9.80665×10^5	$1kgf = 1kg \times 9.8m/s^2$
	10^{-5}	1.0197×10^{-6}	1	$= 9.8N$

② 열량의 단위

㉮ 줄(Joule) : 1뉴턴(Newton)의 힘으로 물체를 1m 이동하였을 때 한 일이나 이에 필요한 에너지($J=N \cdot m$)

㉯ 칼로리(calorie) : 표준 기압하에서 순수한 물 1g을 1℃ 올리는 데 필요한 열량

열량에 대한 SI단위는 kJ이며 1kJ = 0.238846kcal ≒ 0.24kcal, 1kcal = 4.1868kJ ≒ 4.2kJ이다.

<표 1-4> 열량의 단위 환산비교표

양	SI 단위	비교단위		비 고
	kJ	kW·h	kcal	
열량 에너지	1	1/3600	0.238846	$1J = 1N \cdot m = 1W \cdot s$
	3600	1	859.845	1국제 칼로리 = 4.1868J
	4.1868	1.163×10^{-3}	1	

③ 동력의 단위

단위 시간마다 하는 일의 비율 즉 공률(工率)을 동력이라 하며 동력의 SI단위는 W이다. 보조적으로 kgf·m/s, 미터마력 PS, 영마력 HP 등이 사용된다.

$1W = 1J/s = 1N \cdot m/s = 1kg \cdot m^2/s^3$ ($J=N \cdot m$, $N=kg \cdot m/s^2$)

$1kW = 1kJ/s = 102kgf \cdot m/s = 6,120kgf \cdot m/min$

1미터 마력(metric horse-power, 기호 PS) = 0.7355kW
　　　　　≒ 75kgf · m/s = 4,500kgf · m/min

1영 마력(horse-power, 기호 HP) = 0.7457kW ≒ 0.75kW
　　　　　= 76.04kgf · m/s

■ 질량(m)과 중량(W)의 차이
언젠가 SI단위가 완전히 정착되면 질량만 사용하여야 하므로 그 차이를 구분하는 것이 의미없지만 아직은 공학단위계가 혼용되고 있으므로 간략히 설명한다.

① 질량 : 물체를 이루는 물질의 실질적인 양이기 때문에 장소에 무관하며 질량의 단위는 kg이다.

② 중량(무게, 힘) : 물체에 작용하는 중력의 크기로 측정 장소의 중력에 따라 다르며 중량의 단위는 kgf이다.

㉮ 1kgf는 1kg의 질량이 9.8m/s²의 중력장 안에 있을 때 받는 힘(하중)을 말한다.

㉯ 몸무게가 60kg이라는 것은 질량이 60kg이고 9.8m/s²의 중력가속도를 받고 있다는 뜻이다.

㉰ 달의 중력은 지구의 1/6에 불과하므로 질량 60kg인 사람의 몸무게는 지구에서는 60kgf, 달에서는 1/6인 10kgf가 된다.

■ 전기에너지에서의 1J은 전압 1V, 전류 1A가 1초 동안 흘렀을 때의 에너지(1J=1V·A·s 즉 1J/s=1V·A=1W)

예제 5,000 kcal는 몇 kJ인가?
■ 1kcal = 4.1868kJ 이므로
5,000kcal = 5,000×4.1868kJ
= 20,934kJ

<표 1-5> 동력의 단위 환산비교표

양	SI 단위	비교단위		비 고
	W	kgf·m/s	PS	
동력 일률	1	0.10197	1.3596×10^{-3}	1W=1J/s=1N·m/s
	9.80665	1	1/75	1kcal/h=1.163W
	735.4988	75	1	

④ 압력의 단위

㉮ 압력의 단위

압력(Pressure)은 유체에 대한 단위면적당 작용하는 힘을 말하며, 표준기압(1atm)은 해발고도 0m에서 공기의 무게가 수평면 위에 작용하는 힘(압력)을 말한다. SI단위사용 이전에는 압력의 단위로 중력단위(공학단위)계인 kgf/cm^2를 주로 사용하였지만 앞으로는 SI단위인 Pa을 사용하여야 한다.(1MPa=1,000kPa=10^6Pa)

1표준기압 1atm=760mmHg=1.033kgf/cm^2=10.33mAq=0.1013MPa
1공학기압 1at=735.6mmHg=1kgf/cm^2=10mAq≒100kPa=0.1MPa

<표 1-6> 압력단위 환산비교표

양	SI 단위	비교단위				비 고
	Pa	kgf/cm^2	atm	mmaq	mmHg	
압력	1	1.0197×10^{-5}	9.8692×10^{-6}	0.10197	7.5006×10^{-3}	$1Pa=1N/m^2$
	9.80665×10^4	1	0.96784	10^4	735.559	$1MPa=10^6Pa$
	1.01325×10^5	1.0332	1	1.0332×10^4	760	
	9.80665	10^{-4}	9.6784×10^{-5}	1	7.35559×10^{-2}	
	133.3224	1.35951×10^{-3}	1/760	13.5951	1	

㉯ 수압과 수두

액체의 압력은 액체의 임의의 면에 대하여 항상 수직으로 작용하며, 수압과 수두와의 관계는 다음과 같다.

P(수압) $= W \cdot H = 1,000 kgf/m^3 \times H(m) = 1,000H$ (kgf/m^2)

그러므로 $P = 0.1H$ (kgf/cm^2) $= 0.01H(MPa) = 10H(kPa)$

여기에서, W : 물의 단위 체적당 중량(kgf/m^3)

H : 수두(Head) 또는 수전고(m)

※ 수압 $P = 0.01H(MPa) = 10H(kPa)$

<표 1-7> SI단위계에서 유도된 건축설비 중요단위

물리량	단위명칭	기호	기본단위와 관계
힘	뉴턴(Newton)	N	$1N = 1kg \cdot m/s^2$
일, 에너지, 열량	줄(Joule)	J	$1J = 1Nm = 1kg \cdot m^2/s^2$
동력(공률)	와트(Watt)	W	$1W = 1J/s = 1kg \cdot m^2/s^3$
압력	파스칼(Pascal)	Pa	$1Pa = 1N/m^2 = 1kg/m \cdot s^2$

■ SI단위 사용상 장점 및 단점

① 장점

1물리량에 대해 1단위만 존재하며 수량이 많아지거나 작아지면 기가(10^9), 메가(10^6), 킬로(10^3), 밀리(10^{-3}), 마이크로(10^{-6}), 나노(10^{-9}) 등 16개의 접두어를 사용하면 된다. 예를 들어
1기압=101,325 Pa=101.325 kPa
=0.101325 MPa로 Pa 단위만 사용하면 된다.

② 단점

㉮ 물의 비열이 1kcal/kg·℃에서 4.19kJ/kg·K로 되어 계산이 복잡하다.

㉯ 동력과 열량의 관계는
1W=1J/s이므로 매우 간단해 보이지만 우리는 실생활에서 보통 초단위보다는 시간단위를 사용하기 때문에 환산이 복잡하다. 예를 들어 10kW의 전열기를 10시간 사용하면 그 전력량은 100kW·h인데 이를 J단위로 환산하면 다음과 같다.
100kW·h = 100kJ/s·3600s
= 360,000kJ = 360MJ
즉 열량의 단위에서 W와 J이 혼재하며 환산이 복잡하다. 설비분야에서도 급탕부하를 kJ/h로 나타낼 수도 있지만 난방부하처럼 kW로 통일시키려면 3,600으로 나누어야 하는 번거로움이 따른다. 또한 송풍기의 동력이나 부하계산시에도 풍량을 m^3/h가 아닌 m^3/s로 환산하여 계산하여야 한다.

참고 압력의 SI 기본단위는 Pa이지만 그 값이 너무 커서 실용적으로는 kPa 또는 MPa를 사용하므로 압력에 관한 수치나 공식은 둘 중 하나를 암기하여 환산하는 것이 편리하다.

예제 수두가 10m이면 수압은 몇 MPa인가? 또, 몇 kPa인가?
■ P=0.01H=0.01×10=0.1MPa
■ P=10H=10×10=100kPa

예제 수압이 0.3MPa이면 수두(또는 수주)는 몇 m인가?
■ H=100P=100×0.3=30m

1MPa=10kgf/cm^2=100mAq
1MPa=1,000kPa=1,000,000Pa

(3) 유체의 성질

1) 밀도(ρ)

   단위체적(V)당 질량(m)을 말한다.

   $$밀도\ \rho = \frac{m}{V}(kg/m^3)$$

   물의 밀도는 1,000(kg/m³), 공기의 밀도는 1.2(kg/m³)이다.

2) 비중량(γ)

   단위체적(V)당 무게(W:중량, 힘)을 말한다.

   $$비중량\ \gamma = \frac{W}{V} = \frac{mg}{V} = \rho \cdot g(kgf/m^3)$$

   물의 비중량은 1,000(kgf/m³)=9,800(N/m³), 공기의 비중량은 1.2(kgf/m³)이다.

3) 비체적(v)

   단위질량(m)당 체적(V)으로 밀도(ρ)의 역수이다.

   $$비체적\ v = \frac{V}{m} = \frac{1}{\rho}(m^3/kg)$$

4) 비중

   어떤 물질의 비중량(밀도)을 물의 비중량(밀도)으로 나눈 값이며 물의 비중은 1이다.

   $$비중 = \frac{어떤\ 물질의\ 비중량(밀도)}{물의\ 비중량(밀도)}$$

(4) 물의 팽창과 수축

물은 온도에 따라 그 부피가 팽창 또는 수축한다.
① 순수한 물은 0℃에서 얼게 되며 이 때 약 9%의 체적팽창을 한다.
② 4℃의 물을 100℃ 까지 높였을 때 체적이 약 4.3% 팽창한다.
③ 100℃의 물이 증기로 변할 때 그 체적이 1,700배로 팽창한다.

■ 절대압력

진공상태를 0으로 하여 측정한 압력으로 게이지압력과 대기압과의 합이다.
즉, 절대압력=게이지압+대기압

예제 배관에 부착된 압력계가 0.25MPa을 나타내고 있으며 이 때의 대기압이 750mmHg라면 배관내의 절대압력은 몇 MPa인가?

■ 대기압 $750mmHg \times \frac{0.1013}{760mmHg}$

$=0.1MPa$

∴ 절대압력=0.25+0.1=0.35MPa

■ 물은 온도가 높아지면 부피가 커진다.

물은 4℃일 때 체적이 가장 작고, 4℃ 물을 100℃까지 높이면 체적은 4.3% 팽창한다.

(5) 유체의 법칙

1) 연속의 법칙

유체의 유량(Q)은 관내의 어느 단면에서도 일정하다.

유량 Q(㎥/s) = 단면적 A(㎡) × 유속 v(m/s) 이므로 다음 식이 성립한다.

$$Q = A_1 v_1 = A_2 v_2$$

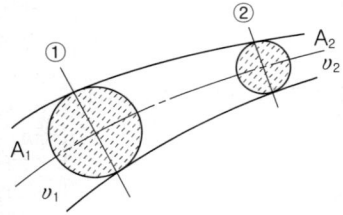

〈그림 1-1〉 연속의 법칙

2) 베르누이의 정리

동일한 Stream line(유선)에서 임의의 두 점을 선택하여 계산한 압력 수두와 속도수두, 위치수두의 합은 일정하다.

$$P_1 + \frac{\rho v_1^2}{2} + Z_1 = P_2 + \frac{\rho v_2^2}{2} + Z_2 = 일정$$

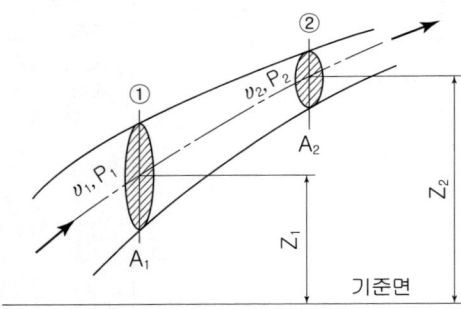

〈그림 1-2〉 베르누이방정식에서의 수두

핵 심 문 제

1 다음의 유체의 물리적 성질에 관한 설명 중 옳지 않은 것은?
① 액체의 단위체적당 중량을 비중량이라 한다.
② 물질의 비중량과 1기압 4℃의 순수한 물의 비중량과의 비를 비중이라 한다.
③ 비체적과 비중량은 서로 역수의 관계이다.
④ 1기압 4℃인 순수한 물의 비중량은 1kg/m³이다.

해 설

해설 1
③ 비체적(체적/질량)의 역수는 중력단위계에서는 비중량(중량/체적)이나 SI단위계에서는 밀도(질량/체적)이다.
④ 1기압 4℃인 순수한 물의 비중량은 1,000kg/m³이다.

2 0.25MPa의 수압은 압력수두 얼마에 해당하는가?
① 2.5m
② 3.5m
③ 25m
④ 35m

해설 2
수압(P, MPa)과 수두(H, maq)와의 관계
P=0.01H에서 H=100P이므로
H=100P=100×0.25=25m

3 물이 안지름 20cm의 관을 통하여 1.5m/s의 속도로 흐를 때 분당 흐르는 유량(m³/min)은 얼마인가?
① 2.83
② 3.0
③ 3.83
④ 6.0

해설 3
$Q = A \cdot v = \pi \cdot r^2 \cdot v$
$= \pi \cdot \left(\dfrac{d}{2}\right)^2 \cdot v = \pi \cdot \dfrac{d^2}{4} \cdot v$
$= \dfrac{3.14 \times (0.2)^2 \times 1.5}{4} = 0.0471 m^3/s$
$= 2.826 m^3/min$

4 베르누이(Bernoulli)의 정리에 대한 설명으로 가장 알맞은 것은?
① 유체가 갖고 있는 운동에너지는 흐름내 어디에서나 일정하다.
② 유체가 갖고 있는 운동에너지와 중력에 의한 위치에너지의 총합은 흐름내 어디에서나 일정하다.
③ 유체가 갖고 있는 운동에너지, 중력에 의한 위치에너지 및 압력에너지의 총합은 흐름내 어디에서나 일정하다.
④ 유체가 갖고 있는 운동에너지, 중력에 의한 위치에너지의 총합은 흐름내 어디에서나 압력에너지와 같다.

해설 4
베르누이 방정식 : 동일한 Stream line(유선)에서 임의의 두 점을 선택하여 계산한 압력수두와 속도수두, 위치수두의 합은 일정하다.

정답 1. ④ 2. ③ 3. ① 4. ③

기출문제 및 예상문제

1 CHAPTER 유체의 물리적 성질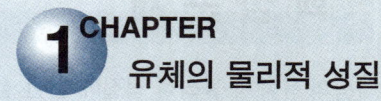

1. 모우터의 1마력(HP)은 몇 kW인가?
① 0.5kW ② 0.75kW
③ 1.0kW ④ 1.25kW

[해설] 1HP(영국마력)=0.7457kW≒0.75kW
≒76.04kg·m/s

2. 공기압이 0.3MPa일 때 압력탱크에서 몇 m까지 송수할 수 있나?
① 3m ② 30m
③ 300m ④ 3,000m

[해설] 수압(P, MPa)과 수두(H, maq)와의 관계
P=0.01H 에서 H=100P 이므로
H=100P=100×0.3=30m

3. 0.1MPa은 몇 mmAq인가?
① 10 ② 100
③ 1,000 ④ 10,000

[해설] H=100P에서 0.1MPa=10mAq=10,000mmAq

4. 그림에서 A점에 작용하는 수압은 몇 kPa 인가?
① 0.7kPa
② 7kPa
③ 70kPa
④ 700kPa

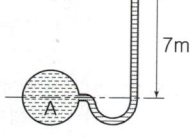

[해설] P=0.01H(MPa)=10H(kPa)에서
P=0.07MPa=70kPa

5. 대기압 하에서 0℃의 물이 0℃의 얼음으로 될 경우의 체적 변화에 관한 설명으로 옳은 것은?
① 체적이 4% 팽창한다.
② 체적이 4% 감소한다.
③ 체적이 9% 팽창한다.
④ 체적이 9% 감소한다.

6. 내경이 20cm인 관내를 유속 1.2m/s의 물이 흐르고 있을 때 유량은 얼마인가?
① 0.028㎥/s ② 0.038㎥/s
③ 0.048㎥/s ④ 0.058㎥/s

[해설] 유량 Q(㎥/s) = 단면적 A(㎡) × 유속 v(m/s)
$= \frac{\pi \cdot d^2}{4} \times v = \frac{\pi \cdot 0.2^2}{4} \times 1.2 = 0.0376 ≒ 0.038$ (㎥/s)

7. 지름이 100mm인 관속을 통과하는 유체의 유량이 0.1㎥/s인 경우, 이 유체의 유속은?
① 9.8m/s ② 10.7m/s
③ 11.5m/s ④ 12.7m/s

[해설] 유량(Q) = 단면적(A)×속도(v)에서
속도(v) = 유량(Q)/단면적(A)
단면적(A) $= \frac{\pi d^2}{4} = \pi r^2$ 이므로
유속(v) = 0.1/(3.14×0.1²/4) = 12.74m/sec

8. 다음 그림과 같이 관경이 각각 d_A=100mm, d_B=200mm 일 때 유량이 3.0㎥/min 이라면 A, B 지점에서의 유속(m/s)은 각각 얼마인가?

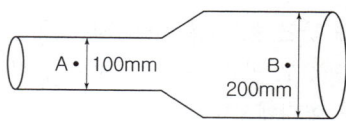

① A : 0.5m/s, B : 0.25m/s
② A : 0.75m/s, B : 0.375m/s
③ A : 3.57m/s, B : 1.38m/s
④ A : 6.37m/s, B : 1.59m/s

[해설] 유량(Q) = 단면적(A) × 속도(v)에서
속도(v) = 유량(Q)/단면적(A)
V_A = 3/(3.14×0.05²) = 382.2m/min = 6.37m/sec
V_B = 3/(3.14×0.1²) = 95.5m/min = 1.59m/sec

[해답] 1. ② 2. ② 3. ④ 4. ③ 5. ③ 6. ② 7. ④ 8. ④

9. 다음과 가장 관계가 깊은 것은?

> 에너지보존의 법칙을 유체의 흐름에 적용한 것으로서 유체가 갖고 있는 운동에너지, 중력에 의한 위치에너지 및 압력에너지의 총합은 흐름 내 어디에서나 일정하다.

① 뉴턴의 점성법칙
② 베르누이의 정리
③ 오일러의 상태방정식
④ 보일-샤를의 법칙

해답   9. ②

2 급수설비(Ⅱ) - 급수일반, 급수량과 급수압력

> **학습방향**
> 급수설비의 기초에 해당되는 부분으로 정수의 과정, 급수량 산정, 건물종류별 사용수량, 급수압력 등에 대한 이해가 요구된다.

2 급수일반

(1) 급수설비의 의미
급수설비란 인간 생활에 필요한 물을 알맞게 처리하여 건물내의 각종 위생기구 등 필요한 곳에 공급하기 위한 기기와 장치를 말한다.

(2) 상수와 잡용수
① 상수(上水) : 음료수 및 조리용으로 사용하기 위한 화학적, 물리적, 세균학적으로 적합한 물이다.
② 잡용수(雜用水) : 대소변기 세척용, 청소용, 살수용, 냉방용 등으로 사용된다.

학습POINT

■ 마실 수 있는 물을 상수, 마실 수는 없지만 건물에서 사용하는 허드레 물을 잡용수라 한다.

〈표 1-8〉 음용수와 잡용수의 사용비율

건물종류	음용수(%)	잡용수(%)
주택, 사무소	30~40	60~70
호텔, 병원	60~70	30~40
학교	40~50	50~60
백화점	55~70	30~45

■ 주택, 사무소 건물은 잡용수의 비율이 높고 호텔, 병원의 경우는 음용수(상수)의 비율이 높다.

(3) 수질(水質)

1) 물의 성질
① 물리적 성질 : 탁도, 색도, 냄새와 맛 등
② 화학적 성질 : pH값, 알칼리도, 산도, 생물·화학적 산소 요구량, 경도 등
③ 생물학적 성질 : 생물의 종류와 수, 일반세균수, 대장균수 등

2) 물의 경도(Hardness of water)
① 의미
㉮ 물 속에 녹아 있는 마그네슘의 양을 이것에 대응하는 탄산칼슘($CaCO_3$)의 백만분율(ppm=parts per million)로 환산 표시한 것을 말한다.

■ 우리나라에서는 상수의 대부분을 지표수(강물, 호수물)를 채수하여 정수한 다음 각 건물로 보내진 것을 사용하며, 잡용수는 지하수를 사용하는 경우가 많다.

■ PH
어떤 용액의 산성도나 염기도를 나타내는 척도. PH7이면 중성, PH7미만은 산성, PH7초과는 염기성 또는 알칼리성이라 한다.

㉯ 1L의 물 속에 탄산칼슘이 10mg 함유된 것을 1도라고 한다.
㉰ 음료수는 총경도(일시적 경도+영구경도)가 300ppm을 초과해서는 안된다.
② 탄산칼슘의 함유량에 따른 분류
㉮ 연수(軟水, soft water)
탄산칼슘의 함유량이 90ppm 이하인 물로, 세탁 및 보일러 용수에 적당하다.
㉯ 경수(硬水, hard water)
탄산칼슘의 함유량이 110ppm 이상인 물로서, 비누의 용해가 어려워 세탁 용수로 부적당하고, 보일러에 사용시 보일러 내면에 스케일이 생겨 전열효율이 저하되며 과열과 수명 단축의 원인이 된다. 또한, 양조, 염색, 제지 공업에도 부적당하다.

■ 극연수(증류수, 멸균수)
탄산칼슘의 함유량이 0ppm인 순수한 물로 연관, 놋쇠관(황동관)을 부식시킨다.

(4) 정수법(淨水法)

1) 침전(sedimentation)
① 중력 침전법 : 수중의 불순물을 단순한 침전작용으로 침전시킨다.
② 약품 침전법 : 황산, 명반을 사용하여 침전시킨다.

■ 수처리 과정은 채수-침전-폭기-여과-살균-급수이다.

2) 폭기(aeration)
수중에 포함된 탄산제일철 $[Fe(HCO_3)_2]$, 수산화제일철$[Fe(OH)_2]$ 또는 황산제일철$(FeSO_4)$을 제거하기 위해 폭기에 의해 물을 공기에 잘 접촉시킨 후 이것을 산화시켜 불용해성 수산화제이철$[Fe(OH)_3]$로 만든 다음, 여과에 의하여 제거하는 방법을 말한다.

■ 폭기법
공중의 산소와 반응하게 하여 물 속에 분해되어 있는 암모니아, 황화수소, 탄산가스 등의 유독가스와 철성분을 제거하는 정수법

3) 여과(filtration)
침전지의 물을 모래층으로 통과시켜 그 부유물 및 고형물을 완전히 제거하는 방법을 말한다.
완속여과법(4~5m/d)과 급속여과법(100~150m/d)이 있다.

4) 멸균(살균)
염소(Cl_2), 표백분, 클로르아민, 오존, 차아염소산나트륨, 자외선 등을 사용하여 멸균시킨다.

5) 경수 연화법
일시적 경도는 끓임으로서 탄산석회($CaCO_3$)를 침전시켜 연화한다.
다량의 연수를 필요로 할 때에는 생석회(CaO)를 사용한다. 보일러 등에는 경수연화장치를 사용한다.

3 급수량과 급수압력

(1) 급수량산정

급수설계시 가장 먼저 할 일이 급수량 산정이다. 이를 기초로 하여 지하 저수조나 옥상탱크, 양수펌프의 용량을 산정한다.

급수량 산정방법에는 인원수에 의한 방법과 기구수에 의한 방법이 주로 사용되며 필요에 따라 공조용(냉각탑 보급수용) 등을 가산하여야 한다.

1) 1일당 급수량(Q_d)의 산정

① 건물의 종류에 따른 인원수에 의한 방법

㉮ 급수 대상인원이 분명한 경우

$$Q_d = N \cdot q \; (L/d)$$

N : 급수 대상인원(인)
q : 건물 종류별 1일 1인당 사용 수량($l/d \cdot$인)

㉯ 급수 대상인원이 불분명한 경우

$$Q_d = A \cdot k \cdot n \cdot q \; (L/d)$$

A : 건물의 연면적(m^2)
k : 유효면적비
n : 유효면적당 거주인원(인/m^2)
q : 건물 종류별 1일 1인당 사용 수량(L/d・인)

■ 유효면적
어느 건물의 연면적에서 화장실, 복도, 계단, 창고, 기계실 등 사람이 거주하지 않는 부분을 제외한 면적으로서 순수하게 그 건물의 용도에 사용되는 부분의 면적을 말한다.

<표 1-9> 건물의 종류별 사용 수량

건물종류	1일 1인당 급수량(q) (L/d・인)	1일평균 사용시간 (h)	사용자	유효면적 당 인원 (인/m^2)	연면적에 대한 유효면적비 (%)
사무소	100~120	8	재실자 1인당	0.2	55~57 (임대 : 60)
관청, 은행	100~120	8	직원 1인당	0.2	
병원	고급 1,000이상 중급 500이상 기타 250이상	10	외래 8L 의사, 직원 120L	1병상당 3.5인	45~48
극장 영화관	30 10	5 3	객석 1인당 입장 인원당	1.0	53~55
백화점	손님 3 종업원 100	3	손님 1인당 종업원 1인당	1.0	55~60
점포	100(상주 160)	7	점원 1인당	0.16	
공중식당	15	7	손님 1인당	1.0	

주택	200~250	8~10	거주자1인당	0.16	50~53
아파트	200~250	8~10	거주자1인당	0.16	45~50
기숙사	120	8	거주자1인당	0.2	
호텔	250~300	10	손님 1인당	0.17	
여관	200	10	손님 1인당	0.24	
초등학교 중학교	40~50	5~6	학생 1인당	0.14~0.25	58~60
고등학교 이상	80 교사 100	6	학생 1인당 교사 1인당	0.1	53~55
도서관	25	6	열람자1인당	0.4	
공장	60~140 남 180 여 100	8	1교대 1인당	앉은작업 0.3 선작업 0.1	

■ 건물 종류별 사용수량 순서
병원 〉 호텔 〉 주택, 아파트 〉 사무소 〉 학교 〉 극장

② 기구수에 의한 방법

기구별 사용수량을 구하여 동시사용률을 적용하여 1일 급수량(Q_d)를 구하는 방법

$$Q_d = p \times \sum (q' \times f) \quad (L/d)$$

p : 동시 사용률
$\sum q'$: 기구의 1일 사용 수량 (L/d)
f : 기구수(개)

예제 어느 사무소 건물에 세정밸브식 대변기와 소변기 및 세면기가 각각 10개씩 설치되어 있을 때 1일 급수량은?

■ 위생기구가 총 30개이므로 동시사용율은 40%이다. 그러므로
$Q_d = 0.4 \times (900 \times 10 + 400 \times 10 + 960 \times 10) = 9,040$ L/d

〈표 1-10〉 각종 건물에 있어서의 위생기구 1개당 1일 사용수량 (L/d·개)

건물별 위생기구	사무소건물	학교	병원	아파트	공장	회관, 은행	극장, 영화관
대변기(세정밸브)	900	600	750	200	750	600	750
대변기(세정탱크)	1,200	800	1,000	240	1,000	800	1,000
소변기(세정밸브)	400	240	480	150	420	320	480
소변기(세정탱크)	400	240	480	150	420	320	480
세 면 기	960	900	400	200	-	640	3,200
싱 크	1,200	720	600	550	-	960	-
욕 조	-	-	-	760	-	-	-

〈표 1-11〉 기구의 동시사용율

기구수	2	3	4	5	10	15	20	30	50	100
동시사용률(%)	100	80	75	70	53	48	44	40	36	33

■ 동시사용율
위생 기구가 총 100개 설치되어 있을 경우 실제로 동시에 사용되는 기구수는 설치기구수의 1/3인 33개임을 뜻한다.

2) 시간평균 예상급수량(Q_h) 산정

$$Q_h = \frac{Q_d}{T} \text{ (L/h)}$$

T : 건물 평균사용시간(h)

3) 시간최대 예상급수량(Q_m) 산정

$$Q_m = Q_h \times 1.5 \sim 2.0 \text{ (L/h)}$$

4) 순간최대 예상급수량(Q_P) 산정

$$Q_P = \frac{Q_h \times (3 \sim 4)}{60} \text{ (L/min)}$$

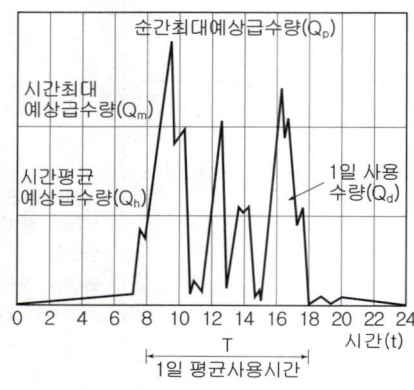

〈그림 1-3〉 급수량의 시간별 변화

■ • 1일 급수량 - 저수조 용량 산정에 이용
 • 시간최대 급수량 - 옥상탱크 용량산정에 이용
 • 순간최대급수량 - 양수펌프의 양수량 산정에 이용

예제 연면적 10,000m²인 사무소 건물의 급수량을 계산하라. 단, 유효면적비 56%, 유효면적당 거주인원 0.2인/m², 1인 1일당 급수량 100 l, 건물 사용시간은 8시간으로 한다.

■ 급수량 계산
① 1일 급수량(Q_d) :
  $10,000 \times 0.56 \times 0.2 \times 100$
  $= 112,000 \text{ L/d} = 112\text{m}^3/\text{d}$
② 시간평균 예상급수량(Q_h) :
  $112/8 = 14\text{m}^3/\text{h}$
③ 시간최대 예상급수량(Q_m) :
  $14 \times 2 = 28\text{m}^3/\text{h}$
④ 순간최대 예상급수량(Q_P) :
  $14 \times 4/60 = 0.933\text{m}^3/\text{min}$
  $= 933 \text{ L/min}$

(2) 급수압력

위생 기구의 기능유지, 사용상의 지장 등을 고려하여 적정한 급수압이 요구된다. 표 1-12는 각 기구의 최저필요압력을 나타낸다.

〈표 1-12〉 각 기구의 최저 필요압력

기 구 명	필요압력	
	MPa	kPa
블로우 아웃식 대변기	0.1	100
세정밸브(플러시밸브)	0.07(최저) 표준 0.1	70(최저) 표준 100
보통밸브	0.03(최저) 표준 0.1	30(최저) 표준 100
자동밸브	0.07	70
샤워	0.07	70
순간온수기(대)	0.05	50
순간온수기(중)	0.03	30
순간온수기(소)	0.01(저압용)	10(저압용)

핵 심 문 제

1 급수설계를 하는데 있어 가장 먼저 결정해야 될 사항은?
① 급수량의 산정
② 수수조의 크기
③ 수도 인입관의 선정
④ 옥상탱크 용량

2 급수량의 계획에 있어서 건축물의 용도별 1일 평균사용수량으로서 가장 부적당한 것은 어느 것인가? (단, 화장실은 모두 수세식으로 한다.)
① 초, 중학교 - 학생 1인당 40~50L
② 관청, 은행 - 직원 1인당 100~120L
③ 호텔 - 숙박객 1인당 100~150L
④ 공동주택(욕실있음) - 거주자 1인당 200~250L

3 연면적이 2,000㎡인 사무소에서 다음과 같은 조건이 있을 때 사무소에 필요한 1일의 급수량(사용수량)은? (단, 유효 면적비 56%, 거주인원 0.2인/㎡, 1일1인당 사용수량은 150L/d로 한다)
① 3.36㎥/d
② 4.36㎥/d
③ 33.6㎥/d
④ 40.6㎥/d

4 세정밸브(Flush valve)의 최저필요압력은?
① 0.07MPa (70kPa)
② 0.05MPa (50kPa)
③ 0.03MPa (30kPa)
④ 0.01MPa (10kPa)

해 설

해설 1
지하저수조나 옥상탱크, 양수펌프의 크기 결정, 급수관경의 산정 등 급수설계는 1일급수량의 산정으로부터 시작한다.
지하저수조의 크기는 1일 급수량에 맞추고 옥상탱크의 크기는 시간최대급수량을 기준으로 정하며 양수펌프의 양수량은 순간최대급수량에 맞춘다.

해설 2
③ 호텔의 1인 1일 급수량은 250~300L 정도이다.

해설 3
$Q_d = A \cdot k \cdot n \cdot q$
$= 2,000㎡ \times 0.56 \times 0.2인/㎡ \times 150L/인 \cdot d$
$= 33,600 \; (L/d) = 33.6 \; (㎥/d)$
A : 건물의 연면적(㎡)
k : 유효면적비(%)
n : 유효면적당 거주인원(인/㎡)
q : 1인1일당 사용수량 (L/인·d)

해설 4 각 기구에서의 최저 필요압력(MPa)

기구명	필요압력(MPa)	기 구 명	필요압력(MPa)
세정밸브	0.07(최저) 표준 0.1	순간온수기(대)	0.05
보통밸브	0.03(최저) 표준 0.1	순간온수기(중)	0.04
자동밸브	0.07	순간온수기(소)	0.01 (저압용)
샤 워	0.07	블로우아웃식 대변기	0.1

정답 1. ① 2. ③ 3. ③ 4. ①

기출문제 및 예상문제

CHAPTER 1   2. 급수일반, 급수량과 급수압력

■■■ 수질 및 수처리

1. 물의 경도에 관한 설명으로 옳지 않은 것은?

① 일반적으로 지표수는 연수, 지하수는 경수로 간주한다.
② 경도가 큰 물을 경수, 경도가 낮은 물을 연수라고 한다.
③ 경수를 보일러 용수로 사용하면 그 내면에 스케일이 생겨 전열효율이 감소된다.
④ 물의 경도는 물 속에 녹아 있는 칼슘, 마그네슘 등의 염류의 양을 탄산마그네슘의 농도로 환산하여 나타낸 것이다.

[해설] 물 속에 녹아 있는 마그네슘의 양을 이것에 대응하는 탄산칼슘($CaCO_3$)의 백만분율(ppm=parts per million)로 환산 표시한 것을 말한다.

2. 음료수의 수질기준에서 물의 경도는 염류의 양을 무엇의 농도로 환산하여 나타내는 것인가?

① 수소이온농도   ② 용존산소
③ 탄산칼슘   ④ BOD

[해설] 물의 경도(Hardness of water)
① 의미 : 물 속에 녹아 있는 마그네슘의 양을 이것에 대응하는 탄산칼슘($CaCO_3$)의 백만분율 (ppm=parts per million)로 환산 표시한 것을 말한다.
② 1L의 물 속에 탄산칼슘이 10mg 함유된 것을 1도라고 한다.

3. 보일러에는 경수를 사용하면 안된다. 경수를 사용했을 경우 일어나는 현상 중 옳지 않은 것은?

① 보일러 내면에 물때를 가져온다.
② 열전도율이 나빠진다.
③ 보일러의 수명단축과 과열의 원인이 되며 보일러를 손상시킨다.
④ 보일러용량이 큰 것을 사용해야 한다.

[해설] 경수를 보일러에 사용시 보일러 내면에 스케일이 생겨 전열효율이 저하되며 과열과 수명단축의 원인이 된다.

4. 급수설비에 관한 기술 중 부적당한 것은?

① 고가탱크방식은 압력탱크방식보다 유지 관리상 유리하다.
② 상수계통에 정수(井水)계통을 직접 접속하면 안된다.
③ 음료용의 급수에는 잔류염소를 포함해서는 안된다.
④ 수도본관에서 건물부지로의 인입관에는 지수밸브 또는 제수변을 설치한다.

[해설] ③ 수도법에 의하면 상수는 부패하지 않도록 소독시의 염소성분이 0.2mg/L(0.2ppm)이상 남아 있어야 한다.

■■■ 급수계획

5. 다음과 같은 조건에 있는 사무소 건물의 시간 평균 예상급수량은?

- 연면적: 5,000m²
- 유효면적 비율: 0.7
- 1인 1일당 급수량: 0.12m³
- 유효면적당 인원: 0.2인/m²
- 1일 평균 사용시간: 8시간

① 10.5m³/h   ② 7m³/h
③ 5.25m³/h   ④ 3.5m³/h

[해설] 1일급수량 $Q_d = A \cdot k \cdot n \cdot q$
= 5,000m² × 0.7 × 0.2인/m² × 0.12m³/인·d = 84(m³/d)
시간평균급수량 = 1일급수량(Q_d)/사용시간(T)
= 84 / 8 = 10.5(m³/h)

해답   1. ④   2. ③   3. ④   4. ③   5. ①

6. 수용인원 500명인 사무소건물의 수수조 용량으로 적당한 것은? (단, 소화용수 및 민방위용수는 제외한다.)

① 25~50m³   ② 100~200m³
③ 200~300m³   ④ 300~400m³

해설 1일급수량 $Q_d = N \cdot q$
= 500인 × 100L/인·d = 50,000 (L/d) = 50 (m³/d)
저수조 용량은 보통 1일 급수량 정도로 하고 있으나 급수사정이 좋은 곳은 1일 사용량의 2분의 1 정도로 하기도 한다. 따라서 25~50m³이 적당하다.

7. 500베드(bed)를 수용하는 병원의 급수에서 고가수조의 용량으로서 가장 적당한 것은? (단, 베드당 급수량은 1일 400L)

① 5m³   ② 30m³
③ 50m³   ④ 70m³

해설 (1) 1일급수량 Q_d = 500베드 × 400L/베드·d
= 200,000(L/d) = 200(m³/d)
(2) 시간평균급수량 $Q_h = Q_d/T = 200/10 = 20(m³/h)$
(3) 시간최대급수량 $Q_m = Q_h × (1.5~2)$
= 20 × (1.5~2) = 30~40(m³/h)
(4) 옥상탱크용량은 대규모 건물일 경우 시간최대급수량 × 1시간분이므로 30~40m³이 적당하다.

■■■ 급수압력

8. 급수시에 일반 수전의 필요수압은 최저 얼마 이상인가?

① 30kPa   ② 50kPa
③ 70kPa   ④ 100kPa

9. 다음 중 기구의 최저필요압력이 가장 작은 것은?

① 일반수전
② 세정밸브(일반대변기용)
③ 가스순간탕비기
④ 세정밸브(블로우아웃식 대변기)

10. 다음 급수기구 중 최저필요압력이 가장 큰 것은?

① 샤워기
② 소변기 세정밸브(벽걸이형 소변기)
③ 대변기 세정밸브(블로우아웃식 대변기)
④ 일반수전

해설 블로우아웃식 대변기는 수압이 최저 0.1MPa이상 필요하고 소음이 커서 잘 사용하지 않는다.

11. 다음 중 최저 필요급수압력이 가장 높은 대변기 세정수의 급수방식은?

① 사이폰식   ② 로 탱크식
③ 하이 탱크식   ④ 플러시 밸브식

해설 플러시 밸브(세정밸브)식 대변기
최소급수관경 25㎜, 최저필요수압 0.07MPa로 세정소음이 작고 연속사용이 가능하다.

해답 6. ① 7. ② 8. ① 9. ① 10. ③ 11. ④

3 급수설비(Ⅲ) - 급수방식

학습방향

급수방식별 장·단점, 옥상탱크 및 압력탱크의 구조, 양수펌프의 양수량, 양정, 축동력 등 계산문제, 초고층 건물의 급수방식 등에 대한 이해가 요구된다.

4 급수방식

급수방식에는 수도직결방식, 고가탱크방식, 압력탱크방식, 탱크가 없는 부스터(booster) 방식 등 4가지가 있다.

(1) 수도직결방식

일반적으로 도로에 매설되어 있는 수도 본관에서 급수 인입관을 분기하고, 부지내에서 건물내의 필요한 장소에 급수하는 방식으로서 주택과 같은 소규모 건물에 많이 이용된다. 설비비도 싸고 기계실이 필요없다. 정전과 관계없이 급수가 가능하고 저수탱크가 없어 수질오염의 위험은 작으나 단수시에는 급수가 불가능하다.

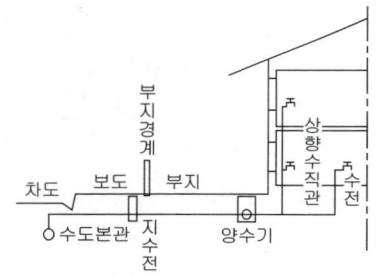

〈그림 1-4〉 수도 직결 방식

이 방식에서 수도 본관에 필요한 최저 수압은 다음 식으로 계산한다.

$$P \geq P_1 + P_2 + 0.01h(MPa)$$ 또는 $$P \geq P_1 + P_2 + 10h(kPa)$$

여기서 P : 수도 본관의 최저 필요압력
P_1 : 기구 최저 필요압력
P_2 : 마찰손실수압
h : 수도 본관에서 최고층 급수기구까지의 높이 (m)

학습POINT

■ 양수기는 수도계량기 또는 수도 미터기를 말한다.

[예제] 수도직결식 급수방식에서 2층 (높이 6m)욕실 샤워까지 급수하는데 수도본관에서는 얼마의 수압이 필요한가? (단, 관내 마찰손실수압은 0.02MPa(20kPa) 이다.)
■ 수도본관의 압력
P = 0.07 + 0.02 + 0.01 × 6 = 0.15MPa
만일 kPa 단위로 계산하면
P = 70 + 20 + 10 × 6 = 150kPa

(2) 고가탱크(옥상탱크)방식

우물물이나 수도물을 저수조 (receiving tank)에 저수한 후 이것을 양수펌프에 의해 건물 옥상이나 높은 곳에 설치한 탱크로 양수하며, 그 수위를 이용하여 탱크에서 밑으로 세운 급수관을 통하여 하향 급수하는 방식이다.

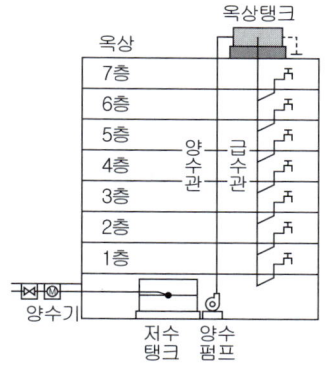

〈그림 1-5〉 옥상탱크 방식

1) 옥상탱크방식의 특징
  ① 장점
    ㉮ 일정한 수압으로 급수할 수 있다.
    ㉯ 단수가 돼도 일정 시간 동안 급수가 가능하다.
    ㉰ 대규모 급수설비에 적합하다.
  ② 단점
    ㉮ 저수조에서의 급수오염 가능성이 크다.
    ㉯ 옥상탱크로 인해 외관이 깨끗하지 못하다.
    ㉰ 설비비가 비싸다.

2) 옥상탱크의 구조
  ① 플로트 스위치(float switch) 또는 전극봉 스위치 : 양수펌프의 시동과 정지를 자동으로 하기 위해 옥상탱크의 물 속에 설치하여 수위를 감지하는 스위치로서 고수위와 저수위 경보를 위한 신호를 보내주기도 한다.
  ② 넘침관(overflow pipe) : 스위치의 고장으로 양수가 계속될 때 탱크에서 넘쳐 흐르는 물을 배수하는 관으로 양수관 굵기의 2배 크기로 하며 간접 배수한다.
  ③ 마그넷 스위치(magnet switch) : 전동기의 자동제어 또는 원격제어 등에 이용된다.

■ 마그넷 스위치(Magnet Switch) 전자력에 의해 접점을 움직여서 전류의 개폐조작을 하는 개폐기로서 일반 회로의 자동개폐조작이나 전동기회로의 제어 등에 사용된다.

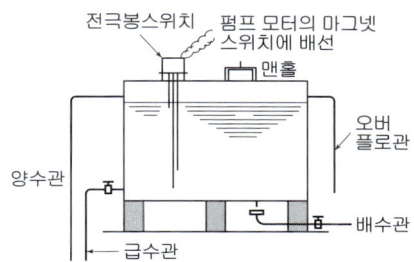

〈그림 1-5〉 옥상탱크 배관 및 부속기구

〈사진 1-1〉 옥상탱크

3) 옥상탱크의 설치 높이

$$H \geq H_1 + H_2 + h$$

H : 고가탱크의 높이(m)
H_1 : 최고층 급수기구에서의 소요 압력에 해당하는 높이(m)
H_2 : 고가탱크에서 최고층의 급수기구에 이르는 사이의 마찰손실수두(m)
h : 지반에서 최고층 급수전까지의 높이(m)

■ 옥상탱크방식에서 옥상탱크의 설치높이

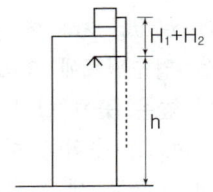

[예제] 최고층 샤워 꼭지의 높이가 지상 30m, 옥상탱크에서 최고층 샤워꼭지까지 마찰손실이 0.02MPa일 때 옥상탱크의 설치높이를 계산하라.
■ 먼저 최고층 샤워꼭지의 기구소요압이 0.07MPa이므로 옥상탱크는 적어도 샤워꼭지보다 7m이상 높아야 한다. 그리고 옥상탱크에서 샤워꼭지까지의 마찰손실이 0.02MPa이므로 높이차는 2m가 더 필요하다.
따라서 옥상탱크는 최상층 샤워보다 적어도 9m이상 높이에 설치되어야 하고, 샤워높이가 지상 30m에 있으므로 옥상탱크의 설치높이는 지상에서 39m이상은 되어야 한다.

4) 옥상탱크의 용량

정전시를 고려하면 피크로드의 지속시간을 길게 보아 옥상탱크 용량을 크게 하는 것이 유리하나 보통 대규모 급수설비에서는 시간 최대사용수량의 1시간분 이상으로, 소규모의 경우에는 2~3시간분으로 하는 것이 보통이다.
대규모건물 : 시간최대 급수량(1시간 최대사용수량)×(1시간분)(m^3)
소규모건물 : 시간최대 급수량(1시간 최대사용수량)×(2~3시간분)(m^3)

■ 피크 로드(peak load)
피크 아워(peak hour)의 사용 수량을 말하며 대략 1일 사용수량(Q_d)의 10~15% 정도이다.

5) 지하 저수조의 용량

① 단수 등을 고려하면 클수록 좋으나 너무 크게 하면 물속의 잔류염소가 감소되어 부패하기 쉽다.
② 상수도 공급사정에 따라 다르나 보통 1일 급수량(Q_d)이상으로 한다.
③ 공동주택은 주택건설기준 등에 관한 규정에 의거 세대당 0.5m^3(고가수조 저수량 0.25m^3 포함)으로 한다.
④ 필요에 따라 소화수량과 냉각탑 보급수량을 더한다.

6) 양수펌프의 용량

① 펌프의 양수량 Q=옥상탱크 유효용량×2(m^3/h)
즉, 1시간에 옥상탱크를 두번 채울 수 있을 정도로 하며 대규모 건물의 경우 옥상탱크 용량은 시간최대 급수량(Q_m)과 동일하며, 이 시간 최대 급수량의 2배가 순간최대 급수량(Q_p)이므로 순간최대 급수량(Q_p)을 그대로 양수량으로 하기도 한다.
② 양수펌프의 양정, 구경, 축동력 - '6 펌프'에서 설명

■ 펌프의 양수량
= 옥상탱크 유효용량의 2배
= 시간최대 급수량(Q_m)의 2배
= 순간최대 급수량(Q_p)

(3) 압력탱크 방식

밀폐된 탱크의 내부에 펌프로 물을 압입하면 탱크안에 있는 공기가 압축되어 물에 압력이 가해진다. 이 공기압을 이용해서 상향급수하는 방식이 압력탱크 방식이다. 탱크내의 물의 양이 감소하면 공기의 양이 많아져 수압은 감소된다. 따라서, 필요한 수압을 유지하기 위해서는 탱크 안에 일정량 이상의 물이 있어야 된다.

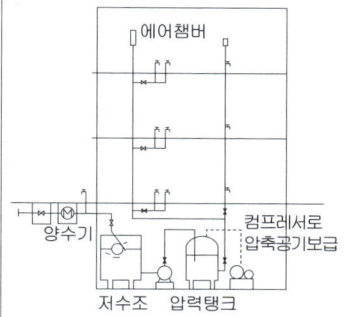

〈그림 1-7〉 압력탱크 방식

1) 압력탱크 방식의 특징
   ① 장점
      ㉮ 옥상탱크가 필요 없으므로 건물 구조를 강화할 필요가 없다.
      ㉯ 고가 시설 등이 불필요하므로 외관상 깨끗하다.
      ㉰ 국부적으로 고압을 필요로 하는 경우에 적합하다.
      ㉱ 탱크의 설치 위치에 제한을 받지 않는다.
   ② 단점
      ㉮ 최고·최저압의 차가 커서 수압이 일정하지 않다.
      ㉯ 탱크는 압력에 견디어야 하므로 제작비가 비싸다.
      ㉰ 저수량이 적으므로 정전이나 펌프 고장시 급수가 중단된다.
      ㉱ 에어 콤프레서를 설치하여 때때로 공기를 공급해야 한다.

2) 압력탱크의 구조
   원통형으로 되어 있으며 수직형과 수평형이 있고 용접이음으로 만든다.
   ① 압력계 : 탱크 속의 수압 및 공기압을 측정하는 계기
   ② 수면계 : 탱크 속의 수면의 높이를 측정하는 계기
   ③ 안전밸브 : 물 또는 공기의 압력이 지나칠 때 이를 조절하여 탱크의 파열 등 사고를 방지한다.

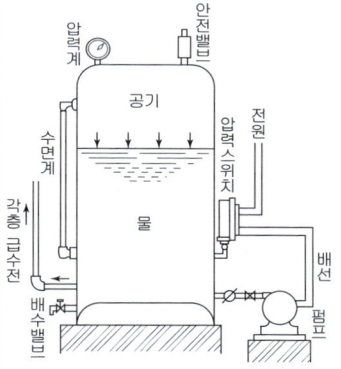

〈그림 1-8〉 압력탱크 배관 및 부속기구

3) 압력탱크의 압력
   ① 최저필요압력(P_I)

   $P_I = P_1 + P_2 + P_3$ (MPa)

   P_1 : 압력탱크의 최고층 수전에 해당하는 수압 (MPa)
   P_2 : 기구별 소요압력(MPa)
   P_3 : 관내 마찰손실(MPa)

   ② 허용최고압력(P_{II})

   $P_{II} = P_I + (0.07 \sim 0.14)$ (MPa)

4) 압력탱크 방식에서의 펌프 양정
   ① 실양정 = 허용최고압력(P_{II})에 해당하는 높이 + 흡입양정(m)
   ② 전양정(H) = (실양정) × 1.2(m)

〈사진 1-2〉 압력탱크

[예제] 압력탱크내 최고압력이 0.35MPa 이고 흡입양정이 5m일 때 전양정은 얼마 이상이어야 하는가?
■ 압력 0.35MPa은 수두 35m이므로
전양정 = (35+5) × 1.2 = 48m

(4) 탱크가 없는 부스터펌프방식(펌프직송방식)

수도 본관으로부터 물을 일단 저수조에 저수한 후 급수펌프만으로 건물내에 급수하는 방식으로 부스터펌프 여러 대를 병렬로 연결하고 배관내의 압력을 감지하여 펌프를 운전하는 방식이다.

① 장점
  ㉮ 옥상탱크가 필요없다.
  ㉯ 수질오염의 위험이 작다.
  ㉰ 펌프의 대수제어운전, 회전수제어운전 가능 - 펌프의 토출량, 토출압력조절 가능
  ㉱ 최상층의 수압도 크게 할 수 있다.
  ㉲ 펌프의 교호운전 가능

② 단점
  펌프의 단락이 잦다. 이러한 단점을 보완하기 위하여 최근에는 압력탱크가 있는 부스터 펌프방식이 많이 쓰인다.

■ 부스터펌프방식은 급수펌프에서 탱크를 거치지 않고 바로 공급하므로 펌프직송방식이라고도 한다.

옥상탱크가 필요없고 최상층의 수압도 크게 할 수 있으며 펌프의 다양한 제어운전이 가능해 최근의 고층건물이나 아파트 등에 많이 사용된다.

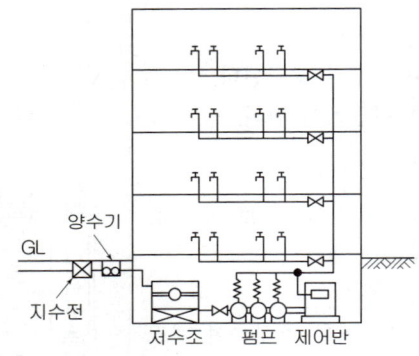

〈그림 1-9〉 탱크가 없는 부스터펌프방식

〈사진 1-3〉 압력탱크가 없는 부스터펌프

〈사진 1-4〉 압력탱크가 있는 부스터펌프

〈표 1-13〉 급수방식의 비교

급수조건\방식	수도직결 방식	고가탱크 방식	압력탱크 방식	탱크가 없는 부스터펌프방식
수질오염	1	4	3	2
급수압력의 변동	수도 본관 압력에 따라 변화	일정	변동이 큼	펌프의 가동과 정지시 변동이 있음
단수시 급수	4	1	2	2
	급수 불가능	저수조와 고가수조내 물을 이용할 수 있음	저수조의 물을 이용할 수 있음	압력탱크와 같음
정전시 급수	1	2	3	4
	급수 가능	고가탱크내 물을 이용할 수 있음	압력 탱크내의 물 중 압력범위 내에서 이용할 수 있음	급수 불가능
급수공급방향	상향식	하향식	상향식	상향식

(주) 1,2,3,4 로 표시되어 있는 것은 순서가 작을수록 유리함을 나타낸다.

5 초고층 건물의 급수 방식

(1) 개요

초고층 건물에 있어서는 최상층과 최하층의 수압차가 커져 물을 사용하기가 곤란하다. 과대한 수압은 수격작용(water hammering)을 동반하고 그 결과 소음이나 진동이 일어난다. 그러므로 급수계통을 건물의 상하층으로 구분하여 급수압이 존별로 고르게 되고 하층부의 수압이 너무 커지지 않도록 급수조닝(zoning)을 할 필요가 있다.

<표 1-14> 건물용도별 허용 최고수압(MPa) 및 조닝높이(m)

구 분	주택, 호텔, 병원	일반건물
최고수압(MPa) 및 높이(m)	0.3~0.4MPa(30~40m)	0.4~0.5MPa(40~50m)

(2) 조닝(zoning) 방식

초고층건물의 급수조닝은 다음과 같이 4종류로 분류할 수 있다.

1) 중간탱크에 의한 조닝

① 층별식(세퍼레이트 방식)

가장 많이 사용되는 방식으로 건물을 상하 몇 개의 존(zone)으로 구분 하여 각 존마다 고가탱크를 설치하여 급수하는 방식이다. 양수펌프의 양정은 각 존마다 다르며 펌프의 양정이 커야 한다.

② 중계식(부스터 방식)

각 존마다 고가탱크를 설치하는 것은 층별식과 같지만 양수펌프를 각 존마다 설치하고 저수조의 물을 차례로 위의 존의 탱크로 중계하여 양수하는 방식이다. 중간탱크가 상층탱크를 위한 수수탱크로서의 용량도 포함해야 하므로 용량이 커야 하며 양수량이 큰 펌프가 필요하다.

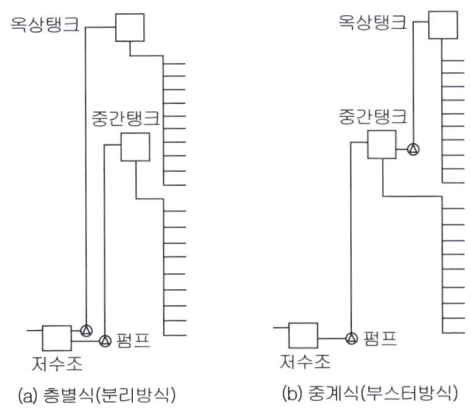

<그림 1-10> 중간탱크에 의한 급수조닝

2) 감압밸브에 의한 조닝

그다지 높지 않은 20층 정도의 건물에 자주 사용하는 방식으로 건물의 상층존은 그대로 급수하고 하층존은 감압밸브에 의해 감압시켜 급수한다. 이 방식은 중간탱크를 설치하지 않기 때문에 설비비는 저렴하지만 옥상탱크 용량은 건물 전체의 급수부하를 담당해야 하기 때문에 훨씬 더 커지고, 중량도 증가하기 때문에 건물의 구조적 강도를 고려할 필요가 있다.

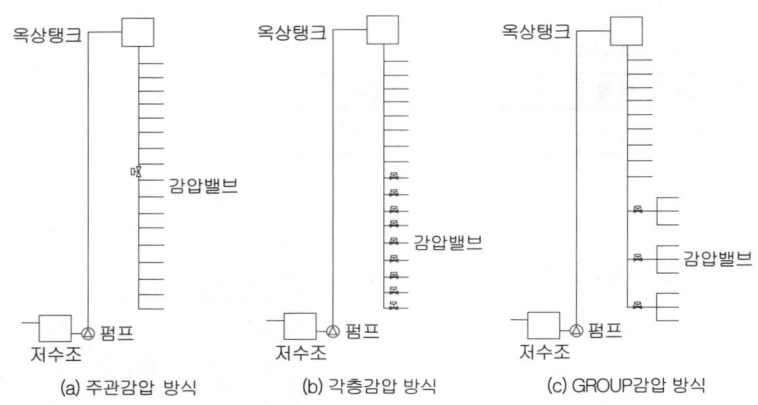

〈사진 1-5〉 감압밸브(수도용)

〈그림 1-11〉 감압밸브에 의한 급수조닝

3) 펌프직송방식에 의한 조닝

그림 1-12에 나타낸 바와 같이 각 존에 부스터 펌프로 직송하여 급수하는 방식이다. 이 방식의 장점은 옥상탱크 및 중간탱크가 필요없기 때문에 그 설치공간이 없어도 된다는 것이다. 한편 설비비는 다른방식에 비해 고가이다.

4) 옥상탱크와 펌프직송방식의 겸용

이 방식은 그다지 높지 않은 건물에 이용되고 있다. 건물의 상층존은 옥상탱크방식으로 급수하고 하층존은 펌프직송방식으로 급수하는 방식이다.

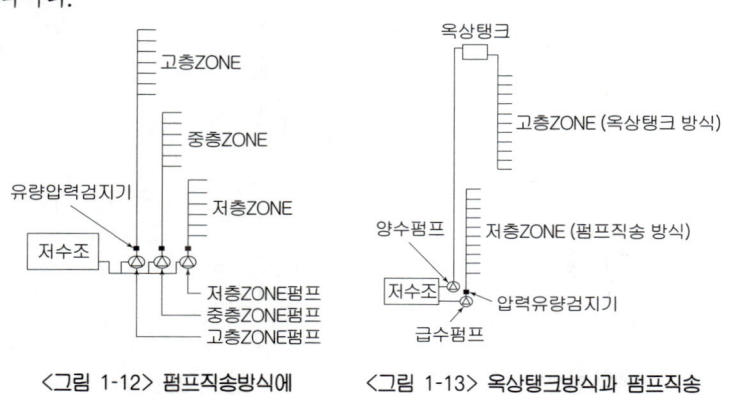

〈그림 1-12〉 펌프직송방식에 의한 급수조닝

〈그림 1-13〉 옥상탱크방식과 펌프직송방식에 의한 급수조닝

■ 63빌딩의 급수조닝

21층과 40층 그리고 옥상에 물탱크를 설치하여 저층부, 중층부, 고층부로 조닝하고 다시 존마다 주관에 감압밸브를 설치하였다. 즉, 층별식+주관감압방식을 사용하였다.

(3) 배관상 유의사항
① 배관용 탄소강 강관(SPP)의 상용압력은 1MPa 이하이므로 압력이 커질 때는 압력배관용 탄소강 강관을 사용하는 것이 좋다.
② 펌프의 출구에 설치하는 체크밸브는 급히 닫히는 것을 사용해서는 안된다.
③ 나사 접합은 건물의 진동에 의해 누수가 생길 우려가 있으므로 가급적 용접접합이 좋다.

이 외에도 배관의 고정지지와 방진 및 고가탱크에 따른 구조적인 영향을 고려하여야 한다.

핵심문제

1 건물의 급수를 수도직결식으로 할 때 2층에 플러시밸브를 설치하고 기구의 높이가 4m, 기구의 필요압력이 0.07MPa, 본관에서 수전에 이르는 사이의 저항이 0.03MPa라면 본관의 최소소요압력은?

① 0.04MPa
② 0.06MPa
③ 0.08MPa
④ 0.14MPa

2 다음의 급수방식에 대한 설명 중 옳은 것은?

① 고가수조방식은 급수압력이 일정하다.
② 수도직결방식은 정전시 급수가 중단된다.
③ 고가수조방식은 대규모 급수설비에 부적합하다.
④ 압력수조방식은 정전시 급수를 계속할 수 있다.

3 급수방식에 관한 설명으로 옳은 것은?

① 수도직결방식은 수질 오염의 가능성이 가장 높다.
② 압력수조방식은 급수압력이 일정하다는 장점이 있다.
③ 펌프직송방식은 급수 압력 및 유량 조절을 위하여 제어의 정밀성이 요구된다.
④ 고가수조방식은 고가수조의 설치높이와 관계없이 최상층 세대에 충분한 수압으로 급수할 수 있다.

4 건물의 급수방식 중 수질오염의 가능성이 가장 큰 것은?

① 수도직결 방식
② 고가탱크 방식
③ 압력탱크 방식
④ 탱크가 없는 부스터방식

5 고가수조식 급수설비에 관한 설명으로 옳지 않은 것은?

① 설치높이는 최상층에 설치된 기구의 사용압력을 고려한다.
② 수조의 용량은 일반적으로 대규모의 경우 1시간 최대 사용수량의 1시간분 이상으로 저수할 수 있도록 한다.
③ 지하저수조(수수조) 용량은 고가수조의 용량보다 작게 한다.
④ 양수펌프의 양수량은 고가수조의 용량을 30분 이내에 양수할 수 있는 것을 의미한다.

해설

해설 1
수도본관의 최저필요압력(P_0)
$P_0 \geq P_1 + P_2 + 0.01h(MPa)$
$= 0.07 + 0.03 + 0.04$
$= 0.14 MPa$

해설 2
② 수도직결방식은 정전과 관계없이 급수가 가능하다.
③ 고가수조방식은 대규모 급수설비에 적합하다.
④ 압력수조방식은 정전시 압력탱크내의 압력범위 만큼만 급수를 계속할 수 있다.

해설 3
① 수도직결방식은 물이 저장되지 않는 방식이므로 수질오염의 염려는 작다.
② 압력수조식은 압력탱크내의 수위에 따라 수압이 변한다.
④ 고가수조식은 고가탱크의 설치높이에 따라 최상층의 수압이 낮을 수 있다.

해설 4
② 고가탱크방식 - 수압이 일정하고 단수시에도 급수가 가능하나 수질오염의 가능성이 가장 크다. 반대로 수질오염의 가능성이 가장 작은 것은 수도직결방식이다.

해설 5
③ 지하저수조의 용량은 보통 1일 급수사용량 정도로 하며 옥상탱크는 시간최대급수량 정도로 하므로 지하저수조 용량이 옥상탱크 용량보다 당연히 크게 된다.

정답 1. ④ 2. ① 3. ③ 4. ② 5. ③

6 다음 조건에서 고가수조의 설치높이는 기구에서 몇 M이상이 되어야 하는가?

[조건] 대변기의 최저 사용압 : 70kPa
고가수조에서 기구까지의 배관손실 : 2m

① 12m   ② 9m
③ 7m   ④ 5m

해설 6 옥상탱크의 설치 높이
$H \geq H_1 + H_2 + h$
최고층 급수기구의 압력에 해당하는 높이 $H_1 = 7m$ (70kPa의 수압은 수두 7m에 해당되므로), 배관마찰손실수두 $H_2 = 2m$이고 문제에서 최고층 기구로부터의 높이를 요구하였으므로 지반에서 최고층 기구까지의 높이 h는 고려하지 않는다.
따라서 $H \geq H_1 + H_2 = 7 + 2 = 9m$가 된다.

7 고가수조의 용량을 V(m³)라면 다음에서 양수펌프의 양수량(m³/h)로 알맞는 것은?

① Q = 0.5V
② Q = 1.0V
③ Q = 1.5V
④ Q = 2.0V

해설 7 양수펌프의 양수량
= 옥상탱크 유효용량의 2배
= 시간최대 급수량(Q_m)의 2배
= 순간최대 급수량(Q_p)
따라서, 양수펌프는 옥상탱크를 1시간에 두번 즉, 30분에 한번 채울 수 있어야 한다.

8 급수방식에서 압력탱크방식의 특징 중 잘못 기술한 것은?
① 반드시 탱크를 높은 곳에 설치하지 않아도 된다.
② 특별히 국부적으로 고압을 필요로 하는 경우에 필요하다.
③ 공기 가압방식의 경우 배관내 부식이 우려된다.
④ 급수압력을 일정하게 유지할 수 있다

해설 8
④ 급수압력이 일정한 것은 고가(옥상)탱크 방식이다.

9 초고층 건물에는 옥상층과 중간층에 고가수조를 설치하는데 그 이유로 직접적인 관계가 있는 것은?
① 건축 구조를 경제적으로 설계하기 위하여
② 급수펌프의 용량을 줄이기 위하여
③ 저층부의 수압을 줄이기 위하여
④ 옥상층의 면적을 줄이기 위하여

해설 9 초고층 건물에 있어서의 급수 조닝 이유
초고층 건물은 최고층과 최하층의 수압차가 크므로 최하층에서는 과대한 수압으로 수격작용이 생기고 그 결과 소음이나 진동이 일어나며, 기구 부속품 등의 파손이 생기므로 적절한 수압을 유지하기 위해 급수 조닝을 한다.

10 압력수조식 급수설계에서 최고층 수전까지의 수직높이가 9(m)이고, 관내 마찰손실수두가 5(m)일 때 최고층 수전의 급수에 필요한 최저 필요 압력은 얼마인가? (단, 최고층 수전의 소요압력은 70kPa임.)

① 50kPa
② 70kPa
③ 90kPa
④ 210kPa

해설 10
압력탱크의 최저필요수압
$P = P_1 + P_2 + P_3$ 여기서,
P_1 (최고층 수전까지의 높이가 9m이므로)은 90kPa
P_2 (기구 소요압력)는 70kPa
P_3 (마찰손실수두가 5m 이므로)는 50kPa
$P = 90 + 70 + 50 = 210kPa$

정답 6. ② 7. ④ 8. ④ 9. ③ 10. ④

기출문제 및 예상문제

CHAPTER 1
3. 급수방식

■■■ 수도직결식

1. 급수방식의 종류가 아닌 것은?
① 수도직결 방식　② 압력탱크 방식
③ 고가수조 방식　④ 시스턴탱크 방식

2. 다음 중 정전으로 인한 단수의 염려가 없는 급수방식은?
① 수도직결 방식
② 고가탱크 방식
③ 압력탱크 방식
④ 탱크가 없는 부스터 방식

[해설] 수도직결방식은 정전과 관계없이 급수가 가능하며 물이 저장되지 않는 방식이므로 수질오염의 염려는 작으나 단수시에 급수가 불가능하다.

3. 다음 중 수질 오염 측면에서 가장 유리한 급수 방식은?
① 수도직결방식
② 고가수조방식
③ 압력탱크방식
④ 펌프직송방식

[해설] 물이 저장되지 않는 방식일수록 수질오염가능성은 작아진다. 따라서 수질오염가능성은 수도직결방식이 가장 작고 옥상탱크방식이 가장 크다.

4. 다음 설명에 알맞은 급수 방식은?

> • 위생성 측면에서 가장 바람직한 방식이다.
> • 정전으로 인한 단수의 염려가 없다.

① 수도직결방식　② 고가수조방식
③ 압력수조방식　④ 펌프직송방식

5. 수도직결방식의 급수에서 수압이 0.24MPa일 때 급수압에 의한 물의 상승 높이는? (단, 마찰저항은 무시한다.)
① 2.4m
② 4.8m
③ 12m
④ 24m

[해설] 수압(P, MPa)과 수두(H, maq)와의 관계
P = 0.01H 에서 H = 100P 이므로
H = 100P = 100 × 0.24 = 24m

6. 급수방식 중 수도직결방식에서 수도본관의 압력은 다음의 식을 만족하여야 한다. 다음 식의 P_1, P_2, P_3의 구성에 속하지 않는 것은? (단, P는 수도본관의 압력이다.)

$$P \geq P_1 + P_2 + P_3$$

① 제일 높은 수도꼭지까지의 높이
② 제일 높은 수도꼭지까지의 배관길이
③ 제일 높은 수도꼭지까지의 관마찰손실
④ 제일 높은 수도꼭지에서 필요로 하는 압력

[해설] 배관길이는 관마찰손실에 영향을 미치지만 수도본관의 필요압력 계산식에 직접 이용되지는 않는다.

7. 수도직결방식의 급수방식에서 수도 본관으로부터 8m 높이에 위치한 기구의 소요압이 70 kPa이고 배관의 마찰손실이 20 kPa인 경우, 이 기구에 급수하기 위해 필요한 수도본관의 최소 압력은?
① 약 90 kPa
② 약 98 kPa
③ 약 170 kPa
④ 약 210 kPa

[해설] 수도본관에 필요한 최저 수압
$P \geq P_1 + P_2 + \dfrac{h}{100}$ (MPa) 또는 $P_1 + P_2 + 10h$ (kPa)

해답　1. ④　2. ①　3. ①　4. ①　5. ④　6. ②　7. ③

여기서, P_1(기구 최저 필요압력)은 70kPa = 0.07MPa
P_2(마찰손실수압)는 20kPa = 0.02MPa
h(수도본관에서 최고층 급수기구까지의 높이)는 8m이므로
$P \geq 0.07 + 0.02 + 8/100 = 0.17\text{MPa} = 170\text{kPa}$
또는 $P \geq P_1 + P_2 + 10h = 70 + 20 + 10 \times 8 = 170\text{kPa}$

8. 기구별 소요압력이 70kPa이고 수전고가 10m일 때 수도본관에는 최소 얼마의 압력이 있어야 급수가 가능한가? (단, 배관중 마찰손실은 40kPa 임)

① 70kPa
② 100kPa
③ 170kPa
④ 210kPa

[해설] 수전고가 10m 이므로 100kPa의 수압이 필요. 기구소요압 70kPa, 마찰손실 40kPa
즉, $P_0 \geq 70 + 40 + 100 = 210\text{kPa}$

9. 그림과 같은 방식으로 급수를 하고 있는 주택에서, 2층에 있는 샤워기에 급수가 원활히 이루어지기 위해서 필요한 수도본관의 압력은 최소 어느 정도 필요한가? (단, 샤워기까지의 수도미터, 밸브 및 배관 등에 의한 압력손실은 0.05MPa이고, 샤워기의 최소 필요압력은 0.07MPa로 한다)

① 0.19MPa
② 0.20MPa
③ 0.21MPa
④ 0.22MPa

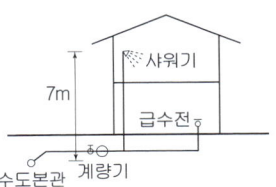

[해설] 수도본관에 필요한 최저 수압
$P \geq P_1 + P_2 + 0.01h$ 여기서,
P_1 = (기구 최저 필요압력) 샤워로서 0.07MPa
P_2 = (마찰손실수압) 0.05MPa
h = (수도본관에서 최고층 급수기구까지의 높이) 7m
$\therefore P \geq 0.07 + 0.05 + 0.01 \times 7 = 0.19\text{MPa}$

■■■ **고가수조(옥상탱크)방식**

10. 고가수조 급수방식에서 물 공급 순서로 알맞는 것은?

① 상수도 - 저수조 - 펌프 - 고가수조 - 위생기구
② 상수도 - 고가수조 - 펌프 - 저수조 - 위생기구
③ 상수도 - 고가수조 - 저수조 - 위생기구
④ 상수도 - 저수조 - 고가수조 - 펌프 - 위생기구

11. 급수방식 중 고가수조방식에 관한 설명으로 옳은 것은?

① 급수압력이 일정하다.
② 2층 정도의 건물에만 적용이 가능하다.
③ 위생성 측면에서 가장 바람직한 방식이다.
④ 저수조가 없으므로 단수 시에 급수가 불가능하다.

12. 급수방식 중 고가탱크방식에 관한 설명으로 옳지 않은 것은?

① 급수압력이 일정하다.
② 물탱크에서 물이 오염될 가능성이 있다.
③ 일반적으로 상향급수 배관방식이 사용된다.
④ 단수시에도 일정량의 급수를 계속할 수 있다.

[해설] 고가탱크방식은 고가탱크에서 아래로 하향급수한다.

13. 급수방식 중 고가수조방식에 대한 설명으로 옳지 않은 것은?

① 저수시간이 길어지면 수질이 나빠지기 쉽다.
② 대규모의 급수 수요에 쉽게 대응할 수 있다.
③ 단수시에도 일정량의 급수를 계속할 수 있다.
④ 급수공급압력의 변화가 심하고 취급이 까다롭다.

[해설] 고가수조방식은 수압이 일정하고 부스터방식이나 압력탱크방식에 비해 취급이 용이하다.

해답 8. ④ 9. ① 10. ① 11. ① 12. ③ 13. ④

14. 급수방식 중 고가수조방식에 관한 설명으로 옳지 않은 것은?

① 수질오염의 우려가 없다.
② 대규모 급수설비에 적합하다.
③ 일정한 수압으로 급수가 가능하다.
④ 수조 중량에 의한 구조적 보강이 필요하다.

15. 급수방식 중 고가수조방식에 관한 설명으로 옳은 것은?

① 상향급수 배관방식이 주로 사용된다.
② 3층 이상의 고층으로의 급수가 어렵다.
③ 압력수조방식에 비해 급수압 변동이 크다.
④ 펌프직송방식에 비해 수질오염 가능성이 크다.

[해설] 고가수조방식
 ① 하향급수방식이다.
 ② 고층으로의 급수가 용이하다.
 ③ 급수압이 일정하다.
 ④ 급수가 저수조와 옥상수조 등 두 번 저장 후 공급되므로 수질오염 가능성은 크다.

16. 건물 내의 급수방식 중 고가수조방식에 관한 설명으로 옳은 것은?

① 단수시에도 일정량의 급수가 가능하다.
② 3층 이상의 고층으로의 급수가 불가능하다.
③ 수도 본관의 영향을 그대로 받아 수압 변화가 심하다.
④ 위생성 및 유지·관리 측면에서 가장 바람직한 방식이다.

17. 급수설비의 고가수조에 관한 기술이다. 옳지 않은 것은?

① 철판으로 만들고 내면을 도장한다.
② 전극봉 또는 플로트스위치로 수위를 자동 조절한다.
③ 밀폐식으로 만들고 압력계를 설치한다.
④ 양수관, 급수관, 오버플로우(overflow)관 등을 설치한다.

[해설] ① 고가수조는 수질오염을 방지하기 위해 스테인레스, SMC(불포화성수지), FRP, PDF(폴리에틸렌) 등으로 제작하며 다른 재질로 만들 경우에는 탱크 내면에 내식성도료를 칠한다.
② 전극봉스위치 또는 플로트스위치를 설치하여 수위에 따라 양수펌프를 ON/OFF시킨다.
④ 양수관, 급수관외에도 배수관, 오버플로우(overflow)관, 통기관 등을 설치한다.

18. 다음 중 급수용 저수조에 관한 설명으로 옳지 않은 것은?

① $5m^3$을 초과하는 저수조는 청소·위생점검 및 보수 등 유지관리를 위하여 1개의 저수조를 2 이상의 부분으로 구획하거나 저수조를 2개 이상 설치한다.
② 넘침관(overflow pipe)은 간접 배수로 한다.
③ 보수 점검을 위하여 30cm폭의 맨홀을 설치한다.
④ 청소 및 배수를 위하여 최하단부에 배수 밸브를 설치한다.

[해설] 수도시설의 청소 및 위생관리 등에 관한 규칙

별표1. 저수조 설치기준
저수조에는 각 변의 길이가 90cm 이상인 사각형 맨홀 또는 지름이 90cm 이상인 원형 맨홀을 1개 이상 설치하여 청소를 위한 사람이나 장비의 출입이 원활하도록 하여야 하고, 맨홀을 통하여 먼지 기타 이물질이 유입되지 아니하도록 할 것. 다만, $5m^3$ 이하의 소규모 저수조의 맨홀은 각변 또는 지름을 60cm 이상으로 할 수 있다.

19. 다음의 양수펌프에 대한 설명 중 ( )안에 들어갈 말로 가장 알맞은 것은?

> 고가수조로의 양수량은 시간최대 급수량으로 하거나 또는 고가수조 용량을 ( )정도에 채울 수 있는 양으로 하는 것이 일반적이다.

① 5분
② 30분
③ 3시간
④ 4시간

해답 14. ① 15. ④ 16. ① 17. ③ 18. ③ 19. ②

[해설] **양수펌프의 양수량**

고가수조의 용량은 시간최대급수량으로 하며 양수펌프의 양수량은 시간최대급수량의 2배인 순간최대급수량으로 하므로 양수펌프의 양수량은 고가수조 용량의 2배이다. 즉 양수펌프의 양수량으로 고가수조를 1시간에 2번 채울 수 있다.

20. 연면적이 10,000m²인 사무소 건물의 급수량을 구하여 옥상 탱크의 용량을 결정하고자 한다. 1시간 최대 사용수량을 옥상탱크용량으로 결정할 경우 가장 적당한 것은? (단, 유효면적비 56%, 유효면적당 거주인원 0.2인/m², 1인 1일당 급수량 100L, 건물의 사용시간은 10시간으로 한다.)

① 10m³
② 20m³
③ 30m³
④ 40m³

[해설] 1일 급수량 Q_d = 10,000m² × 0.56 × 0.2인/m² × 100L/인·d = 112,000(L/d) = 112(m³/d)
시간평균급수량 $Q_h = Q_d/T = 112/10 = 11.2(m^3/h)$
시간최대급수량 $Q_m = Q_h × (1.5~2)$
= 11.2 × (1.5~2) = 16.8~22.4(m³/h)
옥상탱크용량은 대규모 건물일 경우 시간최대급수량 × 1시간분이므로 16.8~22.4m³이 적당하다.

21. 고가수조의 설치 높이를 정하는 데 필요한 요소가 아닌 것은?

① 수수조의 저수량
② 급수기구의 소요압력
③ 최고높이에 있는 급수기구의 높이
④ 배관의 손실압력

[해설] 옥상탱크의 설치 높이 $H ≥ H_1 + H_2 + h$
H : 고가탱크의 높이
H_1 : 최고층 급수기구에서의 소요 압력에 해당하는 높이(m)
H_2 : 고가탱크에서 최고층의 급수기구에 이르는 사이의 마찰손실수두(m)
h : 지반에서 최고층 기구까지의 높이(m)

22. 지상에서 최상층 대변기 세정밸브까지의 수직거리가 20m, 관내 총마찰손실이 0.02MPa이라 할 경우 지상에서 고가수조 높이는 최저 얼마 이상으로 하는가?

① 9m
② 22m
③ 27m
④ 29m

[해설] 옥상탱크의 설치 높이 $H ≥ H_1 + H_2 + h$
최고층 급수기구의 압력에 해당하는 높이 H_1=7m(대변기 세정밸브의 최소필요압력 0.07MPa는 수두 7m에 해당되므로), 배관마찰손실수두 H_2=2m(0.02MPa의 수압은 수두 2m에 해당되므로)이고 문제에서 지상으로부터의 높이를 요구하였으므로 지반에서 최고층 기구까지의 높이 h=20m를 고려하여야 한다.
따라서 $H ≥ H_1 + H_2 + h = 7+2+20 = 29m$

23. 최고층에 설치된 플러시 밸브의 최소필요압력이 70kPa인 경우, 밸브로부터 고가수조의 최저수면까지의 연직거리는 최소 얼마 이상 확보하여야 하는가? (단, 고가수조로부터 기구까지 발생되는 마찰손실 수두는 1m로 한다.)

① 5m
② 6m
③ 7m
④ 8m

[해설] 옥상탱크의 설치 높이 $H ≥ H_1 + H_2 + h$
최고층 급수기구의 압력에 해당하는 높이 H_1=7m (70kPa의 수압은 수두 7m에 해당), 배관마찰손실수두 H_2=1m이고 문제에서 최고층 기구로부터의 높이를 요구하였으므로 지반에서 최고층 기구까지의 높이 h는 고려하지 않는다.
따라서 $H ≥ H_1 + H_2 = 7 + 1 = 8m$가 된다.

해답 20. ② 21. ① 22. ④ 23. ④

24. 그림과 같은 경우 고가수조의 자연낙차압을 이용하여 샤워를 하려면 고가수조의 필요최소높이 H는 몇 m인가? (단, 고가수조내의 수면높이에 의한 낙차압은 고려하지 않는다. 샤워 필요최소압력=0.07MPa, 고가수조에서 샤워까지의 배관마찰손실=0.01MPa)

① 5
② 6
③ 7
④ 8

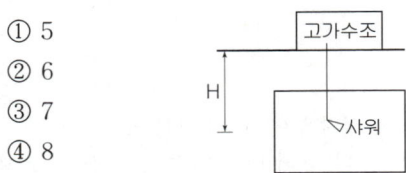

[해설] 옥상탱크의 설치 높이 H≥H_1+H_2=7+1=8m

■■■ **압력탱크방식**

25. 압력수조방식의 급수방식에 대한 설명 중 옳지 않은 것은?
① 정전시에 급수가 불가능하다.
② 급수공급압력이 항상 일정하다.
③ 시설비 및 유지관리비가 많이 든다.
④ 단수시에 일정량의 급수가 가능하다.

26. 저수조가 필요하고, 수전에서 압력변동이 크게 발생할 우려가 있는 급수방식은?
① 수도직결방식
② 고가탱크방식
③ 펌프직송방식
④ 압력탱크방식

27. 압력수조 급수방식에 관한 설명으로 옳지 않은 것은?
① 정전 시 급수가 곤란하다.
② 고가수조가 필요 없어 미관상 좋다.
③ 고가수조방식에 비해 급수압의 변동이 크다.
④ 고가수조방식에 비해 수조의 설치위치에 제한이 많다.

28. 압력탱크 급수방식에 관한 설명으로 옳지 않은 것은?
① 정전 시 급수가 곤란하다.
② 급수 압력을 일정하게 유지할 수 있다.
③ 단수 시 저수조의 물을 사용할 수 있다.
④ 탱크를 높은 곳에 설치하지 않아도 된다.

29. 다음 중 급수방식으로 압력탱크 방식을 채택하는 경우와 가장 거리가 먼 것은?
① 설치환경의 제약으로 고가탱크 방식의 적용이 어려운 경우
② 급수 공급 압력의 변화가 심하고 수질 오염의 우려가 큰 경우
③ 동일한 높이에 설치된 다른 장비에 적절한 수압을 얻을 수 없는 경우
④ 고가탱크 방식으로는 제일 높은 층에서 필요로 하는 압력을 얻을 수 없는 경우

30. 압력수조식 급수설계에서 최고층 수전까지의 수직높이가 9[m]이고 관내 마찰손실수두가 5[m]일 때 최고층 수전의 급수에 필요한 최저 필요압력은 얼마인가? (단, 최고층 수전의 소요압력은 70kPa 이며, 1mAq = 10kPa)

① 70kPa
② 120kPa
③ 160kPa
④ 210kPa

[해설] 압력탱크의 최저필요수압
P=P_1+P_2+P_3= 70 + 90 + 50 = 210 kPa

31. 압력수조식 급수설비에서 수조내의 최고압력이 350kPa이고, 흡입양정이 5m라면 압력탱크에 급수하기 위해 사용되는 급수펌프의 실양정(actual head)은 얼마인가?

① 3.5m
② 5.0m
③ 35m
④ 40m

[해설] 압력 350kPa은 수두 35m 이므로
실양정=35+5=40m

해답 24. ④ 25. ② 26. ④ 27. ④ 28. ② 29. ② 30. ④ 31. ④

■■■ **부스터 펌프방식(펌프직송방식)**

32. 급수방식 중 펌프직송방식에 관한 설명으로 옳은 것은?
① 수질오염의 가능성이 없다.
② 급수 공급 방향은 일반적으로 하향식이다.
③ 전력공급이 안되는 경우에도 급수가 가능하다.
④ 배관 내 압력변동 등을 감지하여 펌프를 기동한다.

33. 급수방식 중 펌프직송 방식에 대한 설명으로 옳지 않은 것은?
① 변속펌프로서 적절한 대수분할, 말단압력 제어 등에 의해 에너지 절약을 꾀할 수 있다.
② 변속펌프 방식에서는 비교적 압력변동이 적다.
③ 자동제어에 필요한 설비비가 적고, 유지관리가 간단하다.
④ 상향공급방식이 일반적이다.

[해설] 펌프직송방식은 대수제어, 교대운전 등 자동제어에 필요한 설치비가 많이 든다.

34. 급수방식 중 펌프직송방식에 관한 설명으로 옳지 않은 것은?
① 전력 차단 시 급수가 불가능하다.
② 고가수조방식에 비해 수질오염 가능성이 크다.
③ 건축적으로 건물의 외관 디자인이 용이해지고 구조적 부담이 경감된다.
④ 적정한 수압과 수량확보를 위해서는 정교한 제어장치 및 내구성 있는 제품의 선정이 필요하다.

35. 급수방식 중 펌프직송방식에 관한 설명으로 옳지 않은 것은?
① 상향공급방식이 일반적이다.
② 전력공급이 중단되면 급수가 불가능하다.
③ 자동제어에 필요한 설비비가 적고, 유지관리가 간단하다.
④ 적절한 대수분할, 압력제어 등에 의해 에너지 절약을 꾀할 수 있다.

[해설] 펌프직송방식은 대수제어, 교대운전 등 자동제어에 필요한 설치비가 많이 든다.

36. 가압급수방식(부스터펌프방식)의 특징으로서 틀린 것은?
① 부하설계와 기기의 선정이 적절하지 못하면 에너지 낭비가 크다.
② 급수량에 따라 펌프의 대수제어 운전, 회전수 제어 운전이 가능하며 최상층의 수압도 크게 할 수 있다.
③ 정전시에도 옥상탱크에 있는 물을 공급할 수 있어 안정적이다.
④ 부스터펌프방식에 압력탱크를 병용하여 사용하면 펌프의 잦은 단락을 보완할 수 있다.

[해설] 정전시에도 옥상탱크에 있는 물을 공급할 수 있는 급수방식 - 옥상탱크방식

■■■ **급수방식 종합**

37. 급수방식에 관한 설명으로 옳은 것은?
① 압력수조방식은 경제적이며 공급압력이 일정하다.
② 펌프직송방식은 정교한 제어가 필요하며 전력 차단 시 급수가 불가능하다.
③ 수도직결방식은 공급압력이 일정하여 고층건물에 주로 사용된다.
④ 고가수조방식은 수질오염성이 가장 낮은 방식으로 단수 시 일정 시간 동안 급수가 가능하다.

[해설] ① 압력수조방식은 수조 내의 수위에 따라 공급압력이 계속 변한다.
③ 수도직결방식은 공급압력이 계속 변하며 저층건물에 주로 사용된다.
④ 고가수조방식은 수질오염성이 가장 높은 방식이다.

해답 32. ④ 33. ③ 34. ② 35. ③ 36. ③ 37. ②

38. 급수방식에 관한 설명으로 옳지 않은 것은?
① 고가탱크방식은 급수압력이 일정하다는 장점이 있다.
② 수도직결방식은 위생성 측면에서 가장 바람직한 방식이다.
③ 압력탱크방식은 국부적으로 고압이 필요한 경우에 유용하다.
④ 펌프직송방식 중 변속방식은 정속방식에 비해 압력변동이 심하기 때문에 아파트에서는 사용할 수 없다.

[해설] 펌프직송방식 중 변속펌프방식은 압력에 따라 전동기의 회전속도를 변화시켜 수압을 조절하며 최근 아파트 등에서 그 사용이 점차 증가하고 있다. 또한 압력에 따라 운전대수를 제어하는 대수제어 방식도 많이 사용된다.

39. 건물의 급수방식에 관한 설명으로 옳은 것은?
① 펌프직송방식은 정전 시 급수가 불가능하다.
② 수도직결방식은 건물의 높이에 관계가 없다.
③ 고가탱크방식은 급수압력의 변동이 가장 크다.
④ 압력탱크방식은 수질오염 가능성이 가장 작다.

■■■ **초고층건물의 급수방식**

40. 고층 건물에서 급수설비를 조닝하는 가장 주된 이유는?
① 존별로 급수압력의 균등화
② 급수 배관길이의 감소
③ 배관 내 스케일의 발생 방지
④ 급수펌프 운전의 편리성 향상

41. 다음 중 초고층 건물에서 중간층에 중간수조를 설치하는 가장 주된 이유는?
① 물탱크에서 물이 오염될 가능성을 낮추기 위하여
② 정전 등으로 인한 단수를 막기 위하여
③ 저층부의 수압을 줄이기 위하여
④ 옥상층의 면적을 줄이기 위하여

42. 초고층건물에 대한 급수계통의 「조닝」(Zoning) 방식에서 각 조닝마다 탱크를 설치하는 중간탱크에 의한 급수설비의 조닝방식이 아닌 것은?
① 세퍼레이트 방식
② 부스터 방식
③ 진공펌프 방식
④ 스필백 방식

[해설] 초고층 건물의 급수조닝은 중간탱크에 의한 방식, 감압밸브에 의한 방식, 펌프 직송방식 등이 있으며 중간탱크에 의한 방식에는 층별식(세퍼레이트 방식), 중계식(부스터 방식), 스필백 방식이 있다.

43. 초고층 건물에서 급수압력의 균등화를 위해 조닝(zoning)을 하여야 하는데, 다음 중 고가수조를 설치하는 경우의 조닝 방식에 속하지 않는 것은?
① 중간수조방식
② 감압밸브방식
③ 펌프분리방식
④ 중간수조, 감압밸브 병용방식

[해설] 초고층 건물의 급수방식 중 펌프분리방식(펌프직송방식) : 건물을 고층부, 중층부, 저층부 등 몇 개의 존으로 구분하고 존마다 각각의 펌프를 설치하여 아래 저수조에서 위로 직접 상향공급하는 방식을 말한다.

해답 38. ④ 39. ① 40. ① 41. ③ 42. ③ 43. ③

44. 아파트, 호텔 등에 고가수조식 급수설비를 할 경우 고가수조에서 최하층 급수기구까지의 수직거리는 얼마를 넘지 않도록 하는가?

① 10~20m ② 20~30m
③ 30~40m ④ 40~50m

[해설] 건물용도별 최고수압(MPa)

구 분	주택, 호텔, 병원	일반건물
최고압력	0.3~0.4	0.4~0.5

45. 건물에서 급수압력이 너무 높을 경우 소음발생, 기구의 마모 등이 발생하게 되므로 사용압력을 제한하게 된다. 사무실 건물에서 최대사용압력으로 적절한 것은?

① 30~40 kPa
② 40~50 kPa
③ 200~300 kPa
④ 400~500 kPa

46. 고가수조에서 최하층 급수기구까지의 수직거리는 일반 사무실의 경우 얼마 정도로 제한하는가?

① 20~30m
② 30~40m
③ 40~50m
④ 50~60m

해답 44. ③   45. ④   46. ③

4 급수설비(Ⅳ) -펌프의 종류 및 용량, 급수관경 결정

> **학습방향**
> 펌프의 종류 및 특징, 펌프의 양정·구경·동력 등 용량계산, 급수관경의 결정방법 등에 대한 이해가 요구된다.

6 펌프(Pump)

(1) 펌프의 종류

펌프는 여러가지 관점에서 다양하게 분류될 수 있으나 작동원리와 구조에 의해 분류하면 다음과 같다.

① 터보형펌프 : 흡입관과 배출관을 가진 용기(케이싱) 안에서 날개차를 회전시켜 액체에 에너지를 부여하는 펌프의 총칭으로 물을 다루는 펌프의 대부분은 터보펌프에 속한다.
  - 와권(원심)펌프 : 볼류트펌프, 터빈펌프
  - 축류펌프
  - 사류펌프

② 용적형펌프 : 공간용적을 주기적으로 변화시켜 액체가 흡입, 배출되도록 한 펌프로 주로 유압장치용으로 사용된다. 수용(水用)펌프로서 용적형펌프의 일종인 왕복펌프를 쓰기도 한다. 어느 것이나 터보형에 비해 유량은 아주 적지만 얻어지는 압력은 매우 높다.
  - 왕복펌프 : 피스톤펌프, 플런저펌프, 워싱턴펌프, 버킷펌프
  - 회전펌프 : 기어펌프, 나사펌프

③ 특수형펌프 : 제트펌프, 와류펌프, 기포펌프

1) 와권(원심) 펌프(centrifugal pump)

① 볼류트 펌프(volute pump)
임펠러(날개차)가 달려 있어 원심력으로 양수한다. 임펠러의 수에 따라 단단 볼류트펌프와 2단, 3단 등의 다단 볼류트펌프로 구분한다.

② 터빈 펌프(turbine pump)
임펠러의 외주(外周)에 안내날개(guide vane)가 있어 물의 흐름을 조절한다. 임펠러의 수에 따라 단단 터빈펌프와 2단, 3단 등의 다단 터빈펌프로 구분한다. 디퓨저 펌프라고도 한다.

학습POINT

〈그림 1-14〉 터빈펌프와 볼류트펌프의 차이

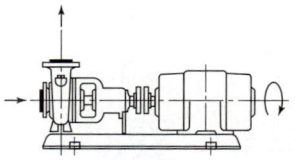

〈그림 1-15〉 단단볼트류 펌프

<사진 1-6> 단단볼류트펌프

<사진 1-7> 다단볼류트펌프

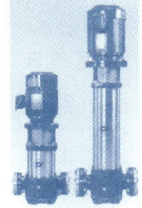
<사진 1-8> 입형다단터빈펌프

<사진 1-9> 라인펌프

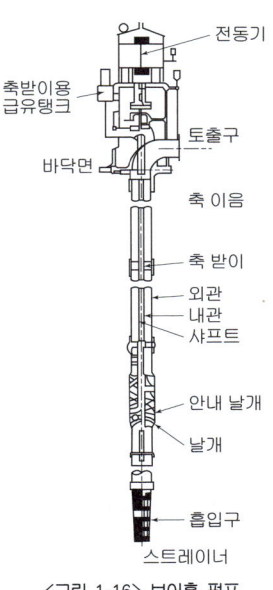
<그림 1-16> 보어홀 펌프

③ 심정 펌프(deep well pump)
  ㉮ 보어홀 펌프(borehole pump) : 지상의 모터와 물속의 임펠러를 긴 중공축으로 연결하여 작동시키며 깊은 우물의 양수에 사용하는 입형 다단터빈펌프이다.
  ㉯ 수중모터펌프(submerged pump) : 모터에 직결된 펌프를 물속에 내려 놓고 펌프에서 지상까지 양수관으로 연결하여 작동한다.
④ 논 클러그 펌프(non-clog pump) : 오물잔재의 고형물이나 천조각 등이 섞여 있는 물을 배제하는데 사용하는 배수용 펌프이다.

이 와권펌프는 다음의 특성이 있다.
  ㉮ 고속운전에 적합하다.
  ㉯ 양수량의 조정이 쉬워 고양정에 쓰인다.
  ㉰ 전체의 진동이 적다.
  ㉱ 모두 회전운동이다.
  ㉲ 회전수에 따라 양수량, 양정, 축동력이 크게 변동한다.

<사진 1-10> 수중모터펌프

<사진 1-11> 논-클로그펌프

■ 용도에 따른 펌프의 분류
• 급탕, 냉·온수, 냉각수 등의 양정이 낮은 순환용펌프 - 단단볼류트 펌프 또는 라인펌프
• 양수펌프, 소화펌프 등 양정이 높은 펌프 - 다단볼류트 펌프
• 보일러 급수펌프 - 다단터빈펌프

2) 왕복펌프

실린더 속에서 피스톤, 플런저, 버킷 등을 왕복운동 시킴으로써 물을 빨아 올려 송출하는 방식으로 구조가 간단하고 취급이 용이하며 마중물이 필요없다.

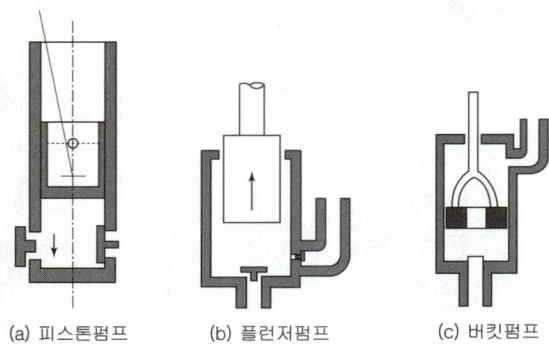

(a) 피스톤펌프   (b) 플런저펌프   (c) 버킷펌프

〈그림 1-17〉 왕복펌프의 종류

■ 왕복동 펌프 양수량

$$Q = A \cdot L \cdot N \cdot E_V (m^3/min)$$

A : 피스톤 또는 플런저의 유효단면적(m^2)
L : 피스톤 또는 플런저의 스트로크(왕복거리)(m)
N : 매분당 스트로크수(크랭크의 회전수)
E_V : 용적효율

① 피스톤펌프(piston pump) : 용량이 많고 압력이 낮은 곳에 사용
② 플런저펌프(plunger pump) : 용량이 적고 압력이 높은 곳에 사용
③ 워싱턴펌프(worthington pump) : 보일러의 증기압을 동력으로하여 그 구조가 간단하고 고장이 적다. 실린더에 0.2~1MPa의 고압 증기를 공급하여 피스톤을 왕복운동시켜 급수압력 1~1.5MPa로 작동하는 보일러 보급수용 펌프이다.

3) 기어펌프(gear pump) : 두 개의 치차의 회전에 의하여 치차 사이에 끼어 있는 액체가 케이싱의 내벽을 따라서 송출되는 펌프로 기름 반송용으로 쓰인다.

4) 제트펌프(jet pump) : 노즐에서 고압의 증기 또는 물을 고속으로 분사시켜 노즐의 끝 주위가 부압이 되어 물을 빨아 올려 송수한다. 물을 분출시켜 물을 올리는 펌프를 분사수펌프, 증기를 분출시켜 물을 올리는 펌프를 분기펌프라 하며, 인젝터와 이젝터가 있다.

〈사진 1-12〉 기어펌프

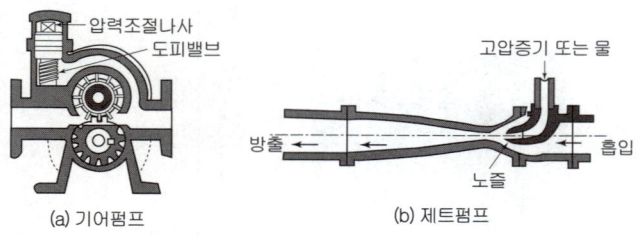

(a) 기어펌프   (b) 제트펌프

〈그림 1-18〉 기어펌프 및 제트펌프

(2) 펌프의 흡입높이

펌프의 이론상 흡입양정은 대기압에 상당하는 수두로서 10.33m이지만 해발이나 수온이 높을수록 작아진다.

〈표 1-13〉 해발 높이와 펌프 흡입양정

고도(해발 m)	0	100	200	300	400	500	1,000	1,500
기압(mmHg)	760	751	742	733	724	716	674	634
이론상의 흡입높이(m)	10.33	10.20	10.08	9.97	9.83	9.7	9.0	8.6

〈표 1-14〉 수온과 펌프 흡입양정

수온(℃)	0	20	50	60	70	80	90	100
이론상의 흡입높이(m)	10.33	9.685	9.042	7.894	7.208	5.562	2.926	0
실제흡입높이(m)	7.0	6.5	4.0	2.5	0.5	0	0	0

(3) 펌프의 용량

① 펌프의 양수량 : 순간최대 급수량(Q_p)과 동일하게 한다.
② 펌프의 실양정 H_a = 흡입양정(H_s) + 토출양정(H_d) (m)
③ 펌프의 전양정 H = 흡입양정(H_s) + 토출양정(H_d) + 마찰손실수두(H_f) (m)
④ 펌프구경 $d = \sqrt{\frac{4Q}{v\pi}}(m) = 1.13\sqrt{\frac{Q}{v}}(m)$
⑤ 펌프의 축동력 = $\frac{\rho \cdot g \cdot Q \cdot H}{60 \cdot E}(W) = \frac{\rho \cdot Q \cdot H}{6.12 \cdot E}(W) = \frac{\rho \cdot Q \cdot H}{6,120 \cdot E}(kW)$

ρ : 물의 밀도(1,000kg/m³)   Q : 양수량(m³/min)
H : 전양정(m)   E : 펌프의 효율(%)
g : 중력가속도(9.8m/s²)
1W = 1J/s = 1N·m/s = 1kg·m²/s³ (J = N·m, N = kg·m/s²)
1kW = 102kgf·m/s = 6,120kgf·m/min
1HP(영국마력) = 0.7457kW ≒ 0.75kW = 76.04kgf·m/s

한편 배관의 마찰손실수두(H_f)는 다음과 같이 계산한다.

관내 마찰손실수두 $H_f = f\frac{l}{d} \cdot \frac{v^2}{2g}(m)$

또는 $H_f = f\frac{l}{d} \cdot \frac{v^2}{2}(kPa) = f\frac{l}{d} \cdot \frac{\rho v^2}{2}(Pa)$

f : 관마찰 손실계수   l : 관의 길이(m)
v : 유속(m/s)   d : 관경(m)

> **참고** 관내마찰손실수두(H_f)는
> 관마찰계수, 관의 길이, 유속의 제곱에 비례하고, 관경과 중력가속도에 반비례한다.

■ 펌프의 양수량
= 옥상탱크 유효용량의 2배
= 시간최대 급수량(Q_m)의 2배
= 순간최대 급수량(Q_p)

■ 펌프의 전양정

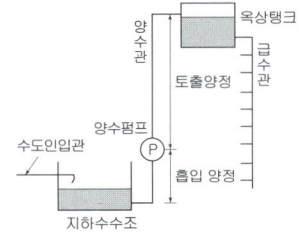

만약 흡입양정 3m, 토출양정 25m, 관내 마찰손실이 0.02MPa이라면 이 양수펌프의 전양정은 3m + 25m + 2m = 30m가 된다.

■ 펌프의 구경산정

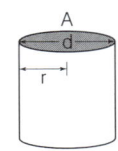

단면적이 $A(m^2)$, 유속이 $v(m/s)$일 경우 A면을 지나는 물의 양은 $Q = A \cdot v(m^3/s)$가 된다. 펌프의 구경을 d, 반지름 r이라 한다면
$Q = A \cdot v$에서
$Q = \pi r^2 \cdot v$
$= \pi \cdot \left(\frac{d}{2}\right)^2 \cdot v$
$= \frac{\pi \cdot v \cdot d^2}{4}$ 이 되어
$d = \sqrt{\frac{4Q}{v\pi}}(m) = 1.13\sqrt{\frac{Q}{v}}(m)$ 가 된다.

[예제] 펌프의 전양정 48m, 양수량 15m³/h, 효율이 70%일 때 축동력은?
■ 축동력 = $\frac{\rho \cdot Q \cdot H}{6,120 \cdot E}(kW)$
$= \frac{1,000 \times 15/60 \times 48}{6,120 \times 0.7} ≒ 2.8(kW)$

(4) 펌프의 공동현상(Cavitation)

① 공동현상(캐비테이션, cavitation)의 정의 : 흡입양정이 너무 높거나 물의 온도가 높아지면 펌프의 흡입구 측에서 물의 일부가 증발하여 기포가 된다. 이 기포는 임펠러를 거쳐 토출구측으로 넘어가면 갑자기 압력이 상승되므로 물속으로 다시 소멸되는데 이 때 격심한 소음과 진동이 일어나는 현상을 공동현상(cavitation)이라 한다. 이 캐비테이션은 소음, 진동, 관부식, 흡상불능을 초래한다.

② 방지법 : 펌프 흡입구에서의 전압을 그 수온에서의 물의 포화수증기압보다 높게 해야 하며 펌프는 가급적 낮은 위치에 설치하여 흡입양정을 작게 한다.

7 급수관의 관경결정

(1) 기구연결관의 관경에 의한 결정

기구 1개를 담당하는 급수관의 지름은 다음 표의 접속구경으로 한다.

■ 급수관의 관경결정법에는
① 기구연결관의 관경에 의한 방법
② 균등표에 의한 방법
③ 마찰저항선도에 의한 방법이 있다.

<표 1-15> 각종 위생기구의 순간최대유량 및 접속 급수관경

기구의 종류	1회당 사용량(l)	순간 최대 유량(l/min)	접속 구경(mm)
대변기(세정밸브)	15	110	25
대변기(세정탱크)	15	15	15
소변기(세정밸브)	5	30	20
소변기(세정탱크)	4.5	8	15
세 면 기	10	15	15
싱크(13mm 수전)	15	15	15
싱크(15mm 수전)	25	25	20
수 세 기	3	10	15
살 수 전		20~50	15~20
양 식 욕 조	125	30	20
샤 워	24~60	12	15~20

■ 세정밸브식 대변기일 경우 25mm 이상의 급수관으로 설계

■ 세정탱크식 대변기 및 세면기는 15mm 이상으로 설계

(2) 균등표에 의한 관경 결정

- 각 층의 급수지관과 같이 기구수가 적은 경우 사용
① 각 기구의 접속관경을 결정한다.
② 각 접속 관경을 균등표를 이용해서 15A관 상당개수로 환산한다.
③ 급수 기구 말단에서부터 15A관 상당개수를 누계한다.
④ ③에서 구한 15A관 상당개수 누계에 실제 기구수에 대한 동시사용률을 곱해서 동시 사용 개수를 구한다.(누계×동시사용율=동시사용 개수)
⑤ 동시사용 개수를 만족시키는 15A관 상당개수의 관경을 다시 균등표에 의해 구한다.

■ 기구의 동시사용율

기구수	동시사용율(%)
2	100
3	80
4	75
5	70
10	53
15	48
20	44
30	40
50	36
100	33

<표 1-16> 급수관의 균등표

관경	15(1/2)	20(3/4)	25(1)	32(11/4)	40(11/2)	50(2)	65(21/2)	80(3)	100(4)	125(5)	150(6)
15A(1/2B)	1										
20(3/4)	2	1									
25(1)	3.7	1.8	1								
32(11/4)	7.2	3.6	2	1							
40(11/2)	11	5.3	2.9	1.5	1						
50(2)	20	10.0	5.5	2.8	1.9	1					
65(21/2)	31	15.5	8.5	4.3	2.9	1.6	1				
80(3)	54	27	15	7	5	2.7	1.7	1			
100(4)	107	53	29	15	9.9	5.3	3.4	2	1		
125(5)	188	93	51	26	17	9.3	6.	3.5	1.8	1	
150(6)	297	147	80	41	28	15	9.5	5.5	2.8	1.6	1

■ 관경을 나타낼 때 mm나 inch 대신 A나 B를 쓰기도 한다. A는 mm를 B는 inch를 뜻한다. 즉 15A는 15mm를 1B는 1inch 즉, 25mm를 의미한다.

> **참고** 균등표에 의한 관경결정
>
> 세정밸브식 대소변기가 다음과 같이 설치되어 있을 경우 급수지관 Ⓐ의 관경결정방법
>
>
>
> ① 기구연결관경 : 세면기–15A, 소변기–20A, 대변기–25A
> ② 15A관 상당개수 : 세면기–1개, 소변기–2개, 대변기–3.7개
> ③ 15A관 상당개수 누계
> (세면기)1×1+(소변기)2×2+(대변기)2×3.7=12.4
> ④ 누계×동시사용율=12.4×0.7=8.68
> ⑤ 8.68은 15A 상당관의 균등표에서 7.2와 11사이의 값이므로 여유있는 11을 선택, Ⓐ의 관경은 40A로 한다.

(3) 마찰저항선도에 의한 방법

대규모 건축물에 있어서 탱크에서의 취출관, 횡주관, 주관의 관경을 결정할 때 사용하며, 이 방법은 급수관속을 흐르는 유량과 허용 마찰을 통해 관경을 구한다.

① 동시사용유량 계산
  ㉮ 급수기구 부하단위 산정
    미국의 위생기준(National Plumbing Code)에서 정해진 급수기구 단위(Fixture Unit)를 이용하여 산정하는 방법

<표 1-17> 각 기구의 급수 단위(개인용 : 아파트, 호텔 공중용 : 사무소, 학교)

기구명	급수 기구 단위 개인용	급수 기구 단위 공중용
세 면 기	1	2
주 방 기	2	4
세 탁 용	3	3
대변기(세정 탱크)	3	5
(세정 밸브)	6	10
소변기(세정 밸브)	–	5
욕 조	2	4
샤 워	2	2

■ 급수단위(F.U)란 세면기의 1분당 30L(7.5gal/min)의 급수량을 1단위로 하여, 각 기구의 단위를 산출하여 급수량을 정하는 방법으로 주로 급수관의 관경을 구하는데 적용된다.

㉯ 동시사용유량 곡선을 이용해 동시사용유량 산정

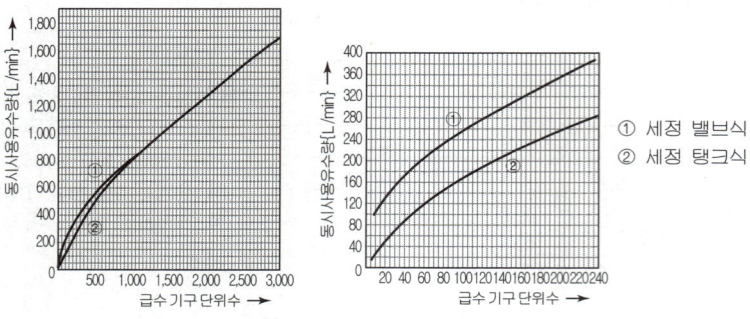

<그림 1-19> 동시사용유량곡선

② 허용마찰손실(R) 계산

$$R = \frac{H_1 - H_2}{l\,(1+k)} \times 10 (\text{kPa/m})$$

H_1 : 고가 탱크에서 각층의 기구까지의 수직 높이(m)
H_2 : 각층 급수기구의 최저 필요압력에 해당하는 수두(m)
l : 고가탱크에서 가장 먼거리에 있는 급수기구까지의 거리(m)
k : 직관에 대한 연결 부속품의 국부저항 비율(0.3~0.4)

③ 관경 결정

①, ②에서 구한 동시사용유량과 마찰저항을 이용하여 마찰저항선도에서 관경을 구한다.

■ 일반적으로 배관내 유속은 1.5m/s이내로 하고, 급수관이나 냉수관의 단위길이(m) 당 마찰저항은 약 0.3~0.5kPa/m로 설계한다.
한편, 급탕관이나 온수관은 마찰저항을 0.2~0.3kPa/m로 설계한다.

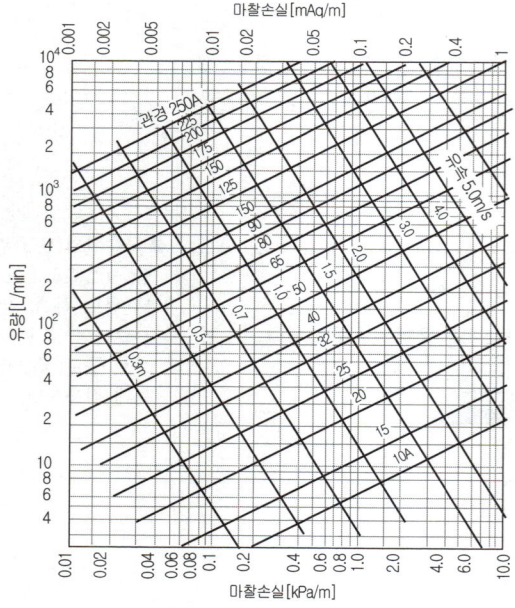

<그림 1-20> 강관의 마찰저항 선도

핵 심 문 제

1 건축설비분야에서 급수, 급탕, 배수 등에 주로 사용되는 터보형 펌프는?

① 사류 펌프
② 원심식 펌프
③ 왕복식 펌프
④ 마찰 펌프

2 고가탱크 급수설비에서 펌프의 흡입양정이 2m, 토출양정이 45m, 관내 마찰손실이 30kPa이라면 펌프의 전양정은?

① 45m   ② 47m
③ 50m   ④ 55m

3 수량 22.4m³/h를 양수하는데 필요한 터어빈 펌프의 구경으로 적당한 것은? (단, 터어빈 펌프내의 유속은 2m/s로 한다.)

① 65mm   ② 75mm
③ 100mm   ④ 125mm

4 전양정이 100m, 양수량 12m³/h, 펌프의 효율이 60%일 경우 펌프의 축동력은 몇 kW가 적당한가?

① 3.5kW
② 4.0kW
③ 4.5kW
④ 5.5kW

5 양수량이 1m³/min, 전양정이 50m 되는 펌프에서 회전수를 1.2배 증가 시켰을 때 양수량은?

① 1.2배 증가   ② 1.7배 증가
③ 2.2배 증가   ④ 2.4배 증가

해 설

해설 1 펌프의 형식
작동원리나 구조에 따라 터보형(원심, 사류, 축류)과 용적형(왕복, 회전), 특수형으로 분류한다.
(1) 터보형펌프
 - 원심펌프 : 날개차에서 나오는 흐름이 주로 주축의 수직면 내에 있는 것(볼류트, 터빈펌프)
 - 사류펌프 : 날개차에서 나오는 흐름이 주축의 중심을 축으로 하는 원뿔면상에 있는 것
 - 축류펌프 : 날개차에서 나오는 흐름이 주축과 동심의 원통면상에 있는 것
(2) 용적형펌프
 - 왕복펌프(피스톤, 플런저, 워싱턴, 버킷펌프), 회전펌프(기어펌프, 나사펌프)등이 있다.
(3) 특수형펌프 - 와류펌프, 제트펌프, 기포펌프 등이 있다.

해설 2 고가탱크의 전(총)양정(H)
$H = H_s + H_d + H_f$ (m)
H_s : 흡입양정(m) → 2m
H_d : 토출양정(m) → 45m
H_f : 관내 마찰손실수두(m)
    30kPa → 3m
$H = 2m+45m+3m = 50m$

해설 3
양수펌프의 구경
$d = 1.13\sqrt{\dfrac{Q}{v}} = 1.13\sqrt{\dfrac{22.4/3,600}{2}}$
$= 0.063m = 63mm$
그러므로 65mm가 적당하다.

해설 4 펌프의 축동력
$= \dfrac{\rho \cdot Q \cdot H}{6,120\,E}$ (kW)
$= \dfrac{1,000 \times \frac{12}{60} \times 100}{6,120 \times 0.6} = 5.446(kW)$

해설 5 펌프의 양수량은 임펠러의 회전수에 비례, 양정은 회전수의 제곱에 비례, 축동력은 회전수의 세제곱에 비례한다.

정답 1. ② 2. ③ 3. ① 4. ④ 5. ①

6 펌프(pump)에 대한 기술 중 옳은 것은?
① 펌프는 구경(口經)이 클수록 효율이 감소된다.
② 흡입양정(揚程)은 낮추는 것이 효율이 좋다.
③ 푸트밸브(흡입구)는 수면위에서 관경의 1배 정도 잠기게 설치한다.
④ 배관의 굴곡부를 증대시켜 압력을 줄인다.

7 급수량을 산정하는데 있어서 급수기구 단위수를 기초로 할 때 기본단위가 되는 위생기구는?
① 대변기   ② 세면기
③ 부엌씽크   ④ 샤워

8 급수관의 관경이 가장 큰 것은?
① 세탁 싱크
② 욕실용 조합 기구
③ 벽걸이 소변기
④ 대변기 세정변

9 세정밸브식 대변기의 급수관의 관경은 얼마 이상으로 하는가?
① 15mm   ② 20mm
③ 25mm   ④ 30mm

10 옥상탱크식 급수배관에서 25m 아래에 최저 필요압력이 70kPa인 급수전을 설치하였다. 이 배관의 전 연장이 75m라면 1m당 허용 마찰손실수두는 얼마인가?
① 0.93 kPa
② 2.4 kPa
③ 3.3 kPa
④ 4.2 kPa

11 급수관의 관경을 결정하는데 필요 없는 사항은?
① 급수관 균등표
② 배관 마찰저항선도
③ 급수방식
④ 기구 연결관의 관경

해 설

해설 6
① 펌프의 구경이 클수록 저항이 적어져 효율이 증가된다.
② 흡입양정을 낮추면 공동현상을 줄일 수 있고, 효율도 높아진다.
③ 흡입구는 수조의 아래쪽에 접속되도록 한다.
④ 굴곡부가 많아지면 국부저항이 커져 압력손실이 커지므로 굴곡부를 줄인다.

해설 7
② 세면기가 기준이 되며 소요순간수량 30L/min을 급수부하단위 1로 하여 다른 기구의 소요수량을 이의 배수로 정한 것이다.

해설 8 급수관 접속 관경표

기 구 명	관경(mm)	기 구 명	관경(mm)
대변기(세정밸브)	25	샤 워	15~20
(세정탱크)	15	주 방 싱 크	20
소변기(세정밸브)	20	세탁용 싱크	20
(세정탱크)	15	청소용 싱크	20
세면기, 수세기	15	비 데	15
욕 조	20	욕실 조합용 기구	40

해설 9
세정밸브식 대변기의 급수관경은 25mm이므로 인입관경이 15~20mm인 주택이나 아파트에는 사용이 곤란하다.

해설 10
수두 250kPa이며 급수전의 최저 필요압력이 70kPa이므로 허용마찰손실은 250-70=180kPa
배관의 길이가 75m이므로 1m당 허용 마찰손실수두는
180kPa ÷ 75m = 2.4kPa/m

해설 11 관경계산에 필요한 것
위생기구수, 기구연결관의 관경, 15mm관 상당개수, 동시사용율, 균등표, 마찰저항선도, 동시사용유량, 허용마찰손실, 국부저항 상당길이, 급수기구 부하단위

정답: 6. ② 7. ② 8. ② 9. ③ 10. ② 11. ③

기출문제 및 예상문제

1 CHAPTER
4. 펌프의 종류 및 용량, 급수관경 결정

■■■ 펌프의 종류

1. 깊은 우물의 양수에 사용되는 펌프는?

① 보어홀 펌프 (bore hole pump)
② 볼류트 펌프 (volute pump)
③ 피스톤 펌프 (piston pump)
④ 에어리프트 펌프 (airlift pump)

[해설] 깊은 우물펌프에는 보어홀 펌프와 수중모터펌프가 있다.

2. 다음의 펌프 중 왕복펌프에 속하지 않는 것은?

① 플런저 펌프   ② 워싱톤 펌프
③ 피스톤 펌프   ④ 볼류트 펌프

[해설] 볼류트 펌프(volute pump) : 임펠러(날개차)가 달려 있어 원심력으로 양수하는 원심펌프의 일종이다. 임펠러의 수에 따라 단단 볼류트펌프와 2단, 3단 등의 다단 볼류트펌프로 구분한다.

3. 펌프의 종류를 크게 분류하였을 때, 작동 부분이 회전운동을 하는 펌프에 속하지 않는 것은?

① 원심 펌프   ② 사류 펌프
③ 기어 펌프   ④ 피스톤 펌프

[해설] 피스톤펌프는 임펠러(날개차)의 회전이 아닌 피스톤의 왕복운동에 의한 펌프이다.

4. 원심식 펌프의 일종으로 임펠러 주위에 안내날개가 없으며 온수순환용으로 사용되는 펌프는?

① 마찰펌프   ② 제트 펌프
③ 볼류트 펌프   ④ 기어 펌프

5. 원심식 펌프의 일종으로 다수의 임펠러가 케이싱 내에서 고속회전하는 방식으로 일반건물의 급수·공조용으로 많이 사용하는 것은?

① 축류 펌프   ② 제트 펌프
③ 기어 펌프   ④ 볼류트 펌프

6. 펌프의 구조상 분류 중 터보형에 속하지 않는 것은?

① 피스톤 펌프   ② 볼류트 펌프
③ 디퓨져 펌프   ④ 사류 펌프

[해설] 펌프의 구조상 분류
① 터보형(원심,사류,축류) 펌프 - 흡입관과 배출관을 가진 용기(케이싱) 안에서 날개차를 회전시켜 액체에 에너지를 부여하는 펌프
② 용적형(왕복,회전) 펌프 - 공간용적을 주기적으로 변화시켜 액체가 흡입, 배출되도록 한 펌프.
피스톤 펌프는 왕복펌프로서 용적형펌프에 해당한다.

7. 보일러 연료용 서비스 탱크(service tank)내에 급유하기 위한 적당한 펌프는 어느 것인가?

① 기어 펌프(gear pump)
② 제트 펌프(jet pump)
③ 터빈 펌프(turbine pump)
④ 논클러그 펌프(non-clog pump)

[해설] 기어 펌프 : 두 개의 치차의 회전에 의하여 치차와 치차 사이에 끼어 있는 액체가 케이싱의 내벽에 따라서 송출되는 펌프이다.

■■■ 펌프의 용량

8. 다음의 펌프 전양정(H)의 산출공식에서 오른쪽항의 구성요소가 아닌 것은?

$$H = H_a + H_v + H_d + H_f$$

① 관로의 전손실수두
② 펌프구경
③ 압력수두
④ 실양정

해답 1. ①   2. ④   3. ④   4. ③   5. ④   6. ①   7. ①   8. ②

9. 급수설비에서 펌프의 흡입양정, 토출양정, 마찰손실수두가 각각 5m, 40m, 5m이고 토출구의 유속 2m/s이상을 유지하려고 할 때 펌프의 양정으로 적당한 것은?

① 5m ② 15m
③ 50m ④ 55m

[해설] 펌프의 전양정＝흡입양정＋토출양정＋마찰손실수두
＝5+40+5＝50m
토출구 속도수두 $\left(\dfrac{v^2}{2g} = \dfrac{4}{2 \times 9.8} = 0.2m\right)$ 는 작으므로 보통 생략한다.

10. 실양정이 50m이고 양수관의 마찰저항은 실양정의 30%로 할 때 토출구의 압력을 0.02MPa로 되게 하려면 양수펌프의 전양정은?

① 15m ② 50m
③ 65m ④ 67m

[해설] 전양정＝실양정＋마찰손실수두(＋토출구압력수두)
＝50+50×0.3+2m＝67(m)

11. 다음 중 펌프의 실양정에 해당되는 것은?

① 저수탱크 바닥에서 펌프까지의 수직 높이
② 펌프에서 옥상탱크까지의 수직 높이
③ 저수탱크 바닥에서 옥상탱크까지의 수직 높이
④ 저수탱크 바닥에서 옥상탱크까지의 수직 높이에 관내 마찰손실을 합한 것

[해설] ①은 흡입양정, ②는 토출양정, ③은 실양정＝흡입양정＋토출양정, ④는 전(총)양정＝흡입양정＋토출양정＋관내 마찰손실 수두

12. 급수설비에서 펌프의 실양정이 의미하는 것은? (단, 물을 높은 곳으로 보내는 경우)

① 배관계의 마찰손실에 해당하는 높이
② 흡수면에서 토출수면까지의 수직거리
③ 흡수면에서 펌프축 중심까지의 수직거리
④ 펌프축 중심에서 토출수면까지의 수직거리

13. 펌프가 다음과 같이 설치되어 있는 상태에서 펌프의 유효 NPSH는? (단, 수조내 물의 온도는 32℃이며, 32℃인 물의 포화 증기압은 절대압력으로 약 5kPa이다. 또, 대기압은 절대압력으로 101.3 kPa이며, 흡입관 내에서의 총손실수두는 0.53m로 한다.)

① 12.0m
② 12.3m
③ 12.6m
④ 12.9m

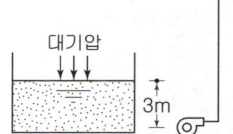

[해설] 유효흡입양정(NPSH) : 펌프에서 얻어지는 이용 가능한 흡입양정

NPSH ＝ 대기압에 해당하는 수두－유체의 온도에 따른 포화증기압에 해당하는 수두－흡입관내 손실수두±흡입양정(압입＋, 흡입－)
＝101.3/9.8 － 5/9.8 － 0.53 ＋ 3 ＝ 12.3mAq

14. 다음 중 펌프의 유효 흡입 수두(NPSH) 산정시 영향을 미치지 않는 인자는?

① 흡입 실양정
② 펌프의 효율
③ 흡입관 내의 총 손실 수두
④ 흡수면에 작용하는 압력 수두

[해설] 유효흡입수두(NPSH, 실제 이용가능한 흡입양정)

$$= \dfrac{P_a}{\rho \cdot g} - \dfrac{P_{vp}}{\rho \cdot g} \pm H_a - H_{fs}$$

P_a ＝ 흡입수면의 절대압력(표준대기압 101,325Pa)
P_{vp} ＝ 유체의 포화증기압력(Pa)
ρ ＝ 유체의 밀도(kg/m³)
g ＝ 중력가속도(9.8m/s²)
H_a ＝ 흡입양정(m), 압입＋, 흡상 －
H_{fs} ＝ 흡입관내의 총손실수두(m)

15. 볼류트펌프의 토출구를 지나는 유체의 유속이 2.5m/s, 유량이 1m³/min일 경우, 토출구의 구경은?

① 75mm ② 82mm
③ 92mm ④ 105mm

해답 9. ③ 10. ④ 11. ③ 12. ② 13. ② 14. ② 15. ③

[해설] 펌프의 구경

$$d = 1.13\sqrt{\frac{Q}{v}} = 1.13\sqrt{\frac{1/60}{2.5}} = 0.092m ≒ 92mm$$

16. 주택의 급수관 내에 유속이 2m/s이고 유량이 15L/s일 때 급수 관경으로 가장 적당한 것은?

① 75mm   ② 100mm
③ 125mm   ④ 150mm

[해설] 배관 구경 $d = 1.13\sqrt{\frac{Q}{v}}$

$$d = 1.13\sqrt{\frac{0.015}{2}} = 0.097m ≒ 0.1m = 100mm$$

17. 펌프의 용량을 결정하는데 관계없는 것은?

① 양정   ② 효율
③ 양수량   ④ 구경

[해설] 펌프의 축동력 $= \frac{\rho \cdot Q \cdot H}{6,120E}$ (kW)

18. 펌프의 특성곡선에서 나타나지 않는 항목은?

① 효율   ② 유속
③ 양정   ④ 동력

19. 다음과 같은 조건에 있는 양수펌프의 축동력은?

[조 건]
- 양수량 : 490L/min
- 전양정 : 30m
- 펌프의 효율 : 60%

① 약 3kW   ② 약 4kW
③ 약 5kW   ④ 약 6kW

[해설] 펌프의 축동력

$$\frac{\rho \cdot Q \cdot H}{6,120E} = \frac{1,000 \times 0.49 \times 30}{6,120 \times 0.6} = 4(kw)$$

20. 펌프로 옥상탱크에 24m³/hr의 물을 양수하고자 할 때 펌프의 필요한 축동력으로 적당한 것은? (단, 펌프의 흡입양정은 2m, 토출양정은 29m, 펌프의 효율은 55%, 배관의 마찰손실은 펌프실양정(實揚程)의 35%로 가정한다.)

① 1.4kW   ② 5.0kW
③ 9.4kW   ④ 12.5kW

[해설] 펌프의 실양정 = 2 + 29 = 31m,
마찰손실 = 31 × 0.35 = 10.85 ≒ 11m
펌프의 전양정 = 31 + 11 = 42m
따라서 펌프의 축동력 $= \frac{\rho \cdot Q \cdot H}{6,120E}$ (kW)

$$= \frac{1,000 \times 24/60 \times 42}{6,120 \times 0.55} = 4.99(kW) ≒ 5(kW)$$

21. 전양정 24m, 양수량 13.8m³/h, 효율 60%일 때 펌프의 축동력은?

① 약 0.5kW   ② 약 1.0kW
③ 약 1.5kW   ④ 약 3.0kW

[해설] 펌프의 축동력 $= \frac{\rho \cdot Q \cdot H}{6,120E}$ (kW)

$$= \frac{1,000 \times 13.8/60 \times 24}{6,120 \times 0.6} = 1.5(kW)$$

22. 펌프의 양수량이 10m³/min, 전양정이 10m, 효율이 80%일 때, 이 펌프의 축동력은?

① 20.4kW   ② 22.5kW
③ 26.5kW   ④ 30.6kW

[해설] 펌프의 축동력

$$\frac{\rho \cdot Q \cdot H}{6,120E} = \frac{1,000 \times 10 \times 10}{6,120 \times 0.8} = 20.42(kw)$$

23. 양수량 10m³/min, 전양정 10m, 펌프의 효율 =80% 일 때 펌프의 소요 동력은 얼마인가? (단, 물의 밀도는 1,000kg/m³, 여유율은 10%로 한다.)

① 22.5kW   ② 26.5kW
③ 30.6kW   ④ 32.4kW

해답 16. ② 17. ④ 18. ② 19. ② 20. ② 21. ③ 22. ① 23. ①

[해설] 펌프의 소요동력 $= \dfrac{\rho \cdot Q \cdot H}{6{,}120E} \times k(kW)$

$= \dfrac{1{,}000 \times 10 \times 10}{6{,}120 \times 0.8} \times 1.1 ≒ 22.5(kW)$

24. 다음과 같은 급수설비에서 양수펌프의 필요동력은 몇 kW인가? (단, 펌프의 양수량 2400L/min, 펌프의 효율 70%, 1kW = 102kgf·m/s, 펌프의 양정 9m)

① 4.53   ② 5.04
③ 6.35   ④ 7.14

[해설] 펌프의 축동력 $= \dfrac{\rho \cdot Q \cdot H}{6{,}120E}(kW)$

$= \dfrac{1{,}000 \times 2.4 \times 9}{6{,}120 \times 0.7} = 5.04(kW)$

25. 높이 30m의 고가탱크에 매분 1m³의 물을 퍼올리기 위한 펌프에 직결되는 전동기의 동력은? (단, 마찰손실두수는 6m, 흡입양정 1.5m이고, 펌프효율은 50%일 경우)

① 2.5kW   ② 9.8kW
③ 12.3kW   ④ 16.7kW

[해설] 펌프의 전양정 = 1.5+30+6 = 37.5m

따라서 펌프의 축동력 $= \dfrac{\rho \cdot Q \cdot H}{6{,}120E}(kW)$

$= \dfrac{1{,}000 \times 1 \times 37.5}{6{,}120 \times 0.5} = 12.25(kW) ≒ 12.3(kW)$

26. 양수량 2m³/min, 전양정 50m, 효율이 60%인 펌프의 축동력은? (단, 유체의 밀도는 1,000kg/m³이다.)

① 2.77 kW   ② 9.82 kW
③ 16.33 kW   ④ 27.22 kW

[해설] 펌프의 축동력

$\dfrac{\rho \cdot Q \cdot H}{6{,}120E} = \dfrac{1{,}000 \times 10 \times 10}{6{,}120 \times 0.8} = 20.42(kw)$

27. 펌프에서 공동현상을 일으키지 않기 위해서 가장 유리한 것은?

① 흡입양정을 낮춘다.
② 토출양정을 낮춘다.
③ 마찰손실수두를 줄인다.
④ 토출관의 직경을 굵게 한다.

[해설] 공동현상(캐비테이션, cavitation) : 흡입양정이 너무 높거나 물의 온도가 높아지면 펌프의 흡입구 측에서 물의 일부가 증발하여 기포가 된다. 이 기포는 임펠러를 거쳐 토출구측으로 넘어가면 갑자기 압력이 상승되므로 물속으로 다시 소멸되는데 이 때 격심한 소음과 진동이 일어나는 현상을 공동현상(cavitation)이라 한다. 이 캐비테이션은 소음, 진동, 관부식, 흡상불능을 초래한다.

28. 양수량이 1.0m³/min인 펌프에서 회전수를 원래보다 10% 증가시켰을 경우의 양수량은?

① 1.0 m³/min   ② 1.1 m³/min
③ 1.2 m³/min   ④ 1.3 m³/min

[해설] 펌프의 양수량은 임펠러의 회전수에 비례, 양정은 회전수의 제곱에 비례, 축동력은 회전수의 세제곱에 비례한다. 따라서 회전수가 10% 증가하면 양수량도 10% 증가한다.

29. 펌프의 회전수를 2배로 증가시켰을 때, 펌프 양정의 변화는?

① 1/2로 감소   ② 2배 증가
③ 4배 증가   ④ 8배 증가

[해설] 펌프의 양수량은 임펠러의 회전수에 비례, 양정은 회전수의 제곱에 비례, 축동력은 회전수의 세제곱에 비례한다.

30. 펌프의 회전수가 100rpm에서 전양정이 40m인 펌프가 있다. 회전수를 50rpm으로 감소시켰을 때 전양정은?

① 10m   ② 20m
③ 40m   ④ 80m

해답 24. ② 25. ③ 26. ④ 27. ① 28. ② 29. ③ 30. ①

[해설] 펌프의 양수량은 임펠러의 회전수에 비례, 양정은 회전수의 제곱에 비례, 축동력은 회전수의 세제곱에 비례한다. 회전수가 1/2로 감소하면 양정은 1/4로 감소하므로 10m가 된다.

31. 펌프에 관한 설명으로 옳은 것은?
① 펌프의 토출량은 펌프 회전수에 비례한다.
② 펌프의 양정은 펌프 회전수에 반비례한다.
③ 터보형 펌프 중 비속도가 큰 펌프는 양정변화가 큰 용도에 사용할 수 없다.
④ 건축설비 분야에서는 피스톤 펌프와 같은 왕복식 펌프가 주로 사용된다.

[해설] ② 펌프의 양정은 펌프 회전수의 제곱에 반비례한다.
③ 비속도(비교회전수) : 유체흐름 방향에 따라 다양한 임펠러의 형상을 표현하는 척도
양수량이 많고 양정이 작은 펌프일수록 비교회전수(비속도)는 커진다.
터빈펌프 〈 볼류트펌프 〈 사류펌프 〈 축류펌프
④ 건축설비 분야에서는 볼류트 펌프, 터빈펌프와 같은 원심 펌프가 주로 사용된다.

32. 펌프에 대한 설명 중 틀린 것은?
① 펌프의 실양정이란 흡입 실양정과 토출 실양정을 합한 것이다.
② 원심식 펌프에는 볼류트 펌프와 디퓨져 펌프가 있다.
③ 터보형 펌프의 특성을 계통적으로 나타내는 지수로서 비속도라고 하는 기호가 이용된다.
④ 펌프의 양수량은 펌프의 회전수가 변하여도 변하지 않는다.

[해설] ② 터빈펌프를 디퓨져펌프라고도 한다.
④ 펌프의 양수량은 임펠러의 회전수에 비례한다.

33. 급수가압 펌프에 관한 설명으로 옳지 않은 것은?
① 흡입관은 개별 배관으로 한다.
② 유량과 양정에 의해 동력이 정해진다.
③ 설치 위치나 장소 및 설치 조건 등에 따라 펌프의 형식이 결정된다.
④ 펌프의 흡입관에는 곡률 반경이 작은 엘보를 사용하며 직관부는 짧게 해준다.

34. 동일 특성을 갖는 펌프 2대를 직렬로 연결하여 운전할 경우 관한 설명으로 옳은 것은? (단, 배관의 마찰저항이 없다고 가정한다.)
① 유량은 변하지 않고 양정은 2배로 높아진다.
② 양정은 변하지 않고 유량은 2배로 높아진다.
③ 유량은 변하지 않고 양정은 4배로 높아진다.
④ 양정은 변하지 않고 유량은 4배로 높아진다.

[해설] (1) 펌프의 병렬운전 - 배관의 마찰저항이 없다면 양정은 같고 유량이 2배로 증가한다. 그러나 실제로는 배관의 마찰저항에 따라 유량과 양정의 증가량이 현저히 달라지며 유량이 2배까지 증가하지는 않는다.
(2) 펌프의 직렬운전 - 배관의 마찰저항이 없다면 유량은 같고 양정이 2배로 증가한다. 그러나 실제로는 배관의 마찰저항에 따라 유량과 양정의 증가량이 현저히 달라진다.

■■■ 마찰손실수두

35. 배관의 마찰손실수두와 가장 관계가 먼 것은?
① 관의 길이
② 관내 유속
③ 배관재의 강도
④ 관내 표면의 거칠기

[해설] 마찰손실수두 $H_f = f \dfrac{l}{d} \dfrac{v^2}{2}$ (kPa)
f : 마찰계수(강관 0.02, 낡은 강관 0.04)
d : 관경(m)
l : 관 길이(m)
u : 유속(m/sec)

해답 31. ① 32. ④ 33. ④ 34. ① 35. ③

36. 길이가 30m, 관경이 80mm인 급수관에 물이 2m/sec의 속도로 흐를 때 압력손실은? (단, 관마찰계수 0.02)

① 15 kPa   ② 25 kPa
③ 35 kPa   ④ 45 kPa

[해설] $H_f = f \dfrac{l}{d} \dfrac{\rho \cdot v^2}{2} = 0.02 \dfrac{30}{0.08} \dfrac{1,000 \times 2^2}{2}$
$= 15,000(Pa) = 15(kPa)$

37. 내경 30mm, 관길이 3m인 급수관에 1.5m/s의 속도로 물이 흐를 때 마찰손실수두는? (단, 관마찰계수는 0.02이다)

① 0.2m   ② 0.4m
③ 2m   ④ 4m

[해설] $H_f = f \dfrac{l}{d} \cdot \dfrac{v^2}{2g} = 0.02 \dfrac{3}{0.03} \cdot \dfrac{1.5^2}{2 \times 9.8}$
$= 0.229 ≒ 0.2m$

38. 배관의 마찰저항에 관한 기술 중 맞는 내용은?
① 배관의 마찰저항은 관의 길이에 반비례한다.
② 배관의 마찰저항은 관내경이 클수록 커진다.
③ 배관 내 마찰저항은 유체의 점성이 클수록 커진다.
④ 배관 내 마찰저항은 유속에 정비례한다.

[해설] ① $H_f = f \dfrac{l}{d} \cdot \dfrac{v^2}{2g}$ (m)

　　f : 손실 계수　　l : 관의 길이(m)
　　v : 유속(m/s)　　d : 관경(m)
　　g : 중력 가속도(9.8 m/s²)

② 마찰손실은 관의 길이 및 유체 속도의 제곱에 비례하며 관경에 반비례한다.

■■■ 급수관경

39. 급수관의 관경 결정과 관계가 없는 것은?
① 관균등표   ② 동시사용률
③ 마찰저항선도   ④ 동적부하해석법

40. 다음 중에서 급수관의 관경을 결정하는 방법이 아닌 것은?
① 기구 연결관의 관경에 의한 결정
② 균등표에 의한 관경 결정
③ 마찰저항선도에 의한 관경 결정
④ 배수부하단위에 의한 결정

[해설] 급수관의 관경결정
① 기구 연결관의 관경에 의한 결정 - 각각의 위생기구에 연결되는 기구연결관의 관경결정에 이용된다.
② 균등표에 의한 관경 결정 - 주로 수평지관의 관경결정에 이용된다.
③ 마찰저항선도에 의한 관경 결정 - 주로 수직주관의 관경결정에 이용된다.

41. 기구 급수단위는 위생기구의 종류 용도에 따라 다르다. 급수단위의 기준이 되는 급수량은?
① 50L/min
② 40L/min
③ 30L/min
④ 20L/min

[해설] 급수단위(F.U)란 세면기의 1분당 30L(7.5gal/min)의 급수량을 1단위로 하며 각 기구의 단위를 산출하여 급수량을 정하는 방법으로 주로 급수관의 관경을 구하는데 이용된다.

42. 다음에서 급수연결관 관경이 가장 큰 것은?
① 대변기(세정밸브)
② 소변기(세정밸브)
③ 샤워
④ 세면기

[해설] 대변기(세정밸브) : 25mm
소변기(세정밸브) : 20mm
샤워 : 10~15mm
세면기 : 10~15mm

해답　36. ①　37. ①　38. ③　39. ④　40. ④　41. ③　42. ①

43. 대변기의 세척용 밸브 중 플러시밸브의 급수관의 구경은 최소 얼마 이상으로 해야 하는가?

① 20A ② 25A
③ 30A ④ 35A

44. 관균등표에 의해 급수 관경을 결정할 때 환산기준이 되는 관경은?

① 15A ② 20A
③ 25A ④ 32A

45. 샤워기 5개가 설치되어 있는 급수배관의 주 배관경은 얼마인가? (단, 샤워기의 접속배관경은 20A, 동시사용률은 70%임)

```
〔관균등표〕
[ 관경 ]    [ 15 ]   [ 20 ]   [ 25 ]
  15         1
  20         2        1
  25         3.7      1.8      1
  32         7.2      3.6      2
  40         11       5.3      2.9
```

① 20A ② 25A
③ 32A ④ 40A

[해설] 20A 기구수×동시사용률 = 5 × 0.7 = 3.5
3.5는 20A 상당관의 균등표(세로줄)에서 3.6에 포함되므로 배관경은 32A가 된다.

46. 다음 그림과 같이 (A)파이프에서 15mm 파이프 7개가 분기되어 급수하고자 할 때 파이프 7개가 분기되어 급수하고자 할 때 파이프(A)부분의 굵기는 얼마 이상으로 해야 하는지 표-1과 표-2를 이용하여 계산하시오.

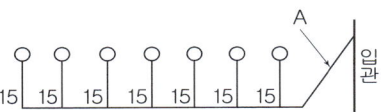

〈표-1〉 기구의 동시 사용률

기 구 수	2	3	4	5	10	15
동시사용률(%)	100	80	75	70	53	48

〈표-2〉 급수관의 균등표

관지름(mm)	15	20	25	32	40
사용기구수	1	2	3.7	7.2	11

① 20mm ② 25mm
③ 32mm ④ 40mm

[해설] ① 기구의 동시 사용률에 따른 실제 사용 기구수를 구한다. (표-1) 7개×0.6 = 4.2개
② 균등표를 보고 관경을 구한다.(표-2)
3.7개와 7.2개 사이에 놓여 있으므로 관경의 여유가 있는 32mm 파이프 1개가 적당하다.

47. 급수배관 설계에서 마찰손실 및 배관비를 고려할 때 적절한 관내 유속은?

① 1~2m/s ② 2~4m/s
③ 4~6m/s ④ 6~8m/s

[해설] 급수관내 유속이 2m/s 이상이 되면 유하충격 압력이 지나치게 커짐에 따라 수격작용에 따른 소음이 발생하게 된다. 따라서 유속은 보통 1.5m/s이하, 1.0m/s 이상이 되도록 배관 설계를 한다.

48. 다음 중 급수배관의 관경 결정과 관계가 가장 먼 것은?

① 기구급수 부하단위
② 국부저항 상당길이
③ 허용 마찰손실수두
④ 스리브형 이음

해답 43. ② 44. ① 45. ③ 46. ③ 47. ① 48. ④

5 급수설비(Ⅴ) – 대변기 세정방식 및 급수배관

학습방향

대변기 세정방식별 특징, 크로스커넥션, 수격작용 및 슬리브 등 급수배관시 주의사항에 대한 이해가 요구된다.

8 대변기 세정 방식

(1) 대변기 세정 급수 장치

1) 세정탱크식

① 하이탱크식(하이 시스턴식)
　㉮ 탱크의 용량 : 15 l
　㉯ 급수관의 관경 : 15mm
　㉰ 세정관의 관경 : 32mm
　㉱ 세정 탱크의 높이 : 1.9m
　㉲ 특징 : 세정시 소음이 많이 난다.

② 로우탱크식
　㉮ 급수관의 관경 : 15mm
　㉯ 세정관의 관경 : 50mm
　㉰ 특징 : 세정시 소음이 적어 주택, 호텔 등에 적합하며, 바닥의 점유 면적이 큰 것과 세정수량이 많은 것이 단점이다.

2) 세정밸브(flush valve)식

　급수관 직결로서 급수관은 최소 25mm를 필요로 하므로 보통 주택에는 사용하기 곤란하고, 학교, 호텔, 사무소 등의 건축물에 적합하다.

학습POINT

■ 대변기 세정급수장치에는 하이탱크식, 로우탱크식, 세정밸브식, 기압탱크식이 있다.

■ 급수관의 관경은 세정밸브식이 25mm로 가장 크다.

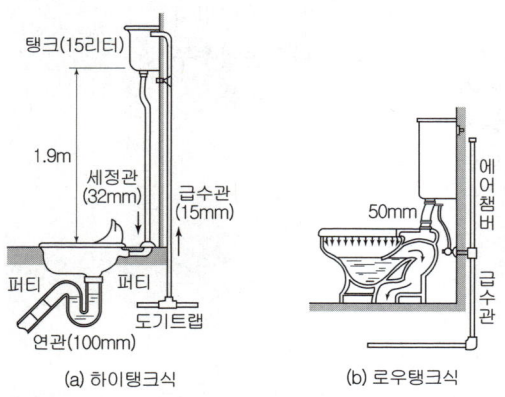

(a) 하이탱크식　　(b) 로우탱크식

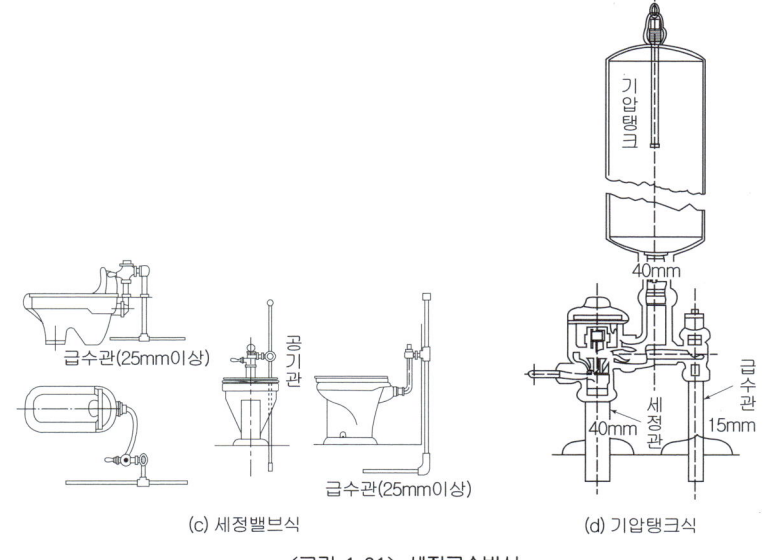

<그림 1-21> 세정급수방식

■ 진공방지기(vacuum breaker), 역류방지기(back syphon breaker)

세정밸브식에서는 급수관이 대변기에 바로 연결되어 있는데, 대변기의 트랩에 고형물이 막혀 배수가 나빠지면 변기급수구까지 오수에 잠기게 되는데 이때 단수로인해 급수관이 감압되면 역사이펀 작용이 일어나 오수가 급수관내로 빨려들어가 급수관을 오염시키게 되는데, 이를 방지하기 위해 진공방지기(역류방지기)를 플러시밸브와 급수관 사이에 설치한다.

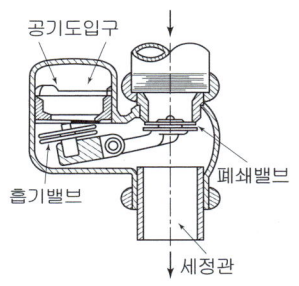

<그림 1-22> 세정밸브용 배큠 브레이커

3) 기압탱크식

소구경 급수관(15mm)으로 조금씩 압력수를 저수해 놓고 그 물을 세정밸브에 의해 단시간에 세차게 사수하는 방식이다. 세정밸브식에서는 25mm이상의 급수관이 필요한 데 반하여 15mm 관으로 세정밸브를 사용하는 것이 특징이다.

(2) 대변기 세정 급수 장치별 특징

대변기 세정방식별 특징을 정리하면 다음과 같다.

<표 1-18> 대변기 세정방식별 특징

구 분	급수관(세정관)의 관경	특 징
하이 탱크식(시스턴식)	15A (32A)	• 바닥면적을 작게 차지한다. • 물탱크 높이 : 1.9m • 소음은 크지만 물사용량이 적다.
로우 탱크식(시스턴식)	15A (50A)	• 많은 면적을 차지한다. • 소음은 작지만 물사용량이 많다.
세정 밸브식 (플러시 밸브식)	25A 이상	• 한번 핸들을 누르면 급수압력으로 일정량의 물이 나온 다음 자동으로 잠김 • 역류방지기(진공방지기)설치 필요 • 0.07MPa 이상의 수압필요
기압 탱크식	15A	

9 수질오염의 원인과 방지

수도물이 급수전 등에 공급될 때까지 저수조, 고가탱크, 배관 등에서의 오염 원인 및 방지대책은 다음과 같다.

(1) 저수탱크에 유해물질 침입에 따른 오염 방지
음료수 저수탱크에서의 오염방지대책은 다음과 같다.
① 음료수 탱크에는 다른 목적의 배관을 하지 않는다.
② 음료수 탱크는 완전히 밀폐하고, 다른 물이나 먼지 등이 들어가지 않도록 한다.
③ 음료수 탱크에 부착된 오버플로(over flow)관은 철망을 씌워 벌레 등의 침입을 막는다.
④ 콘크리트등 건축구조체를 음료수 탱크로 이용하는 것은 원칙적으로 금지하며 부득이한 경우에는 내면을 위생상 지장이 없는 도료 또는 공법으로 처리한다.
⑤ 수수탱크 등에는 필요 이상 다량의 물이 저장되지 않도록 한다. 물은 오랜기간 동안 저장하면 잔류염소가 소비되어 부패하기 쉽다.
⑥ 탱크를 6면에서 보수 점검할 수 있도록 스페이스를 확보한다.
  - 상부는 100cm, 기타 면은 60cm
⑦ 탱크는 청소 등에 대비하여 2조 이상으로 나누어 설치한다.
⑧ 음료수 탱크로의 유입구와 유출구는 대각선 방향으로 설치한다.

(2) 배수의 역류
배수의 역류는 단수시 급수관내의 일시적 부압이 형성되거나 변기의 세정밸브에 진공방지기(vacuum breaker)가 달려 있지 않은 경우 일어나는 현상으로 역사이펀 작용(back siphon action)이 일어나지 않게 진공방지기를 설치하기도 하고 토수구 공간을 두기도 한다. 토수구 공간을 취할 수 없는 경우는 반드시 진공(역류)방지기를 설치한다.

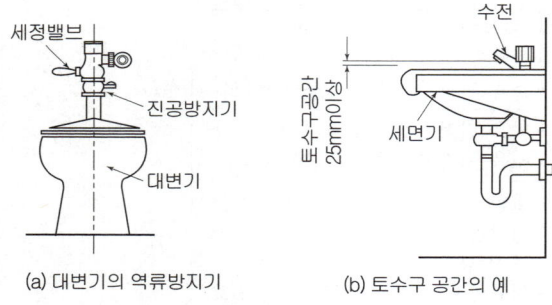

(a) 대변기의 역류방지기　　(b) 토수구 공간의 예

〈그림 1-23〉 역류 방지의 예

(3) 크로스 커넥션(cross connection)

크로스 커넥션은 수도물과 수도물 이외의 물질이 혼입되어 급수오염되는 것으로 이와 같은 현상은 백플로(back flow)·수수탱크·고가탱크 등을 통하여 일어난다. 백플로는 음료수 배관과 그 밖의 배관을 연결하였거나 또는 역사이펀 작용(back siphon action)에 의해 발생된다.

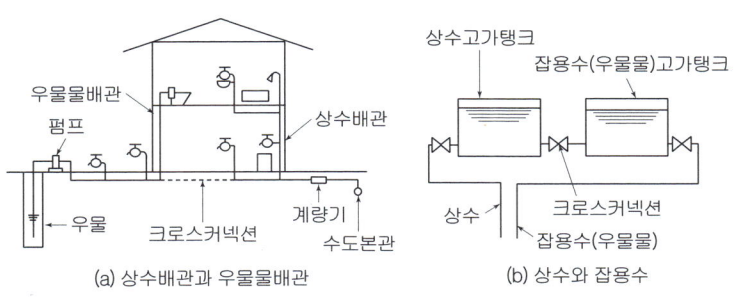

<그림 1-24> 크로스 커넥션의 예

10 급수배관 시공상 주의사항

(1) 배관 구배(물매)

① 급수관은 수리 기타 필요에 따라 물을 완전히 배제할 수 있고 또 공기가 정체되지 않도록 일정한 구배를 두어 배관하여야 한다.
② 옥상탱크식 급수배관에 있어서 수평주관은 선하향구배, 각 층의 수평주관은 선상향 구배로 한다.

■ 건축설비에 사용되는 모든 수평 배관은 반드시 구배(기울기)를 두어야 하며 기울기는 1/250을 표준으로 한다.

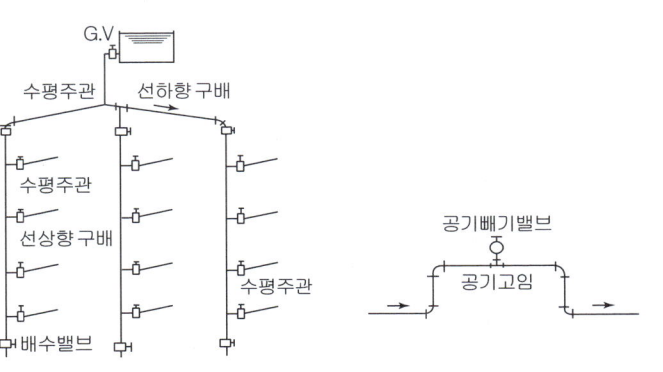

<그림 1-25> 급수관의 구배   <그림 1-26> 공기빼기 밸브

(2) 밸브

① 공기빼기 밸브(air vent valve) : 굴곡 배관이 되어 공기가 차게 되는 부분에 설치하여 공기를 제거한다.

② 지수 밸브
  ㉮ 설치 장소
    ㉠ 수평주관에서 각 수직관의 분기점
    ㉡ 각층 수평주관의 분기점
  ㉯ 설치 목적 : 국부적 단수로 급수계통의 수량 및 수압 조정을 위해 설치한다.
  ㉰ 사용 밸브 : 슬루스 밸브(게이트 밸브)

〈사진 1-13〉 공기빼기밸브

〈사진 1-14〉 게이트밸브

(3) 수격작용(water hammering)

1) 정의

고층건물의 저층부에는 높은 수압이 걸린다. 이때 수전을 갑자기 열거나 닫으면 급수배관에 갑작스런 압력상승현상이 발생하며 물이 관벽 등에 부딪히게 됨으로써 소음 및 진동을 일으키게 된다. 이러한 현상을 수격작용이라 한다.

2) 원인
① 플러시 밸브나 수전류를 급격히 열고 닫을 때 일어나기 쉽다.
② 관경이 적을수록 일어나기 쉽다.
③ 유속이 빠를수록 일어나기 쉽다.
④ 굴곡 개소가 많을수록 일어나기 쉽다.

3) 방지대책
① 수전류 등의 폐쇄하는 시간을 느리게 한다.(서서히 잠근다)
② 관경을 크게 하고 유속을 될 수 있는 대로 느리게 한다.
③ 굴곡 배관을 억제하고 될 수 있는 대로 직선 배관으로 한다.
④ 기구류 가까이에 공기실(air chamber)을 설치한다.
⑤ 수격방지기를 설치한다.

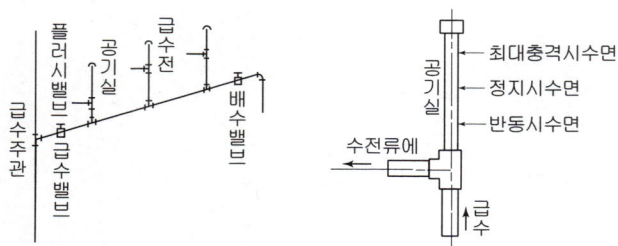

〈그림 1-27〉 공기실의 수격 작용 방지

〈사진 1-15〉 수격방지기

(4) 슬리브(sleeve)배관

바닥이나 벽을 관통하는 배관의 경우 콘크리트를 칠 때 미리 철관인 슬리브를 넣고 이 슬리브 속에 관을 통과시켜 배관을 한다. 관의 신축과 팽창을 흡수하며 관의 교체시 편리하다.

■ 슬리브(sleeve)는 '소매'란 뜻이다. 소매속을 팔뚝이 들락날락하듯이 슬리브배관을 사용하면 배관의 수리교체를 쉽게 할 수 있다.

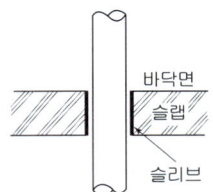

〈그림 1-28〉 슬리브 배관

〈사진 1-16〉 슬리브-콘크리트 타설전

(5) 방동(防凍)·방로(防露)피복

급수배관에는 동파나 결로를 방지하기 위해 관의 외부를 보온재로 피복을 하여야 한다. 피복 두께는 보통 25mm로 한다.

(6) 수압시험

배관공사 후 피복하기 전에 실시하며, 접합부 및 기타 부분에서의 누수의 유무, 수압에 대한 저항 등 시공의 불량 여부를 파악하기 위해 수압시험을 한다. 다음의 압력을 가하여 60분간 압력변화가 없어야 한다.
① 공공 수도직결인 배관 : 1.0 MPa
② 고가수조 아래 연결배관 : 최고사용압력의 1.5배(최소 0.75 MPa)

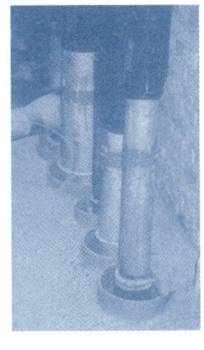

〈사진 1-17〉 슬리브-배관공사 후

핵 심 문 제

1 세정밸브식 대변기에 관한 기술 중 옳지 않은 것은?

① 급수관경은 최소 20A를 필요로 한다.
② 급수압력은 최저 0.07MPa을 필요로 한다.
③ 설치 공간이 거의 필요 없고, 단시간에 다량의 물을 사용한다.
④ 세정시 소음이 크며, 일단 고장이 나면 수리하기 어려운 편이다.

2 대변기 세정 급수장치에서 진공방지기(vacuum breaker)의 역할은?

① 오수의 급수관 역류를 방지한다.
② 급수관의 수격 작용을 방지한다.
③ 급수관의 유속을 조절한다.
④ 급수 압력을 조절한다.

3 급수 배관이나 기구 구조의 불비, 불량의 결과 급수관내에 오수가 역출해서 음료수를 오염시키는 상태를 무엇이라고 하는가?

① 사이아미즈 커넥션
② 헤더
③ 크로스 커넥션
④ 드레인

4 워터해머(water hammer)에 관하여 잘못 설명한 것은?

① 워터해머는 일정한 압력과 유속으로 배관계통을 흐르는 비압축성 유체가 급격히 차단될 때 발생한다.
② 워터해머에 의한 압력파는 그 힘이 소멸될 때까지 소음과 진동을 유발시킨다.
③ 에어챔버형 워터해머 흡수기는 공기실이 감소되면서 그 기능이 저하된다.
④ 워터해머 현상은 급폐쇄형 밸브를 사용할 때 그 현상이 경감된다.

5 급수 배관이 벽체 또는 건축의 구조부를 관통하는 부분에 슬리브(sleeve)를 설치하는 이유는?

① 방진 및 수리를 위하여
② 부식방지를 위하여
③ 방동을 위하여
④ 도장을 위하여

해 설

해설 1 세정 급수 방식의 비교

비교내용		세정 탱크식		세정밸브식
		하이탱크식	로우탱크식	
관경	급수관	15mm		25mm
	세정관	32mm	50mm	
	배수관	75mm		75mm
설치면적		작다	크다	작다
수 압		낮다		높다
소 음		크다	작다	크다

해설 2

세정밸브식 대변기 세정급수방식에서 역사이펀 작용이 일어나 오수가 급수관내로 빨려들어가 급수관을 오염시키는 것을 방지하기 위해 진공방지기(역류방지기)를 설치한다.

해설 3

① 사이아미즈 커넥션(siamese connection) : 소화 설비에 사용하는 송수구이다.
② 헤더 : 보일러나 냉동기 등에서 발생되는 냉온수나 증기 등을 각 계통별로 고르게 분배하는 역할을 한다.
③ 드레인 : 배수구
④ 크로스 커넥션에 의한 오염 방지
  ㉮ 음료수 배관은 잡용수 배관뿐만 아니라 다른 어떠한 배관과도 직접 접속하지 말아야 한다.
  ㉯ 급수 배관의 설계, 시공시 역사이폰 작용이 발생하지 않도록 한다. [진공 방지기 : vacuum breaker) 설치]

해설 4

수전을 급히 폐쇄할 때 수격작용이 발생한다.

해설 5

배관이 벽체 또는 건축의 구조부를 관통하는 부분에 슬리브(sleeve)를 설치하고 내부로 관을 통과시킴으로써 후일 관을 교체하기에 편리하고 또한 관의 신축에도 무리가 생기지 않는다.

정답 1. ① 2. ① 3. ③ 4. ④ 5. ①

기출문제 및 예상문제

CHAPTER 1
5. 대변기 세정방식 및 급수배관

■■■ 대변기 세정장치

1. 대변기의 세정방식이 아닌 것은?

① 감압밸브 방식
② 로우탱크 방식
③ 세정밸브 방식
④ 하이탱크 방식

2. 우리나라의 일반 주택에서 주로 사용되는 대변기 세정수의 급수방식은?

① 하이 탱크식(high tank system)
② 로 탱크식(low tank system)
③ 플러시 밸브식(flush valve system)
④ 세락식(wash down system)

3. 탱크로의 급수압력에 관계없이 대변기로의 공급수량이나 압력이 일정하며, 양호한 세정효과와 소음이 적어 일반 주택에서 주로 사용되는 대변기 세정수의 급수방식은?

① 세락식
② 세출식
③ 로우 탱크식
④ 세정 밸브식

4. 대변기의 세정방식 중 바닥으로부터 1.9m이상 높은 위치에 탱크를 설치하고, 볼탭을 통하여 공급된 일정량의 물을 저장하고 있다가 핸들 또는 레버의 조작에 의해 낙차에 의한 수압으로 대변기를 세척하는 방식은?

① 하이탱크식
② 로 탱크식
③ 플러시 밸브식
④ 사이폰 제트식

5. 대변기 세정수의 급수방식 중 급수관에 직접 연결하여 핸들을 누르면 급수관으로부터 일정량의 물이 방출되어 변기를 세정하는 방식은?

① 하이탱크식
② 플러시밸브식
③ 블로우아웃식
④ 사이폰식

6. 대변기의 세정방식에 관한 설명으로 옳지 않은 것은?

① 플러시 밸브식은 로 탱크식에 비해 화장실 내를 넓게 사용할 수 있다는 장점이 있다.
② 로 탱크식은 탱크로의 급수압력에 관계없이 대변기로의 공급수량이나 압력이 일정하다.
③ 하이 탱크식은 낙차에 의해 대변기를 세척하는 방식으로 연속사용이 가능하다는 장점이 있다.
④ 플러시 밸브식은 소음이 크고 다량의 물이 필요하기 때문에 일반 가정용으로는 사용이 곤란하다.

7. 세정밸브식 대변기의 급수관 관경은 최소 얼마 이상으로 하는가?

① 15 A   ② 20 A
③ 25 A   ④ 30 A

8. 대변기의 세정 급수장치에서 로우탱크식의 급수관 크기로 가장 적당한 것은?

① 15mm
② 25mm
③ 32mm
④ 50mm

[해설] • 세정밸브식 급수관 : 25mm
• 로우탱크식 급수관 : 15mm

해답 1. ① 2. ② 3. ③ 4. ① 5. ② 6. ③ 7. ③ 8. ①

9. 다음 중 최저 필요 급수압력이 가장 높은 대변기 세정수의 급수방식은?

① 사이폰식 ② 로 탱크식
③ 하이 탱크식 ④ 플러시 밸브식

10. 버큠 브레이커나 역류 방지기능을 가지는 것을 설치할 필요가 있는 위생기구는?

① 세면기
② 욕조
③ 대변기(세정밸브형)
④ 소변기(세정탱크형)

[해설] 역류방지기 : 세정밸브식 세정방식에 있어서 대변기의 배수관이 막히면 오수가 변기에 가득차서 변기 급수구 까지 잠기게 된다. 이와 같은 상태일 때 단수 등에 의해 급수관이 감압되었을 경우, 역사이펀 작용이 일어나 변기내의 오수가 급수관 속으로 빨려 들어가게 되는데 이것을 막기 위하여 설치하는 것을 역류방지기 또는 진공방지기(Vacuum breaker)라고 한다.

11. 다음의 플러시 밸브식 대변기에 대한 설명 중 옳지 않은 것은?

① 급수관경이 25[A] 이상 필요하다.
② 일반 가정용으로는 거의 사용하지 않는다.
③ 최저 필요 수압을 0.07MPa이상 확보할 수 있는 경우에 사용 가능하다.
④ 세정소음이 작으나, 대변기의 연속사용이 불가능 하다.

[해설] 플러시 밸브(세정밸브)식 대변기
최소급수관경 25[A], 최저필요수압 0.07MPa로 세정소음이 크고 연속사용이 가능하다.

12. 다음 설명에 알맞은 대변기의 세정방식은?

• 대변기의 연속사용이 가능하다.
• 소음이 크고 단시간에 다량의 물이 필요하다.
• 일반 가정용으로는 사용이 곤란하다.

① 세락식 ② 로 탱크식
③ 하이 탱크식 ④ 플러시 밸브식

13. 대변기 세정수의 급수방식 중 하이탱크식에 대한 설명으로 옳지 않은 것은?

① 볼탭이 사용된다.
② 로탱크식에 비해 세정소음이 크다.
③ 로탱크식에 비해 화장실 면적을 다소 넓게 사용할 수 있다.
④ 일시적으로 많은 사람들이 연속하여 사용하여야 하는 극장, 백화점 등에 주로 이용된다.

[해설] ④는 세정밸브식에 대한 설명이다.

■■■ 수질오염의 방지

14. 급수설비에서 크로스 커넥션에 따른 수질오염의 방지방법으로 가장 적절한 것은?

① 토수구 공간을 설치한다.
② 버큠 브레이커나 역류방지 장치를 부착한다.
③ 차광성 FRP 재질의 고가탱크를 설치한다.
④ 각 계통마다의 배관을 색깔별로 구분하여 오접합을 방지한다.

[해설] 크로스 커넥션(cross connection) : 수도물과 수도물 이외의 물질이 혼입되어 급수가 오염되는 현상

15. 크로스 커넥션(cross connection)에 대한 설명으로 가장 알맞은 것은?

① 상수로부터의 급수계통(배관)과 그 외의 계통이 직접 접속되어 있는 것
② 관로내의 유체가 급격히 변화하여 압력변화를 일으키는 것
③ 겨울철 난방을 하고 있는 실내에서, 창을 타고 차가운 공기가 하부로 내려오는 현상
④ 급탕·반탕관의 순환거리를 각 계통에 있어서 거의 같게 하여 전 계통의 탕의 순환을 촉진하는 방식

[해설] ② 수격작용(Water hammerimg)
③ 콜드드래프트(cold draft)
④ 역환수배관(reverse return)방식

해답 9. ④ 10. ③ 11. ④ 12. ④ 13. ④ 14. ④ 15. ①

16. 급수설비에서 역류를 방지하여 오염으로부터 상수계통을 보호하기 위한 방법으로 옳지 않은 것은?

① 토수구 공간을 둔다.
② 각개통기관을 설치한다.
③ 역류방지밸브를 설치한다.
④ 가압식 진공브레이커를 설치한다.

[해설] 통기관의 설치 주목적은 트랩의 봉수보호로서 역류방지와는 관련이 없다.

17. 역류를 방지하여 오염으로부터 상수계통을 보호하기 위한 방법으로 옳지 않은 것은?

① 토수구 공간을 둔다.
② 진공브레이커를 설치한다.
③ 역류방지밸브를 설치한다.
④ 배관은 크로스 커넥션이 되도록 한다.

18. 다음 중 급수 계통의 오염 원인과 가장 거리가 먼 것은?

① 급수로의 배수 역류
② 저수탱크에 유해물질 침입
③ 수격작용(water hammering)
④ 크로스 커넥션(cross connection)

19. 수질오염을 방지하기 위한 조치 중 틀린 것은?

① Cross connection이 생기지 않게 한다.
② 물탱크는 건축구조체를 이용하는 것이 안전하다.
③ 물탱크는 스테인레스 강판 또는 FRP제를 사용한다.
④ 물탱크는 6면을 점검 및 보수할 수 있게 한다.

[해설] ② 가능하면 건축구조체를 이용하지 않는 것이 위생상 유리하다.

20. 저수탱크의 오염을 방지하기 위한 설명 중 틀린 것은?

① 상수용 저수조는 전용으로 설치한다.
② 강판제 수조의 방청은 에폭시 수지로 한다.
③ 음료수 탱크내에는 다른 목적의 배관을 하지 않는다.
④ 지하저수탱크의 저수량은 적어도 2일분 이상을 기준으로 한다.

[해설] 저수조의 용량은 그 지역의 급수사정에 따라 다르나 보통 1일 사용수량의 1/2~1배로 한다.

21. 위생설비에 설치되는 저수 및 고가탱크에 관한 설명으로 옳지 않은 것은?

① 상수 탱크의 천장·바닥 또는 주변 벽은 건축물의 구조 부분과 겸용하도록 한다.
② 상수관 이외의 관은 상수용 탱크를 관통하거나 상부를 횡단해서는 안된다.
③ 상수 탱크에 설치하는 뚜껑은 유효안지름 1,000mm 이상의 것으로 한다.
④ 상수 탱크는 청소시 급수에 지장이 있을 경우 또는 기간에 따라 급수부하의 변동이 있는 경우에 대비하여 분할하여 설치하거나 또는 칸막이를 설치한다.

■■■ 수격작용

22. 다음 중 수격작용의 발생 원인이 아닌 것은?

① 감압밸브의 설치　② 밸브의 급폐쇄
③ 배관방법의 불량　④ 수도본관의 고수압

[해설] 수격작용(water hammering)의 발생 원인
① 플러시 밸브나 수전류를 급격히 열고 닫을 때 일어나기 쉽다.
② 관경이 적을수록, 유속이 빠를수록, 굴곡 개소가 많을수록 일어나기 쉽다. 유체가 흐르는 배관 도중에 감압밸브가 설치되면 흐름에 방해가 되어 수격작용이 발생할 수도 있으나 그 영향은 다른 것에 비해 가장 적다.

해답　16. ②　17. ④　18. ④　19. ②　20. ④　21. ①　22. ①

23. 다음 중 급수 배관내에서 수격작용(water hammering)이 발생되는 가장 주된 원인은?

① 관경의 축소
② 관경의 확대
③ 배관내의 온도변화
④ 배관내의 압력변화

24. 급수관에 워터해머(water hammer)가 생기는 가장 주된 원인은?

① 배관의 부식
② 배관 지름의 확대
③ 수원(水原)의 고갈
④ 배관 내 유수(流水)의 급정지

25. 배관에서 수격작용의 발생원인을 가장 적당하게 설명한 것은?

① 관을 과도하게 굵게 하고, 배관길이를 길게 할수록
② 관을 과도하게 가늘게 하고, 배관길이를 짧게 할수록
③ 관내의 물 흐름을 급격히 정지시킬 때와 정수두가 클수록
④ 배관 도중에 밸브, 엘보우 등이 설치되어 배관 내 유체의 압력손실이 크게 될수록

[해설] 수격작용은 플러시 밸브나 수전류를 급격히 열고 닫을 때 일어나기 쉽다.
수격작용 방지대책
① 수전류 등의 폐쇄하는 시간을 느리게 한다.(서서히 잠근다.)
② 기구류 가까이에 공기실(air chamber)을 설치한다.
③ 수격방지기를 설치한다.

26. 수격작용을 방지하기 위한 방법으로 적당하지 않은 것은?

① 급격한 밸브 폐쇄는 피한다.
② 기구류 부근에 공기실을 설치한다.
③ 관내의 유속을 빠르게 한다.
④ 감압밸브를 설치한다.

[해설] 수격작용(water hammering)
① 플러시 밸브나 수전류를 급격히 열고 닫을 때 일어나기 쉽다.
② 관경이 적을수록, 유속이 빠를수록, 굴곡 개소가 많을수록 일어나기 쉽다.

27. 급수설비에서 수격작용(워터 해머)에 관한 설명으로 옳지 않은 것은?

① 관경이 클수록 발생하기 쉽다.
② 굴곡개소로 인해 발생하기 쉽다.
③ 유속이 빠를수록 발생하기 쉽다.
④ 플래시 밸브나 수전류를 급격히 열고 닫을 때 발생하기 쉽다.

28. 급수배관에 공기실을 설치하는 이유는?

① 수격작용 방지를 위하여
② 배관구배를 유지하기 위하여
③ 수압을 낮추기 위하여
④ 통기를 위하여

■■■ 급수배관

29. 급수배관의 설계 및 시공상 주의사항으로 옳지 않은 것은?

① 급수배관의 최소 관경은 원칙적으로 32mm로 한다.
② 주배관에는 적당한 위치에 플랜지 이음을 하여 보수점검을 용이하게 한다.
③ 수격작용이 발생할 염려가 있는 급수계통에는 에어챔버나 워터 햄머 방지기 등의 완충장치를 설치한다.
④ 수평배관에는 공기가 정체하지 않도록 하며, 어쩔 수 없이 공기정체가 일어나는 곳에는 공기빼기밸브를 설치한다.

[해설] 급수배관의 최소 관경은 15mm이다.

해답 23. ④ 24. ④ 25. ③ 26. ③ 27. ① 28. ① 29. ①

30. 바닥이나 벽을 관통하는 배관의 경우 후일에 관을 교체하거나 수리할 경우에 편리하도록 설치하는 것은?

① 슬리브
② 스팀헤더
③ 인젝터
④ 감압밸브

[해설] ① '소매'역할을 하는 sleeve를 설치하고 그 속에 배관을 하면 필요에 따라 수리·교체를 쉽게 할 수 있다.
② 증기난방기구로 각 계통별로 고르게 나누어 주는 장치
③ 증기보일러 급수장치
④ 증기난방 계통 및 급수계통에서 압력을 낮춰주는 밸브

31. 다음 중 슬리브(sleeve)에 대한 설명으로 옳은 것은?

① 배관시 차후의 교체, 수리를 편리하게 하고 관의 신축에 무리가 생기지 않도록 하기 위해 사용한다.
② 가열장치 내의 압력이 설정압력을 넘는 경우에 압력을 도피시키기 위해 사용한다.
③ 사이폰 작용에 의한 트랩의 봉수 파괴 방지를 위해 사용한다.
④ 스케일 부착 및 이물질 투입에 의한 관 폐쇄를 방지하기 위해 사용한다.

32. 다음 중 급수배관계통에서 공기빼기밸브를 설치하는 가장 주된 이유는?

① 수격작용을 방지하기 위하여
② 관내면의 부식을 방지하기 위하여
③ 배관의 흐름을 원활하게 하기 위하여
④ 관표면에 생기는 결로를 방지하기 위하여

33. 급수배관 방식에서 잘못 설명된 것은?

① 기구류의 수격작용을 방지할 수 있도록 고려해야 한다.
② 하향 급수관은 최상층의 천정에 은폐 배관된 수평주관에 연결된다.
③ 혼용급수배관법은 1, 2층은 하향식, 3층 이상은 고가수조에서 상향식으로 배관하는 방식이다.
④ 상향 급수식은 수평주관을 지하층 천장에 노출 배관 하므로 점검 수리 등이 편리하다.

[해설] 혼용급수배관방식에서는 저층부는 상향식, 고층부는 하향식이 된다.

34. 급수배관의 설계 및 시공상의 주의점에 대한 설명으로 옳지 않은 것은?

① 급수관의 모든 기울기는 1/100을 표준으로 한다.
② 수평배관에는 공기나 오물이 정체하지 않도록 한다.
③ 급수주관으로부터 분기하는 경우는 T이음쇠를 사용한다.
④ 음료용 급수관과 다른 용도의 배관을 크로스 커넥션해서는 안된다.

[해설] 급수관의 기울기
급수관은 수리시에 배관 내의 물을 완전히 뺄 수 있도록 기울기를 주어야 하며 급수관의 모든 기울기는 1/250을 표준으로 한다.

35. 다음의 급수설비에 대한 설명 중 옳지 않은 것은?

① 수격 작용은 공기실(air chamber)을 설치함으로써 완화시킬 수 있다.
② 급수관의 관경은 균등표에 의하여 결정할 수 있다.
③ 기구에서 고가수조의 수직 높이가 26m일 때 중력에 의하여 기구가 받는 수압은 0.13MPa이다.
④ 건축물의 옥상층에 저수조를 설치하여 급수하는 것은 고가수조 방식의 일종이다.

해답 30. ① 31. ① 32. ③ 33. ③ 34. ① 35. ③

36. 공공 수도직결방식의 경우 보통 수압시험의 압력은 얼마 이상이어야 하는가?

① 0.5MPa
② 0.7MPa
③ 1.0MPa
④ 1.75MPa

[해설] 배관 시험
배관 공사 후 노출 상태에서 접합부 및 기타 부분에서의 누수의 유무, 수압에 대한 저항 등 시공의 불량여부를 파악하기 위해 수압시험을 한다.
① 공공 수도직결인 배관 : 1.0 MPa
② 고가수조 아래 연결배관 : 최고사용압력의 1.5배
　　　　　　　　　　　　 (최소 0.75 MPa)

해답 36. ③

제2장 급탕설비

출제경향분석

급탕설비에서는 매회 1문제 정도 출제되고 있다.
열량 및 급탕부하 계산, 중앙식 급탕에서 직접가열식과 간접가열식의 차이점, 복관식 급탕배관을 하는 이유, 배관 신축이음의 종류 및 특성, 팽창관 및 팽창탱크에 대한 이해가 요구된다.

세부목차

1. 급탕설비(Ⅰ)-급탕설계 및 급탕방식
2. 급탕설비(Ⅱ)-급탕배관

1 급탕설비(Ⅰ) - 급탕설계 및 급탕방식

학습방향

급탕량 산정, 급탕부하, 저탕조 용량 산정, 개별식과 중앙식 급탕의 차이, 직접가열식과 간접가열식의 비교, 태양열 급탕장치의 구성 등에 대한 이해가 요구된다.

1 급탕설계

급탕이란 가스, 경유, 증기, 전기 등을 열원으로 하는 물의 가열 장치 (보일러 등)를 설치해서 온수를 만들어 필요 개소에 공급하는 것을 말한다.

(1) 급탕의 기초사항

1) 물의 팽창과 수축

물은 온도 변화에 따라 그 부피가 팽창 또는 수축한다.
① 순수한 물은 0℃에서 얼게 되며 이 때 약 9%의 체적팽창을 한다.
② **4℃의 물을 100℃까지 높였을 때 체적이 약 4.3% 팽창한다.**
③ 100℃의 물이 증기로 변할 때 그 체적이 1,700배로 팽창한다.

2) 열량

어떤 물질 1kg을 1K(또는 1℃) 올리는데 필요한 열량을 비열이라 하며, 물의 비열은 4.2kJ/kg·K이다. 열량 q는 다음 식에 의해 계산된다.

$$q = G \cdot C \cdot \Delta t \text{ (kJ)}$$

여기에서 G: 물체의 질량(kg), C: 물체의 비열(kJ/kg·K), Δt: 온도차 (K 또는 ℃) 이다.

(2) 용도별 급탕온도

필요한 급탕온도는 용도에 따라 다르나 보통 60~70℃를 표준으로 한다.

<표 2-1> 용도별 사용온도

용 도	사용온도(℃)	용 도	사용온도(℃)
음료용	50~55	세탁, 면 및 모직물	33~37
목욕용	42~45	린넨 및 견직물	49~52
세면, 수세용	40~42	수영장용	21~27
주방, 일반용	45	세차용	24~30
접시세정시 헹구기용	70~80	샤 워	43

학습POINT

■ 물은 온도가 높아지면 부피가 커진다.
물은 4℃일 때 체적이 가장 작고, 4℃ 물을 100℃까지 높이면 체적은 4.3% 팽창한다.

■ 단위해설
• 열량에 대한 SI 단위는 kJ이며 kcal와의 관계는 다음과 같다.
1kJ = 0.2388459kcal ≒ 0.24kcal
1kcal = 4.1868kJ ≒ 4.2kJ
1kW = 1kJ/s ≒ 860 kcal/h
• 온도에 대한 SI 기본단위는 K(켈빈온도, 절대온도)이며 ℃(섭씨온도)와 눈금의 크기는 같다. 따라서 온도차를 나타낼 때는 K = ℃이다.
한편 온도변환식은 다음과 같다.
TK = t℃ + 273.15
(온도 및 열량에 대한 단위는 제8장 난방설비(Ⅰ)-기초사항 참조)

■ 급탕온도는 60~70℃를 표준으로 하며, 용도에 따라 물의 온도를 다르게 사용하며, 가장 높은 온도의 온수가 필요한 곳은 접시 씻기용으로 70~80℃가 요구된다.

(3) 급탕량의 산정

급탕량을 산정하는 데는 사용 인원수에 의한 방법과 기구의 종류와 개수에 의한 방법이 있으나, 일반적으로 인원수에 의한 산정 방법이 정확한 값을 얻을 수 있다.

1) 인원수에 의한 방법

① 1일 급탕량 $Q_d = N \times q_d$ (L/d)

여기에서 N : 사용 인원수(인)

② 시간최대 급탕량 $Q_m = Q_d \times q_h$ (L/h)

<표 2-2> 건물의 종류별 급탕량

건물의 종류	1인 1일당 급탕량 (L/d·c)	1일 사용에 대한 1시간당 최대치 비율	피크로드의 지속시간	1일 사용량에 대한 저탕 비율	1일 사용량에 대한 가열 능력 비율
	q_d	q_h	h	v	r
주택, 아파트 호텔 등	75~150	1/7	4	1/5	1/7
사무실	7.5~11.5	1/5	2	1/5	1/6
공장	20	1/3	1	2/5	1/8

(註) ① 호텔에서는 1일의 급탕 필요량과 특성이 형식에 따라 달라진다. 고급 호텔에서는 피크로드는 낮지만 1일의 사용량이 비교적 많고, 상업 호텔에서는 피크로드는 높지만 1일의 사용량이 적다.
② 주택이나 아파트에서 접시 세정기나 세탁기가 있을 때는 접시 세정기 1대당 60L, 세탁기 1대당 150L를 추가한다.

2) 기구의 종류 및 개수에 의한 방법

시간최대 급탕량 $Q_m = P \times \Sigma(q'' \times f)$ (L/h)

P : 동시사용률(%)

q'' : 기구의 시간당 급탕량(L/h) f : 기구수(개)

(4) 급탕 부하

급탕부하란 시간당 필요한 온수를 얻기 위해 소요되는 열량을 말하므로 열량 계산식 q=G·C·Δt로 계산하되 질량(G)은 단위시간당 급탕량(L/h 즉 kg/h)이 되므로 계산결과의 단위는 시간당 필요한 열량인 kJ/h가 되며 이를 3600(s/h)으로 나누어 kJ/s 즉 kW로 나타낸다. 즉 열량은 kJ로 나타내며 시간개념이 포함된 급탕부하는 kJ/h 또는 kW(kJ/s)로 나타낸다.

온도차(Δt)는 경우에 따라 다르나 보통 급탕온도를 70℃, 급수온도를 10℃로 보아 60℃ 정도가 된다.

$$\text{급탕부하} = \frac{\text{급탕량 } G(kg/h) \times \text{비열 } C(kJ/kg \cdot K) \times \text{온도차 } \Delta t(K)}{3,600(s/h)} \text{ (kW)}$$

■ 주택, 아파트, 호텔의 1인 1일당 급탕량은 75~150 l 이다.

■ 사용단위의 변화
• 열량 : kcal → kJ
• 부하 : kcal/h → W(J/s)
   　　　　　　　kW(kJ/s)

■ 1kW=860kcal/h이므로 기존에 공학단위로 계산된 kcal/h의 값을 860으로 나누면 쉽게 kW값을 구할 수 있다.

■ 좌측의 급탕부하 계산식에서 분모인 3,600(s/h)로 나누는 과정을 생략하면 급탕부하의 단위는 kJ/h가 된다.

(5) 급탕설비용 기기

1) 보일러
   ① 가열장치는 그 구조에 따라 순간식과 저탕식이 있다. 주로 대규모 건물인 경우 저탕식이 쓰인다.
   ② 주철제 보일러와 강판제 보일러가 쓰인다.
   ③ 보일러의 가열능력(H)

$$H = \frac{Q_d \cdot r \cdot C \cdot (t_h - t_c)}{3,600} \text{ (kW)}$$

   Q_d : 1일 급탕량(l/d) r : 가열능력 비율(표 2-2)
   t_h : 급탕온도(℃) t_c : 급수온도(℃)
   C : 물의 비열 (4.2 kJ/kg·K)

2) 저탕조(tank heater, storage tank)
   ① 온수탱크로 탕물을 저장함과 동시에 히터 역할을 한다.
   ② 저탕조의 용량

   $V = Q_d \cdot v$ (L)

   Q_d : 1일 급탕량(L/d)
   v : 1일 사용량에 대한 저탕비율(표 2-2)

> ■ 저탕조의 용량(V)을 구하는 식으로서 다음 식이 사용되기도 한다.
> ㉠ 직접가열식일 때
>   V = (1시간 최대 급탕량 - 온수 보일러의 탕량) × 1.25(l)
> ㉡ 간접가열식일 때
>   V = 1시간 최대 급탕량 × (0.9~0.6)(l)

> **참고** 주민 50명이 살고 있는 아파트 1일 저탕용량과 가열기의 능력을 구하라.
> (단, 급탕온도 60℃, 급수온도 5℃, 물의 비열은 4.2kJ/kg·K)
> ① 1일 급탕량(Q_d)
>   = 인원수(인) × 1인 1일 급탕량(L/인·d)
>   = 50 × (75~150)
>   = 3,750~7,500L/d
> ② 저탕용량(V)
>   = 1일급탕량 × 1일급탕량에 대한 저탕비율
>   = (3,750~7,500)L/d × 1/5
>   = 750~1,500L
> ③ 가열기능력(H)
>   = 1일급탕량 × 비열 × 온도차 × 1일급탕량에 대한 가열능력비율
>   = $\frac{(3,750~7,500)\text{L/d} \times 4.2 \times 55 \times 1/7}{3,600}$
>   = 34.5~69 kW

3) 온수 순환펌프
   ① 원심식 펌프(centrifugal pump)인 볼류트 펌프(단단)가 주로 사용된다.
   ② 소규모에서는 축류 펌프(라인 펌프)가 사용된다.

〈사진 2-1〉 단단볼류트 펌프

〈사진 2-2〉 라인펌프

(6) 급탕설비의 조닝

급탕압력과 급수압력은 항상 같은 압력으로 유지하여야 하며 공급압력이 다르면 탕과 물을 혼합시킬 때 혼합비가 변하든지, 역류가 생겨 사용상 지장이 있다. 초고층 건물의 경우에는 반드시 급수설비의 조닝과 맞추어 조닝하여야 한다.

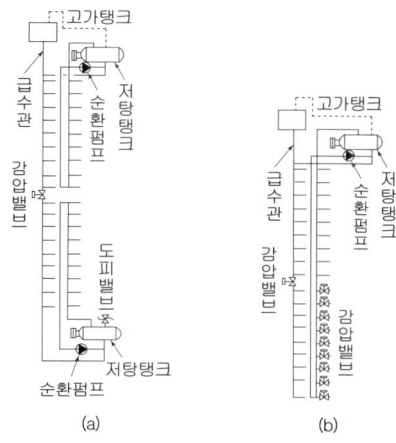

〈그림 2-1〉 급탕설비 조닝의 예

2 급탕방식

(1) 개별식(국소식)

필요한 개소에 탕비기를 설치하여 소요의 장소에 온수를 공급하는 방법으로 소규모 급탕에 적합하다.

1) 특징
   ① 장점
      ㉮ 배관설비 거리가 짧고 배관 중 열손실이 적다.
      ㉯ 수시로 급탕하여 사용할 수 있고 높은 온도의 물이 필요할 때 쉽게 얻을 수 있다.
      ㉰ 급탕 개소가 적을 경우 시설비가 싸다.
      ㉱ 주택 등에서는 난방 겸용의 온수 보일러를 이용할 수 있다.
   ② 단점
      급탕 개소마다 가열기의 설치 공간이 필요하다.

2) 종류
   ① 순간 온수기(즉시 탕비기)
      ㉮ 급탕관의 일부를 가스나 전기로 가열시켜 직접 온수를 얻는 방법
      ㉯ 급탕 기구수가 적고 급탕 범위가 좁은 주택의 욕실, 부엌의 싱크, 이발소 등에 적합하다.
      ㉰ 가열 온도 : 60~70°C

■ 급탕방식에는 순간온수기와 같이 온수가 필요한 곳에서 바로 만들어 쓰는 개별식과 대형건물에서처럼 온수를 만들어 필요로 하는 곳까지 보내주는 중앙식이 있다. 중앙식은 개별식에 비해 배관도중 열손실이 크다.

■ 급탕방식의 분류
```
         ┌ 순간 온수기
   ┌ 개별식 ├ 저탕형 탕비기
   │      └ 기수혼합식 탕비기
   └ 중앙식 ┌ 직접 가열식
          └ 간접 가열식
```

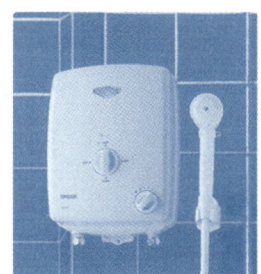

〈사진 2-3〉 순간온수기

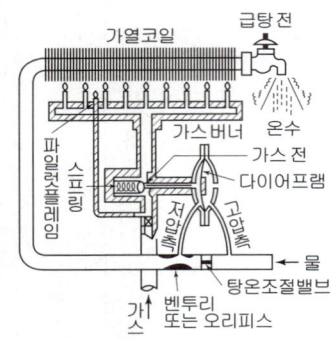

<그림 2-2> 가스 순간 온수기의 연소장치 원리

② 저탕형 탕비기(저장형 온수기)
  ㉮ 가열된 온수를 저탕조 내에 저축하여 두는 것으로 열손실은 비교적 많지만 많은 온수를 일시에 필요로 하는 곳에 적당하다. 비등점에 가까운 온수를 얻을 수 있다.
  ㉯ 종류 : 가스연소형, 유류연소형, 전기형

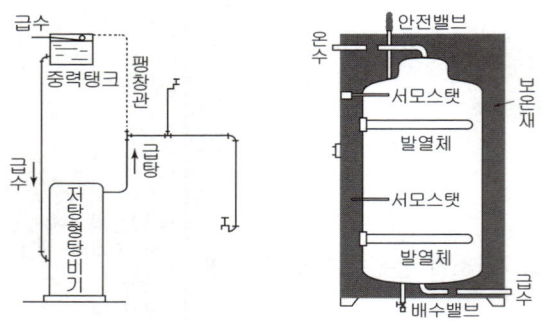

<그림 2-3> 저탕형 탕비기

<사진 2-4> 저탕형탕비기

③ 기수혼합식 탕비기
  ㉮ 보일러의 증기를 물탱크속에 직접 불어 넣어 온수를 얻는 방법
  ㉯ 열효율 : 100%, 사용증기압력 : 0.1~0.4MPa
  ㉰ 고압의 증기 사용으로 소음이 크다
    - 소음을 줄이기 위해 스팀 사일렌서 사용
  ㉱ 용도 : 공장, 병원 등의 욕조

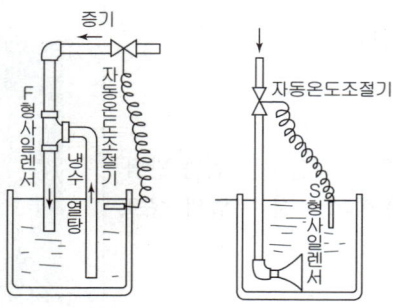

<그림 2-4> 기수혼합식 탕비기

■ 서모스탯(thermostat, 자동온도조절기)
제어 대상의 온도를 검출하여 지정 온도로 유지하기 위하여 신호를 보내는 것으로 바이메탈 또는 벨로우즈에 의하여 온도를 조절한다.

■ 스팀 사일렌서(steam silencer, 소음 제거 장치)
S형, F형의 두 종류가 있으며 소음을 줄이기 위해 기수혼합식 탕비기에 설치

■ 저탕탱크에 부착하여 온수온도를 조절하는 장치를 서머스텟(thermostat), 기수혼합식 탕비기에서 소음을 줄이기 위해 설치하는 장치를 스팀사일렌서(steam silencer)라 한다.

(2) 중앙식(central hot water supply)

지하실 등 일정한 장소에 급탕장치를 설치해 놓고 배관에 의해 필요한 각 사용장소에 공급하는 방법으로 대규모 급탕에 적합하다.

1) 특징

① 장점
- ㉮ 연료비가 적게 든다(석탄, 중유, 가스 사용)
- ㉯ 열효율이 좋다.
- ㉰ 관리상 유리하다.
- ㉱ 총 열량을 작게 할 수 있다. (기구의 동시 사용을 고려)
- ㉲ 배관에 의해 필요 개소에 어디든지 급탕할 수 있다.

② 단점
- ㉮ 초기투자비(공사비)가 많이 든다.
- ㉯ 전문 기술자가 필요하다.
- ㉰ 배관 도중 열손실이 크다.
- ㉱ 시공 후 기구 증설에 따른 배관 변경 공사가 어렵다.

2) 종류

① 직접 가열식
- ㉮ 급탕경로
  온수보일러→저탕조(급탕탱크)→급탕주관→각 지관→사용장소
- ㉯ 열효율면에서는 경제적이나 계속적인 급수로 항상 새로운 물이 들어오게 되어 보일러의 신축이 불균일하고 수질에 의해 보일러 내면에 스케일이 생겨서 열효율이 저하되며 보일러의 수명이 단축된다.
- ㉰ 급탕하는 건물의 높이에 따라 보일러는 높은 압력을 필요로 한다.
- ㉱ 주택 또는 소규모 건물에 실용적이다.

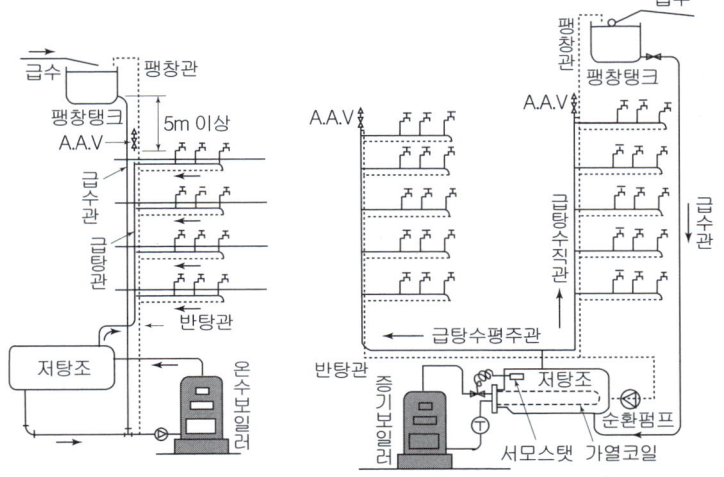

〈그림 2-5〉 직접 가열식 급탕 배관   〈그림 2-6〉 간접 가열식 급탕 배관

■ 중앙식 급탕 및 난방
멀리까지 열매를 공급해야 하므로 배관도중의 열손실은 크다.

■ 직접가열식과 간접가열식의 비교

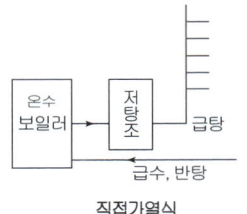

직접가열식

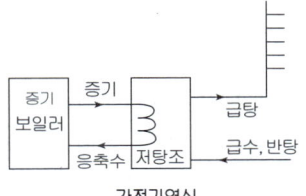

간접가열식

직접가열식은 모든 물이 보일러에서 가열된 후 공급되지만 간접가열식은 저탕조에서 가열되므로 보일러를 거칠 필요가 없다. 따라서 간접가열식에 사용되는 보일러에는 스케일(물때)이 생기지 않으며 건물 높이에 따른 수압도 작용하지 않는다.

■ A.A.V (Automatic Air-Vent Valve Assembly) : 자동공기빼기밸브

② 간접 가열식
  ㉮ 저탕조(급탕탱크)내에 가열코일을 설치하고 이 코일에 증기(또는 고온수)를 통해서 저탕조의 물을 간접적으로 가열하는 방식이다.
  ㉯ 난방용 보일러의 증기를 사용시 급탕용 보일러가 불필요하다.
  ㉰ 보일러 내면에 스케일이 거의 생기지 않는다.
  ㉱ 건물 높이에 따른 수압이 보일러에 작용하지 않고 저탕조에 작용하므로 고압용 보일러가 불필요하다.
  ㉲ 대규모 급탕 설비에 적합하다.

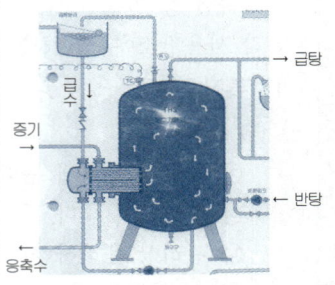

<사진 2-5> 저탕조

■ 저탕조
간접가열식에 사용되는 저탕조는 탕물을 저장함과 동시에 가열의 기능도 하므로 이것을 탱크히터 또는 급탕가열탱크라고도 한다.

<표 2-3> 중앙식 급탕 방법의 비교

구 분	직접 가열식	간접 가열식
가열 장소	온수보일러	저 탕 조
보 일 러	급탕용 보일러, 난방용 보일러 각각 설치	난방용 보일러로 급탕까지 가능
보일러내의 스케일	많이 낀다.	거의 끼지 않는다.
보일러내의 압력	고 압	저 압
규 모	중소규모 건물	대규모 건물
저탕조내의 가열코일	불 필 요	필 요
열 효 율	유 리	불 리

(3) 태양열 급탕

태양열을 이용해서 물을 가열하는 것이 태양열 온수기이다. 1일 중의 직사일광의 일사량은 보통 16,800~21,000 kJ/m²·day 정도이며 수열면적이 2m², 집열효율을 70%라 해도 하루의 집열량은 23,500~29,400 kJ/day 정도가 된다.

1) 집열 장치(collector) : 집열판
  ① 태양열을 집열판에서 직접 흡수한다.
  ② 재질 : 동제, 알루미늄제, 철제, 플라스틱제
  ③ 종류 : 평판형, 진공관형, 집광형

2) 축열 장치(heat storage tank) : 축열조
  집열기에서 흡수된 열을 저탕조 내부의 축열 매체인 물에 전달하여 축열하는 것으로 열 저장 매체로는 물이나 화학 물질 또는 자갈을 사용한다.

3) 급열(공급) 장치(distributor) : 순환 펌프
  저탕조내의 가열된 물을 난방 및 급탕을 위해 공급한다.

4) 열원 보조 장치(auxiliary heater) : 보조 보일러
  장시간의 흐린 날씨나 외부 기온 강하시 부족한 열량을 공급하는 보일러 및 버너이다.

■ 태양열 급탕장치의 구성요소에는 집열판, 축열조, 순환펌프, 보조보일러 등이 있다.

5) 제어 장치(control box)

모든 시스템이 효율적으로 작동될 수 있도록 자동 제어한다.

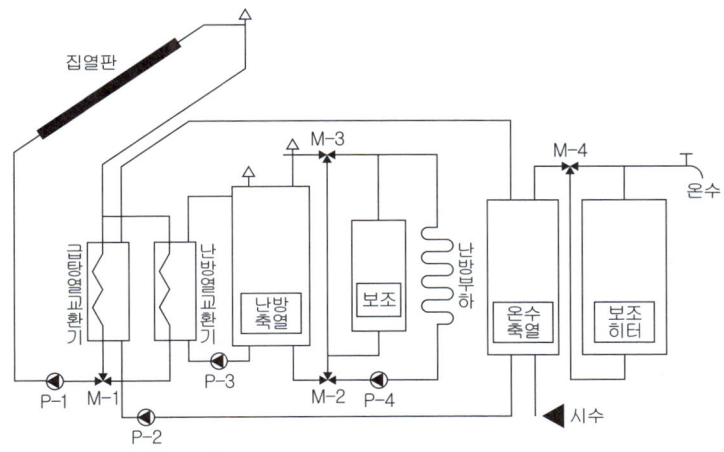

<그림 2-7> 태양열 시스템의 개요도

핵심문제

1 한 시간의 급탕량이 5m³ 일 때 급탕부하는?
(단, 급탕온도 70℃, 급수온도 10℃, 물의 비열은 4.2kJ/kg · K이다.)
① 35 kW ② 126 kW
③ 350 kW ④ 1260 kW

2 급탕설비 중 개별식 급탕법의 설명으로 옳지 않은 것은?
① 용도에 따라 필요한 개소에서 필요한 온도의 탕을 비교적 간단하게 얻을 수 있다.
② 건물 완공 후에도 급탕 개소의 증설이 비교적 쉽다.
③ 급탕개소마다 가열기의 설치 스페이스가 필요하다.
④ 배관길이가 짧으나 배관 중의 열손실이 크다.

3 급탕설비에서 온수순환펌프로 주로 이용되는 것은?
① 볼류트펌프
② 피스톤펌프
③ 다이어프램 펌프
④ 제트펌프

4 간접가열식 중앙급탕법이 직접가열식 중앙급탕법보다 유리한 점을 기술하였다. 이 중에서 옳지 않은 것은?
① 가열코일에 순환하는 증기는 저압으로도 된다.
② 보일러의 스케일의 우려가 적다.
③ 관리면에서 유리하다.
④ 열효율면에서 경제적이다.

5 중앙급탕법에서 간접가열식 급탕법의 특징에 대한 설명 중 옳지 않은 것은?
① 보일러내에 스케일이 부착할 염려가 적다.
② 고압보일러가 필요없다.
③ 난방용으로 설치된 고온수, 증기 등의 열매를 이용하면 별도로 보일러가 필요없다.
④ 대규모 건축물에는 부적당하다.

해 설

[해설] 1 급탕 부하
$$= \frac{5{,}000\,\text{kg/h} \times 4.2\,\text{kJ/kg} \cdot \text{K} \times 60\,℃}{3{,}600\,\text{s/h}}$$
$= 350\ \text{kW}$

[해설] 2
개별식 급탕은 중앙식 급탕에 비해 배관이 짧으므로 배관도중의 열손실이 작다.

[해설] 3
급탕, 냉온수, 냉각수 등의 순환펌프에는 단단볼류트 펌프가 주로 사용되며 소규모일 경우에는 라인펌프(축류형)가 사용되기도 한다.

[해설] 4, 5 중앙식 급탕방법의 비교

구 분	직접가열식	간접가열식
가열장소	온수보일러	저탕조
보일러	급탕용 보일러, 난방용 보일러 각각 설치	난방용 보일러로 급탕까지 가능
보일러 내의 스케일	많이 낀다.	거의 끼지 않는다.
보일러 내의 압력	고압	저압
규모	중소규모 건물	대규모 건물
저탕조내의 가열코일	불필요	필요
열효율	유리	불리

정답 1. ③ 2. ④ 3. ① 4. ④ 5. ④

기출문제 및 예상문제

CHAPTER 2
1. 급탕설계 및 급탕방식

■■■ 급탕설계

1. 20℃의 물을 80℃로 가열할 때 물의 팽창비율은? (단, 20℃ 물의 밀도는 998kg/m³, 80℃ 물의 밀도는 972kg/m³이다.)

① 2.0% ② 2.3%
③ 2.7% ④ 3.0%

[해설] 물의 팽창비율 계산

$$물의\ 팽창비율 = \left(\frac{1}{급탕의\ 밀도} - \frac{1}{급수의\ 밀도}\right) \cdot 100$$

$$= \left(\frac{1}{0.972} - \frac{1}{0.998}\right) \times 100 = 2.68 ≒ 2.7\%$$

2. 4℃의 물 800L를 100℃로 가열하면 체적 팽창량은? (단, 물의 밀도는 4℃일 때 1kg/L, 100℃일 때 0.9586kg/L이다.)

① 약 35L ② 약 40L
③ 약 45L ④ 약 50L

[해설] 물의 팽창량 계산

$$물의\ 팽창비율 = \left(\frac{1}{급탕의\ 밀도} - \frac{1}{급수의\ 밀도}\right) \cdot 100$$

$$= \left(\frac{1}{0.9586} - \frac{1}{1}\right) \times 100 ≒ 4.319\%$$

물의 팽창량 = 800L × 0.04319 ≒ 35L

3. 물 10kg을 10℃에서 60℃로 가열하는데 필요한 열량은? (단, 물의 비열은 4.2kJ/kg·K이다.)

① 800 kJ ② 1,200 kJ
③ 1,600 kJ ④ 2,100 kJ

[해설] 열량(q) = 질량(G) × 비열(C) × 온도차(Δt)
= 10kg × 4.2kJ/kg·K × (60-10)℃
= 2,100kJ

4. 0℃의 물 400kg을 50℃로 올리는데 30분이 소요되었다면 가열열량은? (단, 물의 비열은 4.2kJ/kg·K 이다.)

① 42,000 kJ/h
② 84,000 kJ/h
③ 126,000 kJ/h
④ 168,000 kJ/h

[해설] 열량 $q = G \cdot C \cdot \Delta t$
= 400kg/30분 × 4.2kJ/kg·K × (50-0)K
= 84,000kJ/30분 = 168,000kJ/h

5. 급탕배관 계통에서 총손실열량이 30,000W이고, 급탕온도가 80℃, 반탕온도가 70℃라면 순환수량은? (단, 물의 비열은 4.2kJ/g·K, 물의 밀도는 1kg/L이다.)

① 43 L/min ② 56 L/min
③ 66 L/min ④ 72 L/min

[해설] 열량(q) = 질량(G) × 비열(C) × 온도차(Δt)에서
질량(G) = 열량(q)/(비열(C) × 온도차(Δt))이고
물 1L는 1kg 이므로

$$G = \frac{30,000(J/s) \div 1,000(J/kJ) \times 60(s/min)}{4.2(kJ/kg \cdot K) \times (80-70)(K)} = 42.9 kg/min$$

≒ 43L/min

6. 급탕배관 계통의 손실열량이 3.5kW 이고, 급탕 및 반탕 온도가 각각 70℃, 65℃일 때 순환수량(kg/h)은? (단, 물의 비열은 4.2kJ/kg·K이다.)

① 65 ② 70
③ 600 ④ 3000

[해설] 급탕부하$(q) = \frac{G \cdot C \cdot \Delta t}{3,600}$에서

$$G = \frac{3,600q}{C \cdot \Delta t} = \frac{3,600 \times 3.5}{4.2(70-65)} = 600 kg/h$$

해답 1. ③ 2. ① 3. ④ 4. ④ 5. ① 6. ③

7. 한 시간의 급탕량이 3m³/h일 때 급탕부하는 얼마인가? (단, 물의 비열은 4.2kJ/kg·K, 급탕온도 65℃, 급수온도 5℃임)

① 18 kW ② 21 kW
③ 180 kW ④ 210 kW

해설 급탕부하 = $\dfrac{3,000 kg/h \times 4.2 kJ/kg \cdot K \times (65-5)℃}{3,600(s/h)}$
= 210 kW

8. 1일 급탕량이 12,000J/d 일 때 급탕부하는 얼마인가? (단, 급탕온도는 80℃, 급수온도는 10℃, 물의 비열은 4.2kJ/g·K)

① 35.6 kW ② 40.8 kW
③ 44.6 kW ④ 48.2 kW

해설 급탕부하
= $\dfrac{\text{시간당급탕량 } G(kg/h) \times \text{비열 } C(kJ/kg \cdot K) \times \text{온도차 } \Delta t(K)}{3,600(s/h)}$

= $\dfrac{12,000/24(kg/h) \times 4.2(kJ/kg \cdot K) \times 70(K)}{3,600(s/h)}$

= 40.8 kJ/s (kW)

9. 용량 1kW의 커피포트로 1L의 물을 10℃에서 100℃까지 가열하는데 걸리는 시간은? (단, 열손실은 없으며, 물의 비열은 4.19kJ/kg·K, 밀도는 1kg/L 이다.)

㉮ 약 3.6분
㉯ 약 4.8분
㉰ 약 6.3분
㉱ 약 12.2분

해설 물을 가열하는데 필요한 열량
q = 질량(G) × 비열(C) × 온도차(⊿t)
= 1kg × 4.19kJ/kg·K × (100-10)K = 377.1kJ
용량 1kW(=1kJ/s)의 커피포트는 1초에 1kJ의 열을 생산하므로 377.1kJ을 가열하는데는 열손실이 없다고 가정할 경우 377.1초(약 6.3분)가 소요된다.

10. 급탕량의 산정방법에 속하지 않는 것은?

① 급탕단위에 의한 방법
② 사용인원수에 의한 방법
③ 사용기구수에 의한 방법
④ 피크로드 시간에 의한 방법

11. 체육학교 샤워실의 샤워전이 25개 있다. 급수, 급탕설비 설계에 있어서 동시 사용율은 얼마가 가장 적당한가?

① 25% ② 50%
③ 75% ④ 100%

해설 체육학교 샤워실은 체육이 끝난 다음 동시에 모든 샤워기를 사용하므로 동시사용율은 100%이다.

12. 급탕기기 용량에 관한 설명으로 옳지 않은 것은?

① 일반적으로 가열기 능력과 저탕탱크 용량과의 사이에는 반비례 관계가 있다.
② 급탕기기는 건물 내 사람의 일일 사용량과 피크 시간대에 대응할 수 있는 용량으로 선정한다.
③ 동시사용율이 높은 건물은 일반적으로 가열기 능력을 작게 하고 저탕탱크는 대용량으로 한다.
④ 가열장치의 능력에는 단위시간 내에 물을 가열할 수 있는 가열능력과 피크 사용시에 대비해 온수를 저장하는 저탕용량이 있다.

해설 ③ 학교, 체육시설, 공장 등 동시사용율이 높은 건물은 일반적으로 가열기 능력을 크게 하고 저탕용량은 작게 하는 것이 에너지손실이 적고 경제적이다. 저장탱크를 크게 하면 방열에 의한 에너지손실이 크다.

13. 다음 중 급탕설비에서 온수 순환 펌프로 주로 이용되는 것은?

① 사류 펌프 ② 원심식 펌프
③ 왕복식 펌프 ④ 회전식 펌프

해답 7. ④ 8. ② 9. ③ 10. ④ 11. ④ 12. ③ 13. ②

해설 온수순환펌프처럼 양정이 낮은 순환용 펌프로는 원심펌프 중 단단 볼류트펌프 또는 라인펌프 등이 사용된다.

14. 급탕설비의 온수 순환펌프로 사용되는 펌프로 맞는 것은?

① 기어 펌프
② 제트 펌프
③ 축류형 펌프
④ 보어홀 펌프

해설 가정 등 소규모 급탕에 사용되는 라인펌프는 축류형 펌프이다.

■■■ 급탕방식

15. 국소식 급탕방식에 관한 설명으로 옳지 않은 것은?

① 배관의 열손실이 적다.
② 급탕개소와 급탕량이 많은 경우에 유리하다.
③ 급탕개소마다 가열기의 설치 스페이스가 필요하다.
④ 건물 완공 후에도 급탕 개소의 증설이 비교적 쉽다.

16. 국소식 급탕방식에 관한 설명으로 옳지 않은 것은?

① 배관 열손실이 크다.
② 설비비는 중앙식보다 싸고 유지관리도 용이하다.
③ 용도에 따라 필요 온도의 온수를 간단히 얻을 수 있다.
④ 가열기의 종류는 가스 또는 전기 순간 온수기가 주로 사용된다.

17. 중앙식 급탕방식에 관한 설명으로 옳지 않은 것은?

① 온수를 사용하는 개소마다 가열장치가 설치된다.
② 상향 또는 하향 순환식 배관에 의해 필요개소에 온수를 공급한다.
③ 국소식에 비해 기기가 집중되어 있으므로 설비의 유지관리가 용이하다.
④ 호텔이나 병원 등과 같이 급탕개소가 많고 사용량이 많은 건물 등에 채용된다.

18. 중앙식 급탕법에 관한 설명으로 옳지 않은 것은?

① 배관 및 기기로부터의 열손실이 많다.
② 급탕개소마다 가열기의 설치스페이스가 필요하다.
③ 일반적으로 열원장치는 공조설비와 겸용하여 설치된다.
④ 급탕기구의 동시사용율을 고려하기 때문에 가열장치의 전체용량을 줄일 수 있다.

19. 중앙식 급탕방식에 관한 설명으로 옳지 않은 것은?

① 주로 중규모 이상의 건물에 적용하는 방식이다.
② 온수를 사용하는 개소마다 가열장치가 설치된다.
③ 직접가열방식, 간접가열방식 및 순간가열방식이 있다.
④ 상향 또는 하향 순환식 배관에 의해 필요개소에 온수를 공급한다.

해답 14. ③   15. ②   16. ①   17. ①   18. ②   19. ②

20. 저장탱크에 부착되어 저탕의 온도를 조정하는 장치는?
① 가열 코일   ② 순환 펌프
③ 사일렌서   ④ 서머스탯

해설 서머스탯(thermostat)
2종의 금속으로 제작된 것으로 팽창계수가 거의 0에 가까운 amber(Ni:34%, Fe:65%, C:1%)와 brass를 조합하여 용착한 얇은 판으로 한 것으로 제어대상의 온도를 검출하여 자동적으로 지정온도로 유지하여 주는 온도 조절기

21. 다음은 중앙식 급탕법의 직접가열식에 대한 설명이다. 옳지 않은 것은?
① 보일러 내면의 스케일은 간접가열식보다 많이 끼게 된다.
② 급탕에 따른 건물의 높이가 높다 하더라도 고압 보일러가 필요치 않다.
③ 대규모 급탕설비에는 비경제적이다.
④ 가열코일이 필요치 않다.

22. 직접가열식 급탕 방법에 대한 설명으로 틀린 것은?
① 간접가열식에 비해 보일러의 열효율이 낮다.
② 보일러 내부에 방식처리를 강구할 필요가 있다.
③ 급탕온도가 고르지 않게 될 경우가 있다.
④ 급탕하는 건물의 높이에 따라 보일러는 높은 압력을 필요로 한다.

23. 급탕설비에 관한 설명으로 옳지 않은 것은?
① 직접가열식은 열효율이 좋다.
② 강제순환식 급탕법은 순환펌프로 순환시킨다.
③ 중력식 급탕법은 탕의 순환이 온도차에 의해 이루어진다.
④ 직접가열식은 대형 건축물의 급탕설비에 가장 적합하다.

24. 중앙식 급탕방식 중 보일러에서 만들어진 증기 또는 고온수를 열원으로 하고, 저탕조 내에 설치된 코일을 통해 관내의 물을 가열하는 방식은?
① 직접 가열식   ② 간접 가열식
③ 기수 혼합식   ④ 순간 가열식

25. 간접가열식 급탕방식에 관한 설명으로 옳지 않은 것은?
① 저압보일러를 써도 되는 경우가 많다.
② 직접가열식에 비해 소규모 급탕설비에 적합하다.
③ 급탕용 보일러는 난방용 보일러와 겸용할 수 있다.
④ 직접가열식에 비해 보일러 내면에 스케일이 발생할 염려가 적다.

26. 중앙식 급탕방식 중 간접가열식에 관한 설명으로 옳지 않은 것은?
① 가열보일러는 난방용 보일러와 겸용할 수 있다.
② 직접가열식에 비해 가열보일러의 열효율이 낮다.
③ 가열보일러는 중압 또는 고압 보일러를 사용해야 한다.
④ 저탕조는 가열코일을 내장하는 등 구조가 약간 복잡하다.

해설 직접가열식에서는 건물높이에 따른 수압이 보일러에 직접 작용하므로 고압보일러가 필요하나 간접가열식은 저압보일러로 충분하다.

27. 간접가열식 급탕설비에 관한 설명으로 옳지 않은 것은?
① 대규모 급탕설비에 적당하다.
② 비교적 안정된 급탕을 할 수 있다.
③ 보일러 내면에 스케일이 많이 생긴다.
④ 가열 보일러는 난방용 보일러와 겸용할 수 있다.

해답 20. ④   21. ②   22. ①   23. ④   24. ②   25. ②   26. ③   27. ③

[해설] 급탕에서는 우리가 사용한 만큼의 물이 계속 보충되어야 하는데 이를 보급수라 한다. 직접가열식에서는 보급수가 보일러로 들어가므로 보일러내에 스케일 발생우려가 있으나 간접가열식에서는 보급수가 저탕조로 들어가므로 보일러내의 스케일 발생우려는 없다.

28. 중앙식 급탕방식의 직접가열식과 간접가열식의 비교가 잘못된 것은?

① 집접가열식은 구조가 간단하고 열효율이 높다.
② 간접가열식은 난방용 보일러와 겸용할 수 있다.
③ 직접가열식은 대규모 건축물에 많이 쓰인다.
④ 간접가열식은 저압의 보일러를 사용하여도 되고 내식성도 직접가열식에 비하여 유리하다.

[해설] 직접가열식은 소규모 건축물에, 간접가열식은 대규모 건축물에 주로 쓰인다.

29. 간접가열식 급탕설비와 관계가 가장 먼 것은?

① 가열코일
② 열동트랩
③ 마노미터
④ 써머스탯

[해설] 마노미터는 압력계이다.

30. 단독주택의 태양열 급탕시스템 구성 요소에 해당되지 않는 것은?

① 집열판
② 축열조
③ 응축수 펌프
④ 보일러

[해설] 응축수 펌프는 증기 난방에서 보일러내에 응축수를 급수할 때 사용하는 펌프이다.

31. 건축물의 에너지절약을 위한 기계부문의 권장 사항으로 옳지 않은 것은?

① 냉방기기는 전력피크 부하를 줄일 수 있도록 한다.
② 난방 순환수 펌프는 가능한 한 대수제어 또는 가변속제어방식을 채택한다.
③ 폐열회수를 위한 열회수설비를 설치할 때에는 중간기에 대비한 바이패스(by-pass) 설비를 설치한다.
④ 위생설비 급탕용 저탕조의 설계온도는 65℃ 이하로 하고 필요한 경우에는 부스터히터 등으로 승온하여 사용한다.

[해설] 위생설비 급탕용 저탕조의 설계온도는 55℃ 이하로 하고 필요한 경우에는 부스터히터 등으로 승온하여 사용한다.

해답 28. ③   29. ③   30. ③   31. ④

2 급탕설비(Ⅱ) - 급탕배관

> **학습방향**
> 순환식(복관식, 2관식)의 장점, 급탕관과 반탕관의 관경, 신축이음, 팽창관 및 팽창탱크 등에 대한 이해가 요구된다.

1 급탕배관

(1) 배관법

1) 배관 방식
 ① 단관식(one pipe system, 1관식) : 온수를 급탕전까지 운반하는 배관을 1관으로만 설치한 것으로, 순환관(return pipe)이 없어서 순환되지 못하며 배관이 짧은 주택이나 소규모 건물에 이용된다.
 ② 순환식(two pipe system, 복관식 또는 2관식) : 급탕관의 길이가 길 때 관내 온수의 냉각을 방지하여 바로 뜨거운 물을 사용할 수 있도록 보일러에서 급탕전까지의 공급관(급탕관)과 순환관(반탕관)을 배관하는 방식으로 대규모 건물에 주로 사용된다.

2) 공급 방식
 ① 상향 공급식(up feed system)
 ② 하향 공급식(down feed system)
 ③ 상·하향 혼용 공급식(combined system)

3) 순환 방식
 ① 중력식(gravity circulation system) : 급탕관과 순환관(반탕관)의 물의 온도차에 의한 밀도차에 의해서 대류 작용을 일으켜 자연 순환시키는 방식으로 소규모 배관에 적당하다.
 ② 강제식(forced circulation system) : 급탕 순환펌프를 설치하여 강제적으로 온수를 순환시키는 방식으로 중규모 이상 건물의 중앙식 급탕법에 적당하다.

(2) 관경 결정

1) 급탕관의 관경 결정
 ① 최소 20A 이상
 ② 단관식의 경우는 급수관의 관경 결정하는 방법과 똑같이 하되 급수관경보다 한단 큰 치수를 선택한다.

학습POINT

■ 대규모인 경우 급탕배관을 순환식으로 하는데, 그 이유는 어느 곳에서든지 바로 뜨거운 물을 쓸 수 있도록 하기 위해서이다.

■ 단관식과 순환식 배관

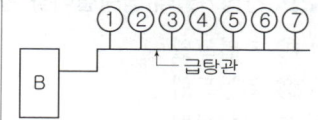

(보일러에서 멀리 떨어질수록 온수공급이 불리함)
〈그림 2-8〉 단관식 배관

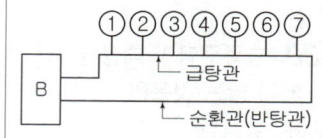

(항상온수가 순환하므로 즉시 온수 사용가능)
〈그림 2-9〉 순환식 배관

■ 급탕관경
급수관보다 한 치수 큰 것을 사용하는데 이는 물이 온도가 높아지면 체적팽창이 되기 때문이다.

③ 순환식 상향급탕법 : 상향 급탕입주관은 상향 급수배관에서의 입주관과 같은 방법으로 관경을 산출하며, 팽창관의 관경은 입주관과 동일한 관경으로 한다. 급탕입주관에서 각층으로 분기되는 횡주관의 관경은 기구수에 의해 배관의 관경 균등표에서 구한 값보다 한단 큰 치수를 선택한다.

2) 반탕관의 관경 결정

① 최소 20A 이상
② 급탕관보다 작은 치수의 것을 사용한다.

<표 2-4> 급탕관 및 반탕관의 구경   (단위 : mm)

급탕관경	25	32	40	50	65	80
급수관경	20	25	32	40	50	65
반탕관경	20	20	25	32	40	40

■ 급탕관이나 반탕관 모두 적어도 20A 이상은 써야 하며, 급탕관은 급수관보다 한 치수 큰 것을 쓴다.

(3) 배관구배

① 중력 순환식 : 1/150
② 강제 순환식 : 1/200

(4) 밸브

① 부득이 굴곡 배관을 해야 할 경우 공기빼기밸브(air vent valve)를 설치함으로써 공기를 배제하여 온수의 흐름을 원활하게 한다.
② 배관 도중에는 슬루스 밸브(게이트 밸브)를 사용한다.

■ 급수, 급탕설비 배관에서 가장 많이 사용되는 밸브는 슬루스밸브이다.

(5) 신축이음쇠

배관의 신축·팽창량을 흡수 처리하기 위해서는 신축이음쇠가 사용되며, 그 종류에는 스위블 조인트, 신축곡관, 슬리브형 신축이음쇠, 벨로즈형 신축이음쇠 등이 있다.

<사진 2-6> 슬리브 이음쇠

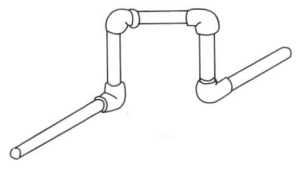

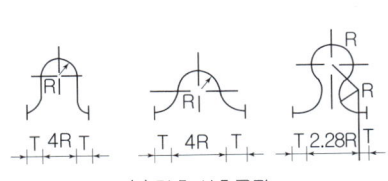

(a) 스위블 조인트

(b) 각층 신축곡관

<사진 2-7> 벨로즈 이음쇠

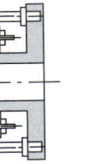

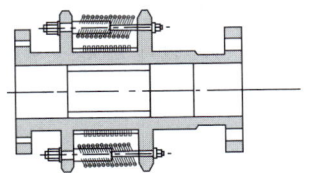

(c) 슬리브형 신축이음쇠

(d) 벨로즈형 신축이음쇠

<그림 2-10> 각종 신축 이음쇠

① 스위블 조인트는 2개 이상의 엘보를 사용하여 신축을 흡수하는 것으로 신축과 팽창으로 누수의 원인이 되는 것이 결점이다. 분기배관이나, 방열기 주위배관에 사용된다.
② 신축곡관은 고압배관에도 사용할 수 있는 장점이 있으나 1개의 신축길이가 큰 것이 결점이며, 고압배관의 옥외배관에 적합하다.
③ 일반적으로 가장 많이 사용되는 이음쇠는 슬리브형 이음쇠와 벨로즈형 이음쇠이며, 보통 1개의 신축이음쇠로 30mm 전후의 팽창량을 흡수한다. 따라서 **강관은 보통 30m, 동관은 20m 마다 신축이음을 1개씩 설치하는 것이 좋다.**

(6) 팽창관과 팽창탱크

① 온수 순환배관 도중에 이상 압력이 생겼을 때 그 압력을 흡수하는 도피구이다.
② 급탕수직관을 연장하여 팽창관으로 하고 이를 팽창(중력) 탱크에 자유 개방한다.
③ **팽창관의 도중에는 절대로 밸브를 달아서는 안된다.**
④ 팽창탱크의 설치 높이
개방형 팽창탱크는 탱크의 저면이 최고층의 급탕전보다 5m 이상 높은 곳에 설치하며 탱크 급수는 볼탭에 의해 자동 급수한다. 밀폐형 팽창탱크는 설치 위치에 제한을 받지 않으므로 보통 기계실에 설치하지만 크기는 개방형보다 더 커야 한다.

■ 수온상승에 따른 온수팽창시 이상 압력을 흡수하는 장치에는 팽창탱크와 팽창관이 있다.
그러나 대부분의 급탕설비에는 이상압력 도피구로서 보일러나 저탕조에 안전밸브만 설치하고 팽창관과 팽창탱크는 설치하지 않으며 보통 온수난방에만 설치된다.

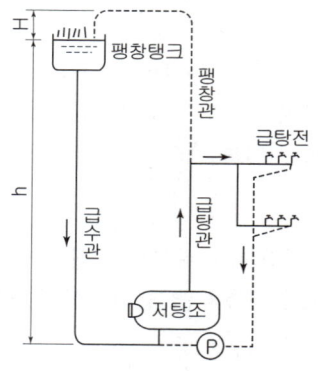

〈그림 2-11〉 팽창관의 설치위치

〈사진 2-8〉 개방형 팽창탱크

⑤ 팽창관의 입상높이(H)
팽창관은 팽창탱크의 물이 이 팽창관을 통해 저탕조내로 역류하지 않도록 팽창탱크 수면으로부터 일정높이 이상 개구하여 설치하여야 한다. 이 팽창관의 입상높이 H(m)는 다음과 같이 구한다.

$$H \geq \left(\frac{\rho_c}{\rho_h} - 1\right) \cdot h$$

ρ_c : 물의 밀도(kg/L)
ρ_h : 탕의 밀도(kg/L)
h : 저탕조에서 팽창탱크 까지의 높이(m)

〈사진 2-9〉 밀폐형 팽창탱크

(7) 수압시험

배관에 보온피복을 하기 전에 실시하며 최고사용압력의 1.5배 이상(최소 0.75 MPa)을 가하여 60분 이상 유지되어야 한다.

핵 심 문 제

1 급탕 배관법 중 복관식(2관식)으로 하는 이유는?
① 공사비를 절약하기 위하여
② 연료비를 절약하기 위하여
③ 곧 뜨거운 물이 나오게 하기 위하여
④ 보수 관리를 편리하게 하기 위하여

2 급탕배관의 신축이음 종류에 들지 않는 것은?
① 루프형이음
② 슬리브형이음
③ 벨로우즈형이음
④ 칼라형이음

3 배관의 신축이음쇠 중 2개 이상의 엘보를 사용하여 나사부분의 회전에 의하여 신축을 흡수하게 되어 있는 것은?
① 스위블 이음쇠
② 루프형 이음쇠
③ 슬리브형 이음쇠
④ 벨로즈형 이음쇠

4 다음의 급탕설비에 관한 설명 중 옳지 않은 것은?
① 관재료로서 연관은 열에 약하고 탕에 침식되기 쉬우므로 부적당하다.
② 저탕조는 보온피복을 하여 열손실을 최소로 한다.
③ 관피복 전에 상용수압의 2~3배의 수압시험을 한다.
④ 강관의 신축에 관한 대책으로 직선배관시에는 50m마다 1개의 신축이음을 설치한다.

5 급탕설비에서 팽창탱크에 관한 설명 중 잘못된 것은?
① 급탕수직주관 끝을 연장하여 팽창관으로 한다.
② 팽창관에는 절대로 밸브를 달아서는 안된다.
③ 팽창탱크는 배관내 스케일 발생을 방지한다.
④ 팽창탱크는 수도 꼭지보다 5m 이상의 높이에 설치한다.

해 설

해설 1

• 단관식
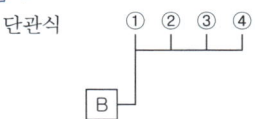

온수가 정체되어 있으므로 열손실로 인해 점차 냉각되어 배관내의 많은 물을 배수해야 따뜻한 물을 사용할 수 있다.

• 복관식
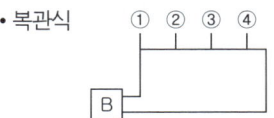

온수가 항상 순환하고 있으므로 분기관 내의 냉각된 물만 배수하면 바로 따뜻한 물을 사용할 수 있다.

해설 2
신축이음의 종류에는 스위블조인트, 신축곡관(루프형), 벨로우즈형, 슬리브형 등이 있다.

해설 3
스위블 조인트 : 2개 이상의 엘보를 사용하여 신축을 흡수하는 것으로 신축과 팽창으로 누수의 원인이 되는 것이 결점이다.

해설 4
신축이음 설치거리 : 동관 20m, 강관 30m

해설 5
팽창탱크는 수온상승에 따라 팽창된 온수를 도피시키는 곳으로 스케일 발생과는 관계없다.

정답 1. ③ 2. ④ 3. ① 4. ④ 5. ③

기출문제 및 예상문제

CHAPTER 2 2. 급탕배관

■■■ 급탕배관

1. 복관식 급탕배관방식에 관한 설명으로 옳지 않은 것은?

① 급탕관과 반탕관이 설치된다.
② 저탕조를 중심으로 회로배관을 형성한다.
③ 배관이 복잡하여 중앙식 급탕방식에는 적용이 곤란하다.
④ 급탕전을 열면 짧은 시간 내에 뜨거운 물을 얻을 수 있다.

[해설] 복관식(순환식, 2관식) 급탕법은 중앙식 급탕에 사용되는 배관법이다.

2. 급탕관의 주관은 관경을 최소 얼마 이상으로 하는가?

① 15 mm
② 20 mm
③ 25 mm
④ 32 mm

[해설] 급탕관은 최소 20A(20mm) 이상을 쓴다.

3. 급탕관의 관경이 25A일 때 복귀관의 관경은 대략 얼마 정도로 하는 것이 적당한가?

① 20A ② 25A
③ 32A ④ 40A

4. 급탕배관에 관한 설명으로 옳지 않은 것은?

① 관의 신축을 고려하여 굽힘 부분에는 스위블이음 등으로 접합한다.
② 관의 신축을 고려하여 건물의 벽관통 부분의 배관에는 슬리브를 사용한다.
③ 역구배나 공기 정체가 일어나기 쉬운 배관 등 온수의 순환을 방해하는 것은 피한다.
④ 배관재로 동관을 사용하는 경우 관내유속을 느리게 하면 부식되기 쉬우므로 2.5m/s 이상으로 하는 것이 바람직하다.

5. 급탕설비에서 옳지 않은 것은?

① 급탕방식은 개별식과 중앙식이 있다.
② 가열장치는 순간형과 저탕형이 있다.
③ 배관방식은 2관식과 3관식이 있다.
④ 급탕량은 사용인원이나 사용기구수에 의해 구한다.

[해설] 배관방식은 단관식과 2관식(순환식)이 있다.

6. 급탕설비에 관한 기술 중 올바른 것은?

① 급탕설비의 순환펌프 구경은 급탕주관의 구경보다 크게 한다.
② 급탕배관은 급수배관보다 관의 부식이 더 적다.
③ 배관도 중에 마찰저항을 적게 하기 위해 글로브 밸브보다 슬루스 밸브를 사용하는 것이 좋다.
④ 급탕설비의 팽창탱크는 저탕조의 역할을 하기도 한다.

[해설] ① 급탕주관보다 작거나 같게 한다.
② 급탕관의 부식이 더 크다.
④ 팽창탱크가 저탕조역할을 할 수는 없다.

7. 급탕배관 설계 시 주의해야 할 사항으로 옳지 않은 것은?

① 배관구배는 강제 순환 방식의 경우 1/200 정도가 적합하다.
② 하향 배관법에서 급탕관 및 반탕관은 모두 앞내림 구배로 한다.
③ 직관부가 긴 횡주관에서는 신축 이음을 강관일

해답 1. ③ 2. ② 3. ① 4. ④ 5. ③ 6. ③ 7. ③

경우 50m마다 1개 설치한다.
④ 상향 배관법에서 급탕 수평 주관은 앞올림 구배, 반탕관은 앞내림 구배로 한다.

8. 급탕배관에 관한 설명 중 잘못된 것은?
① 배관의 물매는 충분히 갖도록 한다.
② 공기 빼는 밸브를 설치한다.
③ 관의 신축에 대비하여 30m 이내마다 신축 이음을 설치한다.
④ 관의 부식을 고려하여 노출 배관을 한다.

[해설] ① 배관의 물매-중력순환식 : 1/150
   강제순환식 : 1/200
② 신축이음은 직선배관시 강관은 30m, 동관은 20m마다 설치한다.

9. 급탕설비에 대한 설명 중 틀린 것은?
① 급탕설비에는 공기빼기밸브를 사용하면 좋다.
② 팽창관 도중에는 절대로 밸브를 설치해서는 안 된다.
③ 중력순환식 급탕설비에서 배관의 구배는 1/150 이상으로 한다.
④ 급탕배관은 급수배관보다 관의 부식이 적다.

[해설] ④ 아연도금강관은 50~95℃ 정도에서 아연이 ION 상태로 용출되어 부식이 촉진되므로 온수계통의 배관에는 피하는 것이 바람직하다.

10. 급탕배관에 관한 설명으로 옳은 것은?
① 배관은 하향 구배로 하는 것이 원칙이다.
② 탕비기 주위의 급탕배관은 가능한 짧게 하고 공기가 체류하지 않도록 한다.
③ 배관은 신축에 견디도록 가능하면 요철부가 많도록 배관하는 것이 원칙이다.
④ 물이 뜨거워지면 수중에 포함된 공기가 분리되기 쉽고, 이 공기는 배관의 상부에 모여서 급탕의 순환을 원활하게 한다.

[해설] ① 급탕배관은 선상향구배로 하고 반탕배관은 온수가 순환펌프로 내려가도록 선하향구배로 한다.
③ 배관은 요철부가 적도록 가능하면 직선배관으로 한다.
④ 배관내에 생긴 공기는 급탕순환에 불리하므로 공기 빼기밸브를 이용해 제거해준다.

11. 다음 중 급탕설비에 관한 설명으로 맞는 것은?
① 팽창탱크는 반드시 개방식으로 해야 한다.
② 리버스 리턴(reverse-return) 방식은 전계통의 탕의 순환을 촉진하는 방식이다.
③ 직접가열식 중앙급탕법은 보일러 안에 스케일 부착이 없어 내부에 방식처리가 불필요하다.
④ 간접가열식 중앙급탕법은 저탕조와 보일러를 직결하여 순환가열하는 것으로 고압용보일러가 주로 사용된다.

[해설] ① 팽창탱크는 개방식 또는 밀폐식을 사용한다.
③ 직접가열식 : 새로운 물이 항상 보일러를 거쳐 공급되므로 보일러 내부에 스케일이 생길 염려가 있다.
④ 간접가열식 : 보일러는 저탕조내의 가열코일과 직결하여 사용하므로 반드시 고압일 필요는 없으며 건물높이에 따른 수압은 저탕조에 미치므로 이를 고압에 견디도록 제작하여야 한다.

■■■ 신축이음

12. 길이 25m의 증기배관에서 증기를 투입하기 전, 후의 관의 온도가 각각 4℃, 115℃라고 하면, 이로 인해 발생되는 배관의 팽창량은 얼마인가? (단, 배관의 선팽창계수는 1.2×10^{-5})
① 16.7mm
② 33.3mm
③ 34.5mm
④ 38.0mm

[해설] 온도차에 따른 배관의 팽창길이
   = 배관길이 × 온도차 × 선팽창계수
   = $25m \times 111℃ \times 1.2 \times 10^{-5}$
   = 0.0333m = 33.3mm

해답 8. ④ 9. ④ 10. ③ 11. ② 12. ②

13. 길이가 20m인 동관으로 된 급탕수평주관에 급탕이 공급되어 관의 온도가 10℃에서 60℃로 온도가 상승된 경우, 동관의 팽창량은? (단, 동관의 선팽창계수는 1.71×10^{-5} 이다.)

① 0.86mm   ② 8.6mm
③ 17.1mm   ④ 171mm

[해설] 온도차에 따른 배관의 팽창길이
= 배관길이 × 온도차 × 선팽창계수
= $20m \times 50℃ \times 1.71 \times 10^{-5}$ = 0.0171m = 17.1mm

14. 급탕설비의 배관시 직선배관의 경우 신축이음은 얼마의 간격으로 설치하는가? (동관의 경우)

① 10m   ② 20m
③ 30m   ④ 40m

[해설] 급탕관의 신축이음쇠는 동관으로 시공할 경우 20m마다, 강관으로 시공할 경우 30m 마다 설치한다.

15. 배관의 신축이음에 해당되지 않는 것은?

① 곡관(Loop)형
② 벨로스(Bellows)형
③ 슬리브(Sleeve)형
④ 플랜지(Flange)형

[해설] 신축이음의 종류
스위블 이음, 신축 곡관, 슬리브형, 벨로스형

16. 배관의 신축이음에 해당되지 않는 것은?

① 곡관(Loop)형
② 벨로즈(Bellows)형
③ 스위블(Swivel)형
④ 섹스티아(Sextia)형

[해설] 신축이음쇠의 종류 : 배관의 신축·팽창량을 흡수 처리하기 위해서는 신축 이음쇠가 사용되며, 그 종류에는 스위블 조인트, 신축 곡관, 슬리브형, 벨로즈형 등이 있다

17. 배관의 신축이음 방법에 속하지 않는 것은?

① 유니온 이음
② 슬리브 이음
③ 벨로즈 이음
④ 스위블 조인트

18. 급탕배관에서 관의 신축을 고려한 조치사항으로 옳지 않은 것은?

① 수평관에 일정한 구배를 둔다.
② 배관 중간에 신축이음을 설치한다.
③ 배관의 굽힘부분에는 스위블 이음으로 접합한다.
④ 건물의 벽관통부분의 배관에는 슬리브를 사용한다.

19. 급탕배관 시공상 주의사항 중 옳게 된 것은?

① 2개 이상의 엘보우를 사용하여 나사회전을 이용해서 신축을 흡수하는 조인트는 슬리브형이다.
② 강관의 경우 신축이음쇠는 30m 이내마다 1개소씩 설치한다.
③ 배관구배의 경우 강제순환식은 1/100 정도로 하는 것이 좋다.
④ 배관도중 밸브를 설치하는 경우, 공기의 정체를 방지하기 위하여 스톱밸브를 사용한다.

[해설] ① 2개 이상의 엘보우를 사용하여 신축을 흡수하는 조인트는 스위블조인트이다.
③ 배관구배의 경우 강제 순환식은 1/150 정도로 하는 것이 좋다.
④ 배관도중 밸브를 설치하는 경우 공기의 정체를 방지하기 위하여는 스톱밸브 보다 슬루스(게이트)밸브를 사용하며 배관의 꼭대기에 공기빼기 밸브를 설치한다.

해답   13. ③   14. ②   15. ④   16. ④   17. ①   18. ①   19. ②

■■■ 팽창관 및 팽창탱크

20. 급탕설비의 안전장치 중 보일러, 저탕조 등 밀폐가열장치내의 압력상승을 도피시키기 위해 사용하는 것은?

① 팽창관 ② 용해전
③ 신축이음 ④ 온도조절밸브

21. 급탕배관에서 안전을 위해 설치하는 팽창관의 설치 위치로 가장 적절한 곳은?

① 가열장치와 고가탱크 사이
② 반탕관과 순환펌프 사이
③ 급탕관과 반탕관 사이
④ 순환펌프와 가열장치 사이

[해설] 팽창관은 급탕주관의 말단부에서 반탕관을 거쳐 순환펌프 사이의 어느 곳에 접속시켜도 되지만 공기의 침입방지 및 공기빼기(air vent)를 고려하여 가능하면 순환펌프 가까이 설치하는 것이 유리하다.

22. 급탕설비의 안전장치 중 팽창관에 관한 설명 중 옳은 것은?

① 팽창관의 배수는 직접배수로 한다.
② 팽창관의 내경은 보일러의 전열면적에 의해 결정한다.
③ 팽창관에서는 소음이 발생하므로 사일렌서를 설치한다.
④ 팽창관은 보일러나 저탕탱크에서 단독으로 입상시키고 중간에 밸브를 설치한다.

[해설] ① 급탕배관의 배수는 급탕탱크의 하부에서 하므로 높은 곳에 있는 팽창관을 별도로 배수할 필요는 없다.
② 팽창관 및 팽창탱크의 크기는 물의 팽창량과 관계가 있으므로 보일러 용량에 따라 계산된다. 보일러 용량 표시 방법에는 환산증발량(kg/h), 발생열량(kW), 상당방열면적(EDR), 보일러마력, 전열면적, 연소율 등 여러 가지가 있다.
③ 사일렌서는 기수혼합식 탕비기에 설치하는 것이다.
④ 팽창관에는 절대로 밸브를 달아서는 안된다.

23. 급탕설비에서 팽창관에 대한 설명 중 옳지 않은 것은?

① 온수의 용적팽창을 흡수하고 보일러에 보급수를 공급한다.
② 배관중의 이상압력을 흡수하는 도피구이다.
③ 보일러내 공기나 증기를 배출한다.
④ 팽창관의 도중에는 밸브를 설치해서는 안 된다.

[해설] ① 보일러에 보급수를 공급하는 관은 보급수관으로 팽창관과는 별도로 팽창탱크에 연결된다.

24. 급탕배관에 대한 설명 중 옳지 않은 것은?

① 배관재로 동관을 사용하는 경우 관내유속을 느리게 하면 부식되기 쉬우므로 2.0m/s 이상으로 하는 것이 바람직하다.
② 역구배나 공기 정체가 일어나기 쉬운 배관 등 탕수(湯水)의 순환을 방해하는 것은 피한다.
③ 관의 신축을 고려하여 굽힘 부분에는 스위블이음으로 접합한다.
④ 관의 신축을 고려하여 건물의 벽관통부분의 배관에는 슬리브를 사용한다.

[해설] 관내유속이 너무 빠르면 수격작용이 생기기 쉽다.

25. 급탕설비에 관한 설명으로 옳지 않은 것은?

① 냉수, 온수를 혼합 사용해도 압력차에 의한 온도변화가 없도록 한다.
② 배관은 적정한 압력손실 상태에서 피크시를 충족시킬 수 있어야 한다.
③ 도피관에는 압력을 도피시킬 수 있도록 밸브를 설치하고 배수는 직접배수로 한다.
④ 밀폐형 급탕시스템에는 온도상승에 의한 압력을 도피시킬 수 있는 팽창탱크 등의 장치를 설치한다.

[해설] 도피관은 팽창관 또는 안전관을 말하는 것으로 밸브를 설치하지 않는다.

해답 20. ① 21. ② 22. ② 23. ① 24. ① 25. ③

26. 급탕설비에 관한 설명 중 옳지 않은 것은?

① 급탕 보일러에서 팽창관의 도중에는 밸브를 설치해서는 안된다.
② 온수보일러에 의한 직접 가열방식은 가열식 저장탱크에 의한 간접 가열방식보다 보일러가 부식되기 쉽다.
③ 팽창관의 개구높이는 펌프의 양정만큼 고가수조보다 반드시 높게 해야 한다.
④ 저장탱크의 설계에 있어서 가열능력을 크게 취하면 저탕량을 적게 할 수 있다.

[해설] 팽창관은 팽창탱크의 물이 이 팽창관을 통해 저탕조내로 역류하지 않도록 팽창탱크 수면으로부터 일정 높이 이상 개구하여 설치하여야 한다. 이 팽창관의 입상높이 H(m)는 다음과 같이 구한다.

$$H \geq \left(\frac{\rho_c}{\rho_h} - 1\right) \cdot h$$

ρ_c : 물의 밀도(kg/L)
ρ_h : 탕의 밀도(kg/L)
h : 저탕조에서 팽창탱크 까지의 높이(m)

27. 급탕배관의 수압시험에 대한 설명으로 옳은 것은?

① 최고압력 이상의 압력으로 5분 이상 유지한다.
② 최고압력의 2배 이상의 압력으로 5분 이상 유지한다.
③ 최고압력 이상의 압력으로 10분 이상 유지한다.
④ 최고압력의 2배 이상의 압력으로 60분 이상 유지한다.

[해설] 급탕배관의 수압시험
보온피복을 하기 전에 실시하며 최고압력의 1.5배 이상으로 60분 이상 유지한다.

해답 26. ③ 27. ④

제3장 배수·통기설비

출제경향분석

배수·통기설비에서는 매 회 1~2문제 정도가 출제되고 있다.
배수 및 배수방식의 종류, 트랩·통기관·포집기의 설치목적·종류·특징, 배수배관 시 고려사항, 청소구, 중수도 등에 대한 이해가 요구된다.

세부목차

1. 배수·통기설비(Ⅰ) - 배수트랩 및 통기관
2. 배수·통기설비(Ⅱ) - 배수배관 및 중수도시스템

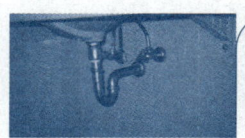

1 배수·통기설비(Ⅰ) - 배수용 트랩 및 통기관

> **학습방향**
> 배수용 트랩의 설치목적, 트랩의 종류별 특징 및 트랩의 봉수파괴원인, 통기관의 설치목적, 통기관의 종류별 특징 등에 대한 이해가 요구된다.

1 배수계통의 분류

(1) 오염 정도에 따른 분류
① 오수 : 수세식 화장실로부터의 배수 중 오물을 포함하고 있는 대·소변기, 비데, 변기소독기 등에서의 배수
② 잡배수 : 세면기, 싱크, 욕조 등에서의 배수
③ 우수배수 : 옥상이나 마당에 떨어지는 빗물의 배수
④ 특수배수 : 공장폐수 등과 같이 유해한 물질이나, 병원균·방사능 물질 등을 포함한 물의 배수

(2) 옥내·옥외 배수
건물외벽면에서 1m 떨어진 곳을 기준으로 옥내배수와 옥외배수로 구분

(3) 중력배수·기계배수
① 중력배수 : 높은 곳에서 낮은 곳으로의 중력에 의한 대부분의 일반배수
② 기계배수 : 지하층과 같이 배수집수정이 공공하수도관보다 낮을 경우 배수펌프를 사용하여 공공하수도관으로 퍼올리는 강제배수

(4) 분류배수·합류배수
① 분류배수방식 : 건물에서의 배수를 오수, 잡배수, 우수로 나누어 각각 배출하는 방식으로 오수는 정화조에서 처리한 후 하천으로 방류
② 합류배수방식 : 오수와 잡배수를 한데 모아 하수종말처리장에서 처리한 다음 하천으로 방류

학습POINT

■ 건물에서 사용한 물을 버리는 것을 배수라 하며, 배수관으로부터 거주공간으로 악취가 올라오는 것을 막기 위해 설치하는 장치를 트랩이라 한다.

(5) 직접배수 · 간접배수

① 직접배수 : 위생기구와 배수관이 직접 연결된 일반위생기구에서의 배수
② 간접배수 : 냉장고, 세탁기, 수음기, 공기조화기, 수영장, 급수탱크의 넘침관, 소독기 등에서의 배수방식으로 배수관에 바로 연결하지 않고 기구로부터의 배수관에 물받이공간(배수구공간)을 두고 배수하는 방식. 배수관이 막히더라도 배수가 기구쪽으로 역류하여 차오르지 않고 물받이 공간에서 옆으로 흘러내려, 기구내부가 오염되는 것을 방지하기 위함이다.

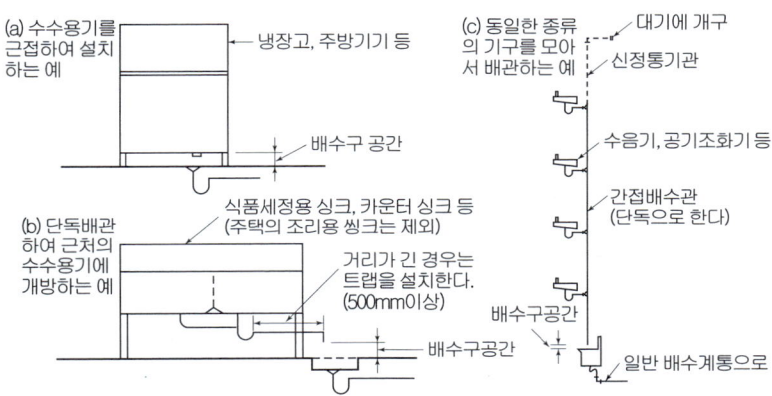

〈그림 1-1〉 간접배수 배관방법

2 배수용 트랩(Trap)

(1) 트랩의 설치목적

배수관 속의 악취, 유독 가스 및 벌레 등이 실내로 침투하는 것을 방지하기 위하여 배수계통의 일부에 봉수를 고이게 하는 기구를 트랩이라 한다. 봉수의 깊이는 트랩의 구경에 관계없이 50~100mm가 일반적이다.

(2) 트랩의 종류

1) S 트랩
① 세면기, 대변기, 소변기에 부착하여 바닥밑의 배수수평지관에 접속할 때 사용된다.
② 사이펀 작용을 일으키기 쉬운 형태로 봉수가 쉽게 파괴된다.

2) P 트랩
위생기구에 가장 많이 쓰이는 형식으로 벽체내의 배수수직관에 접속할 때 사용된다.

■ trap이란 '덫, 함정'의 의미를 지닌 말로 무언가를 잡아두는 장치이다. 건축설비에서는 급배수위생설비 중의 악취나 벌레를 잡아두는 배수트랩과 난방설비에 사용되는 증기를 잡아두는 증기트랩이 있다.

■ 봉수의 적정깊이는 5~10cm이다.

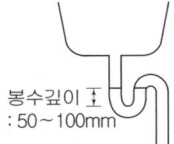

3) U 트랩
① 일명 가옥트랩(house trap) 또는 메인트랩(main trap)이라고도 하며, 배수수평주관 도중에 설치하여 공공하수관에서의 하수가스의 역류방지용으로 사용하는 트랩이다.
② 수평배수관 도중에 설치한 경우 유속을 저해하는 결점이 있다.

4) 드럼트랩
주방 싱크의 배수용 트랩으로 다량의 물을 고이게 하므로 봉수가 잘 파괴되지 않으며 청소가 가능하다.

5) 벨 트랩
화장실, 샤워실 등의 바닥 배수용으로 쓰인다.

■ 배수트랩의 종류
S, P, U, 벨(bell), 드럼(drum)트랩과 그리스(grease), 샌드(sand), 헤어(hair), 플라스터(plaster), 가솔린(gasoline), 차고(garage), 런드리(laundry)포집기 등의 특수트랩이 있다.

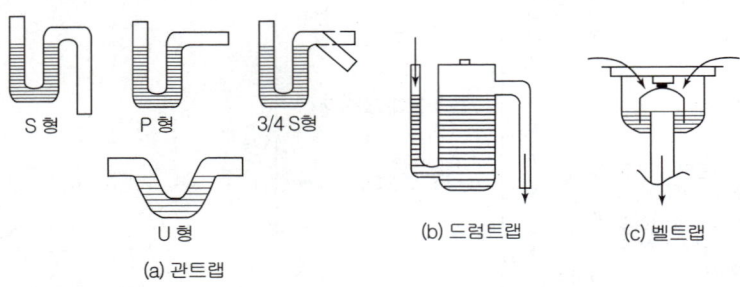

<그림 1-2> 트랩의 기본형

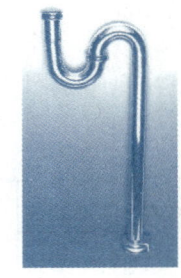

<사진 1-1> S 트랩

<사진 1-2> P 트랩

6) 포집기(Intercepter)
포집기는 배수중에 혼입한 여러가지 유해물질이나 기타 불순물 등을 분리 수집함과 동시에 트랩의 기능을 발휘하는 기구이다.

① 그리스 포집기(그리스 트랩)
주방 등에서 나오는 기름기가 많은 배수로부터 기름기를 제거분리시키는 장치로, 분리된 기름기를 제거 후 다시 사용한다.

② 샌드 포집기(샌드 트랩)
배수중에 진흙이나 모래가 다량으로 포함되는 곳에 설치한다.

③ 헤어 포집기(헤어 트랩)
이발소, 미장원에 설치하여 배수관 내에 모발 등이 침투하여 막히는 것을 방지한다.

④ 플라스터 포집기(석고 트랩)
치과의 기공실, 정형외과의 기브스실의 배수에 사용하는 트랩이다.

⑤ 가솔린 포집기(가솔린 트랩)
가솔린을 많이 사용하는 곳에서 쓰는 것으로, 배수에 포함된 가솔린을 트랩 수면 위에 뜨게 하여 휘발시킨다. 주차장, 차고 등의 바닥 배수용 트랩이다.

■ Intercepter의 기능을 하는 포집기를 예전에는 배수트랩과 같이 트랩으로 호칭하였으나 최근에는 대한설비공학회의 용어사전에 따라 포집기로 호칭한다.

(3) 트랩의 봉수 파괴 원인

1) 사이펀 작용

① 자기 사이펀작용

배수시에 트랩 및 배수관은 사이펀관을 형성하여 만수된 물이 일시에 흐르게 되면, 트랩 내의 물이 자기 사이펀작용에 의해 모두 배수관쪽으로 흡인되어 봉수가 파괴된다.

② 유인 사이펀작용(흡인작용)

수직관에 접근하여 기구를 설치할 경우 수직관 상부에서 일시에 다량의 물이 낙하하면 그 수직관과 수평관과의 연결 부분에 순간적으로 진공이 생겨 트랩 내의 봉수가 흡인되는 작용을 말한다.

2) 분출작용(토출작용)

수직관 가까이에 기구가 설치되어 있을 때 수직관 위로부터 일시에 다량의 물이 흐르게 되면 일종의 피스톤 작용을 일으켜서 하류 또는 하층 기구의 트랩 봉수를 공기의 압축에 의하여 실내측으로 불어 내는 작용이다.

3) 모세관 작용

트랩의 출구에 실이나 천 조각, 머리카락 등이 걸렸을 경우 모세관현상에 의해 봉수가 파괴된다.

4) 증발

위생 기구의 사용 빈도가 적을 때 봉수가 자연히 증발한다.

5) 운동량에 의한 관성 작용

강풍 또는 기타의 원인으로 배관 중에 급격한 압력변화가 일어난 경우에 봉수면에 상하 동요를 일으켜 사이펀 작용이 일어나거나 사이펀 작용이 일어나지 않더라도 봉수가 배출된다.

(a) 자기 사이펀작용

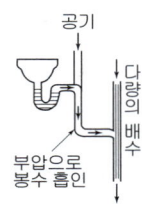
(b) 흡인작용

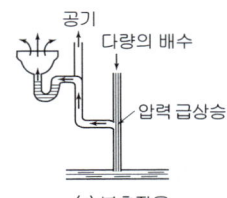
(c) 분출작용

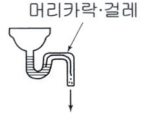
(d) 모세관 형상

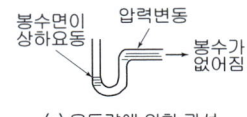
(e) 운동량에 의한 관성

〈그림 1-3〉 배수 트랩의 봉수 파괴 원인

3 통기관

(1) 통기관의 설치목적
① 트랩의 봉수를 보호한다.
② 배수의 흐름을 원활하게 한다.
③ 신선한 공기를 유통시켜 관내 청결을 유지한다.

(2) 통기관의 종류

1) 각개통기관(individual vent)

① 각 위생기구마다 통기관을 세우는 것으로 가장 이상적인 통기방식
② 관경 : 최소 32mm 이상으로서 접속되는 배수관 구경의 1/2이상

■ 트랩의 봉수파괴 방지책
① 자기사이펀 작용 ┐
② 유인사이펀 작용 ┤ 통기관 설치
③ 분출 작용 ┘
④ 모세관 작용 — 천조각, 머리카락 제거

2) 루프통기관(loop vent, 회로통기관, 환상통기관)
   ① 2개 이상 8개 이내의 트랩을 통기 보호하기 위하여, 최상류에 있는 위생기구 기구배수관이 배수수평지관과 연결되는 바로 하류의 수평지관에 접속시켜 통기수직관 또는 신정통기관으로 연결하는 통기관이다.
   ② 통기수직관에서 최상류 기구까지의 통기관의 연장은 7.5m 이내
   ③ 관경 : 배수수평지관 또는 통기수직관 중 작은 관경의 1/2이상, 최소 40mm 이상

3) 도피통기관(relief vent)
   ① 환상통기배관에서 통기 능률을 촉진시키기 위한 통기관으로 최하류 기구배수관과 배수수직관 사이에 설치한다.
   ② 관경 : 배수수평지관 관경의 1/2이상, 최소 32mm 이상

4) 습식통기관(wet vent, 습윤통기관)
   최상류기구의 환상통기(루프통기)에 연결하여 통기와 배수의 역할을 함께 하는 통기관

5) 신정통기관(stack vent)
   배수수직주관 끝을 관경을 줄이지 않고 옥상으로 연장하여 통기관으로 사용하는 부분을 말한다. 실제로 대기중에 개구하는 통기관이다.

6) 결합통기관(yoke vent)
   ① 고층건물의 경우 배수수직주관과 통기수직주관을 접속하는 통기관
   ② 5개 층마다 설치해서 배수수직주관의 통기를 촉진한다.
   ③ 통기수직주관과 같은 관경으로 하되, 최소 관경은 50mm로 한다.

<사진 1-3> 지붕위의 환기팬과 신정통기관

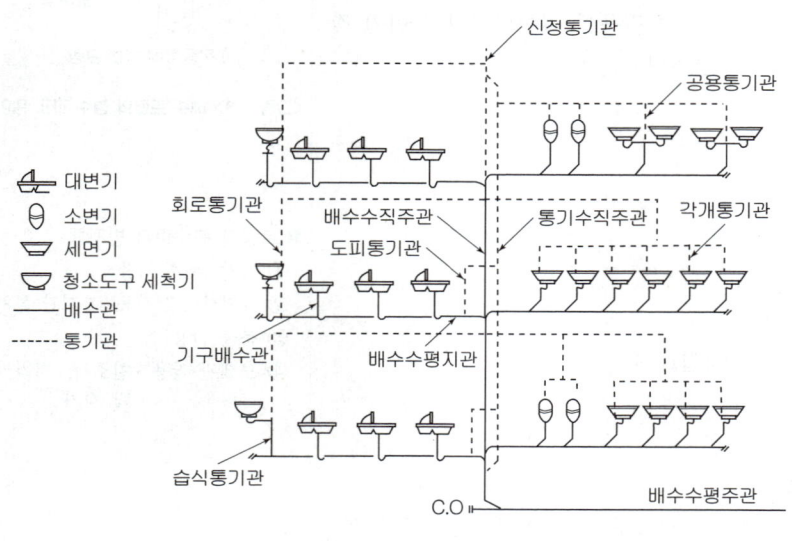

<그림 1-4> 통기 계통도

(3) 특수 통기 방식

1) Sovent system

통기관을 따로 설치하지 않고 하나의 배수수직관으로 배수와 통기를 겸하는 시스템으로서 여기에는 2개의 특수이음쇠가 사용된다.

① 공기혼합 이음쇠(aerator fitting)

배수수직관과 각층 배수수평지관의 접속부분에 설치한다. 배수수평지관에서 유입하는 배수와 공기를 수직관 중에서 효과적으로 혼합하여 유하수의 유속을 줄여 수직관 꼭대기에서의 공기흡입현상을 방지한다.

② 공기분리 이음쇠(deaerator fitting)

배수수직관이 배수 수평주관에 접속되기 바로 전에 설치한다. 배수가 수평주관에 원활히 유입하도록 배수와 공기를 분리시킨다.

■ 소벤트이음과 섹스티아이음을 하는 목적은 별도의 통기수직관을 세우지 않기 위해서이다.

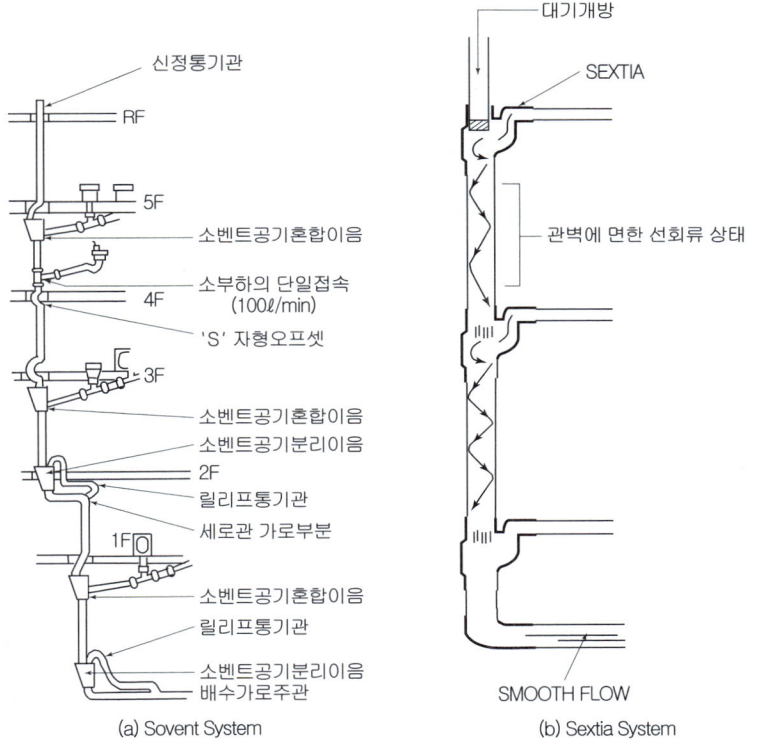

〈그림 1-5〉 특수통기방식

2) Sextia system

sextia 이음쇠와 sextia 벤트관을 사용하여 유수에 선회력을 주어 공기코어를 유지시켜 하나의 관으로 배수와 통기를 겸한다. 이 시스템은 층수의 제한없이 고층, 저층에 모두 사용이 가능하며 신정통기만을 사용하므로 통기 및 배수계통이 간단하고 배수관경이 적어도 되며 소음도 작다.

① sextia 이음쇠

각 층의 배수수직관과 배수수평지관의 접속부분에 설치한다.
배수수평 지관내의 유수에 선회력을 주어 air core를 유지, 즉 관의 바깥부분으로 물을 흐르게 하고 안쪽부분으로 공기를 흐르게 한다.

② sextia 벤트관(45°곡관)

배수수직관과 배수수평주관의 접속부분에 설치한다. 배수수직관내의 유수에 선회력을 주어 air core를 유지한다.

(a) 이음쇠 모습   (b) 현장시공 모습

〈사진 1-4〉 섹스티아 이음쇠

핵심문제

1 간접배수와 관련이 없는 것은?

① 응축기에서의 배수
② 급수용 탱크에서의 배수
③ 세탁기에서의 배수
④ 세면기에서의 배수

2 배수관에 트랩을 설치하는 주된 이유는?

① 배수관의 신축을 조절하기 위하여
② 배수의 역류를 막기 위하여
③ 취기(악취)를 차단하기 위하여
④ 배수의 동결을 방지하기 위하여

3 다음 중 배수설치 계통에 사용되지 않는 것은?

① 드럼트랩　　　　② 그리이스트랩
③ 벨로우즈트랩　　④ 벨트랩

4 배수트랩에서 봉수깊이와 관련된 설명 중 틀린 것은?

① 봉수깊이는 50~100mm로 하는 것이 보통이다.
② 봉수깊이를 너무 깊게 하면 유수의 저항이 감소 된다.
③ 봉수깊이를 너무 깊게 하면 통수능력이 감소된다.
④ 봉수깊이가 너무 낮으면 봉수를 손실하기 쉽다.

5 트랩의 종류와 그 용도의 연결이 옳지 않은 것은?

① 드럼 트랩 - 싱크대
② 열동 트랩 - 방열기
③ 그리스 트랩 - 자동차 공장
④ 플라스터 트랩 - 정형외과

6 다음 중 포집기와 사용장소의 연결이 가장 옳지 않은 것은?

① 가솔린 포집기 - 주유소
② 샌드 포집기 - 주차장
③ 플라스터 포집기 - 치과의 기브스실
④ 런드리 포집기 - 주방

해설

해설 1

간접배수 : 위생상 일반배수관에 직결하지 않고 토수구 공간을 두어 배수관에 접속하는 방식
예) 냉장고, 냉동기, 보일러, 공조기, 수영장, 저수조, 넘침관, 세탁기, 소독기

해설 2 트랩의 설치목적

배수관 속의 악취, 유독 가스 및 벌레 등이 실내로 침투하는 것을 방지하기 위하여 배수계통의 일부에 봉수를 고이게 하는 기구를 트랩이라 한다. 봉수의 깊이는 트랩의 구경에 관계없이 50~100mm가 일반적이다.

해설 3

(1) 배수용 트랩
　목적 : 역류하는 악취방지 및 벌레 침입 방지
　종류 : S트랩, P트랩, U트랩, 벨트랩, 드럼트랩
(2) 포집기(intercepter)
　목적 : 배수중에 혼입된 이물질 제거
　종류 : 그리이스트랩, 샌드트랩, 헤어트랩, 석고트랩, 가솔린트랩
(3) 난방용 트랩
　목적 : 증기와 응축수를 분리하여 응축수만 보일러로 환수
　종류 : 증기(스팀)트랩, 방열기트랩, 열동트랩, 벨로우즈트랩, 플로트트랩, 버킷트랩

해설 4

트랩의 봉수깊이 : 너무 깊게 하면 유수의 저항이 증가되어 통수능력이 감소하므로 트랩의 봉수깊이는 보통 50~100mm로 한다.

해설 5

그리스 트랩 - 기름기가 많은 주방 등의 배수에 사용

해설 6

런드리포집기는 세탁소 등에 설치된다.

정답 1. ④　2. ③　3. ③　4. ②
　　　5. ③　6. ④

7 배수배관계통에 있어서 트랩의 봉수파괴 원인이 아닌 것은?
① 공동현상(Cavitation)
② 모세관(Capillary)
③ 감압에 의한 흡인(Induced-Siphonage)
④ 자기 사이펀(Self-Siphonage)

8 배수통기관의 목적이 아닌 것은?
① 트랩의 봉수보호
② 배수의 원활한 흐름
③ 배관의 소음 감소
④ 배수관 계통의 환기

9 개별 통기방식에서 각개 통기관경은 얼마 이상으로 하여야 하는가?
① 20mm   ② 25mm
③ 28mm   ④ 32mm

10 회로통기관 하나가 감당할 수 있는 기구수는 몇 개 이내인가?
① 2개   ② 6개
③ 8개   ④ 10개

11 배수입상관의 끝부분을 연장하여 대기 중에 개방하는 통기관을 무슨 통기관이라고 하는가?
① 각개통기관
② 루프통기관
③ 신정통기관
④ 도피통기관

12 고층 건축물의 경우 몇 층마다 결합통기관을 설치하여야 하는가?
① 3개 층   ② 5개 층
③ 7개 층   ④ 9개 층

해 설

[해설] 7
공동현상이란 펌프흡입구의 압력이 물의 포화증기압보다 낮아 물이 증발하여 기포가 발생하는 현상을 말한다.

[해설] 8 통기관 설치 목적
① 트랩의 봉수보호
② 배수의 흐름을 원활하게 한다.
③ 신선한 공기를 유통시켜 관내 청결을 유지한다.

[해설] 9
각개, 도피 통기관 – 32mm
루프 통기관 – 40mm
결합 통기관 – 50mm

[해설] 10
회로(루프, 환상)통기관 하나가 담당할 수 있는 기구수는 8개 이내이며 최상류기구까지의 거리는 7.5m 이내이다.

[해설] 11
배수입상관 = 배수수직관

[해설] 12
결합통기관은 배수수직관과 통기수직관을 서로 접속시킨 관으로 5개 층마다 설치해서 배수수직관의 배수를 원활하게 한다. 적어도 50mm이상의 관을 써야 한다.

정답 7. ① 8. ③ 9. ④ 10. ③
11. ③ 12. ②

기출문제 및 예상문제

CHAPTER 3
1. 배수트랩 및 통기관

■■■ 배수계통의 분류

1. 다음 중 대·소변기를 통하여 나온 물을 가리키는 것은?
① 오수 ② 잡배수
③ 우수배수 ④ 특수배수

[해설] 인간의 배설물을 포함하고 있는 배수로 대·소변기, 비데 등을 거쳐서 나온 물을 오수라 한다.

2. 다음 중 옥외 배수에 해당되는 것은?
① 건물의 외벽 중심선에서 실내 쪽으로 1m이상에서의 배수
② 건물의 외벽 중심선에서 실외 쪽으로 1m이내에서의 배수
③ 건물의 외벽 중심선에서 1m의 선을 경계로 하여 안쪽의 배수
④ 건물의 외벽면에서 밖으로 1m의 선을 경계로 하여 바깥쪽의 배수

[해설] (1) 옥내배수 : 건물의 외벽면에서 밖으로 1m의 선을 경계로 하여 안쪽 부분의 배수
(2) 옥외배수 : 건물의 외벽면에서 밖으로 1m의 선을 경계로하여 바깥쪽 부분의 배수

3. 다음 중 기구의 오염을 막기 위해 일반 배수관에 바로 연결하지 않고 물받이 사이에 공간을 두어 공기중에 노출시켰다가 배수관으로 흘려보내는 배수 방식은?
① 중력배수
② 기계배수
③ 직접배수
④ 간접배수

[해설] 급수탱크의 넘침관, 냉장고, 세탁기, 음료기, 식품저장용기, 수영장, 공기조화기 등에서의 배수로 이와 같은 배수방법을 간접배수라 한다.

4. 다음 중 간접배수 방식이 권장되는 항목은?
① 세탁기 ② 소변기
③ 대변기 ④ 세면기

■■■ 트랩

5. 배수트랩의 종류가 아닌 것은?
① T트랩
② S트랩
③ P트랩
④ U트랩

6. 다음 트랩 중 그 기능이 위생설비와 관계 없는 것은?
① 버킷트랩
② 그리스트랩
③ 드럼트랩
④ 벨트랩

[해설] S, P, U, 벨, 드럼트랩과 그리스, 헤어, 플라스터, 가솔린 트랩등의 조집기(포집기)는 배수용, 버킷트랩은 증기난방용이다.

7. 호텔의 주방이나 레스토랑의 주방 등에서 배출되는세정 배수 중의 유지분을 포집하기 위해 사용되는 포집기는?
① 가솔린 포집기
② 플라스터 포집기
③ 그리스 포집기
④ 샌드 포집기

[해설] 그리스포집기(Grease Intercepter)는 배수중에 포함된 기름성분을 제거하기 위한 것이다.

해답 1. ① 2. ④ 3. ④ 4. ① 5. ① 6. ① 7. ③

8. 구조가 간단하고 자기 사이폰 작용을 일으키면 자정작용을 갖는 트랩으로 사이폰 작용을 일으키기 쉽기 때문에 사이폰트랩이라고도 불리우는 것은?

① 드럼트랩
② 관트랩
③ 기구트랩
④ 바닥배수트랩

[해설] 관트랩에는 S트랩, P트랩, U트랩 등이 있다.

9. 다음 중 관 트랩에 속하지 않는 것은?

① P트랩   ② S트랩
③ U트랩   ④ 벨트랩

10. 다음 중 사이폰식 트랩에 속하지 않는 것은?

① P트랩   ② S트랩
③ U트랩   ④ 드럼트랩

[해설] 사이폰식 트랩 : 구조가 간단하고 자기사이폰 작용으로 자정작용도 하지만 봉수가 파괴되기 쉬운 단점도 있다. P트랩, S트랩, U트랩 등 관을 구부려 만든 관트랩이 여기에 해당한다.

11. 세면기에 설치하는 배수트랩으로 가장 적당한 것은?

① 드럼트랩   ② U트랩
③ 그리스 트랩   ④ P트랩

[해설] 세면기로부터의 기구배수관을 벽체내에 매설할 때는 P트랩, 바닥위에 노출하여 설치할 때는 S트랩을 사용한다.

12. 세면기, 대변기, 소변기에 부착하여 바닥밑의 배수횡지관에 접속할 때 사용되며 사이펀 작용을 일으키기 쉬운 형태로 봉수가 쉽게 파괴되는 트랩은?

① 그리스 트랩
② S 트랩
③ 드럼 트랩
④ 벨 트랩

[해설] S트랩 - 위생기구에서 바닥아래의 수평지관으로 접속할 때 많이 사용되며 사이펀작용을 일으키기 쉽다.

13. 배수트랩의 사용 용도에 대한 조합 중 옳지 않은 것은?

① 호텔식당 조리실 - 그리스 트랩
② 세면기 - P 트랩
③ 세탁장 - 런드리 트랩
④ 가옥배수관 - S 트랩

[해설]
• 가옥배수관 - U 트랩
• 소변기·세면기 - S,P 트랩
• 대변기·청소씽크 - S 트랩
• 주방싱크 - 드럼트랩

14. 가옥 트랩으로서 공공 하수관으로부터 해로운 하수 가스가 집안으로 침입하는 것을 방지하기 위해 사용되는 것은?

① P트랩
② S트랩
③ U트랩
④ 드럼트랩

15. 배수관을 막히게 하는 유지분, 모발, 섬유 부스러기 및 인화 위험 물질 등을 물리적으로 수거하기 위하여 설치하는 것은?

① 팽창관
② 포집기
③ 수처리기
④ 체크밸브

16. 배수 트랩의 봉수깊이를 너무 깊게 할 경우 나타나는 현상은?

① 통수능력이 커진다.
② 봉수가 쉽게 파괴된다.
③ 하수가스발생의 원인이 된다.
④ 침전물에 의해 트랩이 막힌다.

해답   8. ②   9. ④   10. ④   11. ④   12. ②   13. ④   14. ③   15. ②   16. ④

17. 트랩의 봉수깊이로 가장 적당한 것은?
① 5 mm ② 50 mm
③ 150 mm ④ 300 mm

[해설] 트랩의 적정 봉수깊이는 50~100mm이다.

18. 트랩의 봉수깊이는 다음 그림 중 어느 깊이를 말하는가?
① (ㄱ)
② (ㄴ)
③ (ㄷ)
④ (ㄹ)

19. 다음 중 일반적으로 사용이 금지되는 트랩에 속하지 않는 것은?
① 2중 트랩
② 격벽 트랩
③ 수봉식 트랩
④ 가동부분이 있는 트랩

20. 트랩의 구비 조건으로 옳지 않은 것은?
① 봉수깊이는 50mm 이상 100mm 이하일 것
② 오수에 포함된 오물 등이 부착 또는 침전하기 어려운 구조일 것
③ 봉수부에 이음을 사용하는 경우에는 금속제이음을 사용하지 않을 것
④ 봉수부의 소제구는 나사식 플러그 및 적절한 가스켓을 이용한 구조일 것

[해설] 트랩의 봉수부에는 이음을 사용하지 않는다.

21. 배수트랩에 관한 설명으로 옳지 않은 것은?
① 트랩은 이중으로 설치하면 효과적이다.
② 트랩의 봉수깊이가 너무 깊으면 통수능력이 감소된다.
③ 트랩은 하수가스의 실내 침입을 방지하는 역할을 한다.
④ 트랩은 위생기구에 가능한 한 접근시켜 설치하는 것이 좋다.

[해설] 트랩을 이중으로 설치하면 트랩과 트랩사이에 공기가 고여서 배수에 지장이 생긴다.

22. 배수트랩의 구비조건으로 옳지 않은 것은?
① 가동부분이 있을 것
② 자기세정 기능을 가지고 있을 것
③ 봉수깊이는 50mm 이상 100mm 이하일 것
④ 오수에 포함된 오물 등이 부착 또는 침전하기 어려운 구조일 것

■■■ 트랩의 봉수파괴 원인

23. 트랩의 봉수가 없어지는 원인으로서 옳지 않은 것은?
① 모세관 현상 ② 증발
③ 사이폰 작용 ④ 여과 작용

[해설] 자기사이폰작용, 유인사이폰작용, 분출작용, 모세관 현상, 증발, 봉수의 운동에 관성작용 등에 의한 봉수파괴가 있다.

24. 트랩의 봉수 파괴 원인과 가장 거리가 먼 것은?
① 서어징 현상
② 증발 현상
③ 자기사이펀 작용
④ 모세관 현상

[해설] 서징현상 : 원심압축기나 펌프 등에서 일어나는 현상으로서 유체의 토출압력이나 토출량이 변동하여 진동이나 소음을 일으켜 운전을 불가능하게 한다. 보통 고압의 경우에 영향이 크다.

25. 다음 중 트랩의 봉수파괴 원인과 가장 거리가 먼 것은?
① 증발현상 ② 모세관현상
③ 자정(自淨)작용 ④ 자기사이폰작용

해답 17. ② 18. ② 19. ③ 20. ③ 21. ① 22. ① 23. ④ 24. ① 25. ③

26. 트랩(Trap)의 봉수(封水)파괴 원인 중 옳지 않은 것은?
① 자기(自己)사이폰 작용
② 감압에 의한 흡입 작용
③ 봉수의 증발
④ 통기관의 설치

27. 집을 오랫동안 비워 두어서 트랩의 봉수가 파괴되었다. 그 원인 중 가장 가능성이 있는 것은?
① 증발
② 자기사이펀 작용
③ 모세관현상
④ 역압에 의한 작용

28. 트랩의 봉수파괴 현상이다. 잘못된 것은?
① 집을 오랫동안 비워두면 증발작용으로 봉수가 파괴된다.
② 배수가 만수상태로 흐르면 사이펀 작용으로 트랩의 봉수가 파괴된다.
③ 감압에 의한 흡인작용으로 압력을 감소시켜 봉수를 파괴한다.
④ 역압에 의한 봉수파괴 현상은 상층부 기구에서 자주 발생한다.

[해설] ④ 대규모 상층 건축물에 기구를 많이 사용할 때 하층부 기구의 배수관이 역압작용으로 봉수파괴 현상이 발생한다.

29. 다음 설명이 의미하는 봉수파괴 원인은?

> 일반적으로 배수 수직관의 상·중층부에서는 압력이 부압으로, 그리고 저층부분에서는 정압으로 된다. 이때 배수 수직관내가 부압으로 되는 곳에 배수 수평지관이 접속되어 있으면 배수 수평지관내의 공기는 수직관쪽으로 유인되며, 이에 따라서 봉수가 이동하여 손실된다.

① 증발 현상
② 모세관 현상
③ 자기사이폰 작용
④ 유도사이폰 작용

30. 다음 중 통기관을 설치하여도 트랩의 봉수 파괴를 막을 수 없는 것은?
① 분출작용에 의한 봉수파괴
② 자기 사이펀에 의한 봉수파괴
③ 유도 사이펀에 의한 봉수파괴
④ 모세관 현상에 의한 봉수파괴

[해설] 트랩의 봉수파괴원인 중 모세관현상은 트랩의 출구에 걸린 천조각, 머리카락 등으로 모세관현상에 의해 물이 타고 넘어가 없어지는 현상이므로 통기관을 세워도 봉수파괴를 막을 수 없다.

31. 다음 중 증발에 따른 트랩의 봉수파괴를 방지하기 위한 방법으로 가장 적절한 것은?
① 헝겊조각 등을 제거한다.
② 급수보급장치를 설치한다.
③ 배수구에 격자를 설치한다.
④ 트랩 주변에 통기관을 설치한다.

32. 배수트랩의 봉수가 파손되는 것을 방지하기 위한 방법으로 옳지 않은 것은?
① 자기사이펀 작용에 의한 봉수파괴를 방지하기 위하여 S트랩을 설치한다.
② 유도사이펀 작용에 의한 봉수파괴를 방지하기 위하여 도피통기관을 설치한다.
③ 증발현상에 의한 봉수파괴를 방지하기 위하여 트랩 봉수 보급수 장치를 설치한다.
④ 역압에 의한 분출작용을 방지하기 위하여 배수 수직관의 하단부에 통기관을 설치한다.

[해설] 트랩에서의 사이펀 작용에 의한 봉수파괴를 방지하기 위하여 통기관을 설치한다.

해답 26. ④ 27. ① 28. ④ 29. ④ 30. ④ 31. ② 32. ①

■■■ 통기관

33. 건물 내의 배수 계통에 통기관을 설치하는 목적으로 옳지 않은 것은?

① 배수관 내의 환기를 위하여
② 배수관이 막혔을 때에 예비로 사용하기 위하여
③ 트랩의 봉수를 보호하기 위하여
④ 배수관 내의 물의 흐름을 원활하게 하기 위하여

[해설] 통기관의 설치 목적
① 트랩의 봉수보호
② 배수의 흐름을 원활하게 한다.
③ 신선한 공기를 유통시켜 관내 청결을 유지한다.

34. 통기관의 기능과 가장 거리가 먼 것은?

① 배수계통 내의 배수 및 공기의 흐름을 원활히 한다.
② 배수관의 수명을 연장시키며 오수의 역류를 방지한다.
③ 배수관 계통의 환기를 도모하여 관내를 청결하게 유지한다.
④ 사이펀 작용 및 배압에 의해서 트랩봉수가 파괴되는 것을 방지한다.

35. 통기관의 설치 목적으로 옳지 않은 것은?

① 트랩의 봉수를 보호한다.
② 오수와 잡배수가 서로 혼합되지 않게 한다.
③ 배수계통 내의 배수 및 공기의 흐름을 원활히 한다.
④ 배수관 내의 환기를 도모하여 관내를 청결하게 유지한다.

36. 다음 설명 중에서 통기관의 설치목적이 아닌 것은?

① 배수의 흐름을 원활히 한다.
② 배수관내의 환기를 도모한다.
③ 모세관현상에 의한 봉수의 파괴를 방지한다.
④ 트랩의 봉수를 보호한다.

[해설] 모세관현상에 의한 봉수파괴는 통기관을 세워도 막을 수 없다.

37. 다음 설명에 알맞은 통기방식은?

- 각 기구의 트랩마다 통기관을 설치한다.
- 트랩마다 통기되기 때문에 가장 안정도가 높은 방식이다.

① 루프 통기방식
② 각개 통기방식
③ 신정 통기방식
④ 회로 통기방식

38. 다음 설명에 알맞은 통기관의 종류는?

1개의 트랩을 위해 트랩 하류에서 취출하여, 그 기구보다 윗부분에서 통기계통에 접속하거나 또는 대기 중에 개구하도록 설치한 통기관을 말한다.

① 루프통기관   ② 신정통기관
③ 결합통기관   ④ 각개통기관

39. 2개 이상의 기구트랩의 봉수를 모두 보호하기 위하여 설치하는 통기관으로 최상류의 기구 배수관이 배수수평지관에 접속하는 위치의 직하에서 입상하여 통기수직관 또는 신정통기관에 접속하는 것은?

① 습통기관
② 결합통기관
③ 루프통기관
④ 도피통기관

40. 회로통기방식이라고도 하며, 통기수직관을 설치한 배수·통기계통에 이용되며, 2개 이상의 기구트랩에 공통으로 하나의 통기관을 설치하는 방식은?

① 각개 통기방식
② 루프 통기방식
③ 신정 통기방식
④ 결합 통기방식

해답 33. ② 34. ② 35. ② 36. ③ 37. ② 38. ④ 39. ③ 40. ②

41. 다음 설명에 알맞은 통기방식은?

> • 회로통기방식이라고도 한다.
> • 2개 이상의 기구트랩에 공통으로 하나의 통기관을 설치하는 방식이다.

① 각개통기방식
② 루프통기방식
③ 신정통기방식
④ 결합통기방식

42. 통기수직관으로부터 가장 가까운 곳에 설치되어 있으며, 배수수평관의 최하류에 연결된 관으로 회로통기의 능력을 촉진시켜 주는 통기관은?

① 습식통기관
② 도피통기관
③ 신정통기관
④ 결합통기관

해설 Relief Vent라고도 한다.

43. 다음 설명에 알맞은 통기관의 종류는?

> 기구가 반대방향(좌우분기) 또는 병렬로 설치된 기구 배수관의 교점에 접속하여 입상하며, 그 양 기구의 트랩 봉수를 보호하기 위한 1개의 통기관을 말한다.

① 공용통기관
② 결합통기관
③ 각개통기관
④ 신정통기관

44. 통기와 배수의 역할을 함께 하는 통기관은?

① 각개 통기관
② 루프 통기관
③ 도피 통기관
④ 습윤 통기관

45. 다음 설명에 알맞은 통기관의 종류는?

> 최상부의 배수수평관이 배수입상관에 접속한 지점보다도 더 상부 방향으로 그 배수입상관을 지붕 위까지 연장하여 이것을 통기관으로 사용하는 관을 말한다.

① 루프통기관
② 신정통기관
③ 결합통기관
④ 각개통기관

46. 다음과 같이 정의되는 통기관의 종류는?

> 오배수 수직관 내의 압력변동을 방지하기 위하여 오배수 수직관 상향으로 통기수직관에 연결하는 통기관

① 결합통기관　　② 공용통기관
③ 각개통기관　　④ 반송통기관

47. 배수수직관 내의 압력변화를 방지 또는 완화하기 위해 배수수직관으로부터 분기 입상하여 통기수직관에 접속하는 통기관은?

① 습통기관　　② 신정통기관
③ 루프통기관　　④ 결합통기관

48. 결합통기관에 관한 설명으로 옳은 것은?

① 도피통기관과 습통기관을 연결하는 통기관이다.
② 배수입상관과 통기입상관을 연결하는 통기관이다.
③ 통기입상관과 배수횡지관을 연결하는 통기관이다.
④ 환상통기관과 배수횡지관을 연결하는 통기관이다.

해답　41. ②　42. ②　43. ①　44. ④　45. ②　46. ①　47. ④　48. ②

49. 다음 도면에서 표시된 통기관의 명칭이 옳지 않은 것은?

① ① - 루프통기관
② ② - 신정통기관
③ ③ - 각개통기관
④ ④ - 도피통기관

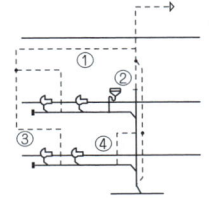

50. 통기관에 대한 설명 중 옳지 않은 것은?

① 사이폰 작용 및 배압에 의해서 트랩봉수가 파괴되는 것을 방지한다.
② 배수관 계통의 환기를 도모하며 관내를 청결하게 유지한다.
③ 각개통기방식은 기능적으로 가장 우수하고 이상적이다.
④ 신정통기방식은 회로통기방식이라고도 하며, 통기수직관을 설치한 배수·통기계통에 이용된다.

51. 다음의 통기관에 대한 설명 중 옳은 것은?

① 통기관은 반드시 기구마다 설치한다.
② 통기관은 배수관내 공기압력을 조절한다.
③ 통기관은 항상 트랩의 바로 앞에 접속한다.
④ 통기관은 화장실의 냄새를 제거하는데 주로 사용된다.

52. 통기관에 관한 설명으로 옳지 않은 것은?

① 2개 이상의 횡지관이 있는 배수입상관에는 통기입상관을 설치하여야 한다.
② 위생배관의 통기관은 위생배관의 통기 이외의 다른 목적으로 사용하지 않는다.
③ 통기관은 위생기구의 물 넘침선보다 150mm 이상 높게 배관하여 연결하는 것이 원칙이다.
④ 여러 개의 통기관을 입상관 상부 끝에서 공통헤더로 연결하여 한 곳에서 대기에 개방할 수 있다.

53. 배수계통에 설치하는 각개통기관의 최소관경은?

① 20mm
② 25mm
③ 32mm
④ 40mm

[해설] 각개, 도피통기관 - 32mm
루프통기관 - 40mm
결합통기관 - 50mm

54. 루프(회로)통기관의 관경은 배수 수평지관 또는 통기수직관 관경의 얼마 이상으로 하는가?

① 1배
② 1/2
③ 1/3
④ 1/5

55. 배수수평지관의 도피통기관의 관경은 그것을 접속하는 배수수평지관의 관경의 최소 얼마 이상이어야 하는가?

① 1/2
② 1
③ 1/3
④ 1/4

56. 다음의 통기관의 관경에 대한 설명 중 옳지 않은 것은?

① 각개통기관의 관경은 그것이 접속되는 배수관 관경의 1/2 이상으로 한다.
② 신정통기관의 관경은 배수수직관의 관경보다 작게해서는 안된다.
③ 회로통기관의 관경은 배수수평지관과 통기수직관 중 큰 쪽 관경의 1/2 이상으로 한다.
④ 결합통기관의 관경은 통기수직관과 배수수직관 중 작은 쪽 관경 이상으로 한다.

[해설] ③ 회로통기관의 관경은 배수수평지관과 통기수직관 중 작은 쪽 관경의 1/2 이상으로 한다.

해답 49. ③ 50. ④ 51. ② 52. ① 53. ③ 54. ② 55. ① 56. ③

57. 다음의 통기관에 대한 설명 중 틀린 것은?

① 통기관의 관경은 접속되는 배수관의 관경이나 기구배수 부하단위수에 의해 구할 수 있다.
② 신정통기관의 관경은 배수수직관의 관경보다 작게 해서는 안된다.
③ 통기관은 배관길이가 길어지면 저항이 작아지므로 관경을 줄일 수 있다.
④ 통기관은 가능한 관길이를 짧게 하고 휘는 부분을 적게 한다.

[해설] 통기관의 관경 산정시에도 배수관의 관경 산정시와 마찬가지로 배수량 및 유속이 중요한 요소가 된다. 따라서 배수관이 굵으면 통기관도 이에 비례해 굵어지며 같은 배수량일 경우에는 통기관의 길이가 길어지면 관경은 굵어진다.

58. 통기방식에 관한 설명으로 옳지 않은 것은?

① 신정통기방식에서는 통기수직관을 설치하지 않는다.
② 루프통기방식은 각 기구의 트랩마다 통기관을 설치하고 각각을 통기 수평지관에 연결하는 방식이다.
③ 신정통기방식은 배수수직관의 상부를 연장하여 신정통기관으로 사용하는 방식으로, 대기 중에 개구한다.
④ 각개통기방식은 트랩마다 통기되기 때문에 가장 안정도가 높은 방식으로, 자기사이폰 작용의 방지에도 효과가 있다.

59. 통기관의 관경설계시에 필요한 사항이 아닌 것은?

① 급수관의 길이
② 통기관의 길이
③ 배부부하 단위수
④ 배수관의 관경

[해설] 통기관과 급수관은 전혀 무관하다.

■■■ **특수통기**

60. 배수관에서 소벤트(sovent)이음을 사용하는 목적은?

① 별도의 통기 입관을 사용하지 않음
② 배수시 소음을 흡수함
③ 굴곡부에서 흐름을 원활하게 함
④ 배수수직관 내의 유수에 선회력을 주기 위함

[해설] ① 소벤트이음은 특수통기방식으로 배수 입관을 크게 하여 공기와 함께 배수시킴으로써 별도의 통기관을 생략할 수 있다.

61. 다음 중 통기방식의 종류에 속하는 것은?

① 벨로즈 방식
② 소벤트 방식
③ 스위블 방식
④ 슬리브 방식

[해설] 통기관을 따로 설치하지 않고 하나의 배수수직관으로 배수와 통기를 겸하는 시스템이다.

해답 57. ③ 58. ② 59. ① 60. ① 61. ②

2 배수·통기설비(Ⅱ) - 배수배관

> **학습방향**
> 배수관의 구배, 배수부하단위 및 관경, 청소구의 설치위치, 배관상 주의사항, 중수도 시스템 등에 관한 이해가 요구된다.

1 배수배관

(1) 배수관의 순서

위생기구에서 공공하수도관에 이르기까지 배수가 거치는 순서는 기구배수관 → 배수횡(수평)지관 → 배수수직관(배수입관) → 배수횡(수평)주관 → 공공하수관 이다.

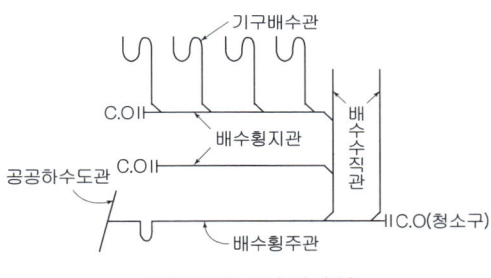

〈그림 2-1〉 배수의 순서

(2) 배수배관의 구배

배수관의 구배가 지나치게 크거나 작으면 배수능력이 저하된다. 옥내 배수관의 구배는 mm로 호칭하는 관경의 역수보다 크게 한다.

〈표 2-1〉 배수관의 구배

배수관의 구경(mm)	최소 구배
65이하	1/50
75~100	1/100
125	1/150
150이상	1/200

- 배수관의 표준구배 : 1/50~1/100
- 배수유속 : 0.6~1.2m/s
- 배수유수면 높이 : 관경의 1/2~2/3 관단면적의 50~70%

학습POINT

■ 자기세정작용을 고려한 배수유수면 높이

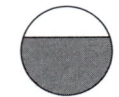

① 관경의 ½~⅔사이
② 관단면적의 50~70%

(3) 배수관의 구경

배수관의 관경 결정은 구경 32mm의 트랩을 갖는 세면기의 배수량을 28.5L/min 으로 하고 여기에 기구의 동시 사용률, 사용 빈도수, 사용자 수 등을 감안하여 기구 배수부하단위를 결정하고 이는 배수관경 결정의 기초가 된다.

배수부하단위의 기준이 되는 세면기(배수부하단위 : 1) 배수관의 최소 관경은 30mm이며 대변기의 최소관경은 75mm(일반적으로 100mm사용), 소변기의 최소관경은 40mm이다.

■ 급수부하단위와 배수부하단위의 기준이 되는 위생기구는 세면기이다.

<표 2-2> 각종 기구의 배수 부하 단위

기 구	부 호	부속트랩의 구경(mm)	기구배수 부하단위 (fu)
세 면 기	Lav	30	1
대 변 기	WC	75	8
소 변 기	U	40	4
비 데	B	40	2.5
음 수 기	F	30	0.5
욕조(주택용)	BT	40~75	2~3
샤워(주택용)	S	40	2
청 소 수 채	SS	65	3
세 탁 수 채	ST	40	2
요리수채(주택용)	KS	40	2
요리수채(영업용)	KS	40~50	2~4
바 닥 배 수	FD	50~75	1~2

(4) 우수배수관의 관경

우수배수관은 U트랩을 거쳐 합류관에 접속되어야 하며, 지붕면적과 최대강우량(100mm/h 기준)을 기초로 관경을 결정하며 우수배수수평관은 구배를 고려하여야 한다. 어떤지방의 최대 강우량이 120mm/h이면 환산지붕면적=실제지붕면적 $\times \frac{120}{100}$ 으로 계산한다.

(5) 청소구의 설치 위치

배수관이 막힐 경우의 점검·수리를 위해 찌꺼기가 쌓일 수 있는 배관의 굴곡부나 접속지점 등 다음과 같은 곳에 청소구(Clean Out)를 설치한다.
① 가옥배수관과 대지하수관이 접속되는 곳
② 배수수직관의 최하단부
③ 배수 수평지관의 최상단부
④ 가옥배수 수평주관의 기점
⑤ 배관이 45° 이상 각도로 구부러지는 곳

⑥ 수평관의 관경이 100mm이하인 경우 직진거리 15m 이내마다, 100mm이상인 경우 직진거리 30m 이내마다 설치
⑦ 각종트랩 및 배관상 필요한 곳

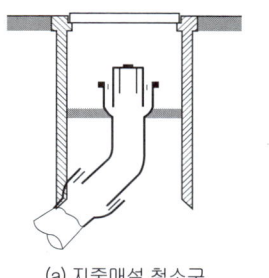 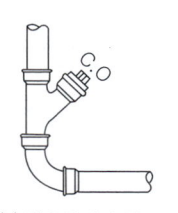

(a) 지중매설 청소구   (b) 배수직관의 청소구

<그림 2-2> 청 소 구

■ 배수수직관 최상단부에는 찌꺼기가 쌓이지 않으므로 청소구가 필요없으며 신정통기관으로 하여 옥상에 개방한다.

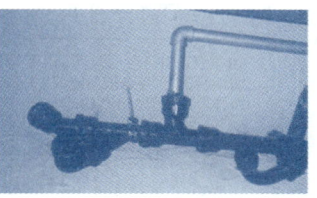

<사진 2-1> 루프통기관과 청소구

주철제 배수관에 강관의 루프통기관이 접합된 모습
(사진 좌측의 배수수평관 상류측이 청소구)

(6) 배관상 주의사항

① 배수, 통기수직주관은 파이프 샤프트 내에 배관하고 변기는 될 수 있는 대로 수직관 가까이에 설치한다.
② 간접배수 수직관의 신정통기관 및 정화조, 오수피트, 잡배수 피트의 통기관은 각각 단독으로 대기중에 개구한다.
③ 빗물수직관에 다른 배수관을 연결하여서는 안된다.
④ 통기수직관과 빗물수직관은 겸용을 금한다.
⑤ 통기관과 실내 환기용 덕트와 연결해서는 안 된다.
⑥ 바닥 아래의 통기 배관은 금지한다.

이 외에도 다음 그림 2-3과 같은 틀리기 쉬운 부분의 배관에 주의하여야 한다.

■ 간접배수

위생상 일반배수관에 직결하지 않고 토수구 공간을 두어 배수관에 접속하는 방식.
(예) 냉장고, 냉동기, 보일러, 공조기, 수영장, 저수조, 넘침관, 세탁기, 소독기

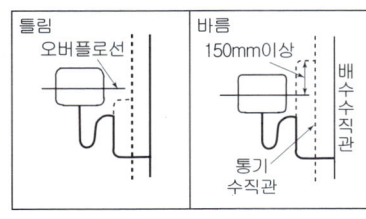

(a) 통기관은 오버플로션 이상으로 입상시킨 다음 통기수직관에 연결한다.

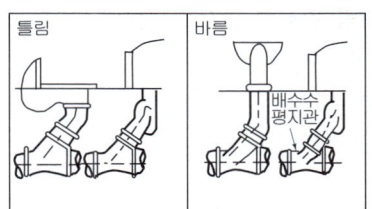

(b) 기구배수관은 배수수평지관 위에 수직으로 연결하지말고 측면에서 연결해야 한다.

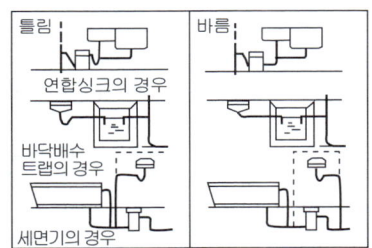

(c) 2중 트랩을 만들지 말아야 한다. 배수가 트랩을 두 번 거치게 되면 두 트랩의 봉수 사이에 공기가 차게 되어 배수에 지장이 생긴다

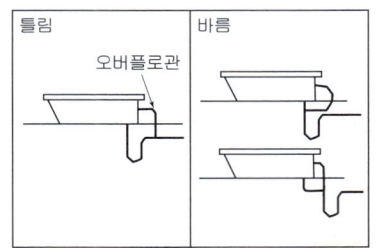

(d) 오버플로관은 트랩의 유입구측에 연결하여야 한다.

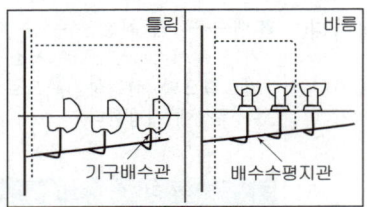 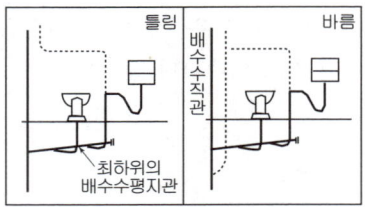

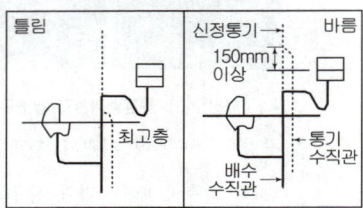 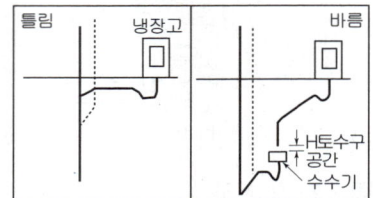

<그림 2-3> 틀리기 쉬운 배수 및 통기 배관

(7) 배관의 시험과 검사

건물내의 배수·통기관 시공후, 보온시공 이전 또는 은폐이전에 수압시험 또는 기압시험을 하고, 위생기구 등의 설치가 완료된 후에는 모든 트랩을 봉수하여 연기 시험 또는 박하시험을 한다.

① 수압시험 : 모든 개구부를 막고 최고위치의 개구부로 3m이상의 수두에 해당하는 압력(0.03MPa)을 가하여 30분간 견디면 된다.

② 기압시험 : 모든 개구부를 막고 한 개구부로 0.035MPa의 압력이 될때까지 올려 15분간 압력 변화가 없으면 된다.

③ 기밀시험 : 연기시험과 박하시험이 있다.

이상의 배관시험이 끝나고 위생기구가 설치되면 통수시험을 하여 누수를 검사하고 그 후 방로피복 등을 한다.

2 중수도 시스템

(1) 개요

중수도는 종래의 수도에 의해 공급된 상수를 1차로 사용한 후, 하수로 방출하기 전에 다시 정화하여, 음료수를 제외한 각 용도에 적합한 수질의 물을 만들어 공급하는 설비를 말한다. 따라서 어려운 상수도 사정을 완화할 수 있고 절수의식을 고양시킬 수 있으며 하수처리부하를 줄일 수 있다.

■ 물은 수질에 따라 음용수인 상수, 사용 후 버리는 물인 하수로 나눌 수 있다. 중수란 대소변기 외의 위생기기로 부터 배출되는 비교적 오염이 적은 물을 재생처리하여 대소변기 세척, 청소용수, 살수용 등으로 사용하는 물을 말한다. 이와 같이 중수를 사용하는 것을 중수시스템이라 한다.

(2) 중수도의 용도

수도물로서 공급되는 여러가지 용도 중에서 음용을 제외한 전용도에 대하여 중수도를 도입할 수 있다. 그러나, 입을 통하여 섭취되는 취사용수와 피부와의 접촉을 피할 수 없는 목욕용수, 세수·세면용수, 세탁용수 등은 심리적 거부감과 세균, 바이러스 감염 등의 위생적 불안전성 때문에 이러한 용도에 대하여는 중수도에 의한 물 공급이 적당치 못하다. 따라서, 중수도의 용도는 다음과 같은 범위로 한정된다.

① 수세식 변소용수
② 에어컨·냉각용 보급수
③ 청소용수
④ 세차용수
⑤ 살수용수
⑥ 조경용수(연못, 분수 등)
⑦ 소방용수

■ 중수는 취사용수, 목욕용수, 세면수, 세탁수 등에는 심리적 거부감 및 위생상의 안전성 문제로 사용이 제한된다.

(3) 중수도의 원수

일반적으로 중수도의 원수로는 일반하수, 즉 건물 또는 기타 시설물의 잡배수를 우선적으로 생각할 수 있고, 하수처리장에서 처리된 하수 처리수를 사용하기도 한다. 이 외에 우수, 지하수, 하천수, 해수 등을 사용한다.

(4) 중수처리 방식

일반적으로 중수 처리방식은 ① 원수의 수질, ② 중수이용수량, ③ 용도별 수질기준을 기초로 하여 설계제원, 경제성, 유지관리 측면을 고려하여 결정한다.

핵 심 문 제

1 배수관의 설명 중 옳지 않은 것은?
  ① 배수관의 관경이 크면 클수록 오히려 배수 능률은 감퇴될 수 있다.
  ② 관경이 너무 크면 자기 세정 작용이 감퇴된다.
  ③ 배관의 물매와 배수관내의 자기 세정과는 무관하다.
  ④ 옥내 배수관의 물매는 75mm 이하에서 1/50, 100mm 이상은 1/100보다 완만해서는 안된다.

2 배수관의 관경결정을 위해 사용되는 기구배수부하단위는 어느 것을 기준으로 하여 정해지는가?
  ① 대변기 배수량   ② 세면기 배수량
  ③ 소변기 배수량   ④ 비데 배수량

3 다음 위생기구 중 배수관의 최소 관경이 가장 큰 것은?
  ① 소변기   ② 세면기
  ③ 대변기   ④ 욕조

4 배수 배관에서 청소구(clean out)가 없어도 관계가 없는 곳은?
  ① 각종 trap
  ② 배수수직관의 하단부
  ③ 배수수평관의 상단부
  ④ 배수수직관의 상단부

5 배수설비에 관한 다음 기술 중 가장 부적당한 것은 어느 것인가?
  ① S트랩이 P트랩보다 자기사이펀작용을 일으키기 쉽다.
  ② 배수트랩의 봉수깊이는 일반적으로 5cm 이상 10cm 이하로 한다.
  ③ 통기관은 위생기구의 넘치는 부분보다 15cm이상 높여서는 안된다.
  ④ 흐름이 장해를 받으므로 배수트랩을 이중으로 설치해서는 안된다.

6 배수관, 트랩, 통기관의 배관에서 옳지 않은 것은?
  ① 차고내 배수는 개러지 트랩을 거쳐 가옥하수관에 방류한다.
  ② 욕조의 오버후로우관은 트랩의 하류에 접속한다.
  ③ 2중트랩이 되지 않도록 연결한다.
  ④ 냉장고에서의 배수는 일반배수관에 직결해서는 안 된다.

해 설

해설 1
배수관의 관경과 구배 모두 너무 크거나 작으면 자기세정작용이 감퇴된다. 구배는 1/50~1/100, 관경은 유수면의 높이가 1/2~2/3정도가 되도록 하는 것이 적당하다.

해설 2
배수부하의 기준은 배수관경이 30mm인 세면기로서 배수부하단위는 1이다.

해설 3
대변기 – 75mm
소변기・비데 – 40mm
세면기 – 30mm
욕조 – 50mm(공중용)

해설 4
④ 수직관의 하단부에는 있어야 하나 상단부는 신정통기관으로서 대기중에 개방한다.

해설 5
③ 통기관은 위생기구의 넘치는 부분보다 15cm이상 높여야 한다.

해설 6
② 욕조의 오버후로우관은 트랩의 상류(유입구측)에 접속한다.

정답
1. ③ 2. ② 3. ③ 4. ④
5. ③ 6. ②

기출문제 및 예상문제

CHAPTER 3 — 2. 배수배관 및 중수도시스템

■■■ **배수관의 구배와 관경**

1. 다음 배수관에 관한 기술 중 틀린 것은?
① 배수관의 표준 구배는 1/50~1/100정도가 적당하다.
② 배수관의 유속은 0.5m/s 정도 이상이어야 한다.
③ 배수관 관경은 최대한 크게 하는 것이 합리적이다.
④ 기름섞인 배수관의 유속은 1.2m/s 이상이어야 한다.

[해설] 배수관의 관경은 유수면의 높이가 관경의 1/2~2/3정도가 되도록 하는 것이 합리적이다.

2. 오수배관 설계에 있어서 가장 적합한 설명은?
① 세류작용에 가장 중요한 요소는 관경이다.
② 최소유속으로는 2m/s가 권장된다.
③ 수평관에서 적당한 수심은 관경의 1/2~1/3이 되는 상태이다.
④ 관경이 크면 유속이 감소되나 고형물을 밀어 흐르게 하는 힘은 증가한다.

[해설] 각 위생배관의 최적유속
① 건물내 급수관 : 0.5~0.7 m/s
② 급탕관 : 0.7~1.0 m/s
③ 배수관 : 0.6~1.2 m/s
④ 수도본관 : 1.0~2.0 m/s
⑤ 펌프토출관 : 1.5~2.0 m/s

3. 배수배관에 대한 설명이 옳게 된 것은?
① 배수수직관에서는 배수유속의 증가를 방지하기 위하여 옵셋배관을 한다.
② 세제를 사용하는 배수배관에서는 거품의 역류를 방지하기 위하여 신정통기관을 설치한다.
③ 배수수평관의 구배가 완만할 경우 유수심이 높아지면서 세정력이 약화된다.
④ 배수수평관의 관경이 커지면 세정력이 증가한다.

4. 배수관의 관경과 구배에 대한 설명 중 옳지 않은 것은?
① 배수관경을 크게 하면 할수록 배수능력은 향상된다.
② 배관구배를 너무 급하게 하면 흐름이 빨라 고형물이 남는다.
③ 배관구배를 완만하게 하면 세정력이 저하된다.
④ 배수 수평관의 구배는 최소 1/200 이상으로 한다.

5. 다음 중 배수관의 표준 구배로 가장 알맞은 것은?
① 1/20~1/50
② 1/50~1/100
③ 1/100~1/200
④ 1/200~1/300

[해설] 배수유속은 0.6~1.2m/s이고, 배수구배는 1/50~1/100 정도이다.

6. 배수관내의 종국유속에 관한 설명 중 옳은 것은?
① 배수수직관내의 유하충격압에 의해서 일정해진 유속이다.
② 배수수평관내 1.2m/s로 흐를 때의 유속이다.
③ 기구배수관 접속구에서 배수수평지관까지의 유속이다.
④ 배수관내의 유수면에 파동을 일으킬 때의 유속이다.

[해설] 수직배수관내에서 중력과 마찰력의 균형으로 인해 일정해진 유속을 종국유속이라 하며, 수직관에 유입하여 종국유속에 이르기까지의 유하 길이를 종국장 또는 종국길이라 한다.
일반적으로 종국길이는 관경 50~75A의 수직관에서는 약 3~4m, 100A이상의 수직관에서는 4.5~7.5m이다.

해답 1. ③ 2. ① 3. ③ 4. ① 5. ② 6. ①

7. 다음 중 배수 부하 단위가 가장 큰 것은 어느 것인가?

① 소변기
② 비데
③ 대변기
④ 바닥 배수

[해설] 소변기는 4, 비데는 2.5, 대변기 8, 바닥 배수는 2.0 이다.

8. 위생기구와 배수관을 접속하는 관의 최소 구경으로 부적당한 것은?

① 대변기 - 75mm~100mm
② 소변기 - 40mm~50mm
③ 세면기 - 30mm~40mm
④ 청소설겆이대 - 40mm~50mm

[해설] ④ 청소씽크의 배수관경은 75mm이다.

9. 대변기에 접속하는 배수 수평지관의 최소 관경은 얼마 이상으로 하는가?

① 45mm   ② 65mm
③ 75mm   ④ 100mm

[해설] 대변기 접속 배수관경 - 최소 75mm, 일반적으로 100mm

10. 배수관의 관경 산정에 대한 설명 중 옳지 않은 것은?

① 배수 수직관의 관경은 이것에 접속하는 배수 수평지관의 최대관경보다 작게 한다.
② 배수 수평관의 관경은 이것에 접속하는 기구 배수관의 최대관경 이상으로 한다.
③ 배수관은 배수의 유하방향으로 관경을 축소해서는 안된다.
④ 기구배수관의 관경은 이것에 접속하는 위생기구의 트랩구경 이상으로 한다.

[해설] ① 배수수직관의 관경은 이것에 접속하는 배수수평지관의 최대관경보다 크게 한다.

11. 위생기구와 관계있는 것들이다. 틀린 것은?

① 세면기 - pop-up
② 대변기 - syphon jet
③ 소변기 - flush valve
④ 욕조 - grease trap

[해설] ④ 그리스트랩 - 주방 등에 설치하여 배수중의 지방분 제거

pop-up : 세면기 등에 사용하는 배수철물의 일종이며 누름단추식 레버의 상하로서, 배수철물에 부착된 금속제의 마개를 개폐할 수 있는 구조의 것이다.

12. 우수배수관의 수평관 관경을 결정하는 요소가 아닌 것은?

① 지붕면적   ② 지붕의 기울기
③ 배수관의 기울기   ④ 최대 강우량

[해설] 지붕면적, 최대 강우량, 우수배수관의 기울기에 따라 관경을 결정한다.

13. 사무소 건물에서 다음과 같이 위생기구를 배치하였을 때 이들 위생기구 전체로부터 배수를 받아들이는 배수수평지관의 관경으로 가장 알맞은 것은?

기구종류	바닥배수	소변기	대변기
배수부하단위	2	4	8
기구수	2	8	2

관경(mm)	배수수평관의 배수부하단위
75	14
100	96
125	216
150	372

① 75mm   ② 100mm
③ 125mm   ④ 150mm

[해설] 1) 배수부하단위(f.u.D) 계산
   =2×2+4×8+8×2=52
2) 관경선정 - 배수부하단위 52는 14보다는 크고 96에 포함될 수 있으므로 관경은 100mm

해답 7. ③   8. ④   9. ③   10. ①   11. ④   12. ②   13. ②

14. 청소구(Clean out)의 설치 위치로 적당하지 않은 곳은?

① 배수 수평주관 및 배수 수평지관의 기점
② 배수 수평주관과 옥외배수관의 접속장소와 가까운 곳
③ 배수 수직관의 최하부
④ 배수관이 30°이상의 각도로 방향을 바꾸는 곳

해설 청소구를 필요로 하는 장소
① 가옥배수관과 부지하수관이 접속되는 곳
② 배수수직관의 최하단부
③ 수평지관의 최상단부
④ 가옥배수 수평주관의 기점
⑤ 배관이 45°이상의 각도로 구부러지는 곳
⑥ 수평관의 관경이 100mm 이하인 경우 직진거리 15m 이내 마다, 100mm이상인 경우 직진거리 30m이내마다 설치한다.
⑦ 각종 트랩 및 기타 배관상 특히 필요한 곳

15. 배수관에 있어서 청소구(clean out)나 배수맨홀이 필요한 곳이 아닌 곳은?

① 수평지관의 최하단부
② 배관이 45°이상으로 구부러지는 곳
③ 가옥 배수관과 부지 하수관이 접속되는 곳
④ 관경 100mm 이하 수평관의 경우 직진거리 15m 이내마다 설치

해설 ① 배수수평지관에는 최상단부에 청소구를 설치한다.

16. 배수관 및 통기관을 수압시험 할 때 보통 시험압력은?

① 0.01MPa
② 0.02MPa
③ 0.03MPa
④ 0.04MPa

해설 수압시험 : 0.03MPa의 수압으로 30분 이상
기압시험 : 0.035MPa의 기압으로 15분 이상

■■■ 배관상 주의사항

17. 그림과 같은 배관에서 대변기의 설치 위치로 가장 좋은 곳은?

① A
② B
③ C
④ D

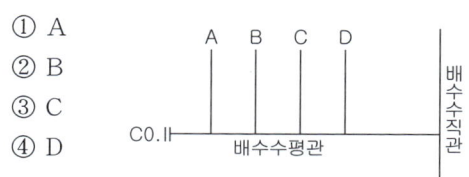

해설 대변기는 가능하면 수직관 가까이에 설치한다.

18. 급배수설비에 관한 기술 중 부적당한 것은?

① 우수수직관은 오수배수관 및 통기관과 겸용 또는 접속하는 것이 바람직하다.
② 배수수직관의 관경은 최하부부터 최상부까지 동일하게 한다
③ 배수재이용수의 배관은 외관상 다른 배관과 구별되도록 한다.
④ 고가탱크는 건축물 최고위치의 밸브와 소요기구의 필요 수압을 확보할 수 있는 높이에 설치한다.

19. 통기 배관에 관한 설명으로 옳지 않은 것은?

① 각개통기방식의 경우, 반드시 통기수직관을 설치한다.
② 통기수직관과 빗물수직관은 겸용하는 것이 경제적이며 이상적이다.
③ 배수수직관의 상부는 연장하여 신정통기관으로 사용하며, 대기 중에 개구한다.
④ 통기수직관의 하부는 최저위치에 있는 배수 수평지관보다 낮은 위치에서 배수수직관에 접속하거나 또는 배수 수평주관에 접속한다.

해설 빗물수직관은 건물내의 어느 배관과도 겸용하거나 연결시키면 안 된다.

해답 14. ④   15. ①   16. ③   17. ④   18. ①   19. ②

20. 배수트랩에 관한 설명으로 옳지 않은 것은?
① 트랩은 이중으로 설치하면 효과적이다.
② 트랩의 봉수깊이가 너무 깊으면 통수능력이 감소된다.
③ 트랩은 하수가스의 실내 침입을 방지하는 역할을 한다.
④ 트랩은 위생기구에 가능한 한 접근시켜 설치하는 것이 좋다.

[해설] 트랩을 이중으로 설치하면 트랩과 트랩사이에 공기가 고여서 배수에 지장이 생긴다.

21. 다음의 통기배관방법 중에서 잘못된 방법은?
① 분뇨정화조의 통기관은 단독 배관한다.
② 통기관의 횡관은 배수관보다 높게 배관한다.
③ 간접배수계통의 통기관은 단독 배관한다.
④ 통기수직관과 우수수직관은 겸용 배관한다.

[해설] ④ 우수수직관은 건물내의 어떠한 배관과도 연결해서는 안된다.

■■■ 중수도

22. 중수(中水)에 대한 설명으로 적절한 것은?
① 재생처리한 물
② 산성에서 중화시킨 물
③ 빗물
④ 세면기에서 배출된 물

[해설] 비교적 오염이 되지 않은 사용한 물을 청소용 또는 대소변기 세척용 등으로 사용하기 위해 재생처리한 물을 중수라 한다.

23. 건물·시설 등에서 발생하는 오수를 다시 처리하여 생활용수·공업용수 등으로 재이용하는 시설로 정의되는 것은?
① 중수도   ② 하수관거
③ 배수설비   ④ 개인하수도

[해설] 중수도는 상수를 사용 후 다시 정화하여 음용수를 제외한 용도에 사용하는 것을 말하며 우수, 지하수, 하천수, 해수 등도 원수가 될 수 있다.

24. 다음 중 중수도의 용도와 가장 관계가 먼 것은?
① 수세식 변소용수
② 조경용수
③ 살수용수
④ 주방용수

[해설] 중수도 : 배수를 수처리하여 재이용하는 것으로 식용으로는 사용불가능하다.

25. 다음의 중수도에 관한 설명 중 옳지 않은 것은?
① 중수도 원수로는 주로 잡용수가 사용되지만 냉각배수, 하수처리수 등도 사용된다.
② 일반하수뿐만 아니라 빗물도 중수도의 원수가 될 수 있다.
③ 중수도의 채용은 어려운 상수도 사정을 완화할 수 있고 하수처리장의 처리부하를 줄일 수 있다.
④ 중수도는 냉각용수, 살수용수, 음용수로 주로 사용된다.

[해설] 중수도는 상수를 사용 후 다시 정화하여 음용수를 제외한 용도에 사용하는 것을 말하며 우수, 지하수, 하천수, 해수 등도 원수가 될 수 있다.

해답 20. ① 21. ④ 22. ① 23. ① 24. ④ 25. ④

제4장 오물정화설비

출제경향분석

내용이 어렵지 않고 분량도 많지 않을 뿐 아니라 2회 시험에 1문제 출제 정도로 출제 빈도가 낮은 부분으로서 기출문제 중심의 학습으로 충분하다.

세부목차

1. 오물정화설비 - 수질관련 용어, 정화조의 구조 및 원리

1 오물정화설비 - 수질관련용어, 정화조의 구조 및 원리

학습방향
수질에 관련된 용어정의, 정화조의 구조와 원리, 간단한 계산(BOD제거율, 부패조 용량계산)문제 등 기출문제 중심의 학습이 요망된다.

1 수질오염의 지표

(1) BOD와 COD

① **BOD**(Biochemical Oxygen Demand) : **생물학적 산소 요구량**으로 주로 미생물이 포함된 생활하수의 유기물 농도를 측정하고자 할 때 사용되며 측정소요시간은 5일이다.

② **COD**(Chemical Oxygen Demand) : **화학적 산소 요구량**으로, 주로 중금속이 포함되어 미생물이 살 수 없는 공장폐수의 유기물 농도를 측정하고자 할 때 사용되며 측정소요시간은 3시간 이내이다.

BOD와 COD가 낮을수록 깨끗한 물을 의미하며 단위는 ppm(Parts Per Million)이란 백만분율을 사용한다.

(2) DO와 SS

① DO(Dissolved Oxygen) : 오수중의 용존산소량
② SS(Suspended Solid) : 오수중에 함유하는 부유물질량

(3) BOD 제거율

① 오물정화조의 성능을 나타내는 지표로 다음 식에 의해 구할 수 있다.

$$\text{BOD 제거율}(\%) = \frac{\text{유입수 BOD} - \text{유출수 BOD}}{\text{유입수 BOD}} \times 100(\%)$$

② BOD 제거율은 높을수록, 유출수(방류수) BOD는 낮을수록 성능이 우수한 정화조이다.

학습POINT

■ PPM
농도를 나타내는 단위의 하나로 백만분율을 의미한다.
물 1L의 질량은 1kg,
즉, 1,000,000mg 이므로
$1mg/L = 1g/m^3 = 1ppm$이다.

[예제] 정화조로의 유입수 BOD 농도가 $200g/m^3$이고, 유출수 BOD농도가 $80g/m^3$이라면, BOD제거율은 얼마일까?

■ $\dfrac{200g/m^3 - 80g/m^3}{200g/m^3} \times 100 = 60(\%)$

2 오물정화설비의 종류

(1) 정화조

오수만을 처리하며 건물내 배수방식은 오수와 잡배수가 분류식이어야 한다. 설치대상은 공공하수처리시설이 설치되지 않은 지역의 1일 오수발생량이 $2m^3$ 이하이거나 공공하수처리설이 설치된 지역이라도 분류식 하수관거가 설치되지 않은 지역내의 건물이다.

① 부패탱크방식

1차 처리장치 3종류와 2차처리장치 4종류와의 임의의 조합에 의해 여러 종류의 구성이 가능하다.

오수유입 → 1차 처리장치 → 2차 처리장치 → 소독조 → 방류

- 다실형
- 2중 탱크형
- 변형 2중탱크형
- 살수여상형
- 평면 산화형
- 단순폭기형
- 지하모래여과형

② 장기폭기방식

오수유입 → 폭기 → 침전 → 소독 → 방류

(2) 오수처리시설

오수 및 잡배수를 합병하여 처리하는 장치이며 처리성능이 정화조보다 우수하다. 설치대상은 공공하수처리시설이 설치되지 않은 지역의 1일 오수발생량이 $2m^3$를 초과하는 건축물이다.

① 장기폭기방식
② 표준활성오니방식
③ 회전원판 접촉방식
④ 살수여상방식(표준살수여상방식, 고속살수여상방식)
⑤ 접촉안정방식
⑥ 접촉산화방식
⑦ 임호프탱크방식

이외에도 오니재폭기방식, 순환수로 폭기방식, 분수폭기방식 등이 있다.

3 부패탱크식 오물정화조

(1) 오물정화조의 정화순서

다실형과 살수여상형을 조합한 정화조의 오물정화순서는 다음과 같다.

오물의 유입 → 부패조 → 산화조 → 소독조 → 방류

- 제1 부패조
- 제2 부패조
- 예비여과조

■ 배수계통의 분류
- 오수 : 대변기, 소변기 등에서의 배수
- 잡배수 : 세면기, 싱크, 욕조 등에서의 배수

건물내에서 오수와 잡배수가 하나의 관으로 흐르면 합류식, 각각의 관으로 흐르면 분류식이라 한다. 대부분 분류식이며 오수는 정화조로 유입되어 처리된 후 공공하수도로 방류되고 배수는 바로 공공하수도로 방류되어 공공하수처리장에서 처리된다.

■ 하수종말처리시설은 하수도법에 따라 공공하수처리시설로 명칭이 변경됨

■ 참고
현재 우리나라의 정화조에 관련된 법은 "하수도법"이며 이 법에는 단독정화조와 오수처리시설, 분뇨처리시설 등의 설치기준을 정해 놓았으며 합병정화조는 99년도에 삭제되었다. 이는 최근 우리나라의 도시지역에 공공하수처리시설이 확대 보급되면서 해당 지역내의 건물에는 정화조 및 오수처리시설이 원칙적으로 불필요하게 됨에 따라 취해진 것이다. 그러나 분류식 하수관거가 설치되지 않은 지역에 설치된 변기에서 나오는 오수만은 단독정화조를 거친 후 하수도로 방류하여 공공하수처리시설에 이르게 하는 것이다. (일반 잡배수는 정화조를 거치지 않고 하수도로 바로 방류) 공공하수처리시설이 설치되지 않은 지역은 1일 오수발생량에 따라 단독정화조 또는 오수처리시설을 설치하여야 한다.

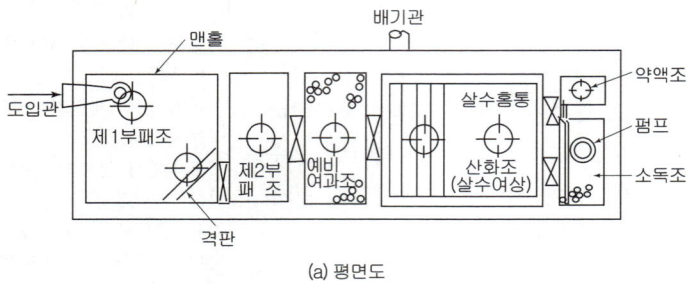

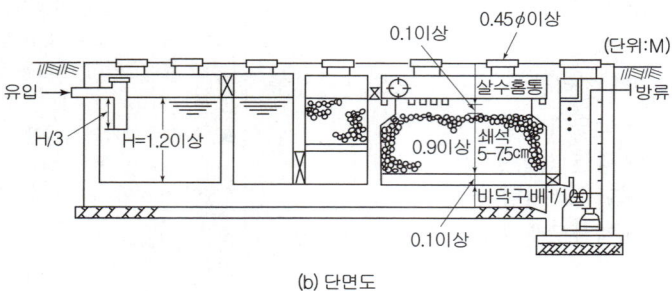

<그림 1-1> 부패탱크식 오물 정화조의 구조

(2) 부패탱크식 오물정화조의 구조

- 정화조 구조물은 방수재료로 만들거나 방수재를 사용하여 누수되지 않도록 해야 한다.
- 부패조, 산화조, 소독조의 순서로 조합한다.
- 부패조, 산화조, 소독조에는 각각 내경 45cm 이상의 맨홀(Manhole)을 설치한다.
- 부패탱크식 오물정화조는 세균작용에 의해 오물을 부패·분해시켜 처리한다.

■ 맨홀(Manhole)뚜껑의 크기
① 5, 10인용 : 45cm
② 15, 20인용 : 50cm
③ 25, 30인용 : 55cm
④ 31인용이상 : 60cm

1) 부패조
① 2개 이상의 부패조와 예비 여과조로 구성한다.
② 제1, 제2 부패조와 예비여과조의 용적비는 4 : 2 : 1 또는 4 : 2 : 2 로 한다.
③ 공기(산소)를 차단하여 혐기성균(10~15℃에서 활동이 가장 활발하다)으로 하여금 오물을 소화시킨다.
④ 오수 저유깊이는 1.2m 이상 3m 이내로 한다.
⑤ 부패조의 유효용량은 유입 오수량의 2일분(48시간) 이상을 기준으로 한다.

2) 산화조
① 산소의 공급으로 호기성균에 의해 산화(분해) 처리시킨다.

② 살수홈통의 밑면과 쇄석층의 윗면과의 거리는 10cm, 쇄석층의 두께는 90cm 이상 2m 이내, 쇄석층 밑면과 정화조의 바닥과의 간격은 10cm 이상으로 한다.
③ 배기관의 높이는 지상 3m 이상으로 한다.
④ 산화조는 살포여과상식으로 하고 배기관 및 송기구를 설치하여 통기설비를 한다.
⑤ 산화조의 밑면은 소독조를 향해 1/100 정도의 내림구배로 한다.

3) 소독조
① 산화조에서 나오는 오수를 멸균시킨다.
② 소독액 : 차아염소산 나트륨, 표백분
③ 약액조의 용량 : 25 l 이상(10일분 이상)

(3) 정화조의 용량 산정

① 부패조의 용량 – 처리대상인원에 따라 다음 식에 의해 계산한다.

<표 1-1> 부패조 용량 산정식

처리대상 인원(n)	용량산정식
5인 이하	$V = 1.5 m^3$
5~500인 이하	$V = 1.5 + 0.1(n-5) m^3$
500인 이상	$V = 51 + 0.075(n-500) m^3$

[예제] 처리대상인원이 200인 건물에 설치하는 정화조의 부패조 용량은?
■ $V = 1.5 + 0.1(n-5)$
  $= 1.5 + 0.1(200-5)$
  $= 21 m^3$

② 산화조의 용량(산화조 쇄석층의 용량) – 부패조 용량의 1/2이상으로 한다.

$$V_1 = V \times \frac{1}{2} (m^3)$$

핵 심 문 제

1 다음 중 생물화학적 산소요구량을 나타내는 것은?
① P.P.M
② S.S
③ C.O.D
④ B.O.D

2 오물정화조로 유입되는 오수의 BOD농도가 150ppm이고 방류수의 BOD는 60ppm일 때 이 정화조의 BOD제거율은?
① 60%
② 90%
③ 75%
④ 40%

3 다실형 부패탱크식 오물 정화조의 오물 정화 순서를 올바르게 표시한 것은?

| A : 부패조   B : 여과조   C : 산화조   D : 소독조   E : 방류 |

① A - B - C - D - E
② B - C - D - A - E
③ A - C - B - D - E
④ B - A - C - D - E

4 처리대상 인원이 300명인 수세식 변소의 오물정화조의 부패조 용량은 최소 얼마 정도가 좋은가?
① 16m³
② 20m³
③ 26m³
④ 31m³

5 오물정화조에 관한 다음 기술에서 옳지 않은 것은?
① 부패조에는 공기의 공급을 충분히 한다.
② 산화조에서는 호기성균으로서 산화를 시킨다.
③ 소독조에서는 약액을 넣어 살균한다.
④ 여과조에서는 쇄석층을 통하여 여과시켜 고형물을 없앤다.

해 설

해설 1 수질오염의 지표
① ppm(parts per million)
   농도를 나타내는 단위의 하나로 백만분율을 의미한다.
② BOD(생물화학적 산소요구량)
   Biochemical Oxygen Demand의 약자로 주로 생활하수에 의한 물의 오염정도를 ppm으로 나타낸다.
③ COD(화학적 산소요구량)
   Chemical Oxygen Demand의 약자로 주로 공장폐수에 의한 물의 오염정도를 ppm으로 나타낸다.
④ DO (용존산소량)
   오수중의 용존산소량(Dissolved Oxygen)을 ppm으로 나타낸 것이다.
⑤ SS (부유물질량)
   SS는 오수중에 함유하는 부유물질량(Suspended Solid)을 ppm으로 나타낸 것이다.

해설 2 BOD제거율
$$= \frac{\text{유입수 BOD} - \text{유출수 BOD}}{\text{유입수 BOD}} \times 100(\%)$$
$$= \frac{150-60}{150} \times 100(\%) = 60\%$$

해설 3
부패탱크식 정화조의 오물정화순서

1차처리 2차처리
오물의 유입 → 부패조 → 산화조 → 소독조 → 방류

• 제1 부패조 (호기성균)
• 제2 부패조
• 예비여과조
  (혐기성균)

해설 4 부패조 용량 산정식

처리대상 인원(n)	용량산정식
5인 이하	$V = 1.5m^3$
5~500인 이하	$V = 1.5 + 0.1(n-5)m^3$
500인 이상	$V = 51 + 0.075(n-500)m^3$

처리대상인원이 300명이므로
$V = 1.5 + 0.1(n-5)m^3$
$= 1.5 + 0.1(300-5)m^3 = 31m^3$

해설 5
부패조는 혐기성균의 활동을 위해 공기를 차단한다.

  1.④ 2.① 3.① 4.④ 5.①

기출문제 및 예상문제

4 CHAPTER 오물정화설비

■■■ 수질오염의 지표

1. 다음의 수질관련 용어에 대한 설명 중 옳은 것은?

① COD : 수중 유기물이 호기성 미생물에 의해 분해되어 안정한 산화물이 되기까지 소비되는 산소량
② pH : 공기중 산소농도를 말하며 7이면 중성, 7 초과이면 알칼리성, 7미만이면 산성이다.
③ BOD : 오수중 산화되기 쉬운 유기물이 산화제에 의해 산화될 때 소비되는 산화제 양에 상당하는 산소량
④ SS : 부유물질로서 오수 중에 현탁되어 있는 물질

[해설] (1) 생물학적 산소 요구량(BOD : Biochemical Oxygen Demand) : 오수에 있는 유기물질이 호기성 세균(好氣性細菌)에 의해 산화될 때 소비되는 산소의 양을 mg/l또는 ppm으로 나타낸 것

(2) 화학적 산소요구량(COD : Chemical Oxygen Demand) : 오수에 있는 유기물질을 산화제를 이용하여 완전히 산화시킬 때 소비되는 산화제 양에 상당하는 산소의 양으로 BOD에 비해 단시간에 용존 유기물의 양을 평가하기 위한 수질 지표

(3) pH : 수용성 또는 어떤 용액의 산성도나 염기도를 나타내는 정량적인 척도
pH7이면 중성, pH7미만의 용액은 산성, pH7 초과인 용액은 염기성 또는 알칼리성이라고 한다.

2. 다음 중 오물정화조의 성능을 나타내는데 주로 사용되는 지표는?

① 경도
② 탁도
③ CO_2 함유량
④ BOD 제거율

3. 수질관련용어 BOD란 무엇인가?

① 생물화학적 산소요구량
② 화학적 산소요구량
③ 용존산소량
④ 수소이온농도

4. 독성 물질이 많이 함유된 공장폐수 등의 유기물 오염측정시 주로 사용되는 수질오염의 지표는?

① B.O.D(Biochemical Oxygen Demand)
② 수소이온농도(pH)
③ D.O(Dissolved Oxygen)
④ C.O.D(Chemical Oxygen Demand)

[해설] COD는 중금속이 포함되어 미생물이 살 수 없는 공장폐수 등의 유기물 농도를 측정하고자 할 때 사용된다.

5. 다음의 수질과 관련된 용어 중 부유물질로서 오수 중에 현탁되어 있는 물질을 말하는 것은?

① SS
② OD
③ BOD
④ COD

[해설] B.O.D - 생물화학적 산소요구량
C.O.D - 화학적 산소요구량
S.S - 부유 물질
D.O - 용존 산소
P.P.M - 백만분율

6. 다음 중 BOD 제거율(%)을 나타낸 식으로 올바른 것은?

① $\dfrac{유입수\ BOD - 유출수\ BOD}{유입수\ BOD} \times 100$

② $\dfrac{유출수\ BOD - 유입수\ BOD}{유입수\ BOD} \times 100$

해답 1. ④ 2. ④ 3. ① 4. ④ 5. ① 6. ①

③ $\dfrac{\text{유입수 BOD - 유출수 BOD}}{\text{유출수 BOD}} \times 100$

④ $\dfrac{\text{유출수 BOD - 유입수 BOD}}{\text{유출수 BOD}} \times 100$

[해설] 변기와 주방배수로부터 유입된 오수의 유입량에 따른 평균 BOD를 계산하면

유입수 BOD $= \dfrac{150 \times 260 + 20 \times 400}{150 + 20} = 276$(ppm)

따라서 BOD제거율(%) $= \dfrac{\text{유입수BOD-유출수BOD}}{\text{유입수BOD}} \times 100$

$= \dfrac{276-50}{276} \times 100 = 82\%$

7. 오수 정화조로 유입되는 오수의 BOD농도가 150ppm이고, 방류수의 BOD농도가 60ppm일 때 이 정화조의 BOD 제거율은?

① 40%   ② 60%
③ 75%   ④ 90%

[해설] BOD 제거율(%)

$= \dfrac{\text{유입수 BOD - 유출수 BOD}}{\text{유입수 BOD}} \times 100(\%)$

$= \dfrac{150\text{ppm} - 60\text{ppm}}{150\text{ppm}} \times 100(\%) = 60\%$

10. 처리대상 인원 1,000인, 1인 1일당 오수량 0.1m³, 오수의 평균 BOD 200ppm, BOD 제거율 85%인 오수처리시설에서 유출수의 BOD량은?

① 1.5kg/day
② 3kg/day
③ 4.5kg/day
④ 6kg/day

[해설] 1일 오수량

$= 1,000\text{인} \times 0.1\text{m}^3/\text{인} \cdot \text{day} = 100\text{m}^3/\text{day}$

$= 100,000\text{kg/day}$

유입수 BOD량 $= 100,000\text{kg/day} \times 0.0002$

$= 20\text{kg/day}$

BOD 제거율(%)

$= \dfrac{\text{유입수 BOD-유출수 BOD}}{\text{유입수 BOD}} \times 100$에서

유출수 BOD량

$= \text{유입수 BOD량} - \dfrac{\text{유입수 BOD량} \times \text{BOD 제거율}}{100}$

$= 20 - \dfrac{20 \times 85}{100} = 3\text{kg/day}$

8. 오수의 BOD 제거율이 95%인 정화조에서 정화조로 유입되는 오수의 BOD농도가 300ppm일 경우, 방류수의 BOD 농도는?

① 15ppm   ② 85ppm
③ 150ppm ④ 285ppm

[해설] BOD 제거율(%)

$= \dfrac{\text{유입수 BOD - 유출수 BOD}}{\text{유입수 BOD}} \times 100$

$= \dfrac{300 - x}{300} \times 100 = 95(\%)$에서 $x = 15$(ppm)

11. 주택의 1인 1일 오수량이 0.05m³/인·일이고 오수의 BOD 농도가 260g/m³일 때 1인 1일당 BOD 부하량은?

① 5g/인·일   ② 13g/인·일
③ 26g/인·일   ④ 50g/인·일

[해설] BOD부하량

$= (\text{유입수 BOD농도})260\text{g/m}^3 \times (\text{오수량})0.05\text{m}^3/\text{인}\cdot\text{일}$

$= 13(\text{g/인}\cdot\text{일})$

9. 유입 오수의 유량과 BOD농도가 표와 같고, 유출수의 BOD농도가 50ppm일 때 BOD 제거율은?

① 18%
② 55%
③ 82%
④ 85%

오수종류	유입량 (m³/일)	BOD농도 (ppm)
변 기	150	260
주방배수	20	400
계	170	

해답 7. ②   8. ①   9. ③   10. ②   11. ②

■■■ 정화조의 구조 및 원리

12. 화장실에서 배출되는 오수를 정화시설을 통해 정화하는 가장 큰 이유는?

① 화학적 산소요구량을 줄이기 위해
② 화학적 산소요구량을 늘리기 위해
③ 생물화학적 산소요구량을 줄이기 위해
④ 생물화학적 산소요구량을 늘리기 위해

[해설] 오수는 정화시설에서 생물화학적 산소요구량(BOD)은 줄이고 BOD제거율은 높여서 내보낸다.

13. 오수 처리방법 중 물리 및 화학적 처리방법에 속하지 않는 것은?

① 산화제를 이용하는 산화법
② 오존을 이용하는 방법
③ 미생물에 의한 호기성 분해 방법
④ 응집제를 이용하여 부유물질을 침전시키는 방법

[해설] 오수의 정화방법
① 물리적 처리방법 - 스크린, 침전, 교반, 여과
② 생물학적 처리방법 - 미생물의 작용, 호기성처리, 혐기성처리, 통성혐기성처리

14. 수세식화장실의 정화조 크기를 결정할 때 기준이 되는 것으로 가장 적당한 것은?

① 대소변기의 수량
② 건물의 층수
③ 화장실의 사용 인원
④ 화장실의 위치

15. 200인용 오물단독처리방식의 정화조를 설치할 경우 부패조의 크기로 적당한 것은?

① 11m³ 이상   ② 21m³ 이상
③ 31m³ 이상   ④ 41m³ 이상

[해설] 부패조 용량
$V = 1.5 + 0.1(200-5) = 21m^3$ 이상

16. 처리대상인원이 100명인 수세식 화장실 정화조의 부패조용량이 11m³일 때 산화조의 쇄석층 용량은?

① 5.5m³
② 6.0m³
③ 6.5m³
④ 7.0m³

[해설] 산화조의 쇄석층의 용량은 부패조 용량의 1/2이상으로 한다.

17. 정화조에서 호기성(好氣性)균의 작용이 이루어진 곳은?

① 부패조
② 여과조
③ 산화조
④ 소독조

[해설] 호기성균 - 산화조, 혐기성균 - 부패조

18. 혐기성 박테리아는 다음 중 어느 곳에서 활동하는가?

① 산화조
② 부패조
③ 소독조
④ 여과조

19. 정화조에 유입된 오수를 혐기성균에 의하여 소화작용으로 분리침전이 이루어지도록 하는 곳은?

① 산화조
② 부패조
③ 소독조
④ 여과조

[해설] (1) 부패조 : 공기(산소)를 차단하여혐기성균(10~15)에서 가장 활동이 활발하다)으로 하여금 오물을 소화시킨다.
(2) 산화조 : 산소의 공급으로 호기성균에 의해 산화(분리) 처리시킨다.

해답 12. ③ 13. ③ 14. ③ 15. ② 16. ① 17. ③ 18. ② 19. ②

20. 분뇨정화조에 관한 것으로 옳지 않은 것은?
① 부패조, 산화조, 기계실의 3부분으로 구성된다.
② 부패조는 제1, 제2부패조와 예비여과조로 구성된다.
③ 산화조의 쇄석층의 용적은 부패조의 저류조 용적의 1/2이상을 한다.
④ 각조에는 맨홀을 설치한다.

[해설] 정화조는 부패조, 산화조, 소독조로 구성된다.

21. 오물정화조의 원리를 설명한 다음 사항 중 옳은 것은?
① 다량의 물에 의하여 오물을 희석한다.
② 약품에 의하여 오물을 분해한다.
③ 세균작용으로 오물을 분해 액화하여 병원균을 말살한다.
④ 침전작용으로 오물을 분해하여 사멸시킨다.

[해설] 부패탱크식 오물정화조는 세균작용에 의해 오물을 분해시킨다.

22. 공공하수처리시설이 설치되지 않은 지역에서 오수처리시설을 설치하여야 할 기준은?
① 1일 오수발생량이 1m^3를 초과하는 건축물
② 1일 오수발생량이 2m^3를 초과하는 건축물
③ 1일 오수발생량이 3m^3를 초과하는 건축물
④ 1일 오수발생량이 4m^3를 초과하는 건축물

[해설] 하수도법 시행령 제24조 〈개인하수처리시설의 설치〉
 (1) 1일 오수발생량이 2m^3를 초과하는 건축물 - 오수처리시설 설치
 (2) 1일 오수발생량이 2m^3 이하인 건물 - 정화조 설치

해답 20. ① 21. ③ 22. ②

제5장 소화설비

출제경향분석

매회 1문제 이상 출제되고 있으며 특히 일상생활 및 건축실무에서 자주 접하게 되므로 소방시설의 종류와 그 기능은 반드시 숙지하고 있어야 한다.

세부목차

1. 소화설비(Ⅰ) - 소방시설의 종류, 소화기, 옥내·옥외 소화전
2. 소화설비(Ⅱ) - 스프링클러, 드렌처, 물분무등소화설비
3. 소화설비(Ⅲ) - 연결송수관설비, 연결살수설비, 감지기

1 소화설비(Ⅰ) - 소방시설의 종류, 소화기, 옥내·옥외소화전

학습방향
소방시설의 종류 및 소화기, 옥내·옥외소화전 등 소화설비의 종류와 설치간격, 표준방수압력, 방수량, 수원의 수량 등 설치기준에 대한 이해와 암기가 필수적이다.

1 개 요

(1) 소화의 방법
연소는 가연물, 산소, 열의 세 조건이 만족될 때 일어나며, 소화는 이들 세 요소 중 하나 이상을 제거 또는 희석시킴으로써, 연소를 정지 및 억제시키는 것이다.
이에 따라 소화방법은 다음과 같이 4가지로 분류된다.
① 냉각소화 - 액체 또는 고체를 사용하여 열을 내리는 방법
② 질식소화 - 포말이나 불연성기체 등으로 연소물을 감싸 산소를 차단하는 방법
③ 제거소화 - 가연물을 제거하는 방법
④ 희석소화 - 산소농도와 가연물의 조성을 연소한계점보다 묽게 하는 방법

(2) 소방시설의 종류
소방시설은 '화재예방, 소방시설의 설치유지 및 안전관리에 관한 법률' 시행령에서 소화설비, 경보설비, 피난구조설비, 소화용수설비, 소화활동설비로 나누고 있다.

〈표 1-1〉 소방시설의 종류

구 분		소방용 설비의 종류
소방에 필요한 설비	소화 설비	1. 소화기, 간이소화용구, 자동확산소화기, 자동소화장치 2. 옥내소화전 설비 3. 옥외소화전설비 4. 스프링클러 설비 및 간이스프링클러설비 5. 물분무소화설비·미분무소화설비·포소화설비·이산화탄소소화설비·할론소화설비·할로겐화합물 및 불활성기체소화설비·분말소화설비·강화액소화설비
	경보 설비	1. 비상경보설비 2. 비상방송설비 3. 누전경보기 4. 자동화재탐지설비(감지기, 수신기, 발신기 등) 5. 자동화재속보설비 6. 통합감시시설 7. 단독경보형 감지기 8. 가스누설경보기
	피난 구조 설비	1. 피난기구(피난사다리, 구조대, 완강기) 2. 인명구조기구(방열복, 방화복, 공기호흡기, 인공소생기) 3. 유도등(피난구유도등, 통로유도등, 객석유도등, 피난유도선, 유도표지) 4. 비상조명등 및 휴대용비상조명등
소화용수 설비		1. 상수도소화용수설비 2. 소화수조·저수조, 그 밖의 소화용수설비
소화활동 설비		1. 제연설비 2. 연결송수관설비 3. 연결살수설비 4. 비상콘센트설비 5. 무선통신 보조설비 6. 연소방지설비

학습POINT

■ 무선통신 보조설비는 경보설비가 아님에 유의

2 소화설비

(1) 소화기

소화기에는 수동식 소화기, 간이소화용구 및 자동소화장치가 있다. 수동식 소화기는 방화대상물로부터 보행거리 20m 이내(대형소화기일 때는 30m)가 되도록 설치해야 한다. 주방용 자동소화장치는 화재발생 또는 가연성가스의 누출을 자동으로 경보하고 소화약제를 방출하여 자동으로 소화하는 것으로 아파트의 주방(가스레인지 상부)에 설치한다.

〈사진 1-1〉 각종 수동식소화기

〈표 1-2〉 소화기구의 종류와 소화약제별 적응성

소화약제 구분 적응대상	가스			분말		액체				기타		
	이산화탄소소화약제	할론소화약제	할로겐화합물 및 불활성기체소화약제	인산염류소화약제	중탄산염류소화약제	산알칼리소화약제	강화액소화약제	포소화약제	물침윤소화약제	고체에어로졸화합물	마른모래	팽창질석·팽창진주암	그밖의 것
일반화재(A급화재)	-	○	○	○	-	○	○	○	○	○	○	○	-
유류화재(B급화재)	○	○	○	○	○	○	○	○	○	○	○	○	-
전기화재(C급화재)	○	○	○	○	○	*	*	*	*	○	-	-	-
주방화재(K급화재)	-	-	-	-	*	-	*	*	*	-	-	-	*

주) "*"의 소화약제별 적응성은 「화재예방, 소방시설 설치유지 및 안전관리에 관한 법률」 제36조에 의한 형식승인 및 제품검사의 기술기준에 따라 화재 종류별 적응성에 적합한 것으로 인정되는 경우에 한한다.

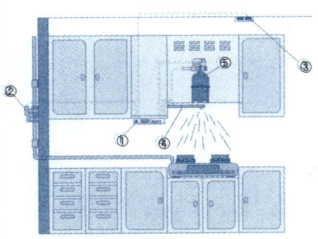

① 수신기　② 차단기
③ 감지기　④ 방출구
⑤ 소화기

〈그림 1-1〉 주방용 자동소화장치

(2) 옥내소화전

건물 각층 벽면에 호스, 노즐, 소화전 밸브를 내장한 소화전함을 설치하고 화재시에는 노즐을 손에 들고 호스를 끌어낸 후 화재 발생지점에 물을 뿌려 소화시키는 설비이다.

옥내소화전의 설치기준은 다음과 같다.

① 방수압력 : 0.17MPa 이상(노즐 끝)　② 방수량 : 130L/min
③ 노즐의 구경 : 13mm　④ 호스의 구경 : 40mm
⑤ 호스의 길이 : 15m × 2개 또는 30m
⑥ 소화전 높이 : 바닥면상 1.5m 이하
⑦ 설치간격 : 건물의 각 부분에서 소화전까지의 수평거리는 25m이하
⑧ 소화수량(수원의 수량) :
　옥내소화전 1개의 방수량 × 동시개구수 × 20(분)
　= 130(L/min) × N(개) × 20(min)
　= 2.6N(m³), N은 최대 2개
⑨ 소화펌프의 양수량 :
　옥내소화전 1개의 방수량 × 동시개구수(N)
　= 130N(L/min), N은 최대 2개

〈사진 1-2〉 옥내소화전함의 내부

[예제] 한 층에 옥내소화전이 4개라면 소화수량은?
■ 소화수량
　= 2.6N = 2.6 × 2 = 5.2m³

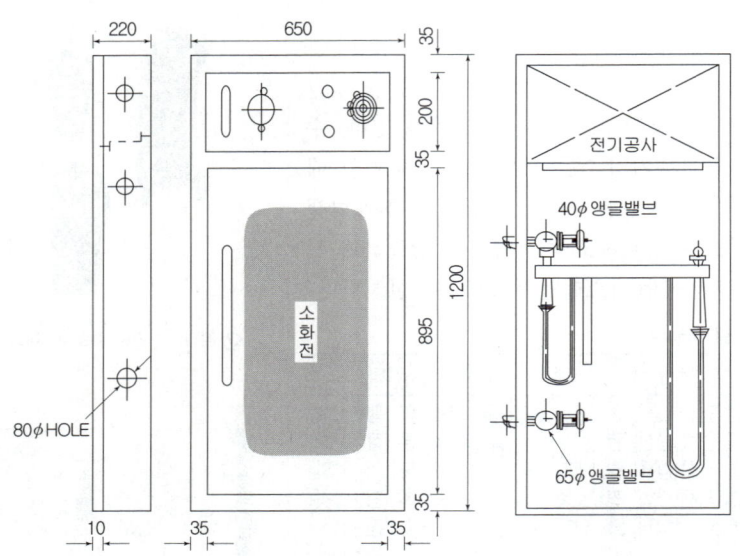

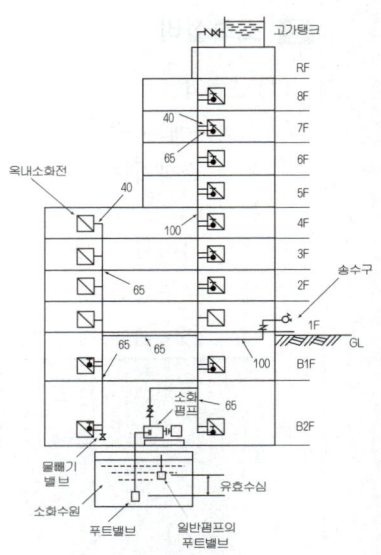

<그림 1-2> 옥내소화전(방수구 부착)의 상세도

<그림 1-3> 옥내소화전 및 연결송수관 설비 방수구의 계통도

(3) 옥외소화전

건축물과 옥외설비의 화재진압용으로 옥외에 설치하는 소화설비이며 1, 2층 바닥면적의 합계가 9,000m² 이상일 때 설치대상이 된다. 호스 및 노즐을 내장한 옥외소화전함은 옥외소화전으로부터 5m이내의 거리에 설치하여야 한다. 옥외소화전의 설치기준은 다음과 같다.

① 표준 방수 압력 : 0.25MPa
② 표준 방수량 : 350L/min
③ 설치간격 : 건물외부 각 부분에서 소화전까지 수평거리 40m 이하
④ 수원의 수량
    350(L/min)×N(개)×20(min) = 7N(m³), N은 최대 2개

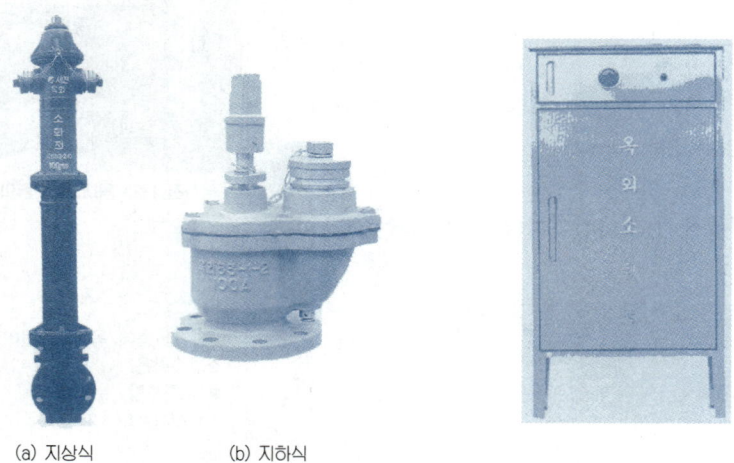

(a) 지상식   (b) 지하식

<사진 1-3> 옥외소화전

<사진 1-4> 옥외소화전함

핵 심 문 제

1 소방시설은 소화설비, 경보설비, 피난설비, 소화활동설비 등으로 구분할 수 있다. 다음 중 소화활동설비에 속하지 않는 것은?

① 제연설비
② 연결살수설비
③ 비상방송설비
④ 연소방지설비

2 옥내소화전설비에서 노즐의 소요압력과 방수량이 옳게 짝지어진 것은?

① 0.25MPa - 350L/min
② 0.17MPa - 350L/min
③ 0.17MPa - 130L/min
④ 0.25MPa - 130L/min

〈2021 옥내소화설비의 화재안전기준(NFSC 102)의 개정으로 문제 재구성〉

3 옥내소화전 개수가 가장 많은 층에서 7개가 있는 건물이 있다. 이 건물의 수원의 유효수량은 얼마 이상으로 하는가?

① $5.2m^3$
② $13m^3$
③ $18.2m^3$
④ $26m^3$

4 옥내소화전을 동시에 개구하였을 때 적어도 몇 분간 물을 방수할 수 있어야 하는가?

① 20분
② 30분
③ 40분
④ 50분

5 옥외소화전 4개를 동시에 사용할 경우 수원의 유효수량으로 적당한 것은?

① $14m^3$
② $20m^3$
③ $24m^3$
④ $28m^3$

해 설

해설 1

소화활동설비 : 소방대원이 화재현장에서 직접 사용하거나 소방대원의 소화활동을 돕는 설비를 말하며 여기에는 제연설비, 연결송수관설비, 연결살수설비, 무선통신보조설비, 비상콘센트설비 등이 해당된다. 비상방송설비는 경보설비에 해당된다.

해설 2 소방시설의 설치기준

구 분	연결송수관	옥외소화전	옥내소화전	스프링클러	드렌쳐
표준방수량(L/min)	800	350	130	80	80
방수압력(MPa)	0.35	0.25	0.17	0.1	0.1
수원의 수량(m^3)	-	$7N^②$	$2.6N^④$	$1.6N$	$1.6N$
설치거리(m)	50	40	25	1.7~2.6	2.5

(N은 동시개구수이며 ○안의 숫자는 최대개구수를 의미한다.)

해설 3

옥내소화전 소화수량(수원의 수량)
=$2.6N(m^3)$, N은 최대 2개이므로
$2.6 × 2개 = 5.2m^3$

해설 4

옥내소화전, 옥외소화전, 스프링클러 등의 소화수량은 20분치를 저수하여야 한다.

해설 5

옥외소화전 소화수량(수원의 수량)
=$7·N(m^3)$에서 N은 최대 2이므로
$7 × 2 = 14m^3$

정답 1. ③ 2. ③ 3. ① 4. ① 5. ①

기출문제 및 예상문제

CHAPTER 5
1. 소방시설의 종류, 소화기, 옥내·옥외소화전

■■■ 소화일반

1. 다음에서 소화 방법으로 옳지 않은 것은?

① 냉각방법 ② 희석방법
③ 질식방법 ④ 가압방법

[해설] 소화효과
① 냉각효과 : 증발열에 의한 냉각
물분무소화설비, 포말소화설비, 할로겐화합물소화설비, 분말소화설비
② 질식효과 : 산소공급차단
물분무소화설비, 포말소화설비, 이산화탄소소화설비, 할로겐화합물소화설비, 분말소화설비
③ 제거효과 : 가연물의 제거
④ 희석효과 : 산소농도와 가연물의 조성을 희석화

2. 다음 소방시설 중 소화설비에 해당되지 않는 것은?

① 옥내소화전 설비
② 옥외소화전 설비
③ 스프링클러 설비
④ 연결송수관 설비

[해설] 연결송수관 설비는 소화활동설비에 해당된다.

3. 소방시설은 소화설비, 경보설비, 피난설비, 소화용수설비, 소화활동설비로 구분할 수 있다. 다음 중 소화활동설비에 속하는 것은?

① 제연설비
② 비상방송설비
③ 스프링클러설비
④ 자동화재탐지설비

[해설] 소방시설의 분류 : 소화설비, 경보설비, 피난설비, 소화용수설비, 소화활동설비
스프링클러는 소화설비에 해당되며 비상방송설비와 자동화재탐지설비는 경보설비에 해당된다.

4. 다음의 소방시설 중 경보설비에 속하지 않는 것은?

① 비상방송설비
② 자동화재속보설비
③ 자동화재탐지설비
④ 무선통신보조설비

[해설] 소화활동설비 : 제연설비, 연결송수관설비, 연결살수설비, 무선통신보조설비, 비상콘센트설비 등
무선통신 보조설비는 지하상가, 지하층, 터널 등의 화재시 안테나의 성능이 현저하게 감퇴되어 지상 및 지하 사이의 소방대원간 통신불능 상태가 되므로 누설동축케이블 등을 지하에 설치하여 소방대원 상호간 무선연락을 용이하게 하는 소방활동상 필요한 소화활동설비이다.

■■■ 소화기

5. 전류가 흐르고 있는 전기기기, 배선과 관련된 화재를 의미하는 것은?

① A급 화재 ② B급 화재
③ C급 화재 ④ K급 화재

[해설] 유형에 따른 화재의 분류
① A급 화재 - 보통화재
② B급 화재 - 기름화재
③ C급 화재 - 전기화재
④ D급 화재 - 금속화재
⑤ E급 화재 - 가스화재
⑥ K급 화재 - 주방화재

6. 다음 설명에 알맞은 화재의 종류는?

> 나무, 섬유, 종이, 고무, 플라스틱류와 같은 일반 가연물이 타고 나서 재가 남는 화재

① A급 화재 ② B급 화재
③ C급 화재 ④ K급 화재

해답 1. ④ 2. ④ 3. ① 4. ④ 5. ③ 6. ①

7. 화재안전기준에 따라 소화기구를 설치하여야 하는 특정소방대상물의 연면적 기준은?

① $10m^2$ 이상 ② $25m^2$ 이상
③ $33m^2$ 이상 ④ $50m^2$ 이상

8. 소형수동식 소화기는 소방대상물의 각 부분으로부터 1개의 소화기까지의 보행거리가 최대 몇m 이내가 되도록 배치하여야 하는가?

① 10m ② 20m
③ 30m ④ 40m

[해설] 소형수동식 소화기 - 보행거리 20m
대형수동식 소화기 - 보행거리 30m 마다 설치

9. 자동식 소화기를 설치하여야 하는 특정소방대상물은?

① 아파트
② 단독주택
③ 도매시장
④ 일반음식점

■■■ 옥내소화전

10. 다음의 옥내소화전설비의 펌프를 이용한 가압송수장치에 대한 설명 중 (   )안에 들어갈 내용으로 옳게 연결된 것은?

소방대상물의 어느 층에 있어서도 당해 층의 옥내소화전(2개 이상 설치된 경우에는 2개의 옥내소화전)을 동시에 사용할 경우 각 소화전의 노즐선단에서의 방수압력이 (㉠) 이상이고, 방수량이 (㉡) 이상이 되는 성능의 것으로 할 것

① ㉠ 0.17MPa, ㉡ 130L/min
② ㉠ 0.34MPa, ㉡ 250L/min
③ ㉠ 0.17MPa, ㉡ 250L/min
④ ㉠ 0.34MPa, ㉡ 130L/min

11. 옥내소화전은 층마다 설치하여 층의 각 부분으로부터 1개의 호스 접결구까지의 수평거리는?

① 35m 이하
② 30m 이하
③ 25m 이하
④ 20m 이하

12. 다음은 옥내소화전의 화재안전기준에 관한 내용이다. (   ) 안에 알맞은 것은?

옥내소화전설비의 수원은 그 저수량이 옥내소화전의 설치개수가 가장 많은 층의 설치개수(2개 이상 설치된 경우에는 2개)에 (   )를 곱한 양 이상이 되도록 하여야 한다.

① $1.3m^3$
② $2.6m^3$
③ $5m^3$
④ $7m^3$

[해설] 옥내소화전 수원의 수량
= 옥내소화전 1개의 방수량×동시개구수×20(분)
= 130(L/min)×N(개)×20(min) = 2,600N(L)
= 2.6N(m^3), N은 최대 2개

13. 옥내소화전설비를 설치하여야 하는 10층 건축물에 각 층마다 옥내소화전을 3개씩 설치하였을 경우, 옥내소화전설비의 수원의 저수량은 최소 얼마 이상이어야 하는가?

① $5.2m^3$
② $7.8m^3$
③ $14m^3$
④ $21m^3$

[해설] 옥내소화전의 소화수량 = 2.6N = 2.6 × 2 = $5.2m^3$

해답 7. ③ 8. ② 9. ① 10. ① 11. ③ 12. ② 13. ①

14. 4층 사무소 건물에서 옥내소화전이 1, 2층은 6개씩, 3, 4층은 3개씩 설치되어 있다. 유효 저수량은?

① 5.2m³ 이상
② 10.4m³ 이상
③ 13m³ 이상
④ 15.6m³ 이상

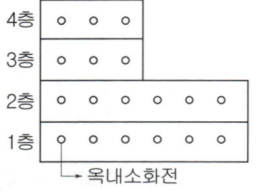

[해설] 옥내소화전 소화수량(수원의 수량)
= 옥내소화전 1개의 방수량×동시개구수×20(분)
= 130(L/min)×N(개)×20(min)=2.6 N(m³)에서
N은 최대 2개이므로 5.2(m³)

15. 다음의 옥내소화전설비에서 전동기에 따른 펌프를 이용하는 가압송수장치에 관한 설명이다. ( ) 안에 알맞은 것은?

> 펌프의 토출량은 옥내소화전이 가장 많이 설치된 층의 설치개수(옥내소화전이 2개 이상 설치된 경우에는 2개에 ( )를 곱한 양 이상이 되도록 하여야 한다.

① 70 L/min
② 130 L/min
③ 260 L/min
④ 350 L/min

16. 옥내소화전설비를 설치하여야 하는 특정소방대상물에서 옥내소화전이 가장 많이 설치된 층의 설치개수가 3개 일 때, 소화펌프의 토출량은 최소 얼마 이상이 되도록 하여야 하는가?

① 260 L/min ② 390 L/min
③ 450 L/min ④ 700 L/min

[해설] 옥내소화전의 표준방수량은 130L/min이므로 펌프의 토출량은 설치개수(한층 최대 2개)에 130L/min을 곱한 양 이상이어야 한다.
따라서 130L/min × 2개 = 260L/min이 된다.

17. 옥내소화전설비에 관한 설명으로 옳지 않은 것은?

① 옥내소화전방수구는 바닥면으로부터의 높이가 1.5m 이하가 되도록 설치한다.
② 옥내소화전설비의 송수구는 소방차가 쉽게 접근할 수 있는 잘 보이는 장소에 설치한다.
③ 전동기에 따른 펌프를 이용하는 가압송수장치를 설치하는 경우, 펌프는 전용으로 하는 것이 원칙이다.
④ 당해 층의 옥내소화전을 동시에 사용할 경우 각 소화전의 노즐선단에서의 방수압력은 최소 0.7MPa 이상이 되어야 한다.

[해설] 옥내소화전의 방수압력은 0.17MPa 이상이어야 한다.

18. 옥내소화전의 배관에 대한 설명 중 옳지 않은 것은?

① 배관용탄소강관(KS D 3507)을 사용할 수 있다.
② 배관을 지하에 매설하는 경우 소방용 합성수지 배관으로 설치할 수 있다.
③ 펌프의 흡입측 배관은 공기고임이 생기지 아니하는 구조로 하고 여과장치를 설치한다.
④ 펌프의 토출측 주배관 중 수직배관의 구경은 최소 40mm 이상으로 한다.

[해설] 옥내소화전 설비의 최소배관경
• 수직배관 : 50mm
 (연결송수관과 겸용할 때에는 100mm)
• 가지배관 : 40mm
 (연결송수관과 겸용할 때에는 65mm)

19. 옥내소화전설비에 관한 설명으로 옳지 않은 것은?

① 영하 10℃ 이하의 추운 곳에서의 배관은 습식으로 한다.
② 주배관 중 수직배관의 구경은 50mm 이상의 것으로 한다.
③ 방수구는 바닥으로부터 높이가 1.5m 이하가 되도록 한다.

해답 14. ① 15. ② 16. ① 17. ④ 18. ④ 19. ①

④ 건물의 각 부분으로부터 하나의 옥내소화전 방수구까지의 수평거리가 25m 이하가 되도록 한다.

[해설] 옥내소화전설비의 화재안전기준에 습식 또는 건식 배관의 설치에 관한 규정은 없지만 동파의 우려가 있으므로 추울수록 습식배관은 피하여야 한다.

20. 옥내소화전설비의 송수구에 대한 설명 중 옳지 않은 것은?

① 소방차가 쉽게 접근할 수 있고 노출된 장소에 설치한다.
② 지면으로부터 높이 0.5m 이하의 위치에 설치한다.
③ 구경 65mm의 쌍구형 또는 단구형으로 한다.
④ 송수구의 가까운 부분에 자동배수밸브 및 체크밸브를 설치한다.

[해설] 송수구는 지면 위 0.5~1m의 위치에 설치한다.

21. 다음 중 옥내소화전설비에 관한 설명으로 옳은 것은?

① 수원은 그 저수량이 옥내소화전의 설치개수가 가장 많은 층의 설치개수에 1.3m³를 곱한 양 이상이 되도록 하여야 한다.
② 옥내소화전 노즐선단의 방수압력은 0.1~1.2MPa이어야 한다.
③ 옥내소화전용 펌프의 토출량은 옥내소화전이 가장 많이 설치된 층의 설치개수에 100L를 곱한 양 이상이어야 한다.
④ 송수구는 지면으로부터 높이가 0.5m 이상 1m 이하의 위치에 설치한다.

[해설] ① 수원은 그 저수량이 옥내소화전의 설치개수가 가장 많은 층의 설치개수에 2.6m³를 곱한 양 이상이 되도록 하여야 한다.
② 옥내소화전 노즐선단의 방수압력은 0.17MPa 이어야 한다.
③ 옥내소화전용 펌프의 토출량은 옥내소화전이 가장 많이 설치된 층의 설치개수에 130L를 곱한 양 이상이어야 한다.

■■■ 옥외소화전

22. 다음 중 옥외소화전의 방수량을 옳게 나타낸 것은?

① 250L/min 이상
② 300L/min 이상
③ 350L/min 이상
④ 450L/min 이상

23. 옥외소화전의 설치개수가 3개인 건축물에서 옥외소화전 설비의 수원의 저수량은 최소 얼마 이상이 되도록 하여야 하는가?

① 5.2m³
② 7.8m³
③ 14m³
④ 21m³

[해설] 옥외소화전 수원의 수량
 = 옥외소화전 1개의 방수량 × 동시개구수 × 20(분)
 = 350(L/min) × N(개) × 20(min)
 = 7N(m³)에서 N은 최대 2개이므로 14m³이 된다.

24. 소방대상물에 설치된 2개의 옥외소화전을 동시에 사용할 경우 각 옥외소화전의 노즐 선단에서의 방수압력은 최소 얼마 이상이어야 하는가?

① 0.07MPa
② 0.17MPa
③ 0.25MPa
④ 0.34MPa

해답 20. ② 21. ④ 22. ③ 23. ③ 24. ③

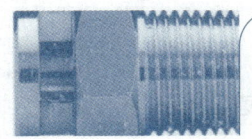

2 소화설비(Ⅱ) - 스프링클러, 드렌쳐, 물분무등 소화설비

학습방향

스프링클러 및 드렌쳐의 특징, 종류와 설치간격, 표준방수압력, 방수량, 수원의 수량 등 설치기준에 대한 이해와 암기가 필수적이다.

(4) 스프링클러 설비

1) 특징

스프링클러 헤드를 실내 천장에 설치해, 67~75℃ 정도에서 가용합금편이 녹으면 자동적으로 화염에 물을 분사하는 자동소화 설비이다. 동시에 화재경보장치가 작동하여 화재발생을 알림으로써 신속히 대피를 하거나 화재를 초기에 진압할 수 있다.

스프링클러 설비의 장·단점은 다음과 같다.

① 장점
  ㉮ 자동소화설비이므로 초기화재에 절대적이다.
  ㉯ 사람이 없는 야간에도 화재를 감지하여 소화한다.
  ㉰ 감지부의 구조가 기계적이므로 오동작·오보가 적다

② 단점
  ㉮ 초기시공비가 많이 든다.
  ㉯ 물로 인한 2차피해가 발생할 수 있다.

2) 스프링클러 헤드의 구조

프레임(frame), 가용합금편(fusible link), 디플렉터(deflector)로 구성된다. 스프링클러 헤드의 모양은 매우 다양하지만 그 원리는 대부분 동일하다. 평상시에는 가용편에 의해 관내 압력수의 유출을 막고 있다가 화재가 발생하면 실내 온도의 상승으로 가용편이 용해되어 관속의 물이 살수된다. 이 때 물은 프레임에 의해 받쳐져 있는 디플렉터에 부딪쳐 화면에 균일하게 살수하는 구조로 되어 있다.

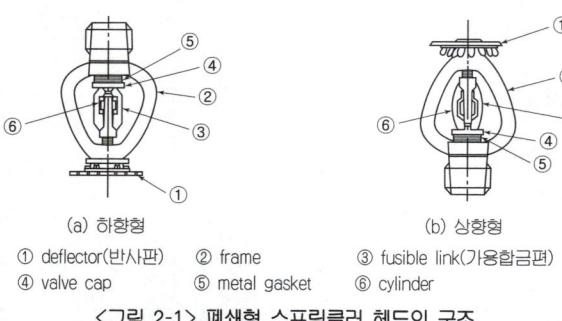

(a) 하향형   (b) 상향형
① deflector(반사판) ② frame ③ fusible link(가용합금편)
④ valve cap ⑤ metal gasket ⑥ cylinder

〈그림 2-1〉 폐쇄형 스프링클러 헤드의 구조

학습POINT

3) 스프링클러 헤드의 종류

스프링클러 헤드는 여러가지 관점에서 다양하게 분류할 수 있으나 간단하게 정리하면 다음과 같다.

① 가용합금편의 유무에 따라
   - 폐쇄형, 개방형
② 헤드의 외형에 따라
   - 일반형, 유리벌브형, 원형(환형), 콘실드형, 후러쉬형
③ 헤드의 설치 위치에 따라
   - 하향형, 상향형, 측벽형

■ 반자가 있는 사무실, 호텔의 객실, 백화점의 매장 등 일반실에는 하향형 헤드를 설치하며, 반자가 없는 주차장, 기계실 등에는 상향형 헤드를 설치한다.
폭이 좁은 실의 벽면이나 기계식 주차장 등에는 측벽형 헤드를 설치한다.

(하향형)　(상향형)　　　(하향형)　(상향형)
　　폐쇄형　　　　　　　　개방형

■ 개방형 헤드
가용합금편이 없는 개방형헤드를 설치하는 곳(무대부 등)에는 화재감지기를 별도로 설치하여야 한다.

(하향형)(상향형)
　유리벌브형　　　　원형(환형)　　　콘실드형

■ 콘실드형과 후러쉬형
헤드로 인한 건물의 미관침해를 방지하기 위해 개발된 것이다.
평상시에는 헤드의 윗부분은 반자속으로 매입되고 덮개판 또는 일부분만 반자 아래로 노출되어 있다가 화재가 감지되면 덮개판 또는 일부분은 떨어져 나가고 디플렉터를 포함한 헤드가 자동으로 튀어나오며 살수가 시작된다.

　후러쉬형　　　　　　측벽형

<사진 2-1> 스프링클러 헤드의 종류

■ 제5장 소화설비　139

4) 스프링클러 헤드의 설치간격

<표 2-1> 스프링클러 헤드의 설치간격(정방형 배치시)

건물의 용도 및 구조	각 부분에서의 수평거리(m)	헤드의 간격(m)	방호면적(m²)
무대부, 특수가연물 취급장소	1.7	2.40	5.76
내화구조가 아닌 건축물	2.1	2.96	8.76
내화구조 건축물	2.3	3.25	10.56
아파트	2.6	3.67	13.49

■ 2024.1 공동주택의 화재안전 성능기준(NFPC 608) 개정으로 아파트의 스프링클러헤드 수평거리 기준이 3.2m에서 2.6m로 변경

위 표에서 보는 바와 같이 스프링클러 헤드 하나가 소화할 수 있는 면적은 건물의 용도 및 구조에 따라 다르나 내화구조의 일반 건축물일 경우 약 10m²로 본다.

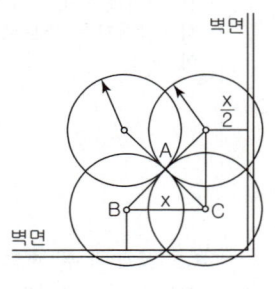

$\triangle ABC$는 직각이므로
$x^2 = R^2 + R^2 = 2R^2$
$\therefore x = \sqrt{2}R$

(a) 정방형 배치

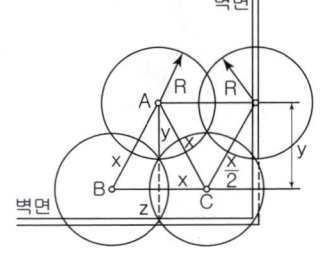

$y = \frac{3}{2}R, \; z = \frac{1}{2}R$
$x^2 = (\frac{x}{2})^2 + (\frac{3}{2}R)^2$
$\therefore x = \sqrt{3}R$

(b) 지그재그형 배치

<그림 2-2> 스프링클러 헤드의 배치법

5) 종류

사용되는 스프링클러 헤드의 종류에 따라 폐쇄형과 개방형으로 대별되며, 폐쇄형은 습식배관방식과 건식배관방식이 있다. 일반실에는 주로 폐쇄형 습식배관이 사용된다.

① 폐쇄형 - 폐쇄형 스프링클러 헤드 사용

㉮ 습식배관방식(wet pipe system)

가압된 물이 스프링클러 배관의 헤드까지 차 있어 화재시에는 헤드의 개구와 동시에 자동적으로 살수되며 알람밸브(alarm valve)가 이를 감지하여 경보를 울리고 스프링클러 펌프를 가동하여 헤드에 급수하게 된다.

㉯ 건식배관방식(dry pipe system)

스프링클러 배관에 물 대신 압축공기가 차 있어 화재의 열로 헤드가 열리면 배관내의 공기압이 저하되며 건식밸브(dry pipe

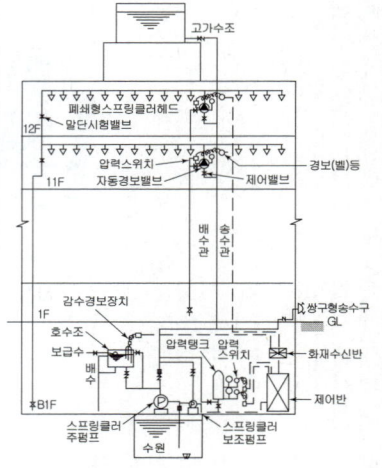

<그림 2-3> 스프링클러 설비의 계통도

valve)가 이를 감지하여 경보를 울리고 스프링클러 펌프를 가동하여 헤드에 급수하게 된다. 이 방법은 화재시 소화활동시간이 다소 지연되기는 하지만 물이 동결할 우려가 있는 한랭지에서 사용되고 있다.

　㉰ 준비작동식(preaction system)

　　스프링클러 배관에 대기압상태의 공기가 차 있으며 화재감지기가 화재를 감지하면 준비작동밸브(preaction valve)를 개방함과 동시에 경보를 울리고 스프링클러 펌프를 가동하여 헤드에 급수하게 된다. 이 방식은 물이 동결할 우려가 있는 한랭지에 많이 사용되고 있으며 주차장 등에 사용되는 스프링클러 설비는 대부분 이 방식이다.

　② 개방형 - 개방형 스프링클러헤드 사용

　　스프링클러 헤드에 가용합금편이 없는 개방형 헤드를 사용하므로 화재감지기를 설치하여야 하며 이 화재감지기가 화재를 감지하면 일제개방밸브(deludge preaction valve)를 개방함과 동시에 경보를 울리고 스프링클러 펌프를 가동하여 헤드에 일제살수식으로 급수하게 된다. 이 방식은 무대부처럼 천정이 높아 화재시 열기류가 옆으로 흘러 폐쇄형 스프링클러 헤드로는 효과를 기대할 수 없는 경우에 사용된다. 천장이 높은 무대부를 비롯하여 공장, 창고, 준위험물 저장소 등 급격한 화재확산의 우려가 있는 곳에 채택하면 효과적이다.

6) 스프링클러의 설치기준

　① 방수압력 : 0.1MPa
　② 방수량 : 80L/min 이상
　③ 설치간격 : 건물의 구조 및 용도에 따라 1.7~3.2m
　④ 소화수량(수원의 수량)
　　　80(L/min) × N(개) × 20(min) = 1.6N(m³)
　　위에서 N은 기준개수로 아파트는 10개, 판매시설, 복합상가 및 11층 이상인 소방대상물은 30개이다.

(5) 드렌처

　드렌처 설비는 건축물의 외벽, 창, 지붕 등에 설치하여 인접 건물에 화재가 발생했을 때 수막을 형성함으로써 화재의 연소를 방지하는 방화설비이다.
　또한 층간 방화구획을 관통하는 에스컬레이터, 콘베이어 등의 주위로서 방화구획이 되어 있지 아니한 부분(연소할 우려가 있는 개구부)에 스프링클러 대신 설치하기도 한다.
　드렌처의 설치기준은 다음과 같다.

■ 스프링클러설비 각 방식의 비교

방식		1차측	유수검지장치	2차측	용도
폐쇄형	습식	가압수	알람밸브	가압수	일반실
	건식	가압수	건식밸브	가압공기	주차장 등
	준비작동식	가압수	프리액션밸브	대기압	주차장 등
개방형 (일제살수식)		가압수	일제개방밸브	개방상태	무대부

(a) 알람밸브　　(b) 프리액션밸브

〈사진 2-2〉 유수검지장치

■ 스프링클러설비의 준비작동식과 개방식은 2차측에 가압수나 가압공기 등이 차 있지 않아 화재발생시에 스프링클러설비 자체에서는 화재감지가 불가능하므로 화재감지기를 별도로 설치하여야 한다.

■ 스프링클러 헤드의 설치간격
• 무대부 - 1.7m 이하
• 내화구조가 아닌 건축물 - 2.1m 이하
• 내화건축물 - 2.3m 이하
• 개구부의 윗인방 - 2.5m 이하
• 아파트 - 3.2m 이하

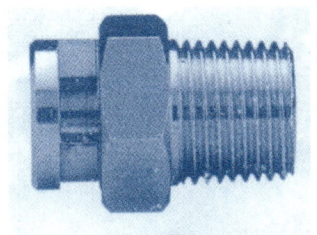

〈사진 2-3〉 드렌처 헤드

① 방수량 : 80L/min 이상
② 방수압력 : 0.1MPa
③ 설치간격 : 2.5m 이하
④ 소화수량(수원의 수량) : 1.6N (m³), N은 기준개수

(6) 물분무 등 소화설비

산업의 발달과 더불어 화재 위험물의 종류가 다양해져 소화에는 물이라는 고정 관념으로는 진화를 제대로 못할 뿐만 아니라 오히려 화재를 확대시키는 결과를 가져올 수 있다.
따라서 소화설비도 이에 대응한 특수소화설비가 사용되지 않으면 안된다.

■ 전기실, 전산실 계통에는 할론소화설비가 주로 설치되어 왔으나 지구오존층 보호를 위해 1989년 발효된 몬트리올 협정에 의해 할론(Halon)이 사용금지됨에 따라 최근 여러가지 청정소화약제로 대체되고 있으며 그 중 대표적인 것이 할로겐화합물 및 불활성기체 소화설비이다.

<표 2-2> 물분무등 소화설비의 종류와 방화 대상

방화대상 \ 종류	물분무소화설비	포소화설비	이산화탄소소화설비	할론소화설비	분말소화설비
비행기 격납고		○			○
자동차수리, 정비공장		○	○	○	○
위험물저장·취급소, 주차장, 기계식주차장 (20대 이상)	○	○	○	○	○
발전기실, 전기실 통신 기계실, 전산실			○	○	○

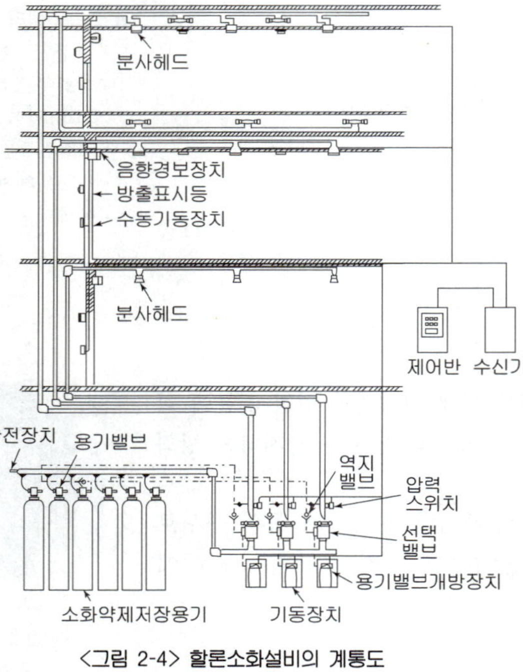

<그림 2-4> 할론소화설비의 계통도

■ 할론소화설비의 작동

화재감지기에서 화재를 감지하여 수신기에 신호를 보내면 제어반에서 기동장치를 작동하여 할론저장용기를 개방함으로써 소화약제가 배관 및 헤드를 통해 실내에 방출된다.
소화약제가 방출되면 방출표시등이 점등되고 음향경보장치(사이렌)가 작동한다.

핵심문제

1 다음 중 스프링클러에 대하여 잘못 설명한 것은?
① 종류에는 습식, 건식, 개방식 등이 있는데 습식이 가장 일반적이고 건식은 추운 곳에 이용된다.
② 헤드는 구조상으로 폐쇄형과 개방형으로 구분되며, 설치방법에 따라 상향형과 하향형 등이 있다.
③ 폐쇄형 헤드의 성능은 방수압력 0.1MPa에서 방수량 80 l/min 표준으로 한다.
④ 지관 1개에 붙일 수 있는 헤드의 수는 한쪽으로 8개 이내로 한다.

2 내화건축물로 된 병원건물에서 스프링클러헤드의 유효반경은?
① 1.7m 이하
② 2.1m 이하
③ 2.3m 이하
④ 2.5m 이하

3 스프링클러의 동시 개수구가 30개일 때 급수원의 저수량은?
① 16m³ 이상
② 32m³ 이상
③ 45m³ 이상
④ 48m³ 이상

4 화재시 인접 건물로 연소되는 것을 방지하는 설비는?
① 스프링클러(sprinkler)
② 드렌처(drencher)
③ 송수구(siamese connection)
④ 물분무 소화설비

5 다음 건물과 소화설비의 종류에 대한 조합 중 옳지 않은 것은?
① 자동차 차고 - 물분무 소화설비
② 백화점 매장 - 스프링클러 설비
③ 고층 건물의 전기실 - 이산화탄소 소화설비
④ 영화관 객석 - 드렌처 설비

해 설

[해설] 1
종류에는 폐쇄형과 개방형이 있으며, 폐쇄형은 다시 습식, 건식, 준비작동식으로 구분된다.

[해설] 2 스프링클러 헤드의 설치간격
① 무대부 - 1.7m 이하
② 내화구조가 아닌 건축물 - 2.1m 이하
③ 내화건축물 - 2.3m 이하
④ 개구부의 윗인방 - 2.5m 이하
⑤ 아파트 - 2.6m 이하

[해설] 3 스프링클러의 소화수량
$Q = 1.6N = 1.6 \times 30 = 48m^3$

[해설] 4 드렌처
건물의 외벽, 창, 지붕 등에 설치하며 화재 발생시 수막을 형성하여 연소를 방지한다.

[해설] 5
④ 드렌처 설비는 지붕, 외벽 등에 설치하여 이웃건물로부터 불길이 옮겨 붙는 것을 방지하기 위해 수막을 형성하는 설비이다.

정답 1. ① 2. ③ 3. ④ 4. ② 5. ④

기출문제 및 예상문제

2. 스프링클러, 드렌처, 물분무등 소화설비

■■■ 스프링클러

1. 다음의 정의에 알맞은 스프링클러헤드의 종류는?

> 정상상태에서 방수구를 막고 있는 감열체가 일정온도에서 자동적으로 파괴·용해 또는 이탈됨으로써 방수구가 개방되는 스프링클러헤드를 말한다.

① 방수형스프링클러헤드
② 측벽형스프링클러헤드
③ 개방형스프링클러헤드
④ 폐쇄형스프링클러헤드

2. 물과 오리피스가 분리되어 동파를 방지할 수 있는 스프링클러헤드로 정의되는 것은?

① 조기반응형헤드
② 건식스프링클러헤드
③ 폐쇄형스프링클러헤드
④ 개방형스프링클러헤드

[해설] 건식스프링클러헤드는 물이 동결할 우려가 있는 추운지방이나 비난방공간인 주차장 등에 사용되며 화재가 나서 작동되기 전에는 헤드내부로 물이 들어가지 않는다.

3. 소화설비 중 스프링클러(sprinkler) 설비에 대한 특징으로 옳지 않은 것은?

① 고층 건축물이나 지하층의 소화에 적합하다.
② 소화기능은 있으나 경보기능은 없다.
③ 화재시 초기 소화율이 높다.
④ 물로 인한 2차 피해가 발생할 수 있다.

[해설] 스프링클러는 화재감지와 동시에 송수 및 경보를 하는 자동소화설비이다.

4. 개방식 스프링클러 배관방식을 적용하기 어려운 장소는?

① 천장이 높은 무대부   ② 공장
③ 물류창고   ④ 도서관

[해설] 개방식 스프링클러는 무대부처럼 천정이 높아 화재시에 열기류가 옆으로 흘러 폐쇄형 스프링클러 헤드로는 효과를 기대할 수 없는 경우에 사용된다. 천장이 높은 무대부를 비롯하여 공장, 창고, 준위험물 저장소 등 급격한 화재확산의 우려가 있는 곳에 채택하면 효과적이다.

도서관 등에는 물로 인한 2차피해의 염려로 스프링클러소화설비를 사용할 수 없으며 보통 청정소화약제소화설비 또는 분말소화설비 등 가스나 화학약품에 의한 질식소화방식을 택한다.

5. 다음의 스프링클러에 대한 설명 중 틀린 것은?

① 가압송수장치의 정격토출압력은 하나의 헤드선단에 0.1MPa이상 1.2MPa이하의 방수압력이 될 수 있는 크기일 것
② 스프링클러설비의 수원을 수조로 설치하는 경우에는 다른 설비와 겸용하여 설치할 것
③ 가압송수장치의 송수량은 0.1MPa의 방수압력기준으로 80L/min 이상의 방수성능을 가진 기준개수의 모든 헤드로부터의 방수량을 충족시킬 수 있는 양 이상의 것으로 할 것
④ 개방형스프링클러헤드를 사용하는 스프링클러설비의 수원은 최대 방수구역에 설치된 스프링클러헤드의 개수가 30개 이하일 경우에는 설치 헤드수에 1.6m³를 곱한 양 이상으로 할 것

[해설] 스프링클러설비의 화재안전기준(NFSC 103) 제4조 제4항 스프링클러설비의 수원을 수조로 설치하는 경우에는 소방설비의 전용수조로 하여야 한다. 다만, 스프링클러 펌프의 후트밸브 또는 흡수구를 다른 설비의 후트밸브 또는 흡수구보다 낮은 위치에 설치한 때에는 그러하지 아니하다.

해답   1. ④   2. ②   3. ②   4. ④   5. ②

6. 다음의 스프링클러설비의 화재안전기준 내용 중 ( ) 안에 알맞은 것은?

> 진동기에 따른 펌프를 이용하는 가압송수장치의 송수량은 0.1MPa의 방수압력 기준으로 ( ) 이상의 방수성능을 가진 기준 개수의 모든 헤드로부터의 방수량을 충족시킬 수 있는 양 이상으로 할 것

① 80L/min
② 90L/min
③ 110L/min
④ 130L/min

7. 최대 방수구역에 설치된 스프링클러헤드의 개수가 10개인 경우, 스프링클러설비의 수원의 저수량은 최소 얼마 이상이 되도록 하여야 하는가? (단, 개방형스프링클러헤드를 사용하는 스프링클러설비의 경우)

① $16m^3$
② $32m^3$
③ $48m^3$
④ $56m^3$

[해설] 스프링클러 설비의 소화수량 (수원의 수량)
= 80(L/min)×N(개)×20(min)
= 1.6N(m^3)에서 N=10 이면
소화수량은 16(m^3)이 된다.

8. 스프링클러설비를 설치하여야 하는 소방대상물의 최대 방수구역에 설치된 개방형 스프링클러헤드의 개수가 30개일 경우, 스프링클러설비의 수원의 저수량은 최소 얼마 이상으로 하여야 하는가?

① $16m^3$
② $32m^3$
③ $48m^3$
④ $56m^3$

[해설] 스프링클러 설비의 소화수량(수원의 수량)
= 80(L/min)×N(개)×20(min)
= 1.6N(m^3)에서 N=30이면 소화수량은 48(m^3)이 된다.

9. 스프링클러설비 설치장소가 아파트인 경우, 스프링클러헤드의 기준개수는? (단, 폐쇄형 스프링클러헤드를 사용하는 경우)

① 10개
② 20개
③ 30개
④ 40개

[해설] 폐쇄형 스프링클러 헤드의 기준개수(공동주택의 화재안전성능기준(NFPC 608) 제7조)
• 아파트 - 10개(각 동이 주차장으로 연결된 경우 해당 주차장은 30개)
• 슈퍼마켓, 도·소매시장 및 이들의 복합건축물, 11층 이상, 특수가연물 저장창고 - 30개

10. 아파트 세대 내의 거실에 있어서 스프링클러헤드를 설치하는 천장 등의 각 부분으로부터 하나의 스프링클러헤드까지의 수평거리는 최대 얼마 이하로 하여야 하는가?

① 1.7m
② 2.3m
③ 2.5m
④ 2.6m

[해설] 스프링클러 헤드의 설치거리
• 무대부, 특수가연물 저장장소 - 1.7m
• 내화구조가 아닌 건축물 - 2.1m
• 내화구조의 건축물 - 2.3m
• 아파트 - 2.6m

11. 극장의 무대부 등에 설치하는 개방형 스프링클러헤드의 유효반경은?

① 1.7m 이하
② 2.0m 이하
③ 2.1m 이하
④ 2.3m 이하

12. 스프링클러헤드의 디플렉터(Deflector)에 관한 설명으로 옳은 것은?

① 방수구에 물을 보내어 압력을 가하게 하는 부분이다.
② 방수구에 수압이 가해지게 하여 하중이 걸리게 하는 부분이다.
③ 방수구에서 유출되는 물을 확산시키는 작용을 하는 부분이다.
④ 방수구에서 유출되는 물에 혼합된 공기를 분류하는 부분이다.

해답 6. ① 7. ① 8. ③ 9. ① 10. ④ 11. ① 12. ③

13. 스프링클러설비의 배관에 관한 설명으로 옳지 않은 것은?

① 가지배관은 각 층을 수직으로 관통하는 수직배관이다.
② 교차배관이란 직접 또는 수직배관을 통하여 가지배관에 급수하는 배관이다.
③ 급수배관은 수원 및 옥외송수구로부터 스프링클러 헤드에 급수하는 배관이다.
④ 신축배관은 가지배관과 스프링클러헤드를 연결하는 구부림이 용이하고 유연성을 가진 배관이다.

[해설] 가지배관이란 스프링클러헤드가 설치되어 있는 배관을 말한다.

14. 스프링클러설비에서 각 층을 수직으로 관통하는 수직배관을 의미하는 것은?

① 주배관
② 가지배관
③ 교차배관
④ 급수배관

[해설]
- 주배관 : 각 층을 수직으로 관통하는 수직배관
- 교차배관 : 수직배관을 통하여 가지배관에 물을 공급하는 배관
- 가지배관 : 스프링클러 헤드가 설치되어 있는 배관

■■■ **드렌처**

15. 건축물의 외벽, 창, 추녀 및 지붕틀에 설치하여 인접 건물로부터의 화재에 의한 연소를 방지하기 위하여 설치하는 소화설비는?

① 스프링클러 설비
② 연결송수관 설비
③ 자동화재 설비
④ 드렌처 설비

16. 드렌처 설비에 대한 설명으로 가장 알맞은 것은?

① 수막을 형성하여 화재의 연소를 방지하는 설비
② 연기를 배출시키는 설비
③ 화재를 알리는 경보설비
④ 공기압을 조절하는 설비

17. 다음의 소방시설에 관한 설명 중 옳은 것은?

① 옥내소화전의 방수압력은 0.17MPa 이상이고, 방수량은 130L/min 이하이다.
② 옥외소화전의 방수압력은 0.25MPa 이상이고, 방수량은 300L/min 이상이다.
③ 스프링클러 헤드 1개의 방수량은 500L/min 이상이다.
④ 드렌처설비 헤드 1개의 방수압력은 0.1MPa이다.

[해설] ① 옥내소화전의 방수량 : 130L/min 이상
② 옥외소화전의 방수량 : 350L/min 이상
③ 스프링클러 헤드의 방수량 : 80L/min 이상

■■■ **물분무등 소화설비**

18. 건축물의 용도에 알맞은 소화설비로 부적당한 것은?

① 사무소 - 옥내소화전설비
② 백화점 - 스프링클러설비
③ 전기실 - 포말소화설비
④ 옥내주차장 - 탄산가스소화설비

19. 병원 수술실에 소화설비를 하고자 할 때 다음 설비 중 가장 적당한 것은?

① 하론가스 소화설비
② 스프링클러 소화설비
③ 포말 소화설비
④ 분말 소화설비

[해설] 하론(Halon)가스는 할로겐화합물 소화설비에 사용되는 가스로서 인체에 무해하나 오존층을 파괴하는 지구환경과 관련된 문제가 제기되어 현재는 그 사용이 규제되고 있다.

해답   13. ①   14. ①   15. ④   16. ①   17. ④   18. ③   19. ①

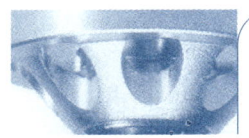

3 소화설비(Ⅲ) - 연결송수관설비, 연결살수설비, 감지기

학습방향

연결송수관설비와 연결살수설비 등의 용도 및 설치간격, 표준방수압력, 방수량 등 설치기준 및 감지기의 종류별 용도에 대한 이해와 암기가 필수적이다.

3 소화활동 설비

(1) 연결송수관 설비(Siamese Connection)

7층 이상의 건축물이나 5층 이상의 연면적 6,000m² 이상의 건축물에 소화활동을 용이하게 하기 위해 설치하는 소방대 전용소화설비이다.
소방차에서 연결송수관의 송수구를 통하여 옥내로 송수하고, 옥내의 방수구에서 방수하여 소화작용을 한다.
일반적으로 배관내에 물이 항상 차 있는 습식배관방식이 이용되고 있지만, 동결의 우려가 있는 곳에서는 건식배관방식을 채택한다.

연결송수관설비의 설치기준은 다음과 같다.
① 방수구의 방수압력 : 0.35MPa 이상(노즐 끝)
② 방수구의 방수량 : 800L/min
③ 쌍구형 송수구가 부착된 주관의 구경 : 100mm
④ 방수구와 송수구의 연결 구경 : 65mm
⑤ 소방대 사용 호스 : 65mm
⑥ 방수구의 설치 높이 : 바닥면상 0.5~1.0m
⑦ 송수구의 설치 높이 : 지반면상 0.5~1.0m
⑧ 방수구 설치 간격 : 건물의 각 부분에서 방수구까지의 수평거리는 50m 이하

(a) 노출형(단구형)

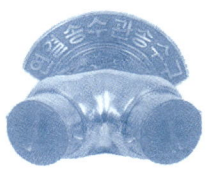
(b) 노출형(쌍구형)

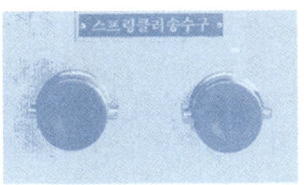
(c) 매입형(쌍구형)

〈사진 3-1〉 송수구

학습POINT

■ 연결송수관설비 방수구의 방수량은 여기에 물을 공급하는 소방차의 용량에 따르게 되므로 화재안전기준에 별도로 정해져 있지 않으나 70m이상 고층건물의 연결송수관 설비 가압송수장치(중계펌프) 토출량 기준에 의하면 펌프의 토출량은 2,400L/min이상으로 하되 방수구가 3개를 초과하면 초과하는 방수구 1개마다 800L/min을 가산하도록 되어 있음.

〈사진 3-2〉 공사중인 옥내소화전+방수구

※ 옥내소화전함 내에 연결송수관설비의 방수구를 동시 설치

(2) 연결살수설비

이 설비는 소방대 전용소화전인 송수구를 통하여 소방차로 실내에 물을 공급하여 소화활동을 하는 것으로 주로 지하층 등의 화재진압을 위한 설비이다.

1) 연결살수설비 설치대상 건축물
   ① 판매시설로서 바닥면적의 합계가 1000m² 이상인 것.
   ② 지하층으로서 바닥면적의 합계가 150m² 이상인 것. 단, 국민주택규모 이하 아파트와 학교의 지하층에 있어서는 700m² 이상인 것.

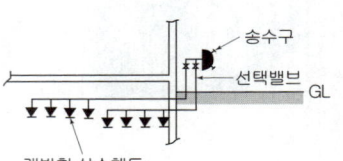

<그림 3-1> 연결살수설비의 배관방식(건식)

<표 3-1> 소방시설의 설치기준의 요약

구 분	연결송수관	옥외소화전	옥내소화전	스프링클러	드렌쳐
표준방수량(L/min)	800	350	130	80	80
방수압력(MPa)	0.35	0.25	0.17	0.1	0.1
수원의 수량(m³)	-	$7N^{②}$	$2.6N^{②}$	$1.6N$	$1.6N$
설치거리(m)	50	40	25	1.7~3.2	2.5

N은 동시개구수이며 ○안은 최대기구수를 나타낸다.

4 경보 설비

경보설비는 화재발생을 신속하게 알리기 위한 설비로서 소방법에 의하면 자동화재탐지설비, 누전경보기, 자동화재속보설비, 비상경보설비(비상벨, 자동식 사이렌, 방송설비)등으로 분류된다. 한편 자동화재탐지설비(감지기, 발신기, 수신기) 중 감지기의 종류는 다음과 같다.

```
           ┌ 정온식 ┬ 스폿형(바이메탈식)
           │        └ 감지선형(가용절연물식)
   감지기 ─┼ 차동식 ┬ 스폿형(공기식)
           │        └ 분포형(공기관식, 열전대식)
           ├ 보상식 ─ 스폿형
           ├ 연기식 ─ 광전식, 이온화식
           └ 불꽃감지기
```

① 정온식 : 주위온도가 일정온도 이상이 되면 작동하는 것으로 보일러실, 주방과 같이 다량의 열을 취급하는 곳에 설치
② 차동식 : 주위온도가 일정 온도상승률 이상이 되면 작동하는 것으로 사무실, 연구실, 학교와 같이 부착 높이가 8m 미만의 장소에 주로 설치. 차동식 스폿형이 주로 사용되며 차동식 분포형은 15m 미만의 장소에 설치
③ 보상식 : 차동식과 정온식의 기능을 합한 것
④ 연기식 : 층고가 높은 곳, 계단, 복도 등
⑤ 불꽃감지기 : 실내가 넓고 높아 열 및 연기가 확산하는 장소

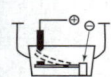
(a) 정온식 스폿형

(b) 차동식 스폿형

(b-1) 차동식 스폿형(반도체형)

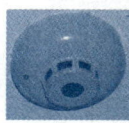

(c) 보상식 스폿형

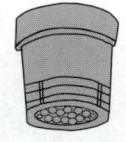
(d) 이온화식 연기감지기

(e) 광전식 연기감지기

<그림 3-2> 감지기의 종류

핵 심 문 제

1 연결송수관 설비에 관한 설명 중 맞지 않는 것은?

① 송수구의 위치는 소방펌프 자동차가 용이하게 접근할 수 있는 곳으로 한다.
② 송수구는 쌍구형으로 한다.
③ 방수구의 설치 높이는 바닥면에서 0.5~1m 이하로 한다.
④ 방수구 연결구의 구경은 48.8mm로 한다.

2 다음 중 주방, 보일러실 등 다량의 화기를 단속 취급하는 장소에 가장 적합한 자동화재탐지설비의 감지기는?

① 광전식 감지기
② 차동식 감지기
③ 정온식 감지기
④ 이온화식 감지기

3 자동화재탐지설비의 열감지기 중 주위 온도가 일정한 온도 이상이 되면 작동하도록 된 열감지기는?

① 차동식
② 정온식
③ 광전식
④ 이온화식

4 주위 온도가 일정온도 상승률 이상이 되었을 때 작동하는 것으로 국소적 열효과에 의하여 작동하는 감지기는?

① 차동식 스폿형 감지기
② 정온식 스폿형 감지기
③ 정온식 감지선형 감지기
④ 광전식 연기 감지기

해 설

[해설] 1
④ 연결송수관 설비의 송수구와 방수구 구경은 65mm이고, 주관의 구경은 100mm이다.

[해설] 2 감지기의 종류 및 용도
① 차동식 스폿형 및 보상식 감지기 - 사무실, 연구실, 학교와 같이 부착 높이가 8m 미만인 곳
② 차동식 분포형 감지기 - 부착높이가 15m 미만인 곳
③ 정온식 감지기 - 보일러실, 주방과 같이 다량의 열을 취급하는 곳
④ 연기식 감지기 - 계단, 복도, 층고가 높은 곳

[해설] 3
정온식 : 주위온도가 일정온도 이상이 되면 작동
차동식 : 주위온도가 일정 온도상승률 이상이 되면 작동

[해설] 4
• 일정온도 이상일 때 작동 - 정온식
• 온도상승률이 일정 이상일 때 작동 - 차동식

정답 1. ④ 2. ③ 3. ② 4. ①

기출문제 및 예상문제

CHAPTER 5 — 3. 연결송수관설비, 연결살수설비, 감지기

■■■ 연결송수관

1. 공설의 소방대가 사용하는 소방대 전용의 설비로서, 각 층에 설비하는 방수구와 지상 또는 1층 벽면에 설치하는 송수구 및 배관으로 구성되어 있는 소화활동설비는?

① 옥내소화전설비
② 옥외수화전설비
③ 연결송수관설비
④ 상수도소화용수설비

[해설] 연결송수관설비 - 고층 건물의 화재시에 소화 활동을 용이하게 하기 위하여 설치하는 소방대 전용소화설비로서 소방차로 송수구와 배관을 통하여 옥내에 송수하고 옥내의 방수구에서 방수하여 소화작용을 한다.

2. 연결송수관설비의 방수구에 관한 설명으로 옳지 않은 것은?

① 방수구의 위치표시는 표시등 또는 축광식표지로 한다.
② 호스접결구는 바닥으로부터 0.5m 이상 1m 이하의 위치에 설치한다.
③ 개폐기능을 가진 것으로 설치하여야 하며, 평상시 닫힌 상태를 유지하도록 한다.
④ 연결송수관설비의 전용방수구 또는 옥내소화전 방수구로서 구경 50mm의 것으로 설치한다.

[해설] ④ 연결송수관설비의 전용방수구 또는 옥내소화전 방수구로는 구경 65mm의 것으로 설치한다. 송수구의 구경도 65mm로 동일하다.

3. 연결송수관설비의 주배관의 구경은 최소 몇 mm 이상으로 하여야 하는가?

① 50mm   ② 65mm
③ 80mm   ④ 100mm

4. 소방설비 중 방수량이 많은 것부터 순서가 옳은 것은?

| 1. 연결송수관 | 2. 옥외소화전 |
| 3. 옥내소화전 | 4. 스프링클러 |

① 2 - 1 - 3 - 4   ② 2 - 3 - 1 - 4
③ 1 - 2 - 3 - 4   ④ 1 - 2 - 4 - 3

[해설] ① 연결 송수관 – 800L/min
② 옥외 소화전 – 350L/min
③ 옥내 소화전 – 130L/min
④ 스프링클러 – 80L/min

■■■ 연결살수설비

5. 다음 중 주로 지하상가 등 지하층 부분의 바닥 면적이 700m² 이상인 경우에 소방대 전용의 소화전과 배관 등을 설치하여 소화 활동을 하기 위한 소방설비는 어느 것인가?

① 드렌처 설비
② 옥내소화전 설비
③ 연결송수관 설비
④ 연결살수 설비

[해설] 연결살수설비 설치대상 건축물
① 판매시설로서 바닥면적의 합계가 1,000m² 이상인 것
② 지하층으로서 바닥면적의 합계가 150m² 이상인 것 단, 국민주택규모이하 아파트와 학교의 지하층에 있어서는 700m² 이상인 것

6. 개방형헤드를 사용하는 연결살수설비에 있어서 하나의 송수구역에 설치하는 살수헤드의 수는 최대 얼마 이하가 되도록 하여야 하는가?

① 10개   ② 20개
③ 30개   ④ 40개

해답   1. ③   2. ④   3. ④   4. ③   5. ④   6. ①

■■■ **제연설비**

7. 다음의 제연구역에 관한 설명 중 틀린 것은?

① 통로상의 제연구역은 보행 중심선의 길이가 70m를 초과하지 않아야 한다.
② 하나의 제연구역의 면적은 1,000m² 이내로 한다.
③ 하나의 제연구역은 2개 이상의 층에 미치지 않도록 한다.
④ 하나의 제연구역은 직경 60m 원내에 들어갈 수 있어야 한다.

해설 ① 통로상의 제연구역은 보행 중심선의 길이가 60m를 초과하지 않아야 한다.

■■■ **감지기**

8. 다음 설명에 알맞은 자동화재탐지설비의 감지기는?

> 주위 온도가 일정 온도 이상이 되면 작동하는 것으로 보일러실, 주방과 같이 다량의 열을 취급하는 곳에 설치한다.

① 정온식   ② 차동식
③ 광전식   ④ 이온화식

9. 일정온도 이상으로 되면 동작하는 것으로 화기를 사용하는 곳에 주로 사용되는 화재 감지기는?

① 이온화식 감지기
② 차동식 스폿 감지기
③ 정온식 스폿 감지기
④ 광전식 스폿 감지기

10. 자동화재 탐지설비의 감지기 중 설치된 감지기의 주변온도가 일정한 온도상승률 이상으로 되었을 경우에 작동하는 것은?

① 차동식   ② 정온식
③ 광전식   ④ 이온화식

11. 주위 온도가 일정한 온도상승률 이상으로 되었을 때 작동하는 것으로서 광범위한 열효과의 누적으로 작동하는 감지기는?

① 이온화식 감지기
② 정온식 스폿형 감지기
③ 차동식 분포형 감지기
④ 정온식 감지선형 감지기

해설 작동원리에 따른 구분
- 정온식 : 주위온도가 일정온도 이상이 되면 작동
- 차동식 : 주위온도가 일정 온도상승률 이상이 되면 작동

감지범위에 따른 구분
- 스폿형 : 감지기가 설치된 국소적인 부분의 열을 감지
- 분포형 : 천장내에 넓게 설치된 동관에 따라 광범위한 부분의 열을 감지

12. 자동화재 탐지설비 중 감지기를 검출원리에 따라 분류할 경우 이에 속하지 않는 것은?

① 열식   ② 연기식
③ 광전식   ④ 불꽃감지식

13. 다음 중 연기감지기를 원칙적으로 설치하여야 하는 장소에 해당하지 않는 것은?

① 린넨 슈트
② 길이가 20m인 복도
③ 엘리베이터 권상기실
④ 천장 또는 반자높이가 15m 이상 20m 미만인 장소

해설 길이가 30m 이상인 복도는 연기감지기를 설치하여야 한다. (자동화재탐지설비의 화재안전기준 제7조)

14. 다음의 자동화재탐지설비의 감지기 중 설치가능한 부착높이가 가장 높은 것은?

① 연기 감지기
② 정온식 감지기
③ 차동식 분포형 감지기
④ 차동식 스포트형 감지기

해답 7. ① 8. ① 9. ③ 10. ① 11. ③ 12. ③ 13. ② 14. ①

[해설] 연기감지기 중 이온화식은 15m미만, 광전식은 20m 이상에도 설치된다.

15. 감지기 주위의 공기가 일정한 농도의 연기를 포함하게 되면 작동하는 감지기는?

① 차동식 감지기
② 정온식 감지기
③ 보상식 감지기
④ 광전식 감지기

[해설] 연기식 감지기에는 광전식과 이온화식이 있다.

16. 다음 자동화재탐지설비의 감지기 중 열감지기에 속하지 않는 것은?

① 보상식   ② 정온식
③ 차동식   ④ 광전식

17. 화재경보설비의 감지기 설치에서 옳지 않은 것은?

① 주방은 정온식 감지기
② 일반사무실은 연기감지기
③ 복도는 연기 감지기
④ 발전실은 차동식 감지기

[해설] ② 연기식 감지기는 주로 층고가 높은 곳, 계단, 복도 등에 사용하나 일반실에도 사용가능하다.
④ 발전기실과 같이 평상시 환기가 잘 되지 않는 곳은 일시적으로 발생한 연기, 열 등에 의해 화재신호를 발신할 염려가 있으므로 복합형 감지기 또는 광전식 연기감지기 중 축적형 감지기를 설치한다.

18. 자동화재탐지설비의 구성에 속하지 않는 것은?

① 수신기
② 유도등
③ 중계기
④ 음향장치

[해설] 자동화재탐지설비는 수신기, 발신기, 중계기, 감지기, 음향장치 등으로 구성되어 화재를 탐지하는 경보설비중의 하나이나 유도등은 피난설비에 해당한다.

19. 자동화재 탐지설비의 수신기의 종류에 속하지 않는 것은?

① M형 수신기   ② R형 수신기
③ P형 수신기   ④ B형 수신기

[해설] • 자동화재탐지설비 : 수신기, 발신기, 중계기, 감지기, 음향장치 등으로 구성되어 화재를 탐지하는 경보설비
• 수신기 : 감지기나 발신기에서 발하는 화재신호를 직접 수신하거나 중계기를 통하여 수신하여 화재의 발생을 표시 및 경보하여 주는 장치로 P형, R형, M형, GP형, GR형 등이 있다.

20. 자동화재탐지설비에 관한 기술 중 옳지 않은 것은?

① 차동식 감지기는 주위온도가 일정한 온도 상승률 이상이 되었을 때 작동하는 감지기이다.
② 정온식 감지기는 주위온도가 일정한 온도 이상이 되었을 때 동작하는 것으로 보일러실 등에 설치한다.
③ 이온화식 감지기는 감지기 주위의 공기가 일정한 농도의 연기를 포함하게 되면 작동하는 감지기이다.
④ 광전식 감지기는 차동식 감지기와 정온식 감지기의 기능을 합친 것이다.

[해설] 차동식 감지기와 정온식 감지기의 기능을 합친 것은 보상식 감지기다.

21. 대규모 빌딩에서 방재센터의 설치가 곤란한 곳은?

① 지하 1층
② 지하 중1층
③ 지상 1층
④ 지하 2층

[해설] 방재센터는 건물의 방재관계 각종 설비를 감시하고 제어하기 위한 설비를 갖춘 방으로 평소에는 화재예방을 위한 점검 및 안전순찰, 화재발생시에는 초기대응 등을 하여야 하므로 지하 깊이 내려가는 것은 좋지 않다.

해답   15. ④   16. ④   17. ④   18. ②   19. ④   20. ④   21. ④

제6장 가스설비

출제경향분석

내용이 어렵지 않고 분량도 많지 않을 뿐 아니라 출제 빈도가 낮은 부분으로 기출문제 중심의 학습으로 충분하다.

세부목차

1. 가스설비 - 도시가스의 종류 및 공급, 가스배관

1 가스설비 - 도시가스의 종류 및 공급, 가스배관

> **학습방향**
> LNG와 LPG의 특징, 가스공급압력, 가스배관상 주의사항 등 기출문제 중심의 학습이 요망된다.

1 도시가스의 원료와 특성

현재 사용하고 있는 도시가스의 원료는 저장 상태에 따라 다음과 같이 분류된다.

도시가스의 원료
- 고체연료 : 석탄, 코크스
- 액체연료 : 나프타, LPG, LNG
- 기체연료 : 천연가스, 오프(OFF)가스

우리나라에서는 이들 원료 중에서 LNG를 주원료로 하는 도시가스를 제조하여 공급하고 있다.

학습POINT

(1) LNG(Liquefied Natural Gas, 액화천연가스)

① 생성
  ㉠ 메탄(CH_4)을 주성분으로 하는 천연 가스를 냉각하여 액화시킨 것이다.
  ㉡ 1기압하, -162℃에서 액화하며 이 때 체적이 1/580~1/600로 감소한다.

② 장·단점
  ㉠ 장점 - 공기보다 가볍기 때문에 누설이 되어도 공기 중에 흡수되어 안정성이 높다.
  ㉡ 단점 - 작은 용기에 담아서 사용할 수 없고 반드시 대규모 저장시설을 갖추어 배관을 통해 공급해야 한다.

(2) LPG(Liquefied Petroleum Gas, 액화석유가스)

① 생성
  ㉠ 석유정제과정에서 채취된 가스를 압축냉각해서 액화시킨 것이다.
  ㉡ 액화하면 체적이 1/250로 된다.
  ㉢ 주성분은 프로판(C_3H_8), 프로필렌(C_3H_6), 부탄(C_4H_{10}), 부틸렌(C_4H_8), 에탄(C_2H_6), 에틸렌(C_2H_2) 등이다.
  ㉣ 무색무취이지만 프로판에 부탄을 배합해서 냄새를 만든다.

② 장·단점
  ㉮ 장점 – 발열량이 크다.
  ㉯ 단점 – 비중이 공기보다 크므로 인화폭발의 염려가 있어 배관 설계와 기기 사용시 특별한 주의를 요한다.
    연소시 소요공기량이 많다.(LNG보다 공해가 심하다)

<표 1-1> 가스연소시 소요공기량, 배기량

가 스 명 칭	가스 발열량 (kJ/m³)	가스 1m³ 연소시	
		소요공기량 (m³)	배기량 (m³)
도시가스	15,000	4~5	5~6
	21,000	6~7	7~8
천연가스	38,000	11~14	12~14
LP 가스	92,000	26~32	27~33

2 가스공급설비 및 압력

도시가스의 구성은 원료에서부터 제조·압송·저장·압력조정·소비설비에 이르기 까지의 과정에 필요한 설비를 말한다.
- 제조설비 – 제조 또는 발생설비, 정제설비 등
- 공급설비 – 압송기, 정압기, 도관, 가스미터, 가스콕 등
- 소비설비 – 접속구(고무호스), 기타 기구의 부속설비

한편, 도시가스는 아래 그림과 같이 공장에서 고압으로 제조하여 수요자의 저압기기까지 공급 설비를 거쳐 공급된다.

<사진 1-1> 지역 정압기

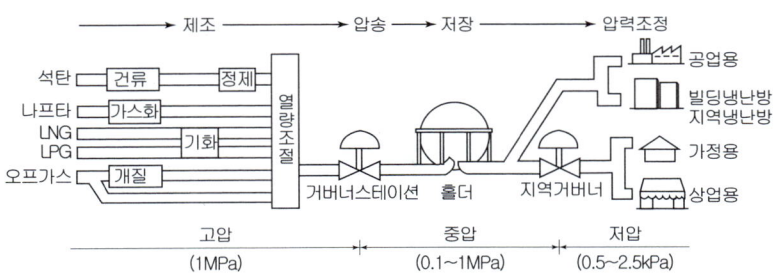

<그림 1-1> 도시가스의 공급계통도

<사진 1-2> 단독 정압기

도시가스 사업법 시행규칙에서는 최대 사용압력 1MPa 이상을 고압, 0.1MPa 이상 1MPa 미만을 중압, 0.1MPa 미만을 저압이라 정의하고 있다.

<사진 1-3> 옥외 정압기실(가버너실)

3 가스배관

① 배관재료로는 2인치 이하는 가스관(강관)을 사용하고 3인치 이상은 주철관을 사용한다.
② 수평배관은 100분의 1정도의 구배를 주고 낮은 곳에는 수취기를 설치할 것
③ 가스배관의 매설깊이
　㉮ 차량이 통행하는 폭 8m 이상의 도로 – 120cm 이상
　㉯ 폭 8m 이하의 도로 또는 공동주택 외의 부지 – 100cm 이상
　㉰ 공동주택 등의 부지 내 – 60cm 이상
④ 유량 표기는 도시가스의 경우 m^3/h, 액화석유가스일 때는 kg/h를 사용한다.
⑤ 배관 위치
　㉮ 가스누출시의 환기를 위해 노출배관으로 할 것
　㉯ 시공 관리가 손쉬운 장소를 택할 것
　㉰ 필요한 콕과 물빼기 장치 등의 설치가 가능할 것
　㉱ 건물의 주요 구조부를 관통하지 말 것
　㉲ 인접 전기설비와는 충분한 거리를 유지할 것
⑥ 가스 미터기의 설치 위치
　㉮ 가스미터의 성능에 영향을 주는 장소가 아닐 것
　㉯ 가스미터의 검침, 검사, 교환 등이 용이하고 미터기의 조작에 지장이 없는 장소일 것
　㉰ 전기 미터기에서는 60cm 이상 떨어질 것

<표 1-2> 가스관과 전기설비의 이격거리

배선의 종류	이격거리
저압옥내·옥외배선	15cm 이상
전기점멸기, 전기콘센트	30cm 이상
전기개폐기, 전기계량기, 전기안전기	60cm 이상
고압 옥내배선	60cm 이상
저압 옥상전선로	1m 이상
특별고압 지중·옥내배선	1m 이상
피뢰설비	1.5m 이상

⑦ 가스용기의 설치
　㉮ 용기는 옥외에 두고 2m 이내에는 화기의 접근을 금할 것
　㉯ 용기는 40℃ 이하로 보관할 것
　㉰ 통풍이 잘 되게 할 것
　㉱ 직사광선을 피할 것

■ 최근 배관의 재질과 제작기술이 발달함에 따라 대구경의 가스관도 강관 또는 PE코팅강관을 많이 사용한다.

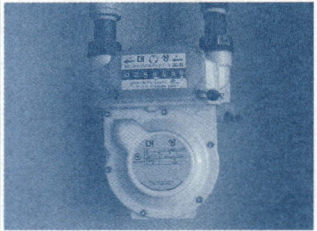

<사진 1-4> 가스미터기

■ 가스미터기의 종류
① 실측식(사용한 가스의 양을 직접 측정) - 다이어프램식(습식), 루츠(roots)식(건식)
② 간접식 또는 추정식(가스통과량과 관계있는 다른 량을 측정하여 계산) - 오리피스식, 벤투리식, 터빈식, 와류식, 델타식

핵심문제

1 다음의 LPG에 대한 설명 중 틀린 것은?

① 공기보다 무겁다.
② 액화하면 용적은 1/250로 된다.
③ 상압에서는 액체이지만 압력을 가하면 기화된다.
④ 액화석유가스를 말한다.

2 액화석유가스(LPG) 봄베의 보관온도는?

① 20℃이하
② 40℃이하
③ 50℃이하
④ 60℃이하

3 다음 가스배관 시공에 관한 설명 중 틀린 것은?

① 건물 내에서는 반드시 은폐 배관할 것
② 주요 구조부를 관통하지 않도록 할 것
③ 배관도중 신축흡수이음을 설치할 것
④ 온도변화가 적은 곳을 택할 것

4 도시가스에서 중압의 가스압력은?

① 0.05MPa 이상, 0.1MPa 미만
② 0.01MPa 이상, 0.1MPa 미만
③ 0.1MPa 이상, 1MPa 미만
④ 1MPa 이상, 100MPa 미만

5 가스미터기와 전기개폐기는 최소 얼마 이상 거리를 유지하여야 하나?

① 60cm 이상
② 30cm 이하
③ 25cm 이하
④ 20cm 이하

해 설

해설 1
LPG(Liquefied Petroleum Gas)는 석유정제과정에서 채취된 가스를 압축냉각해서 액화시킨 액화석유가스로서 액화하면 체적이 1/250로 된다. 이 가스는 발열량이 크며, 비중이 공기보다 크고, 연소시 소요공기량이 많다. 그러므로 가벼운 LNG와는 다르므로 배관 설계와 기기 사용시 특별한 주의를 요한다.

해설 2 LPG 가스용기(봄베)의 설치
① 용기는 옥외에 두고 2m이내에는 화기의 접근을 금할 것
② 용기는 40℃ 이하로 보관할 것
③ 용기 등에는 습기에 의한 부식 방지를 고려할 것
④ 용기는 충격을 금하며, 안전한 장소에 설치할 것
⑤ 통풍이 잘 되게 할 것
⑥ 직사광선을 피할 것

해설 3
가스배관은 가스누설시의 환기에 대비해 실내에서는 노출배관을 원칙으로 한다.

해설 4
가스압력에서 중압이란 0.1~1MPa 사이를 말한다.
고압은 1MPa 이상, 저압은 0.1MPa 미만이다.

해설 5
• 가스배관과 저압옥내배선간의 이격거리 : 15cm
• 가스배관과 전기점멸기와의 이격거리 : 30cm
• 가스배관과 전기개폐기, 전기미터기와의 이격거리 : 60cm

정답 1. ③ 2. ② 3. ① 4. ③ 5. ①

기출문제 및 예상문제

6 CHAPTER 가스설비

■■■ 도시가스의 종류

1. LP가스에 대한 설명 중 옳지 않은 것은?

① 비중이 공기보다 크다.
② 석유의 탄화수소가스 중 용이하게 액화하기 쉬운 탄화수소가스의 혼합물로 구성되어 있다.
③ 일산화탄소를 함유하지 않기 때문에 생가스에 의한 중독의 위험성은 없다.
④ 발열량이 도시가스와 LNG 보다 작다.

[해설] LPG는 발열량이 크나 공기보다 비중이 크고 연소기 소요공기량이 많다.

2. LPG의 특성에 관한 설명으로 옳지 않은 것은?

① 순수한 LPG는 무색무취이다.
② LPG의 비중은 공기의 비중보다 크다.
③ 도시가스에 비하여 발열량이 크다.
④ 일산화탄소를 함유하고 있어 생가스에 의한 중독의 위험이 있다.

[해설] LPG의 주성분은 메탄(CH_4), 에탄(C_2H_6), 프로판(C_3H_8), 부탄(C_4H_{10})과 같은 탄화수소물이다. 독성가스는 주로 일산화탄소(CO), 암모니아(NH_3), 염소(Cl) 등이다.

3. LPG에 관한 설명으로 옳지 않은 것은?

① 공기보다 무겁다.
② 액화석유가스를 말한다.
③ LNG에 비해 발열량이 크다.
④ 메탄(CH_4)을 주성분으로 하는 천연가스를 냉각하여 액화시킨 것이다.

[해설] • LNG : 메탄(CH_4)을 주성분으로 하는 천연가스를 냉각하여 액화시킨 액화천연가스
• LPG : 석유정제과정에서 채취된 가스를 압축냉각해서 액화시킨 액화석유가스

4. 액화천연가스(LNG)에 관한 설명으로 옳지 않은 것은?

① 메탄이 주성분이다.
② 무공해, 무독성이다.
③ 비중이 공기보다 크다.
④ 일반적으로 배관을 통해 공급한다.

[해설] • LNG : 메탄(CH_4)을 주성분으로 비중이 공기보다 작다.
• LPG : 프로판(C_3H_8), 프로필렌(C_3H_6) 등 탄화수소물이 주성분으로 비중이 공기보다 크다.

5. LPG와 LNG에 관한 설명으로 옳은 것은?

① LPG는 LNG보다 비중이 작다.
② LNG는 가스공급을 위해 큰 투자가 들지 않는다.
③ LPG의 가스누출검지기는 반드시 천장에 설치해야 한다.
④ LNG는 도시가스용으로 널리 사용되고 주성분은 메탄가스이다.

[해설] ① LPG는 LNG보다 비중이 크다.
② LNG는 가스공급을 위해 저장시설 및 배관설비를 필요로 한다.
③ LPG는 공기보다 무거우므로 가스누출검지기를 바닥 부근에 설치해야 한다.

6. 가스의 연소성을 나타내는 것은?

① 비열비   ② 가버너
③ 웨버지수   ④ 단열지수

[해설] 웨버지수 WI (Wobbe Index)
가스연료의 단위시간당 방출되는 에너지를 정의하기 위한 지수
웨버지수 WI = 가스의 발열량/$\sqrt{d}$
d : 가스의 비중(공기를 1로 했을 때)

해답 1. ④ 2. ④ 3. ④ 4. ③ 5. ④ 6. ③

■■■ 가스공급설비 및 압력

7. 압력에 따른 도시가스의 분류에서 고압의 기준으로 옳은 것은?

① 0.1MPa 이상
② 1MPa 이상
③ 10MPa 이상
④ 100MPa 이상

8. 도시가스의 압력을 사용처에 맞게 감압하는 기능을 하는 것은?

① 정압기　　　② 압송기
③ 에어챔버　　④ 가스미터

9. 가스설비에 사용되는 거버너(governor)에 관한 설명으로 옳은 것은?

① 실내에서 발생되는 배기가스를 외부로 배출시키는 장치
② 연소가 원활히 이루어지도록 외부로부터 공기를 받아들이는 장치
③ 가스가 누설되거나 지진이 발생했을 때 가스공급을 긴급히 차단하는 장치
④ 가스공급회사로부터 공급받은 가스를 건물에서 사용하기에 적합한 압력으로 조정하는 장치

[해설] 거버너(Governor)란 가스압력 조정기를 말한다.

10. 가스설비에 관한 설명으로 옳지 않은 것은?

① 가스배관은 시공, 관리가 용이한 장소로 한다.
② 가스배관 경로는 배관주위의 장래계획과 안전성을 고려하여 결정한다.
③ 저압공급은 가스의 공급량이 많거나 공급지역이 넓은 경우에 주로 사용한다.
④ 가스공급설비 중 가스 홀더는 가스를 저장하며 정압기는 가스압력을 조정한다.

11. 도시가스 공급순서에 대해서 올바르게 된 것은?

① 저장설비 - 압송설비 - 정압기 - 도관
② 정압기 - 저장설비 - 압송설비 - 도관
③ 압송설비 - 저장설비 - 정압기 - 도관
④ 압송설비 - 정압기 - 저장설비 - 도관

[해설] 가스의 공급순서는 제조 - 압송 - 저장 - 압력조정이다.

■■■ 가스배관

12. 가스설비에 관한 설명으로 옳지 않은 것은?

① 가스배관은 경사를 두어 관속에 있는 응축수의 유입을 방지한다.
② 가스미터는 전기 개폐기·전기미터에서 30cm 이상 떨어진 곳에 설치한다.
③ 가스배관은 건물의 주요구조부를 관통하지 않도록 한다.
④ 배관재료는 강관으로 나사접합이 주로 사용되지만 초고층 건물에서는 고압인 경우 강관을 용접이음하는 경우가 많다.

[해설] ② 가스미터는 전기 개폐기·전기미터에서 60cm 이상 떨어진 곳에 설치한다.

13. 가스설비에 관한 설명 중 옳지 않은 것은?

① 가스 계량기는 동파의 위험이 있으므로 옥내에 설치하는 것을 원칙으로 한다.
② 가스 계량기는 전기 개폐기에서 60cm 이상 떨어진 위치에 설치한다.
③ 가스 배관은 건물의 주요 구조부를 관통하지 않도록 한다.
④ 가스 배관 도중에 신축 흡수를 위한 이음을 한다.

[해설] 가스계량기 및 배관은 가스누출시의 환기를 위하여 노출배관 및 옥외설치를 원칙으로 한다.

해답　7. ②　8. ①　9. ④　10. ③　11. ③　12. ②　13. ①

14. 도시가스사용시설의 시설기준에 관한 설명으로 옳지 않은 것은?
① 건축물 안의 배관은 매설하여 시공하는 것을 원칙으로 한다.
② 가스계량기와 전기계량기의 거리는 60cm 이상 유지하여야 한다.
③ 지상배관은 부식방지도장 후 표면색상을 황색으로 도색하는 것이 원칙이다.
④ 가스계량기는 보호상자 안에 설치할 경우 직사광선이나 빗물을 받을 우려가 있는 곳에 설치할 수 있다.
[해설] ① 가스배관은 가스누출시의 환기를 위하여 노출배관을 원칙으로 한다.

15. 다음 도시가스 옥내배관에 관한 설명 중 틀린 것은?
① 공용배관은 은폐배관을 원칙으로 한다.
② 배관은 원칙적으로 직선, 직각으로 한다.
③ 다른 건물의 부지 아래 또는 바닥 아래에 매설해서는 안된다.
④ 전등선, 전화선, 라디오의 어스 및 기타 전기 공작물과는 일정거리 이상 이격시킨다.
[해설] 가스배관은 가스누출시의 환기를 위하여 노출배관을 원칙으로 한다.

16. 가스배관 경로 선정 시 주의하여야 할 사항으로 옳지 않은 것은?
① 장래의 증설 및 이설 등을 고려한다.
② 주요구조부를 관통하지 않도록 한다.
③ 옥내배관은 매립하는 것을 원칙으로 한다.
④ 손상이나 부식 및 전식을 받지 않도록 한다.
[해설] ③ 가스배관은 가스누출시의 환기를 위하여 노출배관을 원칙으로 한다.

17. 가스사용시설에서 가스계량기의 설치에 관한 설명으로 옳지 않은 것은?
① 전기접속기와의 거리가 최소 30cm 이상이 되도록 한다.
② 전기점멸기와의 거리가 최소 60cm 이상이 되도록 한다.
③ 전기개폐기와의 거리가 최소 60cm 이상이 되도록 한다.
④ 전기계량기와의 거리가 최소 60cm 이상이 되도록 한다.
[해설] 가스배관은 전기접속기(콘센트) 및 전기점멸기(스위치)에서 30cm 이상 떨어져야 한다.

18. 가스사용시설의 가스계량기에 관한 설명으로 옳지 않은 것은?
① 가스계량기와 전기점멸기와의 거리는 30cm 이상 유지하여야 한다.
② 가스계량기와 전기계량기와의 거리는 60cm 이상 유지하여야 한다.
③ 가스계량기와 전기개폐기와의 거리는 60cm 이상 유지하여야 한다.
④ 공동주택의 경우 가스계량기는 일반적으로 대피공간이나 주방에 설치된다.
[해설] 가스계량기는 위험에 대비하여 대피공간이나 주방이 아닌 다용도실이나 발코니 등에 대부분 설치한다.

19. 도시가스사용시설에서 가스계량기와 전기계량기는 최소 얼마 이상의 거리를 유지하여야 하는가?
① 15cm ② 30cm
③ 45cm ④ 60cm

20. 도시가스의 유량을 나타내는 단위는?
① g/h ② kg/h
③ ton/h ④ m^3/h
[해설] 유량 표기는 도시가스의 경우 m^3/h, 액화석유가스일 때는 kg/h가 유리하다.

해답　14. ①　15. ①　16. ③　17. ②　18. ④　19. ④　20. ④

21. 다음 중 실측식 가스 계량기(가스미터)에 해당하는 것은?

① 와류식　　　② 루츠식
③ 벤투리식　　④ 오리피스식

[해설] 가스미터기의 종류
① 실측식(사용한 가스의 양을 직접 측정) - 다이어프램식(습식), 루츠(roots)식(건식)
② 간접식 또는 추정식(가스통과량과 관계있는 다른 량을 측정하여 계산) - 오리피스식, 벤투리식, 터빈식, 와류식, 델타식

22. 가스관을 지하에 매설할 경우 전기나 전기케이블과의 이격거리는 최소 몇 cm인가?

① 30　　　② 60
③ 90　　　④ 100

해답　21. ②　22. ②

MEMO

제 7 장 배관용 재료

출제경향분석

본 단원은 3회 시험에 1문제 정도로 출제빈도가 낮은 부분으로 기출문제 중심의 학습으로 충분하다.

세 부 목 차

1. 배관용 재료 - 배관 및 밸브의 종류, 도시기호

1 배관용 재료 - 배관 및 밸브의 종류, 도시기호

학습방향
배관 종류별 특징, 배관접합 방법, 용도별 강관이음 종류, 각종 밸브의 특징, 역지밸브의 기능과 종류, 색채에 의한 배관식별, 배관 및 밸브 도시기호에 대한 이해와 암기가 요구된다.

1 배관의 종류 및 특성

(1) 관 재료의 종류

1) 주철관(cast iron pipe)
   ① 특징 : 다른 관에 비해 내식성, 내구성, 내압성이 우수하다.
   ② 용도 : 오배수관에 주로 사용한다.
   ③ 접합방법 : 소켓접합, 플랜지접합, 메카니컬 조인트, 빅토릭 조인트

2) 강관(steel pipe)
   ① 특징
      ㉮ 많이 사용하는 관으로 주철관에 비해 가볍고 인장강도가 크다.
      ㉯ 충격에 강하고 굴곡성이 좋다.
      ㉰ 관의 접합이 비교적 쉽다.(시공이 용이)
   ② 용도 : 1MPa 이하의 증기, 물, 기름, 가스, 공기 등을 사용하는 배관에 쓰인다.
   ③ 접합방법 : 나사접합, 플랜지접합, 용접접합

3) 연관
   ① 특징
      ㉮ 부식성이 적고 굴곡이 용이하며, 점성이 좋아 가공이 쉽다.
      ㉯ **산에는 강하나 알칼리에 약하므로 콘크리트 속에 매설시 방식 피복을 해야 한다.**
   ② 용도 : 가장 오래 전부터 사용되고 있는 급수관이며, 가정용 수도 인입관, 기구배수관, 가스배관 등에 사용한다.
   ③ 접합방법 : 플라스턴접합, 땜납접합, 용접이음(접합)

4) 동관 및 황동관
   ① 특징
      ㉮ 수명이 길고 가벼우며 마찰손실이 작다.
      ㉯ 염류, 산, 알칼리등에 대하여 상당한 내식성을 갖고 있다.
   ② 용도 : 급수관, 급탕관, 난방관, 냉온수관
   ③ 접합방법 : 납땜접합, 압축접합, 용접접합

학습POINT

■ 백관(아연도금강관)과 흑관
일반용 탄소강관의 표면에 1m² 당 400g이상 아연도금한 것을 백관 또는 아연도금강관이라 하며 1차 방청도장만 한 것을 흑관이라 한다.

■ 연관이나 경질염화비닐관은 열에 약해서 급탕 및 난방배관으로는 적합하지 않다.

5) 경질염화 비닐관(PVC)
    ① 특징
        ㉮ 가격이 싸고 가벼우며 마찰손실이 작다.
        ㉯ 내식성도 풍부하나 충격과 열에 약하다
    ② 용도 : 급수관, 배수관, 통기관
    ③ 접합방법 : 냉간공법, 열간공법

6) 스테인레스 강관(stainless steel pipe)
    ① 특징
        ㉮ 내식성이 우수하여 위생적이다.
        ㉯ 강관에 비해 기계적 성질이 우수하고 두께가 얇아 운반 및 시공이 쉽다.
    ② 용도 : 급수관, 급탕관, 냉온수관
    ③ 접합방법 : 나사접합, 용접접합, 프레스접합

7) 콘크리트관, 도관
    ① 주로 배수관으로 쓰임
    ② 콘크리트관은 접합방법에 칼라, 기볼트, 심플렉스, 모르타르 조인트가 있다.

■ 합성수지관(Plastic Pipe)의 종류
 - 경질염화 비닐관(PVC관)
 - 폴리에틸렌관(PE관)

■ 원심력 철근콘크리트관을 흄관이라고도 한다.
■ 도관이란 점토를 구운것으로 두께에 따라 보통관, 후관, 특후관으로 나누어지며, 주로 배수용으로 사용된다.

(2) 용도별 배관재질

건물의 설비를 위한 배관재질은 위생성, 내구성, 시공의 용이성, 가격 등 여러 경우에 따라서 다양하게 선택될 수 있으나 일반적으로 많이 사용하는 배관재질을 용도별로 정리하면 다음 표와 같다.

<표 1-1> 용도별 배관재질

구분	스테인레스관	동관	강관 (백관)	강관 (흑관)	주철관	PVC관
급수관	○	○	△			○
급탕관	○	○	△			
오배수관					○	○
통기관			○			○
가스관			○			
소화관		△	○			
냉온수관	○	○	○			
냉각수관			○			
증기관			○	○		

■ 주택이나 아파트의 세대내 난방코일 배관으로는 동관, 강화합성수지관(XL파이프), 폴리에틸렌(PE)관, 폴리프로필렌(PP-C)관 등이 사용된다.

(3) 배관 이음쇠의 종류

① 직관을 접속할 때

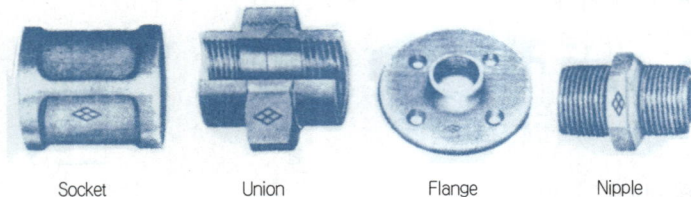

Socket　　Union　　Flange　　Nipple

■ 배관 연결시 후일의 수리·교체 등에 대비해 50mm 이하의 관에는 유니온, 65mm이상의 관에는 플랜지를 사용한다.

② 분기관을 낼 때

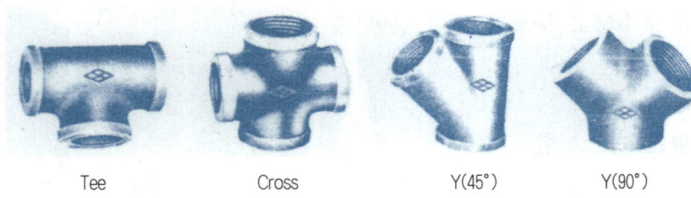

Tee　　Cross　　Y(45°)　　Y(90°)

③ 구경이 다른 관을 접합할 때

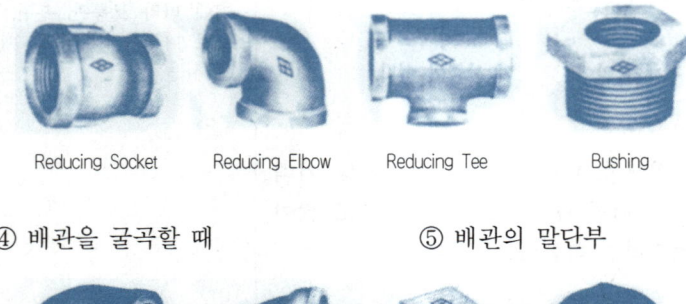

Reducing Socket　　Reducing Elbow　　Reducing Tee　　Bushing

■ 리듀서(Reducer)
이경소켓(Reducing Socket), 이경 엘보(Reducing Elbow), 이경 티(Reducing Tee) 등은 관경을 줄이는 곳에 사용한다 하여 리듀서(Reducer)로 총칭한다.

④ 배관을 굴곡할 때　　　⑤ 배관의 말단부

Elbow　　Bend(90°)　　Plug　　Cap

<그림 1-1> 배관의 이음쇠류

2 밸브

(1) 각종 밸브의 특징

1) 슬루스 밸브(sluice valve)

게이트 밸브(gate valve)라고도 하며, 마찰저항(국부저항 상당관길이)이 가장 작다.
급수·급탕용으로 가장 많이 사용되는 밸브이다.

<사진 1-1> 게이트 밸브

2) 글로브 밸브(globe valve)

스톱 밸브(stop valve), 구형 밸브라고도 하며, 마찰저항(국부저항 상당 관길이)이 가장 크다.

3) 앵글 밸브(angle valve)

글로브 밸브의 일종으로 유체의 입구와 출구가 이루는 각이 90°가 되는 밸브

<사진 1-2> 글로브 밸브

4) 콕(cock)

원추형의 꼭지를 90° 회전하여 유로를 급속히 개폐하는 장치

<사진 1-3> 앵글 밸브

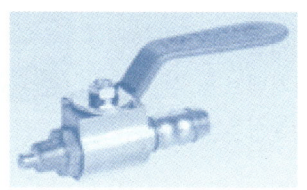
<사진 1-4> 콕

5) 역지 밸브(check valve)

유체를 한 방향으로만 흐르게 하는 역류방지용 밸브로 수평관에만 사용할 수 있는 리프트(lift)형과 수평·수직관 어디에서도 사용가능한 스윙(swing)형이 있다. 유량을 조절하는 기능은 없다.

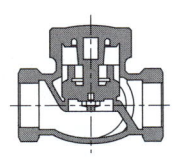

(a) 리프트형   (b) 스윙형

<그림 1-2> 역지밸브(체크밸브)

(a) 리프트형   (b) 스윙형

<사진 1-5> 역지밸브(체크밸브)

6) 스트레이너(strainer)

밸브류 앞에 설치하여 배관내의 흙, 모래, 쇠부스러기 등을 제거하기 위한 장치로 Y형, U형, V형이 있다.

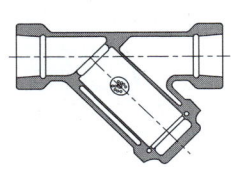
(a) Y형

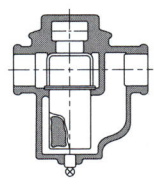
(b) U형

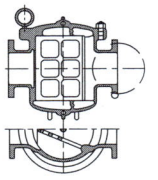
(c) V형

<그림 1-3> 스트레이너

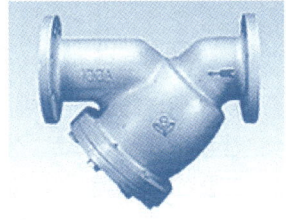
<사진 1-6> 스트레이너

■ 제7장 배관용 재료

7) 버터플라이 밸브(butterfly valve)

주로 저압공기와 수도용이며 밸브몸통이 유체내에서 단순히 회전하므로 다른 밸브보다 구조가 간단하고, 압력손실이 적으며, 조작이 용이하다.

<사진 1-7> 버터플라이 밸브

8) 공기빼기 밸브(air vent valve)

배관내의 유체속에 섞여 있던 공기가 유체에서 분리되어 굴곡배관의 높은 곳에 체류하면서 유체의 유량을 감소시키는데, 이를 방지하기 위해 굴곡배관 상부에 공기빼기밸브를 설치하여 분리된 공기와 기체를 자동적으로 빼내는데 사용된다.

<사진 1-8> 공기빼기 밸브

■ 공기빼기밸브는 배관굴곡부의 상부 또는 입상배관의 꼭대기에 설치한다.

9) 볼 밸브(ball valve)

통로가 연결된 파이프와 같은 모양과 단면으로 되어 있는 중간에 위치한 둥근 볼(ball)의 회전에 의하여 유체를 조절하는 밸브

<사진 1-9> 볼 밸브

10) 감압 밸브(reduction valve)

고압배관과 저압배관사이에 설치하여 압력을 낮추어 일정하게 유지할 때 사용하는 것으로 다이어프램식, 벨로우즈식, 파이롯트식 등이 있다.

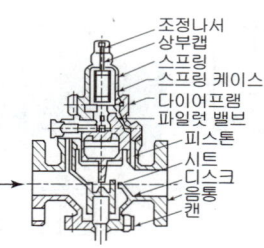

<그림 1-4> 감압 밸브

■ 감압밸브는 초고층건물의 급수압조절과 고압증기 배관 등에 사용된다.

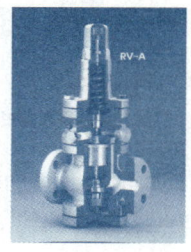

<사진 1-10> 감압 밸브

11) 안전 밸브(safety valve)

증기, 압력수 등의 배관계에 있어 그 압력이 일정한도 이상으로 상승했을 때 과잉압력을 자동적으로 외부에 방출하여 안전을 유지하는 밸브로서 증기보일러, 압축공기 탱크, 압력탱크 등에 설치한다.

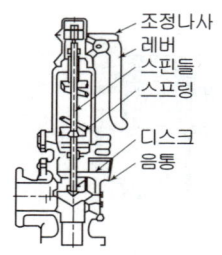

<그림 1-5> 안전 밸브

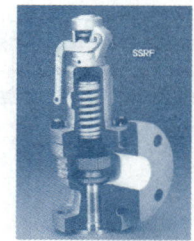

<사진 1-11> 안전 밸브

12) 전동 밸브(motor valve)

모타의 작동에 의해 자동으로 밸브를 조절 개폐시킴으로서 각종 증기, 물, 오일 등의 온도, 압력, 유량 등을 자동제어하는데 사용된다.

<사진 1-12> 전동 밸브

13) 플러시 밸브(flush valve)

대소변기의 세정에 주로 사용되며 한번 누르면 밸브가 작동되어 0.07MPa이상의 수압으로 일정량의 물이 한꺼번에 나온 다음, 서서히 자동으로 잠기는 밸브

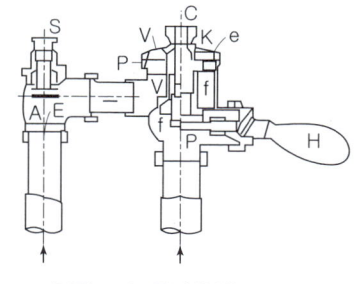

<그림 1-6> 플러시 밸브

■ 플러시 밸브를 세정 밸브라고도 한다.

14) 전자밸브(solenoid valve)

전자밸브는 온도조절기 또는 압력조절기 등에 의해 신호전류를 받아 전자식의 흡인력을 이용 자동적으로 밸브를 개폐시키는 것으로, 증기·물·기름·공기 및 가스 등 광범위하게 사용되고 있다.

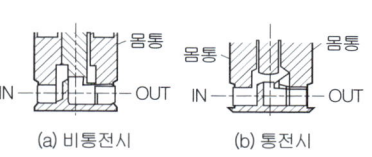

<그림 1-7> 전자밸브

15) 플로트 밸브(float valve)

보일러(boiler)의 급수탱크와 용기의 액면을 일정한 수위로 유지하기 위해 플로트를 수면에 띄워, 수위가 내려가면 플로트에 연결되어 있는 레버를 작동시켜서 밸브를 열어 급수를 한다. 또 일정한 수위로 되면 플로트도 부상하여 레버를 밀어내려 밸브가 닫히는 구조이며, 일종의 자력식 조정밸브이다.

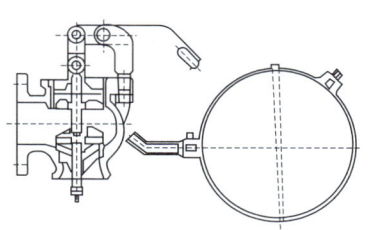

<그림 1-8> 플로트밸브

■ 주택의 수세식 변기에 사용되는 볼탭도 일종의 플로트 밸브이다.

16) 방열기 밸브(radiator valve)

증기용·온수용 두 가지 있으며 증기난방용은 디스크밸브를 이용한 스톱밸브형이다. 이 밸브로는 방열량 조절(온수의 경우)도 가능하다. 유체흐름방향에 따라 앵글형, 직선형, 코너형으로 분류된다.

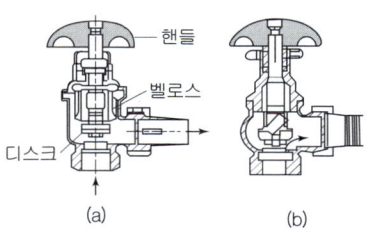

<그림 1-9> 방열기 밸브

<사진 1-13> 방열기 밸브

3 배관의 도시기호

(1) 색채에 의한 배관의 식별

배관속을 흐르는 유체의 종류를 알려주기 위해 배관의 표면마감색을 유체 종류별로 다음과 같이 서로 다르게 한다.

<표 1-2> 물질의 종류와 식별색

종 류	식 별 색	종 류	식 별 색
물	청 색	산·알칼리	회자색
증 기	진한 적색	기 름	진한 황적색
공 기	백 색	전 기	엷은 황적색
가 스	황 색	-	-

<사진 1-14> 배관표면 보온마감

(2) 배관의 도시기호

```
급수관   ——-——-——      또는  ( ———·——— )
급탕관   ——I——I——       "    ( ———··——— )
반탕관   ——II——II——     "    ( ———···——— )
배수관   ——————        "    ( ———D——— )
오수관   ———S———
통기관   ------------      "    ( -------V------- )
소화수관 ——x——x——
가스관   ——G——G——
```

(3) 밸브의 도시기호

```
밸브일반  ⋈          전동밸브    ⋈̇(M)
슬루스밸브 ⋈          전자밸브    ⋈̇(S)
글로브밸브 ⋈          온도조절밸브 ⋈̇
앵글밸브  ⊵          차압밸브    ⋈̇(P)
체크밸브  ⊳|          감압밸브    ⋈̇
공기빼기 밸브 ⊥      콕         —◇—
```

(4) 연결 부속 도시기호

```
플랜지        ——||——           슬리브형 신축이음 ——□——
유니온        ——|||——          벨로스형 신축이음 ——ww——
곡관형 신축이음  ——⌒——                       ( ——|□|—— )
90° 엘보     ⊥                티              ⊥
```

(5) 위생기구, 소화기구 도시기호

```
볼탭   •—○        송수구  ⋏
샤워   ⊥          청소구  —|
```

핵 심 문 제

1 배관재료와 사용개소가 가장 알맞게 짝지어진 것은?

① 동관 - 급탕용
② 연관 - 난방용
③ 주철관 - 급수용
④ 강관 - 배수용

2 강관 이음류의 주요 사용 목적 중 잘못 짝지어진 것은?

① 배관을 구부릴 때 : 엘보, 벤드
② 분기 배관시 : T, 크로스(cross), Y
③ 직관의 접합시 : 소켓, 플랜지, 유니언
④ 배관의 말단부 : 이경소켓, 부싱

3 다음의 밸브 및 이음류의 국부마찰저항이 가장 적은 것은?

① 게이트 밸브
② 글로브 밸브
③ 앵글 밸브
④ 90° 엘보

4 배관공사의 부속품 중 유량조절에 사용할 수 없는 것은?

① 앵글 밸브
② 게이트 밸브
③ 체크 밸브
④ 글로우브 밸브

5 유체의 흐름을 한 방향으로만 흐르게 하고 반대 방향으로는 흐르지 못하게 하는 밸브는?

① 스톱 밸브
② 슬루스 밸브
③ 게이트 밸브
④ 체크 밸브

해 설

[해설] 1 용도별 배관재질

구분	스테인레스관	동관	강관(백관)	강관(흑관)	주철관	PVC관
급수관	○	○	△			○
급탕관	○	○	△			
오배수관					○	○
통기관			○			○
가스관			○			
소화관		△	○			
냉온수관	○	○	○			
냉각수관			○			
증기관				○		

[해설] 2 강관이음쇠
- 배관을 휠 때 : 엘보우, 벤드
- 분기관 낼 때 : T, cross, Y
- 직관 접합시 : 소켓, 플랜지, 유니온
- 구경이 다른관 : 이경소켓, 이경티, 부싱
- 배관말단 : 플러그, 캡

[해설] 3 국부저항 마찰상당관장(m)
① 게이트 밸브(슬루스 밸브) : 0.12
② 글로브 밸브(스톱 밸브) : 4.5
③ 앵글 밸브 : 2.4
④ 90° 엘보 : 0.6
- 밸브 중 국부마찰저항이 가장 작은 것은 슬루스 밸브(게이트 밸브)이다.

[해설] 4
① 앵글밸브 - 유체의 입구와 출구가 90°각을 이룸
② 게이트밸브 - 마찰저항이 가장 작은 밸브
③ 체크밸브 - 유로를 한쪽으로 유지할 때 사용, 유량 조절은 불가능
④ 글로우브밸브 - 마찰저항이 가장 큰 밸브

[해설] 5 체크 밸브(check valve, 역지 밸브)
(1) 유체를 한 방향으로만 흐르게 하고 역류를 방지하는 밸브이다.
(2) 종류
  ㉮ 리프트형 : 수평 배관에 사용한다.
  ㉯ 스윙형 : 수직, 수평 배관에 사용한다.
  ㉰ 특수형

정답 1. ① 2. ④ 3. ① 4. ③ 5. ④

6 배관에서 역류방지변(check valve)에 관한 사항이다. 옳지 않은 것은?

① 구조는 역류방지형이다.
② 리프트형과 스윙형의 2종류가 있다.
③ 스윙형은 수직과 수평배관 모두에 이용된다.
④ 리프트형은 수직배관에만 이용된다.

7 건물의 파이프샤프트내 배관에 백색표시가 된 관은 어떤 종류의 물질을 나타내는가?

① 증기관
② 공기
③ 냉수
④ 가스

8 다음 도시기호 중에서 급수관 표시는?

① ────────
② ────・────
③ ────‥────
④ --------------

해 설

해설 6
리프트(lift)형은 수평배관에만 사용

해설 7
• 증기관 – 진한 적색
• 공기 – 백색
• 냉수 – 청색
• 가스 – 황색

해설 8
① 배수관
② 급수관
③ 급탕관
④ 통기관

정답 6. ④ 7. ② 8. ②

기출문제 및 예상문제

7 CHAPTER 배관용 재료

■■■ 배관의 종류

1. 급수설비에 사용되는 경질염화비닐관에 대한 설명으로 옳지 않은 것은?

① 내식성이 크다.
② 전기절연성이 크다.
③ 가소성이 크고 가공이 용이하다.
④ 온도의 변화가 심한 곳에 주로 사용된다.

해설 열팽창율이 크고, 충격에 약한 것이 단점이다.

2. 배수의 수질이 산성인 경우의 배수관 재료는 어느 것이 가장 좋은가?

① 강관 ② 연관
③ 알루미늄관 ④ 도관

3. 배관재료에 관한 설명으로 옳지 않은 것은?

① 주철관은 강관에 비해 내식성이 우수하다.
② 강관의 접합에는 납땜접합이 가장 많이 이용된다.
③ 동관은 관의 두께에 따라 K, L, M 타입으로 구분된다.
④ 합성수지관은 온도 변화에 따른 신축에 유의하여야 한다.

해설 ② 강관의 접합에는 나사접합이 가장 많이 이용되며 그 외 플랜지접합, 용접접합 등이 있다. 납땜접합은 연관의 접합에 쓰인다.

4. 배관용 동관의 관의 두께에 따른 분류에 해당하지 않는 것은?

① K형 ② L형
③ M형 ④ N형

해설 동관은 배관 두께에 따라 K형>L형>M형>N형으로 구분되나 N형의 KS규격은 없다. K형은 주로 의료배관 등 고압배관에 사용되며 냉온수배관 및 온수온돌배관 등 설비배관으로는 L형이나 M형이 사용된다.

5. 배수용 배관재에 대한 설명 중 옳지 않은 것은?

① 경질염화비닐관은 내식성은 우수하나 충격에 약하다.
② 연관은 내식성이 작아 배수용 보다는 난방배관에 주로 사용된다.
③ 동관은 전기 및 열전도율이 좋고 전성·연성이 풍부하여 가공도 용이하다.
④ 주철관은 오배수관이나 지중 매설 배관에 사용된다.

해설 ② 연관은 내식성, 가공성은 좋으나 열에 약해 급탕, 난방배관에는 부적합하다.

6. 배관재의 특성에 대한 설명 중 옳은 것은?

① 아연도강관은 평면충격에 약해 굴곡에 따른 좌굴을 일으키는 단점이 있다.
② 스테인리스 강관은 동결이나 충격에 약하다.
③ 경질염화비닐관은 배관의 지지 및 고정이 어렵고 내화성이 없는 단점이 있다.
④ 수도용 동관은 내식성이 뛰어나지만 마찰저항이 크다.

7. 배관공사에서 동관과 스테인리스강관과 같이 서로 다른 재질의 배관을 접합할 경우 반드시 수행해야 하는 것은?

① 보온
② 절연
③ 탈산소
④ 탈기포

해설 종류가 다른 관을 접합하면 이종금속간에 전위차가 존재하여 전자의 이동이 일어나 부식이 촉진되므로 가스켓 등 절연물을 이용하여 완전하게 절연해야 한다.

해답 1. ④ 2. ② 3. ② 4. ④ 5. ② 6. ① 7. ②

8. 강관의 스케줄 번호는 무엇으로 결정하는가?

① 관의 두께 ② 관의 내경
③ 관의 길이 ④ 관의 외경

해설 스케줄번호(SCH)
=10×사용압력(kgf/cm^2)/허용응력(kgf/mm^2)
스케줄번호가 클수록 관의 두께는 두껍다.

■■■ 이음쇠

9. 다음 중 관이음쇠와 그 사용 용도의 연결이 옳지 않은 것은?

① 부싱(Bushing) : 이경관을 연결할 때
② 엘보(Elbow) : 관의 방향을 바꿀 때
③ 유니온(Union) : 관의 끝을 막을 때
④ 티(Tee) : 관을 도중에서 분기할 때

해설
• 배관을 휠 때 : 엘보우, 벤드
• 분기관 낼 때 : T, cross, Y
• 직관 접합시 : 소켓, 플랜지, 유니온
• 구경이 다른관 : 이경소켓, 이경티, 부싱
• 배관말단 : 플러그, 캡

10. 지름이 다른 주철관을 직선으로 연결하기 위해서 사용되는 것은?

① 캡(cap)
② 티(T)
③ 엘보(elbow)
④ 이경소켓(reducer)

해설 지름이 다른 관을 직선 연결하는 이음쇠 - 이경소켓(reducer), 부싱(bushing)

11. 배관공사의 부속 중 시공한 후 배관교체 등 수리를 편리하게 하기 위해 사용하는 것은?

① 부싱(bushing)
② 유니온(union)
③ 티(tee)
④ 레듀서(reducer)

12. 일반적으로 지름이 큰 대형관에서 배관 조립이나 관의 교체를 손쉽게 할 목적으로 이용되는 이음 방식은?

① 신축 이음 ② 용접 이음
③ 나사 이음 ④ 플랜지 이음

해설 배관의 수리·교체 등에 대비해 50mm 이하의 관에는 유니온, 65mm 이상의 관에는 플랜지를 사용한다. 플랜지는 배관을 직선으로 연결할 때 두 장을 맞대어 사용하는 배관이음쇠이다.

13. 배관조립이나 관의 수리등 관의 교체를 손쉽게 할 목적으로 이용되는 이음은?

① 나사이음 ② 플랜지이음
③ 용접이음 ④ 신축이음

해설 관경 50mm 이하일 경우에는 유니온을, 65mm 이상의 대형관에서는 플랜지 이음을 사용한다.

14. 동일한 관경의 관을 직선 연결할 때 사용되는 강관 이음쇠에 속하지 않는 것은?

① 플러그 ② 소켓
③ 유니온 ④ 플랜지

15. 다음 중 배관을 직선으로 연결하는데 쓰이는 배관 부속류로만 구성된 것은?

① 플러그, 캡 ② 엘보, 벤드
③ 크로스, 티 ④ 소켓, 플랜지

16. 강관의 배관 부속품에 관한 설명으로 옳지 않은 것은?

① 엘보는 배관을 굴곡할 때 사용된다.
② 티와 크로스는 분기관을 낼 때 사용된다.
③ 플러그는 구경이 다른 관을 접합할 때 사용된다.
④ 소켓, 유니온, 플랜지는 직관을 접합할 때 사용된다.

해답 8. ① 9. ③ 10. ④ 11. ② 12. ④ 13. ② 14. ① 15. ④ 16. ③

■■■ 밸브

17. 유체의 흐름에 의한 마찰손실이 적으므로 물과 증기배관에 주로 이용되고 게이트밸브라고도 불리우는 것은?

① 체크밸브　　② 앵글밸브
③ 글로브밸브　④ 슬루스밸브

[해설] 급수, 급탕배관에서 가장 많이 쓰이는 밸브로 슬루스밸브(sluice valve)라고도 하며 마찰저항이 가장 작은 밸브이다.

18. 다음 설명에 알맞은 밸브의 종류는?

- 관로를 전개하거나 전폐할 목적으로 사용된다.
- 밸브를 완전히 열면 배관경과 밸브의 구경이 동일하므로 유체의 저항이 적다.

① 체크밸브
② 앵글밸브
③ 글로브밸브
④ 게이트밸브

19. 다음에서 국부저항 상당관장이 가장 큰 것은?

① 90° 엘보우　　② 티이
③ 게이트 밸브　 ④ 글로브 밸브

[해설] 국부저항상당관(15A기준) 길이
- 글로브(스톱) 밸브 : 4.5m
- 체크밸브 : 1.2m
- 게이트 밸브 : 0.12m
- 앵글 밸브 : 2.4m
- 버터플라이 밸브 : 게이트밸브와 비슷

20. 유로(流路)의 패쇄나 유량의 계속적인 변화에 의한 유량조절에 적합한 것으로 스톱밸브라고도 불리우는 것은?

① 앵글밸브(angle valve)
② 게이트밸브(gate valve)
③ 체크밸브(check valve)
④ 글로브밸브(globe valve)

[해설] 글로브밸브(Globe valve) : 스톱밸브, 구형밸브라고도 한다. 슬루스밸브보다 소형이고 염가이나 유체의 저항 손실이 큰 것이 단점이다.

21. 글로브 밸브에 관한 설명으로 옳지 않은 것은?

① 유량 조절용으로 주로 사용된다.
② 직선 배관 중간에 설치되며 유체에 대한 저항이 크다.
③ 슬루스 밸브에 비해 리프트가 커서 개폐에 많은 시간이 소요된다.
④ 유체가 밸브의 아래로부터 유입하여 밸브시트 사이를 통해 흐르게 되어 있다.

[해설] 글로브밸브는 리프트(밸브가 완전히 열렸을 때 밸브 시트에서의 거리)가 작아 개폐속도가 빠르다.

22. 앵글밸브(angle valve)에 대한 설명으로 옳지 않은 것은?

① 앵글밸브는 게이트밸브(gate valve)의 일종이다.
② 글로브밸브보다 감압현상이 적다.
③ 유체의 흐름을 직각으로 바꿀 때 사용된다.
④ 옥내 소화전의 개폐밸브로 이용된다.

[해설] 앵글밸브는 글로브밸브, 니들밸브 등과 함께 스톱밸브의 일종으로 같은 구조 및 원리로 개방되거나 폐쇄된다

23. 밸브의 종류와 사용 개소의 연결이 옳지 않은 것은?

① 볼 밸브 - 가스 배관
② 게이트 밸브 - 바이패스 배관
③ 풋 밸브 - 양수펌프 흡입구
④ 체크 밸브 - 양수펌프 토출구

24. 다음 밸브 중 유량 조절이 불가능한 것은?

① 글로브 밸브　　② 앵글 밸브
③ 게이트 밸브　　④ 체크 밸브

해답　17. ④　18. ④　19. ④　20. ④　21. ③　22. ①　23. ②　24. ④

[해설] 체크 밸브(역지 밸브)는 유체를 한쪽 방향으로만 흐르게 할 때 사용하는 것으로 유량조절 기능은 없다.

25. 배관 도중의 관내에 침적되기 쉬운 먼지, 흙모래, 쇠부스러기 등 이물질을 제거하기 위해 사용하는 것은?

① 스트레이너　　② 콕
③ 게이트 밸브　　④ 역지 밸브

[해설] 스트레인(strain)은 '거르다'란 뜻, 따라서 strainer는 찌꺼기를 거르는 장치를 말한다.

26. 온수의 유량조절 뿐만 아니라 주로 온수방열기의 환수밸브로 사용하는 것은?

① 열동트랩　　② 리턴콕
③ 2중서비스밸브　　④ 인젝터

27. 증기난방 배관에서 저압측의 압력을 항상 일정하게 유지해 주는 부속은?

① 바이패스 밸브(By pass valve)
② 감압밸브(Pressure Reducing valve)
③ 이중서어비스 밸브(Double Service valve)
④ 팩레스 밸브(Packless valve)

28. 일반적으로 유체의 부력에 의해 밸브가 자동적으로 개폐되는 자동밸브는?

① 체크밸브　　② 리프트밸브
③ 트랩　　④ 볼탭

29. 배관의 보온재에 대한 설명 중 옳지 않은 것은?

① 규조토는 다른 보온재에 비해 단열 효과가 우수하므로 두껍게 시공할 필요가 없다는 장점이 있다.
② 무기질 보온재는 일반적으로 높은 온도에서 사용할 수 있으며 유기질은 비교적 낮은 온도에서 사용한다.
③ 코르크는 재질이 여리고 굽힘성이 없어 곡면에 사용하면 균열이 생기기 쉽다.
④ 기포성 수지는 일반적으로 열전도율이 낮고 가볍다.

[해설] 규조토보온재는 가장 오래된 보온재 중의 하나로 가옥의 벽등에 발라 보온하여 왔으나 현재는 거의 사용되지 않고 있다.

■■■ 배관의 도시기호

30. 배관속을 흐르는 물질이 물일 경우 표시하는 색깔은?

① 청색　　② 황색
③ 적색　　④ 백색

31. 가스사용시설의 지상배관은 어떤 색으로 도색하는 것이 원칙인가?

① 백색　　② 황색
③ 적색　　④ 청색

32. 급탕 도면에서 반탕관의 일반적인 도시기호는?

① ——ǁ——ǁ——　　② ——ǀ——ǀ——
③ ------------　　④ ——·——·——

33. 위생설비 도시 기호 중 오수관을 나타내는 것은?

① ——S——　　② ——D——
③ ——V——　　④ ——·——

[해설] ② 배수관　③ 통기관　④ 급수관

34. 다음 중 앵글 밸브의 도시기호는?

[해설] ① 앵글 밸브　② 온도조절 밸브
③ 밸브일반　④ 슬루스 밸브

해답　25. ①　26. ②　27. ②　28. ④　29. ①　30. ①　31. ②　32. ①　33. ①　34. ①

35. 다음 도시기호 중에서 체크 밸브(check valve)를 표시한 것은?

① ─▷│─   ② ─▷◁─
③ ─▷╱─   ④ ─▷◉─

해설 ② 밸브일반 ③ 다이어프램 밸브 ④ 전자 밸브

36. 다음 중 콕(cock)의 도시기호는?

① ─●─   ② ─┬◯─
③ ─⌀─   ④ ─┤─

해설 ① 콕   ② 온도계
③ 압력계   ④ 청소구

37. 다음 중 벨로스형 신축이음의 도시기호로 맞는 것은?

① ─▭─   ② ─〰─
③ ─⌒─   ④ ─◻─

해설 배관도시기호
① 슬리브이음
② 벨로즈이음
③ 신축곡관
④ 방열기

38. 다음의 기호와 설명이 맞지 않는 것은?

① ─▷◁─ 게이트 밸브
② ─⌒─   팽창 조인트
③ ─×─   파이프 앵커
④ ─╫─   유니온

해설 ① 게이트 밸브가 가장 널리 사용되므로 일반 밸브 기호를 쓰기도 한다.
④ 플랜지 ─╢─
  유니온 ─┼─

39. 건축설비 표시 중에서 배관부속 유니온(union)의 기호는?

① ─╫─
② ─╢─
③ ─⌒─
④ ─⋀─

해설 ② 플랜지 이음
③ 신축곡관
④ 역지 밸브

40. 그림에 접속되어 있는 배관부속의 종류는?

① tee, elbow, cap
② plug, elbow, tee
③ union, nipple, reducer
④ flange, union, tee

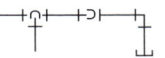

해설 tee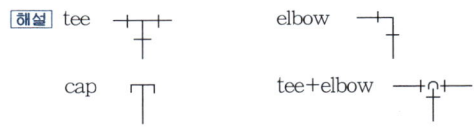

■■■ 위생기구 유니트화

41. 위생설비 유니트화에 대한 설명으로 옳지 않은 것은?

① 시공의 정밀도가 향상된다.
② 현장에서의 작업량이 감소하기 때문에 공기를 단축할 수 있다.
③ 현장에서의 작업의 안전성을 향상시킬 수 있다.
④ 개인의 기호에 따라 다양화가 가능하다.

해설 위생설비 유니트화의 장점
① 시공의 정밀도 향상
② 공기단축 및 공정의 단순화
③ 현장작업의 안전성 향상
④ 인건비 절감

해답 35. ① 36. ① 37. ② 38. ④ 39. ① 40. ① 41. ④

42. 위생도기 재질로서 법랑철기의 특성을 잘못 설명한 것은?

① 표면이 매끄럽고 더러움을 잘 타지 않는다.
② 히트 쇽크(Heat Shock)를 일으키기 쉬우며, 또한 백화현상도 일으킬 수 있다.
③ 충격에 강하고 복잡한 형상의 제작이 용이하다.
④ 흡수성이 없어서 오수를 흡수하지 않는다.

[해설] 법랑철기 - 강판 또는 주철의 표면에 유리질의 유약을 발라 소성(燒成)한 것으로 도기에 비해 파손되지는 않으나 충격이 가해졌을 때 법랑이 박리되고 복잡한 형상의 것은 제작하기 어렵다.

해답 42. ③

제8장 난방설비

출제경향분석

내용이 어렵지는 않으나 매 회 2문제 이상 출제될 정도로 출제 빈도가 높은 부분으로 단순한 암기보다는 이해가 필요한 부분이다.
열관류율 등 전열이론 및 계산, 각 난방방식별 특징, 보일러 종류 및 용량, 방열기 종류 및 상당방열면적, 섹션수 계산 등에 대한 이해가 요구된다.

세 부 목 차

1. 난방설비(Ⅰ) - 기초사항 및 전열
2. 난방설비(Ⅱ) - 증기난방, 온수난방
3. 난방설비(Ⅲ) - 복사난방, 온풍난방, 지역난방
4. 난방설비(Ⅳ) - 보일러 및 방열기

1 난방설비(Ⅰ) - 기초사항 및 전열

학습방향
온도 및 열, 전열에 대한 기본이해가 요구되며 단위 및 혼합온도, 열량, 열관류율 등에 대한 계산문제가 가끔 출제된다.

1 기초사항 및 전열

(1) 온 도(溫度)

따뜻하고 추운 정도를 숫자로 나타낸 것을 온도라 하며, 온도는 섭씨·화씨·절대 온도 등으로 표시한다.

1) 섭씨 온도 ℃(Celsius 또는 centigrade의 약자)

표준 기압하에서 순수한 물의 빙점을 0, 끓는 점을 100으로 하여 그 사이를 100등분한 것을 눈금으로 잡은 것이다.

2) 화씨 온도 °F(Fahrenheit의 약자)

순수한 물의 빙점을 32, 끓는 점을 212로 하여 그 사이를 180등분한 것을 눈금으로 잡는 것이다. 영국·미국에서 사용하는 단위이다.

$$F = \frac{9}{5}C + 32 \qquad C = \frac{5}{9}(F - 32)$$

3) 절대온도 K(Kelvin의 약자)

물체의 분자운동 에너지가 0이 되는 상태를 0°로 정한 온도이며 0 K로 표시한다. SI 단위계에서 온도의 기본단위이므로 우리나라도 앞으로는 절대온도 K를 사용하여야 한다.

0 K는 -273.15℃에 해당되며, 절대온도 T K는 다음과 같다.

T K = 273.15 + t ℃

그리고 화씨의 절대온도 T°R(Rankine의 약자)는 다음과 같다.

T°R = t°F + 459.67

학습POINT

[예제] 섭씨 20℃는 화씨 몇 도인가?

■ $F = \frac{9}{5}C + 32 = \frac{9}{5} \times 20 + 32 = 68°F$

[예제] 화씨 68°F는 섭씨 몇 도인가?

■ $C = \frac{5}{9}(F-32) = \frac{5}{9}(68-32)$
  $= 20℃$

■ 섭씨온도와 절대온도의 1도를 나타내는 눈금의 크기는 같다. 따라서 온도차를 나타낼 때는 ℃=K이다.

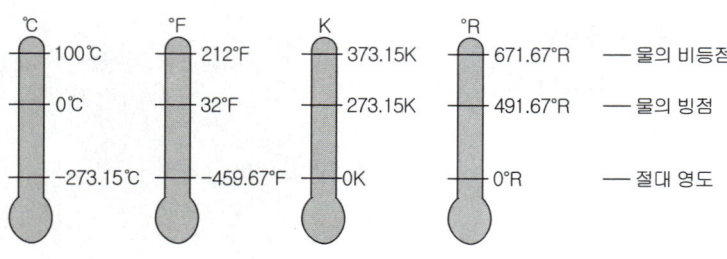

〈그림 1-1〉 온도의 상호관계

(2) 열(熱)

1) 열량

표준 기압하에서 순수한 물 1g을 1°C올리는데 필요한 열량을 1칼로리(calorie)라 하고, 그 1000배를 1kcal라 한다. SI 단위계에서 열량의 단위는 J또는 kJ이며 1kJ=0.2388kcal≒0.24kcal, 1kcal=4.1868kJ≒4.19kJ이다. 열량 q는 다음과 같이 계산되며 순수한 물의 비열은 4.1868kJ/kg·K(약 4.2kJ/kg·K)이다.

$$q = G \cdot C \cdot \Delta t \ (kJ)$$

여기서 G : 질량(kg),　　C : 비열(kJ/kg·k),
　　　　Δt : 가열전후의 온도차(°C)이다.

물의 온도 및 상태변화와 그에 필요한 열량은 그림 1-2와 같다.
온도변화에 따라 출입하는 열을 현열(sensible heat) 또는 감열이라 하고, 상태변화에 따라 출입하는 열을 잠열(latent heat)이라 한다.

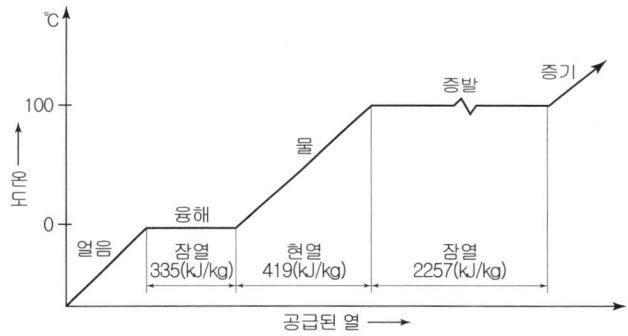

〈그림 1-2〉 물의 온도변화 및 상태변화

한편 t_1°C의 물 m kg과 t_2°C의 물 n kg이 혼합될 경우 혼합온도 t_3는 다음과 같이 계산하며 이는 물뿐만 아니라 공기에 대해서도 같은 방법으로 계산한다.

$m \cdot t_1 + n \cdot t_2 = (m+n) \cdot t_3$ 에서

$t_3 = \dfrac{m}{m+n} t_1 + \dfrac{n}{m+n} t_2 (°C)$

2) 비열

어떤 물질 1kg을 1K 올리는데 필요한 열량을 비열(kJ/kg·K)이라 한다. 물의 비열은 4.2kJ/kg·K이며 공기의 질량비열(C_p)은 1.01kJ/kg·K, 체적비열(C_v)은 1.21kJ/m³·K이다.

[예제] 10°C물 50kg을 70°C로 가열할 경우 필요한 열량은? 물의 비열은 4.2kJ/kg·K이다.
■ 열량=질량×비열×온도차
　=50×4.2×(70-10)=12,600kJ

[예제] 난방부하가 3.5kW인 방에 50°C의 온수가 공급되어 40°C로 환수된다면 순환수량은 얼마가 필요한가?
■ 급탕이든 온수난방이든 물을 가열하는 방식이므로 계산과정도 동일하다.
온수난방부하(급탕부하)
$q = \dfrac{G \cdot C \cdot \Delta t}{3,600}$ (kW)에서
$G = \dfrac{3,600q}{C \cdot \Delta t} = \dfrac{3,600 \times 3.5}{4.2 \times 10}$ = 300kg/h
= 300L/h

[예제] 20°C의 물 10kg이 100°C의 증기로 변하려면 얼마의 열이 필요한가?
■ 1) 20°C 물 10kg이 100°C 물로 변하는데 필요한 열량(현열)
10kg×4.2kJ/kg·K×(100-20)°C
= 3,360kJ
2) 100°C 물이 100°C의 증기로 변하는데 필요한 열량(잠열)
2,257kJ/kg×10kg = 22,570kJ
그러므로 1)+2) = 3,360+22,570
= 25,930kJ이 필요하다.

[예제] 10°C 물 70 kg과 60°C 물 100kg이 혼합하였을 때 온도는 몇 °C가 되는가?
■ 10°C×70kg + 60°C×100kg
= x°C×170kg 에서 x=39.4°C

■ 공기의 질량비열(C_p)
=0.24kcal/kg·K×4.2kJ/kcal
=1.008kJ/kg·K≒1.01kJ/kg·K

■ 공기의 체적비열(C_v)
= 공기의 질량비열×밀도
= 1.01kJ/kg·K×1.2kg/m³
≒ 1.21 kJ/m³·K

3) 열용량

(질량)×(비열)을 그 물체의 열용량이라 하며 어떤 물질의 온도를 1K 변화시키기 위해 필요한 열량을 말한다. 따라서 열용량이 크다는 것은 온도변화에 많은 열량이 필요한 것을 의미한다.

> 열용량(kJ/K) = 질량(kg) × 비열(kJ/kg·K)

(3) 열쾌적

열적으로 쾌적한 상태를 유지하기 위해서는 체내의 열이 방사되도록 실내온도를 피부온도보다 낮게 유지해야 한다. 체내의 열 방사가 적당히 이루어지는 주위환경의 범위를 쾌적범위(comfort zone)라 한다.

1) 인체의 열쾌적에 영향을 미치는 요소(변수)
   ① 물리적 변수 : 기온(DBT), 습도(RH), 기류, 복사열(MRT)
   ② 개인적(주관적)변수 : 주관적이며 정량화할 수 없는 요소이다.
   착의상태(clo), 활동량(met), 나이, 성별, 신체형상, 건강상태 등이 해당된다.

2) 쾌적지표
   ① 실험적 지표
      ㉮ 유효온도(Effective Temperature, ET) - 기온, 습도, 기류를 조합한 감각지표로 복사열이 고려되지 않은 것이 단점이다.
      ㉯ 수정유효온도(CET) : 건구온도 대신 글로브온도를 사용하여 복사열까지 고려한 쾌적지표
      이 외에 신유효온도(ET*), 표준유효온도(SET), 작용온도(효과온도, OT), 등가온도(E_qT), 등온감각온도($E_{qw}T$), 합성온도 등이 있다.
   ② 이론적(분석적) 지표
   기상상태로 인하여 인간이 느끼는 불쾌감의 정도를 나타내는 불쾌지수 외에 열응력지수, 4시간 발한예측, 열응력지표, 상대응력지표, 열스트레스지표 등이 있다.

(4) 전열이론

1) 전열의 기본원리
   전열(傳熱, Heat Transmission)이란 열의 전달 또는 열의 이동을 말한다.
   ① 전도(conduction) : 고체 또는 정지한 유체(공기, 물 등)에서 분자 또는 원자의 열에너지 확산에 의해 열이 전달되는 형태
   ② 대류(convection) : 유체(공기, 물 등)의 이동에 의해 열이 전달되는 형태
   ③ 복사(radiation) : 고온의 물체 표면에서 저온의 물체표면으로 공간

■ clo
의복의 단열성능을 측정하는 무차원단위로서 나체상태는 0clo, 양복정장은 1clo, 극지방의 방한복은 4clo정도이다.

■ 활동에 따른 신진대사 (metabolic rate)
㉮ 활동에 따른 대사의 양은 주로 met 단위로 측정
㉯ 1met는 조용히 앉아서 휴식을 취하는 성인남성의 신체표면적 $1m^2$에서 발생되는 평균 열량으로 $58.2W/m^2$에 해당
㉰ 작업강도가 심할수록 met값이 커진다.

활동의 종류	met 수
수면	0.8
휴식	1.0
일반사무	1.1~1.3
운전, 강의	1.6
가벼운 일, 청소	2.0
매시 4km의 도보	3.0
중노동	6.0

■ 〈표1-1〉쾌적지표 요약

	기호	기온	습도	기류	복사열
유효온도	ET	○	○	○	
수정유효온도	CET	○	○	○	○
신유효온도	ET*	○	○	○	
표준유효온도	SET	○	○	○	
작용온도(효과온도)	OT	○		○	○
등가온도	E_qT	○		○	
등온감각온도	$E_{qw}T$	○	○	○	
합성온도	RT	○		○	○

을 통해 전자파에 의해 열이 전달되는 형태로 진공에서도 일어난다. 보통 전열현상은 이들 전열형태의 하나가 단독으로 일어나는 것이 아니고 복합된 형태로 일어난다.

2) 건물내의 전열과정
① 열전도 : 고체벽 내부의 고온측에서 저온측으로 열이 이동하는 현상
㉮ 열전도율 λ(thermal conductivity, W/m·K) - 물체의 고유성질로서 전도에 의한 열의 이동정도를 표시하며 두께 1m의 재료 양쪽 온도차가 1K 일 때 단위시간 동안에 흐르는 열량
㉯ 작은 공극이 많을수록 열전도율이 작고 따라서 같은 종류의 재료일 경우 비중이 작으면 열전도율은 작다.
㉰ 재료에 습기가 차면 열전도율은 커진다.

② 열전달 : 고체벽과 이에 접하는 공기층과의 전열현상
㉮ 열전달률 α(heat transfer coefficient, W/m²·K) - 벽 표면과 유체간의 열의 이동정도를 표시하며 벽 표면적 1m², 벽과 공기의 온도차 1K 일 때 단위시간 동안에 흐르는 열량
㉯ 열전달률 α = 대류열전달률 $α_c$ + 복사열전달률 $α_r$
㉰ 풍속이 커지면 대류 열전달률은 커진다.
㉱ 열전달률의 실용치
- 실내측 ┬ 수직면(벽면) 8.4~9.1 W/m²·K
         ├ 수평면의 상향(천정) 9.3~11.6 W/m²·K
         └ 수평면의 하향(바닥) 6.2~6.7 W/m²·K
- 실외측 - 풍속이 3~6m/s 일 때 23.3~33.5 W/m²·K

③ 열관류 : 고체로 격리된 공간(예를 들면 외벽)의 한쪽에서 다른 한쪽으로의 전열을 말하며 열통과라고도 한다.
㉮ 열관류율 k(heat transmission coefficient, W/m²·K) - 열이 통과되는 정도를 열관류율이라 하며 이 값이 작을수록 열성능상 유리하다.
㉯ 열관류율의 역수(1/k)를 열관류저항(기호 : R, 단위 : m²·K/W)이라 한다.

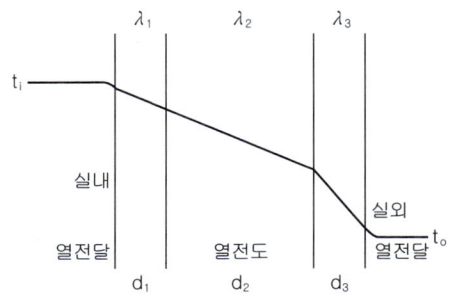

■ 재료의 열전도율(λ)

재료명	열전도율 (W/m·K)
구리	387
알루미늄	244
화강석	2.17
대리석	1.58
철근콘크리트	1.8
무근콘크리트	1.63
경량콘크리트	0.52
시멘트모르타르	1.4
시멘트 벽돌	0.62
자기질 타일	1.51
합판	0.13
석고보드	0.21
유리	0.78
유리면	0.03~0.05
암면	0.03~0.05
발포폴리스티렌폼	0.03~0.05
우레탄	0.026
물	0.6
공기	0.022

■ '건축물의 에너지절약 설계기준'에서 정한 열전달저항(1/α)값
㉮ 실내측 벽 0.11m²·K/W (=1/9.1)
　　천장 0.086m²·K/W (=1/11.6)
　　바닥 0.15m²·K/W (=1/6.7)
㉯ 실외측 0.043m²·K/W (=1/23.3)

$$k = \cfrac{1}{\cfrac{1}{\alpha_i} + \sum \cfrac{d}{\lambda} + r_a + \cfrac{1}{\alpha_o}} (W/m^2 \cdot K)$$

α_i, α_o : 실내외 열전달률(W/m² · K)
λ : 재료의 열전도율(W/m · K)
d : 재료의 두께(m)
r_a : 공기층(중공층)이 있을 경우 그 공기층의 열저항(m² · K/W)

<그림 1-3> 열관류율의 정의

<표 1-2> 단위요약

용어	기호	단위	역수 용어	기호	단위
열전도율	λ	W/m · K	열전도비저항	$1/\lambda$	m · K/W
열콘덕턴스	λ/d	W/m² · K	열전도저항	d/λ	m² · K/W
열전달율	α	W/m² · K	열전달저항	$1/\alpha$	m² · K/W
열관류율	k	W/m² · K	열관류저항	R,1/k	m² · K/W
-	-	-	두께	d	m
-	-	-	공기층의 열저항	r_a	m² · K/W
(열성능상) 작을수록 유리			클수록 유리		

<표 1-3> 참고 : 지역별 열관류율(W/m² · K) 및 최소 단열재 두께 기준

부위 \ 지역	중부 1 (강원 영서, 경기북부, 충북 제천, 경북 봉화, 청송)	중부 2 (서울, 대전, 세종, 인천, 강원 영동, 경기 남부, 충청, 경북, 전북, 경남 거창 함양)	남부 (부산, 대구, 울산, 광주, 전남, 경북 포항, 경주, 청도, 경산, 경남)	제 주 도
거실의 외벽 (공동주택)	0.150 이하 (220mm 이상)	0.170 이하 (190mm 이상)	0.220 이하 (145mm 이상)	0.290 이하 (110mm 이상)
최하층 바닥 (바닥난방)	0.150 이하 (215mm 이상)	0.170 이하 (190mm 이상)	0.220 이하 (140mm 이상)	0.290 이하 (105mm 이상)
최상층 반자 지붕	0.150 이하 (220mm 이상)	0.150 이하 (220mm 이상)	0.180 이하 (180mm 이상)	0.250 이하 (130mm 이상)
창 공동주택	0.900 이하	1.000 이하	1.200 이하	1.600 이하
창 공동주택 외	1.300 이하	1.500 이하	1.800 이하	2.200 이하

※ 표에서 열관류율은 외기에 직접 면하는 경우를 기준으로 한 것이며 단열재는 열전도율이 0.034 W/m · K 이하인 가등급을 기준으로 한 것임.

※ 자료 : 건축물의 에너지절약 설계기준 2018, <별표 1>, <별표 3>에서 발췌한 것임.

■ 중공층의 열저항
㉮ 재료와 재료사이에 형성된 공기층의 열저항
㉯ 대류열전달과 복사열전달이 혼합된 형태
㉰ 공기층의 두께, 열흐름의 방향, 공기의 밀폐도에 따라 변화
㉱ 공기층의 두께가 50mm 정도일 때를 열저항의 최대로 본다.
㉲ '건축물의 에너지절약 설계기준'에서 정한 중공층의 열저항(r_a)값
  현장시공 0.086m² · K/W
  공장시공 0.17m² · K/W

예제 다음 벽체의 열관류율 k를 계산하라. 단, 실내 열전달률 α_i = 9W/m² · K 실외 열전달률 α_o = 25W/m² · K이다.

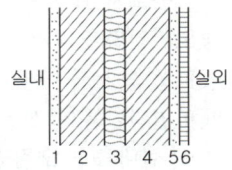

	재 료	두께 (mm)	열전도율 (W/m · K)
①	모르타르	15	1.4
②	벽 돌	100	0.78
③	단 열 재	50	0.035
④	벽 돌	100	0.78
⑤	모르타르	24	1.4
⑥	타 일	5	1.3

■ 열관류율
$$k = \cfrac{1}{\cfrac{1}{9} + \cfrac{0.015}{1.4} + \cfrac{0.1}{0.78} + \cfrac{0.05}{0.035} + \cfrac{0.1}{0.78} + \cfrac{0.024}{1.4} + \cfrac{0.005}{1.3} + \cfrac{1}{25}}$$
$$= \cfrac{1}{1.868} = 0.535(W/m^2 \cdot K)$$

예제 위 벽체의 면적이 10×3m, 실내온도는 20℃, 외기온도는 -10℃일 때 이 벽을 통한 손실열량은?

■ 손실열량
$H_c = k \cdot A \cdot \Delta t$
$= 0.535W/m^2K \times (10 \times 3)m^2 \times (20-(-10))K$
$= 481.5W$

핵 심 문 제

1 실내에서 사람의 온열감각에 영향을 미치는 4가지 요소로서 가장 적당한 것은?

① 기온, 습도, 전도, 복사열
② 열관류, 열전도, 복사열, 대류열
③ 기온, 습도, 기류, 복사열
④ 기온, 습도, 기류, 압력

2 실내의 온열환경 요소로 온도, 습도, 기류 3요소에 의한 체감 표시법은?

① 작용온도
② 수정유효온도
③ 유효온도(실감온도)
④ 효과온도

3 다음 용어의 단위가 옳지 않은 것은?

① 열관류율 - $W/m^2 \cdot K$
② 열전도율 - $W/m \cdot K$
③ 손실열량 - W
④ 비열 - kJ/kg

4 벽체의 열관류율 계산에 고려되지 않는 것은?

① 실내복사열
② 재료의 두께
③ 공기층의 열저항
④ 재료의 열전도율

5 다음과 같은 조건에서 벽체의 열관류율로 맞는 것은? (단, 열전도율 ($W/m \cdot K$)은 모르타르 : 1.4, 콘크리트 : 1.6, 표면의 열전달률 ($W/m^2 \cdot K$)은 외부 : 25, 내부 : 9)

① $2.15 W/m^2 \cdot K$
② $3.66 W/m^2 \cdot K$
③ $4.29 W/m^2 \cdot K$
④ $8.21 W/m^2 \cdot K$

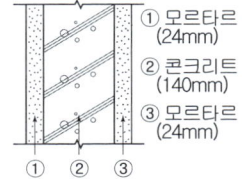

① 모르타르 (24mm)
② 콘크리트 (140mm)
③ 모르타르 (24mm)

해 설

해설 1 인체의 열쾌적에 영향을 미치는 요소(변수)
(1) 물리적 변수 : 기온(DBT), 습도(RH), 기류, 복사열(MRT)
(2) 개인적(주관적)변수 : 주관적이며 정량화할 수 없는 요소 - 착의상태(clothing), 활동량(activity), 나이(age), 성별(sex), 신체형상, 건강상태 등

해설 2 쾌적지표(실험적지표)

	기호	기온	습도	기류	복사열
유효온도	ET	O	O	O	
수정유효온도	CET	O	O	O	O
신유효온도	ET*	O	O	O	O
표준유효온도	SET	O	O	O	O
작용온도 (효과온도)	OT	O		O	O
등가온도	E_qT	O		O	O
등온감각온도	$E_{qw}T$	O		O	O
합성온도	RT	O		O	O

해설 3
비열 - $kJ/kg \cdot K$

해설 4 열관류율
$$k = \cfrac{1}{\cfrac{1}{\alpha_i} + \sum \cfrac{d}{\lambda} + r_a + \cfrac{1}{\alpha_o}} (W/m^2 \cdot K)$$

여기에서
α : 열전달률($W/m^2 \cdot K$)
λ : 열전도율($W/m \cdot K$)
d : 재료의 두께(m)
r_a : 공기층의 열저항($m^2 \cdot K/W$)

해설 5 열관류율
$$k = \cfrac{1}{\cfrac{1}{\alpha_i} + \sum \cfrac{d}{\lambda} + \cfrac{1}{\alpha_o}}$$

$$= \cfrac{1}{\cfrac{1}{9} + \cfrac{0.024}{1.4} + \cfrac{0.14}{1.6} + \cfrac{0.024}{1.4} + \cfrac{1}{25}}$$

$$= \cfrac{1}{0.273} = 3.66 (W/m^2 \cdot K)$$

정답 1. ③ 2. ③ 3. ④ 4. ① 5. ②

기출문제 및 예상문제

CHAPTER 8
1. 기초사항

■■■ 열량

1. 10℃의 물 100L를 50℃까지 가열하는데 필요한 열량은? (단, 물의 비열은 4.2kJ/kg · K 이다.)

① 4,000 kJ
② 8,400 kJ
③ 16,800 kJ
④ 20,800 kJ

[해설] 열량 $Q = G \cdot C \cdot \Delta t = 100kg \times 4.2kJ/kg \cdot K \times (50 - 10)K$
    $= 16,800 kJ$

2. 100℃의 물 1kg이 100℃의 증기로 변하려면 얼마의 열이 필요한가?

① 100kJ/kg
② 539kJ/kg
③ 2,257kJ/kg
④ 4,190kJ/kg

[해설] 물의 상태 및 온도변화에 따른 소요열량
  335kJ/kg   4.2kJ/kg · K   2257kJ/kg
  0℃얼음 ↔ 0℃ 물 ↔ 100℃ 물 ↔ 100℃ 증기

3. 100℃포화수 5kg을 100℃건조포화증기로 하려면 어느 정도의 열량이 필요한가?

① 2,695kJ
② 11,285kJ
③ 35,850kJ
④ 40,070kJ

[해설] 5kg × 2,257kJ/kg(100℃물의 증발잠열) = 11,285kJ

4. 실내 난방시 실내온도의 일반적인 측정위치는?

① 외벽에서 1m 떨어진 곳에서 바닥 위 1.5m인 점
② 실내온도가 가장 높은 곳
③ 난방 기구로부터 1m 떨어진 곳
④ 창쪽에서 1m 떨어진 곳에서 바닥 위 1m인 점

■■■ 열쾌적

5. 다음 중 열환경의 구성인자에 속하지 않는 것은?

① 온도
② 기류
③ 일사량
④ 주위벽의 복사열

6. 인간이 느끼는 열적 쾌적감을 객관적인 지표로 나타내기 위해 몇 가지 단위가 쓰인다. 그 중에서 clo 라는 단위가 나타내는 의미는?

① 투습저항정도
② 옷의 단열정도
③ 잠열에 의한 열손실정도
④ 환기에 의한 열손실정도

[해설] clo : 의복의 단열성능을 측정하는 무차원단위
  1 clo 의 조건 : 기온 21℃, 상대습도 50%, 기류 0.1m/s 의 실내에서 착석, 휴식 상태의 쾌적 유지를 위한 6.5W/m² · K의 열관류율값(또는 0.154m² · K/W의 열관류저항값)에 해당한다.

7. 의복의 단열성을 나타내는 단위로서 그 값이 클수록 인체에서 발생되는 열이 주위 공기로 적게 발산되는 것을 의미하는 것은?

① clo
② dB
③ NC
④ MRT

8. 주관적 온열요소 중 인체의 활동상태의 단위로 사용되는 것은?

① met
② clo
③ lm
④ cd

[해설] Met(Metabolism, 대사)
  ① 인체의 활동에 따른 대사의 양을 나타내는 단위
  ② 1Met는 조용히 앉아 휴식을 취하는 성인남성의 신체표면적 1m²에서 발생되는 평균열량(58.2W/ m²)에 해당
  ③ 작업강도가 심할수록 Met값이 커진다.(수면 : 0.8, 휴식 : 1, 가벼운 일 : 2, 중노동 : 6 Met)

해답 1. ③ 2. ③ 3. ② 4. ① 5. ③ 6. ② 7. ① 8. ①

9. 실감온도(혹은 유효온도)의 요소는?

① 온도, 습도
② 온도, 습도, 복사
③ 온도, 습도, 기류
④ 온도, 기류, 복사

10. 실내 열환경 평가지표에 관한 설명 중 옳지 않은 것은?

① 평균복사온도는 편의상 주벽 각부의 효과를 평균화한 값을 사용한다.
② 수정유효온도는 유효온도에 기류의 영향을 고려한 것으로 건구온도 대신 습구온도를 이용한다.
③ 카타한란계는 기온, 기류, 주벽면온도(복사열)의 조합이 체감에 미치는 효과를 측정하는 계기이다.
④ 작용온도는 기온, 기류 및 주벽면온도(복사열)의 3요소의 조합과 체감과의 관계를 나타내는 것이다.

[해설] 수정유효온도는 유효온도에 복사열의 영향을 고려한 것으로 건구온도 대신 글로브(흑구)온도를 이용한다.

11. 온열지표 중 기온, 습도, 기류, 주벽면온도의 4요소를 조합하여 체감과의 관계를 나타낸 것은?

① 작용온도   ② 불쾌지수
③ 등온지수   ④ 유효온도

[해설] 등온지수(scale of equivalent warmth) : 기온, 습도, 기류에 복사열의 영향을 포함하여, 이 4인자의 종합효과를 나타내는 지수이다.

12. 작용온도(operative temperature)에 대하여 바르게 설명한 것은?

① 온도와 습도를 고려한 감각온도이다.
② 온도와 기류의 속도를 고려한 감각온도이다.
③ 온도, 습도 및 기류를 고려한 감각온도이다.
④ 온도, 기류속도, 복사열을 고려한 감각온도이다.

[해설] 작용온도를 효과온도라 하기도 한다.

13. 실내열환경 지표 중 공기의 습도가 고려되지 않은 것은?

① 작용온도
② 유효온도
③ 등온지수
④ 신유효온도

[해설] 쾌적지수 요약정리

	기호	기온	습도	기류	복사열
유효온도	ET	O	O	O	
수정유효온도	CET	O	O	O	O
신유효온도	ET*	O	O	O	O
표준유효온도	SET	O	O	O	O
작용온도	OT	O		O	O
등가온도	E_qT	O		O	O
등온감각온도	$E_{qw}T$	O	O	O	O
합성온도	RT	O			O

14. 불쾌지수의 결정 요소로만 구성된 것은?

① 기온, 습도
② 습도, 기류
③ 기류, 복사열
④ 기온, 복사열

[해설] 불쾌지수(Discomfort Index)
- 기상상태로 인하여 인간이 느끼는 불쾌감의 정도
- 무풍인 경우 불쾌지수 $dI = 0.72(t+t') + 40.6$ 로 계산한다.
여기에서 t : 건구온도, t' : 습구온도

15. 인체가 주위 환경과 복사 열교환을 행하는 것과 똑같은 양의 복사 열교환을 행하는 균일한 주위 온도를 의미하며, 인체가 실내의 어느 위치에 있느냐에 따라 달라지는 것은?

① 작용온도   ② 유효온도
③ 표준유효온도   ④ 평균복사온도

해답   9. ③   10. ②   11. ③   12. ④   13. ①   14. ①   15. ④

[해설] 평균복사온도(MRT) : 인체와 열교환을 행하는 실내 각 부분의 면적을 고려한 평균표면온도로 평균복사온도(MRT)가 기온(DBT)보다 2℃ 정도 높은 상태가 가장 쾌적한 상태라 한다.

16. 가로, 세로, 높이가 각각 4.5×4.5×3m인 실의 각 벽면 표면온도가 18℃, 천장면 20℃, 바닥면 30℃일 때 평균복사온도(MRT)는?

① 15.2℃ ② 18.0℃
③ 21.0℃ ④ 27.2℃

[해설] 평균복사온도(MRT) : 인체와 열교환을 행하는 실내 각 부분의 면적을 고려한 평균표면온도로 평균복사온도(MRT)가 기온(DBT)보다 2℃ 정도 높은 상태가 가장 쾌적한 상태라 한다.

$$MRT = \frac{A_1T_1 + A_2T_2 + A_3T_3 + \cdots}{A_1 + A_2 + A_3 + \cdots}$$

$$= \frac{4.5 \times 4.5 \times 30 + 4.5 \times 4.5 \times 20 + 4.5 \times 3 \times 4 \times 18}{4.5 \times 4.5 \times 2 + 4.5 \times 3 \times 4}$$

$$= \frac{1,984.5}{94.5} = 21℃$$

여기에서 A_1, A_2, A_3는 실내 각 부분의 면적, T_1, T_2, T_3는 실내 각 부분의 온도이다.

■■■ 용어 및 단위

17. 건축설비 관련 용어의 단위가 옳지 않은 것은?

① 비열 : kJ/kg·K
② 상대습도 : %
③ 열전도율 : W/m²·K
④ 열관류저항 : m²·K/W

[해설] 열전도율 : W/m·K

18. 용어의 단위가 틀린 것은?

① 열전도율 - W/m²·K
② 비열 - kJ/kg·K
③ 열관류 저항 - m²·K/W
④ 실내습도 - %

[해설] 열전도율 - W/m·K
열전달률, 열관류율 - W/m²·K

■■■ 전열이론

19. 다음의 전열(傳熱)에 관한 설명 중 옳은 것은?

① 벽이 결로 등에 의해 습기를 함유하면 그 열관류저항은 크게 된다.
② 공기층의 단열효과는 그 기밀성과는 관계없다.
③ 벽체표면으로부터의 복사는 벽체의 온도가 높을수록 그 비율이 크게 된다.
④ 같은 종류의 보온재이면 비중의 크기는 단열성능과 관계가 없다.

[해설] 같은 종류의 보온재이면 비중이 작을수록 열전도율이 작아 단열성능은 좋다.

20. 열관류에 대한 설명으로 가장 알맞은 것은?

① 고체벽을 사이에 두고 양쪽의 유체사이에 열이 이동하는 현상
② 물체의 온도를 1℃ 상승시키는데 필요한 열량
③ 유체와 고체벽 사이에 열이 이동하는 현상
④ 열복사, 열대류와 함께 열전달 3방식의 하나로 열이 어떠한 물체내의 고온 부분에서 저온부분으로 전달되어 가는 현상

[해설] ②는 비열, ③은 열전달, ④는 열전도에 대한 설명이다.

21. 열관류율에 대한 옳은 설명은?

① 벽체와 같은 고체를 통하여 공기층에서 공기층으로 열이 전하여지는 비율
② 어떤 물체를 열량이 통과할 때 이동한 열량에 대한 저항의 정도
③ 유체와 고체사이의 열의 이동에 관한 비율의 정도
④ 재료의 두께와 열전도율과의 비율

[해설] ③은 열전달률에 대한 내용이며, ④는 열전도저항($\frac{d}{\lambda}$)에 대한 내용이다.

해답 16. ③ 17. ③ 18. ① 19. ③ 20. ① 21. ①

22. 벽체의 열관류율을 계산할 때 필요한 사항이 아닌 것은?

① 벽체의 두께
② 내외벽 표면의 열전달률
③ 벽체의 열전도율
④ 외벽표면의 복사율

23. 다음과 같은 벽체의 열관류율은?

① 내표면 열전달률 : 8 W/m² · K
② 외표면 열전달률 : 20 W/m² · K
③ 재료의 열전도율
 • 콘크리트 : 1.2 W/m · K
 • 유리면 : 0.036 W/m · K
 • 타일 : 1.1 W/m · K

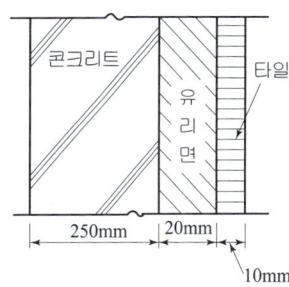

① 약 0.90 W/m² · K   ② 약 1.05 W/m² · K
③ 약 1.20 W/m² · K   ④ 약 1.35 W/m² · K

[해설] 열관류율

$$k = \frac{1}{\frac{1}{a_i} + \sum \frac{d}{\lambda} + \frac{1}{a_o}} = \frac{1}{\frac{1}{8} + \frac{0.25}{1.2} + \frac{0.02}{0.036} + \frac{0.01}{1.1} + \frac{1}{20}}$$

$$= \frac{1}{0.948} ≒ 1.05 (W/m^2 \cdot K)$$

24. 다음과 같이 구성되어 있는 벽체의 열관류율은? (단, 내표면 열전달률은 8W/m² · K, 외표면 열전달률은 20W/m² · K이다.)

재료	두께(m)	열전도율 (W/m · K)	열저항 (m² · K/W)
모르타르	0.02	0.93	
벽돌	0.1	0.53	
공기층			0.21
벽돌	0.21	0.53	
모르타르	0.02	0.93	

① 0.99 W/m² · K   ② 1.18 W/m² · K
③ 1.22 W/m² · K   ④ 1.28 W/m² · K

[해설] 열관류율

$$k = \frac{1}{\frac{1}{\alpha_i} + \sum \frac{d}{\lambda} + r_a + \frac{1}{\alpha_o}}$$

$$= \frac{1}{\frac{1}{8} + \frac{0.02}{0.93} + \frac{0.1}{0.53} + 0.21 + \frac{0.21}{0.53} + \frac{0.02}{0.93} + \frac{1}{20}}$$

$$= \frac{1}{1.013} ≒ 0.987 ≒ 0.99 (W/m^2 \cdot K)$$

25. 10cm 두께의 콘크리트 벽 양쪽 표면의 온도가 각각 5℃, 15℃로 일정할 때, 벽을 통과하는 전도 열량은? (단, 콘크리트의 열전도율은 1.6W/m · K이다.)

① 16 W/m²   ② 32 W/m²
③ 160 W/m²   ④ 320 W/m²

[해설] 전도열량 $Q_c = \frac{\lambda}{d} \cdot A \cdot \Delta t \ (W)$ 이므로

단위면적당 전도열량은

$$Q_c / A = \frac{\lambda}{d} \cdot \Delta t = \frac{1.6}{0.1} \cdot (15-5) = 160 (W/m^2)$$

여기에서 λ : 열전도율(W/m · K)
　　　　　 d : 두께(m)
　　　　　 A : (열류방향에 수직인) 표면적(m²)
　　　　　 Δt : 두 지점간의 온도차(℃)

$\frac{\lambda}{d}$ 를 그 물체의 열 콘덕턴스 (기호 : C, 단위 : W/m² · K)라 하고 그 역수 $\frac{d}{\lambda}$ 를 열전도저항(단위 : m² · K /W)이라 한다.

해답 22. ④ 23. ② 24. ① 25. ③

26. 총열관류저항이 1.5(m²·K/W)인 벽체를 열관류율 0.5W/m²·K로 하고자 할 때, 열전도율 0.03W/m·K인 보온재를 몇 mm 추가하여야 하는가?

① 15   ② 30
③ 45   ④ 60

[해설] 벽체의 열관류율이 0.5W/m²·K라 함은 열관류저항 R′ = 1/k = 1/0.5 = 2이다.
따라서 총열관류저항(R)이 1.5(m²·K/W)인 벽체에 단열재를 추가하여 열관류저항을 2(m²·K/W)로 증대시키고자 하는 것이다.
$\Delta R = R' - R = 2-1.5 = 0.5 = d/\lambda = d/0.03$
따라서 d = 0.03×0.5 = 0.015m = 15mm

27. 10cm 두께의 콘크리트 벽 양쪽 표면의 온도가 각각 5℃, 15℃로 일정할 때, 벽을 통과하는 열량은? (콘크리트의 열전도율=1.6W/m·K)

① 160 W/m²   ② 16 W/m²
③ 100 W/m²   ④ 10 W/m²

[해설] 전도열량 계산식 $q_c = \dfrac{\lambda}{d} \cdot A \cdot \Delta t (W)$

단위 면적당 전도열량은
$\dfrac{q_c}{A} = \dfrac{1.6}{0.1} \times 10 = 160 W/m^2$

28. 실내온도 18℃, 실외온도 0℃, 구조체 두께 150mm, 열관류율 4W/m²·K, 내표면 열전달률 10W/m²·K, 외표면 열전달률 20W/m²·K일 경우 내표면의 온도는?

① 10.8℃   ② 13.27℃
③ 17.9℃   ④ 19.3℃

[해설] 실내에서 내벽표면까지 열전달로 이동된 열량과 구조체 전체를 통해 열관류로 이동된 열량은 같으며 이것을 식으로 나타내면 $\alpha \cdot A \cdot (t_i - t_s) = k \cdot A \cdot (t_i - t_o)$ 이다. t_s는 문제에서 요구한 내표면의 온도이며 A(구조체면적)는 양쪽항에 공통되므로 삭제한 후 문제에 주어진 값들을 대입하면
$10 \times (18 - t_s) = 4(18 - 0)$에서 $t_s = 10.8℃$

해답 26. ①   27. ①   28. ①

2 난방설비(Ⅱ) - 증기난방, 온수난방

> **학습방향**
> 증기난방 및 온수난방방식의 특징에 관해 단순암기보다는 이해가 요구되며 장단점에 있어 상호 반대의 성격을 갖고 있으므로 한 방식의 특징만 이해하면 다른 방식의 특징은 저절로 이해된다.

2 난방방식의 종류

난방방식은 다음과 같이 분류된다.
- 중앙난방 : 건물의 중앙기계실에서 온수나 증기 등의 열매를 만들어 실내의 난방장치로 공급하여 난방
  - 직접난방 : 난방하는 실내에 직접 방열장치를 설치하여 그 방열장치에 의해 실내의 온도를 조절하는 방식
    - 방열체의 방열형식에 따라 - 대류난방, 복사난방
    - 사용열매에 따라 - 증기난방, 온수난방, 온풍난방
  - 간접난방 : 중앙기계실의 공기가열장치에서 가열한 공기를 덕트를 통해 실내로 송풍
- 개별난방 : 열원기기를 실내에 설치하여 난방 - 난로, 페치카, 스토브

(1) 증기난방

1) 증기난방의 특징

보일러에서 생산된 증기를 방열기로 보내 증기의 응축잠열을 이용하는 난방

① 장 점
  ㉮ 방열면적이 온수난방보다 작아도 된다.
  ㉯ 온수의 경우보다 가열시간 및 증기순환이 빠르다.
  ㉰ 열 운반능력이 크다.
  ㉱ 주관의 관경이 작아도 된다.
  ㉲ 설비비가 싸다.

② 단 점
  ㉮ 방열기의 방열량 제어가 힘들다.
  ㉯ 방열기의 표면온도가 높아 쾌적성은 온수난방보다 못하다.
  ㉰ 난방개시할 때 스팀햄머에 의한 소음을 발생시킬 경우가 있다.
  ㉱ 응축수배관이 부식되기 쉽다.
  ㉲ 증기트랩의 고장 및 응축수 처리에 배관상 기술을 요한다.

학습POINT

■ **현열** : 물질의 온도변화에 따른 출입열량
잠열 : 물질의 상태변화(습도변화)에 따른 출입열량

> **참고** 배수트랩과 증기트랩의 비교
>
> ① 배수트랩
> 하수가스 및 벌레침입 방지를 목적으로 배수계통의 일부에 봉수를 고이게 하는 기구 S트랩, P트랩, U트랩, 드럼트랩, 벨트랩 외에 불순물 제거기능까지 있는 그리스트랩, 샌드트랩, 헤어트랩, 석고트랩, 가솔린트랩 등이 있다.
>
> ② 증기트랩(Steam trap)
> 증기 트랩은 응축수가 발생하는 관 또는 장치에 설치하여, 증기와 응축수를 분리시켜 응축수만 배출하는 것으로 열관리상 매우 중요한 것이다. 외형 및 작동원리에 따라 방열기트랩, 열동트랩, 벨로즈트랩, 플로트트랩(다량트랩), 버킷트랩 등이 있다.

<사진 2-1> 각종 증기트랩의 외형

<사진 2-2> 각종 증기트랩의 단면

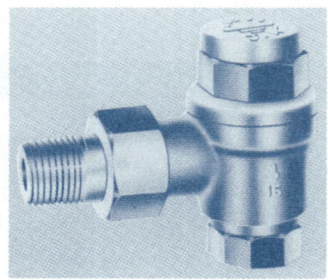
<사진 2-3> 방열기트랩

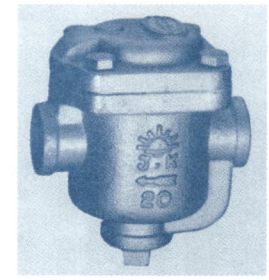
<사진 2-4> 버킷트랩

2) 증기난방의 분류
  ① 응축수 환수방법에 따른 분류
    ㉮ 중력환수식 : 응축수를 펌프를 사용하지 않고 중력만으로 보일러에 환수하는 방식으로, 소규모의 저압 증기설비로서 보일러와 방열기의 높이차를 충분히 유지할 수 있는 경우에 쓰이나 현재는 거의 쓰이지 않는다.

> **참고** 증기난방의 분류
> ① 응축수 환수방법에 따라
>   중력환수식, 기계환수식, 진공환수식
> ② 사용되는 증기압력에 따라
>   저압식, 고압식
> ③ 증기공급 방향에 따라
>   상향식, 하향식, 상·하향식
> ④ 환수배관방식에 따라
>   습식환수, 건식환수
> ⑤ 증기공급관과 환수관의 배관방식에 따라
>   단관식, 복관식

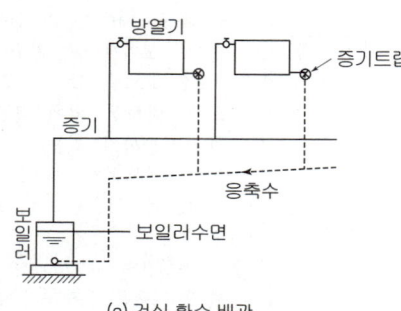
(a) 건식 환수 배관   (b) 습식 환수 배관
<그림 2-1> 중력 환수식

  ㉯ 기계 환수식 : 환수관을 수수탱크에 접속하여 응축수를 이 탱크에 모아 펌프(보일러 보급수펌프라 하며 다단터빈펌프를 많이 사용)로 보일러에 송수하는 방식이므로 보일러의 위치는 방열기와 동일한 바닥면 또는 높은 위치가 되어도 지장이 없다.

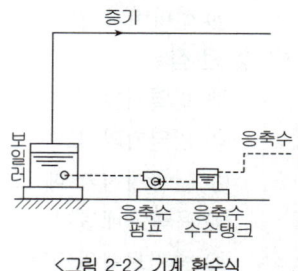
<그림 2-2> 기계 환수식

㉰ 진공 환수식 : 저압 증기난방에서의 기계환수의 한 방식이며, 환수관의 말단에 진공펌프를 접속하여 응축수와 관내의 공기를 흡인해서 증기 트랩 이후의 환수관 내를 진공압으로 만들어 응축수의 흐름을 촉진하는 것이다. 이에 의해 환수의 흐름이 원활해 지므로 환수 관경을 작게 할 수 있고, 배관 기울기에 관계없이 리프트이음이 가능하게 된다. 이 방식은 세 가지 응축수 환수 방식 중 증기의 순환이 가장 빠르며 방열기, 보일러 등의 설치 위치에 제한을 받지 않는다.

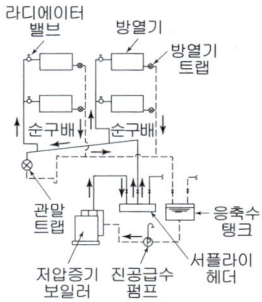

<그림 2-3> 진공 환수식

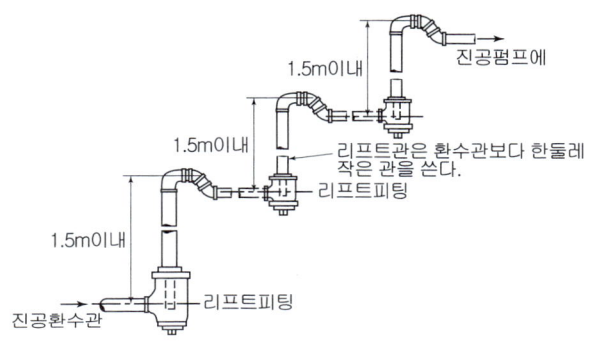

<그림 2-4> 리프트 이음 배관

■ 리프트이음 배관

진공 환수식 난방 장치에 있어서 부득이 방열기보다 높은 곳에 환수관을 배관하지 않으면 안될 때 또는 환수 주관보다 높은 위치에 진공펌프를 설치할 때는 그림과 같이 리프트 이음(lift fittings)을 사용하면 환수관의 응축수를 끌어올릴 수 있다. 이 수직관은 주관보다 한 치수 가느다란 관으로 하는 것이 보통이며, 빨아올리는 높이는 1.5m이내이고, 또 2단, 3단 직렬 연속으로 접속하여 빨아올리는 경우도 있다.

② 사용 증기압력에 따른 분류
  ㉮ 저압 증기난방 : 0.015~0.035MPa 정도를 말하며 보통 0.1MPa 이하를 저압이라 한다.
  ㉯ 고압 증기난방 : 0.1MPa이상

③ 증기 공급방식에 따른 분류
  상향식, 하향식, 상·하향 혼용방식이 있다.

④ 환수배관방식에 따른 분류
  ㉮ 습식 환수 : 보일러의 수면보다 환수주관이 낮은 위치에 있을 때
  ㉯ 건식 환수 : 보일러의 수면보다 환수주관이 높은 위치에 있을 때

⑤ 증기관과 환수배관 방식에 따른 분류
  ㉮ 단관식 : 별도의 환수관을 설치하지 않아 증기와 응축수가 동일 관 내에 흐르도록 한 것으로 방열기 하부태핑에 연결되며 증기트랩을 사용하지 않는다.
  ㉯ 복관식 : 증기관과 환수관을 별개의 관으로 하고, 방열기마다 증기트랩을 설치하여 응축수만을 환수관을 통하여 보일러로 환수시킨다.

■ 증기는 고압으로 생산 및 수송하여 저압으로 감압하여 사용하는 것이 연료비, 배관비, 발열량 면에서 유리하다.

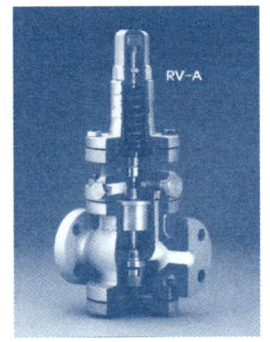

<사진 2-5> 감압밸브의 단면

3) 증기난방 배관법

① 증기주관의 관말트랩 배관

증기주관의 관끝에서 주관 안의 응축수를 건식환수관에 배출하기 위해서는 그림 2-5와 같이 배관한다.

증기주관에서부터 트랩에 이르는 냉각레그(Cooling Leg)는 완전한 응축수를 트랩에 보내는 관계로 보온 피복을 하지 않으며, 또 냉각면적을 넓히기 위해 그 길이도 1.5m 이상으로 한다. 증기 주관이 길어져 응축수가 다량으로 흐를 때는 플로트 열동식 트랩(F.T)을 사용한다.

또 트랩의 고장 수리·교환 등에 대비하여 그림 2-6과 같이 바이패스 배관을 하는 것이 편리하다.

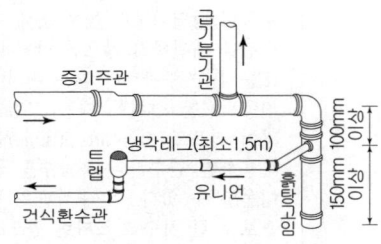

〈그림 2-5〉 냉각레그   〈그림 2-6〉 바이패스 배관

② 보일러 주변의 배관

저압 증기 난방 장치에 있어서 환수주관을 보일러 하단에 직접 접속하면 보일러 내의 증기압력에 의해 보일러 내의 수면이 안전수위 이하로 내려 간다. 또 환수관의 일부가 파손되어 물이 샐 때는 보일러 내의 물이 유출하여 안전수위 이하가 되고 보일러는 빈 상태로 된다. 이런 위험을 막기 위하여 그림 2-7과 같이 밸런스관을 달고 안전 저수면보다 높은 위치에 환수관을 접속하는데 이런 배관법을 하트포드(Hartford) 접속법이라고 한다.

이 접속법은 보일러 내의 안전수위를 유지할 뿐만 아니라 증기압과 환수압을 밸런스시키고 환수주관 안에 침적된 찌꺼기를 보일러에 유입시키지 않는 특징도 있다.

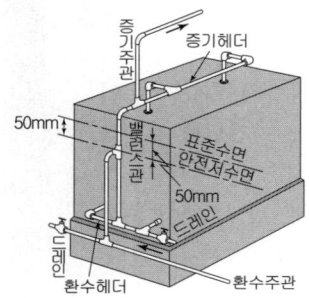

〈그림 2-7〉 하트포드 접속법

(2) 온수난방

1) 온수난방의 특징

온수난방은 현열을 이용한 난방으로, 보일러에서 가열된 온수를 배관을 통하여 방열기에 공급하여 난방하는 방식이다.

① 장점
- ㉮ 난방부하의 변동에 따른 온도조절이 용이하다.
- ㉯ 현열을 이용한 난방이므로 쾌감도가 높다.
- ㉰ 방열기 표면온도가 낮아 표면에 부착한 먼지타는 냄새가 적다.
- ㉱ 보일러 취급이 용이하고 안전하다.

② 단점
- ㉮ 증기난방에 비해서 방열면적과 배관의 관경이 커야 하므로 설비비가 약간 비싸다.
- ㉯ 예열시간이 길다.
- ㉰ 운전정지시 동파의 우려가 있다.

2) 온수난방의 분류

① 사용온도(열매온도)에 의한 분류
- ㉮ 보통온수난방 : 100℃ 이하(85~90℃)의 온수 사용
- ㉯ 고온수 난방 : 100℃ 이상의 온수 사용, 포화압력 이상으로 유지해야 하므로 강판제 보일러와 밀폐식 팽창탱크의 사용이 필수적이다.

② 온수 순환방식에 의한 분류
- ㉮ 중력순환식 : 펌프를 이용하지 않고 온수의 온도차에 의한 밀도차로 순환시키는 방식
- ㉯ 강제순환식 : 펌프를 이용하여 온수를 순환시키는 방식으로서 펌프로는 주로 원심펌프 중 단단볼류트펌프를 사용하며 소형일 때는 라인펌프를 사용하기도 한다.

■ 온수난방의 장점을 반대로 표면하면 증기난방의 단점이 되고 온수난방의 단점을 반대로 표현하면 증기난방의 장점이 된다.

> **참고** 온수난방의 분류
> ① 열매온도에 따라
>   보통온수난방, 고온수난방
> ② 순환방식에 따라
>   중력순환식, 강제순환식
> ③ 온수공급관과 환온수관의 배관방식에 따라
>   단관식, 복관식
> ④ 온수공급 방향에 따라
>   상향식, 하향식, 상·하향식
> ⑤ 환수배관방식에 따라
>   직접환수수식, 역환수방식

<사진 2-6> 밀폐형 팽창탱크

■ 개방식 배관에서는 온수가 100℃가 되면 증기로 증발하므로 고온수난방에서는 100℃ 이상이 되어도 증발하지 않도록 포화압력 이상으로 유지하여야 하므로 밀폐식 배관으로 하여야 한다.

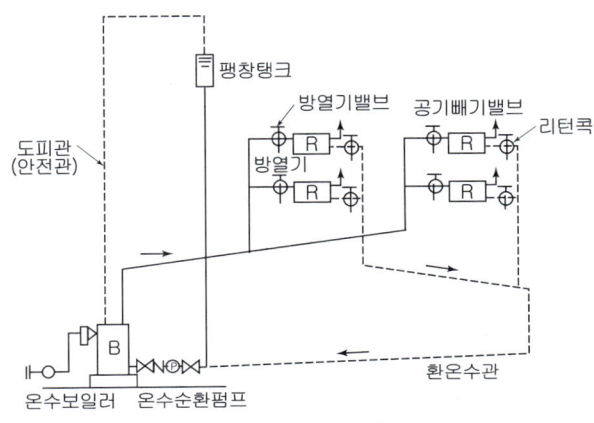

<그림 2-8> 강제 순환식 온수난방

(a) 단단볼류트펌프

(b) 다단볼류트펌프

(c) 입형다단터빈펌프

(d) 라인펌프

<사진 2-7> 각종 펌프

■ 용도에 따른 펌프의 분류
- 급탕, 냉·온수, 냉각수 등의 순환용 - 단단볼류트 펌프 또는 라인펌프
- 양수펌프, 소화펌프 - 다단볼류트 펌프
- 보일러 급수펌프 - 다단터빈펌프

③ 온수공급방향에 따라
 - 상향식, 하향식, 상·하향 혼용방식

④ 배관방식에 따라
 ㉮ 단관식 - 온수 공급관과 환수관이 하나의 관으로 되어 있는 방식
 ㉯ 복관식 - 온수 공급관과 환수관이 별도의 관으로 되어 있는 방식으로 직접환수방식(direct return system)과 역환수방식(reverse return system)으로 분류된다.

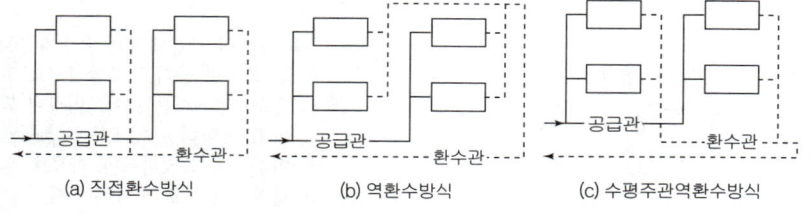

(a) 직접환수방식　　(b) 역환수방식　　(c) 수평주관역환수방식

<그림 2-9> 환수방식

■ 역환수배관방식
방열기, FCU 등의 기기마다 배관마찰저항이 비슷해져 유량이 균등하게 공급되도록 공급관과 환수관을 더한 길이가 기기마다 동일하게 배관하는 것으로 냉온수배관에만 적용되며 증기관이나 급수·급탕관 등에는 필요없는 배관방식이다.
또한 고층건물에서는 층별로도 유량이 균등하게 공급되도록 수직관도 역환수배관방식으로 한다.

핵 심 문 제

1 증기난방에 관한 설명 중 옳은 것은?
① 응축수의 환수방식에 따라 저압식과 고압식이 있다.
② 온수난방에 비하여 배관경이나 방열기가 커진다.
③ 고압증기 난방시는 주증기관의 도중에 가압밸브를 설치하여 증기를 가압 공급한다.
④ 하트포드 접속은 보일러의 최저 수위 이하에서의 연소를 방지할 수 있다.

2 증기난방에 관한 설명으로 옳지 않은 것은?
① 온수난방에 비해 예열시간이 짧다.
② 온수난방에 비해 한랭지에서 동결의 우려가 적다.
③ 운전 시 증기해머로 인한 소음을 일으키기 쉽다.
④ 온수난방에 비해 부하변동에 따른 실내방열량의 제어가 용이하다.

3 진공환수식 난방장치에 있어서 부득이 방열기보다 높은 곳에 환수관을 배관하지 않으면 안될 때 또는 환수주관보다 높은 위치에 진공펌프를 설치할 때, 환수관에 응축수를 끌어올리기 위해 사용하는 것은?
① 리프트 이음
② 볼 조인트
③ 루프형 이음
④ 슬리브형 이음

4 다음에서 난방용 증기트랩이 아닌 것은?
① 방열기트랩
② 열동식트랩
③ 드럼트랩
④ 버켓트랩

5 증기난방 배관법에서 냉각 레그(Cooling leg)에 대한 다음의 설명 중 맞지 않는 것은?
① 보온 피복을 할 필요가 없다.
② 응축수를 냉각하기 위한 배관이다.
③ 관경은 증기주관보다 한 치수 크게 해야 한다.
④ 냉각레그와 환수관 사이에는 트랩을 설치하여야 한다.

해 설

해설 1
① 환수방식에 따라 중력환수식, 기계환수식, 진공환수식 등이 있다.
② 온수난방에 비해 방열량이 크므로 배관이나 방열면적은 작아도 된다.
③ 고압증기 난방시는 감압밸브를 설치하여 증기를 저압으로 감압시켜 사용한다.

해설 2
증기는 온수에 비해 온도가 높고 유량조절이 어려우므로 방열량 조정이 어렵다.

해설 3
진공환수식 난방장치에 있어서 부득이 방열기보다 높은 곳에 환수관을 배관하지 않으면 안될 때 또는 환수주관보다 높은 위치에 진공펌프를 설치할 때 리프트 이음(lift fittings)을 사용하면 환수관의 응축수를 끌어 올릴 수 있다.

해설 4
(1) 배수용 트랩
• 목적 : 역류하는 악취방지 및 벌레침입 방지
• 종류 : S트랩, P트랩, U트랩, 벨트랩, 드럼트랩
(2) 포집기(interceptor)
• 목적 : 배수중에 혼입된 이물질 제거
• 종류 : 그리이스트랩, 샌드트랩, 헤어트랩, 석고트랩, 가솔린트랩
(3) 난방용 트랩
• 목적 : 증기와 응축수를 분리하여 응축수만 보일러로 환수
• 종류 : 증기(스팀)트랩, 방열기트랩, 열동트랩, 벨로우즈트랩, 플로트트랩, 버킷트랩

해설 5
냉각레그(cooling leg) : 증기주관 말단에서 트랩에 이르는 부분을 말하는 것으로 남아있는 증기가 열을 방출하고 응축되어야 하기 때문에 보온하지 않으며 길이도 1.5m 이상으로 한다.
증기를 응축수로 만들기 위한 배관이지 응축수를 냉각하기 위한 배관이 아니며 또한 관경이 증기주관보다 클 필요는 없다.

정답 1. ④ 2. ④ 3. ① 4. ③ 5. ②,③

6 보일러 주변을 하트포드(Hartford) 접속으로 하는 가장 주된 이유는?
① 소음을 방지하기 위해서
② 효율을 증가시키기 위해서
③ 스케일(scale)을 방지하기 위해서
④ 보일러 내의 안전수위를 확보하기 위해서

7 온수난방에 관한 설명으로 옳지 않은 것은?
① 증기난방에 비해 예열시간이 길다.
② 온수의 잠열을 이용하여 난방하는 방식이다.
③ 한랭지에서 운전정지 중에 동결의 우려가 있다.
④ 증기난방에 비해 난방부하변동에 따른 온도조절이 비교적 용이하다.

8 고온수난방에 대한 설명 중 틀린 것은?
① 열매는 100~150℃의 온수를 사용한다.
② 팽창탱크는 위험을 막기 위해 개방식을 쓴다.
③ 강판재 보일러를 사용한다.
④ 보일러와 동일한 바닥에 방열기를 설치하여도 온수순환이 가능하다.

9 온수난방 배관에서 역환수방식(Reverse Return System)을 채택하는 이유 중 맞는 것은?
① 배관의 길이를 작게 한다.
② 온수가 식지 않도록 한다.
③ 온수의 유량분배를 균일하게 한다.
④ 배관의 신축을 조정한다.

10 온수난방의 팽창탱크의 설치 위치 중 적당한 것은?
① 배관계통 중 제일 높은 곳에 설치한다.
② 최상층 방열기 보다 조금 낮게 설치한다.
③ 보일러실 천장에 설치한다.
④ 응축수 바로 뒤에 설치한다.

해 설

해설 6
보일러의 안전수위를 유지(빈불때기 방지)하기 위해 보일러에 밸런스관을 달고 안전저수면보다 높은 위치에 환수관을 접속하는 방법을 하트포드 접속법이라 한다.

해설 7 증기난방과 온수난방의 특징 비교

구 분	증기난방	온수난방
예열시간	짧다(간헐운전에 적합)	길다(간헐운전에 부적합)
열용량	작다	크다
열운반능력	크다(증발잠열이용)	작다(현열이용)
방열량조절	곤란	용이(온수온도조절)
쾌적도	나쁘다	좋다
소음	스팀햄머	조용하다
보일러 취급	어렵다	간단하다
배관경	작다	크다
방열면적	작아도 된다	커야 한다
설비비	싸다	비싸다
동일방열면적당 방열량	크다 (0.756kW/m²)	작다 (0.523kW/m²)

해설 8
고온수난방에서는 온수가 100℃ 이상에서도 액체상태로 존재하도록 배관내 압력을 포화압력이상으로 유지하기 위하여 밀폐식 팽창탱크를 사용한다.

해설 9 역환수배관방식(reverse return system)
냉온수배관에서 각 기기마다 배관회로 길이를 같게 하여 마찰손실을 같게 함으로써 유량이 균등하게 분배되도록 환수관을 역으로 돌려 배관하는 방식

해설 10
온수난방의 팽창탱크(Expansion tank)는 온수팽창에 대한 안전장치이므로 개방식의 경우 최상층 방열기에서 순환압력 이상 높은 위치에 설치하는 것이 안전하다. 밀폐식 팽창탱크일 경우에는 대개 지하 기계실에 설치한다.

정답 6. ④ 7. ② 8. ② 9. ③ 10. ①

기출문제 및 예상문제

CHAPTER 8 — 2. 증기난방, 온수난방

■■■ 증기난방의 특징

1. 중앙난방식을 직접난방과 간접난방으로 구분할 경우, 다음 중 직접난방에 해당하지 않는 것은?
① 온수난방　② 증기난방
③ 온풍난방　④ 복사난방

[해설] 가열코일식 온풍난방은 온풍로에서 가열한 공기를 덕트를 통해 실내로 송풍하는 간접난방에 해당한다.

2. 잠열을 이용한 난방방식은?
① 온수난방　② 증기난방
③ 복사난방　④ 온풍난방

[해설] 증기난방은 잠열, 온수난방은 현열을 이용한다.

3. 다음 중 잠열을 이용한 난방으로 예열시간이 짧고 간헐운전에 적합하지만 방열기의 표면온도가 높아 유치원의 난방에는 부적합하며 스팀해머링이 발생할 수 있는 난방방식은?
① 증기난방
② 온수난방
③ 고온수난방
④ 복사난방

4. 증기난방에 대한 설명 중 옳지 않은 것은?
① 예열시간이 길고 간헐운전에 사용할 수 없다.
② 온수난방에 비하여 배관경이나 방열기가 작아진다.
③ 스팀해머를 발생할 수 있다.
④ 증기의 유량제어가 어려우므로 실온조절이 곤란하다.

[해설] ① 증기난방은 온수난방에 비해 예열시간이 짧아 간헐운전에 적합하다.

5. 다음의 증기난방에 대한 설명 중 옳지 않은 것은?
① 온수난방에 비해 한랭지에서 동결의 우려가 적다.
② 온수난방에 비해 열용량이 크므로 예열시간이 길다.
③ 온수난방에 비해 방열기의 방열면적이 작다.
④ 운전시 증기해머로 인한 소음을 일으키기 쉽다.

[해설] ② 증기난방은 예열시간이 짧다.

6. 증기난방에 관한 설명으로 옳지 않은 것은?
① 계통별 용량제어가 곤란하다.
② 한랭지에서 동결의 우려가 적다.
③ 예열시간이 온수난방에 비하여 짧다.
④ 부하변동에 따른 실내방열량의 제어가 용이하다.

7. 다음 중 증기난방에 대한 설명으로 옳지 않은 것은?
① 응축수 환수관 내에 부식이 발생하기 쉽다.
② 온수난방에 비해 방열기 크기나 배관의 크기가 작아도 된다.
③ 방열기를 바닥에 설치하므로 복사난방에 비해 실내바닥의 유효면적이 줄어든다.
④ 온수난방에 비해 예열시간이 길어서 충분히 난방감을 느끼는데 시간이 걸린다.

8. 증기난방과 온수난방에 관한 설명이다. 옳지 않은 것은?
① 증기난방은 부하의 조정이 곤란하나 온수난방은 비교적 용이하다.
② 증기난방은 온수난방에 비하여 배관경이나 방열기가 커지지만 시공이 용이하여 설비비가 싸게 든다.

해답　1. ③　2. ②　3. ①　4. ①　5. ②　6. ④　7. ④　8. ②

③ 증기난방은 예열시간이 짧고, 간헐 운전에 적합하다.
④ 건물이 높아지면 온수난방은 보일러나 방열기에 압력이 작용하므로 적용 범위가 좁다.

9. 난방설비에서 온수난방과 비교한 증기난방의 특징으로 옳지 않은 것은?
① 배관 구경이나 방열기가 작아진다.
② 예열시간이 짧고 간헐 운전에 적합하다.
③ 건물 높이에 관계없이 증기를 쉽게 운반할 수 있다.
④ 증기의 유량제어가 용이하여 실내온도 조절이 쉽다.

10. 난방에 대한 설명으로 옳게 된 것은?
① 증기난방은 증기의 유량 제어가 어려우므로 실온 조절이 곤란하다.
② 증기난방은 온수난방에 비해 소음이 작다.
③ 증기난방에서 버킷의 자중과 그 부력과의 차에 의해 밸브를 개폐하는 트랩을 플로트 트랩이다.
④ 밀폐식 팽창탱크는 저온수난방에 주로 사용된다.

해설 ② 증기난방은 난방개시할 때 스팀햄머에 의해 소음을 발생시킬 경우가 있다.
③ 버킷의 바중과 부려과의 차이로 개폐되는 트랩은 버킷트랩이다.
④ 밀폐식 팽창탱크는 고온수난방에 사용된다.

■■■ **증기난방의 분류**

11. 증기난방에 대한 다음 설명 중 맞는 것은?
① 고압식은 게이지 압력이 0.1MPa 이상이다.
② 난방 부하의 변동에 따라 방열량 조절이 쉽다.
③ 중력 환수식은 대규모 고압 증기 설비이다.
④ 증발 잠열을 이용하기 때문에 열의 운반능력이 작다.

해설 ② 난방부하의 변동에 따라 방열량의 조절이 곤란하다.
③ 세가지 응축수 환수방식(중력환수식, 기계환수식, 진공환수식) 중 진공환수식은 증기의 순환이 가장

빠르며, 방열기 및 보일러 등의 설치 위치에 있어서 조금도 제한을 받지 않으므로 대규모의 난방방식에 사용한다.
④ 증발 잠열을 이용하기 때문에 열의 운반능력이 크다.

12. 증기난방은 일반적으로 저압을 사용하나 대규모 건물 또는 공장 등에서는 고압을 쓴다. 다음 중 고압의 기준은?
① 0.01 MPa 이상
② 0.05 MPa 이상
③ 0.1 MPa 이상
④ 1 MPa 이상

13. 응축수 환수방식에 의한 증기난방방식의 분류에 속하지 않는 것은?
① 중력식
② 상향식
③ 진공식
④ 기계식

14. 진공환수식 증기난방에 관한 설명 중 틀린 것은?
① 방열기 설치위치가 제한된다.
② 환수관의 관경을 줄일 수 있다.
③ 환수배관의 구배를 줄일 수 있다.
④ 환수도중 입상부분이 있어도 문제되지 않는다.

해설 진공 환수식
환수 관경을 적게 할 수 있고, 배관 기울기에 구애됨이 없이 리프트이음이 가능케 된다. 증기의 순환이 빠르며 방열기, 보일러 등의 설치 위치에 하나도 제한을 받지 않는다.

15. 증기난방의 응축수 환수방식 중 환수가 가장 원활하고 신속하게 이루어지는 것은?
① 진공식
② 기계식
③ 중력식
④ 복관식

해답 9. ④   10. ①   11. ①   12. ③   13. ②   14. ①   15. ①

16. 진공환수식 증기난방에 관한 설명으로 옳지 않은 것은?

① 리프트 피팅의 사용이 불가능하다.
② 환수가 원활하고 신속하게 이루어진다.
③ 진공펌프는 일반적으로 전동식이 사용된다.
④ 관경이 가늘어지고 배관구배를 작게 할 수 있다.

[해설] 진공환수식 난방에서는 리프트 이음(피팅) 배관법을 사용하여 응축수를 끌어 올릴 수 있다.

■■■ 증기트랩

17. 다음 중 증기 트랩의 설치 목적과 가장 거리가 먼 것은?

① 배관내의 응축수 제거
② 배관내의 공기 제거
③ 배관내의 모래 등 잡물 제거
④ 배관내의 불응축성 기체 제거

[해설] 배관 내 모래 등 잡물을 제거하기 위해 설치하는 것은 스트레이너이다.

18. 증기난방에서 응축수 환수를 위해 사용되는 장치는?

① 리턴콕   ② 인젝터
③ 증기트랩   ④ 플러시밸브

19. 벨로오즈 트랩이 쓰이는 이유는?

① 관내의 응축수를 배출하기 위하여
② 관내의 압력을 낮추기 위하여
③ 관내의 증기를 몰아내기 위하여
④ 관내의 고형이물을 제거하기 위하여

[해설] (1) 배수용 트랩
 목적 : 역류하는 악취방지 및 벌레침입 방지
 종류 : S트랩, P트랩, U트랩, 벨트랩, 드럼트랩
 (2) 포집기(interceptor)
 목적 : 배수중에 혼입된 이물질 제거
 종류 : 그리스트랩, 샌드트랩, 헤어트랩, 석고트랩, 가솔린트랩
 (3) 난방용 트랩
 목적 : 증기와 응축수를 분리하여 응축수만 보일러로 환수
 종류 : 증기(스팀)트랩, 방열기트랩, 열동트랩, 벨로우즈트랩, 플로트트랩, 버킷트랩

20. 증기난방의 방열기 트랩에 속하지 않는 것은?

① U트랩   ② 버킷트랩
③ 플로트트랩   ④ 벨로즈트랩

21. 증기난방설비에서 낮은 곳에 있는 응축수를 높은 곳으로 올리거나 환수관에 응축수를 체류시키지 않고 중력으로 저압보일러에 돌아가게 할 때 리턴트랩으로 사용되는 것은?

① 플로트 트랩
② 버킷 트랩
③ 리프트 트랩
④ 디스크 트랩

[해설] 리프트 트랩
낮은 곳에 있는 응축수를 높은 곳으로 올리거나 환수관에 응축수를 체류시키지 않고 중력으로 저압보일러에 돌아가게 할 때 리턴트랩으로 사용한다. 트랩의 전후에는 역지밸브를 설치하여 역류를 방지토록 하며 이 트랩은 진공식에서 고압까지 사용범위가 넓다.

22. 고압증기 배관에서 환수관이 높은 위치에 있을 때 기기에서 배출된 응축수를 처리하기 위하여 사용하는 트랩은?

① 플로트 트랩   ② 디스크트랩
③ 열동트랩   ④ 버켓트랩

23. 증기트랩 중 응축수의 부력을 이용하는 기계식 트랩에 속하는 것은?

① 바이메탈 트랩
② 벨로즈 트랩
③ 버킷 트랩
④ 열동식 트랩

해답 16. ① 17. ③ 18. ③ 19. ① 20. ① 21. ③ 22. ④ 23. ③

해설 증기트랩 : 증기를 이용하는 기기나 배관내에서 생기는 응축수만 자동적으로 환수관 쪽으로 배출시키는 장치
① 버킷트랩, 플로트 트랩 - 응축수의 부력을 이용
② 바이메탈트랩, 벨로즈트랩, 다이아프램트랩 - 열동트랩(온도에 의한 신축을 이용)
③ 디스크트랩 - 증기응축에 의한 압력변화를 이용

24. 다음 중 기계식 증기트랩에 속하지 않는 것은?
① 버킷 트랩
② 플로트 트랩
③ 바이메탈 트랩
④ 플로트 · 서모스탯 트랩

■■■ 증기배관

25. 진공 환수식 증기난방의 리프트 이음(lift fittings)에 관한 기술 중 옳지 않은 것은?
① 리프트 이음은 1단의 높이를 1.5m 이내로 한다.
② 리프트 이음은 환수주관보다 높은 위치에 응축수를 끌어 올릴 때 사용한다.
③ 리프트 이음은 강관의 이음쇠 등을 조합해서 만든다.
④ 리프트 이음의 수직관은 주관보다 한 치수 크게 한다.

해설 리프트 이음(lift fittings)
진공 환수식 난방장치에서 진공펌프 앞에 설치하는 이음을 말하며 환수관을 방열기보다 위쪽으로 배관할 때 또는 진공펌프를 환수주관보다 높은 위치에 설치할 때 이용하며 리프트 이음의 수직관은 주관보다 한 치수 작게 한다.

26. 배관의 연결 방법 중 리프트 이음(lift fitting)이 사용되는 곳은?
① 오수정화조에서 부패조
② 급수설비에서 펌프의 토출측
③ 난방설비에서 보일러의 주위
④ 배수설비에서 수평관과 수직관의 연결부위

해설 진공환수식 증기난방에서는 리프트 이음(피팅) 배관법을 사용하여 응축수를 끌어 올릴 수 있다.

27. 증기난방 설비와 관계가 없는 것은?
① 하트포드 접속(Hartford connection)
② 역환수 배관(Reverse return pipe)
③ 냉각 레그(Cooling leg)
④ 리턴 트랩(Return trap)

해설 역환수배관방식(reverse return piping system)은 냉·온수 배관에만 적용되며 증기관이나 급수, 급탕관에는 필요없는 배관방식이다.

28. 다음 중 증기난방에만 쓰이는 부속품은?
① 라디에이터 밸브
② 라디에이터 트랩
③ 감압밸브
④ 공기밸브

29. 증기난방 배관에서 증기주관으로부터 트랩에 이르는 냉각레그(cooling leg)는 길이를 얼마 이상으로 하는가?
① 1.5m
② 2.0m
③ 2.5m
④ 3m

해설 증기주관에서 트랩에 이르는 냉각레그(Cooling leg)는 완전한 응축수를 트랩에 보내기 위해 보온 피복을 하지 않으며, 또 냉각면적을 넓히기 위해 길이도 1.5m 이상으로 한다.

30. 증기주관에서 관말 트랩에 이르며. 보온 피복을 하지 않는 관은?
① 하트포드 배관
② 역환수 배관
③ 냉각 레그
④ 2중 서비스밸브

해답 24. ③ 25. ④ 26. ③ 27. ② 28. ② 29. ① 30. ③

31. 증기난방설비에서 방열기나 증기코일 및 배관내에 공기가 고였을 경우에 대한 설명으로 옳지 않은 것은?

① 증기나 응축수의 흐름을 방해한다.
② 장치내에 있는 공기가 열전달을 저하시켜 예열이 지연된다.
③ 공기의 분압만큼 증기의 실질압력이 높아져 증기의 온도가 내려간다.
④ 방열기나 증기코일의 내벽면에 공기막을 형성하여 전열을 저해한다.

32. 저압증기 난방장치에서 환수주관을 보일러 하단에 직접 접속하면 보일러내의 증기압력에 의해 보일러내의 수면이 안전수위 이하로 내려간다. 이러한 상태를 막기 위한 배관법은?

① 하트포드접속법
② 리프트이음
③ 역환수배관
④ 바이패스접속법

33. 증기난방 설비에서 스팀헤더(steam header)를 쓰는 이유는?

① 증기의 압력을 보충하기 위해서
② 각 계통으로 분류 송기하기 위해서
③ 관의 신축조절을 용이하도록 하기 위해서
④ 응축수를 배출하기 위해서

해설
• 증기헤더의 목적 - 보일러에서 생산된 증기를 모아 각 계통별로 공급
• 하트포트 접속법의 목적 - 보일러의 수위를 유지하여 빈 불때기 방식
• 역환수배관방식 - 냉온수배관에서 각 기기마다 유량을 균등하게 공급

34. 다음 중 증기난방에서 증기의 경로가 옳은 것은?

① boiler → 방열기 → steam header → 주증기관 → 감압밸브 → 환수관 → pump → 방열기 → return tank
② boiler → steam header → 주증기관 → 감압밸브 → 방열기 → return tank → 환수관 → pump → boiler
③ boiler → 주증기관 → 감압밸브 → 방열기 → steam header → return tank → 환수관 → pump → boiler
④ boiler → 주증기관 → 감압밸브 → steam header → 방열기 → 환수관 → return tank → pump → boiler

해설 보일러에서 만들어진 증기는 주증기관을 거쳐 스팀헤더로 공급되는데 대개 스팀헤더로 모아지기 전에 감압밸브를 사용해 감압을 한다. 스팀헤더로 모아진 증기는 배관을 따라 방열기등 필요한 장소에 공급되며 응축수는 환수관을 통해 응축수 탱크(return tank)로 모아져 보일러 보급수펌프를 이용해 보일러로 돌아간다.

35. 난방용 열매 중 증기에 관한 설명으로 옳지 않은 것은?

① 증기의 포화온도는 압력의 변화에 따라 변한다.
② 포화증기의 비체적은 증기의 압력이 증가할수록 증가한다.
③ 증기의 압력이 증가하면 포화증기가 갖게 되는 잠열은 조금씩 감소하게 된다.
④ 건포화증기를 다시 가열하면 증기의 온도는 포화온도보다 높아지며 체적은 더욱 증가한다.

해설 포화증기의 비체적(m^3/kg)은 증기압력이 증가할수록 감소한다.

36. 증기의 성질 중 증기압력이 높아질수록 변화하는 요인을 설명한 것 중 틀린 것은?

① 포화증기의 비중량은 감소한다.
② 포화증기의 엔탈피는 증가한다.
③ 증발잠열은 감소한다.
④ 포화수의 엔탈피는 증가한다.

해설 증기압력이 높아질수록 포화증기의 비중량(kg/m^3)은 커진다.

해답 31. ③ 32. ① 33. ② 34. ④ 35. ② 36. ①

37. 난방용 열매인 증기의 특징을 옳게 설명한 것은?
① 증기압력이 높을수록 포화온도는 높아진다.
② 증기압력이 높을수록 증발열은 증가한다.
③ 증기압력이 높을수록 열쾌적성은 좋아진다.
④ 동일한 증기량을 공급할 경우 증기압력이 높을수록 증기배관경은 커진다.

[해설] 증기압력이 높을수록 밀도(kg/m^3)는 커지고 증발잠열(kJ/kg)은 감소하며 동일한 증기량을 공급할 경우 배관경은 작아도 된다.

온수난방의 특징

38. 온수난방에 관한 설명으로 옳지 않은 것은?
① 증기난방에 비하여 예열시간이 짧다.
② 온수의 현열을 이용하여 난방하는 방식이다.
③ 한랭지에서 운전정지 중에 동결의 우려가 있다.
④ 온수의 순환방식에 따라 중력식과 강제식으로 구분할 수 있다.

39. 온수난방방식에 관한 설명으로 옳지 않은 것은?
① 온수의 현열을 이용하여 난방하는 방식이다.
② 한랭지에서 운전 정지 중에 동결의 위험이 있다.
③ 열용량이 작아 증기난방에 비해 예열시간이 짧게 소요된다.
④ 증기난방에 비해 난방부하 변동에 따른 온도 조절이 비교적 용이하다.

40. 증기난방과 비교한 온수난방의 특징으로 옳지 않은 것은?
① 소요방열면적이 작아 설비비가 낮다.
② 열용량이 커서 예열시간이 길게 소요된다.
③ 한랭지에서 장시간 운전정지시 동결우려가 있다.
④ 방열면의 온도가 낮아서 비교적 높은 쾌감도를 얻을 수 있다.

41. 온수난방의 일반적인 특징에 관한 설명으로 옳지 않은 것은?
① 한랭지에서는 운전정지 중에 동결의 위험이 있다.
② 난방을 정지하여도 난방 효과가 어느 정도 지속된다.
③ 현열을 이용한 난방이므로 증기난방에 비해 쾌감도가 높다.
④ 증기난방에 비하여 소요방열면적과 배관경이 작게 되므로 설비비가 적게 든다.

42. 온수난방 방식에 관한 설명으로 옳지 않은 것은?
① 증기난방에 비해 예열시간이 짧다.
② 증기난방에 비해 소요방열면적이 크다.
③ 증기난방에 비해 비교적 높은 쾌감도를 얻을 수 있다.
④ 증기난방에 비해 난방부하의 변동에 따른 온도 조절이 용이하다.

43. 온수난방의 일반적인 특징에 대한 설명 중 옳지 않은 것은?
① 현열을 이용한 난방이므로 증기난방에 비해 쾌감도가 높다.
② 난방 부하의 변동에 따라 온수 온도와 온수의 순환수량을 쉽게 조절할 수 있다.
③ 한랭시 난방을 정지하였을 경우에도 동결의 우려가 없다.
④ 난방을 정지하여도 난방 효과가 어느 정도 지속된다.

44. 온수난방에 관한 설명으로 옳지 않은 것은?
① 증기난방에 비해 보일러의 취급이 비교적 쉽고 안전하다.
② 동일 방열량인 경우 증기난방보다 관지름을 작게 할 수 있다.
③ 증기난방에 비해 난방부하의 변동에 따른 온도

해답 37. ① 38. ① 39. ③ 40. ① 41. ④ 42. ① 43. ③ 44. ②

조절이 용이하다.
④ 보일러 정지 후에도 여열이 남아 있어 실내난방이 어느 정도 지속된다.

[해설] ② 온수난방은 증기난방에 비해 표준방열량이 작으므로 배관이나 방열면적은 커야 된다.

45. 증기난방과 비교한 온수난방의 특징으로 옳지 않은 것은?

① 열용량이 크다.
② 예열부하가 작다.
③ 용량제어가 용이하다.
④ 배관부식의 우려가 적다.

■■■ 온수난방의 분류

46. 온수난방 방식 중 옳지 못한 것은?

① 수온에 의해 보통 온수식과 고온수식이 있다.
② 환수방식에 의해 중력식과 진공식이 있다.
③ 팽창수조의 형에 의해 밀폐식과 개방식이 있다.
④ 배관방식에 의해 하향식과 상향식이 있다.

[해설] • 순환방식에 따라 중력순환식과 강제순환식이 있다.
• 환수방식에 따라 직접환수식과 역환수식이 있다.

47. 온수의 순환방식에 따른 온수난방방식의 분류에서 온수의 밀도차를 이용하는 방식은?

① 단관식   ② 하향식
③ 개방식   ④ 중력식

48. 다음의 온수난방에 대한 설명 중 옳은 것은?

① 보일러와 팽창탱크를 연결하는 팽창관에는 밸브를 설치하여야 한다.
② 단관식 중력순환방식(하향공급식)에서 온수공급주관은 올림구배로 한다.
③ 밀폐식 팽창탱크는 100°C 이하의 저온수 난방에 이용되며 고온수 난방에서는 사용할 수 없다.
④ 복관식 강제순환방식(상향공급식)에서 온수공급주관은 올림구배로 하고, 온수반환주관은 내림구배로 한다.

[해설] ① 팽창관에는 밸브를 설치하지 않는다.
② 하향공급되는 단관식 중력순환방식의 배관은 원활한 환수를 위해 선하향구배(내림구배)로 한다.
③ 100°C 이상의 고온수난방에서는 물을 포화압력 이상으로 유지하여 증발을 방지하여야 하기 때문에 밀폐식 팽창탱크를 사용하여야 한다.

49. 온수난방에 관한 설명으로 옳지 않은 것은?

① 강제 순환식은 중력 순환식보다 관경이 작아도 된다.
② 중력 순환식 온수난방에서 방열기는 보일러보다 높은 장소에 설치한다.
③ 고온수 방식에서는 개방식 팽창탱크를 사용하며 밀폐식 팽창탱크는 사용할 수 없다.
④ 단관식 배관방식은 온수의 공급과 환수를 하나의 관으로 사용하는 방식이다.

[해설] 100°C 이상의 고온수난방에서는 물을 포화압력 이상으로 유지하여 증발을 방지하여야 하기 때문에 밀폐식 팽창탱크를 사용하여야 한다.

50. 고온수 난방방식에 관한 설명으로 옳지 않은 것은?

① 장치의 열용량이 크므로 예열시간이 길게 된다.
② 공급과 환수의 온도차를 크게 할 수 있으므로 열수송량이 크다.
③ 공업용과 같이 고압증기를 다량으로 필요로 할 경우에는 부적당하다.
④ 지역난방에는 이용할 수 없으며 높이가 높고 건축면적이 넓은 단일 건물에 주로 이용된다.

[해설] 고온수난방은 지역난방에 많이 이용되며 높이가 높은 곳은 고온수보다는 고압증기가 수송에 편리하여 많이 이용된다.

해답 45. ② 46. ② 47. ④ 48. ④ 49. ③ 50. ④

■■■ 온수배관

51. 온수난방 설비에서 보일러로부터 개개의 방열기를 거쳐 보일러로 복귀되는 공급관과 환수관의 길이의 합을 같게 하는 배관방식은?

① 일관식 배관법
② 이관식 배관법
③ 역환수 배관법
④ 하트 포드 배관법

52. 온수난방에서 역환수방식(Reverse Return System)을 채택하는 주된 이유는?

① 배관의 길이를 축소하기 위해
② 온수의 유량분배를 균일하게 하기 위해
③ 순환펌프를 설치하기 위해
④ 열손실과 발생소음을 줄이기 위해

[해설] 냉온수배관에서는 배관 마찰손실을 같게 하여 균등한 유량이 되도록 리버스리턴 배관방식(역환수배관방식)을 사용한다.

53. 리버스 리턴(reverse-return) 배관방식에 관한 설명으로 옳은 것은?

① 증기난방 설비에 주로 이용되는 배관방식이다.
② 계통별로 마찰저항을 균등하게 하기 위한 배관방식이다.
③ 배관의 온도변화에 따른 신축을 흡수하기 위한 배관방식이다.
④ 물의 온도차를 크게 하여 밀도차에 의한 자연순환을 원활하게 하기 위한 배관방식이다.

[해설] 역환수방식(리버스 리턴방식)
방열기, FCU 등의 냉온수배관에서 배관마찰손실을 같게 하여 균등한 유량이 되도록 각 기기마다 배관회로의 길이를 같게 하는 방식

54. 온수난방의 배관계통에서 물의 온도변화에 따른 체적증감을 흡수하기 위하여 설치하는 것은?

① 컨벡터
② 감압밸브
③ 팽창탱크
④ 열교환기

55. 온수난방설비에 사용되는 팽창탱크의 기능에 관한 설명으로 가장 알맞은 것은?

① 기포가 온수의 흐름과 같은 방향으로 흐르도록 한다.
② 온수의 저장소로 급탕수전을 열었을 때 온수가 즉시 나오도록 한다.
③ 운전 중 장치내의 온도상승으로 생기는 물의 체적팽창과 그 압력을 흡수한다.
④ 공급관과 환수관의 마찰저항값을 유사하게 하여 순환온수가 균등하게 흐르도록 한다.

56. 강제순환식 온수난방법에서 온수순환펌프를 부착시키는 위치로서 가장 적당한 것은?

① 급탕주관의 상부에 부착
② 환수주관의 보일러측 말단에 부착
③ 팽창관의 상부에 부착
④ 수직공급 주관의 말단에 부착

[해설] ② 펌프의 효율성을 고려하여 환수주관의 보일러측 말단에 부착한다.

57. 난방용 온수배관의 동파방지 대책이 아닌 것은?

① 옥외 노출배관을 하지 않는다.
② 부동액을 혼입하여 사용한다.
③ 에어벤트를 설치한다.
④ 전열히터로 보온한다.

[해설] ③ 에어벤트를 설치하면 배관내 공기의 정체를 막아 온수순환이 잘 되어 동파방지에 도움이 될 수는 있으나 직접적인 동파방지대책은 아니다.

해답 51. ③ 52. ② 53. ② 54. ③ 55. ③ 56. ② 57. ③

58. 온수난방 설비와 관계가 없는 것은?

① 라지에터의 밸브
② 팽창탱크
③ 공기빼기 밸브
④ 하트포드 배관법

59. 온수난방 설비와 관계 없는 것은?

① 순환펌프　　　② 팽창수조
③ 공기빼기 밸브　④ 감압밸브

해설 감압밸브에는 증기용과 수도용이 있다.

60. 난방설비 배관 부속품 중 온수 또는 증기의 유량을 조절하는데 쓰이는 것은?

① 증기트랩　　　② 감압밸브
③ 방열기 밸브　　④ 인젝터

해설 ① 증기트랩 : 배관내의 응축수 제거(증기 난방에서만 사용)
② 감압밸브 : 고압 증기를 저압 증기로 감압한다.(증기난방에서만 사용)
③ 방열기 밸브 : 온수난방, 증기난방에서 모두 사용
④ 인젝터 : 증기 보일러의 급수장치(증기난방에서만 사용)

해답　58. ④　59. ④　60. ③

3 난방설비(Ⅲ) - 복사난방, 온풍난방, 지역난방

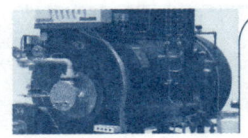

> **학습방향**
> 복사난방의 특징에 관해 이해가 요구되며 온풍난방은 기출문제 중심의 학습으로 충분하다. 지역난방은 점차 보급이 확대되어 가고 있어 중요도가 커지고 있다.

(3) 복사난방

1) 복사난방의 특징

복사난방은 방을 구성하는 바닥, 천장 또는 벽체에 열원을 매설하고 온수를 공급하여 그 복사열로 방을 난방하는 방법이다. 방열기를 사용하는 대류난방에서는 방열량의 70~80%가 대류열에 의하는데 대해 복사난방은 50~70%의 복사열에 의한다.

① 장점
   ㉮ 실내의 수직온도분포가 균등하고 쾌감도가 높다.
   ㉯ 방을 개방하여도 난방효과가 높다.
   ㉰ 방열기가 필요없으므로 바닥의 이용도가 높다.
   ㉱ 대류가 적으므로 바닥면의 먼지가 상승하지 않는다.

② 단점
   ㉮ 외기의 급변에 따른 방열량 조절이 곤란하다.
   ㉯ 시공이 어렵고 수리비, 설비비가 비싸다.
   ㉰ 매입배관이므로 고장요소를 발견할 수 없다.
   ㉱ 열손실을 막기 위한 단열층을 필요로 한다.
   ㉲ 바닥하중, 두께가 증대한다.

2) 복사난방 설계상 주의사항
   ① 가열면 표면온도 : 가열면의 온도는 높을수록 복사방열은 크지만, 주거환경을 고려하여 적절한 온도가 되도록 한다.

<표 3-1> 패널 표면온도

종 류		패널 표면 온도(℃)	
		보 통	최 고
바 닥 패 널		27	35
벽 패 널	플라스터 마감	32	43
	철 판(온수)	71	-
	철 판(증기)	81	-
천장 패널(플라스터 마감)		40	54

> **학습POINT**
> ■ 복사열전달은 고온의 표면과 저온의 표면과의 열이동이므로 공기온도와 관계없다. 따라서 복사열전달이 주류를 이루는 복사난방은 천정고가 높은 실이나, 외풍이 심한 방에서도 난방효과가 높다.
> 또한 낮은 온도를 유지한 상태에서도 난방이 가능하므로 실내외 기온차(Δt)가 적어서 열손실을 줄일 수 있는 효과도 있다.

② 매설 배관의 관경 : 일반적으로 바닥 매설 배관은 15~20A의 동관 또는 플라스틱관을 쓴다.
③ 배관 피치 : 방열량을 고르게 할 경우, 피치는 적게 매설깊이는 깊게 하는 것이 온도 분포가 고르게 되어 바람직하지만, 경제적인 면에서는 20cm~30cm 정도가 적당하다.
④ 매설깊이 : 표면온도 분포와 열응력으로 인한 바닥의 균열 등을 고려하여, 적어도 **관 위에서 표면까지의 두께를 관경의 1.5~2.0배 이상**으로 한다.
⑤ 배관길이 : 표면온도차를 작게 하기 위하여 배관회로 하나의 길이는 50m 이하로 한다.
⑥ 온수온도와 온도차 : 온수온도는 콘크리트에 매설한 경우 최고 60℃ 이하로 평균 50℃ 정도가 많이 쓰이고 있다. 공기층일 경우 일반 온수난방과 같이 평균 80℃까지 써도 된다. 순환온수의 온도차는 가열면의 온도분포를 균일하게 한다는 점에서 5~6℃ 이내로 한다.

(4) 온풍난방

1) 특징

온풍난방은 온풍로로 가열한 공기를 직접 실내로 공급하는 난방방식이다.
① 장점
  ㉮ 증기·온수난방 방식에 비해 장치가 간단하고 설비비도 적게 든다.
  ㉯ 예열시간이 짧아 실온상승이 빠르다.
  ㉰ 온도와 기류 및 풍량조절이 가능하다.
② 단점
  ㉮ 소음과 온풍로의 내구성이 문제가 된다.
  ㉯ 취출 온도차가 35~50℃나 되어 정밀한 온도제어가 곤란하다.
  ㉰ 쾌감도가 좋지 않다.

2) 용도

이 방식은 주택, 점포 등 비교적 소규모 건물에 설치가 용이하며, 운전시간이 비교적 짧은 건물에 유리하다.

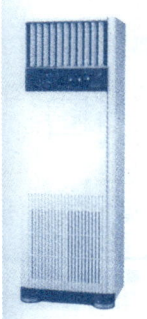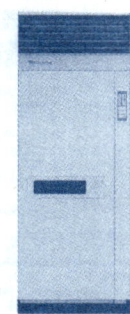

<사진 3-1> 온풍로(직접취출형)

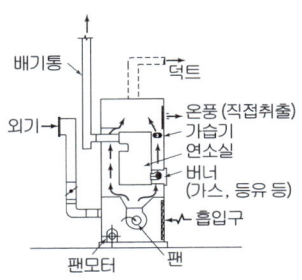

<그림 3-1> 온기로식 온풍난방

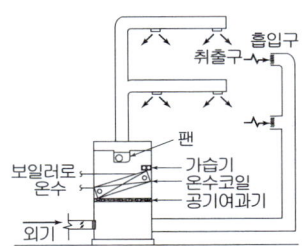

<그림 3-2> 가열코일식 온풍난방

■ 난방방식 비교

쾌감도 : 복사난방 > 온수난방 > 증기난방 > 온풍난방

설비비 : 복사난방 > 온수난방 > 증기난방 > 온풍난방

3 지역난방

(1) 개요
지역난방(District Heating)이란 도시 혹은 일정 지역내에 대규모 고효율의 열원플랜트를 설치하여 여기에서 생산된 열매(증기 또는 온수)를 지역내의 각 주택, 상가, 사무실, 병원 등 수용가에 공급하므로서 효율적인 에너지 사용을 도모하는 난방방식을 말한다.

(2) 지역난방의 열매
① 증기 : 수송에 편리하며 특히 높은 곳에 보낼 경우 더욱 좋다. 반면에 복수(腹水)처리가 불편하며 이 복수는 수송관을 부식시키고 트랩관리가 어려워 열 경제적으로는 손해이지만 복수를 보일러에 반환시키지 않고 도중에 버릴 경우도 있다.
② 온수 : 수송에 펌프가 필요하며 팽창수조가 필요하다. 높은 곳에 송수할 경우 기기의 허용압력이 커야 하나 온도제어가 쉽고 열효율도 높아 최근에는 온수를 많이 사용한다. 현재 국내에서는 115℃의 중온수를 공급하여 65℃로 회수하고 있다.

(3) 지역난방의 장점
① 폐열을 이용한 에너지 이용율 증대 - 화력발전소 효율 35%를 열병합발전을 이용해 70~80%로 증대
② 대용량 기기의 사용에 따른 기기효율의 상승
③ 연소폐기물의 집중화에 의한 대기오염 감소
④ 연료저장 및 수송의 일원화로 도시재해 방지 및 비용절감
⑤ 도시미관보호 및 공해방지를 통한 자연보호효과 기대
⑥ 인건비 및 연료비 절약 - 열원설비를 집중관리하므로 관리인원 감소, 연료의 대량구매를 통한 비용절감
⑦ 각 건물의 설비면적을 줄이고 유효면적을 넓힐 수 있다.

(4) 지역난방의 단점
① 초기시설 투자비가 많아진다.
② 열원기기의 용량제어가 어렵다.
③ 배관이 길어지므로 배관에서의 열손실이 많다.
④ 고도의 숙련된 기술자가 필요하다.

핵 심 문 제

1 복사난방의 특징 중 옳지 않은 것은?
① 저온복사 난방은 설비비가 많이 든다.
② 온도분포가 불균일하다.
③ 쾌적도가 높다.
④ 실온을 다른 방식에 비하여 낮게 할 수도 있다.

2 복사난방에 관한 설명 중 옳지 못한 것은?
① 실내의 온도분포가 균등하고 쾌감도가 높다.
② 방열기를 설치하지 않아 실내 바닥면의 이용도가 높다.
③ 천장이 높은 실의 난방에는 사용할 수 없다.
④ 구조체를 따뜻하게 하므로 예열시간이 길고 일시적인 난방에는 바람직하지 않다.

3 바닥 복사난방 방식에서 관상단에서 바닥표면까지의 두께는 관 외경의 얼마 이상으로 하는가?
① 1~1.5배
② 1.5~2.0배
③ 2.0~2.5배
④ 2.5~3.0배

4 지역난방의 장·단점에 대한 다음 설명 중 틀린 것은?
① 설비의 고도화에 따라 도시의 매연을 경감시킬 수 있다.
② 각 건물마다 유효면적이 증대되고 화재의 위험이 적다.
③ 초기투자비는 싸지만 사용요금의 분배가 곤란하다.
④ 각 건물마다 보일러 시설을 할 필요가 없으나 배관중의 열손실이 많다.

해 설

[해설] 1 복사난방의 특징
① 장점
  ㉮ 실내의 수직온도분포가 균등하고 쾌감도가 높다.
  ㉯ 방을 개방상태로 하여도 난방효과가 높다.
  ㉰ 바닥의 이용도가 높다.
② 단점
  ㉮ 외기의 급변에 따른 방열량 조절이 곤란하다.
  ㉯ 시공이 어렵고 수리비, 설비비가 비싸다.
  ㉰ 매입배관이므로 고장요소를 발견할 수 없다.
  ㉱ 열손실을 막기 위한 단열층을 필요로 한다.
  ㉲ 바닥하중, 두께가 증대한다.

[해설] 2
복사난방은 열전달이 주로 복사에 의하여 이루어지므로 실내의 수직 온도분포가 균등하고 방을 개방상태로 하여도 난방효과가 높다.

[해설] 3 복사난방의 적정치
① 가열면 표면온도 : 가열면의 위치에 따라 다르지만 바닥난방일 경우 30℃전후가 적당
② 매설배관의 관경 : 일반적으로 15~20A의 동관 또는 플라스틱관
③ 배관 피치(간격) : 20cm~30cm 정도가 적당
④ 매설깊이 : 관경의 1.5~2.0배이상
⑤ 배관회로 하나의 길이 : 표면온도차를 작게 하기 위하여 50m 이하

[해설] 4 지역난방의 단점
① 초기시설 투자비가 많아진다.
② 배관에서의 열손실이 많다.

정답 1. ② 2. ③ 3. ② 4. ③

기출문제 및 예상문제

8 CHAPTER
3. 복사난방, 온풍난방, 지역난방

■■■ 복사난방의 특징

1. 복사난방에 대한 설명 중 옳지 않은 것은?
① 쾌적감이 높다.
② 외기침입이 있는 곳에서도 난방감을 얻을 수 있다.
③ 매립코일이 고장나면 수리가 어렵다.
④ 열용량이 작기 때문에 간헐난방에 적합하다.

2. 바닥복사난방에 관한 설명으로 옳지 않은 것은?
① 실내바닥면의 이용도가 높다.
② 하자 발견이 어렵고 보수가 어렵다.
③ 천장이 높은 방의 난방은 불가능하다.
④ 방이 개방상태에서도 난방 효과가 있다.

[해설] 복사난방은 수직온도분포가 균등하므로 천장이 높은 방의 난방에 가장 적합하다.

3. 복사난방방식에 대한 설명으로 옳지 않은 것은?
① 열용량이 커서 예열시간이 짧다.
② 대류난방에 비하여 설비비가 비싸다.
③ 방을 개방상태로 하여도 난방효과가 있다.
④ 수직온도분포가 균일하고 실내가 쾌적하다.

4. 복사난방에 관한 설명 중 옳지 않은 것은?
① 바닥, 벽체, 천정 등을 방열면으로 할 수 있다.
② 예열시간이 길고 일시적인 난방에는 바람직하지 않다.
③ 방열기의 설치로 인해 실의 바닥면의 이용도가 낮다.
④ 복사열에 의하므로 쾌감성이 좋다.

[해설] 복사난방은 방열기가 설치되지 않아 실내유효면적이 증가한다.

5. 복사난방방식에 관한 설명으로 옳지 않은 것은?
① 다른 난방방식에 비하여 쾌적감이 높다.
② 실내 상하의 온도차가 크다는 단점이 있다.
③ 외기침입이 있는 곳에서도 난방감을 얻을 수 있다.
④ 열용량이 크기 때문에 간헐난방에는 그다지 적합하지 않다.

[해설] 복사난방은 열전달이 주로 복사에 의하여 이루어지므로 실내의 수직온도분포가 균등하고 방을 개방상태로 하여도 난방효과가 높다.

6. 복사난방에 대한 설명 중 옳지 않은 것은?
① 실내의 온도분포가 균등하고 쾌감도가 높다.
② 평균온도가 낮기 때문에 동일 방열량에 대해 손실열량이 크다.
③ 구조체를 덥히게 되므로 예열시간이 길어져 일시적으로 쓰는 방에는 부적당하다.
④ 하자 발견이 어렵고 보수가 어렵다.

[해설] 복사난방은 열전달이 주로 복사에 의해 이루어지므로 대류난방에 비해 손실열량이 작다.

7. 복사난방에 대한 설명으로 옳지 않은 것은?
① 열용량이 작아 방열량 조절이 쉽다.
② 매립코일이 고장나면 수리가 어렵다.
③ 천장고가 높은 곳에서 난방감을 얻을 수 있다.
④ 실내에 방열기를 설치하지 않으므로 바닥을 유용하게 이용할 수 있다.

해답 1. ④   2. ③   3. ①   4. ③   5. ②   6. ②   7. ①

8. 바닥복사 난방방식에 관한 설명으로 옳지 않은 것은?

① 열용량이 커서 예열시간이 짧다.
② 방을 개방상태로 하여도 난방효과가 있다.
③ 다른 난방방식에 비교하여 쾌적감이 높다.
④ 실내에 방열기를 설치하지 않으므로 바닥이나 벽면을 유용하게 이용할 수 있다.

9. 복사난방에 관한 설명으로 옳지 않은 것은?

① 복사열에 의해 난방하므로 쾌감도가 높다.
② 온수관이 매입되므로 시공, 보수가 용이하다.
③ 열용량이 크기 때문에 방열량 조절에 시간이 걸린다.
④ 실내에 방열기를 설치하지 않으므로 바닥이나 벽면을 유용하게 이용할 수 있다.

10. 복사난방에 관한 설명으로 옳지 않은 것은?

① 방이 개방 상태에서도 난방 효과가 있다.
② 실내의 온도 분포가 균등하고 쾌감도가 높다.
③ 방열기가 필요치 않으며 바닥면의 이용도가 높다.
④ 열용량이 작아 외기변화에 따른 방열량 조절이 용이하다.

11. 복사난방에 관한 다음의 설명 중 틀린 것은?

① 배관의 간격(핏치)은 경제적인 면에서 20~30 cm가 적당하다.
② 배관의 매설깊이는 배관위에서 표면까지의 두께를 관경의 1.5~2.0배 이상으로 한다.
③ 복사난방은 실내의 온도분포가 균등하여 쾌감도가 높다.
④ 복사난방은 외기의 급변에 따른 방열량 조절이 신속하다.

[해설] 복사난방은 구조체의 열용량이 크므로 방열량 조정에 시간이 걸린다.

12. 온수온돌과 같은 저온복사난방에 대한 설명 중 옳지 않은 것은?

① 방열기가 필요하지 않으며 바닥의 이용도가 높다.
② 방이 개방된 상태에서도 난방 효과가 있다.
③ 대류가 적으므로 바닥면의 먼지 상승이 적다.
④ 시공, 수리, 방의 모양을 바꿀 때 용이하다.

13. 직접난방방식에서 실내의 온도 분포가 비교적 고른 난방방식은?

① 온풍난방
② 증기난방
③ 고온수난방
④ 복사난방

■■■ 복사난방의 배관

14. 바닥을 복사난방의 가열면으로 이용할 때 가열면의 온도로 적당한 것은?

① 27~35℃
② 36~43℃
③ 40~54℃
④ 55℃ 이상

15. 복사난방에 관한 다음의 A항목과 B항목과의 조합 가운데서 옳지 않은 것은?

    A항목   B항목
① 평균 복사 온도(MRT) - 실내 표면의 평균온도
② 작용 온도 - 습도, 복사, 온도
③ 바닥 패널 표면 온도 - 30℃
④ 평균 온수 온도 - 50℃

[해설] 작용온도 - 기온, 기류, 복사열이 고려된 쾌적지표로서 습도의 영향은 고려되지 않는다.

해답 8. ① 9. ② 10. ④ 11. ④ 12. ④ 13. ④ 14. ① 15. ②

16. 다음 그림의 평면도에서 바람직한 코일(coil) 구성은?

(단, 좌에서 우로 흐르는 온수의 흐름 방향 →
    우에서 좌로 흐르는 온수의 흐름 방향 ←)

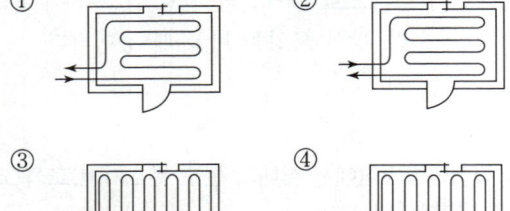

해설 코일의 형식을 밴드 코일 형식으로 하여 유량을 일정하게 한다. 창문 쪽의 차가운 공기를 가열하기 위하여 온도가 높은 온수가 창문쪽 먼저 공급되고 반대쪽으로 나오도록 하여야 한다.

■■■ 온풍난방

17. 온풍로(Hot Air Furnace)에 관한 기술로 옳은 것은?

① 난방용 보일러에 비하여 열효율은 약간 낮으나 운전비가 많이 든다.
② 장치의 열용량이 크므로 더워지는데 시간이 걸린다.
③ 추운 곳에서는 운전정지 중에도 동결의 우려는 없다.
④ 발생한 열을 급탕, 기타의 용도로도 이용한다.

해설 ① 열효율이 높아 운전비가 적게 든다.
② 장치의 열용량이 작으므로 더워지는데 시간이 짧게 걸린다.
④ 발생한 열은 난방이외는 다른 용도로 사용하지 못한다.

18. 온풍난방의 시스템에 대한 설명 중 옳지 않은 것은?

① 외기를 도입할 수 있다.
② 설계를 잘못하면 실내에 소음이 전달된다.
③ 보일러나 배관을 필요로 하지 않는다.
④ 온도만 조절가능하고 습도와 기류는 조절할 수 없다.

해설 온풍로는 온도와 기류 및 풍량조절 등이 가능하다.

■■■ 지역난방

19. 어느 한 장소에서 다량의 열매를 만들어 일정 지역에 공급하는 난방방식은?

① 개별난방   ② 중앙난방
③ 지역난방   ④ 간접난방

20. 지역난방에 관한 사항으로 틀린 것은?

① 지역난방을 할 때는 각 건물의 굴뚝은 불필요하다.
② 지역난방은 채산상, 시가지보다 주택지가 유리하다.
③ 지역난방용의 보일러실은 가능한한 지구(地區)의 중심에 설치하는 것이 좋다.
④ 지역난방의 주된 목적중의 하나는 대기오염 방지에 있다.

해설 ② 채산상으로만 보면 건물밀도가 높은 시가지가 유리하다.

21. 지역난방 방식에 대한 설명 중 옳지 않은 것은?

① 시설이 대규모이므로 관리가 용이하고 열효율 면에서 유리하다.
② 각 건물의 이용시간차를 이용하면 보일러의 용량을 줄일 수 있다.
③ 설비의 고도화로 대기오염 등 공해를 방지할 수 있다.

해답 16. ② 17. ③ 18. ④ 19. ③ 20. ② 21. ④

④ 고온수난방을 채용할 경우 감압장치가 필요하며 응축수 트랩이나 환수관이 복잡해진다.

해설 지역난방의 열매가 증기일 경우 수송은 편리하나 트랩 관리가 어렵고 환수관이 잘 부식되며 복잡해진다.

③ 태양열설비의 축열목적은 피크(peak)시의 부하를 경감하여 시스템의 효율을 높이는데 있다.
④ 평판형집열기는 집열효율은 낮으나 설비비가 저렴하고 활용이 용이하여 일반건물에 많이 쓰인다.

■■■ 태양열 난방

22. 단독주택의 태양열 난방시스템 구성요소에 해당하지 않는 것은?

① 집열판
② 축열조
③ 응축수 펌프
④ 보일러

해설 태양열 시스템
① 집열장치(collector) : 태양열을 집열판에서 직접 흡수
  ㉠ 재질 : 동제, 알루미늄제, 철제, 플라스틱제
  ㉡ 종류 : 평판형, 진공관형, 집광형
② 축열장치 : 집열기에서 흡수된 열을 저탕조 내부의 축열매체인 물에 전달하여 축열하는 것
③ 급열(공급) 장치: 저탕조내의 가열된 물을 난방 및 급탕을 위해 공급
④ 열원보조장치 : 장시간의 흐린 날씨나 외기온 강하시 부족한 열량을 공급하는 보조보일러
⑤ 제어장치(control box) : 모든 시스템이 효율적으로 작동될 수 있도록 자동제어

23. 태양열 난방의 집열기 종류이다. 관련없는 것은?

① 평판식   ② 집광식
③ 진공글라스식   ④ 병렬식

해설 태양열난방의 집열기 - 평판식, 집광식, 진공글라스식

24. 태양열 냉·난방설비에 대한 설명 중 틀린 것은?

① 집열기의 경사각은 냉·난방을 동시에 고려할 때 그 지방의 위도정도가 좋다.
② 태양열시스템만으로 부하를 모두 만족시키기 어려우므로 보조열원이 필요하다.

■■■ 종합문제

25. 난방설비에서 관계있는 용어를 짝지어 놓은 것 중에 적당하지 않은 것은?

① 온수보일러 - 팽창조
② 증기난방 방식 - 환수 트랩
③ 온수난방 방식 - 응축잠열
④ 복사난방 방식 - 바닥패널

해설 온수난방 - 현열을 이용한 난방

26. 실내의 상하 온도차를 적게 하는 방법을 설명하였다. 틀린 것은?

① 방열기를 창밑에 설치하여 실온을 균일하게 한다.
② 외벽면을 보온하거나 창을 2중 유리로 한다.
③ 방열면의 온도가 높은 것을 택한다.
④ 옥외로부터의 극간풍을 줄인다.

해설 방열면의 온도가 높을수록 그 부근의 공기온도가 높아져 대류가 활발해지므로 상하온도차는 커진다.

27. 다음의 각종 난방방식에 관한 설명 중 옳지 않은 것은?

① 증기난방은 잠열을 이용한 난방이다.
② 온풍난방은 간접 난방방식에 속한다.
③ 온수난방은 온수의 현열을 이용한 난방이다.
④ 복사난방은 열용량이 작으므로 간헐난방에 적합하다.

해답 22. ③   23. ④   24. ③   25. ③   26. ③   27. ④

28. 다음 난방방식 중 일반적으로 시설비가 비싼 것에서 싼 것으로의 순서는?

> ① 온수난방　② 증기난방
> ③ 복사난방　④ 온풍(온풍로)난방

① ① - ② - ③ - ④
② ④ - ② - ③ - ①
③ ② - ④ - ① - ③
④ ③ - ① - ② - ④

29. 난방방식에 관한 설명으로 옳은 것은?
① 증기난방은 온수난방에 비해 예열시간이 길다.
② 온수난방은 증기난방에 비해 방열온도가 높으며 장치의 열용량이 작다.
③ 복사난방은 실을 개방상태로 하였을 때 난방효과가 없다는 단점이 있다.
④ 온풍난방은 가열 공기를 보내어 난방부하를 조달함과 동시에 습도의 제어도 가능하다.

[해설] ① 증기난방은 온수난방에 비해 예열시간이 짧다.
② 표준상태 증기의 온도는 102℃, 온수의 온도는 80℃로 증기난방이 온수난방에 비해 방열온도가 높다.
③ 복사난방은 실을 개방상태로 하여도 난방효과가 있다는 장점이 있다.

30. 난방설비에 관한 설명으로 옳은 것은?
① 복사난방은 패널의 복사열을 주로 이용하는 방식이다.
② 증기난방은 증기의 현열을 주로 이용하는 방식이다.
③ 온풍난방은 온풍의 잠열을 주로 이용하는 방식이다.
④ 온수난방은 온수의 잠열을 주로 이용하는 방식이다.

[해설] 증기난방은 증기의 잠열을, 온수난방은 온수의 현열을 이용하는 난방이다.
· 현열 : 온도변화에 따라 출입하는 열
· 잠열 : 상태변화에 따라 출입하는 열

해답　28. ④　29. ④　30. ①

4 난방설비(Ⅳ) - 보일러 및 방열기

> **학습방향**
> 1. 보일러 - 종류와 능력표시방법 등 기출문제 중심의 학습으로 충분하다.
> 2. 방열기 - 상당방열면적과 섹션수 계산문제 등에 대한 출제 빈도가 높은 편이며 이해 및 암기가 요구된다.

4 보일러

(1) 보일러의 종류

① 주철제 보일러

조립식이므로 용량을 쉽게 증가시킬 수 있으며, 반입이 자유롭고 수명이 길다. 사용압력은 증기용은 0.1MPa 이하, 온수용은 수두 50m 이하로 제한된다.

② 노통연관 보일러

부하의 변동에 대해 안정성이 있으며, 수면이 넓어 급수 조절이 쉽다. 그리고 수처리가 비교적 간단하며 현장공사가 거의 필요치 않다. 그러나 기동시간이 길고, 주철제에 비해 가격이 비싸다. 사용압력은 0.4~1MPa정도이다.

③ 수관 보일러

기동시간이 짧고 효율이 좋으나 고가이며 수처리가 복잡하다. 다량의 고압증기를 필요로 하는 병원이나 호텔 등에 쓰이는 외에도 지역난방의 대형 원심냉동기 구동을 위한 증기터빈용으로도 사용된다.

④ 관류 보일러

증기 발생기라고도 불리며, 하나의 관내를 흐르는 동안에 예열, 가열 증발, 과열이 행해져 과열증기를 얻기 위한 것이며, 보유수량이 적기 때문에 시동시간이 짧고 부하변동에 대해 추종성이 좋으나 수처리가 복잡하고 소음이 높다.

⑤ 입형 보일러

설치면적이 적고 취급이 간단하며 소용량의 사무소, 점포, 주택 등에 쓰이며 효율은 다른 보일러에 비해 떨어지지만 구조가 간단하고 가격이 싸다.

⑥ 전기 보일러

심야전력을 이용하여 가정 급탕용에 사용하면 유리하다. 그리고 태양열이용 난방시스템의 보조열원에 이용되기도 한다.

학습POINT

(a) 노통연관보일러의 외형

(b) 노통연관보일러의 내부단면

(c) 수관보일러의 외형

(d) 수관보일러의 내부단면

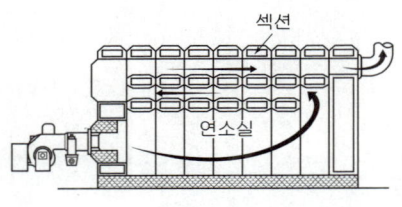
(a) 주철제 보일러

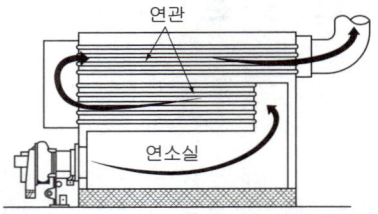
(b) 노통연관보일러

(e) 관류보일러의 외형

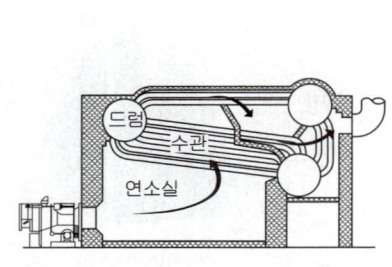
(c) 수관 보일러

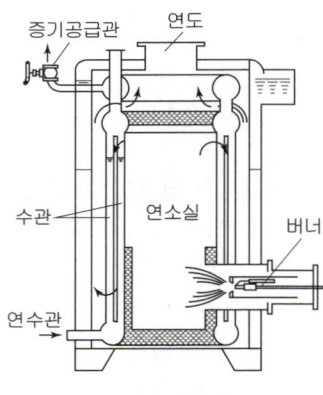
(d) 관류 보일러

(f) 온수보일러의 외형(입형)

<사진 4-1> 각종 보일러

<그림 4-1> 각종 보일러

(2) 보일러 급수장치

① 저압보일러용(증기압 0.1MPa 이하)

㉮ 응축수펌프(condensate pump)

중력에 의해 자연유하하는 응축수를 펌프에 부속된 탱크에 모아 저압의 보일러에 직접 급수하거나 응축수탱크로 보낸다. 환수관의 길이가 매우 길거나 응축수탱크가 높은 곳에 있어 중력만으로 응축수 환수가 어려울 때 사용한다.

㉯ 진공급수펌프

진공환수식 증기난방에 사용되는 자동식펌프로 진공펌프와 급수펌프를 조합시킨 것이다. 환수관내의 공기를 흡인 배출하여 환수관 내를 0.1~0.3기압(10~30kPa) 정도의 진공으로 만들어 응축수의 흐름을 좋게 하며 환수관이 보일러보다 낮은 위치에 배관되어도 리프트이음(lift fitting)에 의해 응축수를 끌어올린다.

② 고압보일러용(증기압 0.1MPa 이상)

㉮ 워싱턴펌프(기동급수펌프)

보일러의 증기압에 의해 피스톤을 왕복운동시켜 응축수를 1MPa 이하의 고압으로 보일러에 급수한다. 운전이 복잡하여 잘 사용되지 않는다.

㉯ 다단터빈펌프

임펠러(날개차)의 회전으로 물에 압력과 속도를 주어 양수를 하는 원심펌프의 일종으로 임펠러 외측에 안내날개가 있어 물의 흐름을 조절한다. 다단이므로 고양정(고압)보일러의 급수펌프로 가장 많이 사용한다.

㉰ 인젝터(Injector)

보일러에서 발생한 고압의 증기를 노즐에서 고속으로 분사시켜 노즐 끝 주위가 부압(-압)이 되게 하여 물을 흡입 송수하는 장치이다. 운동부분이 없어 고장이 작지만 효율이 낮아 잘 사용되지 않으며 보조장치나 예비용으로 사용된다.

(3) 보일러의 능력과 효율 표시방법

① 보일러 마력

1시간에 100℃의 물 15.65kg을 전부 증기로 증발시키는 증기보일러의 능력을 1보일러 마력이라 하고, 1 마력의 상당 증발량은 15.65kg/h이다.

1 보일러 마력 = 15.65(kg/h) × 2,257(kJ/kg) = 35,322(kJ/h) = 9.8kW

② 상당방열면적(EDR, m²)

보일러의 출력을 방열기의 표준방열량으로 나누어 방열면적으로 환산한 것이다.

③ 전열면적

보일러의 연소실에서 연료를 연소하는 경우 발생하는 열에 따라서 한쪽이 가열되고, 그 반대쪽에 물이 접근하여 열을 물에 전하는 면적(m²)을 말한다. 전열면적 0.929 m²를 1 마력이라 한다.

④ 발생열량(kJ/h, kW)

발생열량이란 보일러를 출입하는 물 또는 수증기가 연료(가스, 기름, 전기 등)로부터 에너지를 받아 발생시킨 열량을 말한다.

㉮ 증기보일러

$$q = G_s(h_s - h_w)(kJ/h) = \frac{G_s(h_s - h_w)}{3,600}(kW)$$

여기서, G_s : 발생 수증기량 (kg/h)

h_s : 발생 증기의 엔탈피(kJ/kg)

h_w : 보일러 입구에서 물의 엔탈피(kJ/kg)

㉯ 온수보일러

$$q = G_w(h_2 - h_1) = G_w \cdot C(t_2 - t_1)(kJ/h)$$

$$= \frac{G_w(h_2 - h_1)}{3,600} = \frac{G_w \cdot C(t_2 - t_1)}{3,600}(kW)$$

■ 1보일러 마력

상당(환산)증발량 = 15.65kg

발생열량 = 35,322kJ/h(9.8kW)

상당방열면적 = $\frac{9.8}{0.756}$ = 12.9m²

전열면적 = 0.929m²

실무에서는 보일러 용량의 단위로 보통 상당증발량(kg/h 또는 Ton/h)또는 발생열량(kJ/h 또는 kW)을 사용한다.

여기서, G_w : 순환수량 (kg/h)
h_2, h_1 : 보일러 출구·입구에서 물의 엔탈피(kJ/kg)
(h = 물의 비열 × 수온)
t_2, t_1 : 보일러 출구·입구에서 물의 온도(℃)
C : 물의 비열(≒4.19kJ/kg·K)
3,600 : 환산계수 (1h = 3,600s)

⑤ 환산 증발량

상당 또는 기준증발량이라고도 하며, 실제증발량(단위시간에 발생하는 증기량(kg/h))이 흡수한 전 열량을 가지고 100℃의 온수에서 같은 온도의 증기로 할 수 있는 증발량을 말한다.

$$G_e = \frac{G_s(h_s - h_w)}{2,257} \text{ (kg/h)}$$

여기서 G_e : 환산 증발량(kg/h) G_s : 실제 증발량(kg/h)
h_s : 실제의 증기 엔탈피(kJ/kg) h_w : 급수의 엔탈피(kJ/kg)
2,257 : 100℃ 물의 증발잠열(kJ/kg)

(4) 보일러의 용량 결정

보일러의 용량은 건물의 난방부하 외에도 급탕부하, 가습부하(공조기 가습을 증기로 하는 경우), 손실부하, 예열부하 등을 고려하여 결정해야 한다. 보통 위의 부하를 전부 고려한 보일러 출력을 정격출력(kW)이라 한다. 한편 난방, 급탕, 가습 등 실제 사용되는 부하들만 더한 것을 정미출력이라 하며, 이 정미출력에 온도차에 의해 항상 발생하는 배관손실부하를 더한 것을 상용출력이라 한다.

① 정미출력 = 난방부하+급탕부하+가습부하
② 상용출력 = 난방부하+급탕부하+가습부하+배관손실
③ 정격출력 = 난방부하+급탕부하+가습부하+배관손실+예열부하
         = 상용출력 + 예열부하

일반적으로 배관손실은 난방부하+급탕부하+가습부하의 15~25% 정도로 보며 예열부하는 상용출력의 20~25%로 본다.

5 방열기

(1) 방열기 종류

방열기는 그 구조에 따라 다음과 같이 분류할 수 있다.
① 주형 방열기 : 2주형, 3주형, 3세주형, 5세주형 등 4종류가 있다.
② 벽걸이 방열기 : 가로형과 세로형이 있다.
③ 길드 방열기 : 파이프에 방열면적을 증가시키기 위해 열전도율이 좋은 금속 핀을 여러 개 끼운 것이다.

④ 대류 방열기(convector) : 대류작용의 촉진을 위해 특수하게 제작된 것으로 열효율이 좋아 널리 사용되고 있다. 특히 낮은 위치에 설치된 것을 베이스보드 히터라고 한다.

⑤ 관 방열기 : 관의 표면을 방열면으로 한 것으로 고압에도 잘 견딘다.

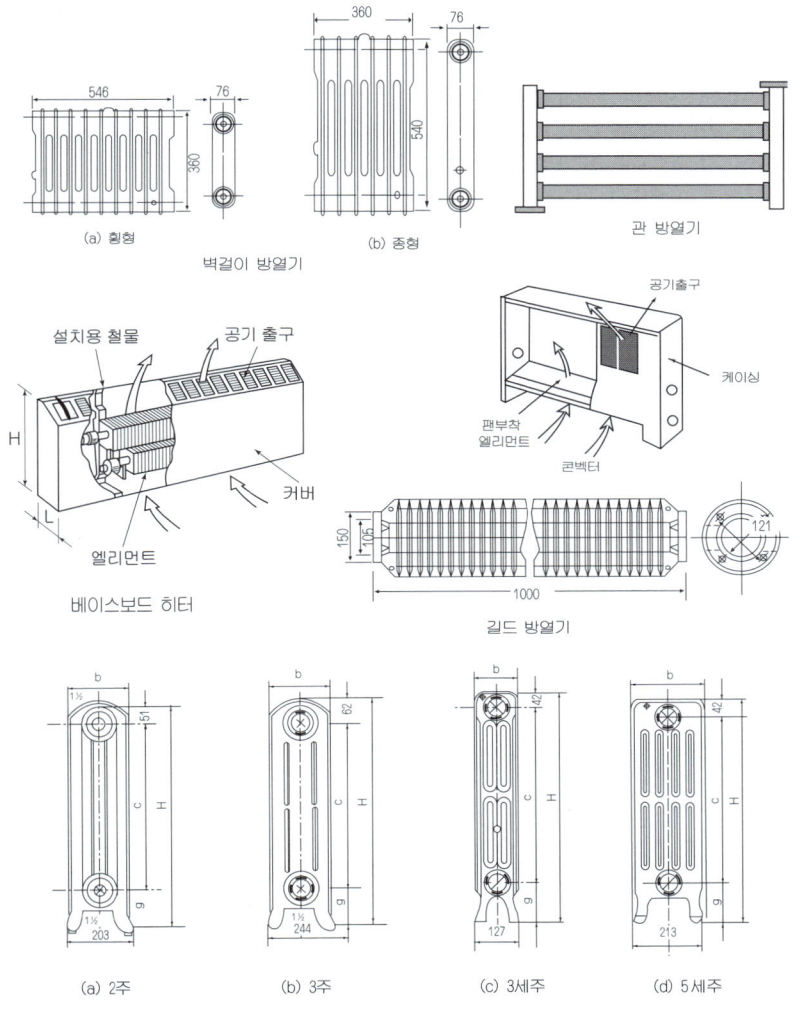

〈그림 4-2〉 방열기의 종류

(2) 방열기 호칭법

방열기의 호칭은 종류에 따라 2주는 Ⅱ, 3주는 Ⅲ, 3세주는 3, 5세주는 5, 벽걸이는 W, 횡형은 H, 종형은 V로 표시한다. 예를 들면 3세주형 높이 650mm짜리를 18섹션 조합한 것은 3-650×18 로 표시한다.

도면상으로 표시할 때는 원을 3등분하여 그 중앙에 방열기 종별과 형을 표시하고, 상단에 섹션수를, 하단에 유입관과 유출관 관경을 표시한다. 예를 들면 다음과 같다.

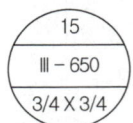
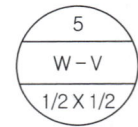

3주형 방열기, 높이 650mm, 섹션수 15, 유입관과 유출관의 관경 3/4인치

벽걸이 세로형 방열기 섹션수 5, 유입관과 유출관의 관경 1/2인치

<그림 4-3> 방열기 도시법

(3) 방열기의 방열량

표준방열량 : 열매온도와 실내온도가 표준상태일 때 방열기 표면적 1m²당 1시간 동안의 방열량을 말한다.

<표 4-1> 표준방열량

열매	표준 상태의 온도(℃)		표준 온도차 (℃)	방열계수 (W/m²·K)	표준방열량 (kW/m²)	상당방열면적 (EDR,m²)	섹션수
	열매온도	실내온도					
증기	102	18.5	83.5	9.05	0.756	$H_L/0.756$	$H_L/0.756 \cdot a$
온수	80	18.5	61.5	8.5	0.523	$H_L/0.523$	$H_L/0.523 \cdot a$

여기에서 H_L : 손실열량(kW)
a : 방열기의 section당 방열면적(m²)

(4) 상당방열면적(Equivalent Direct Radiation : EDR)

필요한 방열량을 낼 수 있는 방열기의 면적을 말하며 표준상태일 때의 상당방열면적은 다음과 같이 구할 수 있다.

① 증기난방의 경우 $EDR = \dfrac{H_L(kW)}{0.756}$ (m²)

② 온수난방의 경우 $EDR = \dfrac{H_L(kW)}{0.523}$ (m²)

(5) 소요 방열기(section 수) 계산

① 증기난방의 경우 $Ns = \dfrac{H_L(kW)}{0.756 \cdot a}$ (개)

② 온수난방의 경우 $Nw = \dfrac{H_L(kW)}{0.523 \cdot a}$ (개)

(6) 방열기 설치 위치

방열기는 창문앞 등 열손실이 가장 큰 곳에 설치하며 벽과의 거리는 50~60mm 정도가 좋다.

[예제] 난방부하가 10kW인 학교 강의실의 상당방열면적을 증기난방과 온수난방 각각 계산하여 비교하라.
■ 상당방열면적
• 증기난방 10/0.756 = 13.2m²
• 온수난방 10/0.523 = 19.1m²
따라서 동일방열량일 때 온수난방의 방열면적이 더 커야한다.

[예제] 위의 문제에서 강의실에 필요한 방열기의 섹션수를 계산하라.(방열기의 섹션당 방열면적은 0.26m²이다)
■ 섹션수
• 증기난방 10/(0.756×0.26) = 50.9 → 51개
• 온수난방 10/(0.523×0.26) = 73.5 → 74개
따라서 온수난방일 때 방열기수가 더 많이 필요하며 설비비가 비싸진다.

[참고] 손실열량(난방부하)의 단위를 kW(kJ/s)가 아닌 kJ/h로 주어졌을 경우에는 3,600으로 나누어 KW(kJ/s)로 환산 후 계산하는 것이 편리하다.

[예제] 증기난방을 사용하는 사무실의 난방부하가 30,000 kJ/h인 경우 상당방열면적과 섹션수를 계산하라.(방열기의 섹션당 방열면적은 0.26㎡이다.
• 상당방열면적
(30,000÷3,600)/0.756 = 11m²
• 섹션수
(30,000÷3,600)/(0.756×0.26) = 42.3개 → 43개

핵 심 문 제

1 주철제 보일러의 특징을 설명한 것이다. 틀린 것은?

① 조립, 해체 반입이 편리하다.
② 섹션을 증감함으로써 능력을 증감할 수 있다.
③ 수명이 짧고 고압증기난방에 적합하다.
④ 고압의 것이나 대형의 것에는 적당하지 못하다.

2 수관보일러의 특징이 아닌 것은?

① 연소상태가 좋고 보일러의 효율이 높다.
② 스케일로 인한 수관의 파열이 쉽다.
③ 파열시 재해가 크므로 대용량, 고압, 고온형에 맞지 않는다.
④ 보유수량이 적어 증기발생 속도가 빠르므로 예열시간이 짧다.

3 보일러 급수장치가 아닌 것은?

① 전동 급수펌프
② 위싱톤 펌프
③ 인젝터(injector)
④ 스토커(stoker)

4 1보일러 마력이란 1시간에 100℃의 물 몇 kg을 전부 증기로 만들 수 있는 능력을 말하는가?

① 13.65kg
② 14.65kg
③ 15.65kg
④ 17.65kg

5 보일러의 출력 중 상용출력의 구성에 속하지 않는 것은?

① 난방부하
② 급탕부하
③ 예열부하
④ 배관부하

해 설

해설 1
주철제 보일러는 수명이 길고 고압 증기난방에는 부적합하다.

해설 2
수관보일러는 고압증기를 필요로 하는 곳에 사용되며 대용량이다.

해설 3 보일러의 급수장치
(1) 저압 증기 보일러 : 응축수 펌프, 진공급수펌프
(2) 고압 증기 보일러 : 다단터빈펌프(전동급수펌프), 위싱턴펌프(기동급수펌프), 인젝터
※ 스토커(stoker)는 보일러의 화격자 위에 석탄을 자동적으로 보내는 장치로서 투하식·계단식·살포식 등이 있다.

해설 4 보일러 마력
1시간에 100℃의 물 15.65kg을 전부 증기로 증발시키는 증발능력을 1보일러 마력이라 한다.

1 보일러 마력
= 15.65(kg/h) × 2,257(kJ/kg)
= 35,322(kJ/h) = 9.8kW

해설 5 보일러의 용량
정미출력 : 난방부하 + 급탕부하
상용출력 : 난방부하 + 급탕부하 + 손실부하 = 정미출력 + 손실부하
정격출력 : 난방부하 + 급탕부하 + 손실부하 + 예열부하 = 상용출력 + 예열부하

정답 1.③ 2.③ 3.④ 4.③ 5.③

6 난방부하 10kW, 급탕부하 4kW, 예열부하 2kW, 배관열손실 3kW 일 때 보일러의 상용출력(Hp)으로 적당한 것은?
① 1.73Hp
② 1.94Hp
③ 2.04Hp
④ 2.33Hp

7 증기난방에서 방열기 주변배관에 대한 설명 중 틀린 것은?
① 열팽창에 의한 신축이 방열기에 미치지 않도록 스위블 이음을 하는 것이 좋다.
② 벽과의 거리는 5~6cm가 좋다.
③ 방열기의 공기빼기밸브는 하부 태핑에 부착한다.
④ 응축수 유출이 잘 되게 구배를 두어 설치한다.

8 손실열량이 11.34kW인 사무실에 증기난방을 설치할 때 주철제 방열기의 소요절수로 적당한 것은? (단, 주철제 방열기는 3세주형 650mm, 방열면적(1절)은 0.15m²이다)
① 75절
② 100절
③ 125절
④ 150절

9 손실 열량이 30kW인 병원에 있어서 설치해야 할 온수방열기의 소요 절(section)수로 적당한 것은? (단, 5세주 높이(H) 600mm인 1절의 방열면적은 0.23m²이고 온수 및 실내온도는 표준상태임)
① 100절
② 150절
③ 200절
④ 250절

10. 방열기에 관해 그림과 같은 도시에서 상단의 20은 무엇을 나타내는 가?
① 방열기의 섹션수
② 유입관경
③ 유출관경
④ 방열기의 높이

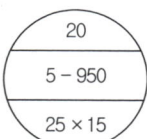

해 설

[해설] 6 보일러의 용량 결정
(1) 상용출력 = 난방부하+급탕부하 +배관손실
(2) 정격출력 = 상용출력+예열부하
따라서 상용출력=10+4+3=17kW
1보일러 마력은 9.8kW이므로
17 ÷ 9.8 = 1.73 보일러마력

[해설] 7
배관이나 기기내의 공기는 상부에 정체하므로 공기빼기밸브는 상부에 부착한다.

[해설] 8

열 매		증기	온수
표준상태의 온도(°C)	열매온도	102	80
	실내온도	18.5	18.5
표준온도차(°C)		83.5	61.5
표준방열량(kW/m²)		0.756	0.523
상당방열면적(EDR)		H_L/0.756	H_L/0.523
섹션수		H_L/0.756a	H_L/0.523a

① 증기난방의 상당방열면적
= $\dfrac{H_L}{0.756}$ = $\dfrac{11.34}{0.756}$ = 15(m²)
② 증기난방의 방열기 절(section)수
= $\dfrac{H_L}{0.756a}$ = $\dfrac{11.34}{0.756 \times 0.15}$ = 100(절)

[해설] 9
(1) 온수난방의 상당방열면적(EDR)
= $\dfrac{H_L}{0.523}$ = $\dfrac{30}{0.523}$ = 57.4m²
(2) 온수난방의 방열기 절(section)수
= $\dfrac{H_L}{0.523a}$ = $\dfrac{30}{0.523 \times 0.23}$ = 249.4
→ 250절

[해설] 10 방열기의 도시법
원을 3등분하여 그 중앙에 방열기 종별과 형을 표시하고, 상단에 섹션수를, 하단에 유입관과 유출관 관경을 표시한다.

정답 6. ① 7. ③ 8. ②
9. ④ 10. ①

기출문제 및 예상문제

CHAPTER 8 4. 보일러 및 방열기

■■■ 보일러의 종류

1. 주철제 보일러에 관한 설명으로 옳지 않은 것은?

① 내식성이 우수하다.
② 조립식이므로 분할 반입이 용이하다.
③ 재질이 약하여 고압으로 사용이 곤란하다.
④ 대형건물이나 지역난방 등에 주로 사용된다.

2. 주철제 보일러에 대한 설명 중 옳지 않은 것은?

① 재질이 약하여 고압으로는 사용이 곤란하다.
② 재질이 주철이므로 내식성이 약하여 수명이 짧다.
③ 규모가 비교적 작은 건물의 난방용으로 사용된다.
④ 섹션(section)으로 분할되므로 반입, 조립, 증설이 용이하다.

3. 다음 설명에 알맞은 보일러의 종류는?

> • 수직으로 세운 드럼 내에 연관 또는 수관이 있는 소규모의 패키지형으로 되어 있다.
> • 규모가 작은 건물이나 일반 가정용 난방에 사용된다.

① 수관 보일러
② 관류 보일러
③ 입형 보일러
④ 주철제 보일러

4. 노통연관식 보일러에 대한 설명으로 옳지 않은 것은?

① 부하변동에 대한 안전성이 없다.
② 예열시간이 길다.
③ 분할 반입이 어렵다.
④ 보유수면이 넓어서 급수용량제어가 쉽다.

5. 보일러 하부의 물드럼과 상부의 기수드럼을 연결하는 다수의 관을 연소실 주위에 배치한 구조로 상부 기수드럼 내의 증기를 사용하는 보일러는?

① 수관 보일러
② 관류 보일러
③ 주철제 보일러
④ 노통연관 보일러

[해설] 수관보일러

대형건물이나 고압증기를 다량 사용하는 곳, 지역난방 등에 주로 사용되는 대규모 보일러로서 하부의 물드럼과 상부의 기수드럼을 연결하는 다수의 관을 연소실 주위에 배치한 구조로서 상부 기수드럼에 발생한 증기를 사용한다. 같은 크기의 다른 보일러에 비해 전열면적이 크고 증기발생이 빠르며 고압증기를 만들기 쉽다.

6. 다음 중 대형건물 또는 병원이나 호텔 등과 같이 고압증기를 다량 사용하는 곳 또는 지역난방 등에 주로 사용되는 보일러는?

① 수관 보일러
② 주철제 보일러
③ 관류 보일러
④ 입형 보일러

7. 다음의 수관보일러에 대한 설명 중 옳지 않은 것은?

① 드럼과 드럼간에 여러 개의 수관을 연결하고, 관내에 흐르는 물을 가열하므로 온수 및 증기를 발생시킨다.
② 사용압력이 연관식보다 높고, 부하변동에 대한 추종성이 높다.
③ 대형건물 또는 병원이나 호텔 등에 사용된다.
④ 연관식보다 설치면적이 작고, 초기 투자비가 적게 든다.

[해설] 수관보일러는 주로 대형이므로 설치면적이 크고 초기투자비도 비싸다.

해답 1. ④ 2. ② 3. ③ 4. ① 5. ① 6. ① 7. ④

8. 수관식 보일러에 관한 설명으로 옳지 않은 것은?

① 사용압력이 연관식보다 낮다.
② 설치면적이 연관식보다 넓다.
③ 부하변동에 대한 추종성이 높다.
④ 대형건물과 같이 고압증기를 다량 사용하는 곳이나 지역난방 등에 사용된다.

[해설] 연관식 보일러도 사용압력이 높은 보일러이지만 수관식 보일러는 대형건물이나 고압증기를 다량 사용하는 곳, 지역난방 등 주로 대규모 용도이므로 사용압력이 더 높고 크기도 더 크다.

9. 수관보일러에 관한 설명으로 옳지 않은 것은?

① 지역난방에 사용이 가능하다.
② 예열시간이 짧고 효율이 좋다.
③ 부하변동에 대한 추종성이 높다.
④ 연관식보다 사용압력은 낮으나 설치면적이 작다.

[해설] 수관보일러 : 대형건물이나 고압증기를 다량 사용하는 곳, 지역난방 등에 주로 사용되는 대규모 보일러이다.

10. 다음과 같은 특징을 갖는 보일러는?

· 수관보일러와 같이 수관으로 되어 있으나 드럼(수실)이 없다.
· 보유수량이 적으므로 가열시간이 짧다.
· 설치면적이 작으나 급수처리가 까다롭다.
· 간단하게 고압의 증기를 얻으려고 하는 경우에 사용된다.

① 주철제보일러   ② 노통 연관보일러
③ 관류보일러   ④ 입형보일러

11. 관류형 보일러에 관한 설명으로 옳지 않은 것은?

① 기동시간이 짧다.
② 수처리가 필요없다.
③ 수드럼과 증기드럼이 없다.
④ 부하변동에 대한 추종성이 좋다.

[해설] 관류형 보일러는 좁은 관 안으로 물이 흘러 스케일이 생길 염려가 있으므로 수처리가 필요하다.

12. 각종 보일러에 대한 설명으로 옳은 것은?

① 관류 보일러는 보유수량이 많아 예열시간이 길다.
② 주철제 보일러는 사용 내압이 높아 고압용으로 주로 사용되며 용량도 크다.
③ 수관 보일러는 소용량으로 소규모 건물에 적합하며 지역난방으로는 사용이 불가능하다.
④ 노통연관 보일러는 부하변동에 잘 적응되며, 보유수면이 넓어서 급수용량 제어가 쉽다.

[해설] ① 관류보일러 : 보유수량이 적어 예열시간이 짧다.
② 주철제보일러 : 사용압력이 낮아 증기용은 0.1MPa (100kPa), 온수용은 수두 50m 이하로 제한된다.
③ 수관보일러 : 대형건물이나 고압증기를 다량 사용하는 곳, 지역난방 등에 주로 사용되는 대규모 보일러이다.

13. 보일러에 관한 설명으로 옳지 않은 것은?

① 주철제보일러는 내식성이 강하여 수명이 길다.
② 입형보일러는 설치 면적이 작고 취급이 용이하다.
③ 관류보일러는 보유수량이 크기 때문에 가동시간이 길다.
④ 수관보일러는 대형건물 또는 병원 등과 같이 고압증기를 다량 사용하는 곳에 사용된다.

[해설] 관류보일러 : 보유수량이 적어 예열시간이 짧다.

■■■ **보일러 급수장치**

14. 증기에 의하여 작동하며 고압 보일러용 급수 펌프로서 기동 급수펌프라고도 하는 것은?

① 워싱톤 펌프(Worthington Pump)
② 젯트 펌프(Jet Pump)
③ 볼류트 펌프(Volute Pump)
④ 축류 펌프(Axial Pump)

해답 8. ① 9. ④ 10. ③ 11. ② 12. ④ 13. ③ 14. ①

15. 스케일 현상이 보일러에 미치는 영향에 대해 설명한 것 중 옳지 않은 것은?

① 보일러 전열면의 파열 원인이 된다.
② 워터 해머를 일으킨다.
③ 보일러에 연결하는 코크나 그 밖의 작은 구멍을 막는다.
④ 열의 전도를 방해하고 보일러 효율을 불량하게 한다.

■■■ 보일러실 및 굴뚝

16. 보일러실의 구조로 적당하지 못한 것은?

① 2개 이상의 출입문이 있어야 할 것
② 천장의 높이는 보일러 최상부에서 90cm 이상일 것
③ 보일러 외벽에서 벽까지의 거리는 60cm 이상일 것
④ 채광, 통풍 등 안전위생시설이 갖추어져 있을 것

해설 천장의 높이는 보일러의 최상부에서 1.2m 이상 띄운다.

■■■ 보일러 용량

17. 난방설비의 용량 표시방법으로 옳지 않은 것은?

① 매시발열량
② 상당방열면적
③ 환산증발량
④ 열전달률

해설 난방설비의 용량표시 방법
환산(기준, 상당)증발량(kg/h), 매시발열량(kcal/h), 상당방열면적(EDR), 보일러마력, 전열면적, 연소율 등

18. 보일러의 용량결정과 직접적인 관계가 없는 것은?

① 예열부하
② 급탕부하
③ 냉방부하
④ 배관의 열손실

해설 냉방부하는 냉동기, 공조기 냉각코일 등 냉방장비의 용량선정에 이용된다.

19. 보일러의 발생열량이 23,100kJ/h이라면 환산증발량(kg/h)?

① 8.4   ② 10.2
③ 12.5 ④ 14.1

해설 환산증발량 23,100 kJ/h ÷ 2,257 kJ/kg = 10.2kg/h

20. 보일러의 출력표시 중 난방부하와 급탕부하를 합한 용량으로 표시되는 것은?

① 정미출력
② 상용출력
③ 정격출력
④ 과부하출력

해설 보일러의 용량
• 정미출력 : 난방부하+급탕부하
• 상용출력 : 난방부하+급탕부하+손실부하=정미출력+손실부하
• 정격출력 : 난방부하+급탕부하+손실부하+예열부하 = 상용출력+예열부하
• 과부하출력 : 정격출력 이상으로 단시간 동안만 운전하도록 허용된 정격출력이며, 발전용 기관 등에 사용된다.

21. 보일러의 상용출력을 가장 올바르게 표현한 것은?

① 급탕부하 + 난방부하 + 배관부하
② 급탕부하 + 배관부하 + 예열부하
③ 난방부하 + 배관부하 + 예열부하
④ 급탕부하 + 난방부하 + 배관부하 + 예열부하

22. 연속해서 운전할 수 있는 보일러의 능력으로서 난방부하, 급탕부하, 배관부하, 예열부하의 합이며 일반적으로 보일러 선정시에 기준이 되는 출력의 표시방법은?

① 과부하 출력
② 상용출력
③ 정미 출력
④ 정격 출력

해답 15. ② 16. ② 17. ④ 18. ③ 19. ② 20. ① 21. ① 22. ④

23. 보일러의 정격출력을 가장 알맞게 표시한 것은?
① 난방부하＋급탕부하＋배관손실부하
② 상용출력＋예열부하
③ 난방부하＋급탕부하＋예열부하
④ 상용출력＋배관손실부하

24. 보일러의 출력에 관한 설명 중 옳은 것은?
① 정격출력은 일반적으로 보일러 선정시에 기준이 된다.
② 상용출력은 정격출력에서 급탕부하를 뺀 값으로, 정미출력의 1/4 정도이다.
③ 정격출력은 난방부하와 급탕부하를 합한 용량으로 표시되며, 일반적으로 정미출력의 1/2 정도이다.
④ 정미출력은 연속해서 운전할 수 있는 보일러의 능력으로서 난방부하, 급탕부하, 배관부하, 예열부하의 합이다.

해설 ② 상용출력은 정격출력에서 예열부하를 뺀 값이다.
③ 난방부하, 급탕부하의 합은 정미출력이다.
④ 난방부하, 급탕부하, 배관부하, 예열부하의 합은 정격출력이다.

25. 증기난방 설비에서 방열기의 소요방열면적이 100m² EDR, 매시 급탕량의 최대가 600 l /h, 배관손실 및 여유부하가 35%인 경우 보일러의 소요출력은? (단, 급탕의 온도는 가열전의 물을 60℃ 높인 것으로 한다.)
① 42 kW
② 75.6 kW
③ 117.6 kW
④ 159 kW

해설 ① 난방부하＝100m²×0.756kW/m²＝75.6kW
② 급탕부하＝$\frac{600kg/h \times 4.2kJ/kg \cdot K \times 60℃}{3,600(s/h)}$＝42kW
③ 정격출력＝(75.6＋42)×1.35＝159kW

26. 증기 보일러의 정격(定格)출력이 1,450kW일 때 보일러 보급수펌프의 용량으로 적당한 것은? (단, 펌프의 여유율은 1.5임)
① 48L/min   ② 52L/min
③ 58L/min   ④ 62L/min

해설 1,450kJ/s÷2,257kJ/kg×60s/min×1.5(여유율)
＝58kg/min＝58L/min

방열기 종류 및 특징

27. 니플을 이용해 필요한 절수를 조립하여 한 조의 방열기를 만든 것으로 0.5MPa 이하의 저압증기에 사용하는 것은?
① 주철제 방열기   ② 대류 방열기
③ 파이프 방열기   ④ 베이스보드 히터

28. 주철제 방열기에 대한 설명 중 틀린 것은?
① 부하 및 열손실이 가장 적은 곳에 설치한다.
② 벽면에서 50mm 정도 이격시켜 설치한다.
③ 외벽측 창 아래 쪽에 설치한다.
④ 주형, 세주형, 벽걸이형 등이 있다.

해설 방열기 설치 위치 - 부하 및 열손실이 가장 큰 벽면에서 50mm 정도 이격 설치한다.

29. 대류 방열기라고도 하며 철판제 케비넷 속의 플레이트 핀(Plate Fin)이라는 열교환기에 접촉하는 공기의 대류 작용에 의해 실내 공기의 온도를 상승시키는 것은?
① 콘벡터(convector)
② 벽걸이형 라디에타
③ 강판제 라디에타
④ 온기로(溫氣爐)

해설 대류 방열기(convector) : 대류작용의 촉진을 위해 특수하게 제작된 것으로 열효율이 좋아 널리 사용되고 있다. 특히 낮은 위치에 설치된 것을 베이스보드 히터라고 한다.

해답 23. ② 24. ① 25. ④ 26. ③ 27. ① 28. ① 29. ①

30. 원주 주위에 핀이 부착되어 있는 긴 형상을 가지고 있으며 온실과 같이 내식성을 요하고 설치높이에 제약이 있는 긴 건물에 설치하는 자연대류·복사식 방열기는?

① 유니트 히터
② 길드 방열기
③ 콘벡타
④ 휀콘벡타

31. 방열기의 선정시 고려할 사항과 가장 관계가 먼 것은?

① 사용 목적 및 그 설치장소에 적합할 것
② 경량이고 운반, 반입이 용이할 것
③ 방열량이 작고 형태가 크며 효율이 좋을 것
④ 사용열매의 종류에 따라 적합할 것

32. 다음과 같은 사무실에서 방열기의 설치위치는 어디가 가장 적당한가?

① (1)
② (2)
③ (3)
④ (4)

33. 실내에 설치할 방열기기의 선정시 고려할 사항과 가장 거리가 먼 것은?

① 응축수량이 많을 것
② 사용하는 열매종류에 적합할 것
③ 실내온도 분포가 균일하게 될 것
④ 설치장소에 적합한 디자인과 견고성을 가질 것

[해설] 증기방열기의 응축수량은 방열면적에 따라 정해지는 것으로서 방열면적 1m²당 1.21 kg/h이다.

■■■ 방열기 도시법

34. 도면상의 방열기 표시방식 중(방열기 호칭) 원을 3등분할 때 가장 윗부분에 표시되는 것은?

① 유입, 유출관경(Pipe Size)
② 방열기의 쪽(Section)수
③ 방열기의 폭과 높이
④ 방열기의 형과 종류

[해설] 방열기 도시법

35. 방열기의 도시방법에서 3주형 방열기의 높이가 650mm이며 섹션수가 15이고 유입관경과 유출관경이 각각 1/2일 때 이를 바르게 도시한 것은?

① 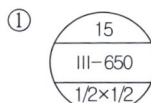   ②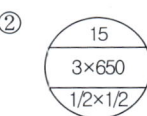

③ 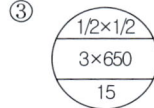   ④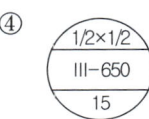

■■■ 표준방열량, 상당방열면적, 섹션수 계산

36. 표준방열량 0.523kW/m² 일 때 온수의 평균 온도는 몇 도를 기준으로 하는가?

① 102℃   ② 100℃
③ 80℃   ④ 60℃

37. 방열기의 표준방열량 산정에서 사용되는 표준상태의 열매의 온도는? (단, 열매는 증기)

① 80℃   ② 94℃
③ 100℃   ④ 102℃

[해설] 표준방열량 = 9.05(102 − 18.5) ≒ 756W/m² = 0.756kW/m²
(방열계수, 실내온도, 열매온도)

해답   30. ②   31. ③   32. ①   33. ①   34. ②   35. ①   36. ③   37. ④

38. 열매가 온수인 경우, 표준상태(열매온도 80℃, 실온 18.5℃)에서 방열기 표면적 1m²당 방열량은?

① 450 W ② 523 W
③ 650 W ④ 756 W

[해설] 증기 및 온수난방의 표준방열량(kW/m²)

열매	표준상태의 온도(℃)		표준 온도차(℃)	방열 계수	표준방열량 (kW/m²)
	열매온도	실내온도			
증기	102	18.5	83.5	7.8	0.756
온수	80	18.5	61.5	7.2	0.523

39. 열매인 증기의 온도가 102℃이고, 실내온도가 18.5℃인 표준상태에서 방열기 표면적을 1m²를 통하여 발산되는 방열량은?

① 450W ② 523W
③ 650W ④ 756W

40. 방열기에는 EDR 이라는 약자가 사용되는데 이것은 무엇을 의미하는가?

① 증발량
② 상당 방열면적
③ 응축수량
④ 방열량

41. 증기난방방식을 채용한 실의 손실열량이 25kW일 경우 필요한 방열 면적은?

① 29.8 m²
② 33.1 m²
③ 47.6 m²
④ 55.6 m²

[해설] 증기난방의 상당방열면적(EDR)

$= \dfrac{H_L}{0.756} = \dfrac{25}{0.756} = 33.1 m^2$

42. 어떤 사무실의 난방부하가 13.6kW이다. 온수 방열기를 설치하여 난방할 경우 소요방열면적(m², EDR)은 얼마인가? (단, 열매온도와 실온은 표준상태에서의 온도라 한다.)

① 26 ② 22
③ 18 ④ 16

[해설] 온수난방의 상당방열면적(EDR)
$= H_L/0.523 = 13.6kW \div 0.523 kW/m^2 = 26 m^2$

43. 어떤 방의 전열에 의한 손실열량이 3,000W 환기에 의한 손실열량이 1,500W일 때, 이 방에 설치하는 온수 방열기의 상당방열면적은? (단, 표준상태이며, 표준방열량은 523W/m² 이다.)

① 4.3 m² ② 5.2 m²
③ 8.6 m² ④ 10.4 m²

[해설] 온수난방의 상당방열면적(EDR)

$\dfrac{H_L}{0.523} = \dfrac{4.5}{0.523} = 8.6 m^2$

44. 난방손실 열량이 25kW인 사무실에 설치할 증기 방열기의 소요절수로 적당한 것은? (단, 방열기는 650mm 3세주, 1절의 방열면적은 0.15m²이다.)

① 220절 ② 319절
③ 480절 ④ 495절

[해설] 증기난방의 소요절수(섹션수)

$= \dfrac{H_L}{0.756a} = \dfrac{25}{0.756 \times 0.15} ≒ 220 (절)$

45. 손실열량이 11.6kW의 실에서 온수를 열매로 하는 3주형 주철제 방열기의 방열량은 0.523kW/m²이고 방열기 1절의 표면적은 0.18m²일 때의 전체의 필요한 절수는?

① 34절 ② 65절
③ 124절 ④ 195절

[해설] 온수방열기 절(섹션)수 $= H_L/450a$
$= 11.6/(0.523 \times 0.18) = 123.2 절 = 124 절$

해답 38. ② 39. ④ 40. ② 41. ② 42. ① 43. ③ 44. ① 45. ③

46. 표준상태에서 방열면적 1m²당 증기의 응축수량은? (물의 증발잠열은 2,257kJ/kg이다.)

① 2.42kg/h
② 0.12kg/h
③ 1.21kg/h
④ 3.21kg/h

[해설] 증기의 응축수량
= 0.756kJ/s·m² × 3,600s/h ÷ 2,257kJ/kg
= 1.21kg/h·m²

47. 다음과 같은 조건에서 난방부하가 3,500W인 실을 온수난방으로 할 때 방열기의 온수 순환수량은?

[조건]
• 방열기: 입구 수온: 90℃, 출구 수온: 85℃
• 물의 비열: 4.2 kJ/kg · K

① 300 kg/h
② 600 kg/h
③ 900 kg/h
④ 1,200 kg/h

[해설] 난방부하는 시간당 필요한 열량을 말하므로 다음의 열량계산식으로 계산한다.

열량 $q(kJ/s)$
$= \dfrac{급탕량\ G(kg/h) \times 비열\ C(kJ/kg \cdot K) \times 온도차\ \Delta t(K)}{3,600(s/h)}$

즉 열량 $q = \dfrac{G \cdot C \cdot \Delta t}{3,600}(kW)$ 에서

시간당 질량(순환수량)
$G = \dfrac{3,600q}{C \cdot \Delta t} = \dfrac{3,600 \times 3.5}{4.2 \times (90-85)} = 600 kg/h$

48. 방열량이 4,200W이고 입출구 수온차가 10℃인 방열기의 순환수량은? (단, 물의 비열은 4.2kJ/kg·K이다.)

① 100 kg/h
② 360 kg/h
③ 500 kg/h
④ 720 kg/h

[해설] 난방부하는 시간당 필요한 열량을 말하므로 온수순환량은 다음의 열량계산식으로 계산한다.

열량 = $\dfrac{질량G(kg/h) \times 비열C(kJ/kg \cdot K) \times 온도차\Delta t(K)}{3,600(s/h)}$

즉 열량 $q = \dfrac{G \cdot C \cdot \Delta t}{3,600}(kW)$ 에서

시간당 질량(순환량) $G = \dfrac{3,600q}{C \cdot \Delta t} = \dfrac{3,600 \times 4.2}{4.2 \times 10}$
$= 360 kg/h$

49. 난방부하가 10,000W인 방을 온수난방할 경우 방열기의 온수순환량은? (단, 물의 비열은 4.2kJ/kg · K, 방열기의 입구 수온은 90℃, 출구 수온은 80℃ 이다.)

① 약 764kg/h
② 약 857kg/h
③ 약 926kg/h
④ 약 1,034kg/h

[해설] 난방부하는 시간당 필요한 열량을 말하므로 온수순환량은 다음의 열량계산식으로 계산한다.

열량 = $\dfrac{질량G(kg/h) \times 비열C(kJ/kg \cdot K) \times 온도차\Delta t(K)}{3,600(s/h)}$

즉 열량 $q = \dfrac{G \cdot C \cdot \Delta t}{3,600}(kW)$ 에서

시간당 질량(순환량) $G = \dfrac{3,600q}{C \cdot \Delta t} = \dfrac{3,600 \times 10}{4.2 \times (90-80)}$
$= 857.14 kg/h ≒ 857 kg/h$

50. 방열기의 방열량이 5.8kW이고 방열기의 입출구 수온차가 10℃인 방열기의 순환수량은 몇 L/min인가? (단, 물의 평균비열은 4.2kJ/kg · K이다.)

① 8.3 L/min
② 50 L/min
③ 83.3 L/min
④ 5000 L/min

[해설] $q = \dfrac{G \cdot C \cdot \Delta t}{3,600}$ 에서 $G = \dfrac{3,600q}{C \cdot \Delta t} = \dfrac{3,600 \times 5.8}{4.2 \times 10}$
$= 497 kg/h ≒ 8.3 L/min$

해답 46. ③ 47. ② 48. ② 49. ② 50. ①

MEMO

제9장 공기조화설비

출제경향분석

1. 공기조화설비는 건축설비의 여러 분야 중 가장 어렵고 생소한 부분이며 분량도 많아 암기와 함께 이해 중심의 학습이 요구된다. 특히 습공기선도, 공조방식별 특징, 환기설비의 종류 및 환기량 계산 등에 대한 이해가 요구된다.
2. 매 회 3문제 이상 출제되고 있으며 공조설비 보급의 확대와 함께 출제빈도도 점차 높아지고 있다.

세 부 목 차

1. 공조설비(Ⅰ) - 공조설비의 개요, 습공기선도, 공조부하계산
2. 공조설비(Ⅱ) - 공기조화기, 조닝, 에너지절약
3. 공조설비(Ⅲ) - 공조방식의 분류 및 특징
4. 공조설비(Ⅳ) - 덕트 및 부속기기, 송풍기, 환기설비

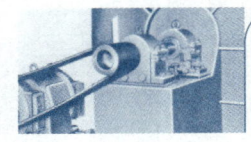

1 공조설비(Ⅰ) - 공조설비의 개요, 습공기 선도, 공조부하계산

학습방향
1. 습공기선도 보는 방법 및 습공기의 특징, 냉방부하의 종류, 난방부하 계산식 등에 관해 이해가 요구된다.
2. 냉방부하 계산식은 복잡한데 비하여 출제빈도는 아주 낮은 편이므로 개략적인 이해 정도면 충분하다.

1 기초사항

(1) 공기조화설비의 개요

1) 공기조화의 정의

공기조화란 주어진 실내공간의 온도, 습도, 기류속도 및 청정도를 그 실의 사용목적에 적합한 상태로 유지시키는 것을 말한다. 따라서 실내의 온도만을 조절하는 냉난방설비와는 구별된다.

2) 공기조화의 분류

공기조화는 사용 용도에 따라 다음과 같이 분류할 수 있다.
① 쾌감용 공기조화 : 인간을 대상으로 하며 쾌적감과 보건위생에 적합한 생활환경을 형성하기 위한 설비
② 산업용 공기조화 : 각종 물품의 생산과 저장을 위한 설비
③ 의료용 공기조화 : 의료활동 및 환자를 위한 설비

(2) 습공기 선도

습공기선도(Psychrometric chart)는 습공기의 여러가지 특성치를 나타내는 그림으로서 인간의 쾌적범위 결정, 결로판정, 공기조화 부하계산 등에 이용된다.

1) 습공기선도의 구성요소 : 건구온도, 습구온도, 노점온도, 절대습도, 상대습도, 포화도, 수증기압, 엔탈피, 비체적, 현열비, 열수분비
2) 습공기를 구성하고 있는 요소들 중 2가지만 알면 상태점이 정해지므로 나머지 요소들을 구할 수 있다. (단, 현열비와 열수분비는 계산에 의해 구한다)
① 건구온도(Dry Bulb Temperature, DBT) : ℃
기온을 측정할 때 온도계의 감온부가 건조상태에서 측정한 온도
② 습구온도(Wet Bulb Temperature, WBT) : ℃
건구온도의 감온부를 천으로 싸고 물을 적셔 증발의 냉각효과를 고려한 온도로 감온부 주위의 기류에 따라 변하는데 풍속 3m/sec 이상에서 안정된다.

학습POINT

■ 공기조화의 조절대상
- 온도(가열, 냉각), 습도(가습, 감습), 기류, 청정도

■ 인체의 쾌적상태에 영향을 미치는 물리적 변수
- 온도, 습도, 기류, 복사열

■ 습기에 의한 공기의 분류
- 건조공기
- 습공기(건조공기+수증기)
- 포화공기

■ 습구온도는 주변이 건조할수록 낮아지며 습할수록 높아지는데 건구온도보다 항상 낮으며 포화상태에서만 건구온도와 동일하다.

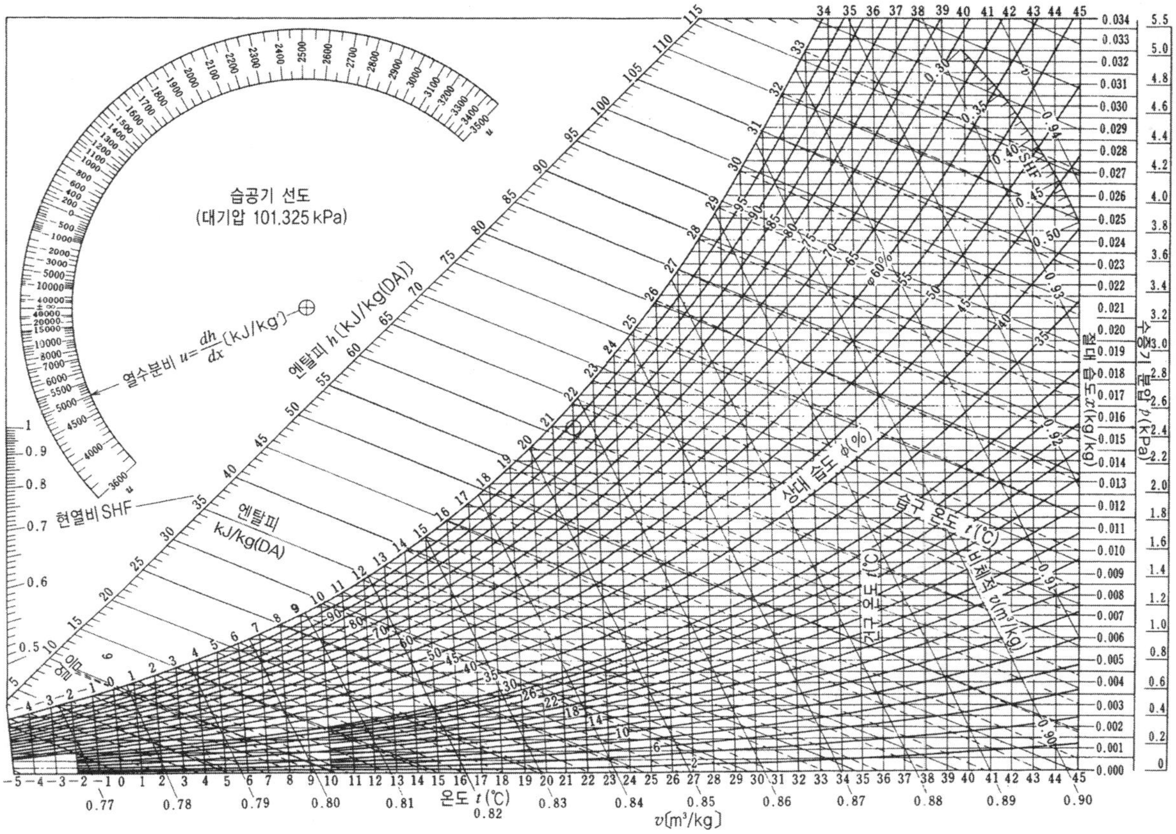

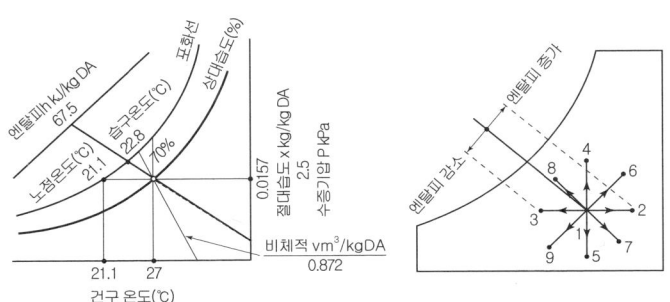

<그림 1-1> 습공기 선도

다음 그림 1-2는 상온용의 습공기선도와 습공기선도 보는 방법을 건구온도 27℃, 상대습도 70%의 습공기로서 설명한 것이다.

<그림 1-2> 습공기 선도 보는 법   <그림 1-3> 공기조화의 각 과정

1→2 : 현열 가열(sensible heating)
1→3 : 현열 냉각(sensible cooling)
1→4 : 가습(humidification)
1→5 : 감습(dehumidification)
1→6 : 가열 가습(heating and humidifying)
1→7 : 가열 감습(heating and dehumidifying)
1→8 : 냉각 가습(cooling and humidifying)
1→9 : 냉각 감습(cooling and dehumidifying)

③ 노점온도(Dew point temperature) : ℃
습공기가 냉각될 때 어느 온도에 다다르면 공기속의 수분이 수증기의 형태로만 존재할 수 없어 이슬로 맺히는 온도 즉, 습공기가 포화상태일 때의 온도

④ 수증기(분)압(Vapor pressure) : p(kPa)
대기압은 건공기의 압력과 수증기 압력의 합으로 표시되는데 이 중 수증기만의 압력을 말하는 것으로 수증기량이 많을수록 크게 된다.

⑤ 포화수증기압(Saturated vapor pressure) : p_s(kPa)
포화상태 습공기의 수증기압으로 온도가 높아질수록 포화 수증기압도 높아진다.

⑥ 절대습도(Absolute humidity, AH) : x (kg/kg(DA))
습공기를 구성하고 있는 건조공기 1kg당의 수증기의 양. 공기를 가열하거나 냉각해도 절대습도는 변함이 없다. 단, 노점온도 이하까지 냉각하면 결로가 발생하여 절대습도는 낮아진다.

⑦ 상대습도(Relative humidity, RH) : ψ(%)
습공기의 수증기압 p와 같은 온도의 포화수증기압 p_s와의 비로서 공기를 가열하면 상대습도는 낮아지고 냉각하면 상대습도는 높아진다.

$$\psi = \frac{p}{p_s} \times 100$$

⑧ 포화도 : ϕ(%)
습공기의 절대습도 x와 포화공기의 절대습도 x_s와의 비

$$\phi = \frac{x}{x_s} \times 100$$

⑨ 엔탈피(enthalpy) : h(kJ/kg(DA))
건조공기 1kg 당의 습공기 속에 현열 및 잠열의 형태로 포함되는 열량으로 건공기의 엔탈피와 수증기의 엔탈피를 더한 것이다.

$$h = 1.01t + x(1.85t + 2,501)$$

여기에서 t : 건구온도(℃), x : 절대습도(kg/kg(DA))
　　　　1.01 : 건공기의 정압비열(kJ/kg·K)
　　　　1.85 : 수증기의 정압비열(kJ/kg·K)
　　　　2,501 : 0℃포화수의 증발잠열(kJ/kg)

■ 공기가 포화상태일 때는 건구온도, 습구온도, 노점온도가 같은 값을 나타낸다.

[예제] 건구온도 24℃, 수증기압 1.48kPa인 공기의 상대습도는? 단, 24℃공기의 포화수증기압은 2.96kPa 이다.
■ 상대습도
$$\varphi = \frac{1.48}{2.96} \times 100 = 50(\%)$$

[예제] 건구온도 27℃, 절대습도 0.015kg/kgDA인 습공기의 엔탈피는?
■ h = 1.01×27 + 0.015(1.85×27+2,501)
　　= 65.5kg/kgDA

2 공기조화 부하계산

(1) 공조부하의 종류

실내의 온습도를 쾌적한 상태로 유지하기 위하여 공기조화기에서는 냉각, 가열, 감습, 가습을 하여야 하는데 이 때 필요한 열량을 공기조화부하라 한다.
공기조화부하에는 냉방부하와 난방부하가 모두 포함되며 1년 중 가장

■ 공조부하 ─┬─ 최대부하 ─┬─ 냉방부하
　　　　　　│　　　　　　└─ 난방부하
　　　　　　└─ 기간부하 ─┬─ 정적해석법
　　　　　　　　　　　　　└─ 동적해석법

큰 부하인 최대부하와 일정기간 또는 1년 동안의 부하를 누적한 기간부하(년간부하)로 구분된다. 흔히 부하라 하면 최대냉방부하, 최대난방부하 등의 최대부하를 말한다.

1) 최대부하

냉동기, 보일러, 공조기, FAN, PUMP 등 냉난방 장비용량 산정을 목적으로 하며 건물 설비설계시 필수적으로 계산하여야 한다.

① 냉방부하

<표 1-1> 냉방부하의 종류

부하의 종류		내 용	현열(S), 잠열(L)	그림의 기호
실내부하	외피부하	• 전열부하(온도차에 의하여 외벽, 천장, 바닥, 유리 등을 통한 관류 열량)	S	①~⑥
		• 일사에 의한 부하	S	⑦
		• 틈새바람에 의한 부하	S,L	⑧
	내부부하	• 실내 발생열 ─ 조명기구	S	⑨
		├ 인체	S,L	⑩
		└ 기타 열원기기	S,L	⑪~⑫
외기부하		• 환기부하(신선외기에 의한 부하)	S,L	⑬
장치부하		• 송풍기 부하	S	⑭
		• 덕트의 열획득	S	⑮
		• 재열부하	S	⑯
		• 혼합 손실(2중 덕트의 냉·온풍 혼합손실)	S	
열원부하		• 배관 열획득	S	⑰
		• 펌프에서의 열획득	S	⑱

■ 현열 : 물질의 온도변화에 따른 출입열량

잠열 : 물질의 상태변화(습도 변화)에 따른 출입열량

■ 틈새바람, 환기를 위한 신선외기, 인체 등은 실내온도뿐만 아니라 습도에도 변화를 주므로 현열뿐만 아니라 잠열도 계산하여야 한다.

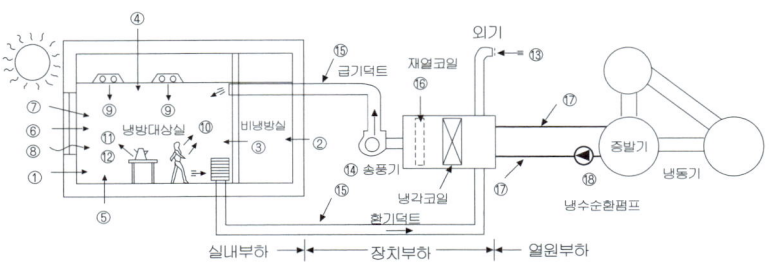

<그림 1-4> 냉방부하의 발생요인

② 난방부하

난방부하도 냉방부하와 같이 계산을 하나 유리창을 통한 일사의 취득, 인체나 기기의 발열은 실온을 상승시키는 요인으로 작용하기 때문에 안전율로 생각하고 일반적으로는 고려하지 않는다. 따라서 구조체(벽, 바닥, 지붕, 창, 문)를 통한 열손실과 환기를 통한 열손실의 합이 난방부하가 된다.

2) 기간부하(년간부하)

일정기간 또는 1년 동안의 에너지 소비량 산출을 목적으로 한다.

① 정적해석법 - 외기나 실내조건을 정상상태(steady state : 시간에 관계없이 온습도가 일정한 상태)로 보고 부하계산
   디그리데이법(난방, 수정, 가변, 확장 디그리데이법)과 BIN방식(BIN방식, 수정 BIN방식)이 있다.

② 동적해석법 - 외기나 실내조건을 비정상상태(unsteady state : 시간에 따라 온습도가 계속 변하는 상태)로 보고 부하계산(정밀시뮬레이션). 기상데이터 및 계산량이 방대하여 컴퓨터의 사용이 필수적이다.

■ 난방도일(Heating Degree Days)
실내의 평균기온과 외기의 평균기온관의 차를 일(days)에 곱한 것.
어느 지방의 추위의 정도와 연료 소비량을 추정 평가할 수 있다.
실내의 평균기온 t_i, 외기의 평균기온을 t_o라고 하면 다음과 같이 표시한다.

$$H \cdot D = \sum (t_i - t_o)\,(°C \cdot day)$$

(2) 부하계산의 설계조건

1) 실내조건

부하계산에 있어서 실내 온습도는 매우 중요한 설계조건의 하나이다. 실의 사용목적에 따라 그 조건이 각기 다르며, 또한 사람의 경우에 있어서도 쾌적온도범위가 서로 다르나 우리나라의 경우 에너지 절약을 위해 다음 표 1-2와 같은 실내온습도기준을 정해 놓고 있다.

〈표 1-2〉 실내 온습도 기준

지역 \ 구분	난방 건구온도(℃)	냉방 건구온도(℃)	냉방 상대습도(%)
공동주택	20~22	26~28	50~60
학교(교실)	20~22	26~28	50~60
병원(병실)	21~23	26~28	50~60
관람집회시설(객석)	20~22	26~28	50~60
숙박시설(객실)	20~24	26~28	50~60
판매시설	18~21	26~28	50~60
사무소	20~23	26~28	50~60
목욕장	26~29	26~29	50~75
수영장	27~30	27~30	50~70

※ 자료 : 건축물의 에너지절약 설계기준 〈별표 8〉

〈표1-3〉 실내공기질 유지기준

다중이용시설 \ 오염물질 항목	미세먼지(PM-10)($\mu g/m^3$)	미세먼지(PM-2.5)($\mu g/m^3$)	이산화탄소(ppm)	폼알데하이드($\mu g/m^3$)	총부유세균(CFU/m^3)	일산화탄소(ppm)
지하역사, 지하도상가, 대합실, 공항터미널, 도서관·박물관 및 미술관, 대규모 점포, 장례식장, 영화상영관, 학원, 전시시설, 컴퓨터게임 영업시설, 목욕장	100 이하	50 이하	1,000 이하	100 이하	-	10 이하
의료기관, 산후조리원, 노인요양시설, 어린이집, 실내 어린이 놀이시설	75 이하	35 이하		80 이하	800 이하	
실내주차장	200 이하	-		100 이하		25 이하
실내 체육시설, 실내 공연장, 업무시설, 둘 이상 용도의 건물	200 이하	-	-	-	-	-

■ PM10
입자의 크기가 10㎛ 이하인 미세먼지

■ HCHO
포름알데히드(폼알데하이드)

※ 자료 : 실내공기질관리법 시행규칙 〈별표 2〉

2) 외기조건

최대부하 계산시 설계외기온도를 최저온도(겨울철)나 최고온도(여름철)로 적용하면 부하가 너무 커져 장치용량이 과대하게 된다. 그래서 ASHRAE(미국공조냉동협회)의 TAC(technical advisory committee) 분과에서는 위험률 2.5~10%의 범위내에서 설계조건을 삼을 것을 추천하고 있다.

냉방시의 위험률 2.5%의 의미는, 예를 들어 어느 지역의 냉방 기간이 3000시간이라면 이 기간 중 제일 높은 온도부터 2.5%에 해당하는 75시간의 기상데이터는 무시하고 그 다음의 온도를 냉방용 설계외기온도로 정함으로써 75시간은 냉방설계 외기조건을 초과한다는 것을 의미한다. 난방시의 위험율을 적용할 때는 제일 낮은 온도부터 위험율에 해당되는 만큼의 기상데이터를 무시하고 그 다음의 온도를 난방용 설계외기온도로 정하는 것이다.

아래 표 1-4는 우리나라의 주요 도시의 TAC 2.5%로 계산한 설계용 외기조건을 나타낸 것이다.

■ 위험율
- 위험율을 크게 할수록 설계외기온도가 실내온도에 가까워져 부하가 작아지고 따라서 설비용량도 작아진다.
- 그러나 실제 외기온도가 설계외기온도를 초과하게 되어 냉난방이 제대로 되지 않을 위험은 그만큼 커진다.
- 우리나라는 냉난방시 모두 위험율 2.5%를 적용한다.

<표 1-4> 설계 외기온·습도 기준

구분 도시명	냉방		난방	
	건구온도(℃)	습구온도(℃)	건구온도(℃)	습구온도(℃)
서 울	31.2	25.5	-11.3	63
인 천	30.1	25.0	-10.4	58
수 원	31.2	25.5	-12.4	70
춘 천	31.6	25.2	-14.7	77
강 릉	31.6	25.1	-7.9	42
대 전	32.3	25.5	-10.3	71
청 주	32.5	25.8	-12.1	76
전 주	32.4	25.8	-8.7	72
서 산	31.1	25.8	-9.6	78
광 주	31.8	26.0	-6.6	70
대 구	33.3	25.8	-7.6	61
부 산	30.7	26.2	-5.3	46
진 주	31.6	26.3	-8.4	76
울 산	32.2	26.8	-7.0	70
포 항	32.5	26.0	-6.4	41
목 포	31.1	26.3	-4.7	75
제 주	30.9	26.3	0.1	70

※ 자료 : 건축물의 에너지절약 설계기준 〈별표 7〉

(3) 부하계산식

1) 냉방부하 계산식

① 유리창을 통한 일사 열부하 : q_G (W)

$q_G = A \cdot SC \cdot SCL$

여기에서 A : 유리창 면적(m^2) SC : 차폐계수
 SCL : 일사량 (W/m^2)

② 구조체(벽, 바닥, 지붕, 유리)를 통한 관류열부하 : q_c (W)

㉮ 일사의 영향을 무시할 때(그늘부분) : $q_c = k \cdot A \cdot (t_o - t_r)$

㉯ 일사의 영향을 고려할 때 : $q_c = k \cdot A \cdot \Delta t_e$

여기에서 k : 벽체의 열관류율 ($W/m^2 \cdot K$) A : 벽체면적 (m^2)
 t_o : 외기온도(℃) t_r : 실내온도(℃)
 Δt_e : 상당외기 온도차 = $(t_e - t_r)$

③ 실내발생열 부하

㉮ 인체에 의한 발생열 q_{HS}, q_{HL} (W)

q_{HS} (현열) $= n \cdot h_S$

q_{HL} (잠열) $= n \cdot h_L$

여기에서 n : 재실자수(인) 예) 사무소 식당 볼링장
 h_S : 인체발생 현열량(W/인) —   57   65   126
 h_L : 인체발생 잠열량(W/인) —   62   80   257

㉯ 조명에 의한 발생열 q_L, q_F (W)

q_L (백열전등) = W

q_F (형광등) = 1.25 × W

여기에서 W : 소비전력(W)

㉰ 기기로부터의 발생열 - 사무기기(컴퓨터, 프린터, 복사기 등)
 전동기, 커피포트

④ 틈새바람에 의한 부하 : q_{IS}, q_{IL} (W)

㉮ q_{IS} (현열) = 0.337 Q $(t_o - t_r)$

㉯ q_{IL} (잠열) = 834 Q $(x_o - x_r)$

x_o : 외기의 절대습도 (kg/kg′) x_r : 실내의 절대습도 (kg/kg′)

0.337 : 단위환산계수

(공기의 밀도 ρ = 1.2kg/m^3, 정압비열 C_p = 1.01kJ/kg·K 적용)

$1.2 kg/m^3 \times 1.01 kJ/kg \cdot K \times \left(\dfrac{1,000 J/kJ}{3,600 s/h}\right) \fallingdotseq 0.337 W \cdot h/m^3 \cdot K$

834 : 단위환산계수(0℃에서 물의 증발잠열 γ = 2,501kJ/kg 적용)

$1.2 kg/m^3 \times 2,501 kJ/kg \times \left(\dfrac{1,000 J/kJ}{3,600 s/h}\right) \fallingdotseq 834 W \cdot h/m^3$

Q : 틈새바람량 (m^3/h) - 환기회수법, 창문면적법, 틈새길이법 등으로 계산한다.

■ 유리를 통한 냉방부하 계산시에는 온도차에 의한 관류열 뿐만 아니라 태양 복사열(일사열)획득도 고려하여야 한다.

■ 차폐계수
보통유리 - 1.0
중간색 브라인드 설치 - 0.75
밝은 색 브라인드 설치 - 0.65
반사유리(복층) - 0.5정도

■ 상당외기온도(Sol-Air Temperature)
외벽에 일사를 받으면 복사열에 의해서 외표면온도가 상승한다. 이 상승되는 온도와 외기온도를 고려한 것이 상당외기온도이다.

$t_e = \dfrac{\alpha}{\alpha_o} I + t_o$

여기서
α : 일사 흡수율
α_o : 표면열전달율($W/m^2 \cdot K$)
I : 일사량 (W/m^2)

■ 힘든 일을 할수록 현열 및 잠열발생 모두가 증가하나 잠열 발생의 증가가 더 크다.

■ 현열비(SHF)
현열과 잠열을 합하여 전열(全熱)이라 하며 현열비(sensible heat factor ; SHF)는 전열 중 현열이 차지하는 비율을 말한다.

현열비(SHF) = $\dfrac{현열}{전열}$ = $\dfrac{현열}{현열+잠열}$

■ 틈새바람에 의한 환기량계산
① 환기회수법
$Q = n \cdot V$
 n : 환기회수(회/h)
 V : 실의 체적(m^3)
② 창문면적법
$Q = B \cdot A (m^3/h)$
 B : 창문 1m^2당의 풍량 ($m^3/m^2 \cdot h$)
 A : 창문면적(m^2)
③ 틈새길이법
$Q = C \cdot L (m^3/h)$
 C : 틈새길이 1m당의 풍량($m^3/m \cdot h$)
 L : 틈새의 길이(m)

2) 난방부하 계산식

실내의 온도를 일정하게 유지하기 위하여 손실되는 만큼의 열량을 계속 공급하여야 하는데 그 공급열량을 난방부하 (H_L : Heating Load)라 한다.

① 벽, 바닥, 천정, 유리, 문 등 구조체를 통한 손실열량 H_C (W)

$$H_C = k \cdot A \cdot \Delta t \text{ (W)}$$

- k : 열관류율(W/m²·K)
- A : 구조체 면적(m²)
- Δt : 실내외 온도차 (℃)

이 때 외벽 및 유리에 대해서는 방위에 따른 안전율의 개념으로서 방위계수를 곱해 주기도 한다. (남측 : 1.0, 동측, 서측 : 1.1, 북측 : 1.2)

② 환기(틈새바람)에 의한 손실열량 H_i (W)

$$H_i = 0.337 \cdot Q \cdot \Delta t = 0.337 \cdot n \cdot V \cdot \Delta t \text{ (W)}$$

- 0.337 : 단위환산계수 (W·h/m³·K)
- Q : 환기량 (m³/h)
- n : 환기회수 (회/h)
- V : 실의 체적 (m³)
- Δt : 실내외 온도차(℃)

위의 환기(틈새바람)에 의한 손실열량 H_i 계산식은 열량계산식 $q = G \cdot C \cdot \Delta t$ 및 외기에 의한 현열부하 q_{IS} 계산식과 동일하다.

즉, 환기(틈새바람)에 의한 손실열량 H_i = 열량 q = 외기에 의한 현열부하 q_{IS}

= G(kg/h) × C(kJ/kg·K) × Δt(K)   (kJ/h)
= ρ(kg/m³) × Q(m³/h) × C(kJ/kg·K) × Δt(K)   (kJ/h)
= 1.2(kg/m³) × Q(m³/h) × 1.01(kJ/kg·K) × Δt(K)   (kJ/h)
= 1.21(kJ/m³·K) × Q(m³/h) × Δt(K)   (kJ/h)
= 1.21(kJ/m³·K) × Q(m³/h) × Δt(K) × 1,000J/kJ ÷ 3,600s/h   (J/s, W)
= 0.33666... × Q(m³/h) × Δt(K)   (J/s, W)
= 0.337QΔt = 0.337nVΔt   (J/s, W)

③ 어떤 실의 총손실 열량(Heat loss) = ① + ② = $H_c + H_i$ (W)

유리를 통한 태양복사열, 인체나 조명기구, 기기 등으로부터 열획득이 있으나 이는 난방에 유리하게 작용하기 때문에 난방부하 계산시 일반적으로 고려하지 않는다. 그러므로 어떤 실의 난방부하는 결국 손실열량과 같게 된다.

[예제] 열관류율이 0.4W/m²·K인 동향 벽체의 크기가 3×6m, 실내온도가 20℃, 실외온도가 -10℃ 일 때의 손실열량을 계산하라.

- H_C = 방위계수·k·A·Δt
  = 1.1 × 0.4 × 18 × 30
  = 237.6(W)

■ 방위계수

정방향이 아닌 중간방향의 방위계수는 양측 두 값의 중간값을 채택한다.
(예를 들어, 남동측은 남측(1.0)과 동측(1.1)의 중간값인 1.05가 된다)

[예제] 환기회수가 1회/h인 8×10×3m인 강의실의 틈새바람에 의한 손실열량을 계산하라. 단, 실내온도는 20℃, 실외온도는 -10℃이다.

- H_i = 0.337·n·V·Δt
  = 0.337 × 1 × (8×10×3) × 30
  = 2,426(W)

또는 H_i = 1.21 × 1 × (8×10×3) × 30
  = 8,712(kJ/h)

■ 기호설명

- G : 공기의 질량(kg/h)
  = ρ(kg/m³) × Q(m³/h)
- Q : 공기의 풍량(m³/h)
- C : 공기의 질량비열(1.01kJ/kg·K)
- ρ : 공기의 밀도(1.2kg/m³)
- Δt : 공기의 온도차(K)

■ 공기의 체적비열
= ρ(1.2 kg/m³) × C(1.01kJ/kg·K)
= 1.21(kJ/m³·K)

[참고] 열관류율 k(heat transmission coefficient, W/m²·K)
열이 관류(통과) 되는 정도를 열관류율(k)이라 하며 이 값이 작을수록 열성능상 유리하다. 또한 열관류율의 역수(1/k)를 열관류저항(기호 : R, 단위 : m²·K/W)이라 한다.

핵심문제

1 습공기의 건구온도와 습구온도를 알 때, 습공기선도를 사용하여 알 수 있는 것이 아닌 것은?
① 습공기의 엔탈피
② 습공기의 상대습도
③ 습공기의 기류
④ 습공기의 절대습도

2 공기의 성질 중 틀리는 것은?
① 공기를 가열하면 상대습도는 낮아진다.
② 공기를 냉각하면 절대습도는 높아진다.
③ 건구온도와 습구온도가 동일한 공기는 상대습도가 100%이다.
④ 습구온도는 건구온도보다 높아질 수 없다.

3 습공기를 가열하였을 경우, 상태값이 감소하는 것은?
① 비체적   ② 상대습도
③ 습구온도   ④ 절대습도

4 건구온도 26℃인 실내공기 8,000m³/hr 와 건구온도가 32℃인 외부공기 2,000m³/hr이 혼합하였을 때 혼합공기의 건구온도는 몇 ℃인가?
① 27.2   ② 27.6
③ 28.0   ④ 29.0

5 냉방부하에서만 고려되는 것은?
① 내외의 온도차에 의해 벽체를 통과하여 출입하는 열부하
② 창, 문 등의 틈을 통하여 외부에서 침입하는 공기에 의한 부하
③ 도입 외기에 의한 부하
④ 창유리를 통과하여 실내에 입사하는 일사에 의한 부하

해설

[해설] 1 습공기 선도(Psychrometric chart)
습공기의 여러가지 특성치를 나타내는 그림으로서 인간의 쾌적범위 결정, 결로판정, 공기조화 부하계산 등에 이용된다.
구성요소 : 건구온도, 습구온도, 노점온도, 절대습도, 상대습도, 포화도, 수증기압, 엔탈피, 비용적, 현열비, 열수분비

[해설] 2 습공기의 성질
• 공기를 가열하거나 냉각해도 절대습도는 변함이 없다.
• 공기를 가열하면 상대습도는 낮아지고 냉각하면 상대습도는 높아진다.
• 습구온도는 항상 건구온도보다 낮으며 포화상태에서만 습구온도와 건구온도는 동일하다.
• 포화상태(상대습도 100%)일 때는 건구온도, 습구온도, 노점온도가 모두 같다.

[해설] 3
습공기선도에서 습공기의 건구온도만 상승하면
상대습도-낮아진다.
엔탈피, 비체적, 습구온도-증가한다.
절대습도, 노점온도-변화없다.

[해설] 4
26×8,000+32×2,000 = x×10,000
에서 x = 27.2℃

[해설] 5
유리창을 통한 일사(태양열) 취득, 인체나 조명기기, 기구 등의 발열은 실온을 상승시키는 요인으로 작용하기 때문에 냉방부하 계산에는 반드시 포함시켜야 하나 난방부하 계산에는 일반적으로 포함시키지 않는다.

정답 1. ③ 2. ② 3. ② 4. ① 5. ④

6 다음 중 냉방부하 계산시 현열만을 고려하는 것은?

① 벽체로부터의 취득열량
② 틈새바람에 의한 취득열량
③ 인체의 발생열량
④ 외기의 도입으로 인한 취득열량

7 열관류율 k=2.5W/m²·K의 벽체의 양쪽 공기온도가 각각 20℃와 0℃일 때 이 벽체 1m²당 1시간의 이동열량은 얼마인가?

① 25W
② 50W
③ 100W
④ 200W

8 실의 크기가 6m x 10m, 천정고가 2.5m인 사무실의 실내온도를 20℃로 유지하고자 한다. 외기온도가 -5℃이고 시간당 1회의 외기가 침입한다고 할 경우 외기에 의한 손실열량은 몇 W 인가? (단, 공기의 정압비열은 1.01kJ/kg·K, 밀도는 1.2kg/m³로 한다.)

① 650
② 1,080
③ 1,263
④ 4,500

[해설] 단위환산계수를 사용하지 않고 주어진 물성치를 이용하여 계산하면

$$H_i = \frac{1.2 kg/m^3 \times Q(m^3/h) \times 1.01 kJ/kg \cdot k \times \Delta t(K) \times 1,000(J/kJ)}{3,600(s/h)}$$

$$= \frac{1.2 \times 1 \times 6 \times 10 \times 2.5 \times 1.01 \times 25 \times 1,000}{3,600}$$

$$= 1,262.5(W)$$

계수의 반올림에 의해 약간의 오차가 생긴다.

9 실내 냉방부하 중 현열부하가 3,000W, 잠열 부하가 500W일 때 현열비는?

① 0.14
② 0.17
③ 0.86
④ 0.92

해 설

[해설] **6**

현열 : 물질의 온도변화에 따른 열량
잠열 : 물질의 상태변화 또는 습도변화에 따른 열량

- 틈새바람, 환기를 위한 신선외기, 인체 부하 – 실내온도 뿐만 아니라 습도에도 변화를 주므로 현열뿐만 아니라 잠열도 계산해야 한다.
- 조명부하, 실내기기부하, 벽이나 창을 통한 관류열부하, 창을 통한 일사열부하 – 실내온도에만 변화를 주므로 현열만 계산해야 한다.

[해설] **7**

$H_c = k \cdot A \cdot \Delta t$
$= 2.5 \times 1 \times (20-0) = 50(W)$

[해설] **8**

환기에 의한 손실열량
$H_i = 0.337 \cdot Q \cdot \Delta t(W)$
$= 0.337 \cdot n \cdot V \cdot \Delta t(W)$
$= 0.337 \times 1 \times 6 \times 10 \times 2.5 \times 25$
$= 1,264(W)$

0.337는 공기의 비열×밀도×1,000(J/kJ)÷3,600(s/h)에 대한 단위환산계수이다.
즉, $1.01 kJ/kg \times 1.2 kg/m^3 \times \frac{1,000(J/kJ)}{3,600(s/h)}$
$= 0.337 W \cdot h/m^3 \cdot K$

[해설] **9**

현열비(SHF) = $\frac{현열량}{현열량+잠열량}$

$= \frac{3,000}{3,000+500} = 0.857 ≒ 0.86$

6. ① 7. ② 8. ③ 9. ③

기출문제 및 예상문제

9 CHAPTER
1. 공조설비의 개요, 습공기선도, 공조부하계산

■■■ **공조설비의 개요**

1. 일반적인 공기조화설비의 조절대상이 되지 않는 것은?
① 온도
② 습도
③ 벽체의 복사열
④ 공기청정

[해설] 공기조화 조절대상 : 온도(가열, 냉각), 습도(가습, 감습), 기류, 청정도

■■■ **습공기선도**

2. 습공기선도(Psychrometric chart)에서 나타낼 수 없는 것은?
① 현열비, 상대습도
② 건구온도, 습구온도
③ 비체적, 열관류율
④ 노점온도, 절대습도

[해설] 습공기 선도(Psychrometric chart)
습공기의 여러가지 특성치를 나타내는 그림으로서 인간의 쾌적범위 결정, 결로판정, 공기조화 부하계산 등에 이용된다.

습공기선도의 구성요소
건구온도, 습구온도, 노점온도, 절대습도, 상대습도, 포화도, 수증기압, 엔탈피, 비용적(비체적), 현열비, 열수분비

3. 공기선도에서 어떤 공기를 가열했을 때 다음 중에서 변화하지 않는 것은?
① 건구온도
② 습구온도
③ 절대습도
④ 상대습도

4. 상대습도(R.H) 100%에서 같지 않게 나타나는 온도는?
① 건구온도
② 효과온도
③ 습구온도
④ 노점온도

5. 습공기가 냉각되어 공기중의 수증기가 응축하기 시작할 때의 온도를 무엇이라 하는가?
① 노점온도
② 포화온도
③ 절대온도
④ 습구온도

6. 절대습도에 관한 설명으로서 옳은 것은?
① 포화상태의 수증기의 분량과의 비
② 습한 공기 중에 함유된 건조공기 1kg당의 습한 공기체적
③ 습공기 1kg속에 포함되어 있는 건공기의 중량
④ 건공기 1kg속에 포함되어 있는 수증기의 중량

7. 어떤 상태의 공기를 절대습도의 변화없이 건구온도만 상승시킬 때, 그 공기의 상태변화를 나타낸 다음 내용 중 옳은 것은?
① 엔탈피는 증가한다.
② 상대습도는 증가한다.
③ 노점온도는 감소한다.
④ 비체적은 감소한다.

[해설] 습공기의 건구온도가 상승하면
상대습도-낮아진다.
엔탈피, 비체적, 습구온도-증가한다.
절대습도, 노점온도-변화없다.

해답 1. ③ 2. ③ 3. ③ 4. ② 5. ① 6. ④ 7. ①

8. 건구온도 18℃, 상대습도 60% 인 공기가 여과기를 통과한 후 가열 코일을 통과하였다. 통과 후의 공기 상태는?

① 비체적 감소 ② 엔탈피 감소
③ 상대습도 증가 ④ 습구온도 증가

[해설] 공기가 가열코일을 통과하면 건구온도가 상승한다. 습공기선도상에서 공기의 건구온도가 상승하면 상대습도-낮아진다. 엔탈피, 비체적, 습구온도-증가한다. 노점온도-변화없다. (습공기선도에 표시해보며 이해 요망)

9. 건구온도 30℃, 상대습도 60%인 공기를 냉수코일에 통과시켰을 때 공기의 상태변화는? (단, 냉수입구수온 : 5℃, 냉수출구수온 : 10℃)

① 건구온도는 낮아지고 절대습도는 높아진다.
② 수증기압은 높아지고 상대습도는 낮아진다.
③ 수증기압은 낮아지고 상대습도도 낮아진다.
④ 건구온도는 낮아지고 상대습도는 높아진다.

[해설] 공기 냉각시 건구온도가 낮아지며 결로로 인한 감습으로 절대습도도 낮아진다. 그러나 건구온도가 낮아짐에 따라 포화 수증기량이 감소하여 상대습도는 약 90%정도로 높아진다. 이 공기가 실내로 취출되면 온도가 높은 실내공기와 혼합되어 건구온도가 다시 올라가 포화수증기압이 다시 커지므로 상대습도는 쾌적한 범위로 낮아진다.

10. 습공기를 가습하는 경우, 다음의 상태값 중 변화하지 않는 것은?

① 건구온도 ② 습구온도
③ 절대습도 ④ 상대습도

[해설] 포화범위 내에서 공기를 가열하거나 냉각해도 절대습도는 변함이 없다.

11. 습공기의 상태변화에 관한 설명으로 옳지 않은 것은?

① 가열하면 엔탈피는 증가한다.
② 냉각하면 비체적은 감소한다.
③ 가열하면 절대습도는 증가한다.
④ 냉각하면 습구온도는 감소한다.

[해설] ③ 포화범위 내에서 공기를 가열하거나 냉각해도 절대습도는 변함이 없다.

12. 습공기의 엔탈피에 대한 설명 중 옳은 것은?

① 절대습도가 높을수록 작아진다.
② 건구온도가 높을수록 커진다.
③ 수증기외 엔탈피에서 건공기의 엔탈피를 뺀 값이다.
④ 습공기를 냉각·가습할 경우, 엔탈피는 항상 감소한다.

[해설] 엔탈피(enthalpy) : i (kJ/kgDA)
① 건조공기 1kg 당의 습공기 속에 현열 및 잠열의 형태로 포함되는 열량
② 습공기의 엔탈피=건공기의 엔탈피+수증기의 엔탈피
$i = 1.01t + x(1.85t + 2,501)(kJ/kgDA)$
③ 온도나 절대습도가 높을수록 커진다.

13. 습공기의 엔탈피를 가장 올바르게 표현한 것은?

① 공기 1m³의 중량
② 건공기에 포함된 수증기의 중량
③ 건공기와 수증기에 포함된 열량
④ 공기중의 수분량과 포화수증기량의 비율

14. 건구온도 30℃인 건공기 1kg에 수증기가 0.015kg이 포함된 습공기의 엔탈피는?(단, 건공기의 정압비열=1.01kJ/kg·K, 수증기의 정압비열 = 1.85kJ/kg·K, 0℃에서 포화수의 증발잠열 = 2,501kJ/kg 이다.)

① 58.65kJ/kg ② 68.65kJ/kg
③ 78.65kJ/kg ④ 88.65kJ/kg

[해설] 엔탈피(enthalpy) : 건조공기 1kg 당의 습공기 속에 현열 및 잠열의 형태로 포함되는 열량
습공기의 엔탈피 = 건공기의 엔탈피 + 수증기의 엔탈피
$i = 1.01t + x(1.85t + 2,501)$
$= 1.01 \times 30 + 0.015(1.85 \times 30 + 2,501)$
$= 68.65 \ (kJ/kgDA)$

해답 8. ④ 9. ④ 10. ① 11. ③ 12. ② 13. ③ 14. ②

15. 습공기에 관한 설명으로 옳지 않은 것은?
① 건구온도가 낮아지면 비체적은 감소한다.
② 상대습도 100%인 경우 습구온도와 노점온도는 동일하다.
③ 열수분비는 엔탈피의 변화량을 습구온도 변화량으로 나눈 값이다.
④ 습공기를 가열하면 상대습도는 감소하나 절대습도는 변하지 않는다.

[해설] 습공기선도에서 열수분비는 엔탈피(h)의 변화량을 절대습도(x)의 변화량으로 나눈 값이다.

열수분비(U) = $\dfrac{h_2 - h_1}{x_2 - x_1}$

16. 건구온도 21℃ 상대습도 50%의 공기를 건구온도 30℃로 가열하였을 때 상대습도는? (단, 21℃ 공기의 포화수증기압은 2.46kPa이고 30℃ 공기의 포화수증기압은 4.17kPa이다.)
① 29.5% ② 36.0%
③ 43.5% ④ 50.5%

[해설] (1) 수증기압(p) 계산

상대습도 $\phi = \dfrac{p}{p_s} \times 100\,(\%) = \dfrac{p}{2.46} \times 100 = 50\,(\%)$ 에서

수증기압 $p = 1.23 kPa$

(2) 30℃일 때의 상대습도
$= \dfrac{p}{p_s} \times 100 = \dfrac{1.23}{4.17} \times 100 = 29.5\%$

17. 단위의 조합으로 옳지 않은 것은?
① 공기의 비열 : kJ/kg · h
② 절대습도 : kg/kg'
③ 상대습도 : %
④ 엔탈피 : kJ/kg'

[해설] 비열 : kJ/kg · K

18. 다음 중 단위의 연결이 옳지 않은 것은?
① 열전도율 : W/m · K
② 상대습도 : %
③ 엔탈피 : kg / kg'
④ 손실열량 : W

[해설] 엔탈피의 단위 : kJ/kg'

19. 습공기선도상에 다음과 같이 나타나는 상태변화 과정은?

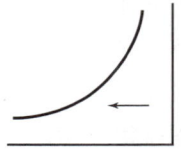

① 가열 ② 냉각
③ 감습 ④ 가습

20. 다음의 습공기선도상의 변화과정을 옳게 설명한 것은?
① 가열가습과정
② 가열감습과정
③ 냉각가습과정
④ 냉각감습과정

21. 다음 그림은 여름철 냉방시 실내공기와 외기를 혼합하여 냉수 코일로 냉방하는 공기선도상의 각 점의 상태를 나타낸 것이다. 각 점의 상태를 옳게 나타낸 것은?

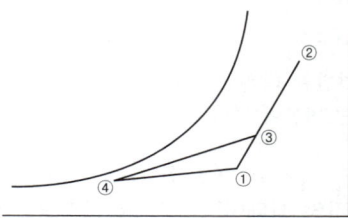

① ① 실내공기, ② 외기, ③ 혼합공기, ④ 취출공기
② ① 외기, ② 실내공기, ③ 혼합공기, ④ 취출공기
③ ① 혼합공기, ② 외기, ③ 실내공기, ④ 취출공기
④ ① 실내공기, ② 외기, ③ 취출공기, ④ 혼합공기

해답 15. ③ 16. ① 17. ① 18. ③ 19. ② 20. ④ 21. ①

■■■ 혼합공기온도

22. 35℃의 공기 300m³와 27℃의 공기 700m³를 단열혼합하였을 경우, 혼합공기의 온도는?

① 28.2℃ ② 29.4℃
③ 30.6℃ ④ 32.6℃

[해설] 혼합공기 온도
35℃×300m³+27℃×700m³ = x℃×1,000m³ 에서
x = 29.4℃

23. 35℃의 옥외공기 30kg과 27℃의 실내공기 70kg을 단열혼합하였을 때, 혼합공기의 온도는?

① 28.2℃ ② 29.4℃
③ 30.6℃ ④ 32.6℃

[해설] 혼합공기 온도
35℃×30kg+27℃×70kg = x℃×100kg 에서
x = 29.4℃

■■■ 냉난방부하의 개요

24. 다음 중 난방부하 계산에서 일반적으로 고려하지 않는 것은?

① 외벽을 통한 관류부하
② 유리창을 통한 관류부하
③ 도입외기에 의한 외기부하
④ 인체의 발생열량에 의한 인체부하

[해설] 인체의 발열량은 냉방부하에서만 고려한다. 일사량, 인체 발열량, 기구 발열량 등은 난방에 유리하게 작용하므로 난방부하 계산시 무시한다.

25. 다음 중 냉·난방부하의 계산에서 난방의 경우는 일반적으로 고려하지 않으나 냉방의 경우는 반드시 계산해야 하는 항목은?

① 외벽, 유리창을 통한 관류부하
② 도입외기에 의한 외기부하
③ 인체부하
④ 바닥을 통한 관류부하

[해설] 인체의 발열량은 냉방부하에서만 고려한다. 난방부하에서는 일사량, 인체 발열량, 기구 발열량 등은 무시한다.

26. 냉방부하의 종류 중 현열만을 포함하고 있는 것은?

① 인체의 발생열량
② 유리로부터의 취득열량
③ 극간풍에 의한 취득열량
④ 외기의 도입으로 인한 취득열량

27. 다음 중 공기조화설계에서 현열부하와 잠열부하를 모두 고려하여야 하는 것에 속하지 않는 것은?

① 재열부하
② 인체발생열
③ 틈새바람에 의한 취득열량
④ 외기도입에 의한 취득열량

28. 다음의 냉방부하의 종류 중 잠열부하가 발생하는 것은?

① 덕트로부터의 취득열량
② 송풍기에 의한 취득열량
③ 외기의 도입으로 인한 취득열량
④ 일사에 의한 유리로부터의 취득열량

29. 공조부하 계산 시 현열과 잠열이 동시에 발생하는 것은?

① 인체의 발생열량
② 벽체로부터의 취득열량
③ 유리로부터의 취득열량
④ 덕트로부터의 취득열량

해답 22. ② 23. ② 24. ④ 25. ③ 26. ② 27. ① 28. ③ 29. ①

30. 다음 중 현열부하와 잠열부하 모두를 계산하여야 하는 요소는?

① 틈새바람
② 조명발열
③ 유리창 투과열량
④ 벽체 관류열량

31. 건축물의 냉방부하를 감소시키기 위한 유리창 계획으로 옳지 않은 것은?

① 유리창의 면적을 작게 한다.
② 반사율이 큰 유리를 사용한다.
③ 차폐계수가 큰 유리를 사용한다.
④ 열관류율이 작은 유리를 사용한다.

[해설] 유리를 통한 일사열부하 $q_G = A \cdot SC \cdot SCL$ (W)
여기에서 A : 유리의 면적(m^2),
SC : 차폐계수(Shading Coefficient),
SCL : 단위면적당 일사량(W/m^2)
차폐계수가 크면 일사열부하도 커진다.
• 차폐계수(SC) 값
투명유리 1.0, 중간색 블라인드 설치 0.75, 밝은 색 블라인드 설치 0.65, 열선반사 복층유리 0.4 정도

32. 냉난방 부하에 관한 설명으로 옳지 않은 것은?

① 틈새바람부하에는 현열부하 요소와 잠열부하 요소가 있다.
② 최대부하를 계산하는 것은 장치의 용량을 구하기 위한 것이다.
③ 냉방부하 중 실부하란 전열부하, 일사에 의한 부하 등을 말한다.
④ 인체 발생열과 조명기구 발생열은 난방부하를 증가시키므로 난방부하 계산에 포함시킨다.

[해설] ④ 인체 발생열과 조명기구 발생열은 냉방부하에서만 고려된다. 인체 발열량, 기구 발열량, 일사량 등은 난방에 유리하게 작용하므로 난방부하 계산시 무시한다.

33. 냉 · 난방 부하 계산시 유의할 사항에 대한 설명 중 옳지 않은 것은?

① 난방시의 틈새바람에 의한 부하는 보통 현열부하만을 산정한다.
② 난방부하일 때는 내부발생열은 난방부하를 경감시키는 요소이므로 일반적으로 계산하지 않는다.
③ 부하계산의 결과 열손실이 너무 큰 경우 그것을 건축적인 수법으로 해결하지 말고 공조장치로 처리하도록 한다.
④ 건물의 종류 및 용도에 따라 부하의 요소는 차이가 많이 난다.

[해설] 부하를 작게 하기 위해서는 우선 건축적인 방법(단열, 재료선정, 창의 크기, 건물의 형태 등)을 먼저 고려해야 한다.

34. 다음은 난방도일에 관한 설명이다. 옳지 않은 것은?

① 난방도일은 실내온도만 같으면 외기온도가 다르더라도 어느 지역에서나 그 값이 같다.
② 난방도일은 추운 정도를 나타내는 지표가 될 수 있다.
③ 난방도일이 크면 클수록 연료의 소비량이 많아진다.
④ 실내의 평균 기온과 외기의 평균 기온과의 차에 일(day)을 곱한 것을 말한다.

35. 다음 중 난방부하 계산시 고려되지 않는 것은?

① 상당외기온도   ② 실내온도
③ 열관류율   ④ 환기량

36. 난방부하를 줄이기 위한 방법이 아닌 것은?

① 적절한 난방설계용 외기조건을 채용한다.
② 적절한 실내 온 · 습도 조건을 채용한다.
③ 침입 외기량을 줄인다.
④ 내부 발열요소를 없앤다.

해답 30. ① 31. ③ 32. ④ 33. ③ 34. ① 35. ① 36. ④

37. 열손실 계산에 있어서 난방 부하를 줄이기 위한 방법과 거리가 먼 것은?
① 단열재 설치　② 회전문 설치
③ 축열조 설치　④ 2중창 설치

해설 축열조를 설치하면 장비용량을 줄일 수는 있지만 난방부하가 줄어드는 것은 아니다.

38. 겨울철 벽체를 통해 실내에서 실외로 빠져나가는 열손실량을 계산할 때 필요하지 않은 요소는?
① 외기온도
② 실내습도
③ 벽체의 두께
④ 벽체 재료의 열전도율

39. 난방부하 계산시 방위에 따른 손실을 보정하는데 그 값이 큰 것부터 차례로 된 것은?
① 북 - 동, 서 - 남
② 북 - 남 - 동, 서
③ 동 - 남, 북 - 서
④ 남 - 북 - 동, 서

해설 남 - 1.0, 동·서 - 1.1, 북 - 1.2

40. 외벽의 온도는 일사에 의한 복사열의 흡수로 외기온도보다 높게 되는데, 냉방부하 계산시에 사용되는 이 온도를 무엇이라 하는가?
① 유효온도　② 상당외기온도
③ 습구온도　④ 효과온도

41. 태양복사열이 벽체에 미치는 영향을 고려한 가상의 온도차를 무엇이라 하는가?
① 상당온도차　② 유효온도차
③ 실효온도차　④ 효과온도차

해설 상당외기온도 : 외벽에 일사를 받으면 복사열에 의해서 외표면 온도가 상승하는데 이 상승되는 온도와 외기온도를 고려한 것이 상당외기온도이다. 냉방부하를 계산할 때는 단순한 실내외 온도차를 이용하지 않고 이 상당온도차(상당외기온도-실내온도)를 이용한다.

42. 상당외기온도차에 관한 설명으로 옳지 않은 것은?
① 난방부하의 계산에는 적용하지 않는다.
② 건물의 방위와 계산시각에 따라 달라진다.
③ 일사량이 클수록 상당외기온도차는 작아진다.
④ 외벽 및 지붕의 구조체 종류에 따라 달라진다.

해설 상당외기온도(Sol-Air Temperature)
외벽에 일사를 받으면 복사열에 의해서 외표면 온도가 상승하는데 이 상승되는 온도와 외기온도를 고려한 것이 상당외기온도이다. 냉방부하를 계산할 때는 단순한 실내외 온도차를 이용하지 않고 이 상당온도차(상당외기온도-실내온도)를 이용하며 난방부하의 계산에는 적용하지 않는다.
상당외기온도는 건물의 방위, 계산시각, 외벽 및 지붕의 재료, 구조체 종류에 따라 달라진다.

■■■ **구조체를 통한 손실열량**

43. 다음과 같은 조건에서 북측에 위치한 면적 $12m^2$인 콘크리트 외벽체를 통한 관류에 의한 손실 열량은?

- 외기온도 = -1℃, 실내온도 = 18℃
- 벽체의 열관류율 = $1.71W/m^2 \cdot K$
- 벽체의 방위계수 = 1.2

① 383.7W　② 411.0W
③ 429.0W　④ 468.0W

해설 벽, 바닥, 천정, 유리, 문 등 구조체를 통한 관류손실열량 $H_c(W)$
$H_c =$ 방위계수 $\cdot k \cdot A \cdot \Delta t (W)$
$= 1.2 \times 1.71 \times 12 \times (18-(-1)) = 468W$

해답　37. ③　38. ②　39. ①　40. ②　41. ①　42. ③　43. ④

44. 외기온도 −15℃, 실내온도 21℃, 열전도율 0.15W/m·K, 열관류율 0.5W/m²·K, 엔탈피차 0.025kJ/kg′, 방위계수 1.1, 구조체의 전열면적 15 m²인 외벽에서의 난방손실열량은?

① 89 W ② 178 W
③ 270 W ④ 297 W

[해설] 구조체를 통한 손실열량(Heat loss)의 계산
H_C = 방위계수·k·A·Δt (W)
= 1.1×0.5×15×(21−(−15)) = 297(W)

45 다음과 같은 벽체에서 관류에 의한 열손실량은?

- 벽체의 면적: 10m²
- 벽체의 열관류율: 3W/m²·K
- 실내온도: 18℃, 외기온도: −12℃

① 360W ② 540W
③ 780W ④ 900W

[해설] 벽, 바닥, 천정, 유리, 문 등 구조체를 통한 관류손실열량 $H_c(W)$
$H_c = k·A·\Delta t(W) = 3×10×30 = 900(W)$

46. 열관류율 k=5W/m²·K인 유리창 10m²를 통하여 이동하는 열량은 몇 W인가? (단, 유리창 내외(內外) 온도차는 30℃이다.)

① 50 ② 150
③ 300 ④ 1500

[해설] $H_C = k·A·\Delta t(W)$
= 5×10×30 = 1,500(W)

47. 외벽의 열관류율 k값이 0.5W/m²·K이고 실내·외온도차가 30℃라고 할 때 단위면적당 이 외피를 통해 손실되는 열량은 몇 W/m² 인가?

① 15 ② 20
③ 30 ④ 60

[해설] 구조체에 의한 손실열량 $H_C=k·A·\Delta t(W)$에서
단위면적당 손실열량 H/A=k·Δt=0.5×30=15W/m²

■■■ 환기에 의한 손실열량, 외기부하

48. 침입외기량 산정 방법에 속하지 않는 것은?
① 인원수에 의한 방법
② 창 면적에 의한 방법
③ 환기 횟수에 의한 방법
④ 창문의 틈새 길이에 의한 방법

49. 어떤 방의 실내온도 20℃, 외기온도 −10℃인 방의 환기량이 60m³/h인 경우에 환기로 인한 손실열량으로 적당한 것은?

① 522W ② 607W
③ 632W ④ 722W

[해설] 환기에 의한 손실열량
$H_i = 0.337·Q·\Delta t(W) = 0.337×60×30 = 607(W)$

50. 다음과 같은 조건에 있는 크기가 가로 10m, 세로 7m, 높이 3m인 교실에서 환기를 시간당 2회로 행할 때 환기로 인한 손실 현열량은?

- 실내온도 : 20℃, 외기온도 : −5℃
- 공기의 밀도 : 1.2 kg/m³
- 공기의 비열 : 1.01 kJ/kg·K

① 2.0 kW ② 2.5 kW
③ 3.0 kW ④ 3.5 kW

[해설] 환기량 $Q = n·V = 2×(10×7×3) = 420 m³/h$
환기에 의한 손실열량 (H_i)
= 밀도(ρ, kg/m³)×풍량(Q, m³/s)×비열(C, kJ/kg·K)×온도차(Δt, K)에서
= 1.2kg/m³×K×420m³/h×1.01kJ/kg×(20−(−5)) K
= 12,726 kJ/h = 3.535 kJ/s(kW)

또는 $H_i = 0.337·Q·\Delta t = 0.337·n·V·\Delta t$
= 0.337×2회/h×(10×7×3)m³×(20−(−5)) K
= 3538.5 W(J/s) ≒ 3.539 kW

상수 또는 단위환산계수의 반올림 등으로 인해 계산결과가 정확히 일치하지는 않는다.

해답 44. ④ 45. ④ 46. ④ 47. ① 48. ① 49. ② 50. ④

51. 다음과 같은 조건에서 냉방시 외기 3000m³/h가 실내로 인입될 때 외기에 의한 현열 부하는?

[조 건]
- 실내온도 : 26℃
- 외기온도 : 31℃
- 공기의 밀도 : 1.2kg/m³
- 공기의 정압비열 : 1.01kJ/kg·K

① 840W   ② 3,500W
③ 5,050W ④ 8,720W

[해설] 외기 또는 틈새바람에 의한 현열부하

q_{SH} = 밀도(ρ, kg/m³)×풍량(Q, m³/s)×비열(C, kJ/kg·K)×온도차(Δt, K)에서
= 1.2(kg/m³) × 3,000/3,600(m³/s) × 1.01(kJ/kg·K)
× (31 − 26)(K) = 5.05(kW) = 5,050(W)

또는 $H_i = 0.337 \cdot Q \cdot \Delta t$
= 0.337 × 3,000(m³/h) × (31 − 26)(K) = 5,055 W

상수 또는 단위환산계수의 반올림 등으로 인해 계산결과가 정확히 일치하지는 않는다.

52. 건구온도 t_1 = 30℃, 상대습도 20%의 습공기 3,000m³/h를 공기냉각기에서 냉각시켜 건구온도 t_2 = 14℃의 공기를 만들 때 제거되는 현열량은? (단, 공기의 비열은 1.01kJ/kg·k, 밀도는 1.2kg/m³이다.)

① 16.16W   ② 24.12W
③ 16.16kW ④ 24.12kW

[해설] 온도차에 의한 현열량 계산

q_{SH} = 밀도(ρ, kg/m³)×풍량(Q, m³/s)×비열(C, kJ/kg·K)×온도차(Δt, K)
= 1.2(kg/m³) × 3,000/3,600(m³/s) × 1.01(kJ/kg·K) × (30 − 14)(K)
= 16.16 (kW)

또는 $H_i = 0.337 \cdot Q \cdot \Delta t$
= 0.337 × 3,000(m³/h) × (30 − 14)(K)
= 16.176 W ≒ 16.18(kW)

상수 또는 단위환산계수의 반올림 등으로 인해 계산결과가 정확히 일치하지는 않는다.

53. 다음과 같은 조건에 있는 실의 틈새바람에 의한 현열 부하량은?

[조 건]
- 실의 체적 : 400m³
- 환기횟수 : 0.5회/h
- 실내공기 건구온도 : 20℃
- 외기 건구온도 : 0℃
- 공기의 밀도 : 1.2kg/m³
- 공기의 비열 : 1.01kJ/kg·K

① 986 W   ② 1,124 W
③ 1,347 W ④ 1,542 W

[해설] 외기 또는 틈새바람에 의한 현열부하

풍량(Q, m³/h) = 환기회수(n, 회/h) × 체적(V, m³) = 0.5회/h × 400m³ = 200 m³/h

외기 또는 틈새바람에 의한 현열부하

q_{SH} = 밀도(ρ, kg/m³)×풍량(Q, m³/s)
×비열(C, kJ/kg·K)×온도차(Δt, K)에서
= 1.2(kg/m³) × 200/3,600(m³/s) × 1.01(kJ/kg·K)
× 20(K) = 1.347(kW) = 1,347(W)

또는 $H_i = 0.337 \cdot Q \cdot \Delta t$
= 0.337 × 200(m³/h) × (20 − 0)(K) = 1,348 W

상수 또는 단위환산계수의 반올림 등으로 인해 계산결과가 정확히 일치하지는 않는다.

54. 건구온도 20℃, 상대습도 50%인 습공기 1,000m³/h를 30℃로 가열하였을 때 가열량(현열)은? (단, 습공기의 밀도는 1.2kg/m³, 비열은 1.01kJ/kg·k이다.)

① 1.7kW   ② 2.5kW
③ 3.4kW   ④ 4.3kW

[해설] 외기 또는 틈새바람에 의한 현열부하

$q_{SH} = 1.2(kg/m³) \times Q(m³/s) \times 1.01(kJ/kg \cdot K) \times \Delta t(K)$
$= 1.2(kg/m³) \times 1,000/3,600(m³/s) \times 1.01(kJ/kg \cdot K)$
$\times (30 − 20)(K) = 3.367(kW) = 3.4(kW)$

해답 51. ③ 52. ③ 53. ③ 54. ③

55. 다음과 같은 조건에서 바닥면적 300m², 천장고 2.7m인 실의 난방부하 산정 시 틈새바람에 의한 외기부하는?

[조 건]
- 실내 건구온도 : 20℃
- 외기온도 : -10℃
- 환기횟수 : 0.5회/h
- 공기의 비열 : 1.01 kJ/kg · K
- 공기의 밀도 : 1.2 kg/m³

① 3.4kW ② 4.1kW
③ 4.7kW ④ 5.2kW

[해설] 틈새바람에 의한 현열부하 계산
부하는 시간당 필요한 열량과 같은 의미이므로 다음의 열량계산식으로 계산한다.
열량 즉 현열부하 q_{SH} (kJ/s(kW))
= 밀도(ρ, kg/m³)×풍량(Q, m³/s)
 ×비열(C, kJ/kg · K)×온도차(Δt, K)에서
= 1.2(kg/m³)×405/3,600(m³/s)×1.01(kJ/kg · K)
 ×(20 - (-10))(K) = 4.0905(kW) ≒ 4.1 (kW)

여기에서
풍량(Q, m³/h)= 환기회수(n, 회/h)×체적(V, m³)
           = 0.5회/h×300m²×2.7m = 405m³/h

또는 $H_i = 0.337 \cdot Q \cdot \Delta t$
    = 0.337×405(m³/h)×(20 - (-10))(K)
    = 4,095W ≒ 4.1 (kW)

56. 다음과 같은 조건하에서 실용적이 100m³인 어떤 실의 여름철 틈새바람에 의한 취득열량은?

환기회수 0.5회/h, 실온 26℃, 외기온 33℃, 실내 절대습도 0.0082kg/kg′, 외기 절대습도 0.0192kg/kg′, 공기의 정압비열 1.01kJ/kg · K, 밀도 1.2kg/m³, 0℃물의 증발잠열 2,501kJ/kg

① 117.8W ② 458.5W
③ 576.3W ④ 619.2W

[해설] 틈새바람에 의한 취득열량은 온도차에 의한 현열과 절대습도차에 의한 잠열의 합으로 계산된다.

① 현열
$$Q_{SH} = \frac{1.2 \times Q \times 1.01 \times (t_o - t_i) \times 1,000(J/kJ)}{3,600(s/h)}$$
$$= \frac{1.2 \times 50 \times 1.01 \times (33-26) \times 1,000}{3,600}$$
≒ 117.8(W)

② 잠열
$$Q_{LH} = \frac{1.2 \times 2,501 \times Q \times (X_o - X_i) \times 1,000(J/kJ)}{3,600(s/h)}$$
$$= \frac{1.2 \times 2,501 \times 50 \times (0.0192-0.0082) \times 1,000}{3,600}$$
≒ 458.5(W)

취득열량 = ① + ② = 117.8 + 458.5 = 576.3(W)

57. 실내기온 26℃(절대습도=0.0107kg/kg′), 외기온 33(절대습도=0.0184kg/kg′), 1시간당 침입 공기량이 500m³일 때 침입외기에 의한 잠열부하는? (단, 공기의 밀도 1.2kg/m³, 0℃에서 물의 증발 잠열 2501kJ/kg)

① 약 1,192 W ② 약 3,210 W
③ 약 3,576 W ④ 약 4,768 W

[해설] 잠열 $q_{LH} = 834Q(X_o - X_r)$
= 834 × 500 × (0.0184 - 0.0107) = 3,210.9 W
여기서 834는 단위환산계수이다.
$(1.2 kg/m^3 \times 2,501 kJ/kg \times \frac{1,000 J/kJ}{3,600 s/h} = 834 W \cdot h/m^3)$

■■■ 송풍량

58. 냉방시의 송풍량을 구하는 식 가운데서 옳은 것은? (단, q_S, q_L : 실내현열 및 잠열부하(kW) Q : 송풍량(m³/s), t_i : 실내공기온도, t_d : 송풍공기온도(℃))

① $Q = \dfrac{q_S}{1.01 \times 1.2(t_i - t_d)}$ ② $Q = \dfrac{q_S + q_L}{1.01 \times 1.2(t_i - t_d)}$

③ $Q = \dfrac{q_S}{1.01(t_i - t_d)}$ ④ $Q = \dfrac{q_S + q_L}{1.01(t_i - t_d)}$

해답 55. ② 56. ③ 57. ② 58. ①

해설 현열부하 q_s(kW, kJ/s)

$= \rho(kg/m^3) \times Q(m^3/s) \times C(kJ/kg \cdot K) \times \Delta t(K)$에서

풍량 $Q(m^3/s) = \dfrac{q_s}{\rho \times C \times \Delta t}$

$= \dfrac{q_s}{1.2 \times 1.01 \times \Delta t} = \dfrac{q_s}{1.21 \cdot \Delta t}$

위에서

C : 공기의 질량비열 1.01kJ/kg · K

ρ : 공기의 밀도 1.2kg/m³

59. 방의 취득 현열량이 37.21KW로 산출되었다. 실온을 26℃로 유지하기 위해 16℃의 공기를 취출하도록 계획되었다. 실내로의 송풍량은 몇 m³/h가 되는가? (단, 공기의 단위체적당 정압비열은 1.21kJ/m³ · K로 한다.)

① 2,667m³/h ② 11,070m³/h
③ 13,333m³/h ④ 26,667m³/h

해설 급기량(m³/s) = $\dfrac{냉방현열부하(kW)}{1.21 \times (실내온도-공조기 출구온도)}$

$= \dfrac{37.21}{1.21 \times (26-16)} = 3.075 m^3/s = 11,070 m^3/h$

또는 단위환산계수 0.337W · h/m³ · K를 이용하면

급기량(m³/h) = $\dfrac{냉방현열부하(W)}{0.337 \times (실내온도-공조기 출구온도)}$

$= \dfrac{37,210}{0.337 \times (26-16)} = 11,042 m^3/h$

반올림 등에 의한 계수의 오차로 약간의 차이는 있다.

60. 다음과 같은 조건에서 실의 현열부하가 7,000 W인 경우 실내 취출풍량은?

[조 건]
- 실내온도 : 22℃
- 취출공기온도 : 12℃
- 공기의 비열 : 1.01 kJ/kg · K
- 공기의 밀도 : 1.2 kg/m³

① 1,042m³/h ② 2,079m³/h
③ 3,472m³/h ④ 6,944m³/h

해설 공조설비 송풍량 계산

부하는 시간당 필요한 열량과 같은 의미이므로 다음의 열량계산식으로 풀면 된다.

열량(q, kJ/s(kW)) = 밀도(ρ, kg/m³) × 풍량(Q, m³/s)
× 비열(C, kJ/kg · K) × 온도차(Δt, K)에서

풍량(Q, m³/h)

$= \dfrac{열량(q, kJ/h)}{밀도(\rho, kg/m^3) \times 비열(C, kJ/kg \cdot K) \times 온도차(\Delta t, K)}$

$= \dfrac{7(kJ/h)}{1.2(kg/m^3) \times 1.01(kJ/kg \cdot K) \cdot (22-12)(K)}$

$= 0.57755(m^3/s) = 2,079(m^3/h)$

여기에서 열량(부하) 7,000W = 7,000J/s = 7kJ/s
또는 7,000W = 7kW = 7kJ/s
(W = J/s, kW = kJ/s)

61. 설계온도가 22℃인 실의 현열부하가 9.3kW일 때 송풍공기량은? (단, 취출공기온도 32℃, 공기의 밀도 1.2kg/m³, 비열 1.005kJ/kg · K이다.)

① 2,314m³/h ② 2,776m³/h
③ 2,968m³/h ④ 3,299m³/h

해설 공조설비 송풍량 계산

부하는 시간당 필요한 열량과 같은 의미이므로 다음의 열량계산식으로 풀면 된다.

열량(q, kJ/h) = 밀도(ρ, kg/m³) × 풍량(Q, m³/h)
× 비열(C, kJ/kg · K) × 온도차(Δt, K)에서

풍량(Q, m³/h)

$= \dfrac{열량(q, kJ/h)}{밀도(\rho, kg/m^3) \times 비열(C, kJ/kg \cdot K) \times 온도차(\Delta t, K)}$

$= \dfrac{9.3(kJ/s)}{1.2(kg/m^3) \times 1.005(kJ/kg \cdot K) \cdot (32-22)(K)}$

$= 0.77114(m^3/s) = 2,776(m^3/h)$

여기에서 열량(부하) 9.3kW = 9.3kJ/s

해답 59. ② 60. ② 61. ②

62. 어떤 사무실의 취득 현열량이 15,000W일 때 실내온도를 26℃로 유지하기 위하여 16℃의 외기를 도입할 경우, 실내에 공급하는 송풍량은 얼마로 해야 하는가? (단, 공기의 정압비열은 1.01kJ/kg·K, 밀도는 1.2kg/m³이다.)

① 2,455m³/h
② 4,455m³/h
③ 6,455m³/h
④ 8,455m³/h

[해설] 공조설비 송풍량 계산
부하는 시간당 필요한 열량과 같은 의미이므로 다음의 열량계산식으로 풀면 된다.
열량(q, kJ/h) = 밀도(ρ, kg/m³)×풍량(Q, m³/h)
  ×비열(C, kJ/kg·K)×온도차(Δt, K)에서
풍량(Q, m³/h)
$$= \frac{열량(q, kJ/h)}{밀도(\rho, kg/m^3) \times 비열(C, kJ/kg \cdot K) \times 온도차(\Delta t, K)}$$
$$= \frac{54,000(kJ/h)}{1.2(kg/m^3) \times 1.01(kJ/kg \cdot K) \cdot (26-16)(K)} = 4,455 m^3/h$$
여기에서
열량(부하) 15,000W = 15,000J/s = 54,000kJ/h

63. 냉방부하가 42,000kJ/h인 어느 실에 16℃의 공기를 공급하여 냉방을 하고자 할 때 필요한 송풍량은? (단, 실내온도는 26℃이며, 공기의 비열은 1.2kJ/m³·K이다.)

① 3,200 m³/h
② 3,500 m³/h
③ 4,000 m³/h
④ 4,200 m³/h

[해설] 열량(q, kJ/h) = 풍량(Q, m³/h)×체적비열(kJ/m³·K)×온도차(Δt, K)에서
풍량(Q, m³/h) = 열량(q, kJ/h)/(체적비열(kJ/m³·K)×온도차(Δt, K))
  = 42,000 kJ/h/(1.2 kJ/m³·K×10K)
  = 3,500 m³/h

64. 냉방시 실내온도 26℃, 상대습도 50%를 유지시키기 위한 실의 현열부하는 8,500W, 잠열부하는 2,500W로 계산되었다. 취출공기의 온도를 15℃로 할 경우 송풍량은? (단, 공기의 정압비열은 1.21KJ/m³·K)

① 약 2,299m³/h
② 약 3,221m³/h
③ 약 3,448m³/h
④ 약 4,167m³/h

[해설] 송풍량 $Q = \frac{q_{SH}(kW)}{1.21\Delta t}(m^3/s)$
$$= \frac{8.5}{1.21 \times (26-15)}(m^3/s) = 0.6386(m^3/s)$$
$$= 2,299(m^3/h)$$

■■■ 현열비

65. 현열비를 옳게 표현한 것은?
① 잠열의 변화량에 대한 현열의 변화량의 비율
② 현열의 변화량에 대한 잠열의 변화량의 비율
③ 전열량(enthalpy)의 변화량에 대한 현열의 변화량의 비율
④ 전열량(enthalpy)의 변화량에 대한 잠열의 변화량의 비율

66. 엔탈피 변화량에 대한 현열 변화량의 비를 의미하는 것은?
① 현열비
② 잠열비
③ 유인비
④ 열수분비

67. 어떤 실내의 취득열량 중 현열이 35,000W 이고 잠열이 9,000W 이다. 실내의 공기조건을 25℃, 50%(RH)로 유지하기 위해서 취출온도 10℃로 송풍하고자 할 때 현열비는?
① 0.6
② 0.8
③ 1.9
④ 3.9

[해설] 현열비(SHF)
$$= \frac{현열량}{(현열량+잠열량)} = \frac{35,000}{(35,000+9,000)} ≒ 0.8$$

해답 62. ② 63. ② 64. ① 65. ③ 66. ① 67. ②

2 공조설비(Ⅱ) - 공기조화기, 조닝, 에너지절약

학습방향

공조설비의 기본구성, 공기조화기 및 공조과정에 대한 이해가 필수적이며 조닝 및 에너지절약방안 등에 관해 출제빈도가 높다.

3 공조·열원설비의 구성 및 공조과정

(1) 공조설비 및 열원설비의 구성

건물을 공기조화하기 위해서는 공기조화기 뿐만 아니라 냉수나 온수 또는 증기를 생산하는 냉동기, 보일러 등의 열원장치 및 이를 공기조화기에 공급하는 송풍기, 펌프, 덕트, 배관 등의 반송장치도 필요하다. 대부분의 공조 및 열원설비는 그림 2-1의 기본구성으로부터 생략하거나 변형시킨 것으로 구성된다. 이 흐름도에 예시된 공조기는 수평형으로써 환기팬 분리형이며 공조방식은 단일덕트 정풍량방식이다.

① 공기조화장치 : 공기여과기(Air Filter), 공기냉각기(Cooling Coil), 공기가열기(Heating Coil), 가습기
② 공기 반송장치 : 송풍기(Fan), 덕트(Duct), 공기취출구, 흡입구
③ 물 반송장치 : 펌프(Pump), 배관(Pipe) 등
④ 열원장치 : 냉동기, 보일러, 냉각탑
⑤ 기타 : 자동제어장치 등

학습 POINT

■ 흐름도의 약어 및 도시기호 설명
- 급기(SA : supply air) : 공급공기
- 환기(RA : return air) : 반송공기
- 배기(EA : exhaust air) : 버리는 공기
- 외기(OA : outdoor air) : 신선한 외기
- CS(냉수공급관)
- CR(냉수환수관)
- CWS(냉각수공급관)
- CWR(냉각수환수관)
- SS(증기공급관)
- SR(응축수환수관)

■ 용어구분
- 환기(換氣, ventilation) - 실내의 오염된 공기를 신선외기와 교환하는 것.
- 환기(還氣, return air) - 공기조화가 되는 각 실에서 공조기로 되돌아가는 공기.

■ 공기조화의 조절대상
온도(가열, 냉각), 습도(가습, 감습), 기류, 청정도

■ 공조기내 각 장치의 역할
- 에어필터 - 청정도
- 공기가열기(heating coil) - 가열
- 공기냉각기(cooling coil) - 냉각·감습
- 가습기 - 가습
- 송풍기(fan) - 기류

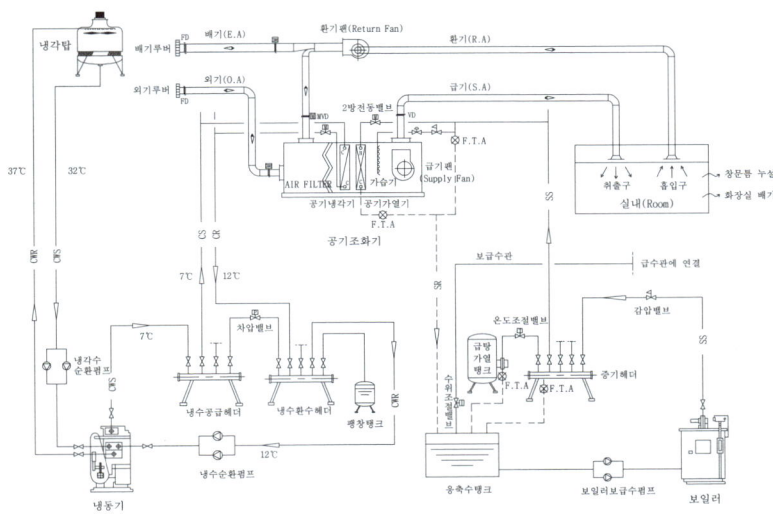

〈그림 2-1〉 공조 및 열원설비 흐름도

(2) 공기조화기

1) 공기조화기의 종류

공조기는 그 케이스 내부에 공기여과기, 공기냉각기, 공기가열기, 가습기, 송풍기 등의 공조장치들을 설치하고 배관과 덕트를 연결한 것으로 설치장소의 조건 및 주문에 따라 다양하게 만들어질 수 있다.

① 형태에 따른 분류 - 공조기내 공조장치들의 배치방향에 따라
  ㉮ 수평형 - 공조장치들을 수평방향으로 배치한 것으로 공조실의 면적은 충분하나 층고가 낮은 경우 사용하며 공조기의 대부분은 수평형이다.
  ㉯ 수직형 - 공조장치들을 수직방향으로 배치한 것으로 공조실의 면적은 좁고 층고는 높은 경우 사용한다.
  ㉰ 복합형 - 수평형과 수직형을 복합시킨 형태이다.

〈사진 2-4〉 공기조화기의 외형(환기팬 분리형)

② 환기팬(Return Fan)의 설치 위치에 따른 분류
  ㉮ 환기팬(리턴팬) 내장형 - 환기팬이 공조기 내부에 들어가 있는 것으로 공조실이 좁고 길 경우에 사용한다.
  ㉯ 환기팬(리턴팬) 분리형 - 환기팬을 공조기와 분리하여 설치하고 덕트로 연결하는 것으로 공조실이 넓고 짧아 환기팬 내장형 공조기가 들어갈 수 없을 경우에 사용한다.

〈사진 2-5〉 공기조화기의 단면(환기팬 분리형)

2) 공기조화기의 장치

① 공기여과기(air filter) - 공기중의 먼지나 세균, 냄새 등을 제거하여 청정도를 확보해 주는 것으로 먼지 등이 많은 곳에는 프리필터(pre-filter)로서 저성능필터를 먼저 통과한 후 중성능이나 고성능필터를 거치게 하여 수명을 연장한다.
  ㉮ 충돌점착식 - 비교적 거칠은 여과재에 기름이나 그리스 같은 점착물질이 입혀져 있어 오염물질이 충돌하여 제거되는 것으로 식품관계용으로는 사용할 수 없다.
  ㉯ 건성여과식(건식) - 석면, 유리섬유 등의 여과재를 설치하여 섬유질의 먼지를 제거하는 것으로 일반 공조기의 먼지제거용으로 많이 사용하며 클린룸의 미립자제거에 사용되는 고성능(HEPA) 필터도 여기에 해당된다.
  ㉰ 습식 - 공기세정기라고도 하며 물방울과 함께 공기를 접촉 통과시키며 여과한다.
  ㉱ 전기집진식 - 공기여과기를 통과하는 먼지에 +극성을 띠게 하고 집진부에 -극성을 띠게 함으로써 전기적 성질을 이용하여 집진한다. 먼지제거효율이 높고 미세한 먼지나 세균도 제거되므로 병원, 정밀기계공장, 약품공업, 고급빌딩 등에 사용된다.
  ㉲ 활성탄 흡착식 - 활성탄을 이용하여 유해가스나 냄새 등을 제거한다.

(a) 저성능필터   (b) 중성능필터

(c) 고성능필터   (d) 전기집진필터

〈사진 2-1〉 각종 공기여과기

② 공기냉각기(cooling coil)
코일내부에 냉수를 흐르게 하고 외부로 공기를 2~3m/sec의 속도로 통과시켜 공기를 냉각·감습한다.
③ 공기가열기(heating coil)
코일내부에 온수나 증기를 흐르게 하고 외부로 공기를 통과시켜 공기를 가열한다.

<사진 2-2> 공기냉각기(냉각코일)

④ 가습기
난방시 공기가 가열되면 상대습도가 낮아져 건조해지므로 가습을 하여 습도를 높인다. 수분무식, 증기식, 증발식 등이 있으나 가습효율이 높고 제어도 용이한 증기분무식을 많이 사용한다.
⑤ 송풍기(fan, blower)
급기팬(SF) 및 환기팬(RF)이 설치되며 주로 원심형 송풍기를 사용한다.

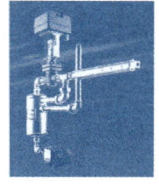

<사진 2-3> 증기분무식 가습기

(3) 공기조화의 과정

그림 2-2는 환기팬 내장형 공기조화기의 공기흐름 과정을 나타내며 다음과 같다.

급기(SA)덕트 및 취출구를 통해 실내로 공급된 공기는 흡입구 및 환기(RA)덕트를 거쳐 공조기로 돌아온다. 이 때 환기된 공기의 일부는 배기(EA)덕트를 통해 건물외부로 버려지며 나머지는 외기(OA)덕트를 통해 도입된 신선외기와 혼합된다. 혼합된 공기는 공기여과기(Air Filter)를 통과하며 먼지 등이 걸러지고 공기냉각기(Cooling Coil)를 통과하며 냉각·감습된다. 한편 겨울에는 공기가열기(Heating Coil)를 통과하며 가열되고 가습기에서는 가습을 한다. 이와 같은 과정을 통하여 조절된 공기를 송풍기(Fan)가 실내로 공급하는 것이다.

■ 공기조화기 내에서의 공기의 흐름순서
환기와 외기의 혼합 → 공기여과기 → 공기냉각기 → 공기가열기 → 가습기 → 송풍기 → 급기

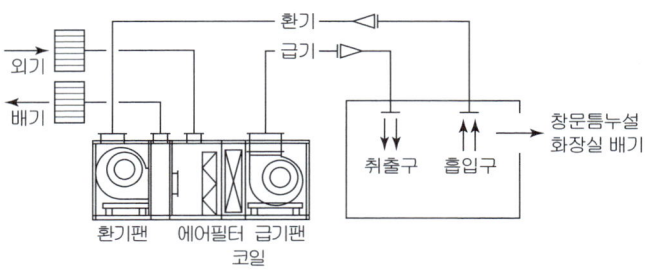

<그림 2-2> 공조기의 공기흐름(환기팬 내장형)

4 공조설비의 계획

(1) 조닝

1) 개요
건축물에 작용하는 외부조건, 건물의 사용목적에 따라 요구되는 실내 온습도 조건이 다르므로 이 요구를 충족시키기 위하여 건축물내를 몇 개로 또는 층별로 구분하여 설비를 한다.
이것을 조닝이라 하며 조닝을 상세하게 할수록 설비비용은 더들게 되나 에너지는 절약된다.

2) 조닝의 종류
① 부하별 조닝 : 외기온의 영향이 다른 건축물의 외주부(외부존, perimeter zone)와 내주부(내부존, interior zone)로 나누고 다시 최상층, 중간층, 1층, 지하층 등 위치별로 구분한다.
② 방위별 조닝 : 일사, 일조 조건이 다른 동·서·남·북측의 존으로 구분하는 방법

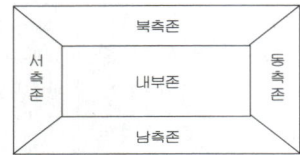

〈그림 2-3〉 방위별 조닝

③ 사용시간별 조닝 : 각 실의 사용 시간대를 검토하여 사용시간이 같은 것끼리 합쳐서 구획짓는 방법
④ 사용목적별 조닝 : 각 실의 사용 목적에 맞추어 조닝한다.
  예) 전자계산실 등 특수한 부분을 구획짓는다.
⑤ 사용자별 조닝 : 사용자별로 조닝하여 운전 및 유지비의 부과를 편리하게 한다.
  예) 임대사무소 건물
보통 위의 여러 가지 조닝이 단독으로 사용되기 보다는 복합되어 사용된다.

(2) 설비용량과 소요면적

1) 열원의 용량
공조계획 중에서 열원 용량의 개략치를 미리 알아, 그 값을 기초로 하여 열원기기의 종류와 분할대수, 장소, 설비공사비 등을 산출하여 계획을 한다.

<표 2-1> 열원의 용량(일본 동경자료)

연면적 (m²)	온열원용량(W/m²)				냉열원용량(W/m²)			
	사무소	호텔	병원	백화점	사무소	호텔	병원	백화점
3,000	135	291	349	-	102	116	116	-
5,000	133	276	326	-	101	105	114	-
7,000	128	256	314	-	100	100	113	-
10,000	122	238	314	163	99	90	112	183
20,000	110	227	314	128	99	87	112	174
30,000	108	215	314	116	99	84	112	171

2) 설비 기계실의 면적

공조 기계실의 면적은 건물 용도 및 공조방식에 따라 다르지만, 연면적의 약 3.5~7% 정도의 비율이 필요하다.

(3) 공기조화설비에서의 에너지절약방안

1) 건물의 조닝(Zoning)

건물의 조닝은 외부존(Perimeter Zone)과 내부존(Interior Zone)으로 나누어 지며, 외부존은 다시 동서남북 존(Zone)으로 세분된다. 또 조닝은 건물의 사용 용도나 사용시간별로도 나누어져 에너지가 절약될 수 있는 방안이 강구되어야 한다.

2) 공기조화방식

단일덕트방식의 변형인 가변풍량방식(VAV방식)이 가장 에너지 절약적인 방식으로 알려져 왔는데 이는 존(Zone) 또는 실의 부하조건에 따라 풍량을 제어하여 송풍할 수 있는 방식이다.

3) 열회수장치

이는 건물에서 쓰고난 열을 그대로 버리지 않고 다시 건물내에서 사용할 수 있도록 고안한 것으로서, 대표적인 열회수장치(Heat Recovery System)로는 전열교환기와 Heat pipe가 있다. 또한 배열을 이용한 Heat Pump System도 일종의 열회수장치인데 이들 장치들은 모두가 배열을 재이용하여 에너지를 절약할 수 있는 방식이다.

4) 외기냉방(economizer cycle)

여름이 아닌 겨울이나 봄, 가을의 중간기에 있어서도 내부존(Zone)은 인체 및 조명, 사무기기의 발열로 인해 냉방을 필요로 하는 경우가 있다. 이런 경우 온습도(엔탈피)가 낮은 외기를 도입하여 실내로 송풍하면 냉동기의 운전을 하지 않고도 냉방을 하여 에너지를 절약할 수 있다. 즉, 환기만으로 냉방을 할 수가 있다.

이 외에도 실내의 온습도 조건을 외기조건에 가깝게 잡는다든가, 효율이 좋은 냉온열원기기를 사용한다든가 하는 여러 가지 방법이 있으며, 또한 그 방안을 강구하는 것이 이 분야의 앞으로의 계속적인 연구과제이다.

■ 전열교환기

공조기에서의 배기와 공조기로 도입되는 신선외기를 간접 접촉시킴으로서 현열 및 잠열을 교환하는 장치. 공조기는 물론 보일러나 냉동기의 용량을 줄일 수 있고 연료비를 절약할 수 있는 에너지 절약기기이다.

<사진 2-6> 전열교환기의 외형

■ Heat Pipe

응축부(발열부)와 증발부(흡열부)로 구성되고 내부에 작동유체가 들어가 있어 열교환용으로 사용되는 특수구조의 전열소자

참고 에너지절약
- 에너지절약과 관계있는 공조방식 및 용어
  - 단일덕트 VAV 방식, 외기냉방, 조닝, 전열교환기, 히트파이프
- 에너지손실과 관계있는 공조방식 및 용어
  - 이중덕트방식, 터미널리히팅방식(말단재열방식)

핵 심 문 제

1 일반적으로 공기조화기의 내부에 장치되어 있지 않은 것은?
① 가습기
② 히팅코일
③ 에어필터
④ 펌프

2 일반적으로 사용되는 직냉식 유니트형 공기조화기의 내부 구성을 공기흐름 순서에 따라 나타낸 다음의 조합 중 옳은 것은?
① 에어필터 - 냉각코일 - 가열코일 - 가습기 - 휀
② 에어필터 - 가열코일 - 냉각코일 - 가습기 - 휀
③ 휀 - 가습기 - 가열코일 - 냉각코일 - 에어필터
④ 휀 - 가습기 - 냉각코일 - 가열코일 - 에어필터

3 공기여과기 중 여과성능이 가장 우수한 것은?
① 점착식 공기여과기
② 전기 집진기
③ 건식 공기여과기
④ 습식 공기여과기

4 공기조화 계획시 조닝(Zoning)의 필요성에 관한 설명 중 틀린 것은?
① 연료의 소비절약을 꾀할 수 있다.
② 실내환경의 쾌적도를 높일 수 있다.
③ 설비비의 절감을 꾀할 수 있다.
④ 건물내부의 서로 다른 부하에 쉽게 대응할 수 있다.

5 다음에서 에너지 절약형 공조방식은?
① 팬코일유니트 방식
② 가변풍량 방식(V.A.V)
③ 이중덕트 방식
④ 각층유니트 방식

해 설

[해설] **1** 공기조화 설비의 구성
① 공기조장장치 : 에어필터, 공기가열기, 공기냉각기, 가습기
② 공기반송장치 : 송풍기, 덕트, 공기취출구, 흡입구
③ 열반송장치 : 펌프, 배관 등
④ 열원장치 : 보일러, 냉동기, 냉각탑
⑤ 기타 : 자동제어장치, 공기정화장치
모든 공기조화설비는 이 기본구성으로부터 생략하거나 발전시킨 것으로 구성된다.

[해설] **2** 공기조화기(AHU)내에서의 공기조화 순서
공기는 공기여과기(Air Filter)를 통과하며 먼지 등이 걸러지고 냉각코일(Cooling Coil)을 통과하며 냉각·감습된다. 한편, 겨울에는 가열코일(Heating Coil)을 통과하며 가열되고 가습기에서는 가습을 한다. 이와 같은 과정을 통하여 조절된 공기를 송풍기(FAN)가 실내로 송풍한다.

[해설] **3** 공기여과기의 종류
① 점착식 : 유지성 먼지의 제거에 효과적이다.
② 건식 : 섬유질의 먼지를 제거하는데 유리하다.
③ 습식 : 공기세정기라고도 하며, 물방울과 함께 공기를 접촉시켜 통과, 여과하는 방식이다.
④ 전기집진식 : 가장 우수한 집진효과가 있으며, 0.1~0.01μm이하의 작은 입자뿐 아니라 박테리아 같은 세균제거도 가능하며 수술실이나 약품공업에도 이용된다.

[해설] **4**
조닝(Zoning)의 실시에 따른 구역의 세분화로 오히려 설비비는 증가할 수 있다.

[해설] **5**
• 에너지절약과 관계있는 용어 - V.A.V, 조닝, 전열교환기, 히트파이프, 외기냉방
• 에너지손실과 관계있는 용어 - 이중덕트방식, 터미널 리히팅방식(말단재열방식)

정답 1. ④ 2. ① 3. ② 4. ③ 5. ②

기출문제 및 예상문제

9 CHAPTER
2. 공조설비의 구성, 조닝, 에너지절약

■■■ 공기조화기

1. 공기조화설비에 관한 아래 문장의 ( )안에 적당한 용어의 조합으로 맞는 것은?

> 사무소의 공기조화 설비는 일반적으로 신선외기를 송풍량의 (ㄱ)% 정도 취입하여 환기에 혼합하고 공기여과기에서 (ㄴ)등을 제거하여 공기를 정화한다. 냉온수 코일을 사용하여, 냉방시에는 냉동기로 부터의 냉수로 (ㄷ)을 하고 난방시에는 보일러로부터의 온수로 가열을 하며 또 (ㄹ)을 하고, 이 공기를 송풍기로 실내에 송풍함으로써 실내의 온습도와 기류를 사용목적에 적합하도록 한다.

	ㄱ	ㄴ	ㄷ	ㄹ
①	10	탄산가스	냉각감습	감습
②	10	부유분진	냉각감습	감습
③	30	탄산가스	냉각감습	가습
④	30	부유분진	냉각감습	가습

2. 일반적인 공기조화(AHU)의 내부구성을 공기의 흐름 순서에 따라 바르게 조합시킨 것은?
① 가습기 - 팬 - 에어 필터 - 냉·온수 코일
② 냉·온수 코일 - 에어 필터 - 팬 - 가습기
③ 에어 필터 - 냉·온수 코일 - 가습기 - 팬
④ 에어 필터 - 냉·온수 코일 - 팬 - 가습기

3. 다음 중 공기조화기(Air Handling Unit ; AHU)의 구성부분이 아닌 것은?
① 가열 코일
② 가습기
③ 송풍기
④ 냉동기

4. 다음 중 실내를 냉난방하기 위해 필요한 기기 또는 기구와 가장 관계가 먼 것은?
① 덕트
② 송풍기
③ 댐퍼
④ 통기관

5. 공조용 휠터 중 유닛형으로 되어 있으며 클린룸, 바이오클린룸의 최종 처리용으로 가장 널리 사용되는 것은?
① 활성탄 휠터
② 전기집진기
③ HEPA 휠터
④ 중성능 휠터

[해설] HEPA filter : High Efficiency Particulate Air filter

6. 공기조화기용 필터에서 병원의 수술실에 가장 적합한 것은?
① 유닛형 필터
② 권취형 필터
③ HEPA 필터
④ 활성탄 필터

7. 취기의 제거에 사용되는 필터로 가장 적당한 것은?
① 유닛형 필터
② 권취형 필터
③ 에어 워셔
④ 활성탄 필터

[해설] 활성탄필터
활성탄을 이용하여 유해가스나 냄새 등을 제거

■■■ 조닝

8. 다음 중 공조계획의 조닝(Zoning)에 있어 존(Zone)의 범위에 영향을 끼치는 요소와 가장 거리가 먼 것은?
① 조명등의 위치와 흡출구의 위치
② 시간에 따른 부하의 변화
③ 실의 사용용도
④ 실의 방위

해답 1. ④ 2. ③ 3. ④ 4. ④ 5. ③ 6. ③ 7. ④ 8. ①

[해설] 조닝의 종류
① 부하별 조닝 : 외기온의 영향이 다른 외부존(perimeter zone)과 내부존(interior zone)으로 나누고 다시 최상층, 중간층, 1층, 지하층 등 위치별로 구분한다.
② 방위별 조닝 : 일사, 일조 조건이 다른 동.서.남.북측의 존으로 구분
③ 사용시간별 조닝 : 사용시간이 같은 실끼리 조닝
④ 사용목적별 조닝 : 각 실의 사용 목적에 맞추어 조닝
⑤ 사용자별 조닝 : 운전 및 유지비의 부과를 편리하게 한다.
보통 위의 여러 가지 조닝이 단독으로 사용되기 보다는 복합되어 사용된다.

9. 공기조화계획에서 내부존의 조닝 방법에 속하지 않는 것은?
① 방위별 조닝
② 부하특성별 조닝
③ 온·습도 설정별 조닝
④ 용도에 따른 시간별 조닝

■■■ 에너지 절약
10. 대규모 사무실 건물의 공기조화설비에서 에너지 절약을 위한 수단이 아닌 것은?
① 터미널리히팅 방식의 채택
② V.A.V 방식의 채택
③ 전열교환기의 설치
④ 외기냉방방식의 채택

[해설] (1) 에너지절약과 관계 있는 공조방식 및 용어
 - 단일덕트 VAV방식, 외기냉방, 조닝, 전열교환기, 히트파이프
(2) 에너지손실과 관계 있는 공조방식 및 용어
 - 이중덕트방식, 터미널 리히팅방식(말단재열방식)

11. 공조시스템의 전열교환기에 대한 설명 중 틀린 것은?
① 공기 대 공기의 열교환기로서 현열만 교환이 가능하다.
② 공조기는 물론 보일러나 냉동기의 용량을 줄일 수 있다.
③ 구조는 외기가 들어와서 급기되는 윗 부분과 환기가 배기되는 아래부분으로 나누어지고, 각각 덕트에 접속된다.
④ 전열교환기를 사용한 공조시스템에서 중간기(봄, 가을)를 제외한 냉방기와 난방기의 열회수량은 실내외의 온도차가 클수록 많다.

[해설] 공조기의 전열교환기
공조기에서 버려지는 배기(EA)와 공조기로 유입되는 외기(OA)와의 공기 대 공기 열교환기로서 로터(rotor)라 불리우는 회전체가 천천히(11~13rpm) 회전하며 전열(현열과 잠열) 교환을 한다.

12. 공기조화설비의 에너지 절약방법 중 배열을 회수하여 이용하는 방식은?
① 변유량 방식
② 외기냉방 방식
③ 전열교환 방식
④ 전력수요제어 방식

[해설] 전열교환기 : 공조기의 환기에 의한 열손실을 줄일 목적으로 외기(OA)덕트와 배기(EA)덕트에 설치하여 외기와 배기가 간접 접촉하여 전열(현열+잠열)교환한다.

13. 다음의 공기조화방식 중 에너지 손실이 가장 큰 것은?
① 이중덕트방식
② 유인유닛방식
③ 정풍량 단일덕트방식
④ 변풍량 단일덕트방식

[해설] 이중덕트방식은 냉온풍의 혼합손실이 발생하여 에너지손실이 많은 공조방식이다.

해답 9. ①   10. ①   11. ①   12. ③   13. ①

14. 냉방부하가 큰 건물에 있어서 중간기에 100% 외기를 도입하여 자연냉방을 하는 공조방식을 무엇이라고 하는가?

① heat recovery system
② economizer cycle
③ VAV system
④ co-generation system

[해설] ② 중간기나 겨울철의 외기냉방을 Economizer Cycle이라 한다.

15. 중간기 또는 동계에 발생하는 냉방부하를 실내 엔탈피보다 낮은 도입 외기에 의하여 제거 또는 감소시키는 시스템은?

① 축열·축냉시스템
② 이코노마이저시스템
③ 잠열축열식 냉방시스템
④ 빙축열식 냉방시스템

[해설] 이코노마이저시스템 : 중간기나 겨울철 등 외기의 엔탈피가 실내의 엔탈피보다 낮을 경우 실내부하에 따라 외기 도입량을 조절함으로써 냉방용 에너지소비량을 감소시키는 외기냉방방식이다.

16. 공기조화설비에서 에너지 절약을 위한 방법으로 옳지 않은 것은?

① 열교환기를 청소한다.
② 전열교환기를 설치한다.
③ 적절한 조닝을 실시한다.
④ 예열운전 시에 외기도입을 최대한 늘린다.

[해설] 에너지절약을 위해서는 최소한의 외기만 도입한다.

17. 중앙식 공기조화기에서 전열교환기를 설치하는 가장 주된 이유는?

① 소음 제거　　② 에너지 절약
③ 공기오염 방지　④ 백연현상 방지

[해설]
• 전열교환기 : 공조기의 환기에 의한 열손실을 줄일 목적으로 외기(OA)덕트와 배기(EA)덕트에 설치하여 외기와 배기가 간접 접촉하여 전열(현열+잠열)을 교환한다.
• 백연현상 : 냉각탑이나 굴뚝 등에서 배출된 포화습공기가 주변의 저온공기에 의해 응축되어 하얀 연기나 안개처럼 보이는 현상

18. 공기조화설비계획에서 공조방식을 통한 에너지 절약 사항이 아닌 것은?

① 전열교환기에 의한 배열회수를 적극적으로 적용한다.
② 각 존별로 온도제어를 한다.
③ 열원기기 등은 고효율 운전이 가능한 것을 선정한다.
④ 구조체에 단열재를 삽입하고 창유리를 복층화한다.

19. 건축설비의 생애비용을 바탕으로 경제성을 평가하는 방법으로서 에너지절약 성능평가에 적합한 것은?

① 회수기간법
② 이니셜 코스트 법
③ 내부 수익률법
④ 라이프 사이클 코스트 법

[해설] (1) Life Cycle Cost - 건축물은 기획, 설계, 시공의 초기 투자단계를 거쳐 유지관리와 철거로 이어지는데 이러한 과정을 건축물의 life cycle이라 하고, 이에 필요한 비용을 Life Cycle Cost(LCC)라 한다.
(2) LCC 기법 - 건설시점의 저가격보다는 완성 후 유지관리와 운영비용까지를 고려한 전체비용(total cost)을 분석해서 최소비용을 추구하는 것으로 설계안 채택, 설계자의 노동력 절감, 건축주의 비용절감, 입주자의 유지관리비 절감 등의 효과를 기대할 수 있는 기법이다.

해답　14. ②　15. ②　16. ④　17. ②　18. ④　19. ④

3 공조설비(Ⅲ) - 공조방식의 분류 및 특징

학습방향

1. 공조방식의 종류가 많으므로 대표적인 공조방식(단일덕트방식, 이중덕트방식, 팬코일유니트방식 등) 중심으로 그 특징과 용도의 이해 및 암기 요망
2. 공조방식 비교기준을 참고로 기출문제 중심의 학습 요망

5 공조 방식의 분류

공조방식은 여러가지 관점에서 다양하게 분류될 수 있으나 열의 분배방법 및 열매체에 따라 분류하면 다음과 같다.

(1) 열의 분배방법에 의한 분류

1) 중앙식(central system)
   ① 중앙기계실로부터 조화된 공기나 냉·온수를 각 실로 공급하는 방식
      열을 운반하는 매체에 따라 ─ 전공기 방식 (all air system)
                              ─ 공기·수 방식 (air-water system)
                              ─ 전수 방식 (all water system)
   ② 덕트 스페이스, 파이프 샤프트 등이 필요
   ③ 유지 관리가 편리
   ④ 대규모 건물에 적용

2) 개별식(individual system)
   ① 각 존별로 각각 공기조화유닛을 분산 설치
   ② 개별제어 가능, 국소운전 가능
   ③ 방음·방진에 유의, 외기냉방 불가, 유지관리 곤란

(2) 운반되는 열매체에 따른 분류

공기조화를 하기 위하여 실내로 어떤 열매가 공급되는가에 따라 다음과 같이 구분한다.

1) 전공기 방식(all air system)
   ① 종류 - 단일덕트방식, 2중덕트방식, 덕트병용 패키지방식, 각층 유닛방식
   ② 장점
      ㉮ 신선한 외기 도입이 가능
      ㉯ 외기냉방이 가능
      ㉰ 실내유효면적 증가
      ㉱ 실내 배관으로 인한 누수의 염려가 없다.

학습POINT

③ 단점
  ㉮ 큰 덕트스페이스 필요
  ㉯ 팬의 동력이 크다.
  ㉰ 공조실이 넓어야 한다.

2) 공기 - 수 방식 (air-water system)
  ① 종류 - 덕트병용 팬코일유닛방식, 유인유닛방식, 덕트병용 복사냉난 방방식
  ② 장점
    ㉮ 전공기식에 비해 덕트 스페이스가 작다.
    ㉯ 온습도의 개별제어 가능
    ㉰ 전공기식에 비해 열운반동력이 작다.
  ③ 단점
    ㉮ 실내공기 오염(전공기방식에 비해)
    ㉯ 실내배관의 누수 염려
    ㉰ 유닛의 방음·방진에 유의
    ㉱ 유닛의 실내설치로 인한 건축계획상 지장
  ④ 용도 - 사무소, 병원, 호텔

3) 전수 방식 (all water system)
  냉수·온수를 각 실에 있는 유닛(F.C.U)에 공급하여 냉·난방
  ① 종류 - Fan Coil Unit 방식
  ② 장점
    ㉮ 덕트스페이스가 필요없다.
    ㉯ 열운반동력이 작다.
    ㉰ 온습도의 개별제어 가능
  ③ 단점
    ㉮ 실내공기 오염(신선한 외기인입이 불가능하다.)
    ㉯ 실내 배관에 의한 누수 염려
    ㉰ 유닛의 방음·방진에 유의
    ㉱ 유닛의 실내설치로 인한 건축계획상 지장

4) 냉매방식
  냉동기, 히트펌프 등의 열원을 갖춘 패키지유닛을 사용
  ① 종류 - package type air conditioner (room cooler)
  ② 용도 - 소규모 건물, 점포, 전산실 등

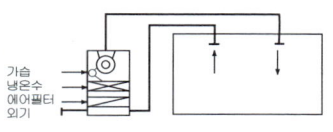

(a) 전공기방식

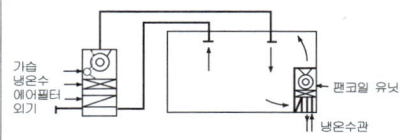

(b) 수공기방식

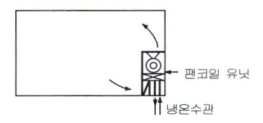

(c) 전수방식

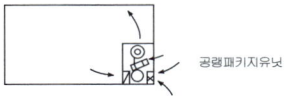

(d) 냉매방식

<그림 3-1> 공조방식의 분류

■ 전공기식일수록 풍량이 많아 외기냉방이 가능하고 실내공기가 깨끗하지만 덕트스페이스가 많이 필요하고 동력비가 크다. (전수방식은 이와 반대)

(3) 공조장치에 의한 분류

단일대공간인 영화관에 단일덕트에 의한 전공기 중앙방식의 공기조화가 최초로 등장한 이래 현재에는 백화점, 사무실, 호텔 등의 각 건축분야에 각종의 공기조화 방식이 보급되었다. 이들 방식은 단일 건물이나 공간에 대해 반드시 하나의 방식만이 채용되는 것이 아니며 몇 가지 방식이 병용으로 채용되는 경우가 많다. 다음 표는 여러 공조방식별 특징을 비교한 것이다.

<표 3-1> 공기조화 방식의 분류와 비교

공기조화방식			설비비	동력비	스페이스		개별제어	외기냉방	유지관리	칸막이에 대한 신축성
					기계실	덕트파이프				
전공기방식	단일덕트정풍량방식 (CAV 방식)		A~B	B	B~C	B~C	C	A	A	B
	단일덕트변풍량방식 (VAV 방식)		B	A~B	B	C	B	A	A	B
	2중 덕트방식		B~C	C	B~C	C	B	A	B	A
	멀티존 유닛방식		C	B	B~C	C	B	A	A	A
	각층 유닛방식		B	A~B	B~C	C	C	A	C	B
	유인유닛 전공기 방식		B	B	B	B	A	B	B	A
수공기방식	팬코일유닛 덕트병용식	2관식	B	A~B	A	A	A	C	C	A
		3관식, 4관식	C	A	A~B	A~B	A	C	C	A
	유인 유닛방식		B	A	A~B	A~B	A	C	B	A
	복사패널 덕트병용식		C	A~B	B	B	B	C	B	A~B
전수방식	팬코일 유닛방식		A~B	A	A	A	A	-	C	A
냉매방식	패키지방식	소형유닛형	A~B	A	A	A	A	-	C	C
		덕트사용	B	A	A	B	C	-	C	C

주) A, B, C의 순은 유리한 것부터 불리한 것에 이르는 순서임

> **참고** 공조방식 비교기준
> ① 개별제어 : 실별로 또는 존별로 공조 UNIT가 설치되는 방식은 실내의 온습도 개별제어 가능
> 예) 단일덕트 변풍량방식 (VAV UNIT),
> 2중덕트방식(혼합 UNIT)
> 멀티존유닛방식(존별로 덕트 설치),
> 팬코일유닛방식(Fan Coil Unit),
> 유인유닛방식(Induction Unit)
> 패키지방식 중 소형유닛형(터미널패키지방식)
> ② 외기냉방 : 전공기식일수록 외기냉방가능
> ③ 유지관리 : 공조 Unit의 수량이 많아지는 방식은 유지관리가 곤란
> 예) 팬코일유닛방식, 유인유닛방식, 패키지방식, 각층유닛방식

1) 단일덕트방식

1대의 공조기에 1개의 급기덕트만 연결되어 여름에는 냉풍, 겨울에는 온풍을 송풍하여 공기조화하는 방식이다. 풍속에 따라 저속(15m/s 이하)과 고속(15m/s~25m/s)이 있고 풍량에 따라 정풍량(CAV) 방식과 가변풍량(VAV)방식이 있다.

① 정풍량 방식(Constant Air Volume System)

공조기에서 1개의 주덕트를 통하여 냉·온풍을 각 실로 보낼 때 송풍량은 항상 일정하며, 실내부하에 따라서 송풍온도만을 변화시켜 실내의 온·습도를 조절하는 가장 기본적인 공조방식이다.

㉮ 특징
〈장점〉
㉠ 실내로의 송풍량이 가장 많아 외기의 도입이나 환기에 유리하다.
㉡ 외기냉방이 가능하다.

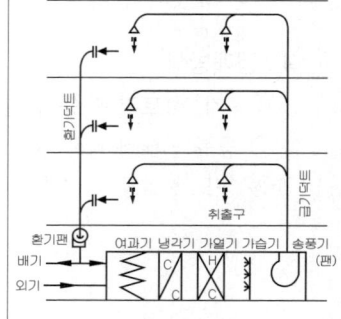

<그림 3-2> 단일덕트 정풍량(CAV) 방식

ⓒ 변풍량방식에 비해 설치비가 싸고 유지관리도 용이하다.
〈단점〉
㉠ 큰 덕트가 필요해 천장속에 충분한 덕트 공간이 요구된다.
㉡ 각 실에서의 온습도 개별제어가 곤란하다.
㉯ 용도 : 바닥 면적이 크고 천장이 높은 곳에 적합하다.
(중대형 사무소건물의 내부존, 극장·공장 등 단일대공간, 백화점)

② 가변풍량 방식(Variable Air Volume System)
각 실별로 또는 존별로 덕트의 말단에 VAV유닛을 설치하여 송풍온도는 일정하게 하고, 실내부하의 변동에 따라 송풍량만을 변화시키는 방식으로 에너지 절약형이다.

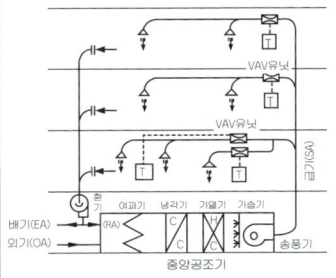

〈그림 3-3〉 단일덕트 변풍량(VAV) 방식

㉮ 특징
〈장점〉
㉠ 각 실별로 또는 존별로 온습도의 개별제어가 가능하다.
㉡ 부하변동을 정확히 파악하여 실온을 유지하기 때문에 에너지 손실이 적다.
㉢ 전부하시 풍량이 감소되어 송풍기를 제어함으로써 동력을 절약할 수 있다.
㉣ 동시부하율을 고려하여 공조기 및 관련설비용량을 작게 할 수 있다.
㉤ 전폐형 유닛을 사용함으로써 사용하지 않는 실의 송풍을 정지할 수 있다.

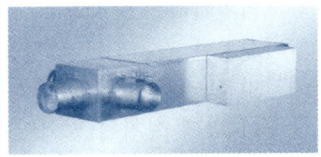

〈사진 3-1〉 변풍량(VAV)유닛

〈단점〉
㉠ 부하가 작아지면 송풍량이 작아져 환기량 확보가 어렵고 실내 공기가 오염될 수 있다.
㉡ 변풍량유닛으로 인해 설비비가 증가된다.
㉯ 용도 : 발열량 변화가 심한 내부존, 일사량변화가 심한 외부존, OA 사무소건물

2) 2중덕트방식(dual duct system)
냉풍과 온풍을 각각의 덕트로 보낸 후 말단의 혼합상자에서 냉·온풍을 열부하에 알맞는 비율로 혼합하여 각 실에 송풍하는 방식으로 에너지 다소비형 공조방식이다.

① 특징
〈장점〉
㉮ 각 실별로 또는 존별로 온습도의 개별제어가 가능하다.
㉯ 냉·난방을 동시에 할 수 있으므로 계절마다 냉·난방의 전환이 필요치 않다. (중간기나 겨울에 일사가 많은 남측의 공간 등 냉방을 필요로 하는 건물에 적합하다.)
㉰ 칸막이나 공사비의 증감에 따라 융통성있는 계획이 가능하다.

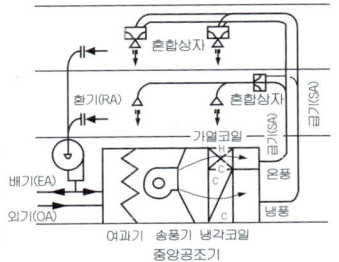

〈그림 3-4〉 2중덕트방식

〈단점〉
㉮ 운전비가 많이 든다.
㉯ 혼합유닛으로 인해 설비비가 증가한다.
㉰ 덕트가 이중이므로 차지하는 면적이 넓다.
㉱ 냉온풍의 혼합으로 에너지손실이 많다.
② 용도 : 고급 사무소건물, 냉난방부하 분포가 복잡한 건물

3) 멀티존 유닛방식(multi-zone unit system)

이중덕트방식의 변형으로 공조기 1대로 냉·온풍을 동시에 만들어 공조기 출구에서 각 존마다 필요한 냉·온풍을 혼합한 후 각각의 덕트로 송기하는 방식이다. 각 존별로 온습도의 개별제어가 가능하나 덕트 스페이스가 커진다. 중간규모 이하의 건물에 쓰인다.

4) 각층 유닛방식

외기처리용 중앙공조기(1차공조기)가 있어 1차 처리된 외기를 각 층에 설치한 각층 유닛(2차공조기)에 보내면 이 곳에서 필요에 따라 가열 및 냉각하여 실내에 송풍하는 방식으로, 외기처리 공조기와 각층유닛이 함께 설치된 방식이다. 실내공기의 환기를 각층유닛으로 하는 방식(그림 a)도 있고 중앙공조기로 하는 방식(그림 b)도 있다. 한편 각 층마다 공조기를 설치하여 단일덕트방식으로 공조를 하는 것도 각층유닛 방식으로 부르기도 한다.

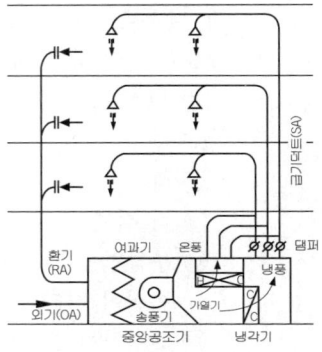

〈그림 3-5〉 멀티존(multi-zone) 유닛방식

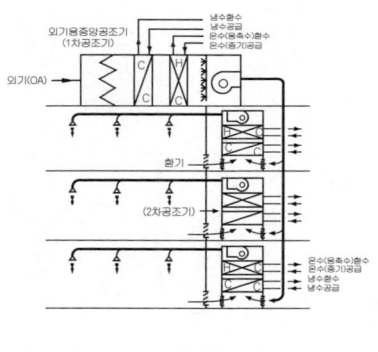 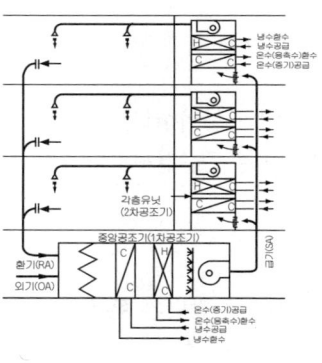

(a) 각층 환기방식   (b) 중앙 환기방식

〈그림 3-6〉 각층 유닛방식

5) 유인유닛 방식(induction unit system)

중앙에 설치된 1차공조기에서 냉각감습 또는 가열가습한 1차공기를 고속·고압으로 실내의 유인유닛에 보내어 유닛의 노즐에서 불어내고 그 압력으로 실내의 2차공기를 유인하여 혼합분출한다. 유인된 2차공기는 유닛내의 코일에 의해 냉각·가열하는 방식이다. 이 방식은 열매에 따라 전공기식과 수·공기식이 있다.

① 특징
　㉮ 장점
　　㉠ 각 실별로 개별제어가 가능하다.
　　㉡ 중앙공조기가 소형으로 되어 기계설치 스페이스가 작고 덕트스
　　　 페이스도 작게 된다.
　　㉢ 실내유닛에는 송풍기나 전동기 등의 구동기계가 없어 전기배선
　　　 이 필요없다.
　㉯ 단점
　　㉠ 유닛의 실내설치로 인한 건축계획상 지장이 있다.
　　㉡ 유닛내의 노즐이 막히기 쉽다.
　　㉢ 유닛의 수량이 많아져 유지·관리가 곤란하다.
　　㉣ 유닛은 값이 비싸고 소음이 생긴다.
② 용도 : 방이 많은 건물의 외부존 – 사무실, 호텔, 병원

■ 유인유닛의 내부에는 팬(Fan)
이 없으므로 고장이 적고 1차공
기의 압력으로 2차공기를 유인한
다.

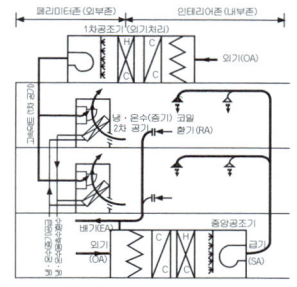

〈그림 3-7〉 유인 유닛방식(외부존) +단일덕트 방식(내부존)

6) 팬코일유닛 방식(fan coil unit system)
팬코일유닛 방식은 전동기 직결의 소형송풍기(fan), 냉·온수 코일 및
필터 등을 구비한 실내용 소형공조기를 각 실에 설치하여 중앙 기계실
로부터 냉수 또는 온수를 공급하여 전수방식으로 공기조화를 한다.

■ 참고 : 팬코일유닛의 종류별 특징
① 바닥설치 매립형이나 로보이
　매립형은 건축마감이 필요하다.
② 로보이형은 일반 바닥설치형
　보다 높이가 낮아 창대높이가
　낮은 실에 적당하다.
③ 천정속 매립형은 천정내부에
　설치되므로 취출구와 덕트연
　결이 필요하다.
④ 천정카세트형은 취출면자체
　가 천정마감이므로 별도의 마
　감이 필요없다.

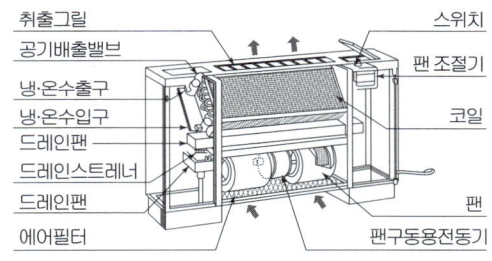

〈그림 3-8〉 팬코일 유닛의 구조

① 특징
　㉮ 장점
　　㉠ 각 유닛마다 조절할 수 있으므로 온습도 개별제어가 가능하다.
　　㉡ 장래의 부하 증가에 대하여 팬코일 유닛의 증설만으로 용이하
　　　 게 계획될 수 있다.
　㉯ 단점
　　㉠ 유닛이 실내에 설치되므로 건축계획상 지장이 있는 경우가 많다.
　　㉡ 송풍기의 운전소음이 있다.
　　㉢ 다수 유닛이 분산설치되므로 유지관리가 곤란하게 된다.
　　㉣ 소량의 송풍이므로 고성능필터를 사용하기가 힘들다.
　　㉤ 일반적으로 외기공급을 위한 별도의 설비를 병용할 필요가 있다.

(a) 바닥설치 상부취출형

(b) 바닥설치 전면취출형

(c) 바닥설치 매입형

(d) 로보이 노출형

② 용도

호텔의 객실, 병원의 입원실 및 사무실 등 실이 많은 건물의 외부존에 많이 적용되고 있다. 그러나 극장 같은 대공간에는 부적당하며 유닛이 실내에 설치되므로 방송국 스튜디오에는 부적당하다.

한편 팬코일유닛만으로는 외기인입이 불가능하기 때문에 대부분 단일덕트방식과 병용하여 쓰고 있는데 이를 덕트병용 팬코일유닛방식이라 한다. 이 방식은 전공기식에 비해 덕트면적은 작아도 되나 다량의 외기를 송풍하기 곤란하므로 중간기나 겨울철의 효과적인 외기 냉방을 하기가 어렵다.

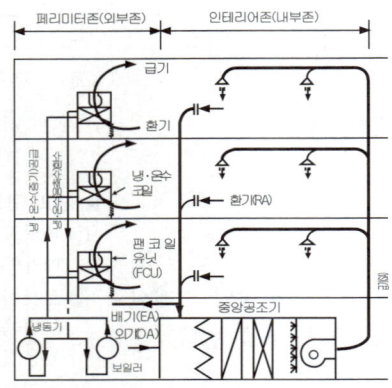

<그림 3-9> 팬코일유닛 방식 (외부존) + 단일덕트 방식(내부존)

(e) 로보이 매입형

(f) 천정걸이형

(g) 천정속 매입형

(h) 천정카세트형

<사진 3-2> 팬코일 유닛의 종류

7) 복사패널 덕트병용 방식(panel air system)

바닥, 천장 또는 벽면을 복사면으로 하여 실내현열부하의 50~70%를 처리하도록 하고, 나머지의 현열부하와 잠열부하는 중앙공조기로부터 덕트를 통해 공급되는 공기로 처리한다.

복사면은 냉·온수를 통하게 하는 패널을 사용하거나, 파이프를 바닥이나 벽 등에 매설하는 경우와, 전기히터를 사용하는 경우, 또는 연소가스가 바닥 구조체의 온돌을 통하게 하는 경우가 있다.

① 장점
  ㉮ 현열부하가 큰 경우에 효과적이다.
  ㉯ 쾌감도가 높고 외기 부족현상이 적다.
  ㉰ 건물의 축열을 기대할 수 있다.
  ㉱ 덕트스페이스 및 열운반 동력을 줄일 수 있다.

② 단점
  ㉮ 단열시공이 완벽해야 한다.
  ㉯ 시설비가 많이 든다.
  ㉰ 방의 모양을 바꿀 때 융통성이 적다.
  ㉱ 냉방시에는 패널에 결로의 우려가 있다.
  ㉲ 풍량이 적어서 많은 풍량을 필요로 하는 경우에는 부적당하다.

8) 패키지유닛 방식(냉매방식, packaged unit system)

냉동기를 포함한 공기조화설비의 주요부분이 일체화된 방식으로 냉방만을 위한 유닛과 냉난방이 모두 가능한 히트펌프형 유닛이 있다.

① 센트럴패키지유닛 방식(덕트 사용)

　패키지 유닛을 건물의 기계실에 설치하고 건물의 전체 또는 일부를 단일덕트 정풍량방식으로 공조한다.

② 터미널패키지유닛 방식(소형 유닛형)

　패키지유닛을 공조하고자 하는 실내에 직접 설치하고 온·습도를 유지하는 방식이므로 기계실이나 덕트스페이스가 불필요하고 개별제어가 가능하다. 소음·방진에 유의해야 하고 실내의 이용도가 적어진다.

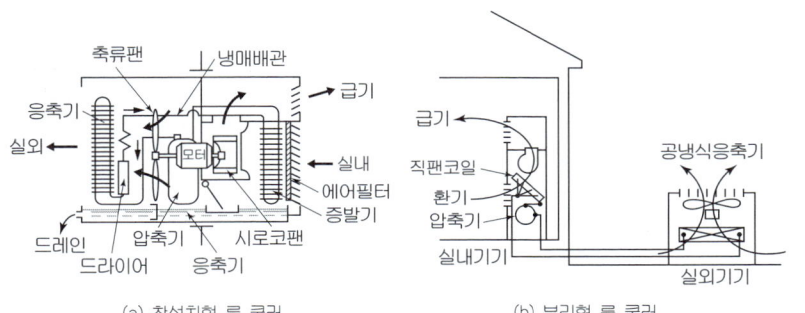

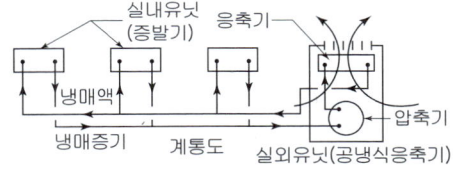

<그림 3-10> 각종 패키지 에어콘

실내기

실외기

<사진 3-3> 분리형 룸쿨러(에어콘)의 외형

■ 시스템 에어컨디셔너

용량이 자동으로 제어되는 실외기와 바닥설치형, 벽걸이형, 천정매입형 등 형태가 다른 다수의 실내기가 연결되는 냉방 또는 냉난방겸용 멀티유닛형 공기조화장치를 말한다.

냉난방겸용 시스템에어컨디셔너에는 전기를 주동력원으로 사용하는 EHP와 도시가스를 주동력원으로 사용하는 GHP가 있다.

■ 에어콘 및 히트펌프 관련 용어구분
• 용도에 따라
　- 냉방전용 기기 : (공기열원) 에어콘(PAC)
　- 냉난방 겸용기기 : 히트펌프
• 열원에 따라
　- 공기열원 히트펌프
　- 지열원 히트펌프
• 구동에너지에 따라
　- 전기(Electric)로 구동 : EHP
　- 가스(Gas)로 구동 : GHP

핵 심 문 제

1 전공기(全空氣)방식과 수공기(水空氣)방식의 비교설명이다. 전공기(全空氣)방식의 특징이 아닌 것은?

① 열반송을 위한 공간이 증가한다.
② 반송동력이 증가한다.
③ 실내환경이 좋다.
④ 개별제어가 용이하다.

2 공기조화방식에서 전공기식 공조방법은?

① 2중덕트방식
② 팬코일 유닛방식
③ 패케지방식
④ 유인유닛방식

3 다음 중 공조방식의 분류에서 전공기 방식이 아닌 것은?

① 단일덕트 정풍량 방식
② 단일던트 변풍량 방식
③ 2중덕트 방식
④ 팬코일유닛 방식

4 공조방식에서 변풍량(Variable air volume) 방식에 대한 설명이 옳게 된 것은 어느 것인가?

① 변풍량 방식은 개실제어가 곤란하다.
② 변풍량 방식은 풍량감소에 따른 실내공기의 질이 악화될 우려가 있다.
③ 변풍량 방식은 정풍량 방식에 비해 제어가 간단하다.
④ 변풍량 방식은 정풍량 방식에 비해 덕트의 크기가 커진다.

5 공기조화방식 중 냉풍과 온풍을 공급받아 각 실 존의 혼합유닛에서 혼합하여 공급하는 방식은?

① 이중덕트방식
② 멀티존유닛방식
③ 유인유닛방식
④ 팬코일유닛방식

해 설

해설 1
- 전공기방식 - 외기냉방이 가능하고 공기오염이 적으나 큰 덕트공간이 필요하고 반송동력이 증가한다.
- 전수방식 - 개별제어가 용이하고 큰 덕트공간이 필요없으나 신선한 외기인입이 불가능하여 실내공기가 오염될 수 있다.
- 수공기방식 - 전공기방식과 전수방식의 중간인 특성이 있다.

해설 2
전공기식 - 단일덕트방식, 2중덕트방식, 멀티존 유니트방식

해설 3
팬코일 유닛방식은 전수방식에 해당하며 단일덕트 방식은 전공기방식에 해당한다. 하나의 실에서 두 방식을 모두 사용하면 수공기방식이 된다.

해설 4
① 실내온도에 따라 VAV유닛에서 풍량을 조절하여 개실제어를 한다.
③ 제어는 복잡하게 된다.
④ 풍량이 감소되므로 덕트 크기도 작아진다.

해설 5 2중덕트방식(dual duct system)
냉풍과 온풍을 각각의 덕트로 보낸 후 말단의 혼합상자에서 냉·온풍을 부하에 맞는 비율로 혼합하여 각 실에 송풍하는 방식으로 에너지 다소비형 공조방식이다.
(1) 특징
  ㉮ 장점
   - 각 실별로 또는 존별로 온습도의 개별제어가 가능하다.
   - 냉·난방을 동시에 할 수 있으므로 계절마다 냉·난방의 전환이 필요치 않다.
  ㉯ 단점
   - 운전비가 많이 들며 혼합유닛으로 인해 설비비가 비싸다.
   - 덕트가 이중이므로 차지하는 면적이 넓다.
(2) 용도 : 고급 사무소건물, 냉난방부하 분포가 복잡한 건물

정답 1. ④ 2. ① 3. ④ 4. ② 5. ①

6 공기조화방식 중 팬코일 유니트(Fan Coil Unit) 방식을 설명한 것이다. 잘못된 것은?

① 전수(All Water) 방식이다.
② 각 유니트의 조절이 가능하므로 각실 제어에 적합하다.
③ 장래의 부하증가에 대하여 증설이 용이하다.
④ 기존 건물에 설치하기가 곤란하다.

7 공기조화 방식에 관한 설명 중 가장 부적당한 것은?

① 단일덕트방식에서 고속으로 하면 덕트스페이스의 축소는 가능하나 설비비 및 운전비는 높게 된다.
② 가변풍량방식에서는 실별로 냉방과 난방을 임의로 선택할 수 없다.
③ 이중덕트방식은 덕트스페이스면에서 불리하나 단일덕트보다 운전비가 저렴하다.
④ 팬코일유니트방식은 기류조정이 어려우므로 일반적으로 덕트병용방식으로 한다.

8 다음의 공기조화방식 중 부분적인 부하변동이 있는 공간에서는 사용하지 않는 방식은?

① 터미널 리히트방식
② 단일덕트 정풍량방식
③ 이중덕트방식
④ 유인유니트방식

9 공기조화 방식과 그 사용건물의 조합으로 적합하지 않은 것은?

① 단일덕트방식 - 백화점의 매장
② 팬코일 유니트방식 - 극장의 관객석
③ 이중덕트방식 - 병원의 병동부
④ 패케지 공조기방식 - 소규모 건물

10 건축물의 공기조화방식에 관한 다음 조합 중 가장 부적당한 것은?

① 연면적 2,000m²의 사무실 - 패케이지방식
② 병상수 200개의 병원 - 팬코일 유닛방식(덕트병용)
③ 객실수 150실의 비지니스 호텔 - 2중덕트방식
④ 연면적 1,000m²의 영화관 - 단일덕트방식

해 설

해설 6
기존건물에는 큰 덕트를 설치하여야 하는 공기식보다는 배관을 설치하는 물방식이 유리하다.

해설 7
③ 이중덕트방식은 설치비와 운전비 모두 비싸다.

해설 8 공조방식 비교 기준
(1) 개별제어 : 실별로 또는 존별로 공조UNIT가 설치되는 방식은 실내의 온습도 개별제어 가능
 예) 단일덕트 변풍량방식(VAV UNIT), 2중덕트방식(혼합 UNIT), 멀티존유닛방식(존별로 덕트 설치), 팬코일유닛방식(Fan Coil Unit), 유인유닛방식(Induction Unit)
(2) 외기냉방 : 전공기식일수록 외기냉방 가능
(3) 유지관리 : 공조UNIT의 수량이 많아지는 방식은 유지관리가 곤란
 예) 팬코일유닛방식, 유인유닛방식, 패키지방식, 각층유닛방식

해설 9
② 극장과 같은 단일대공간은 단일덕트방식과 같은 공기식이 적합하다.

해설 10
③ 호텔의 객실에는 팬코일유니트방식 또는 유인유니트 방식 등이 적합하다.

정답 6. ④ 7. ③ 8. ② 9. ② 10. ③

기출문제 및 예상문제

9 CHAPTER
3. 공조방식의 분류 및 특징

■■■ 공조방식의 특징

1. 공기조화설비 방식이 아닌 것은?
① 리버스리턴방식
② 멀티존유니트 방식
③ 단일덕트방식
④ 팬코일유니트 방식

[해설] 리버스리턴방식 - 냉온수배관에 사용되는 역환수 배관방식을 말한다.

2. 다음 중 공조방식을 열의 분배 방법에 의해 분류하였을 때, 중앙공조방식에 해당되는 것은?
① 단일덕트방식
② 룸쿨러방식
③ 멀티 유닛형 룸쿨러방식
④ 패키지 방식

3. 공기조화방식 중 전공기방식에 관한 설명으로 옳지 않은 것은?
① 반송동력이 적게 든다.
② 겨울철 가습이 용이하다.
③ 실내의 기류분포가 좋다.
④ 실의 유효 스페이스가 증대된다.

4. 공기조화방식 중 전공기 방식의 일반적 특징으로 옳지 않은 것은?
① 중간기에 외기냉방이 가능하다.
② 실내에 배관으로 인한 누수의 염려가 없다.
③ 덕트 스페이스가 필요 없으며 공조실의 면적이 작다.
④ 팬코일 유닛과 같은 기구의 노출이 없어 실내 유효면적을 넓힐 수 있다.

[해설] 공기방식은 공조기에서 조절된 공기를 덕트를 통해 실내로 공급하는 방식이므로 덕트스페이스와 공조실 면적이 필요하다.

5. 공기조화방식 중 전공기방식에 관한 설명으로 옳지 않은 것은?
① 중간기에 외기냉방이 가능하다.
② 실의 유효스페이스가 증대된다.
③ 실내공기의 질을 높일 수 있는 가능성이 크다.
④ 수방식에 비해 열의 운송 동력이 적게 소요된다.

6. 공기조화방식 중 전수방식에 관한 설명으로 옳지 않은 것은?
① 각 실의 제어가 용이하다.
② 실내 배관에 의한 누수의 우려가 있다.
③ 극장의 관객석과 같이 많은 풍량을 필요로 하는 곳에 주로 사용된다.
④ 열매체가 증기 또는 냉·온수이므로 열의 운송 동력이 공기에 비해 적게 소요된다.

[해설] 전수방식은 팬코일유닛방식을 의미한다. 많은 풍량이 필요한 곳에는 단일덕트방식 등의 전공기방식을 사용하여야 한다.

7. 공기조화방식 중 전수방식(all water system)의 일반적 특징으로 옳지 않은 것은?
① 덕트 스페이스가 필요없다.
② 팬 코일 유닛방식 등이 있다.
③ 실내 배관에서 누수의 우려가 있다.
④ 실내공기의 청정도 유지가 용이하다.

[해설] 팬코일유닛방식은 외기공급이 불가능하여 실내공기오염의 우려가 있으며 이를 방지하기 위하여 단일덕트방식과 함께 사용하는 경우가 많다.

해답 1. ① 2. ① 3. ① 4. ③ 5. ④ 6. ③ 7. ④

8. 공기조화방식에 관한 설명으로 옳은 것은?

① 전공기 방식의 종류에는 단일덕트 방식, 팬코일 유닛 방식 등이 있다.
② 공기·수 방식은 각 실의 온도제어는 곤란하나 관리 측면에서 유리하다.
③ 전수 방식은 실내 공기가 오염되기 쉬우나 개별 제어, 개별 운전이 가능한 장점이 있다.
④ 전공기 방식은 중간기에 외기냉방은 불가능하나 다른 방식에 비해 열매의 반송동력이 적게 든다.

해설 ① 팬코일 유닛 방식은 전수방식에 해당한다.
② 공기·수 방식은 전공기식에 비해 각 실의 온도제어가 가능하고 유닛의 수가 많아지므로 관리측면에서 불리해진다.
③ 전공기 방식은 중간기에 외기냉방은 가능하나 다른 방식에 비해 열매의 반송동력이 커진다.

9. 다음 공조방식 중 운송동력의 소요량이 크기 순서대로 되어 있는 것은?

① 전공기 방식>물 방식>공기+물 방식
② 물 방식>공기+물 방식>전공기 방식
③ 공기+물 방식>물 방식>전공기 방식
④ 전공기 방식>공기+물 방식>물 방식

해설 전공기식일수록 반송동력이 증대한다.

10. 다음의 공기조화방식 중 반송동력이 가장 적게 소요되는 방식은?

① 팬코일유닛방식
② 정풍량 단일덕트방식
③ 변풍량 단일덕트방식
④ 덕트병용 팬코일유닛방식

11. 다음의 공기조화방식 중 전공기방식에 해당하는 것은?

① 유인유닛방식
② 2중덕트방식
③ 팬코일유닛방식
④ 패키지유닛방식

해설 열매에 따른 공조방식의 분류
전공기방식 : 단일덕트방식, 이중덕트방식, 멀티존유닛방식
수공기방식 : 덕트병용 팬코일유닛방식, 유인유닛방식
전수방식 : 팬코일유닛방식
냉매방식 : 패키지방식

12. 공기조화방식 중 전공기방식에 속하지 않는 것은?

① 2중덕트방식
② 팬코일 유닛방식
③ 멀티존 유닛방식
④ 변풍량 단일덕트방식

13. 다음의 공기조화방식 중 전공기 방식에 속하지 않는 것은?

① 단일덕트방식
② 이중덕트방식
③ 유인유닛방식
④ 멀티존유닛방식

해설 유인유닛의 1차공기에 의해 유인된 2차공기는 코일내에 흐르는 냉수나 온수에 의해 냉각 또는 가열되므로 수공기방식이 된다.

14. 공기조화방식 중 물 방식(전수 방식)에 속하는 것은?

① 단일덕트방식
② 2중덕트방식
③ 멀티존 유닛방식
④ 팬코일 유닛방식

해답 8. ③   9. ④   10. ①   11. ②   12. ②   13. ③   14. ④

■■■ 단일덕트방식

15. 공기조화방식 중 단일 덕트방식에 대한 설명으로 옳지 않은 것은?
① 냉·온풍의 혼합손실이 없다.
② 2중덕트방식에 비해 덕트 스페이스가 적게 든다.
③ 각 실이나 존의 부하변동에 즉시 대응할 수 있다.
④ 부하특성이 다른 여러 개의 실이나 존이 있는 건물에 적용하기가 곤란하다.

[해설] 단일덕트방식은 각 실별제어가 곤란하다.

16. 공기조화방식 중 단일덕트방식에 대한 설명으로 옳지 않은 것은?
① 2중덕트방식에 비하여 시설비가 적게 들고, 덕트 스페이스도 적게 차지한다.
② 각 실이나 존의 부하변동에 즉시 대응할 수 없다.
③ 냉풍과 온풍을 혼합하는 혼합상자가 필요하므로 소음과 진동이 많다.
④ 부하특성이 다른 여러 개의 실이나 존이 있는 건물에 적용하기가 곤란하다.

17. 송풍온도를 일정하게 하고 송풍량을 변경해 부하변동에 대응하는 공기조화방식은?
① 이중 덕트 방식
② 멀티존 유닛 방식
③ 단일덕트 정풍량 방식
④ 단일덕트 변풍량 방식

18. 단일덕트 변풍량 방식에 관한 설명으로 옳지 않은 것은?
① 송풍량을 조절할 수 있다.
② 전공기방식의 특성이 있다.
③ 각 실이나 존의 개별제어가 불가능하다.
④ 일사량 변화가 심한 페리미터 존에 적합하다.

[해설] 단일덕트 변풍량 방식(Variable Air Volume System)
각 실별로 또는 존별로 덕트의 말단에 VAV유닛을 설치하여 송풍온도는 일정하게 하고, 실내부하의 변동에 따라 송풍량만을 변화시키는 방식으로 에너지 절약형이다.
각 실별로 또는 존별로 온습도의 개별제어가 가능하나 부하가 작아지면 송풍량이 작아져 환기량이 부족해 실내공기가 오염될 수 있다.

19. 공기조화방식 중 단일덕트 변풍량방식에 관한 설명으로 옳지 않은 것은?
① 전공기방식의 특성이 있다.
② 각 실이나 존의 온도를 개별제어할 수 있다.
③ 단일덕트 정풍량방식보다 설비비가 적게 든다.
④ 실내부하가 적어지면 송풍량을 줄일 수 있으므로 에너지 절감효과가 크다.

20. 변풍량 단일덕트방식에서 송풍량 조절의 기준이 되는 것은?
① 실내 청정도
② 실내 기류속도
③ 실내 현열부하
④ 실내 잠열부하

[해설] 가변풍량 방식(Variable Air Volume System)
각 실별로 또는 존별로 덕트의 말단에 VAV유닛을 설치하여 송풍온도는 일정하게 하고, 실내부하의 변동에 따라 송풍량만을 변화시키는 방식으로 에너지 절약형이다.

21. 공기조화방식 중 가변풍량 단일덕트 방식에 관한 설명으로 옳은 것은?
① 환기성능이 떨어질 염려가 없다.
② 공조 대상실의 부하변동에 따라 송풍량을 조절하는 전공기식 공조방식이다.
③ 냉·난방을 동시에 할 수 있으므로 계절마다 냉·난방의 전환이 필요하지 않다.
④ 일정 온도로 송풍되므로 부하특성이 비교적 고른 사무소 건물의 내부 존에 적합하다.

해답 15. ③　16. ③　17. ④　18. ③　19. ③　20. ③　21. ②

22. 단일덕트 변풍량 방식에 사용되는 공기조화기의 송풍기에 인버터를 설치하는 이유는?

① 소음발생 방지
② 필요외기량 확보
③ 급기덕트의 압력 감지
④ 송풍기의 회전수 제어

■■■ 이중덕트방식

23. 다음과 같은 특징을 갖는 공기조화방식은?

> ① 냉·온풍의 혼합으로 인한 혼합손실이 있어서 에너지 소비량이 많다.
> ② 부하특성이 다른 다수의 실이나 존에도 적용할 수 있다.
> ③ 전공기방식의 특성이 있다.

① 유인 유니트방식
② 팬코일 유니트방식
③ 단일 덕트방식
④ 이중 덕트방식

24. 2중덕트방식(Dual Duct System)에 대한 설명 중 틀린 것은?

① 공조기 내부에 있는 유니트에서 각 존별로 온풍과 냉풍을 혼합하여 내보낸다.
② 냉난방을 동시에 할 수 있고 부하의 변동에 쉽게 대처할 수 있다.
③ 중간기에는 냉온풍의 혼합에서 생기는 에너지 손실이 많게 된다.
④ 덕트 스페이스가 많이 필요하고 설치비가 비교적 높다.

[해설] (1) 2중덕트방식(Dual Duct System) - 공조기에서 냉풍과 온풍을 각각의 덕트로 공급하여 각 존의 천정에 있는 혼합유니트에서 혼합
(2) 멀티존유니트방식 - 공조기에서 각 존별로 온풍과 냉풍을 혼합한 후 덕트를 통해 보내는 방식

25. 공기조화방식 중 2중덕트방식에 대한 설명으로 옳지 않은 것은?

① 전공기식 방식이다.
② 덕트가 2개의 계통이므로 설비비가 많이 든다.
③ 부하특성이 다른 다수의 실이나 존에도 적용할 수 있다.
④ 냉풍과 온풍을 혼합하는 혼합상자가 필요 없으므로 소음과 진동도 적다.

26. 공기조화방식 중 냉·온풍의 혼합으로 인한 혼합손실이 있어서 에너지 소비량이 많은 방식은?

① 정풍량 단일덕트 방식
② 변풍량 단일덕트 방식
③ 이중덕트 방식
④ 유인유닛 방식

27. 공기조화방식 중 이중덕트방식에 관한 설명으로 옳지 않은 것은?

① 전공기방식의 특성이 있다.
② 혼합상자에서 소음과 진동이 발생할 수 있다.
③ 냉·온풍을 혼합 사용하므로 에너지 절감 효과가 크다.
④ 부하특성이 다른 다수의 실이나 존에도 적용할 수 있다.

[해설] ③ 이중덕트방식은 냉·온풍을 각각 공급하므로 에너지손실이 크다.

28. 이중덕트방식에 관한 설명으로 옳은 것은?

① 부하감소에 따라 송풍량이 감소된다.
② 부하변동에 따른 적응속도가 느리다.
③ 혼합손실로 인한 에너지 소비량이 크다.
④ 부하특성이 다른 여러 실에 적용하기 곤란하다.

해답   22. ④   23. ④   24. ①   25. ④   26. ③   27. ③   28. ③

■■■ 멀티존유닛방식

29. 냉풍과 온풍을 혼합하여 부하조건이 다른 계통마다 공기를 공급하는 공기조화방식은?

① 팬코일유닛방식
② 멀티존유닛방식
③ 변풍량 단일덕트방식
④ 정풍량 단일덕트방식

[해설] 냉풍과 온풍을 각각 생산하여 혼합 사용하는 공조방식은 이중덕트방식 및 멀티존유닛방식이며 차이점은 다음과 같다.
- 이중덕트방식 : 냉풍과 온풍을 각각 생산하여 각 존으로 공급 후 혼합상자에서 혼합
- 멀티존유닛방식 : 냉풍과 온풍을 각각 생산하여 각 존별로 혼합 후 공급

30. 다음 중 서로 상이한 실에 냉난방을 동시에 해야 하는 경우 가장 적절한 공조방식은?

① VAV방식
② CAV방식
③ 유인유닛방식
④ 멀티존유닛방식

[해설] 서로 상이한 실에 냉난방을 동시에 하기 위해서는 냉풍과 온풍이 동시에 공급되어야 하는데 이와 같이 냉풍과 온풍을 각각 생산하여 혼합 사용하는 공조방식에는 이중덕트방식 및 멀티존유닛방식이 있다.

■■■ 팬코일유닛방식

31. 공기조화방식 중 팬코일 유닛 방식에 대한 설명으로 옳지 않은 것은?

① 덕트 방식에 비해 유닛의 위치 변경이 쉽다.
② 유닛을 창문 밑에 설치하면 콜드 드래프트를 줄일 수 있다.
③ 전공기 방식으로 각 실에 수배관으로 인한 누수의 염려가 없다.
④ 각 실의 유닛은 수동으로도 제어할 수 있고, 개별 제어가 쉽다.

[해설] 팬코일유닛 방식은 열매가 물이므로 전수방식에 해당한다.

32. 공기조화방식 중 팬코일 유닛방식에 관한 설명으로 옳지 않은 것은?

① 각 실에 수배관으로 인한 누수의 우려가 있다.
② 덕트 샤프트나 스페이스가 필요없거나 작아도 된다.
③ 각 실의 유닛은 수동으로도 제어할 수 있고, 개별제어가 쉽다.
④ 유닛을 창문 밑에 설치하면 콜드 드래프트(cold draft)가 발생할 우려가 높다.

[해설] 방열기나 팬코일유닛은 콜드 드래프트(cold draft)를 방지하기 위하여 창쪽에 설치한다.

33. 팬코일유닛 방식에 대한 설명 중 옳지 않은 것은?

① 덕트 스페이스가 필요 없다.
② 각 유닛마다 개별 제어가 가능하다.
③ 기존 건물에도 설치가 간단하고 부하 증가에 대하여 유닛의 증설이 용이하다.
④ 전공기식에 비해 다량의 외기송풍량을 공급하기가 용이하므로 겨울의 외기냉방에 유리하다.

[해설] 팬코일 유닛방식은 전수방식으로 외부에서 공기공급이 불가능해 중간기나 겨울철의 외기냉방을 할 수 없다. 전공기방식인 단일덕트방식은 외기냉방에 유리하다.

34. 공기조화방식 중 팬코일 유닛 방식에 관한 설명으로 옳지 않은 것은?

① 전수방식에 속한다.
② 덕트 샤프트와 스페이스가 반드시 필요하다.
③ 각 실에 수배관으로 인한 누수의 우려가 있다.
④ 각 실의 유닛은 수동으로도 제어할 수 있고, 개별제어가 쉽다.

해답 29. ② 30. ④ 31. ③ 32. ④ 33. ④ 34. ②

35. 공기조화방식 중 팬코일 유닛방식에 관한 설명으로 옳지 않은 것은?

① 각 실 유닛의 개별 제어가 용이하다.
② 각 실에 수배관으로 인한 누수의 우려가 없다.
③ 덕트방식에 비해 유닛의 위치 변경이 용이하다.
④ 덕트 샤프트나 스페이스가 필요없거나 작아도 된다.

36. 공기조화방식 중 전수방식으로 덕트 샤프트나 스페이스가 필요없거나 작아도 되나 외기량이 부족하여 실내공기의 오염이 심할 수 있는 방식은?

① 단일덕트방식
② 각층유닛방식
③ 멀티존유닛방식
④ 팬코일유닛방식

37. 팬코일유닛(FCU) 방식의 특징이 아닌 것은?

① 각 유닛의 개별제어가 가능하다.
② 부하 증가에 대한 대처가 용이하다.
③ 외기의 도입, 습도의 조절에 어려움이 있다.
④ 각 실의 공기 정화능력이 뛰어나다.

[해설] 팬코일유닛내의 팬(송풍기)은 저압이므로 고성능의 필터를 사용할 수 없어 공기정화능력은 좋지 않다. 또한 외기공급이 불가능하여 실내공기오염의 우려가 있다.

■■■ 복합문제

38. 각종 공기조화방식에 관한 설명으로 옳지 않은 것은?

① 2중덕트방식은 냉·온풍의 혼합으로 인한 혼합손실이 있다.
② 단일덕트방식은 전공기방식이다.
③ 팬코일유닛방식은 전공기방식으로 수배관으로 인한 누수의 우려가 없다.
④ 단일덕트방식은 부하특성이 다른 여러 개의 실이나 존이 있는 건물에는 적용하기가 곤란하다.

[해설] 팬코일유닛방식은 전수방식이므로 수배관으로 인한 누수의 우려가 있다.

39. 다음의 각종 공기조화방식의 특성에 대한 설명 중 옳지 않은 것은?

① 팬코일 유니트방식 - 개별제어가 가능하므로 부분사용이 많은 건물에서 경제적인 운전이 가능하다.
② 2중덕트방식 - 냉풍 및 온풍이 열매체이므로 실내온도 변화에 대한 응답이 빠르다.
③ 단일덕트방식 - 냉, 온풍의 혼합에 의한 열손실의 발생이 크다.
④ 패키지 유니트방식 - 실내 소음방지 대책이 필요하다.

[해설] 냉온풍의 혼합손실이 발생하는 공조방식은 이중덕트방식이다.

■■■ 공조방식과 용도

40. 다음 공기조화방식의 적용 장소에 따른 조합 중 옳지 않은 것은?

① 2중 덕트 방식 - 병원의 병실
② 각층 유닛 방식 - 사무실
③ 단일 덕트 방식 - 백화점 판매장
④ 팬코일 유닛 방식 - 방송국 스튜디오

[해설] 팬코일유닛은 소음이 발생되므로 방송국 스튜디오에는 부적당하다.

41. 건물과 공기조화 방식을 짝지어 놓은 것 중에서 가장 적당하지 않은 것은?

① 사무소 건물 ………… 단일덕트방식
② 백화점 ……………… 각층 유니트 방식
③ 공장의 식당 ………… 팩케지 유니트 방식
④ 극장의 관람석 ……… 팬코일 유니트 방식

[해설] 극장, 강당 등과 같은 단일대공간에는 단일덕트방식과 같은 전공기식이 유리하다.

해답 35. ② 36. ④ 37. ④ 38. ③ 39. ③ 40. ④ 41. ④

42. 800명 수용 강당을 공기조화할 경우 가장 많이 쓰이는 방식은?

① 전덕트 방식으로 중앙식
② 유니트 방식으로 중앙식
③ 덕트와 유니트 방식의 병용식
④ 복사냉난방 방식

43. 다음 건축물의 공조설비 방식으로 팬코일 유니트 방식을 적용하기에 가장 적당한 것은?

① 호텔의 객실
② 백화점의 매장
③ 공장의 대규모 작업장
④ 병원의 진료실

[해설] 팬코일유니트방식 및 유인유니트방식은 실이 많은 건물의 외부존에 적합하다.

해답 42. ①   43. ①

4 공조설비(Ⅳ) - 덕트및부속기기,송풍기,환기설비

> **학습방향**
> 1. 공기조화설비 중 내용이 어렵지 않을 뿐만 아니라 출제 빈도도 낮은 부분이다.
> 2. 덕트 및 부속기기, 기계환기의 종류, CO_2 농도에 의한 환기량 계산 등 기출문제 중심의 학습이 요구된다.

6 덕트 및 부속기기

(1) 덕트의 분류

덕트는 주덕트와 분기덕트로 대별할 수 있다. 주덕트는 덕트배치의 간선을 이루는 것이며, 분기덕트는 주덕트에서 분기되어 각기 필요한 장소에 배치된다.

1) 덕트분기에 따른 분류

덕트는 보통 주덕트-분기덕트-플렉시블덕트-취출구의 순서로 연결되며 중간에 덕트가 분기되면 송풍량이 감소한 만큼 덕트크기를 감소해야 덕트내 압력이 유지되어 공기가 원활하게 공급된다.

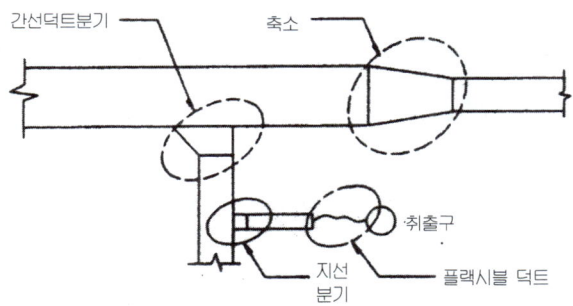

〈그림 4-1〉 덕트의 분기 및 축소

2) 공기 풍속에 따른 분류

공기풍속에 따라 저속덕트방식과 고속덕트방식으로 구분할 수 있다.
① 저속덕트방식 - 덕트내의 풍속이 15m/s 이하로 일반건물에 적용된다.
② 고속덕트방식 - 덕트내의 풍속이 15~25m/s로 고압이며 소음이 발생한다.

소음이 문제되지 않는 공장, 창고 또는 차량, 선박, 고층빌딩 등 덕트 스페이스를 크게 취할 수 없는 곳에 적용된다.

(2) 덕트의 형상과 구조

덕트의 형상은 장방형이나 원형이며, 최근에는 스파이럴 원형덕트도 사용되고 있다. 덕트용 재료로는 가장 일반적인 것이 아연도금철판이며, 알루미늄판, 동판 등도 사용되나 특수한 경우에만 한정된다.

1) 장방형 덕트

스페이스에 따른 형상 제한을 적당하게 조절, 종횡 치수를 선정할 수가 있으므로 편리하나 반면에 강도면에서 약해지므로 고속·고압을 채용하는 경우에는 반드시 보강을 고려해야 한다.

2) 원형 덕트

동일한 단면적일 경우 마찰손실이 작고 강도면에서 우수하나 스페이스면에 있어서 대형의 것은 층고가 높아지므로 제한을 받는다. 고속덕트인 경우에는 원형덕트가 유리하며 스파이럴 원형덕트는 최근 대형 주차장의 환기용에 많이 쓰인다.

■ 대형덕트는 덕트의 종횡비(아스펙트비)를 조절할 수 있는 장방형 덕트가 주로 사용되며 취출구나 흡입구 등으로 분기되는 소형덕트는 주로 원형플렉시블덕트를 사용한다.

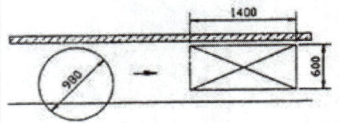

(원형덕트를 장방형덕트로 변환한 경우)

<그림 4-2> 덕트의 형상

(3) 덕트 부속품

덕트에 쓰이는 주요 부속품은 다음과 같다.

① 풍량조절댐퍼(volume damper) : 풍량조절댐퍼는 덕트내를 흐르는 풍량을 조절 또는 폐쇄하기 위해 쓰이는 부속품으로 다음과 같은 것이 있다.

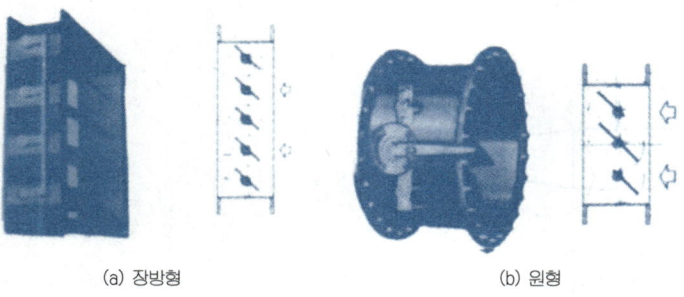

(a) 장방형　　　　　　　(b) 원형

<그림 4-3> 풍량 조절 댐퍼

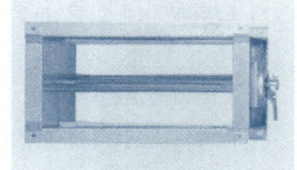

<사진 4-1> 풍량조절댐퍼(단익형)

㉮ 단익댐퍼 : 버터플라이 댐퍼라고도 하며 소형덕트에 사용된다.
㉯ 다익댐퍼 : 일명 루버댐퍼라고도 하며 2개 이상의 날개를 가진 것으로 대형덕트에 사용된다.
㉰ 스플릿댐퍼 : 덕트 분기부에서의 풍량조절에 사용된다.

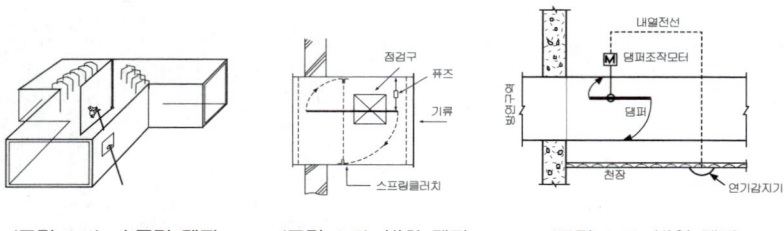

<그림 4-4> 스플릿 댐퍼　　<그림 4-5> 방화 댐퍼　　<그림 4-6> 방연 댐퍼

② 방화 댐퍼(fire damper) : 방화댐퍼는 화재 발생시 덕트를 통하여 다른 실로 연소되는 것을 방지하기 위해 방화구획 관통부에 설치되며 덕트내의 공기온도가 72℃ 정도 이상이면 댐퍼날개를 지지하고 있던 가용편이 녹아서 자동적으로 댐퍼가 닫히도록 되어 있다.

<사진 4-2> 방화댐퍼

③ 방연댐퍼(smoke damper) : 연기감지기로 연기를 탐지하여 방연댐퍼로 덕트를 폐쇄하여 다른 구역으로 연기침투를 방지한다.

④ 가이드베인(터닝베인) : 덕트의 구부러진 부분의 기류를 안정시키기 위해 사용하는 것이다. 가이드베인은 덕트의 구부러진 안쪽으로 촘촘히 붙인다.

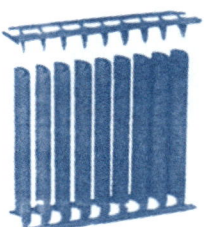

(a) 형상

(b) 부착효과

<그림 4-7> 가이드베인

⑤ 챔버(chamber) 및 소음엘보

공조기와 덕트의 접속부분, 취출구 직전에 설치하여 기류를 안정시키기 위한 목적이며 소음을 줄이기 위하여 챔버 내부에 흡음재를 붙인 소음챔버, 소음엘보 등도 있다.

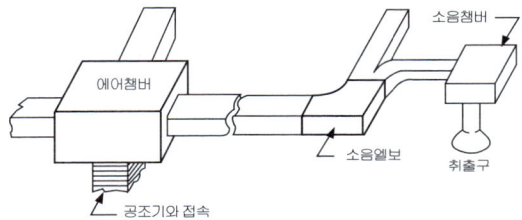

<그림 4-8> 에어챔버(air chamber) 및 소음엘보

(4) 취출구

① 베인(vane)격자형 취출구 : 4각형의 틀(프레임)에 베인(vane, 날개)을 붙인 것으로 날개를 붙인 방향에 따라 가로형, 세로형, 가로세로형이 있다.
　㉮ 그릴 : 풍량조절이 불가능한 것
　㉯ 레지스터 : 그릴에 셔터나 댐퍼를 부착하여 풍량을 조절할 수가 있다. 날개는 1개의 샤프트로 움직일 수 있게 되어 있으며, 그릴 대신 가동 날개를 지닌 것도 있다.

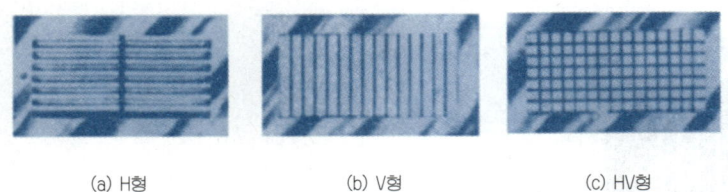

(a) H형　　　　(b) V형　　　　(c) HV형

〈그림 4-9〉 베인격자형 취출구

② 애니모스탯(annemostat) : 콘(cone)이라 불리는 여러 개의 동심원추 또는 각추형의 날개로 되어 있으며 풍량을 광범위하게 조절할 수 있고 또한 공기분포가 균일하므로 천정 부착용 취출구로서 사용되고 있다. 확산반경이 크고 도달거리가 짧다.

(a) 각형취출구(Square Diffuser)　(b) 원형취출구(Round Diffuser)　　(c) 단면도

〈그림 4-10〉 애니모스탯형 천장취출구

③ 팬(pan)형 취출구 : 애니모스탯형의 콘 대신 원판모양의 팬을 붙인 것으로 소음이 적다.

 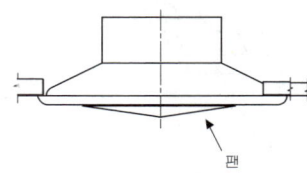

〈그림 4-11〉 팬형 취출구

④ 노즐(nozzle)형 취출구 : 도달거리가 길기 때문에 대공간의 벽이나 높은 천장 등에 설치하여 취출한다.

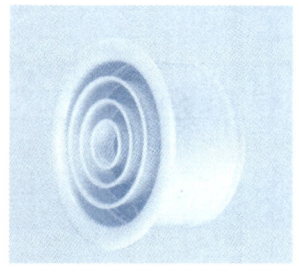

<사진 4-3> 노즐형 취출구   <사진 4-4> 펑커형 취출구

⑤ 펑커(punka)형 취출구 : 기류의 방향을 자유자재로 변경시킬 수 있으며 열부하가 많은 주방, 공장 등 사람이 있는 제한된 방향으로만 취출할 때(spot cooling시) 쓰인다.

⑥ T-라인(T-line)형 취출구 : 천장이나 건축물의 구조체에 바-프레임(bar frame)인 T-바(T-bar)를 고정하고 그 틈 사이에 취출구를 끼운다. 취출기류의 방향은 취출구내에 있는 베인의 고정방향에 따라 다양하게 바꿀 수 있으며 댐퍼의 기능도 갖고 있다. T-라인형 취출구는 내부존이나 외부존 모두 사용된다.

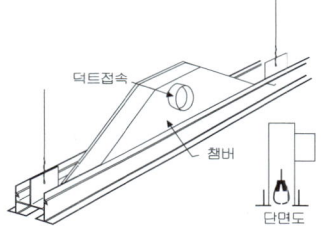

<그림 4-12> T - 라인형 취출구

⑦ 브리즈라인(breeze line)형 취출구 : 취출부분에 홈(slot)이 있어 선의 개념을 통하여 인테리어 디자인에서 미적 감각을 살릴 수 있다. 외부존의 천장 또는 창틀 위에 설치하며 출입구의 에어커튼 역할을 한다.

⑧ 캄 라인(calm line)형 취출구 : 가느다란 선형취출구가 있으며 뒷쪽에는 디플렉터가 있어 정류(整流)작용을 한다. 내외부존에 모두 쓰이며 출입구 부근의 에어커튼용으로도 적합하고 선형이므로 인테리어 디자인에도 적당하다.

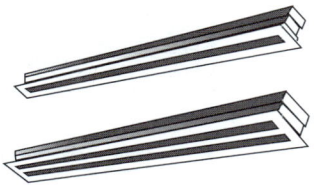

<그림 4-13> 브리즈라인형 취출구

<그림 4-14> 캄 라인형 취출구

■ 제9장 공기조화설비

⑨ 라이트 트로퍼(light-troffer)형 취출구 : 라이트-트로퍼의 양쪽에 취출구를 갖고 있으며 중앙에 형광등을 갖추어 조명등의 외관으로 취출구까지 겸한다.

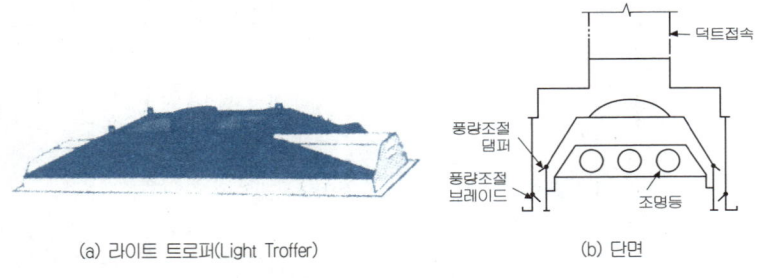

(a) 라이트 트로퍼(Light Troffer)　　　　(b) 단면

〈그림 4-15〉 라이트-트로퍼형 취출구

이 외에도 M-라인형 취출구, 다공판형 취출구, 웨이형 취출구 등이 있다.

(5) 흡입구

① 격자형 흡입구 : 4각형의 틀(프레임)에 루버나 그리드를 부착시킨 것으로 벽이나 천정에 설치된다.
② 머쉬룸(mushroom) 흡입구 : 바닥 밑에서 직접 배기하는 경우에 사용되며 버섯모양이다.

이 외에도 펀칭메탈형 흡입구나 화장실배기용 그릴 등이 있다.

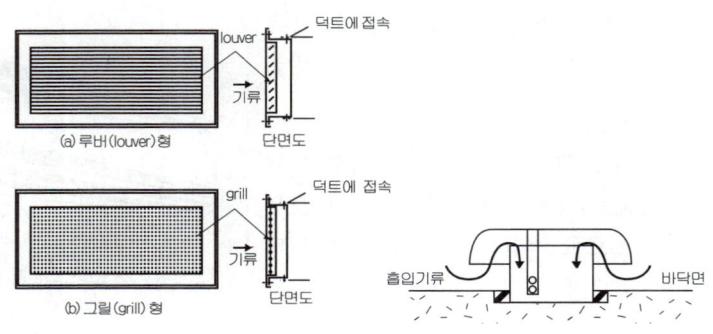

〈그림 4-16〉 격자(slit)형 흡입구　　　〈그림 4-17〉 머쉬룸형 흡입구

(6) 송풍기의 종류

1) 다익형 송풍기(sirocco fan)

날개가 회전방향으로 굽은 전곡형으로 다른 형에 비하여 많은 유량과 정압을 얻을 수 있으므로 환기설비나 공조기의 리턴팬 등 저속덕트용 송풍기로 많이 쓰인다. 그러나 효율이 낮으므로 동력, 소음은 크다.

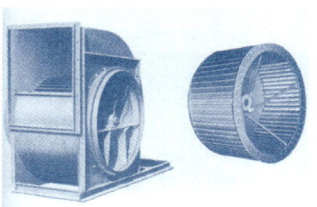

(a) 다익형(시로코) 송풍기

2) 터보 송풍기(turbo fan)

날개가 회전방향의 뒤로 굽은 후곡형으로 효율은 가장 높다. 2500Pa 정도의 고압도 가능하므로 현재는 고속덕트용으로 쓰인다. turbo fan의 일종으로 silent fan이라 불리우는 것은 특히 소음이 적다.

(b) 터보 송풍기

3) 익형 송풍기(air foil fan)

효율이나 강도를 올려 소음을 저하시키기 위하여 익형의 날개를 쓰고 있다.
공조기의 급기(SA)팬으로 많이 사용한다.

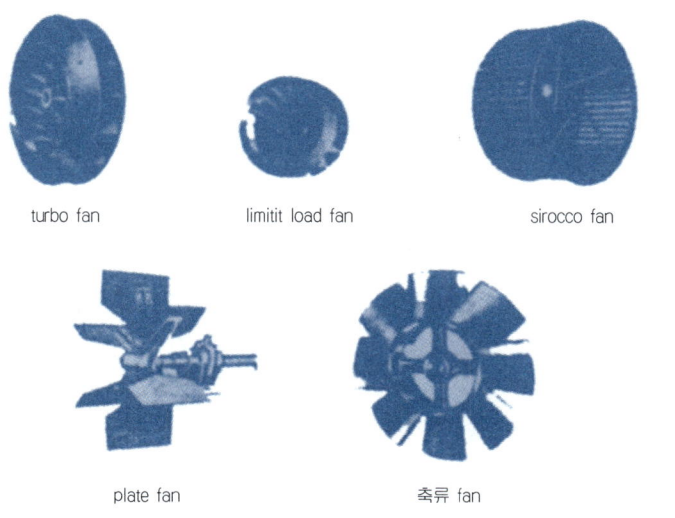

turbo fan limitit load fan sirocco fan

plate fan 축류 fan

<그림 4-18> 각종 송풍기의 날개 형상

(c) 익형(에어포일) 송풍기

(d) 축류형 송풍기

<사진 4-5> 각종 송풍기의 외형

4) reverse 익형 송풍기(limit load fan)

날개차가 전곡과 후곡을 조합한 형을 하고 있어, 그 성능도 다익형과 터보형의 중간적인 것을 갖고 있다.

5) 축류형 송풍기

기류의 방향이 회전축과 같은 방향의 것으로 환기팬, 소형냉각탑 등에 사용되는 프로펠러팬이다. 저압, 대풍량에 적당하며 대체로 같은 성능의 경우에는 원심송풍기보다 소음이 크다.

<표 4-1> 각종 팬(fan)의 형상 및 특징

종류	원심형송풍기					축류형 송풍기
	터보팬		익형송풍기 (에어포일팬)	리밋로드 팬	다익송풍기 (시로코팬)	(프로펠러팬)
	보통	사일런트팬				
날개의 형상						
정압(Pa)	300~1,000	1,000~2,500	1,000~2,500	100~1,500	100~1,500	0~500
효율(%)	60~70	70~85	70~85	55~65	45~60	50~85

7 환기설비

(1) 환기방식

1) 자연 환기

바람 및 실내외 온도차에 의한 실내외의 압력차로 환기하는 방식으로써 환기량이 일정치 않다

개구부를 통한 자연환기량은 개구부 면적 및 유속에 비례하며 실내외 압력차, 공기밀도차, 온도차, 개구부간 수직거리차의 제곱근에 비례하여 커진다.

2) 기계 환기(강제환기)

송풍기 등의 기계를 이용해 확실한 환기를 확보할 수 있다.

① 송풍기 위치에 따른 분류

송풍기의 설치 위치에 따라 제1종, 제2종, 제3종 환기로 분류한다.

㉮ 제1종 기계환기법 : 급배기 모두 송풍기를 설치하며 가장 안전한 환기로 기계실, 전기실 등에 사용된다.

㉯ 제2종 기계환기법 : 급기 송풍기만 설치하며 실내를 정압으로 유지하여 다른 실내에서의 먼지 침입이 없으므로 클린룸 등에 사용된다.

㉰ 제3종 기계환기법 : 배기 송풍기만 설치하며 실내를 부압으로 유지하며 실내의 냄새나 유해물질을 다른 실로 흘려 보내지 않으므로 주방, 화장실, 유해가스 발생장소 등에 사용된다.

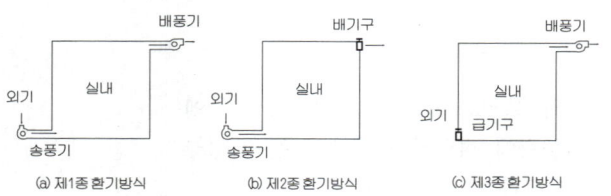

<그림 4-19> 기계환기방식의 종류

■ 자연환기의 종류
  - 풍력환기, 중력환기
① 바람에 의한 풍력환기 - 바람에 의한 풍압차로 한 쪽으로 들어와서 다른 쪽으로 나가는 것을 말한다. 맞통풍일 경우 유속(풍량)이 증가한다.
② 온도차에 따른 밀도차에 의한 중력환기 - 공기의 온도가 올라가면 밀도가 작아져 위로 뜨게 된다. 따라서 겨울철의 따뜻해진 실내공기는 가벼워져 위쪽으로 나가고 실외공기는 아래쪽으로 유입하는 굴뚝현상이 생기며 이에 의한 환기를 중력환기라 한다.

② 환기 방향에 따른 분류
　㉮ 상향환기 : 급기구는 방의 하부에 두고 배기구는 방의 상부에 둔 것으로 급기가 바닥의 먼지나 세균을 올라가게 한다. 냉방시에는 발밑을 차게 하여 불쾌감을 주므로 잘 쓰이지 않는다.
　㉯ 하향환기 : 급기구는 방의 상부에 두고 배기구는 방의 하부에 둔 것으로 일반적으로 많이 쓰인다.

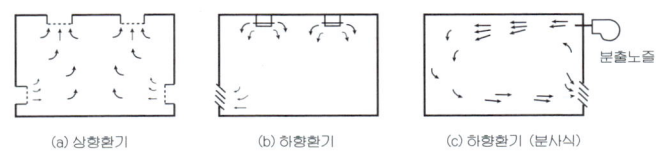

<그림 4-20> 환기의 방향에 따른 분류

③ 환기 영역에 따른 분류
　㉮ 전반환기 : 열, 수증기, 오염물질의 발생이 실내에 널리 분포하는 경우 사용
　㉯ 국소(국부)환기 : 발생원이 집중되고 고정되어 있는 경우 오염이 실전체에 확산되기 전에 실외로 배기후드(hood)나 부스(booth)를 사용하여 오염물질을 포착

(2) 필요환기량

1) 개요
실의 종류, 재실자수, 실내에서 발생하는 유해물질, 외기 등의 여러가지 조건에 따라 결정되며, 환기량은 어떤 오염물질의 실내농도를 허용치 이하로 유지하기 위해 필요하고, 이를 위한 최소풍량을 필요 환기량이라 한다.

2) 필요환기량 계산
각 조건에 따른 필요 환기량 계산식은 아래 표와 같다.

■ 실내의 환기량을 나타내는 방법
① 1인당 환기량(m^3/h · 인)
② 단위 바닥 면적당의 환기량 (m^3/h · m^2)
③ 환기 회수 $n = Q/V$ (회/h) 즉, 1시간에 교체된 외기량(환기량)을 실의 체적으로 나눈 값으로, 1시간에 실내공기가 몇 번 바뀌었는지를 나타낸다.

<표 4-2> 환기량 계산법

점검 사항	점검 내용	산출방법 (Q_f : 필요환기량 m^3/h)	비 고
CO_2 농도	① 인체의 호흡에 의한 CO_2 발생량 ② 실내 연소물에 의한 CO_2 발생량	$Q_f = \dfrac{K}{C_i - C_o}$	K : 실내의 CO_2 발생량(m^3/h) C_i : CO_2의 허용농도(m^3/m^3) C_o : 외기 CO_2 농도 0.0003m^3/m^3
발열량	① 인체로부터의 발열량 ② 실내 열원으로부터의 발열량	$Q_f = \dfrac{H_s}{0.337(t_i - t_o)}$	H_s : 발열량(현열)[W] t_i : 허용실내온도(℃) t_o : 신선공기온도(℃) 0.337 : 단위환산계수
수증기량	① 인체로부터의 수증기 발생량 ② 실내의 연소물로부터의 수증기 발생량	$Q_f = \dfrac{W}{1.2(G_a - G_o)}$	W : 수증기 발생량(kg/h) G_a : 허용 실내 절대습도 G_o : 신선공기 절대습도

[예제] 8×12×2.7m인 강의실의 CO_2 허용농도를 0.001m^3/m^3로 할 때 질문에 답하라. (단, 재실자는 40명이며 1인당 CO_2 배출량은 0.015m^3/h, 외기의 CO_2 농도는 0.0003m^3/m^3 이다.)

1) 필요환기량(Q)은?
• 환기량
$Q = \dfrac{40 \times 0.015}{0.001 - 0.0003} = 857(m^3/h)$

2) 1인당 환기량은?
• 1인당 환기량
$Q_C = \dfrac{857}{40} = 21.4(m^3/h \cdot 인)$

3) 바닥면적당 환기량은?
• 바닥면적당 환기량
$Q_A = \dfrac{857}{8 \times 12} = 8.9(m^3/h \cdot m^2)$

4) 환기회수는?
• 환기회수
$n = \dfrac{Q}{V} = \dfrac{857}{8 \times 12 \times 2.7} = 3.3회$

(3) 환기기준

① 환기에 유효한 부분의 면적을 그 거실 바닥면적의 1/20 이상으로 규정하고 있다. 단, 환기설비를 설치한 경우에는 그러하지 아니하다.

② 창문 없는 거실이나 집회실에서는 재실자 1인당 20m^3/h 이상의 환기량을 요구하고 있다.

핵 심 문 제

1 고속덕트방식의 정격풍속은?
① 10 ~ 15 m/s ② 20 ~ 25 m/s
③ 30 ~ 35 m/s ④ 40 ~ 45 m/s

2 덕트에 관한 것 중 옳은 것은?
① 고속덕트의 단면은 보통 장방형으로 한다.
② 덕트의 단면은 보통 구형 또는 타원형으로 한다.
③ 스프리트댐퍼는 분기점에서 분기풍량을 조절할 때 쓴다.
④ 가이드베인은 곡부의 외측에 조밀하게 붙이는 것이 효과적이다.

3 공기 취출구와 흡입구의 사용 용도에 대한 조합이 틀린 것은?
① 그릴형 - 실내의 보이지 않는 곳
② 머시룸형 - 극장(바닥면)
③ 노즐형 - 용적이 큰 실
④ 아네모형 - 천장 부착용

4 주방에 적합한 환기설비는 다음 중 어느 것인가?
① 1종 환기설비 ② 2종 환기설비
③ 3종 환기설비 ④ 4종 환기설비

5 다음과 같은 조건에서 실내 CO_2 허용한도를 0.15%로 하려면 필요 환기량은?

1. 재실자 1인당 탄산가스 배출량 0.03m^3/h
2. 외부신선공기의 CO_2 함유량 0.02%
3. 실내재실자 30명

① 90m^3/h ② 23m^3/h
③ 692m^3/h ④ 1,059m^3/h

[해설] CO_2 농도에 의한 필요환기량(Q) 계산

$$Q = \frac{k}{(C - C_o)} (m^3/h)$$

k : 실내에서의 CO_2 발생량(m^3/h)
C : CO_2 허용 농도(m^3/m^3)
Co : 신선외기의 CO_2 농도(m^3/m^3)

k : 0.03m^3/h × 30명 = 0.9m^3/h
C : 0.15%는 0.0015(m^3/m^3)
Co : 0.02%는 0.0002(m^3/m^3)

따라서 $Q = \frac{0.9}{(0.0015 - 0.0002)} = 692 m^3/h$

해 설

[해설] **1** 덕트내의 공기풍속에 따른 분류
저속덕트방식 : 15 m/s 이하
고속덕트방식 : 15 m/s 이상

[해설] **2**
① 고속덕트의 단면은 원형으로 한다.
② 대형덕트의 단면은 각형(장방형), 소형덕트의 단면은 원형으로 한다.
④ 가이드베인은 곡부의 내측에 조밀하게 붙이는 것이 효과적이다.

[해설] **3** 베인(vane)격자형 취출구
4각형의 틀(프레임)에 베인(vane, 날개)을 붙인 것으로 날개를 붙인 방향에 따라 가로형, 세로형, 가로세로형이 있다.
① 그릴 : 풍량조절이 불가능하며 환기용 취출구나 흡입구에 많이 사용한다.
② 레지스터 : 그릴에 셔터나 댐퍼를 부착하여 풍량을 조절할 수가 있다.

[해설] **4**
송풍기의 설치 위치에 따라 제1종, 제2종, 제3종 환기로 분류한다.
① 제1종환기 : 급배기 모두 송풍기를 설치하는 가장 안전한 환기. 기계실, 전기실 등에 사용
② 제2종환기 : 급기송풍기만 설치하여 실내를 정압으로 유지. 다른 실에서의 먼지침입이 없으므로 클린룸 등에 사용
③ 제3종환기 : 배기송풍기만 설치하여 실내를 부압으로 유지. 실내의 냄새나 유해물질을 다른 실로 흘려 보내지 않으므로 주방, 화장실, 유해가스발생장소 등에 사용

정답 1. ② 2. ③ 3. ① 4. ③ 5. ③

기출문제 및 예상문제

9 CHAPTER
4. 덕트 및 부속기기, 환기설비

■■■ 덕트 및 주변기기

1. 고속덕트에 관한 설명으로 옳지 않은 것은?
① 원형덕트의 사용이 불가능하다.
② 동일한 풍량을 송풍할 경우 저속덕트에 비해 송풍기 동력이 많이 든다.
③ 공장이나 창고 등과 같이 소음이 별로 문제가 되지 않는 곳에 사용된다.
④ 동일한 풍량을 송풍할 경우 저속덕트에 비해 덕트의 단면치수가 작아도 된다.

[해설] 고속덕트는 마찰저항을 줄이기 위하여 일반적으로 원형덕트를 사용한다.

2. 공기조화설비의 고속 덕트방식을 저속 덕트방식과 비교한 기술로서 부적당한 것은?
① 송풍기용 전동기의 용량이 커진다.
② 공기 배분의 조정에 불리하다.
③ 소음기를 필요로 한다.
④ 덕트내의 정압이 높다.

[해설] (1) 팬 전압이 일정하고 송풍량이 동일한 상태에서 고속덕트는 저속덕트보다 덕트 사이즈는 작고 풍속은 빨라지므로 마찰손실수두 ($H_f = f \cdot \dfrac{l}{d} \cdot \dfrac{v^2}{2} \cdot \rho(Pa)$)가 커져 정압은 작아진다.

(2) 에너지 보존법칙에 따른 베르누이의 정리에 의해 다음 식이 성립한다.
전압(全壓, total pressure) = 정압(靜壓, static pressure) + 동압(動壓, velocity pressure)

위 식에서 동압 ($\dfrac{v^2}{2} \cdot \rho$)은 속도의 제곱에 비례하여 커지므로 전압이 일정하다고 가정하면 정압은 작아진다.

3. 덕트 설비에 관한 설명이 옳게 된 것은?
① 저속덕트는 풍속이 10m/s이하이며 정압 500Pa 미만인 것을 말한다.
② 덕트 각부에서 풍속이 일정하도록 치수를 정하는 방법을 정압법이라 한다.
③ 덕트의 재료는 가능하면 표면이 매끈한 아연도 철판, 알루미늄판 등을 사용한다.
④ 덕트가 커지면 송풍기의 정압이 증가하므로 동력의 낭비가 심해진다.

[해설] ① 저속덕트는 풍속이 15m/s 이다.
② 덕트내의 풍속을 일정하게 덕트치수를 결정하는 방법은 등속법이라 한다.
④ 풍량이 일정한 상태에서 덕트가 커지면 마찰손실이 작아져 동력비는 감소한다.

4. 다음의 덕트 설비에 관한 설명 중 옳은 것은?
① 고속덕트는 관마찰저항을 줄이기 위하여 일반적으로 장방형 덕트를 사용한다.
② 고속덕트에는 소음상자를 사용하지 않는 것이 원칙이다.
③ 같은 양의 공기가 덕트를 통해 송풍될 때 풍속을 높게 하면 덕트의 단면치수를 작게 할 수 있다.
④ 등마찰손실법은 덕트 내의 풍속을 일정하게 유지할 수 있도록 덕트 치수를 결정하는 방법이다.

[해설] ① 고속덕트는 관마찰저항을 줄이기 위하여 일반적으로 원형 덕트를 사용한다.
② 고속덕트에는 소음상자를 사용하는 것이 원칙이다.
④ 등마찰손실법 : 덕트 내의 마찰손실을 일정하게 유지할 수 있도록 덕트 치수를 결정하는 방법
등속법 : 덕트 내의 풍속을 일정하게 유지할 수 있도록 덕트 치수를 결정하는 방법

해답 1. ①   2. ④   3. ③   4. ③

5. 공기조화설비에서 사용되는 고속덕트의 특징으로 옳은 것은?

① 소음 및 진동이 발생하지 않는다.
② 덕트설치 공간을 적게 할 수 있다.
③ 공장이나 창고에는 사용할 수 없다.
④ 공기혼합 상자가 필요하다.

6. 덕트에 관한 것 중 옳은 것은?

① 정방향 덕트는 관마찰저항이 가장 작다.
② 고속덕트의 단면은 보통 장방형으로 한다.
③ 스플릿 댐퍼는 분기부에 설치하여 풍량조절용으로 사용된다.
④ 버터플라이 댐퍼는 대형 덕트의 개폐용으로 주로 사용된다.

해설 ① 정방형 덕트보다 원형덕트가 마찰저항이 작다.
② 고속덕트의 단면은 보통 원형으로 한다.
④ 버터플라이 댐퍼는 주로 소형덕트의 개폐용으로 주로 사용된다.

7. 다음 중 덕트의 치수를 결정하는 방법이 아닌 것은?

① 등속법   ② 등마찰법
③ 정압재취득법   ④ 균등법

해설 덕트치수결정법
① 등마찰법 : 덕트의 단위길이당 압력손실이 일정한 것으로 가정하는 치수결정 방법
② 등속법 : 덕트 내의 풍속을 일정한 것으로 가정하는 치수결정 방법
③ 정압재취득법 : 덕트내의 분기나 취출 등으로 인한 풍속 감소에 따른 정압 재취득에 의한 상승 정압을 다음의 손실 압력에 충당하여 덕트내 전계통의 정압이 일정한 것으로 가정하는 치수결정 방법

8. 동일한 풍량을 송풍할 경우 덕트의 마찰손실이 가장 적은 단면의 형태는?

① 직사각형   ② 정사각형
③ 삼각형   ④ 원형

해설 덕트의 마찰저항은 공기가 접촉하는 면적에 비례하므로 동일 단면적일 경우 둘레가 가장 작은 원형덕트가 마찰손실이 가장 작다.

9. 공조시스템의 소음방지 대책으로 옳지 않은 것은?

① 덕트의 도중에 댐퍼를 설치한다.
② 덕트의 내부에 흡음재를 부착한다.
③ 송풍기의 출구 부근에 플리넘 챔버를 장치한다.
④ 덕트의 적당한 장소에 셀형이나 플레이트형의 흡음장치를 설치한다.

해설 댐퍼는 덕트의 풍량조절용이다.

10. 덕트의 분기부에 설치하여 풍량조절용으로 사용되는 댐퍼는?

① 스플릿 댐퍼   ② 평행익형 댐퍼
③ 대향익형 댐퍼   ④ 버터플라이 댐퍼

해설 ① 스플릿 댐퍼 : 덕트분기부에 사용되어 풍량을 조절하는 댐퍼
② 평행익형 댐퍼 : 서로 이웃하는 날개가 같은 방향으로 회전하는 댐퍼
③ 대향익형 댐퍼 : 서로 이웃하는 날개가 반대 방향으로 회전하는 댐퍼
④ 버터플라이 댐퍼 : 날개가 한 개인 단익댐퍼로 주로 소형 덕트에 사용

11. 다음의 덕트의 부속기기에 대한 설명 중 옳지 않은 것은?

① 스플릿 댐퍼는 대형 덕트의 개폐용으로 사용되며 풍량조절기능은 없다.
② 버터플라이 댐퍼는 주로 소형 덕트에서 개폐용으로 사용되며, 풍량조절용으로도 사용된다.
③ 방화 댐퍼는 화재가 발생했을 때 덕트를 통해 다른 곳으로 화재가 번지는 것을 방지하기 위하여 사용된다.
④ 방연 댐퍼는 연기감지기의 연동으로 되어 있으며 다른 구역으로 연기의 침투를 방지한다.

해답 5. ② 6. ③ 7. ④ 8. ④ 9. ① 10. ① 11. ①

[해설] 스플릿댐퍼 : 덕트 분기부에서 풍량조절에 사용된다.

12. 송풍기 출구 부근에 플리넘 챔버를 부착하는 가장 주된 이유는?

① 속도조절　　　② 소음저감
③ 기류방향조절　④ 화재방지

[해설] 흡음챔버를 말하는 것으로 송풍기와 덕트 사이에 설치하여 송풍기의 난류를 층류로 바꾸거나 내면에 흡음재를 붙여 송풍기의 유동소음을 감소시킨다.

13. 아네모스탯형 취출구에 관한 설명으로 옳지 않은 것은?

① 천장취출구로 많이 사용된다.
② 확산반경이 크고 도달거리가 짧다.
③ 몇 개의 콘(cone)이 있어서 1차 공기에 의한 2차 공기의 유인성능이 좋다.
④ 라인형 취출구의 일종으로 선의 개념을 통하여 인테리어 디자인에서 미적인 감각을 살릴 수 있다.

14. 다음 설명에 알맞은 취출구의 종류는?

- 확산형 취출구의 일종으로 몇 개의 콘(cone)이 있어서 1차공기에 의한 2차공기의 유인성능이 좋다.
- 확산반경이 크고 도달거리가 짧기 때문에 천장 취출구로 많이 사용된다.

① 팬형　　　　　② 노즐형
③ 아네모스탯형　④ 브리즈라인형

15. 취출구 방향을 상하좌우 자유롭게 조절할 수 있어 주방, 공장 등의 국부냉방에 적용되는 취출구는?

① 팬형　　　　　② 라인형
③ 펑커루버　　　④ 아네모스탯형

[해설] 펑커루버(punka louver)
기류의 방향을 자유자재로 변경시킬 수 있으며 열부하가 많은 주방, 공장 등 사람이 있는 제한된 방향으로만 취출할 때 쓰이는 취출구

16. 송풍기의 회전수 변화와 관련한 다음의 송풍기 성능 특성 중에서 옳은 것은?

① 풍량은 회전속도의 2제곱에 비례하여 변화한다.
② 압력은 회전속도의 2제곱에 비례하여 변화한다.
③ 동력은 회전속도의 2제곱에 비례하여 변화한다.
④ 풍량과 압력 및 동력은 회전속도에 반비례한다.

[해설] ① 송풍기의 풍량은 회전속도에 비례하여 변화한다.
② 송풍기의 압력은 회전속도의 제곱에 비례하여 변화한다.
③ 송풍기의 동력은 회전속도의 세제곱에 비례하여 변화한다.

17. 건축설비에 쓰이는 송풍기는 (ㄱ) 축류형(프로펠러) 송풍기 (ㄴ) 다익형 송풍기(시로코팬) (ㄷ) 터보형(원심형, 후곡형) 송풍기 등이 있다. 이들 송풍기가 발생할 수 있는 풍압을 작은 것으로부터 큰 것으로 나열한 것으로 옳은 것은?

① (ㄱ) - (ㄴ) - (ㄷ)　② (ㄴ) - (ㄷ) - (ㄱ)
③ (ㄷ) - (ㄱ) - (ㄴ)　④ (ㄴ) - (ㄱ) - (ㄷ)

[해설] 축류형 0~500Pa, 시로코팬(다익형) 100~1,500Pa, 터보형 300~2,500Pa

18. 송풍기의 적용에 관한 설명으로 옳지 않은 것은?

① 지붕형의 경우 후익형으로 한다.
② 원심송풍기의 설치는 바닥설치를 원칙으로 한다.
③ 정압이 3,000Pa을 초과하는 경우에는 다익형으로 한다.
④ 화장실, 욕실의 배기는 습기나 가스에 강한 내식성 재질의 축류송풍기로 한다.

[해설] 다익형송풍기의 사용정압은 최대 1,500Pa 이하이다.

해답　12. ②　13. ④　14. ③　15. ③　16. ②　17. ①　18. ③

19. 다음은 공기조화용 공급 덕트 내 압력을 나타낸 것이다. 일반적으로 그 값이 가장 큰 것은?

① 전압
② 정압
③ 동압
④ 대기압

해설 전압 = 동압 + 정압이다.

20. 길이 20m, 지름 400mm인 덕트에 평균속도 12m/s로 공기가 흐를 때 발생하는 마찰저항은? (단, 덕트의 마찰저항계수는 0.02, 공기의 밀도는 1.2kg/m³ 이다.)

① 7.3 Pa
② 8.6 Pa
③ 73.2 Pa
④ 86.4 Pa

해설 덕트의 마찰저항(직관)

$$f\frac{l}{d}\frac{v^2}{2}\rho = 0.02\frac{20}{0.4}\frac{12^2}{2}1.2 = 86.4(Pa)$$

■■■ 환기설비

21. 환기회수의 의미를 설명한 것으로 가장 적당한 것은?

① 한 시간 동안의 환기량을 실의 용적으로 나눈 것이다.
② 한 시간 동안에 창문을 여닫는 회수를 의미한다.
③ 하루 동안에 공조기를 작동하는 회수를 의미한다.
④ 하루 동안의 환기량을 창의 면적으로 나눈 것을 의미한다.

해설 환기 회수 $n = Q/V$ (회/h)
즉, 1시간에 교체된 외기량(Q, 환기량)을 실의체적(V)으로 나눈 값으로서 1시간에 실내공기가 몇 번 바뀌었는지를 나타낸다.

22. 환기에 관한 설명으로 옳지 않은 것은?

① 온도차에 의해 환기가 이루어질 수 있다.
② 환기지표로는 이산화탄소가 사용되기도 한다.
③ 오염원이 있는 실은 급기 위주 방식을 사용한다.
④ 급기만을 송풍기로 하는 방식은 실내압이 정압이 된다.

해설 화장실, 주방 등 냄새가 나거나 오염이 있는 실은 3종환기(자연급기, 강제배기)로 하여 실내를 부압(-압)으로 만든다.

23. 자연환기에 관한 설명으로 옳지 않은 것은?

① 외부 풍속이 커지면 환기량은 많아진다.
② 실내외의 온도차가 크면 환기량은 작아진다.
③ 중력환기는 실내외의 온도차에 의한 공기의 밀도차가 원동력이 된다.
④ 자연환기량은 중성대로부터 공기유입구 또는 유출구까지의 높이가 클수록 많아진다.

해설 자연환기량은
① 압력차, 풍압계수차, 온도차, 밀도차, 개구부의 높이차(수직거리)의 제곱근에 비례하여 커진다.
② 개구부면적, 유속에 비례하여 커진다.

24. 자연환기에 관한 설명으로 옳지 않은 것은?

① 풍력환기량은 풍속이 높을수록 증가한다.
② 중력환기량은 개구부 면적이 클수록 증가한다.
③ 중력환기량은 실내외 온도차가 클수록 감소한다.
④ 중력환기는 실내외의 온도차에 의한 공기의 밀도차가 원동력이 된다.

해설 자연환기의 종류
① 풍력환기 : 바람이 불어오는 방향(정압)과 불어나가는 방향(부압)의 압력차(풍압차)에 의해 발생하는 환기로 개구부면적, 풍속에 비례하여 커진다.
② 중력환기 : 온도차에 의한 밀도차로 실내외 압력차가 생겨 발생하는 환기로 압력차, 풍압계수차, 온도차, 밀도차, 개구부의 높이차(수직거리)의 제곱근에 비례하여 커진다.

해답 19. ① 20. ④ 21. ① 22. ③ 23. ② 24. ③

25. 자연환기에 관한 설명으로 옳은 것은?
① 풍력환기에 의한 환기량은 풍속에 반비례한다.
② 풍력환기에 의한 환기량은 유량계수에 비례한다.
③ 중력환기에 의한 환기량은 공기의 입구와 출구가 되는 두 개구부의 수직거리에 반비례한다.
④ 중력환기에서는 실내온도가 외기온도보다 높을 경우, 공기는 건물 상부의 개구부에서 들어와서 하부의 개구부로 나간다.

26. 열기나 유해물질이 실내에 널리 산재되어 있거나 이동되는 경우에 급기로 실내의 전체 공기를 희석하여 배출시키는 환기 방법은?
① 집중환기 ② 국소환기
③ 전체환기 ④ 자연환기

27. 백화점 화장실에 일반적으로 사용되는 환기 방식은?
① 자연 급기 - 강제 배기
② 자연 급기 - 자연 배기
③ 강제 급기 - 자연 배기
④ 강제 급기 - 강제 배기

28. 급기와 배기측에 팬을 부착하여 정확한 환기량과 급기량 변화에 의해 실내압을 정압(+) 또는 부압(-)으로 유지할 수 있는 환기방법은?
① 자연환기 ② 제1종 환기
③ 제2종 환기 ④ 제3종 환기

29. 실내에서 발생하는 취기와 수증기 등이 다른 공간으로 유출되지 않도록 실내가 부압이 되도록 하는 환기방식은?
① 자연환기
② 급기팬과 배기팬의 조합
③ 급기팬과 자연배기의 조합
④ 자연급기와 배기팬의 조합

30. 환기에 관한 설명으로 옳지 않은 것은?
① 화장실은 송풍기(급기팬)와 배풍기(배기팬)를 설치하는 것이 일반적이다.
② 기밀성이 높은 주택의 경우 잦은 기계 환기를 통해 실내공기의 오염을 낮추는 것이 바람직하다.
③ 병원의 수술실은 오염공기가 실내로 들어오는 것을 방지하기 위해 실내압력을 주변공간보다 높게 설정한다.
④ 공기의 오염농도가 높은 도로에 면해 있는 건물의 경우, 공기조화설비 계통의 외기도입구를 가급적 높은 위치에 설치한다.

[해설] 화장실, 주방 등 냄새가 나거나 오염이 있는 실의 환기 : 배풍기(배기팬)만을 설치하는 3종환기(자연급기, 강제배기)로 하여 실내를 부압(-압)으로 만든다.

31. 실의 용도별 주된 환기목적으로 적절하지 않은 것은?
① 화장실 - 열, 습기 제거
② 옥내주차장 - 유독가스 제거
③ 배전실 - 취기, 열, 습기 제거
④ 보일러실 - 열 제거, 연소용 공기공급

[해설] 화장실 환기의 주된 목적은 냄새 제거이다.

32. 다음 중 실내를 부압으로 유지하며 실내의 냄새나 유해물질을 다른 실로 흘려 보내지 않으므로 주방, 화장실, 유해가스 발생장소 등에 사용되는 환기방식은?

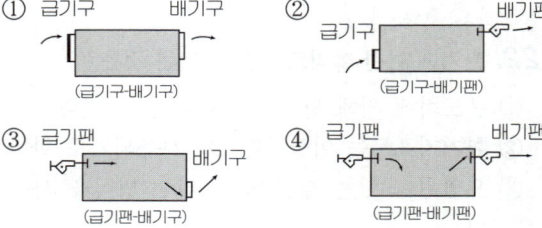

해답 25. ② 26. ③ 27. ① 28. ② 29. ④ 30. ① 31. ① 32. ②

해설 송풍기 위치에 다른 기계환기의 분류

구 분	급 기	배 기	실내압력	용 도
제1종 환기	송풍기	송풍기	대기압	기계실, 전기실
제2종 환기	송풍기	자연	정압	공기청정실
제3종 환기	자연	송풍기	부압	주방, 화장실, 유해가스발생장소

33. 환기설비에 관한 설명으로 옳지 않은 것은?
① 환기는 복수의 실을 동일 계통으로 하는 것을 원칙으로 한다.
② 필요 환기량은 실의 이용목적과 사용 상황을 충분히 고려하여 결정한다.
③ 외기를 받아들이는 경우에는 외기의 오염도에 따라서 공기청정 장치를 설치한다.
④ 전열 교환기에서 열회수를 하는 배기계통에는 악취나 배기가스 등 오염물질을 수반하는 배기는 사용하지 않는다.

해설 오염된 공기는 덕트로 연결된 인접한 다른 실을 오염시킬 수 있으므로 실별로 별도의 환기계통으로 하는 것이 원칙이다.

34. 실내공기오염의 종합적 지표로서 사용되는 오염물질은?
① 부유분진   ② 이산화탄소
③ 일산화탄소   ④ 이산화질소

해설 대부분의 오염물질의 농도는 이산화탄소의 농도에 비례하여 증감하기 때문에 이산화탄소의 농도를 기준으로 한다.

35. 실내 공기오염의 척도로서 이산화탄소 농도가 사용되는 이유는?
① 농도에 따라 악취가 발생하기 때문에
② 농도에 따라 호흡이 곤란해지므로
③ 농도에 따라 실내 공기오염과 비례하므로
④ 농도에 따라 실내온도가 상승하므로

36. 이산화탄소의 실내공기질 유지기준으로 옳은 것은? (단, 다중이용시설 중 실내주차장의 경우)
① 200ppm 이하
② 500ppm 이하
③ 1,000ppm 이하
④ 2,000ppm 이하

해설 실내공기질관리법 시행규칙 제3조 별표2.
실내공기질 유지기준

오염물질 항목 다중이용시설	미세먼지 (PM-10) ($\mu g/m^3$)	미세먼지 (PM-2.5) ($\mu g/m^3$)	이산화 탄소 (ppm)	폼알데 하이드 ($\mu g/m^3$)	총부유 세균 (CFU/m^3)	일산화 탄소 (ppm)
지하역사, 지하도상가, 대합실, 공항터미널, 도서관·박물관 및 미술관, 대규모 점포, 장례식장, 영화상영관, 학원, 전시시설, 컴퓨터게임 영업시설, 목욕장	100 이하	50 이하	1,000 이하	100 이하	-	10 이하
의료기관, 산후조리원, 노인요양시설, 어린이집, 실내 어린이 놀이시설	75 이하	35 이하		80 이하	800 이하	
실내주차장	200 이하	-		100 이하	-	25 이하
실내 체육시설, 실내 공연장, 업무시설, 둘 이상 용도의 건물	200 이하	-	-	-	-	-

37. 실내공기 중에 부유하는 직경 10 μm 이하의 미세먼지를 의미하는 것은?
① VOC10
② PMV10
③ PM10
④ SS10

해설
- VOC(Volatile Organic Compounds) : 공기중의 휘발성 유기화합물(톨루엔, 자일렌, 초산에틸 등)
- PMV(Predicted Mean Vote) : 예상 평균 온열감
- PM(Particulate Matter)10 : 실내공기 중에 부유하는 직경 10m 이하의 미세먼지
- SS(suspendid solid) : 오수중에 함유되어 있는 부유물질

해답 33. ①   34. ②   35. ③   36. ③   37. ③

38. 실내공기질관리법령에 따른 실내공간 오염물질에 속하지 않는 것은?

① 오존
② 라돈
③ 일산화질소
④ 폼알데하이드

해설 실내공기질관리법 시행규칙 제2조 [별표 1] 실내공간 오염물질
1. 미세먼지(PM-10)
2. 이산화탄소(CO_2 ; Carbon Dioxide)
3. 폼알데하이드(Formaldehyde)
4. 총부유세균(TAB ; Total Airborne Bacteria)
5. 일산화탄소(CO ; Carbon Monoxide)
6. 이산화질소(NO_2 ; Nitrogen dioxide)
7. 라돈(Rn ; Radon)
8. 휘발성유기화합물
  (VOCs ; Volatile Organic Compounds)
9. 석면(Asbestos)
10. 오존(O_3 ; Ozone)
11. 초미세먼지(PM-2.5)
12. 곰팡이(Mold)
13. 벤젠(Benzene)
14. 톨루엔(Toluene)
15. 에틸벤젠(Ethylbenzene)
16. 자일렌(Xylene)
17. 스티렌(Styrene)

39. 다중이용시설의 실내공기질 기준으로 부적합한 것은 다음 중 어느 것인가?

① 먼지 : $1.5mg/m^3$ 이하
② 일산화탄소 함유율 : 10ppm 이하
③ 탄산가스 함유율 : 1,000ppm 이하
④ 포름알데히드 : $100µg/m^3$ 이하

해설 미세먼지(pm10)의 기준은 용도에 따라 다르나 지하상가·대합실·점포 등은 $100µg/m^3$ 이하, 의료기관·요양시설 등은 $75µg/m^3$ 이하이다.

■■■ 환기량 계산

40. 실내의 탄산가스 허용농도가 1,000ppm, 외기의 탄산가스 농도가 400ppm 일 때, 실내 1인당 필요한 환기량은? (단, 실내 1인당 탄산가스 배출량은 15L/h 이다.)

① $15m^3/h$
② $20m^3/h$
③ $25m^3/h$
④ $30m^3/h$

해설 CO_2 농도에 의한 필요 환기량

$$Q = \frac{k}{(C-C_o)} = \frac{0.015}{(0.001-0.0004)} = 25(m^3/h)$$

41. 500명을 수용하는 극장에서 1인당 이산화탄소 배출량이 20L/h일 때, 이산화탄소 농도가 0.05%인 외기를 도입하여 실내의 이산화탄소 농도를 0.1%로 유지하는데 필요한 환기량은?

① $15,000m^3/h$
② $20,000m^3/h$
③ $25,000m^3/h$
④ $30,000m^3/h$

해설 CO_2농도에 의한 필요 환기량

$$Q = \frac{k}{(C-C_o)} = \frac{0.02m^3/h \cdot 인 \times 500인}{(0.001-0.0005)}$$

$= 20,000(m^3/h)$

42. 900명을 수용하고 있는 극장에서 실내 CO_2 농도를 0.1%로 유지하기 위해 필요한 환기량은? (단, 외기의 CO_2 농도는 0.04%, 1인당 CO_2 배출량은 18L/h 이다.)

① $27,000m^3/h$
② $30,000m^3/h$
③ $60,000m^3/h$
④ $66,000m^3/h$

해설 CO_2 농도에 의한 필요 환기량

$$Q = \frac{k}{(C-C_0)} = \frac{900 \times 0.018}{(0.001-0.0004)} = 27,000 m^3/h$$

해답 38. ③ 39. ① 40. ③ 41. ② 42. ①

43. 2,000명을 수용하는 극장에서 실온을 20℃로 유지하기 위한 필요환기량은? (단, 외기온도 10℃, 1인당 발열량(현열)＝60W, 공기의 정압비열 ＝1.01kJ/ kg · K, 공기의 밀도＝1.2kg/m³, 전등 및 기타 부하는 무시한다.)

① 11,110m³/h
② 21,222m³/h
③ 30,444m³/h
④ 35,644m³/h

해설 발열량에 의한 환기량 계산
현열부하 계산식 $H_S = G \cdot C \cdot \Delta t = \rho \cdot Q \cdot C \cdot (t_i - t_o)$ 에서

$Q = \dfrac{H_s}{\rho \cdot C \cdot (t_i - t_o)}$

$= \dfrac{2,000\,명 \times 60J/s \cdot 명 \div 1,000J/kJ \times 3,600s/h}{1.2kg/m^3 \times 1.01kJ/kg \cdot K \times (20-10)K}$

$= 35,644(m^3/h)$

44. 실내에 4,500W를 발열하고 있는 기기가 있다. 이 기기의 발열로 인해 실내에 온도상승이 생기지 않도록 환기를 하려고 할 때, 필요한 최소 환기량은? (단, 공기의 밀도는 1.2kg/m³, 비열은 1.01kJ/kg · K, 실내온도는 20℃, 외기온도는 0℃이다.)

① 452m³/h
② 668m³/h
③ 856m³/h
④ 928m³/h

해설 발열량에 의한 환기량 계산
현열부하 계산식 $H_S = G \cdot C \cdot \Delta t = \rho \cdot Q \cdot C \cdot (t_i - t_o)$ 에서

$Q = \dfrac{H_s}{\rho \cdot C \cdot (t_i - t_o)}$

$= \dfrac{4,500J/s \div 1,000J/kJ \times 3,600s/h}{1.2kg/m^3 \times 1.01kJ/kg \cdot K \times (20-0)K}$

$= 668.3(m^3/h)$

45. 다음과 같은 조건에서 실내에 500W의 열을 발산하는 기기가 있을 때, 이 열을 제거하기 위한 필요 환기량은?

[조 건]
- 실내온도 : 20℃
- 환기온도 : 10℃
- 공기의 정압비열 : 1.01kJ/kg · K
- 공기의 밀도 : 1.2kg/m³

① 41.3m³/h
② 148.5m³/h
③ 413m³/h
④ 1,485m³/h

해설 발열량에 의한 환기량 계산
현열부하 계산식 $q_{SH} = G \cdot C \cdot \Delta t = \rho \cdot Q \cdot C \cdot (t_i - t_o)$ 에서

$Q = \dfrac{q_{SH}}{\rho \cdot C \cdot (t_i - t_o)} = \dfrac{500kJ/s \div 1,000J/kJ \times 3,600s/h}{1.01kJ/kg \cdot K \times 1.2kg/m^3 \times (20-10)K}$

$= 148.5(m^3/h)$

46. 전기실에 설치된 변압기 등의 발열량은 46.5kW이다. 32℃의 외기를 이용하여 전기실 실내를 40℃로 유지하고자 할 경우 도입해야 할 필요 외기량은? (단, 공기의 비열은 1.01kJ/kg · K, 공기의 밀도는 1.2kg/m³이다.)

① 약 5,000m³/h
② 약 17,265m³/h
③ 약 20,834m³/h
④ 약 25,100m³/h

해설 발열량에 의한 환기량 계산
현열부하 계산식 $q_{SH} = G \cdot C \cdot \Delta t = \rho \cdot Q \cdot C \cdot (t_i - t_o)$ 에서

$Q = \dfrac{q_{SH}}{\rho \cdot C \cdot (t_i - t_o)} = \dfrac{46.5kJ/s \times 3,600s/h}{1.01kJ/kg \cdot K \times 1.2kg/m^3 \times (40-32)K}$

$= 17,265(m^3/h)$

또는 단위환산계수를 이용하여

$Q = \dfrac{H_a}{0.337 \Delta t} = \dfrac{46,500}{0.337 \times (40-32)} ≒ 17,247(m^3/h)$

상수 또는 단위환산계수의 반올림 등으로 인해 계산결과가 정확히 일치하지는 않는다.

해답 43. ④   44. ②   45. ②   46. ②

MEMO

제10장 냉동 및 기타 열원설비

출제경향분석

시스템 관련내용이므로 어렵지만 분량도 많지 않을 뿐 아니라 출제 빈도가 낮은 부분으로 기출문제 중심의 학습으로 충분하다.

세 부 목 차

1. 냉동 및 기타 열원설비(Ⅰ) - 냉동기, 냉각탑
2. 냉동 및 기타 열원설비(Ⅱ) - 빙축열시스템, 열병합발전

1 냉동 및 기타 열원설비(Ⅰ) - 냉동기, 냉각탑

학습방향
압축식 냉동싸이클의 이해, 냉동기 종류별 간단한 특징, 냉각탑의 역할 등에 대한 이해가 요구되며 기출문제 중심의 학습이 요구된다.

1 냉동설비

(1) 냉동원리
1) 압축식 냉동기 - 전기에 의한 기계적에너지로 냉동
   ① 냉매순환 사이클 : 압축기 - 응축기 - 팽창밸브 - 증발기
   ② 각 기기의 역할
      ㉠ 압축기 : 냉매가스를 압축하여 고압이 됨
      ㉡ 응축기 : 냉매가스를 냉각·액화하며 응축열을 냉각탑이나 실외기를 통하여 외부로 방출
      ㉢ 팽창밸브 : 냉매를 팽창하여 저압이 되도록 함
      ㉣ 증발기 : 주위로부터 흡열하여 냉매는 가스상태가 되며 주위는 열을 빼앗기므로 냉동 또는 냉각이 이루어진다.
   ③ 종류 : 왕복동식, 회전식(스크류식), 터보식(원심식)
   ④ 특징
      ㉠ 장점 - 흡수식에 비해 운전이 용이하고 낮은 온도의 냉수를 얻을 수 있다.
      ㉡ 단점 - 구동에너지가 전기이기 때문에 전력소비가 많다.

학습POINT

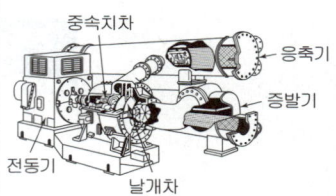
〈그림 10-2〉 원심식(터보) 냉동기

〈사진 10-1〉 원심식(터보) 냉동기 외형

〈사진 10-2〉 회전식(스크류) 냉동기 외형

〈사진 10-3〉 흡수식 냉동기 외형

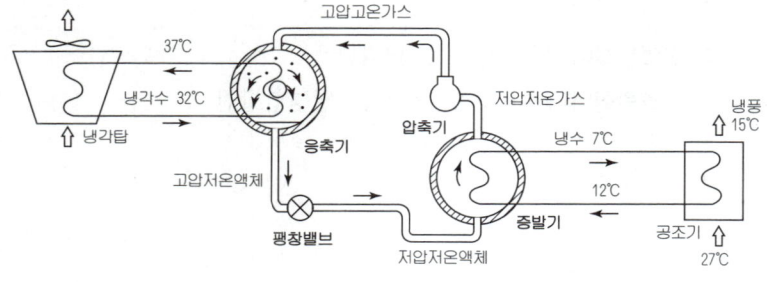
〈그림 10-1〉 압축식 냉동사이클

2) 흡수식 냉동기 - 냉매의 증발에 의한 열에너지로 냉동
  ① 구성 : 응축기, 증발기, 흡수기, 재생기(발생기)로 구성
  ② 냉매 및 흡수액 : 냉매는 주로 물이며 흡수액(수용액)은 취화리튬(LiBr)수용액이다.
  ③ 각 기기의 역할
    ㉮ 증발기 : 6.5mmHg 정도로 낮은 압력인 증발기 내에서 물이 증발하며 냉수코일내의 물로부터 열을 빼앗으므로 냉수가 얼어진다. 증발된 물 즉, 수증기는 흡수기로 넘어 간다.
    ㉯ 흡수기 : 증발기에서 넘어온 수증기는 흡수기에서 수용액에 흡수되어 수용액은 점점 묽어진다. 묽어진 수용액은 발생기(재생기)로 넘어 간다.
    ㉰ 발생기(재생기) : 흡수기에서 넘어 온 묽은 수용액에 증기 등으로 열을 가하거나 연료를 연소시켜 직접 가열하면 물은 증발하여 수증기로된 후 응축기로 넘어가고 나머지 진한 용액은 다시 흡수기로 내려간다.
    ㉱ 응축기 : 발생기에서 응축기로 넘어온 수증기는 냉각수에 의해 냉각되어 물로 응축된후 다시 증발기로 넘어 간다.
  ④ 특징
    ㉮ 장점
      ㉠ 도시가스를 주연료로 사용하므로 전력소비가 적다.
      ㉡ 소음·진동이 작다.
    ㉯ 단점
      ㉠ 같은 용량의 압축식에 비해 냉각열량이 크므로 냉각탑이 커진다.
      ㉡ 낮은 온도(6℃ 이하)의 냉수를 얻기가 곤란하다.
      ㉢ 흡수식냉동기일 경우 여름에도 보일러를 가동하여야 한다.

■ 흡수식 냉동기와 냉온수기
흡수기에서 발생기(재생기)로 넘어 온 묽은 수용액에 열을 가하면 묽은 수용액은 수증기와 진한 용액으로 분리되어 수증기는 응축기로 넘어가고 진한 용액은 흡수기로 내려간다.
이 때 열을 가하는 방법에 따라 흡수식 냉동기와 흡수식 냉온수기로 구분된다.
보일러에서 얻어진 고압의 증기를 사용하여 가열하는 것은 흡수식 냉동기, 발생기에서 직접 연료를 연소하여 가열하는 것(직화식)은 흡수식 냉온수기이다. 따라서 흡수식냉동기를 사용한다면 고압의 증기를 얻기 위하여 여름에도 보일러를 함께 가동하여야 하며 흡수식 냉온수기는 여름에 냉수를 얻을 뿐만 아니라 겨울에는 온수도 얻을 수 있으므로 냉난방 겸용의 열원설비이다.
한편, 재생기를 고온재생기와 저온재생기로 분리하여 고온재생기에서 발생한 증기의 열을 저온재생기에서 진한 용액과 물을 분리하는데 한번 더 사용함으로써 재생기가 하나인 단(일중)효용 흡수식냉동기의 성적계수(COP)를 향상시킨 것을 이중효용 흡수식냉동기라 한다.

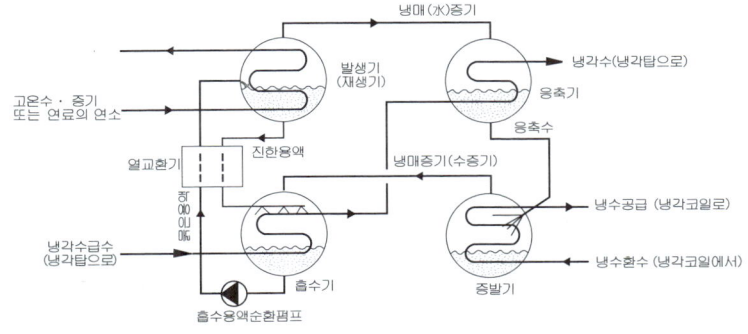

〈그림 10-3〉 흡수식 냉동사이클(1중효용)

(2) 냉동능력
냉동톤으로 표시하며 0℃의 물 1톤을 24시간 동안에 0℃의 얼음으로 만드는 능력을 1냉동톤(일본식)이라 하는데 이 단위는 거의 사용되지 않고 있다.

■ 압축식과 흡수식의 냉각열량 비교
압축식 냉동싸이클에서는 응축기에서만 방열이 있지만 흡수식에서는 응축기 외에 흡수기에서 수증기가 수용액에 흡수될 때도 방열이 있으므로 냉각열량이 크게 된다. 압축식의 냉각열량은 냉동열량의 1.3배, 이중효용 흡수식의 냉각열량은 냉동열량의 2.0배, 단효용 흡수식의 냉각열량은 냉동열량의 2.5배 정도가 된다.

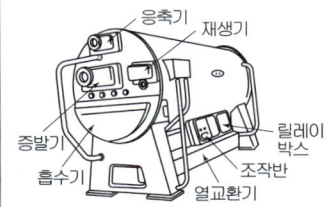

〈그림 10-4〉 흡수식 냉동기

$$1\ \text{냉동ton(일본식)} = \frac{79.7 \times 1,000}{24} = 3,320\text{kcal/h} = 3,860\text{W} = 3.86\text{kW}$$

미국이나 영국에서는 2,000lb(908kg), 융해열 144BTU로 하고 있으므로

$$1\ \text{냉동ton} = \frac{144 \times 2,000}{24} = 12,000\ \text{BTU/h} \ (1\ \text{USRT라고 한다})\text{이다.}$$

1BTU = 1.055kJ 이므로 이를 SI단위로 환산하면

$$1\text{USRT} = \frac{12,000\text{BTU/h} \times 1.055\text{kJ/BTU}}{3,600\ \text{s/h}} = 3.516\text{kW} = 3,516\text{W}\ \text{이다.}$$

■ 냉동기의 성적계수(COP)
$$= \frac{\text{냉동효과(증발기가 한 일량)}}{\text{압축일(압축기가 한 일량)}}$$

■ 히트펌프의 성적계수(COP)
$$= \frac{\text{압축일+냉동효과}}{\text{압축일}}$$
$$= 1 + \frac{\text{냉동효과}}{\text{압축일}}$$
$$= 1 + \text{냉동기의 성적계수}$$

(3) 히트 펌프(heat pump, 열펌프)

압축식 냉동싸이클을 여름에는 냉방용으로 운전하고 겨울에는 4방밸브에 의해 냉매의 흐름방향을 바꾸어 난방용으로 운전하는 것이다. 냉매의 흐름방향을 바꾸면 증발기는 응축기로, 응축기는 증발기로 그 기능이 바뀐다. 히트펌프의 특징은 낮은 온도의 열원인 공기, 물, 폐수, 폐열 등으로부터 높은 온도의 열을 얻을 수 있고 냉동만의 싸이클보다 성적계수가 1만큼 크다.

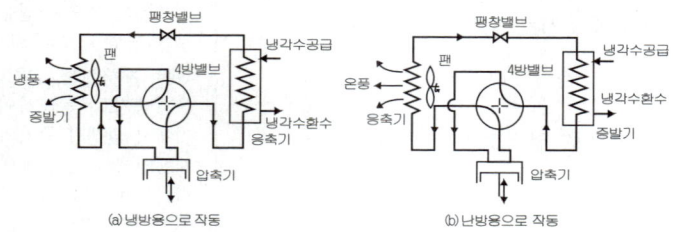

〈그림 10-5〉 히트 펌프의 개념

■ 에어콘 및 히트펌프 관련 용어 구분
• 용도에 따라
- 냉방전용 기기 : (공기열원) 에어콘(PAC)
- 냉난방 겸용기기 : 히트펌프
• 열원에 따라
- 공기열원 히트펌프
- 지열원 히트펌프
• 구동에너지에 따라
- 전기(Electric)로 구동 : EHP
- 가스(Gas)로 구동 : GHP

(4) 냉각탑(Cooling tower)

냉각탑은 냉온 열원장치를 구성하는 기기의 하나로, 냉동기로부터의 발열을 냉각수를 순환시켜 대기중으로 방출하기 위한 장치이다. 필요한 순환 냉각수는 냉각탑에서 물과 공기의 접촉에 의해 냉각시키며, 냉각탑출구 수온과 냉각탑입구 공기의 습구온도의 차는 보통 4~5℃이다. 냉각탑의 통풍방식은 자연통풍식과 강제통풍식이 있다. 그리고 냉각탑 내의 공기와 물의 흐름방향에 따라 향류식과 직교류식이 있다. 냉각탑의 설치위치는 통풍과 소음, 주변의 영향을 고려하여 결정하여야 하며 보급수량은 순환수량의 2~3%이다.

(a) 대향류식

(b) 직교류식

〈사진 10-4〉 냉각탑의 종류

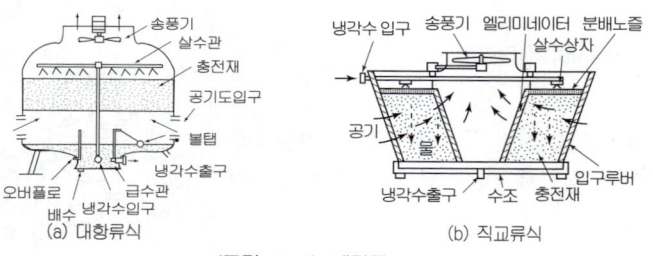

〈그림 10-6〉 냉각탑

2 냉동 및 기타 열원설비(Ⅱ) - 빙축열시스템, 열병합발전

학습방향

빙축열 및 열병합발전시스템은 전력부하 균형 및 에너지절약 등 시사적인 차원에서 출제 가능성이 있으므로 개요, 장단점 정도는 이해 및 암기가 요구된다.

2 기타 열원설비

(1) 빙축열 시스템

1) 개요

빙축열 시스템은 전력요금이 싸고 전력부하가 적은 야간(23:00 ~ 09:00)의 심야전력을 이용하여 얼음을 생성, 저장하였다가 주간에 이 얼음을 녹여서 건물의 냉방에 활용하는 시스템으로서 주로 얼음의 융해열(335kJ/kg)을 이용한다. 주간의 피크부하를 작게 함으로써 주야간의 전력불균형을 줄일 수 있다.

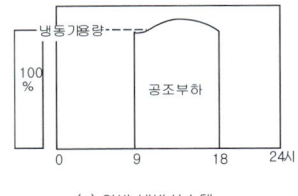
(a) 일반 냉방시스템

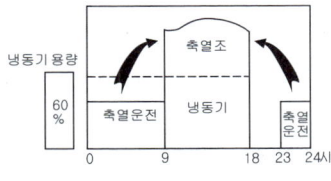
(b) 빙축열 냉방시스템

〈그림 10-7〉 빙축열시스템의 개요

2) 장점
① 전력부하 균형에 기여한다.
② 심야전력 이용으로 전력운전비가 감소된다.
③ 냉동기 및 열원설비 용량을 줄일 수 있다.
④ 수전설비 용량축소 및 계약전력이 감소된다.
⑤ 축열로 열공급이 안정되며 냉동기를 고효율로 운전할 수 있다.

3) 단점
① 초기투자비가 비싸다.
② 축열조 설치를 위한 면적이 필요하다.

학습POINT

■ 건축물의 냉방설비에 대한 설치 및 설계기준(지식경제부 고시 제 2008-17호, 2008.4.16)에 의해 심야시간 기준이 22:00~08:00에서 23:00~09:00로 변경되었다.

■ 빙축열 시스템의 주된 목표는 에너지 절약보다는 주야간의 전력불균형해소이며 이를 위해 한국전력에서는 빙축열 시스템의 채용건물에 대해 세제혜택, 저금리 융자 등의 재정지원을 하고 있다.

■ 빙축열설비에 대한 앞으로의 과제
현재 업무시설인 경우 연면적 3,000m² 이상의 중앙냉방방식 건물인 경우 빙축열이나 또는 가스흡수식 냉방설비를 하도록 규정하고 있으나 빙축열설비는 초기투자비가 비싸 백화점, 교회, 복합건물등의 일부에서만 채택되고 있다. 원활한 전력수급을 위해 투자비를 더욱 많이 지원하는 등 국가적인 차원에서의 전폭적인 지원과 기술개발, 기술인력의 저변확대 등이 필요하다.

4) 필요한 설비

빙축열시스템을 위한 설비로는 냉동기와 빙축열조, 판형 열교환기, 냉각탑, 브라인펌프, 냉각수 펌프 등이 필요하며 빙축열조는 스테인레스에 보온을 하거나 콘크리트 구조물에 보온을 하여 탱크로 이용하고 있다.

(2) 열병합발전 시스템 (Co-generation system)

1) 개요

열병합발전(Co-generation)시스템이란, 원래 화력발전소에 있어서 버려져 왔던 막대한 양의 배열을 회수 활용하고, 송전손실을 줄임으로서 전체 에너지 이용율을 높이려는 수단으로서 생각되어진 것이다. 종래 화력발전소에서는 입력에너지의 34.6%만이 배전용 변전소에서 이용가능한데 반하여 열병합 발전은 증기터어빈, 가스터어빈 혹은 각종 엔진을 구동하여 발전하며, 그 배열의 유효활용과 근거리 송전에 의한 송전손실감소로, 전체에너지 유효이용율이 70~80%에 달해 종래의 화력발전소에 비하여 2배 이상의 에너지 유효이용이 가능하다. 이와 같은 열병합발전은 국내 산업용 및 대규모 아파트단지의 지역난방용 열원으로 그 사용이 증가하고 있다.

■ 열병합발전 시스템은 종래의 화력발전소에서 버려지던 폐열을 이용함으로써 효율을 2배 이상 증가시킨다.

■ 열병합발전소에서의 온수 공급으로 신도시 등에서는 지역난방을 실시하고 있다.

2) 장점
① 발전시 폐열 이용에 따른 에너지를 절감할 수 있다.
② 에너지 소비량 감소에 따른 환경오염 물질의 발생이 감소된다.
③ 연료의 다원화에 따른 에너지 수급계획의 합리화와 에너지 가격 저감효과가 있다.
④ 24시간 가동하므로 실내 온도에 변화가 없다.

3) 단점
① 초기투자비가 비싸다.
② 열병합발전소 주변지역의 민원이 발생할 수 있다.

〈사진 10-5〉 분당 열병합발전소

핵 심 문 제

1 냉방설비에 관한 기술 가운데서 옳지 않은 것은?
① 냉동기가 뺏은 열은 냉각탑에 의해 대기중에 방출된다.
② 압축식냉동기는 동일한 능력의 흡수식냉동기 보다도 많은 전력을 필요로 한다.
③ 압축식냉동기의 경우 냉매는 압축 - 팽창 - 응축 - 증발의 싸이클에 따라 흐른다.
④ 흡수식냉동기는 냉매로서 물을, 흡수액으로서 브롬화리튬수용액을 사용하는 일이 많다.

■ 압축식냉동기와 흡수식냉동기의 비교

구 분	압축식냉동기	흡수식냉동기
냉동원리	전기에 의한 기계적에너지로 냉동	냉매의 증발에 의한 열에너지로 냉동
주요 구성기기	압축기, 응축기, 팽창밸브, 증발기	응축기, 증발기, 흡수기, 재생기
냉 매	프레온계(CFC, HFC, HCFC)	냉매는 주로 물이며 흡수액(수용액)은 취화리튬(LiBr)수용액
주 운전에너지	전기	도시가스
주요 특징	수전용량이 크고 전력사용량이 많다. 운전이 용이하다. 냉각탑용량이 작다.	수전용량이 작다 냉방시에도 보일러를 운전해야 한다. 냉각탑용량이 커야 한다.

2 기계적 에너지가 아닌 열에너지에 의해 냉동효과를 얻는 냉동기는?
① 흡수식 냉동기　　② 터보식 냉동기
③ 왕복동식 냉동기　　④ 스크루식 냉동기

3 다음 중 냉각탑의 설치 위치와 가장 관계가 먼 것은?
① 소음이 적은 장소
② 먼지나 매연이 없는 장소
③ 통풍이 잘 안되는 장소
④ 시공관리의 면적이 충분한 장소

4 빙축열시스템의 장점으로 잘못된 것은?
① 전력부하 균형에 기여한다.
② 장비설치 면적이 감소한다.
③ 냉동기 용량을 줄일 수 있다.
④ 축열로 열공급이 안정된다.

해 설

[해설] 1
압축식 냉동사이클의 냉매순환 : 압축기 - 응축기 - 팽창밸브 - 증발기

[해설] 2
① 압축식 냉동기 : 전기의 입력에 의한 기계적에너지로 냉동하며 종류에는 왕복동식 냉동기, 터보식(원심식) 냉동기, 스크류식(회전식) 냉동기 등이 있다.
② 흡수식 냉동기 : 냉매를 증발시키고 용액으로 흡수하여 열에너지로 냉동한다.

[해설] 3
냉온 열원장치를 구성하는 기기의 하나로 냉동기의 응축기 부분에서 방출되는 열을 냉각수에 포함시켜 공기와의 접촉에 의해 냉각시킨다. 냉각탑의 설치위치는 통풍과 소음, 주변의 영향을 고려하여 결정하여야 하며 보급수량은 순환수량의 2~3%이다.

[해설] 4 빙축열 시스템
① 개요 : 전력요금이 싸고 전력부하가 적은 야간(23:00~09:00)의 심야전력을 이용하여 얼음을 생성, 저장하였다가 주간에 이 얼음을 녹여서 건물의 냉방에 활용하는 시스템으로서 주로 얼음의 용해열(335kJ/kg)을 이용한다.
② 장점 : 주야간의 전력불균형을 해소하고 냉동기 및 열원설비용량을 줄일 수 있다.
③ 단점 : 초기투자비가 비싸진다.

정답 1. ③　2. ①　3. ③　4. ②

기출문제 및 예상문제

CHAPTER 10 냉동 및 기타 열원설비

■■■ 냉동기

1. 냉동설비에서 냉동이 이루어지는 곳은?
① 압축기   ② 응축기
③ 증발기   ④ 팽창밸브

[해설] 압축식 냉동사이클
(1) 냉매순환 : 압축기 – 응축기 – 팽창밸브 – 증발기
(2) 압축기 : 냉매가스를 압축하여 고압이 됨
응축기 : 냉매가스를 냉각·액화하며 응축열은 냉각탑이나 실외기를 통하여 외부로 방출
팽창밸브 : 냉매를 팽창하여 저압이 되도록 함
증발기 : 주위로부터 흡열하여 냉매는 가스상태가 되며 주위는 열을 빼앗기므로 냉동 또는 냉각이 이루어진다.

2. 압축식냉동기의 주요 구성요소가 아닌 것은?
① 재생기   ② 압축기
③ 증발기   ④ 응축기

3. 압축식 냉동기의 주요 구성요소에 속하지 않는 것은?
① 흡수기   ② 응축기
③ 증발기   ④ 팽창밸브

[해설] 압축식 냉동기는 압축기, 응축기, 팽창밸브, 증발기로 구성된다.
흡수식 냉동기는 흡수기, 응축기, 재생기(발생기), 증발기로 구성된다.

4. 압축식 냉동기의 냉동사이클을 올바르게 표현한 것은?
① 압축 → 응축 → 팽창 → 증발
② 압축 → 팽창 → 응축 → 증발
③ 응축 → 증발 → 팽창 → 압축
④ 팽창 → 증발 → 응축 → 압축

[해설] 압축식 냉동사이클의 냉매흐름 순서는
압축기 → 응축기 → 팽창밸브 → 증발기의 순이다.

5. 압축식 냉동기의 냉동사이클에서, 냉매가 압축기에서 응축기로 들어갈 때의 상태는?
① 저온 고압의 액체
② 저온 저압의 액체
③ 고온 고압의 기체
④ 고온 저압의 기체

[해설] 압축기를 지난 냉매는 압축한 상태이므로 고온고압의 기체이다. 그 다음 응축기를 지나면 액체로 응축이 되며 방열을 하므로 저온고압의 액체가 된다.

6. 터보식 냉동기에 관한 설명으로 옳지 않은 것은?
① 임펠러의 원심력에 의해 냉매가스를 압축한다.
② 대용량에서는 압축효율이 좋고 비례 제어가 가능하다.
③ 대·중형 규모의 중앙식 공조에서 냉방용으로 사용된다.
④ 기계적 에너지가 아닌 열에너지에 의해 냉동효과를 얻는다.

7. 터보식 냉동기에 관한 설명으로 옳지 않은 것은?
① 흡수식에 비해 소음 및 진동이 적다.
② 임펠러의 원심력에 의해 냉매가스를 압축한다.
③ 대용량에서는 압축효율이 좋고 비례제어가 가능하다.
④ 중·대형 규모의 중앙식 공조에서 냉방용으로 사용된다.

해답 1. ③   2. ①   3. ①   4. ①   5. ③   6. ④   7. ①

8. 터보냉동기의 특징에 대한 설명 중 옳지 않은 것은?
① 압축기의 임펠러 회전에 의한 원심력으로 냉매가스를 압축한다.
② 일반적으로 대용량에는 부적합하며, 100 냉동톤 이하의 소용량의 것에 적용한다.
③ 용량 조절에는 압축기의 흡입베인 제어 또는 회전수 제어가 이용된다.
④ 왕복동식에 비하여 진동이 적다.
해설 ②는 왕복동식 냉동기의 특징이다.

9. 터보식 냉동기에 관한 설명으로 옳지 않은 것은?
① 흡수식에 비해 소음 및 진동이 심하다.
② 피스톤의 왕복운동에 의해 냉매증기를 압축한다.
③ 출력이 지나치게 낮은 경우 서징 현상이 발생한다.
④ 대용량에서는 압축효율이 좋고 비례 제어가 가능하다.

10. 다음 중 증기 압축식 냉동기에 속하지 않는 것은?
① 터보식 냉동기   ② 왕복동식 냉동기
③ 스크류식 냉동기   ④ 흡수식 냉동기

11. 다음의 설명에 알맞은 냉동기는?

- 기계적 에너지가 아닌 열에너지에 의해 냉동효과를 얻는다.
- 구조는 증발기, 흡수기, 재생기(발생기), 응축기 등으로 구성되어 있다.

① 터보식 냉동기
② 스크류식 냉동기
③ 흡수식 냉동기
④ 왕복동식 냉동기
해설 흡수식 냉동기는 흡수기, 응축기, 재생기(발생기), 증발기로 구성된다.
압축식 냉동기는 압축기, 응축기, 팽창밸브, 증발기로 구성된다.

12. 다음 중 압축기가 필요없는 냉동기는?
① 흡수식 냉동기
② 원심식 냉동기
③ 회전식 냉동기
④ 왕복동식 냉동기
해설 터보식(원심식), 스크류식(회전식), 왕복동식 냉동기는 압축식 냉동방식이다.

13. 흡수식 냉동기에 관한 설명으로 옳지 않은 것은?
① 열에너지가 아닌 기계적 에너지에 의해 냉동효과를 얻는다.
② 증발기, 흡수기, 재생기(발생기), 응축기 등으로 구성되어 있다.
③ 냉방용의 흡수식 냉동기는 물과 브롬화리튬의 혼합용액을 사용한다.
④ 2중효용 흡수식 냉동기는 단효용 흡수식 냉동기 보다 에너지 절약적이다.

14. 흡수식 냉동기의 주요 구성부분에 속하지 않는 것은?
① 응축기   ② 압축기
③ 증발기   ④ 재생기
해설 흡수식 냉동기 : 흡수기, 응축기, 재생기(발생기), 증발기로 구성
압축식 냉동기 : 압축기, 응축기, 팽창밸브, 증발기로 구성

15. 다음의 냉동기 중 물을 냉매로 사용하는 것은?
① 왕복동식 냉동기
② 터보식 냉동기
③ 스크류식 냉동기
④ 흡수식 냉동기

해답   8. ②   9. ②   10. ④   11. ③   12. ①   13. ①   14. ②   15. ④

16. 다음의 냉동기 중에서 보일러를 열원으로 이용하는 것은 어느 것인가?
① 원심력 냉동기
② 흡수식 냉동기
③ 터보식 냉동기
④ 왕복동식 냉동기

[해설] ② 흡수식 냉동기의 재생기(발생기)에는 물과 취화리튬수용액을 분리하기 위해 열원이 필요하며 보통 고압의 증기를 사용한다. 따라서 흡수식 냉동기를 사용하면 냉방시에도 보일러의 가동이 필요하다.

17. 냉동기에 관한 기술 중 옳지 않은 것은?
① 터보 냉동기는 대규모 건축물의 냉방용으로 적합하다.
② 왕복동식 냉동기는 높은 압축비를 필요로 하는 경우에 적합하다.
③ 스크류식 냉동기는 왕복운동 부분이 없어 소음 및 진동이 적다.
④ 흡수식 냉동기의 운전비는 같은 용량의 터보 냉동기보다 많이 든다.

[해설] 압축식 냉동기의 운전을 위한 주에너지는 전기이나 흡수식 냉동기의 주에너지는 가스이므로 압축식에 비해 운전비가 적게 든다.

18. 2중효용 흡수식 냉동기에 관한 설명으로 옳은 것은?
① 냉매로서 LiBr 수용액을 사용한다.
② LiBr 수용액의 농축을 위하여 증발기를 사용한다.
③ 발생기, 압축기, 흡수기, 증발기로 구성되어 있다.
④ 발생기는 저온발생기와 고온발생기로 구성되어 있다.

[해설] 2중효용 흡수식 냉동기
단효용 흡수식 냉동기의 발생기를 고온발생기와 저온발생기로 분리하여 고온발생기에서 발생한 증기의 열을 저온발생기에서 용액과 물을 분리하는데 한 번 더 이용하여 효율을 향상시킨 것이다.
① 흡수식 냉동기의 냉매는 물, 흡수액으로서는 LiBr 수용액을 사용한다.
② LiBr 수용액의 농축을 위하여 발생기에서 가열한다.
③ 발생기, 응축기, 흡수기, 증발기로 구성되어 있다.

19. 단효용 흡수식 냉동기와 비교한 2중효용 흡수식 냉동기의 특징으로 옳은 것은?
① 저온 흡수기와 고온 흡수기가 있다.
② 저온 발생기와 고온 발생기가 있다.
③ 저온 응축기와 고온 응축기가 있다.
④ 저온 팽창밸브와 고온 팽창밸브가 있다.

[해설] 2중효용 흡수식 냉동기
단효용 흡수식 냉동기의 발생기를 고온발생기와 저온발생기로 분리하여 고온발생기에서 발생한 증기의 열을 저온발생기에서 용액과 물을 분리하는데 한번 더 이용하여 효율을 향상시킨 것이다.

20. 냉동기의 성적계수(COP)에 관한 설명 중 틀린 것은?
① 성적계수가 적을수록 냉방능력이 좋다.
② 냉각열량과 압축기의 열량과의 비를 말한다.
③ 냉동기의 증발압력을 크게 하고 응축압력을 낮게 하면 커진다.
④ 히트펌프의 성적계수는 냉동기의 성적계수에 1을 더한 값이다.

[해설] ① 냉동기의 성적계수(COP)
$$= \frac{냉동효과(증발기가\ 한\ 일)}{압축일}$$
② 히트펌프의 성적계수(COP)
$$= \frac{압축일 + 냉동효과(증발기가\ 한\ 일)}{압축일}$$
$$= 1 + \frac{냉동효과(증발기가\ 한\ 일)}{압축일}$$

해답 16. ② 17. ④ 18. ④ 19. ② 20. ①

■■■ 냉각탑

21. 건축물에서 냉각탑을 설치하는 주된 목적은?

① 공기를 가습하기 위하여
② 공기의 흐름을 조절하기 위하여
③ 오염된 공기를 세정시키기 위하여
④ 냉동기의 응축열을 제거하기 위하여

22. 냉방시설의 냉각탑에 관한 설명으로 옳은 것은?

① 열에너지에 의해 냉동효과를 얻는 장치
② 냉동기의 냉각수를 재활용하기 위한 장치
③ 임펠러의 원심력에 의해 냉매가스를 압축하는 장치
④ 물과 브롬화리튬 혼합용액으로부터 냉매인 수증기와 흡수제인 LiBr로 분리시키는 장치

해설 ① 열에너지에 의해 냉동효과를 얻는 장치 - 흡수식 냉동기
② 냉동기의 냉각수를 재활용하기 위한 장치 - 냉각탑
③ 임펠러의 원심력에 의해 냉매가스를 압축하는 장치 - 터보식(원심식) 냉동기
④ 물과 브롬화리튬 혼합용액으로부터 냉매인 수증기와 흡수제인 LiBr로 분리시키는 장치 - 흡수식 냉동기의 발생기(재생기)

23. 냉각탑은 어디에 설치하는 것이 좋은가?

① 지하실
② 보일러실
③ 바람이 안 통하는 곳
④ 바람이 잘 통하는 옥상

24. 응축기용의 냉각수를 재사용하기 위하여 대기와 접촉시켜서 물을 냉각하는 장치는?

① 냉동기
② 냉각기
③ 냉각탑
④ 냉각코일

25. 년중 사용하는 전산실용 냉동기의 냉각탑으로 가장 적합한 것은?

① 밀폐식 냉각탑
② 증발식 냉각탑
③ 대향류형 냉각탑
④ 직교류형 냉각탑

해설 밀폐형 냉각탑 - 대기오염 방지 또는 겨울철 동파 방지를 위해 사용된다.

26. 대기오염이 특히 심한 장소의 냉각탑으로 가장 적합한 것은?

① 밀폐식 냉각탑
② 증발식 냉각탑
③ 대향류형 냉각탑
④ 직교류형 냉각탑

해설 (1) 개방형 냉각탑 : 냉각수가 상부에서 하부로 서서히 낙하하며 공기와 접촉하여 냉각수 중의 일부가 증발하며 나머지 냉각수로부터 증발열을 빼앗아 결국 냉각수가 냉각되는 방식. 대향류형과 직교류형이 있다.
(2) 밀폐식 냉각탑 : 냉각수가 공기와 직접 접촉하지 않고 배관 내를 흐르며 바깥쪽에서 배관 표면에 물을 살포하여 그 물의 증발에 의해 냉각수가 냉각되는 방식
㉠ 대기오염이 심한 곳에 사용 - 공기중의 가스나 먼지가 물에 녹아 생길 수 있는 냉동기의 성능저하를 방지
㉡ 겨울에도 냉동이 필요해 냉각수가 동결할 수 있는 경우에 사용 - 백화점의 식품매장이나 전산실, 통신국사 건물

■■■ 냉동능력

27. 냉동능력을 나타내는 단위로서 미국 냉동톤 1톤에 해당하는 것은?

① 3,024 W
② 3,320 W
③ 3,516 W
④ 3,860 W

해설 1 USRT = 3,516W(3,024kcal/h)

해답 21. ④ 22. ② 23. ④ 24. ③ 25. ① 26. ① 27. ③

■■■ 히트펌프

28. 냉동기의 압축기에서 토출된 고온 고압의 냉매 증기는 응축기에서 방열하고 액화된다. 이때 방열되는 응축열로 물이나 공기를 가열하여 난방에 이용하는 장치는?

① 열펌프
② 냉각탑
③ 전열교환기
④ 공기조화기

[해설] HEAT PUMP(열펌프) - 일반적으로 물은 높은 곳에서 낮은 곳으로 흐르지만, 낮은 곳의 물을 높은 곳으로 끌어올릴 경우에는 펌프가 필요하다. 이와 같이 열도 보통 고온에서 저온으로 흐르지만, 저온 열원에서 흡열하여 고온 열원에 방열하기 위해서는 HEAT PUMP(열펌프)가 필요하다.
　압축식 냉동사이클을 이용한 냉방기는 압축기 응축기(실외측으로 방열) 팽창밸브 증발기(실내측에서 흡열)의 순서로 작동하나 겨울철에 이 사이클을 거꾸로 돌리면 응축기와 증발기의 역할이 바뀌어 응축기(실외측)에서 흡열하여 증발기(실내측)으로 방열하여 난방이 되는 원리를 이용한 것이다.
　냉동사이클의 냉동, 냉방효과만 이용하면 냉동기(또는 냉방기)가 되고, 겨울철에 가열, 난방효과까지 이용하여 냉난방겸용으로 사용하면 히트펌프라 부르는데 그 원리는 근본적으로 동일하다.

29. 다음의 열펌프(heat pump)에 대한 설명 중 ( ) 안에 알맞은 용어는?

> 냉동기의 압축기에서 토출된 고온·고압의 냉매 증기는 ( )에서 방열하고 액화된다. 이때 방열되는 응축열로 물이나 공기를 가열하여 난방에 이용하는 장치를 열펌프라 한다.

㉮ 응축기
㉯ 팽창밸브
㉰ 압축기
㉱ 증발기

[해설] 압축식 냉동기의 응축기에서는 방열을 하며 증발기에서는 흡열냉동을 한다.

■■■ 빙축열시스템

30. 공기조화설비 열원으로 빙축열 시스템을 채용하는 주된 목적은 다음 중 어느 것인가?

① 보다 찬 열원을 얻을 수 있어 실내가 쾌적
② 얼음으로 축열하므로 설비점유 스페이스를 감소
③ 부하의 시간을 이동시켜 피크부하를 감소
④ 야간전력을 이용하여 공조에너지를 절약

31. 빙축열 시스템에 관한 설명으로 옳지 않은 것은?

① 저온용 냉동기가 필요하다.
② 얼음을 축열 매체로 사용하여 냉열을 얻는다.
③ 주간의 피크부하에 해당하는 전력을 사용한다.
④ 응고 및 융해열을 이용하므로 저장열량이 크다.

32. 빙축열 시스템에 대한 설명 중 옳지 않은 것은?

① 냉동기와 관련 기기의 용량을 작게 할 수 있다.
② 유지보수가 용이하고 방열손실의 발생이 없다.
③ 하절기 피크 전력부하가 감소하여 전기요금이 절감된다.
④ 심야의 값싼 전력을 사용하므로 일반 냉동 시스템보다 운전비용이 줄어든다.

[해설] 축열조 및 배관 등에서의 방열손실이 있으므로 보온을 철저히 해야 한다.

33. 빙축열시스템에 관한 설명으로 옳지 않은 것은?

① 냉동기의 용량은 커지나 가동률은 높아진다.
② 얼음의 잠열을 이용하여 빙축열조가 필요하다.
③ 값싼 심야전력을 이용하며 전력의 피크부하를 감소시킨다.
④ 백화점 등 냉방부하가 크고 냉방기간이 긴 건물에 적합하다.

[해설] 빙축열 시스템의 냉동기는 주간뿐 아니라 전력요금이 싸고 전력부하가 적은 야간(23:00~09:00)에도 운전되므로 용량은 작아지고 가동률은 높아진다.

해답 28. ① 29. ① 30. ③ 31. ③ 32. ② 33. ①

■■■ **열병합발전**

34. 일반 화력발전소에서 발전에 사용되고 버려지는 열을 회수하여 주변지역의 냉난방에 이용하는 열이용방식을 무엇이라 하는가?

① 지역난방발전
② 지역전원발전
③ 열병합발전
④ 히트펌프방식

해답 34. ③

MEMO

제11장 전기설비

출제경향분석

1. 전기설비는 어렵고 생소한 부분이며 분량도 많아 암기와 함께 이해중심의 학습이 요구된다.
2. 매회 5문제 이상 출제되며 비중이 아주 높은 편이다.

세부목차

1. 전기설비(Ⅰ)-전기설비기초, 수변전설비, 예비전원설비, 감시·제어, 전동기
2. 전기설비(Ⅱ)-배전, 배선방식, 배선재료, 배선기구
3. 전기설비(Ⅲ)-배선공사, 전기도시기호
4. 전기설비(Ⅳ)-조명설비
5. 전기설비(Ⅴ)-약전설비(전기통신설비)
6. 전기설비(Ⅵ)-방재설비(피뢰침, 접지 등)

1 전기설비(Ⅰ) - 기초사항, 수변전설비, 예비전원설비, 감시·제어, 전동기

학습방향

1. 강전설비와 약전설비의 구분, 전압·전류·저항·전력의 의미와 관계, 저압·고압·특고압의 구분 등에 대한 이해가 요구된다.
2. 부하설비용량 및 수용율·부등율·부하율의 의미, 변전실의 구조 및 위치, 예비전원설비의 종류 등에 대한 이해가 요구된다.

1 전기설비기초

(1) 전기설비의 분류

건축전기설비를 분류하면 다음과 같다.
① 전원설비(강전) : 수변전설비, 자가 발전설비, 축전지 설비 등
② 동력설비(강전) : 공기조화 및 급배수 설비에 사용되는 송풍기, 펌프 등의 동력, 주방의 전기기기, 엘리베이터, 에스컬레이터 등과 같이 전기를 동력 에너지로 이용하는 설비
③ 조명설비(강전) : 전기를 빛으로 이용하는 설비
④ 정보설비(약전) : 전화설비, 인터폰 설비, 전기시계설비, 안테나설비, 방송설비, 신호표시장치, 정보통신설비 등
⑤ 방재전기설비 : 피뢰침 설비, 소방전기설비, 항공장애등 설비 등

(2) 전기설비의 기초사항

1) 전압, 전류, 저항

전류는 전압에 비례하고 저항에 반비례한다.(오옴의 법칙)

전압 V(volt) = 전류 I(ampere) × 저항 R(ohm), 즉 $I=\dfrac{V}{R}$

그리고 전선의 저항은 그 단면적에 반비례하고 길이에 비례한다.

저항(Ω, ohm) = 비저항 $\rho \times \dfrac{길이\ L(cm)}{단면적\ S(cm^2)}$

2) 직류, 교류

전류가 일정한 방향으로 흐르는 것을 직류라 하고, 시간적으로 전류의 흐르는 방향이 바뀌는 것을 교류라 한다. 보통, 건물의 전등, 동력, 전열 등 대부분의 전기설비는 교류이며, 전화, 전기시계를 비롯한 통신설비와 고속엘리베이터의 전원으로는 직류(60m/min 이하의 저속엘리베이터는 교류)를 사용한다.

학습POINT

■ 주로 100V이상의 교류전기를 사용하는 조명, 동력, 전원설비 등을 강전설비, 9V, 12V, 24V와 같은 낮은 전압의 직류전기를 사용하는 전화, 인터폰, 전기시계, 방송설비 등을 약전설비라 한다.

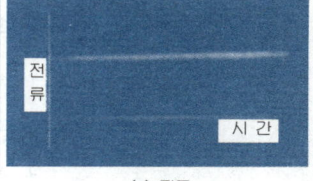

(a) 직류

(b) 교류

〈그림 1-1〉 직류와 교류의 차이

3) 주파수(frequency)

교류에 있어 전류가 어떤 상태에서 출발하여 차츰 변화되어서 최초의 상태로 돌아올 때까지의 행정을 사이클이라 하고 1초간 사이클수를 주파수(Hz)라 한다. 우리나라는 60사이클(60Hz)을 사용하고 있다.

4) 전력

전력의 단위는 W(watt) 또는 kW(kilowatt)로 나타내는데 전기가 하는 일의 양을 전력량이라 하고 Wh 또는 kWh로 표시한다. 1kW의 전력량은 3,600kJ/h 이고, 전력과 전류 및 전압의 관계는 다음과 같다.

직류의 경우 $W = VI = I^2R = V^2/R$

단상 교류의 경우 $W = VI \times$ 역률(power factor)

3상 교류의 경우 $W = VI \times \sqrt{3}$ 역률

■ 역률(power factor)
교류의 경우 전압과 전류의 크기와 방향이 시시각각으로 변하며 전류가 전압보다 빠르거나 늦게 발생한다. 이와 같은 전압과 전류의 시간적인 위상차를 역률이라하며 $\cos\theta$로 나타낸다.
피상전력(전압 × 전류) × 역률 $(\cos\theta)$ = 유효전력

2 수변전설비

수변전에 사용되는 기기 중 중요기기만 나타내면 아래 그림 1-2와 같다. 인입은 전력 회사로부터 전기가 건축물에 들어오는 것이며, 이 전기를 수전반에서 수전하여, 변압기 등을 사용하여 원하는 전압의 크기로 바꾸어서 건축물 내에 여러가지 크기의 전압을 공급하게 된다.

■ 발전소에서 만들어진 전기는 매우 높은 전압으로 여러 단계의 변전소를 거쳐 수용가로 공급된다. 이러한 전기를 받아 사용하기에 적당한 전압으로 낮추는 장치를 수변전설비라 한다.

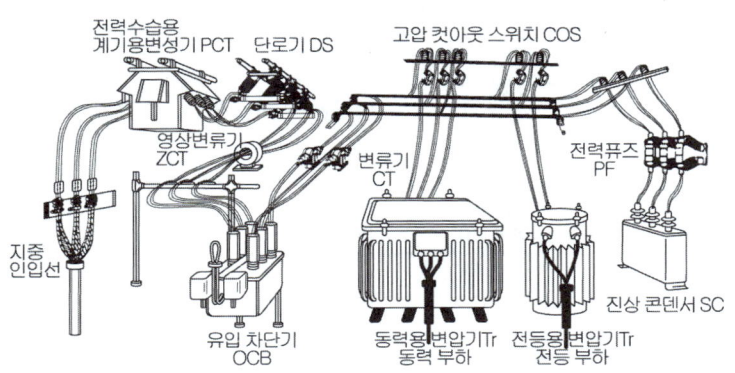

<그림 1-2> 변전실의 주요 기기

이러한 단로기, 변성기, 차단기, 변압기, 개폐기, 배선 등의 기기를 설치하는 옥내 장소를 수전실, 전기실 또는 변전실이라고도 한다.

(1) 기본계획

변전설비의 기본계획시 검토하여야 할 사항들을 순서대로 보면 다음과 같다.
① 설비용량을 각 부하별(전등, 일반동력, 냉방동력)로 산출한다.
② 최대 수용전력에 따라 수변전 설비용량(변압기 용량)을 산출한다.
③ 계약전력과 수전전압을 결정한다.
④ 인입방식과 배선방식을 작성한다.
⑤ 주회로의 결선도를 작성한다.
⑥ 변전설비의 형식을 선정한다.
⑦ 제어방식을 결정한다.
⑧ 변전실의 위치와 면적을 결정한다.
⑨ 기기의 배치를 결정한다.

■ 수변전 설비 계획시 가장 먼저 해야 할 일은 부하산정 즉, 각 부하별 설비용량을 산출하는 것이다.

(2) 설비용량 추정

설비용량 추정은 변전설비의 기본계획에서 가장 먼저 산출해야 할 사항이다. 표는 각종 건물의 부하밀도를 나타낸 것이다. 설비용량은 다음 식으로 산출한다.

$$부하설비\ 용량(VA) = 부하밀도(VA/m^2) \times 연면적(m^2)$$

■ 직류의 경우
전력(W) = 전압(V) × 전류(A)
즉, 1W = 1VA
1kW = 1kVA

<표 1-1> 각종 건물의 부하밀도 (VA/m²)

건 물 부하종별	사무실	점포, 백화점	호 텔	주택, 아파트
전등부하	20~35	40~80	25~30	15~30
동력부하	35~60	25~60	15~40	10~35
냉방부하	25~45	30~35	35~40	20~30
합계	80~140	96~175	75~110	45~95

■ 단위 면적(m²)당 소요전력(W)을 부하밀도라 하며, 부하밀도가 가장 높은 건물은 백화점이다.

(3) 수전용량 추정

설비용량 추정이 끝나면 수용율, 부등율, 부하율을 고려해서 최대수용전력을 산출한다.

$$수용률 = \frac{최대수용전력(kW)}{부하설비용량(kW)} \times 100(\%)$$

■ 부하설비용량에 수용율을 곱한 것이 최대수요전력이다.
즉, 최대수용전력과 부하설비용량과의 비를 수용률(수요율)이라 한다.

일반건물의 수용율은 60~70%이며 이 값이 작을수록 최대수용전력이 작아져 변압기 용량도 작아진다.

$$부등률 = \frac{각 부하의 최대수용전력의 합계(kW)}{합계부하의 최대수용전력(kW)} \times 100(\%)$$

부등률은 그 값이 항상 1보다 크며, 부하율은 전기설비가 어느 정도 유효하게 사용되는가를 판단하는 척도로 이 값이 클수록 전기설비가 평활하게 사용됨을 의미한다.

$$부하율 = \frac{평균수용전력(kW)}{최대수용전력(kW)} \times 100(\%)$$

(4) 계약전력과 수전전압

수전설비용량이 추정되면 전기공급규정에 따라서 계약전력과 공급전압을 결정한다. 보통 계약전력은 업무용으로 전등과 동력을 병용하는 경우 20kW 이상, 부하가 적은 경우(소규모 공장) 50~500kW 미만, 대규모 공장에서는 500kW 이상이다.

<표 1-2> 수전 전압

구 분	전기공급방식 및 공급전압
계약전력 100kW 미만	교류 단상 또는 3상 200V, 220V, 300V 중 한전에서 결정한 공급방식 및 공급전압. 단 수용가가 희망하는 경우에는 고압 및 특고압으로 공급받을 수 있다.
계약전력 100kW 이상	교류 단상 또는 3상 3,300V, 5,700V, 6,600V, 11,400V, 22,000V, 22,900V, 66,000V, 154,000V, 345,000V 중 한전에서 결정한 공급방식 및 공급전압. 단 345,000V는 수용가가 희망하는 경우에 한한다.

한편, 교류와 직류의 전압구분은 다음 표 1-3과 같다.

<표 1-3> 전압의 구분

구 분	교 류	직 류
저 압	1kV 이하	1.5kV 이하
고 압	1~7kV	1.5~7kV
특 고 압	7kV 초과	

■ 교류는 1kV 이하, 직류는 1.5kV 이하를 저압이라 하며, 교류, 직류 모두 7kV를 초과하면 특고압이라 한다.
(2020.12.3. 전기설비기술기준 개정, 2021.1.19. 시행)

(5) 변전실

변전실은 내화구조로 하여야 하며, 위치와 면적은 다음과 같다.

① 위치 : 변전실의 위치는 다음 사항을 고려하여 정한다.
  ㉮ 가능한 부하의 중심에 가깝고 배전에 편리한 장소일 것
  ㉯ 외부로부터의 전원인입이 쉬운 곳일 것
  ㉰ 기기의 반출입이 용이할 것
  ㉱ 습기와 먼지가 적은 곳일 것
  ㉲ 천정 높이가 충분할 것
    (고압-보아래 3.0m 이상, 특고압-보아래 4.5m 이상)
  ㉳ 건물의 기타 전기설비기기와 인접한 장소일 것

② 면적 : 변전실의 면적은 다음과 같이 산출한다.

$$필요바닥면적 = 3.3\sqrt{변압기용량(kVA)}\ (m^2)$$

■ 모든 설비장치는 부하중심에 두는 것이 원칙이다.

■ 변전실의 천정높이는 고압일 때 3m이상, 특고압일 때 4.5m 이상이 되어야 한다.

■ 변전실의 배치형식에는 변전실 위치에 따라 집중식, 중간식, 분산식이 있다.

〈표 1-4〉 변전실의 면적(m^2)

건축 연면적 (m^2)	변압기 용량(kVA)	변전실 크기(m^2)
2,000	200	46
5,000	550	76
10,000	1,100	109
20,000	2,500	165

윗식은 과거에 추정식으로 많이 사용되었으나 근래에는 다음 식이 널리 사용되고 있다.

보통 고압 수전인 경우
$$A = KW^{0.7}$$

A : 변전실 면적 (m^2)
W : 변압기용량(kVA)
K : 정수
  - 특고압에서 고압으로 K = 1.7
  - 특고압에서 저압으로 K = 1.4
  - 고압에서 저압으로 K = 0.98

[예제] 연면적 10,000m^2인 사무소건물의 변전실 넓이를 계산하라. 단, 부하밀도 100VA/m^2, 수용율 60%, 변전은 특고에서 저압으로 한다.

1) 부하설비용량 :
 10,000m^2 × 100VA/m^2 = 1,000 kVA
2) 변압기 용량 :
 1,000kVA × 0.6 = 600kVA
3) 변전실 면적 :
 1.4 × 600$^{0.7}$ = 123m^2

(6) 변전 설비용 기기

① 변압기 : 수변전 설비의 모체가 되는 기기로서 이 기기의 성능과 신뢰도에 따라 전체의 신뢰도가 좌우된다.
② 차단기 : 전로를 자동적으로 개폐하여 기기를 보호하는 목적에 쓰인다.
③ 콘덴서 : 역율 개선에 사용된다.
④ 배전반 : 전기 계통의 중추적 역할을 하며, 기기나 회로를 감시하기 위한 계기류, 계전기류, 개폐기류를 1개소에 집중해서 시설한 것이다.

■ 배전반

배전반(Switch Board)은 보드에 부착된 각종 계기류를 봄으로써 전력 계통 및 기기 등의 상태를 감시할 수 있을 뿐만 아니라, 제어반에 있는 제어스위치로써 각종 기기를 원격조작하기도 하고, 보호계전기로써 기기나 전선로의 이상 유무를 검출하여서 자동으로 차단, 경보 등의 동작을 한다. 즉, 배전반의 구성요소로는 계기, 표시등, 조작 개폐기, 보호 릴레이, 경보장치 등의 감시 제어용 기기와 차단기, 단로기 등의 주 회로용 기기로 나눌 수 있다.

⑤ 보호장치 : 수변전설비의 전기회로 이상을 검출하여 차단기를 동작시키거나 경보신호를 발생시키는 것으로 보호계전기, 검루기, 피뢰기 등이 있다.

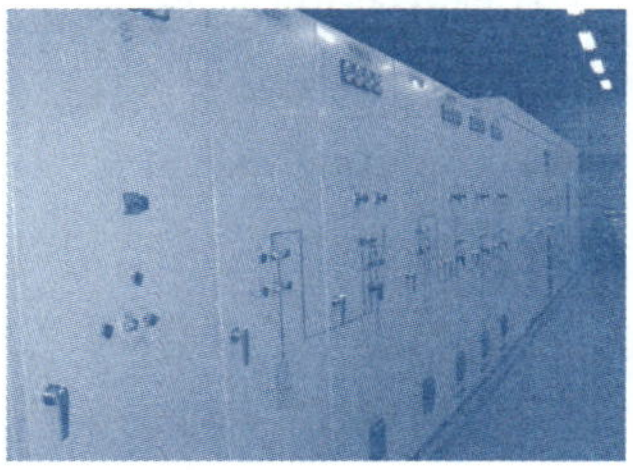

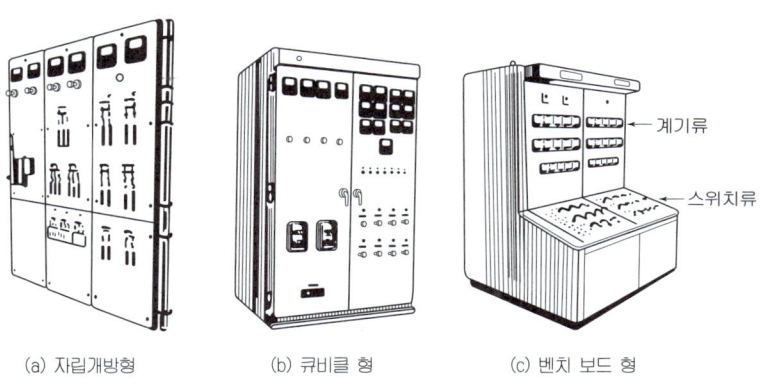

(a) 자립개방형　　(b) 큐비클 형　　(c) 벤치 보드 형

〈그림 1-3〉 배전반의 종류

〈사진 1-1〉 배전반

3 예비전원설비

(1) 예비전원설비의 종류

법규에 의한 예비전원설비로서는 자가발전설비, 축전지설비, 비상전용 수전설비 등이 있다.

■ 정전이 되면 사람의 생명이나 재산상의 큰 피해가 우려되는 곳은 반드시 예비전원설비를 갖추어 만일의 사태에 대비해야 한다.

1) 자가발전설비

예비전원설비로서의 자가발전설비는 전력회사로부터 공급받는 상용전원의 정전 등에 대비하여 최소한의 보안전력을 확보하기 위한 설비를 말한다. 규모가 작은 경우에는 축전지의 설치로도 어느 정도의 시간을 지탱할 수 있으나 오랜 시간 또는 용량이 큰 건물의 경우에는 비상용 자가발전설비설치가 요망된다. 자가발전설비의 용량은 건물에 따라 다르나 보통 수전설비용량의 10~30% 정도로 한다.

2) 축전지설비

축전지설비는 축전지, 충전장치, 보안장치, 제어장치 등으로 구성된다. 축전지는 순수한 직류 전원이며 경제적이고 보수가 용이한 특성을 가지고 있다. 축전지설비는 상용전원이 정전되었을 때 자가발전설비를 가동시켜 정격전압으로 확보될 때까지의 예비전원으로 사용되는 경우가 많다. 축전지는 유도등과 같이 법적인 것과 보안상 필요한 최저 조도용인 비상용 전원 뿐만아니라 변전기기 및 제어기기의 조작용 릴레이, 감시반 등의 전원 및 전화교환장치나 통신·신호 등의 전원, 비상방송, 전기시계, 화재경보장치의 전원으로 사용된다.

〈사진 1-2〉 비상발전기

〈사진 1-3〉 축전지

(2) 예비전원이 필요한 장소

① 은행, 사무실 빌딩 : 전산실, 금고둘레, 현금취급장소, 비상용 엘리베이터, 양수펌프, 소화펌프, 배수펌프
② 백화점 : 금전출납기, 매장의 조명, 냉동설비
③ 병원 : 수술실 기기 및 조명, 병실, 복도, 주방
④ 대극장 : 복도, 객실, 스피이커 회로
⑤ 공장 : 정전에 의하여 생산품의 품질, 또는 생산설비에 중대한 영향을 미치는 공장
⑥ 무선수신소 및 중계소, 방송국, 신문사
⑦ 지역적으로 사용전원의 공급을 받을 수 없는 장소
⑧ 외부전원의 사고에 의한 정전, 또는 계획 정전의 경우의 비상전원
⑨ 피크부하때의 보조발전용으로 사용할 경우

(3) 예비전원이 갖추어야 할 조건

① 축전지 : 정전 후 충전하지 않고 30분 이상을 방전할 수 있을 것
② 자가발전설비 : 비상 사태 발생 후 10초 이내에 기동하여 규정 전압을 유지하여 30분 이상 전력공급이 가능할 것
③ 축전지와 자가발전설비와의 병용 : 자가발전설비는 사태 발생 후 45초 이내에 시동해서 30분 이상 안정된 전력공급을 할 수 있어야 하며, 축전지 설비는 충전함이 없이 20분 이상을 방전할 수 있을 것

(4) 축전지실의 구조

① 통풍, 채광 및 조명이 양호하고 진동이 없는 곳
② 실온은 외기에 좌우되지 않으며, 5~25℃ 유지
③ 벽, 바닥은 내산처리, 벽면의 50cm까지 연판을 깐다.
④ 천정높이는 2.6m 이상

■ 예비전원설비는 정전시 전기를 비상공급하기 위한 것으로 30분 이상 전력공급이 가능해야 한다.

■ 축전지실의 천정높이는 2.6m 이상이다.

■ 축전지의 충전방식
① 급속충전 : 축전지 용량의 1/3정도의 충전전압으로 짧은 시간에 충전하는 것. 축전지에서 순간적으로 발생하는 열이 높아 수명이 짧아지고 성능도 떨어진다.
② 보통충전 : 축전지 용량의 1/10정도의 충전전압으로 보다 장시간에 걸쳐 표준시간율로 충전하는 것
③ 부동충전 : 상용부하에 대한 전력공급은 충전기가 부담하도록 하되 충전기가 부담하기 어려운 일시적인 대전류부하는 축전지로 하여금 부담하게 하는 것
④ 세류충전 : 자기방전에 가까운 낮은 전류로 서서히 충전을 하는 것

(5) 축전지의 종류 및 특성

축전지에는 연축전지와 알칼리축전지가 있으며 그 특성은 다음 표와 같다.

〈표 1-5〉 축전지의 종류와 특성

구 분	연축전지	알칼리축전지
원리	묽은 황산속에 과산화연(PbO_2)과 연(Pb)을 침적하여 기전력 발생	알칼리용액의 전해질에 양극판과 음극판을 서로 격리 침적시켜 기전력 발생
기전력	2.05~2.08V	1.32V
공칭전압(V/CELL)	2.0V	1.2V
전기적강도 (과충전, 과방전)	약하다	강하다
충전시간	길다	짧다
온도특성	나쁘다	좋다
수명	5~15년	20~30년
가격	싸다	비싸다
용도	장시간 일정전류 부하	단시간 대전류 부하
자가방전	보통	약간 작은 편
부식가스	발생한다	발생하지 않는다
기타	충.방전 전압차가 작다	저온특성이 좋다 고율방전특성이 좋다 방전이 용이하다

4 감시제어반

설비의 작동 상태를 확인하는 것은 운전 조작뿐만 아니라 보수 관리의 면에서도 대단히 중요하다. 감시방법으로는 전원표시, 운전표시, 고장표시, 램프표시, 집중제어를 들 수 있다. 현재는 보통 중앙집중 감시방식이 많이 채택되고 있으며, 사무실 건물의 경우 연면적 30,000m^2 정도면 제어선은 대략 800회선 정도가 되는 것이 보통이다.

■ 건물이 대형화, 자동화되면서 중앙집중감시방식이 사용되고 있으며, 감시제어반의 표시를 통해 특정장치의 동작상태를 알 수 있다.

〈표 1-6〉 감시제어의 표시

제어의 종별	목 적	작동 및 표시법
전원표시	전원이 살아있는지의 유무	백색램프
운전표시	작동상태를 표시	적색램프
정지표시	정지상태를 표시	녹색램프
고장표시	고장의 유무를 표시	오렌지색 램프(버저 및 벨이 울림)
경보표시	경보신호가 목적	백색램프(버저 및 벨이 울림)
계 측	전류계, 전압계	전원상태의 정상 확인
감 시	운전조작과 감시가 목적	graphic panel, auto graphic

5 전동기

전동기는 대규모 건물에 설비되는 공조시설, 급배수, 엘리베이터, 에스컬레이터 등에 필요한 전력을 공급하기 위해서 필요하다. 전동기는 다음과 같이 분류한다.

<표 1-7> 전동기의 종류

전동기	교류용 전동기	3상 유도전동기	보통농형 유도전동기 권선형 유도전동기
		단상유도전동기	분산기동 유도전동기 반발기동 유도전동기 콘덴서기동형 유도전동기
	직류용 전동기	복권, 분권, 직권 전동기	

직류 전동기는 속도 조절이 간단하고 시동 토크가 크므로 고도의 속도 제어가 요구되는 장소나 큰 시동 토크를 필요로 하는 엘리베이터, 전차 등에 사용된다. 그러나 전원이 교류이므로 교류를 직류로 바꾸는 장치가 필요하며 가격이 비싼 것이 단점이다. 3상 유도전동기에 비하면 사용되는 경우가 적다.

■ 전동기는 전기에너지를 기계에너지로 바꾸어 주는 장치로 크게 교류전동기와 직류전동기로 분류할 수 있다.

■ 설비에서 가장 많이 사용되는 전동기는 값이 싸고 조작이 간편한 교류용 3상유도전동기이다.

■ 직류전동기에는 복권, 분권, 직권전동기가 있으며, 교류전동기에 비해 기동토오크가 크고 속도 조절이 자유롭다는 특징이 있다.

핵심문제

1 전기설비에 대한 설명 중 틀린 것은?
① 우리나라의 교류 전기 주파수는 60사이클이다.
② 전화, 전기시계를 비롯한 통신설비는 직류를 쓴다.
③ 보통 건물의 전등 및 전열에는 주로 직류를 쓴다.
④ 1kW의 전력량은 3,600kJ/h이다.

2 다음 중 약전설비(소세력 전기설비)에 속하지 않는 것은?
① 조명설비 ② 전기음향설비
③ 감시제어설비 ④ 주차관제설비

3 최대수요전력을 구하기 위한 것으로 최대수요전력의 총부하용량에 대한 비율로 나타내는 것은?
① 역률 ② 수용률
③ 부등률 ④ 부하율

4 전기설비 용량이 각각 80kW, 90kW, 100kW의 부하설비가 있다. 그 수요율이 70%인 경우 최대수요전력은?
① 90kW ② 100kW
③ 190kW ④ 270kW

5 전기설비가 어느 정도 유효하게 사용되는가를 나타내며, 다음과 같이 표현되는 것은?

$$\frac{부하의\ 평균전력}{최대수용전력} \times 100(\%)$$

① 수용률 ② 부등률
③ 부하율 ④ 역률

〈2021 전기설비기술기준 개정으로 문제 재구성〉

6 전기설비의 전압구분에서 저압에 해당하는 것은?
① 교류 300V 이하, 직류 600V 이하
② 교류 600V 이하, 직류 600V 이하
③ 교류 1,000V 이하, 직류 1,500V 이하
④ 교류 1,500V 이하, 직류 1,000V 이하

해설

해설 1
보통 건물의 전등 및 전열의 전원은 교류이며 전화, 전기시계를 비롯한 통신설비는 직류이다.

해설 2 전기설비의 분류
110V, 220V와 같은 높은 전압에서 작동되는 것을 강전설비, 인터폰·무선 전화기·전기시계 등과 같이 adaptor를 써서 9V, 12V, 24V와 같은 직류로 만들어 쓰는 설비를 약전설비라 한다.
1) 약전설비 : 전화설비, 신호표시장치, 인터폰 설비, 전기시계설비, 안테나설비, 방송설비 등 대부분의 정보설비
2) 강전설비 : 조명설비, 동력설비, 전원설비 등

해설 3
$$수용율 = \frac{최대수용전력(kW)}{부하설비용량(kW)} \times 100(\%)$$
일반건물의 수용율은 60~70%이며 이 값이 작을수록 최대수용전력이 작아져 변압기 용량도 작아진다.

해설 4 수용률(%)
$$= \frac{최대수용전력(kW)}{부하설비용량(kW)} \times 100$$
$$= \frac{X}{80+90+100} \times 100 = 70\%$$
∴ X = 190kW

해설 5
부하율은 전기설비가 어느 정도 유효하게 사용되는가를 판단하는 척도로 이 값이 클수록 전기설비가 평활하게 사용됨을 의미한다.

해설 6
저압 : 교류 1kV 이하, 직류 1.5kV 이하

정답 1. ③ 2. ① 3. ② 4. ③ 5. ③
6. ③

7 변전실에 대한 설명 중 잘못된 것은?
① 건물 전체 부하의 중심부근에 둔다.
② 내화적이어야 한다.
③ 바닥의 하중을 고려해야 한다.
④ 천정 높이는 보통 2.6m 이상으로 한다.

8 다음 예비전원설비에 대한 기술 중 적당치 않는 것은?
① 자가발전설비의 용량은 보통 수전설비 용량의 20%~30% 정도로 한다.
② 개방형 축전지를 사용하는 축전지실 조명기구는 내알칼리성 기자재로 해야 한다.
③ 축전지실의 배선은 비닐선을 사용한다.
④ 900마력이 요구되는 발전기실의 면적은 51m² 정도 필요하다.

9 감시제어반에 있어서 제어의 종류와 표시법에 대한 조합 중 옳지 않은 것은?
① 경보 및 고장표시 – 버저 및 벨이 울림
② 정지표시 – 오렌지색 램프
③ 운전표시 – 적색 램프
④ 전원표시 – 백색 램프

10 다음 중 3상 교류용 전동기는?
① 복권전동기
② 분권전동기
③ 직권전동기
④ 동기전동기

해 설

[해설] **7**
④ 보통 3.0m이상으로 하며, 특고압일 경우는 4.5m이상으로 한다.

[해설] **8**
② 개방형 축전지실은 내산성 기자재로 해야 한다.
④ 발전기실 넓이
= $1.7\sqrt{P} = 1.7\sqrt{900} = 51(m^2)$

[해설] **9**
운전표시 – 적색램프
정지표시 – 녹색램프
고장표시 – 오렌지색 램프
전원표시 – 백색램프

[해설] **10**
직권, 분권, 복권 : 직류 전동기
동기, 정류자, 3상유도 : 교류 전동기

정답 7. ④ 8. ② 9. ② 10. ④

기출문제 및 예상문제

1. 전기설비기초, 수변전설비, 예비전원설비, 감시·제어, 전동기

■■■ 기초사항

1. 다음의 전류와 전압에 대한 설명 중 옳지 않은 것은?
① 자유전자가 이동하는 것을 전류라고 한다.
② 두 지점간의 전하가 갖는 에너지의 차를 전압이라고 한다.
③ 두 지점간의 전위차가 있으면 전류는 흐르게 된다.
④ 1분간에 1[C]의 전하가 이동하였을 때 1[A]의 전류가 흘렀다고 표현한다.

[해설] 쿨롱(coulomb)은 전기량의 실용단위로서 1암페어의 전류가 1초동안 운반하는 전기량을 말한다.

2. 전기설비에서 전압, 전류, 저항에 관한 설명 중 옳지 않은 것은?
① 회로간 저항이 클수록 전류는 작아진다.
② 전류는 전위가 높은 곳에서 낮은 곳으로 흘러서 생긴다.
③ 전선의 저항은 길이와 단면적에 비례한다.
④ 전선 자체가 가지고 있는 독특한 고유 저항을 비저항이라 한다.

[해설] ③ $R \propto \frac{l}{S}$
즉, 전선의 저항은 전선의 길이에 비례하고, 전선의 단면적에 반비례한다.

3. 전기에 관한 기초사항으로 옳지 않은 것은?
① 전류는 발열작용, 화학작용, 자기작용을 한다.
② 병렬회로에서는 각각의 저항에 흐르는 전류의 값이 같다.
③ 오옴(Ohm)의 법칙은 전압, 전류, 저항 사이의 규칙적인 관계를 나타낸다.
④ 1[W]란 전압이 1[V]일 때, 1[A]의 전류가 1[s] 동안에 하는 일을 말한다.

[해설] 직렬회로 - 각각의 저항에 흐르는 전류가 같다.
병렬회로 - 각각의 저항에 흐르는 전압이 같다.

4. 전기에 관한 용어와 단위의 연결 중 옳지 않은 것은?
① 전압 - Volt[V]
② 전류 - Watt[W]
③ 저항 - Ohm[Ω]
④ 전기량 - Coulomb[C]

[해설] 전류의 단위는 암페어(A)이며 Watt는 전력의 단위이다. 쿨롱(coulomb)은 전기량의 실용단위로서 1암페어의 전류가 1초동안 운반하는 전기량을 말한다.
(1C=1A×1s)

5. 전기설비에서 교류에 해당하지 않는 것은?
① 전등   ② 동력
③ 전열   ④ 통신설비

[해설] 건물의 전등, 동력, 전열 등 대부분의 전기 설비는 교류이며, 전화, 전기시계를 비롯한 통신설비와 엘리베이터의 전원으로는 직류(60m/sec이하의 저속엘리베이터는 교류)를 사용한다.

6. 전류의 3가지 작용에 속하지 않는 것은?
① 발열작용   ② 화학작용
③ 절연작용   ④ 자기작용

[해설] 전류의 작용
① 발열작용 - 전류는 열을 발생시키거나 전동기를 움직이게 하는 등의 일을 할 수 있다. 이와 같이 전기가 일을 할 수 있는 능력을 전기에너지라 한다.
② 화학작용 - 전기가 통하는 액체, 즉 전해질용액에 전류를 흘리면 용액이 분해된다.(전기분해)
③ 자기작용 - 전류가 흐르는 도선 밑에 나침반을 놓으면 나침반의 자침이 움직이는 것을 볼 수 있다. 이것은 도선에 전류가 흐르면 자기장이 생겨 마치 자석과 같은 성질을 나타내기 때문이다.

해답 1. ④   2. ③   3. ②   4. ②   5. ④   6. ③

7. 다음 중 강전설비에 해당하는 것은?
① 전화설비　　② 변전설비
③ 방송설비　　④ 인터폰설비

8. 다음 중 약전설비가 아닌 것은?
① 전등설비　　② 인터폰설비
③ 전화설비　　④ 방송설비

[해설] 전화설비, 신호표시장치, 인터폰 설비, 전기기계설비, 안테나설비, 방송설비 등 대부분의 정보설비는 약전설비에 해당되며 조명설비, 동력설비 등은 강전설비에 해당된다.

9. 다음 중 그 값이 클수록 안전한 것은?
① 접지저항　　② 도체저항
③ 접촉저항　　④ 절연저항

[해설] ① 접지저항 : 저항이 작다는 것은 도전율이 높아서 전류가 더 잘 흐른다는 것을 의미한다. 인체에 전기가 누설될 경우 저항이 낮은 접지쪽으로 전류가 흘러야 인체는 안전하므로 접지는 항상 기준 저항값 이하로 하여야 한다.
② 절연저항 : 절연은 전기에 의한 감전 또는 기계적 사고의 발생을 방지하고자 도체사이에 전기가 통하지 못하게 하는 것을 말한다. 저항이 클수록 흐르는 전류의 크기가 작아지므로 절연저항은 '전기가 통하지 못하게 하는 저항'의 의미이다. 예를 들어 AC400V~AC600V의 저압전로는 0.4MΩ 이상의 저항치로 규정하고 있다.

10. 자계의 방향이나 도체에 흐르는 전류 방향이 바뀌면 도체가 움직이는 방향도 바뀌게 된다. 이와 관련하여 도체가 움직이는 방향을 알 수 있는 법칙은?
① 렌츠의 법칙
② 플레밍의 오른손 법칙
③ 플레밍의 왼손법칙
④ 패러데이 법칙

[해설] ① 플레밍의 왼손법칙 - 전동기에 적용되는 법칙. 왼손의 엄지, 검지, 장지 세 손가락을 90°가 되도록 했을 때 검지를 자계의 방향(N극에서 S극으로), 장지를 전류의 방향으로 맞추면 전자력은 엄지의 방향으로 발생하므로 도체는 엄지의 방향으로 움직여 전기에너지가 운동에너지로 변환된다.
② 플레밍의 오른손법칙 - 발전기에 적용되는 법칙. 오른손의 엄지, 검지, 장지 세 손가락을 90°가 되도록 했을 때 엄지를 도체의 운동방향, 검지를 자계의 방향(N극에서 S극으로)으로 맞추면 장지의 방향으로 유도기전력이 발생하므로 운동에너지가 전기에너지로 변환된다.

11. 발전기에 적용되는 법칙으로 유도기전력의 방향을 알기 위하여 사용되는 법칙은?
① 옴의 법칙
② 키르히호프의 법칙
③ 플레밍의 왼손법칙
④ 플레밍의 오른손법칙

12. 키르히호프의 제1법칙을 가장 올바르게 표현한 것은?
① 회로내의 임의의 한 점에 들어오고 나가는 전류의 합은 같다.
② 도체가 움직이는 방향을 알 수 있는 법칙으로 전동기에 적용되는 법칙이다.
③ 임의의 폐회로내에서의 기전력과 전압강하의 대수의 합은 같다.
④ 회로의 저항에 흐르는 전류의 크기는 인가된 전압의 크기에 비례하며 저항과는 반비례한다.

[해설] 키르히호프의 법칙
독일의 물리학자 G.R.키르히호프(Gustav R. Kirchhoff, 1824~1887)가 발견한 법칙으로 전기회로에 관한 법칙과 열복사에 관한 법칙이 있다.
1) 전기회로에 관한 법칙 : 1849년에 발표되었으며 전자기학 분야에서 정상전류에 대한 옴의 법칙을 일반화하였다. 임의의 복잡한 회로를 흐르는 전류를 구할 때 사용되며, 전류에 관한 제1법칙과 전압에 관한 제2법칙이 있다. 이 두 법칙을 수식으로 나타낸 연립방정식의 해로 전류를 구할 수 있다.
① 제1법칙(접합점법칙, 전류법칙) : 회로 내의 어느 점을 취해도 그곳에 흘러들어오거나(+) 흘러나가는(-) 전류를 음양의 부호를 붙여 구별하면, 들어

오고 나가는 전류의 총계는 0이 된다. 즉, 전류가 흐르는 길에서 들어오는 전류와 나가는 전류의 합이 같다. 제1법칙은 전하가 접합점에서 저절로 생기거나 없어지지 않는다는 전하보존법칙에 근거를 둔다.
② 제2법칙(폐회로 법칙, 고리법칙, 전압법칙) : 임의의 닫힌 회로(폐회로)에서 회로 내의 모든 전위차의 합은 0이다. 즉, 임의의 폐회로를 따라 한 바퀴 돌 때 그 회로의 기전력의 총합은 각 저항에 의한 전압 강하의 총합과 같다. 제2법칙은 에너지 보존법칙에 근거를 둔다.
2) 열복사에 관한 법칙 : 일정한 온도에서 같은 파장의 복사(전자기파)에 대한 물체의 흡수율과 반사율의 비는 물체의 성질에 관계없이 일정하다.

13. 직류의 경우 100(V)의 전압에 400(W)의 전열기를 사용하였다면 전류는 몇 암페어(A)인가?

① 0.4 ② 4
③ 0.25 ④ 2.5

해설 직류의 경우 전력 W = VI에서
전류 I = W/V = 400/100 = 4(A)

14. 100[V]에서 10[A]가 흐르는 전열기에 120[V]를 가하면 흐르는 전류는 몇 [A]인가?

① 8 ② 10
③ 12 ④ 20

해설 오옴의 법칙 : 전류(I)는 전압(V)에 비례하고 저항(R)에 반비례한다.
$I = \frac{V}{R}$ 에서 저항 $R = \frac{V}{I} = \frac{120}{10} = 12(\Omega)$
그러므로 $I = \frac{V}{R} = \frac{120}{10} = 12(A)$

15. 저항 5[Ω], 7[Ω], 8[Ω]을 직렬로 접속된 회로에 5A의 전류가 흐르려면 가해준 전압(V)은 얼마인가?

① 50(V)
② 100(V)
③ 200(V)
④ 250(V)

해설 저항의 합
① 직렬연결시 : 총저항 R = R₁+R₂+R₃
② 병렬연결시 : 총저항 R = 1/(1/R₁+1/R₂+1/R₃)
직렬연결이므로 총저항 R = 5+7+8 = 20(Ω)이 된다.
따라서 전압 $V = IR = 5 \times 20 = 100(V)$

16. 저항 5[Ω], 15[Ω]이 직렬로 접속된 회로에 5[A]의 전류가 흐를 때, 인가한 전압은?

① 200[V] ② 150[V]
③ 100[V] ④ 50[V]

해설 저항의 합
① 직렬연결시 : 총저항 R = R1 + R2 + R3
② 병렬연결시 : 총저항 R = 1/(1/R1+1/R2+1/R3)
직렬연결이므로 총저항 R = 5+15 = 20(Ω)이 된다.
따라서 전압 $V = IR = 5 \times 20 = 100(V)$

17. 200[V]의 전압을 가했을 때 8[A]의 전류가 흐른다면 저항은 몇 [Ω]인가?

① 16[Ω] ② 25[Ω]
③ 40[Ω] ④ 50[Ω]

해설 $V = IR$에서 $R = V/I = 200/8 = 25\Omega$

18. 10[Ω]의 저항 10개를 직렬로 접속할 때의 합성 저항은 병렬로 접속할 때의 합성저항의 몇 배가 되는가?

① 5배
② 10배
③ 50배
④ 100배

해설 저항의 합
① 직렬연결시 : 총저항 R = R1+R2+R3+... = 100[Ω]
② 병렬연결시 : 총저항 R = 1/(1/R1+1/R2+1/R3+...) = 1[Ω]
따라서 직렬로 접속할 때의 합성저항은 병렬로 접속할 때의 합성저항의 100배가 된다.

해답 13. ② 14. ③ 15. ② 16. ③ 17. ② 18. ④

19. 직류발전기의 전력 P(W)를 구하는 식으로 옳은 것은? (단, I는 전류, V는 전압, PF는 역률을 나타냄)

① P = I×V
② P = I×V×PF
③ P = $\sqrt{3}$ ×I×V×PF
④ P = (V/I)×PF

[해설] 전력의 단위는 W 또는 kW로 나타내는데 전기가 하는 일의 양을 전력량이라 하고 Wh 또는 kWh로 표시한다. 1kW의 전력량은 3600kJ/h이고 전력과 전류 및 전압의 관계는 다음과 같다.
· 직류의 경우 W = VI = I²R = V²/R
· 단상 교류의 경우 W = VI×역률(power factor)
· 3상 교류의 경우 W = VI × $\sqrt{3}$ 역률

20. 저항 20(Ω)의 전열기에 5(A)의 전류가 흐를 때의 전력은?

① 100W   ② 200W
③ 300W   ④ 500W

[해설] 전력(직류의 경우) W = VI = I²R = 5²×20 = 500W

21. 전압 220(V)를 가하여 10(A)의 전류가 흐르는 전동기를 5시간 사용하였을 때 소비되는 전력량(kWh)은?

① 5   ② 11
③ 15   ④ 22

[해설] 전력(W 또는 kW), 전력량(Wh 또는 kWh)
전력의 단위는 W 또는 kW로 나타내는데 전력에 사용시간을 곱하여 전력량(Wh 또는 kWh)를 계산한다.
직류의 경우 전력
W = VI = 220V×10A = 2,200W
전력량 = 2,200W×5h = 11,000Wh = 11kWh
교류의 경우에는 전압과 전류의 위상차인 역률까지 고려하여 계산한다.

22. 220(V), 400(W) 전열기를 110(V)에서 사용하였을 경우 소비전력(W)은?

① 50(W)   ② 100(W)
③ 200(W)   ④ 400(W)

[해설] 전력 W = VI = I²R = V²/R에서 전압이 1/2로 감소하면 전력은 1/4이 된다.(전열기의 저항 R은 일정)

23. 100(V), 500(W)의 전열기를 90(V)에서 사용할 경우 소비 전력은?

① 200(W)   ② 310(W)
③ 405(W)   ④ 420(W)

[해설] 100(V), 500(W) 일 때 전류 I = 500/100 = 5(A)
오옴의 법칙에 의해 전류(I)는 전압(V)에 비례하므로 전압이 90(V)로 감소하면 전류는 4.5(A)로 감소한다. 따라서 전력(W) = 90V×4.5A = 405(W)가 된다.
또는 전력 W = VI = I²R = V²/R에서 전압이 0.9배로 감소하였으므로 전력은 0.9²배 즉 0.81배가 되므로 500 × 0.81 = 405W가 된다.(전열기의 저항 R은 일정)

24. 3상 평형부하에 220(V)의 전압을 가하니 10(A)의 전류가 흘렀다. 역률이 0.75일 때 소비되는 전력은?

① 약 953(W)
② 약 2,858(W)
③ 약 4,950(W)
④ 약 5,081(W)

[해설] 3상 교류의 전력
W = VI × $\sqrt{3}$ 역률 = 220 × 10 × $\sqrt{3}$ × 0.75
≒ 2,858W

25. 전압이 1(V) 일 때 1(A)의 전류가 1(s) 동안 하는 일을 나타내는 것은?

① 1(Ω)   ② 1(J)
③ 1(Wh)   ④ 1(W)

[해설] 와트(W) : 일률(공률) 또는 전력의 단위. 기호는 W. 1W = 1J/s이다.

해답 19. ① 20. ④ 21. ② 22. ② 23. ③ 24. ② 25. ④

26. 전열기 1kW의 발열량은 약 몇 kJ/h인가?

① 860kJ/h ② 2,400kJ/h
③ 3,600kJ/h ④ 4,200kJ/h

해설 1kW = 1kJ/s = 3,600kJ/h

■■■ 수변전설비의 용량

27. 다음 중 수변전 설비의 설계 순서로 가장 알맞은 것은?

┌─────────────────────┐
│ ㉠ 수전전압 결정   │
│ ㉡ 배전전압 결정   │
│ ㉢ 변전설비 용량 계산 │
│ ㉣ 변전실 설치면적 계산│
└─────────────────────┘

① ㉠→㉡→㉢→㉣
② ㉠→㉢→㉡→㉣
③ ㉢→㉢→㉡→㉠
④ ㉢→㉣→㉡→㉠

28. 전력부하 산정에서 수용률 산정 방법으로 옳은 것은?

① (부등률/설비용량)×100%
② (최대수용전력/부등률)×100%
③ (최대수용전력/설비용량)×100%
④ (부하각개의 최대 수용전력합계/각 부하를 합한 최대수용전력)×100%

해설 수용률 = $\frac{\text{최대수용전력(kW)}}{\text{부하설비용량(kW)}} \times 100(\%)$,

④는 부등률을 나타낸다.

29. 다음과 같은 식으로 산출되는 것은?

┌─────────────────────────────┐
│ [최대수요전력/총 부하설비용량]×100(%) │
└─────────────────────────────┘

① 수용률 ② 부등률
③ 부하율 ④ 역률

30. 최대수용전력이 500[kW], 수용률이 80[%]일 때 부하설비용량[kW]은?

① 400 ② 500
③ 525 ④ 625

해설 ① 수용률 = $\frac{\text{최대수용전력(kW)}}{\text{부하설비용량(kW)}} \times 100(\%)$ 에서

부하설비용량 = $\frac{\text{최대수용전력(kW)}}{\text{수용률(\%)}} \times 100(\%)$

= $\frac{500(\text{kW})}{80(\%)} \times 100(\%) = 625\text{kW}$

31. 전기설비 용량이 각각 80kW, 120kW의 부하설비가 있다. 그 수용률이 70%인 경우 최대수용전력은?

① 90kW ② 100kW
③ 140kW ④ 200kW

해설 수용률 = $\frac{\text{최대수용전력(kW)}}{\text{부하설비용량(kW)}} \times 100(\%)$ 에서

최대수용전력 = 수용률 × 부하설비용량/100
= 70 × (80+120)/100 = 140kW

32. 합성최대수요전력을 구하는 계수로서 각 부하의 최대수요전력 합계와 합성최대수요전력과의 비율로 나타내는 것은?

① 수용률 ② 유효율
③ 부하율 ④ 부등률

해설 부등률 = $\frac{\text{각 부하의 최대수용전력의 합(kW)}}{\text{합계 부하의 최대수용전력(kW)}} \times 100(\%)$

33. 다음 중 그 값이 1 이상인 것은?

① 수용률 ② 부하율
③ 부등률 ④ 전압 강하율

해설 ① 수용률 = $\frac{\text{최대수용전력(kW)}}{\text{부하설비용량(kW)}} \times 100(\%)$

② 부등률 = $\frac{\text{최대수용전력의 합(kW)}}{\text{합성최대수용전력(kW)}} \times 100(\%)$

③ 부하율 = $\frac{\text{평균수용전력}}{\text{최대수용전력}} \times 100(\%)$

해답 26. ③ 27. ① 28. ③ 29. ① 30. ④ 31. ③ 32. ④ 33. ③

34. 각각의 최대 수용 전력의 합이 1,200kW, 부등률이 1.2일 때 합성 최대 수용 전력은?

① 800kW
② 1,000kW
③ 1,200kW
④ 1,440kW

[해설] 부등률

$$= \frac{\text{각 부하의 최대수용전력의 합계(kW)}}{\text{합성최대수용전력(kW)}}$$ 에서

합성 최대수용전력 $= \frac{\text{각 부하의 최대수용전력의 합계(kW)}}{\text{부등률}}$

$= \frac{1,200}{1.2} = 1,000 \text{ (kW)}$

35. 합성 최대 수용 전력이 1,000[kW], 부하율이 0.6일 때 평균 전력[kW]은?

① 600
② 800
③ 1,000
④ 1,667

[해설] 부하율 $= \frac{\text{평균수용전력(kW)}}{\text{최대수용전력(kW)}} \times 100(\%)$ 에서

평균수용전력(kW) = 최대수용전력(kW)×부하율
$= 1,000 \times 0.6 = 600 \text{ (kW)}$

36. 전력용 변압기 용량의 산정식으로 옳은 것은?

① $\frac{\text{부하설비용량} \times \text{부등률}}{\text{부하율}}$

② $\frac{\text{부하설비용량} \times \text{부하률}}{\text{부등률}}$

③ $\frac{\text{부하설비용량} \times \text{수용률}}{\text{부등률}}$

④ $\frac{\text{부하설비용량} \times \text{부등률}}{\text{수용률}}$

[해설] 변압기용량 $= \frac{\text{부하설비용량} \times \text{수용률}}{\text{부등률} \times \text{역률}}$

부등률이나 역률이 제시되지 않을 경우에는 그 값을 1로 간주한다.

37. 다음은 전원설비와 관련된 설명 중 ( )안에 알맞은 용어는?

수전점에서 변압기 1차측까지의 기기 구성을 (㉮)라 하고 변압기에서 전력 부하 설비의 배전반까지를 (㉯)라 한다.

① ㉮ 배전설비, ㉯ 수전설비
② ㉮ 수전설비, ㉯ 배전설비
③ ㉮ 간선설비, ㉯ 동력설비
④ ㉮ 동력설비, ㉯ 간선설비

38. 수전설비에 대한 설명 중 틀린 것은?

① 특별고압수전설비는 7,000V를 넘는 전압으로 수전하는 방식이다.
② 수전용량산출에 사용하는 부하율이란 평균수용전력을 부하밀도로 나눈 것이다.
③ 수전용량산출에 사용하는 수용율은 최대수용전력을 부하설비용량으로 나눈 것이다.
④ 부등율이란 수용 설비 각각의 최대수용전력의 합을 합성 최대수용전력으로 나눈 것이다.

[해설] 부하율 $= \frac{\text{평균수용전력}}{\text{최대수용전력}} \times 100(\%)$

■■■ 수전전압

39. 전압의 분류에서 저압이란 교류인 경우 얼마 이하인가?

① 600V 이하
② 750V 이하
③ 1,000V 이하
④ 1,500V 이하

[해설] 교류 1kV이하, 직류 1.5kV이하를 저압이라 한다.

[해답] 34. ② 35. ① 36. ③ 37. ② 38. ② 39. ③

40. 전기설비의 전압 구분에서 고압의 범위 기준으로 옳은 것은? (단, 교류의 경우)

① 300V 이상
② 600V 이상
③ 1kV 초과 7kV 이하
④ 1.5kV 초과 7kV 이하

41. 전압의 구분에서 특고압의 기준은?

① 3kV를 초과하는 것
② 5kV를 초과하는 것
③ 7kV를 초과하는 것
④ 10kV를 초과하는 것

42. 변압기의 1차측 코일의 권수가 6,000, 2차측 코일의 권수가 200일 때 1차측 코일에 교류전압 3,000〔V〕인가 시 2차측 코일에 발생하는 교류전압〔V〕은?

① 500
② 200
③ 100
④ 50

[해설] 변압기의 코일권수와 전압에 관한 기본공식
$N_1/N_2 = V_1/V_2$
N_1 : 입력코일권수, N_2 : 출력코일권수,
V_1 : 입력전압, V_2 : 출력전압
발생전압은 이론적으로 코일의 권수에 비례한다.
1, 2차 코일권수비가 6,000 : 200이므로 1, 2차 전압비는 3,000 : 100이 된다.

■■■ 변전실

43. 다음 중 변전실의 위치 결정시 고려할 사항과 가장 거리가 먼 것은?

① 발전기실, 축전지실과 인접한 장소일 것
② 습기나 먼지, 염해, 유독가스의 발생이 적은 장소일 것
③ 외부로부터 전원의 인입이 편리하고 기기를 반입, 반출하는데 지장이 없을 것
④ 빌딩의 변전실은 지하 최저층에 위치시키고, 천장높이는 2.7m 이상으로 할 것

[해설] 변전실의 층고 : 고압 - 보 아래 3.0m 이상, 특고압 - 보 아래 4.5m 이상

44. 변전실의 위치 선정시 고려할 사항으로 옳지 않은 것은?

① 부하의 중심에 가깝고 배전에 편리한 장소일 것
② 외부로부터 전원의 인입이 편리할 것
③ 지하 최저층으로 천장높이가 3m 이상인 장소일 것
④ 기기를 반입, 반출하는데 지장이 없을 것

45. 다음의 변전실 위치 결정시 고려할 사항 중 전력손실, 전압강하 및 배선비와 가장 관련이 깊은 것은?

① 장래 부하증설을 고려할 것
② 외부로부터 전원의 인입이 편리할 것
③ 기기를 반입, 반출하는데 지장이 없을 것
④ 부하의 중심에 가깝고 배전에 편리한 장소일 것

46. 변전실에 관한 설명으로 옳지 않은 것은?

① 건축물의 최하층에 설치하는 것이 원칙이다.
② 용량의 증설에 대비한 면적을 확보할 수 있는 장소로 한다.
③ 사용부하의 중심에 가깝고, 간선의 배선이 용이한 곳으로 한다.
④ 변전실의 높이는 바닥 트렌치 및 무근콘크리트 설치여부 등을 고려한 유효높이로 한다.

[해설] 변전실의 위치 : 사용부하의 중심에 가깝고, 배전에 편리한 장소(건물의 최하층 배치가 원칙은 아니다)

해답 40. ③ 41. ③ 42. ③ 43. ④ 44. ③ 45. ④ 46. ①

47. 변전실에 관한 설명 중 틀린 것은?
① 부하 중심의 가장 가까운 곳에 배치한다.
② 외부로부터 전선의 인입이 쉬운 곳에 배치한다.
③ 도난 방지를 위하여 전기 기기의 반출입이 불가능하여야 한다.
④ 침수의 우려가 없는 곳에 배치한다.

48. 변압기 용량 100(kVA)를 수용하는 변전실의 소요 넓이는 대략 얼마인가?
① 10m²
② 20m
③ 33m²
④ 100m²

[해설] 변전실의 면적(m²) = $3.3\sqrt{100}$ = 33m²

49. 다음 중 변전실 면적 결정 시 영향을 주는 요소와 가장 거리가 먼 것은?
① 수전전압
② 수전방식
③ 발전기 용량
④ 큐비클의 종류

50. 다음 중 변전실 면적에 영향을 주는 요소와 가장 거리가 먼 것은?
① 발전기실의 면적
② 변전설비 변압방식
③ 수전전압 및 수전방식
④ 설치 기기와 큐비클의 종류

51. 다음 중 변전실의 높이 결정시 고려할 사항과 가장 관계가 먼 것은?
① 천장 배선방법
② 실내 환기방법
③ 바닥 트렌치 설치 여부
④ 실내에 설치되는 기기의 최고 높이

52. 일반 건축물의 변전실 천장높이는 고압의 경우 건물의 보 밑에서 얼마 이상이 요구되는가?
① 2m 이상
② 3m 이상
③ 4m 이상
④ 5m 이상

[해설] 고압의 경우 3m 이상, 특고압의 경우는 4.5m 이상이 필요하다.

53. 특별 고압(20~30kV)을 설치하는 변전실의 천장 높이는?
① 보 밑 3.5m 이상
② 보 밑 4.0m 이상
③ 보 밑 4.5m 이상
④ 보 밑 5.0m 이상

[해설] 특고압의 경우 보 밑에서 4.5m 이상 필요

■■■ 변전설비용 기기

54. 전기설비에서 다음과 같이 정의되는 것은?

> 전면이나 후면 또는 양면에 개폐기, 과전류 차단장치 및 기타 보호장치, 모선 및 계측기 등이 부착되어 있는 하나의 대형 패널 또는 여러 개의 패널, 프레임 또는 패널 조립품으로서, 전면과 후면에서 접근할 수 있는 것

① 캐비닛
② 차단기
③ 배전반
④ 분전반

55. 변압기는 다음 중 어떤 원리를 이용한 전기기계인가?
① 전자유도작용
② 정전유도작용
③ 전류의 화학작용
④ 전류의 발열작용

[해설] 변압기, 발전기, 유도전동기등은 전자유도작용을 이용한 것이다.

해답 47. ③ 48. ③ 49. ③ 50. ① 51. ② 52. ② 53. ③ 54. ③ 55. ①

56. 송배전 계통은 물론 각 수용가의 가전제품에서 전압을 높이거나 낮추기 위하여 사용되는 전기기기는?

① 변압기　　　② 전동기
③ 사이리스터　　④ 축전기

57. 수·변전설비의 주요기기가 아닌 것은?

① 차단기　　　② 에어 필터
③ 콘덴서　　　④ 변압기

58. 수·변전계통에서 지락 사고 발생 시 흐르는 영상전류를 검출하여 지락 계전기에 의하여 차단기를 동작시키는 것은?

① 단로기　　　② 영상 변압기
③ 영상 변류기　④ 계기용 변류기

[해설] 변류기(current transformer, 變流器)
　변류기는 전류의 크기를 변환하는 장치로, 대(大)전류가 흐르는 전로의 전류를 저(低)전류로 변성하여 측정하거나 보호계전기를 동작시키기 위해 사용한다.
　① 계기용 변류기(current transformer, 計器用變流器)
　　저압·고압 대전류를 그대로 측정하려고 하면 절연을 유지하기 위해 측정기기가 너무 커지므로 취급하기 쉬운 전류 값으로 변환하여 소형 계측기로 정확한 측정과 계전기의 동작을 실시하는 것을 목적으로 한다. 보통 변류기라 하면 계기용변류기를 말한다.
　② 영상변류기(zero-phase-sequence current transformer, 零相變流器)
　　비교적 낮은 송전전류의 접지보호를 위하여 사용하는 변류기로 수·변전계통에서 지락사고 발생 시 흐르는 영상전류를 검출하여 지락 계전기에 의하여 차단기를 동작시키는 것

59. 옥내 배선의 인입구에 장치하는 개폐기는?

① 단로기
② 프라이머리 컷아웃
③ 전류 제한기
④ 기중 차단기

[해설] 단로기(Disconnecting Switch ; DS) - 개폐기의 일종으로 수용가 인입구 부근의 변압기, 차단기, 피뢰기 등 고전압 기기의 1차측에 설치한다. 전기기기의 점검, 수리의 경우, 그 부분을 전원으로부터 개방하거나 또는 회로의 접속을 변경할 경우에 사용하는 것으로서 전류가 흐르고 있는 회로의 개폐를 목적으로 하고 있지 않다.
　부하전류를 개폐하는 데는 주로 유입형, 또는 애자형의 차단기를 사용하고, 더욱 안전을 기하기 위하여 단로기로서 회로를 구분한다. 따라서 단로기는 차단기를 열고 나서 개폐할 필요가 있다.
　변전실의 단선결선도의 예를 보면 전기공급은 인입 - 계기용변성기함 - 적산전력계 - (파워퓨즈) - 단로기 - 차단기 - 컷아웃스위치 또는 유입개폐기 - 기중차단기 - 조명, 콘센트, 동력 순으로 연결된다.

60. 회로의 접속을 절환하고, 전원으로부터 회로나 장치를 분리하는데 사용하는 스위치는?

① 단로 스위치
② 절환 스위치
③ 범용 스위치
④ 범용 스냅 스위치

61. 개폐기의 일종으로 수용가의 인입구 부근에 설치하여 구분 개폐기로 사용하고, 또한 변압기, 차단기, 피뢰기 등 고전압 기기의 1차측에 설치하여 기기를 점검, 수리할 때 회로를 분리하는데 사용하는 것은?

① 차단기
② 단로기
③ 계기용 변성기
④ 진상용 콘덴서

■■■ 예비전원설비

62. 건축물에 설치되는 예비전원설비에 해당하지 않는 것은?

① 축전지 설비
② 자가발전설비
③ 수·변전설비
④ 무정전 전원설비

해답　56. ①　57. ②　58. ③　59. ①　60. ①　61. ②　62. ③

63. 예비전원설비에 관한 설명으로 부적합한 것은 다음 중 어느 것인가?

① 예비전원의 용량은 수전설비 용량의 3~5% 정도이다.
② 전등의 예비전원이 필요한 곳은 지하실·복도·계단·수술실·병실·전자계산소 등이다.
③ 동력의 예비전원이 필요한 곳은 엘리베이터·소화펌프·오수 및 배수용 펌프 등이다.
④ 발전설비는 비상사태 후 10초이내에 가동하고, 30분이상 전력을 공급하여야 한다.

[해설] ① 예비전원의 용량은 수전설비 용량의 10~30% 정도이다.

64. 자기발전설비 용량은 보통 수전설비 용량에 대하여 몇 % 정도를 확보하는가?

① 20~30%
② 30~40%
③ 40~50%
④ 50~60%

[해설] 통상 20% 전후로 한다.

65. 축전설비의 주요장치가 아닌 것은?

① 충전장치
② 제어장치
③ 보안장치
④ 청정시스템

[해설] 축전지설비는 축전지, 충전장치, 보안장치, 제어장치 등으로 구성된다. 축전지는 순수한 직류 전원이며 경제적이고 보수가 용이한 특성을 가지고 있다.

66. 거치용 축전지 중 알칼리 축전지에 관한 설명으로 옳지 않은 것은?

① 저온특성이 좋다.
② 부식성의 가스가 발생한다.
③ 공칭전압은 1.2[V/셀] 이다.
④ 극판의 기계적 강도가 강하다.

[해설] 축전지의 종류 및 특성

구 분	연축전지	알카리축전지
원리	묽은 황산속에 과산화연(PbO_2)과 연(Pb)을 침적하여 기전력 발생	알카리용액의 전해질에 양극판과 음극판을 서로 격리 침적시켜 기전력 발생
기전력	2.05~2.08V	1.32V
공칭전압 (V/CELL)	2.0V	1.2V
전기적강도 (과충전, 과방전)	약하다	강하다
충전시간	길다	짧다
온도특성	나쁘다	좋다
수명	5~15년	20~30년
가격	싸다	비싸다
용도	장시간 일정전류 부하	단시간 대전류 부하
자가방전	보통	약간 작은 편
부식가스	발생한다	발생하지 않는다
기타	충,방전 전압차가 작다	저온특성이 좋다 고율방전특성이 좋다 보존이 용이하다

67. 알카리 축전지에 대한 설명으로 옳지 않은 것은?

① 공칭전압은 2[V/셀]이다.
② 부식성의 가스가 발생하지 않는다.
③ 고율방전특성이 좋다.
④ 기대수명이 10년 이상이다.

[해설] ① 알칼리 축전지의 공칭전압은 1.2[V/셀]이다.

68. 거치용 축전지 중 연축전지에 관한 설명으로 옳지 않은 것은?

① 공칭전압은 2[V/셀]이다.
② 충방전 전압의 차이가 크다.
③ 축전지의 필요 셀수가 적어도 된다.
④ 전해액의 비중에 의해 충방전상태를 추정할 수 있다.

[해설] 연축전지는 충전시와 방전시의 전압차가 작다.

해답 63. ① 64. ① 65. ④ 66. ② 67. ① 68. ②

69. 축전지에 관한 설명으로 옳지 않은 것은?

① 연축전지의 공칭전압은 1.5[V/셀]이다.
② 연축전지는 충방전 전압의 차이가 적다.
③ 알칼리축전지의 공칭전압은 1.2[V/셀]이다.
④ 알칼리축전지는 과방전, 과전류에 대해 강하다.

[해설] 연축전지의 공칭전압은 2.0[V/셀]이다.

70. 축전지의 충전 방식 중 필요할 때마다 표준 시간율로 소정의 충전을 하는 방식은?

① 급속충전
② 보통충전
③ 부동충전
④ 세류충전

[해설] 축전지의 충전방식
① 급속충전 : 축전지 용량의 1/3 정도의 충전전압으로 짧은 시간에 충전하는 것. 축전지에서 순간적으로 발생하는 열이 높아 수명이 짧아지고 성능도 떨어진다.
② 보통충전 : 축전지 용량의 1/10 정도의 충전전압으로 보다 장시간에 걸쳐 표준시간율로 충전하는 것
③ 부동충전 : 상용부하에 대한 전력공급은 충전기가 부담하도록 하되 충전기가 부담하기 어려운 일시적인 대전류부하는 축전지로 하여금 부담하게 하는 것
④ 세류충전 : 자기 방전에 가까운 낮은 전류로 서서히 충전을 하는 것

71. 축전지의 충전방식 중 전지의 자기방전을 보충함과 동시에 상용부하에 대한 전력공급은 충전기가 부담하도록 하되 충전기가 부담하기 어려운 일시적인 대전류부하는 축전지로 하여금 부담하게 하는 방식은?

① 보통 충전
② 급속 충전
③ 균등 충전
④ 부동 충전

■■■ 축전지실 및 발전기실

72. 축전지실의 넓이와 구조에 관한 설명으로 부적당한 것은?

① 밀폐형 축전지를 사용할 때는 면적이 넓어야 한다.
② 배기(排氣)설비를 하여야 한다.
③ 개방형 축전지를 사용할 때는 조명기구는 내산성으로 한다.
④ 축전지실내의 배선은 비닐선을 사용한다.

[해설] 밀폐형축전지는 면적이 좁아도 된다.

73. 축전지실에 관한 설명으로 옳지 않은 것은?

① 내진성을 고려한다.
② 축전지실의 천장높이는 1.8m 이상으로 한다.
③ 축전지실의 전기 배선은 비닐 전선을 사용한다.
④ 개방형 축전지의 경우 조명 기구 등은 내산형으로 한다.

[해설] ② 축전지실의 천장높이는 2.6m 이상으로 한다.

74. 발전기의 엔진의 출력이 100PS일 때 발전기실의 면적으로 알맞은 것은?

① 11m² 이상
② 13m² 이상
③ 15m² 이상
④ 17m² 이상

[해설] 비상발전기실의 바닥면적(S)은 기관의 마력(P.S.)을 P라 할 때, $S > 1.7\sqrt{P}(m^2)$
따라서, $S > 1.7\sqrt{100} = 17(m^2)$
일반적인 추천 권장치는 $S \geq 3\sqrt{P}(m^2)$를 쓴다.

해답 69. ① 70. ② 71. ④ 72. ① 73. ② 74. ④

75. 다음 중 발전기실의 위치 선정시 고려할 사항과 가장 관계가 먼 것은?
① 변전실에서 멀고 침수의 우려가 없을 것
② 실내 환기를 충분히 행할 수 있을 것
③ 배기 배출구에 가급적 가까이 위치할 것
④ 기기의 반입·반출 및 운전 보수면에서 편리할 것

76. 일반적인 발전기실의 유효높이는 발전장치 최고 높이의 몇 배 정도로 하는가?
① 1.2배   ② 2배
③ 3배   ④ 4배

77. 전기설비용 시설공간(실)에 관한 설명으로 옳지 않은 것은?
① 발전기실은 변전실과 인접하도록 배치한다.
② 중앙감시실은 일반적으로 방재센터와 겸하도록 한다.
③ 전기샤프트는 각 층에서 가능한 한 공급대상의 중심에 위치하도록 한다.
④ 주요 기기에 대한 반입, 반출 통로를 확보하되, 외부로 직접 출입할 수 있는 반출입구를 설치하여서는 안된다.

[해설] 기계실, 전기실 등은 대개 건물의 지하층에 위치하므로 장비 등의 반입반출구가 필요하다.

■■■ 감시·제어

78. 감시제어반에 있어서 감시를 위한 표시법이 옳지 않은 것은?
① 전원표시 - 백색램프
② 운전표시 - 오렌지색램프
③ 정지표시 - 녹색램프
④ 고장표시 - 부저 또는 벨

[해설] ② 운전표시 - 적색
　　　고장표시 - 오렌지색(+부저나 벨)

79. 동력설비의 감시 제어에서 고장표시를 나타내는 램프의 색은?
① 백색   ② 오렌지색
③ 적색   ④ 녹색

■■■ 전동기

80. 구조가 간단하고 가격이 싸므로 건축설비에서 가장 많이 사용되는 전동기는?
① 유도전동기
② 동기전동기
③ 정류자전동기
④ 직류전동기

[해설] ① 3상 유도전동기는 조작이 간단하고 값이 싸서 가장 많이 사용된다.

81. 다음 설명에 알맞은 전동기의 종류는?

> • 회전자계를 만드는 여자전류가 전원측으로부터 흐르는 관계로 역률이 나쁘다는 결점이 있다.
> • 구조와 취급이 간단하여 건축설비에서 가장 널리 사용된다.

① 직권전동기   ② 분권전동기
③ 유도전동기   ④ 동기전동기

[해설] 여자(勵磁, excitation) : 코일에 전류를 통해서 자속을 발생시키는 것 여자전류(勵磁電流, exciting current) : 전동기, 변압기 등 전자기기의 철심에서 주자속을 일으켜 흐르게 되는 전류
설비에서 가장 많이 사용되는 전동기는 값이 싸고 조작이 간편한 교류용 3상유도전동기이다.

82. 다음 중 교류전동기에 속하는 것은?
① 복권전동기   ② 분권전동기
③ 직권전동기   ④ 동기전동기

[해설] 직류전동기의 종류 : 복권, 분권, 직권 전동기

해답 75. ① 76. ② 77. ④ 78. ② 79. ② 80. ① 81. ③ 82. ④

83. 3상 교류 전동기가 아닌 것은?
① 직권 전동기
② 보통농형 유도전동기
③ 권선형 유도 전동기
④ 동기 전동기

[해설] 직류전동기-직권, 분권, 복권 전동기

84. 모우터의 1마력(HP)은 몇 kW인가?
① 0.5kW   ② 0.75kW
③ 1.0kW   ④ 1.25kW

[해설] 1HP : 0.746kW(영국식 마력)
1PS : 0.735kW(미터 마력)

85. 직류전동기에 대한 설명 중 옳지 않은 것은?
① 속도제어를 비교적 간단히 할 수 있다.
② 큰 시동 토오크를 필요로 하는 엘리베이터 등에 이용된다.
③ 교류전동기 보다 가격이 비교적 높다.
④ 직류전동기 중 가장 많이 이용되는 것은 3상 유도 진동기이다.

[해설] ④ 3상 유도전동기는 가장 많이 사용되는 것으로 교류전동기이다.

86. 전류가 흐르고 있는 도선에 대해 자기장이 미치는 힘의 작용방향을 정하는 법칙으로 전동기에 적용되는 법칙은?
① 암페어의 오른나사 법칙
② 렌쯔의 법칙
③ 플레밍의 오른손법칙
④ 플레밍의 왼손법칙

87. 다음 중 3상 유도전동기의 속도제어 방법이 아닌 것은?
① 인버터를 사용하여 주파수를 변화시킨다.
② 독립된 2조의 극수가 서로 다른 고정자 권선을 감아 놓고 필요에 따라 극수를 선택하여 극수를 변화시킨다.
③ 회전자에 접속되어 있는 저항을 변화시켜 비례추이의 원리로 제어한다.
④ 2선의 접속을 바꿔 회전자계의 방향이 반대로 되도록 한다.

[해설] 3상 유도전동기의 속도제어 방법
① 주파수 제어법 - 인버터 사용
③ 2차저항 제어법 - 비례추이의 원리
④ 극수변환법
이 외에도 2차여자법, 1차전압 제어법 등이 있다.

88. 전기샤프트(ES)에 관한 설명으로 옳지 않은 것은?
① 각 층마다 같은 위치에 설치한다.
② 전력용과 정보통신용은 공용으로 사용해서는 안된다.
③ 전기샤프트의 면적은 보, 기둥 부분을 제외하고 산정한다.
④ 현재 장비 이외에 장래의 배선 등에 대한 여유성을 고려한 크기로 한다.

[해설] 전력용 샤프트와 정보통신용 샤프트는 건물규모 등에 따라 공용으로 사용하기도 하고 별도로 사용하기도 한다.

89. 전기 샤프트(ES)에 관한 설명으로 옳지 않은 것은?
① 전기 샤프트(ES)는 각 층마다 같은 위치에 설치한다.
② 전기 샤프트(ES)의 면적은 보, 기둥부분을 제외하고 산정한다.
③ 전기 샤프트(ES)는 전력용(EPS)와 정보통신용(TPS)을 공용으로 설치하는 것이 원칙이다.
④ 전기 샤프트(ES)의 점검구는 유지보수 시 기기의 반입 및 반출이 가능하도록 하여야 한다.

해답 83. ① 84. ② 85. ④ 86. ④ 87. ④ 88. ② 89. ③

90. 전기샤프트(ES)의 계획 시 고려사항으로 옳지 않은 것은?

① 각 층마다 같은 위치에 설치한다.
② 기기의 배치와 유지보수에 충분한 공간으로 하고, 건축적인 마감을 실시한다.
③ 점검구는 유지보수 시 기기의 반출입이 가능하도록 하여야 하며, 점검구 문의 폭은 최소 300mm 이상으로 한다.
④ 공급대상 범위의 배선거리, 전압강하 등을 고려하여 가능한 한 공급 대상설비 시설 위치의 중심부에 위치하도록 한다.

[해설] 전기 샤프트의 점검구는 유지보수 시 기기의 반입 및 반출이 가능하도록 하여야 하며 문의 폭은 600(mm) 이상으로 한다.

해답 90. ③

2 전기설비(Ⅱ) - 배전, 배선방식, 배선재료, 배선기구

학습방향

간선의 배선방식, 분전반, 분기회로 등의 특징 및 배선방식, 배선재료, 배선기구 특히 서킷브레이커 등에 대한 이해가 요구된다.

6 배전

3차변전소까지 송전되어 온 전력을 수용가에 분배하는 것을 배전(配電, distribution)이라 하는데, 가공 전선로나 지중 전선로를 통하여 인입선에 의해 수용가에 전기가 공급된다.

중소건물은 저압, 대규모 건물은 고압 또는 특고압으로 전력을 인입하여 건물 내에서 간선, 분전반, 분기회로를 거쳐 배전한다.

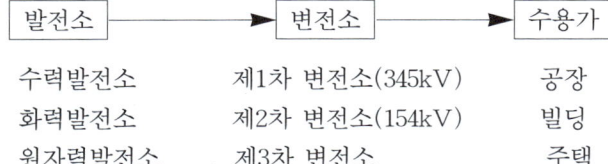

수력발전소	제1차 변전소(345kV)	공장
화력발전소	제2차 변전소(154kV)	빌딩
원자력발전소	제3차 변전소	주택

소규모주택은 220V를 인입하여 전력계-분전반-분기회로의 순으로 배전한다.

(1) 간선

건물로의 인입개폐기(배선용 차단기)로부터 각 층마다 설치된 분전반의 분기개폐기까지의 배선을 말한다.

① **평행식** : 각 분전반 마다 배전반으로부터 단독으로 배선되어 있으므로 전압강하가 평균화되고 사고가 발생하여도 그 범위를 좁힐 수 있는 것이 특징이며, 배선이 혼잡할 우려가 있기는 하나 대규모 건물에 적합하다.

② **나뭇가지식** : 한 개의 간선이 각각의 분전반을 거쳐가며 부하가 감소됨에 따라 간선의 굵기도 감소하지만, 굵기가 변하는 접속점에는 보안장치가 요구된다. 이 방식은 소규모 건물의 배전방식으로 적합하다.

학습POINT

■ 발전소에서 변전소까지 전기를 보내는 것을 송전이라 하며, 변전소에서 수용가까지 전기를 보내는 것을 배전이라 한다.

■ 소규모 주택의 배전경로는 220V인입-전력계-분전반-분기회로-전기기구 순이다.

■ 전력계에서 분전반까지 배선을 간선이라 하며, 분전반에서 전기기구까지의 배선을 분기회로라 한다.

■ 대규모 건물에 적당한 배선방식은 평행식이다.

③ 병용식 : 부하의 중심 부근에 분전반을 설치하고 분전반에서 각 부하에 배선하는 방식으로 가장 많이 쓰인다.

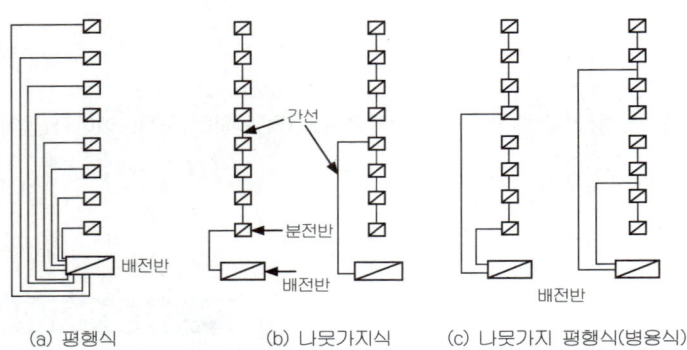

〈그림 2-1〉 간선의 배선 방식

(2) 분전반(panel board)

각 간선에서 배선을 분기하는 장소에 설치하는 것으로 배전반의 일종이며, 여러가지 형식이 있다. 분전반은 주개폐기, 분기회로용 분기개폐기 및 자동차단기 등을 한 곳에 모아 설치한 것으로 나이프 스위치나 노퓨즈브레이커가 사용된다.

분전반은 보수나 조작에 편리하도록 복도나 계단 부근의 벽에 설치하는 것이 좋다. 분전반의 설치간격은 분기회로의 길이가 30m 이하가 되도록 위치를 정하는 것이 바람직하며 분전반의 접지는 제3종 접지로 한다.

(3) 분기회로

분기회로는 건물내의 분전반으로부터 분기하여 전등이나 콘센트 등의 전기기기에 이르는 저압 옥내전로를 말한다. 분기회로에는 15A, 20A, 30A, 50A, 50A 초과 등 다섯 종류가 있으며 신설당시 10% 정도 여유를 둔다. 하나의 분전반에는 예비회로를 포함하여 최대 40회선 까지 배선할 수 있다.

각 수구 아웃트 렛(out let)으로 분기회로를 만드는 데는 다음 사항을 고려하여야 한다.
① 같은 스위치로서 점멸되는 전등은 같은 회로로 한다.
② 같은 방, 같은 방향의 수구는 될 수 있는 대로 같은 회로로 한다.
③ 복도, 계단 등은 될 수 있는 대로 같은 회로로 한다.
④ 습기가 있는 장소의 수구는 될 수 있는 대로 별도의 회로로 한다.
⑤ 전등, 아웃렛 회로는 보통 15A(전선굵기 1.6mm)로 한다.

■ 분전반은 분기회로 길이가 30m 이하가 되도록 설치해야 하며, 분전반은 제3종접지를 한다.

(a) 주택용

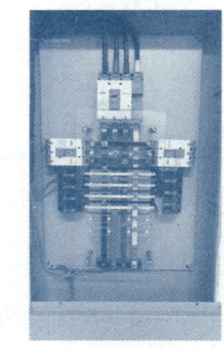
(b) 업무시설용

〈사진 2-1〉 각종 분전반

■ 하나의 분전반에는 예비회로를 포함하여 40회선까지 배선할 수 있다.

■ 분기회로는 적어도 1.6mm (15A용) 이상이 되어야 한다.

7 배선방식

(1) 배선방식

옥내 배선에 사용되는 교류의 전기방식은 그림과 같다.

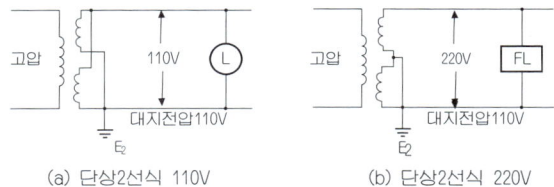
(a) 단상2선식 110V   (b) 단상2선식 220V

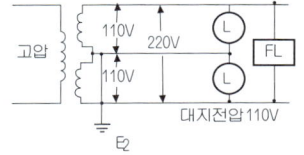
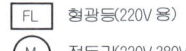
(c) 단상3선식 110/220V

(주) L 백열등(110V용)
FL 형광등(220V용)
M 전동기(220V, 380V용)

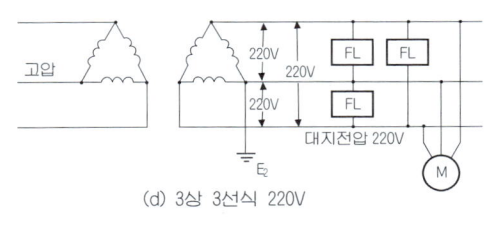
(d) 3상 3선식 220V

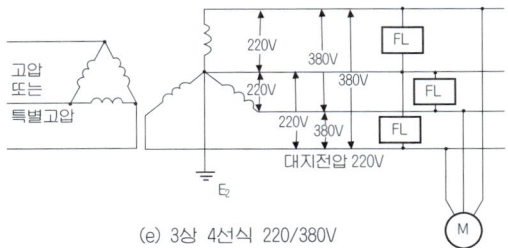
(e) 3상 4선식 220/380V

〈그림 2-2〉 전기방식

■ 전기배선방식에는 상의 갯수와 선의 수에 따라 단상2선식, 단상3선식, 3상3선식, 3상4선식으로 분류할 수 있다.

■ 주택에 사용되는 배선방식은 220V 단상2선식이다.

■ 110V와 220V의 전압을 동시에 얻을 수 있는 배선방식은 단상3선식이다.

■ 전압, 전력, 배선거리가 같을 때 배선비가 가장 적게 드는 배선방식은 3상4선식이다.

■ 대규모 건물에서는 3상4선식이 사용된다.

1) 단상 2선식 110V

보통 일반 주택과 같은 건물에서 많이 사용했던 방식이나 최근에는 승압공사에 따라 110V의 가전제품 제작을 법적으로 금지시키고 있다.

2) 단상 2선식 220V

최근 승압공사에 따라 일반 주택과 같은 건물에서 많이 사용하는 방식이다.

〈사진 2-2〉 3상4선식 배선

3) 단상 3선식 220/110V

단상 2선식 110V의 간선은 용량이 클 경우 전선의 크기가 커지는 관계로 비경제적이 된다. 그러므로 전류를 줄이기 위해 회로의 전압을 220V로 하고 다른 편에서 110V의 전원을 얻을 수 있도록 한 것이 단상 3선식 220/110V 방식이다. 중성선과의 전원이 각각 110V이고 상간은 220V이므로 두 종류의 전압을 얻을 수 있다.

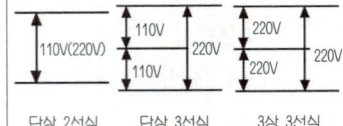

<그림 2-3> 전기 방식(2)

4) 3상 3선식 220V

빌딩이나 공장 등의 동력의 전원으로 이 방식이 많이 사용되었으나 최근에는 3상 4선식이 많이 쓰인다. 3상 3선식은 각 상간 전압이 전부 220V이고, 일반적으로는 1상을 접지해서 사용하는 관계상 대지전압은 220V이다.

5) 3상 4선식(120/208V, 220/380V, 265V/460)

대규모 건물에서 여러 종류의 전압이 필요할 때 선택되며 우리나라에서는 주로 220/380V를 사용하며 조명이나 소형전동기(보통 1마력 미만)는 220V를, 그 이상의 전동기는 380V를 사용한다.

8 배선재료

(1) 전선의 굵기 선정

간선이나 분기회로 등의 옥내배선의 굵기를 결정할 때에는 전선의 허용전류, 전압강하, 기계적인 강도를 반드시 고려해야 한다.

■ 전선굵기 결정시 고려사항 3가지
① 전선의 허용전류
② 전압강하
③ 기계적인 강도

1) 전선의 허용전류(안전전류)

전류가 절연물을 손상시키지 않고 안전하게 흐를 수 있는 최대 전류값을 허용전류라 하며 전기 배선에 있어서 가장 중요한 것이 전선의 허용전류이다. 전선에 흐르는 전류는 어느 한도를 넘으면 열로 인하여 절연물이 손상되며 때로는 화재의 원인이 되기도 한다.

2) 전압강하

부하에 걸리는 전압은 전원전압보다 항상 낮으며, 이것은 전류가 배선을 통과하는 사이에 저항에 의하여 전압이 떨어지기 때문이다. 이것을 전압강하라 한다.

■ 전압강하
공급전압이 정격전압에 대하여 1% 떨어지면 백열전구의 광속은 3% 떨어지고 형광등은 1~2% 낮아지며, 유도 전동기의 토크는 2% 감소되고, 전열기는 발생열량이 2% 감소한다. 따라서 옥내배선의 전압강하는 될 수 있는대로 적게 하는 것이 좋지만, 경제성을 고려하여 보통은 인입선에서 1%, 간선에서 1%, 분기회로에서 2% 이하로 하고 있다.

3) 기계적 강도

배선공사 중 단선 등의 어려움이 있거나 특수한 경우를 제외하고는 직경이 1.6mm 이상인 연동선이나 동등 이상의 기계적 강도를 갖는 전선을 사용한다.

(2) 전선의 종류

1) 형태에 따라 단선과 연선으로 구분한다.
   ① 단선 – 한 가닥으로 된 전선
   ② 연선 – 여러 가닥으로 꼬아져서 된 전선

2) 용도에 따라 절연전선, 코드, 케이블로 구분한다.
   ① 절연전선 – 도체의 표면을 비닐이나 고무등의 절연물로 피복한 것
   ② 코드 – 연동선을 여러 가닥 꼬아서 묶음을 만들고 그 위에 비닐, 면, 고무 등의 절연물로 피복을 한 것으로 휘기 쉽고 끊어지지 않아 전기기구를 접속하는데 쓰인다.
   ③ 케이블 – 절연전선이 물, 가스, 화학약품 등의 피해를 입지 않도록 다시 절연피복한 것으로 캡타이어 케이블, 전력 케이블, 제어 케이블이 있다. 지중전선, 가공전선, 이동용 기계, 방재설비 등에 쓰인다.

(3) 전선관의 굵기 선정

배관공사의 경우에는 전선의 굵기가 정해지면 그에 적합한 전선관의 굵기를 결정한다. 전선관은 전선의 삽입이나 교체를 용이하게 할 수 있는 안지름이 있어야 한다. 보통 관내에 전선을 4가닥 이상 삽입할 경우에는 전선 단면적이 파이프 구멍내 단면적의 40% 이하가 되는 파이프의 굵기를 결정하여야 하며 최대 10본 까지 넣을 수 있다.

■ 하나의 전선관에는 전선을 10가닥까지 넣을 수 있으며, 4가닥 이상을 넣을 경우 전선의 단면적의 합계가 전선관 단면적의 40% 이하가 되어야 한다.

9 배선기구

(1) 개폐기

옥내 배선에 있어서 전로를 조작하거나 보수하기에 편리할 목적으로 개폐기를 설치한다.

① 나이프 스위치(knife switch)
   대리석, 베이클라이트, 사기 등의 절연대 위에 칼, 칼받이 및 퓨즈 등으로 구성되어 있는 개폐기로 커버가 없는 나이프 스위치는 감전의 우려가 있다. 분전반의 주개폐기 또는 분기개폐기로 사용된다.

② 컷 아웃 스위치(cut-out switch)
   스위치와 보안 장치를 겸비한 소용량의 보안 개폐기이며 안전기 또는 두꺼비집, 베이비 스위치라 부른다.

■ 배선기구에는 개폐기, 점멸기, 자동차단기, 접속기 등이 있다.

(2) 점멸기

개인용실은 실내측에, 공공 혹은 공동 용도의 실은 실외측에, 바닥에서 약 1.2m 되는 곳에 설치한다.(단극, 2극, 3로, 4로)

① 로터리 스위치(rotary switch) : 시계방향으로 회전시켜 점멸한다.
② 텀블러 스위치(tumbler switch) : 노출형, 매입형이 있으며, 상하 또는 좌우로 점멸한다. 벽매입형에 많이 사용되는 스위치이다.
③ 푸시 버튼 스위치(push-button switch) : 두 개의 버튼 중에서 하나를 누르면 켜지고 다른 하나를 누르면 소등되며 매입형 뿐이다.
④ 풀 스위치(pull switch) : 천장 또는 높은 곳에 설치해서 내려뜨려진 끈을 잡아 당겨 점멸한다.
⑤ 코드 스위치(cord switch) : 코드중간에 접속해서 점멸하는 것이다.
⑥ 캐노피 스위치(canopy switch) : 전등 기구의 플랜지 내부에 끈을 설치해서 끈으로 점멸한다.
⑦ 3로 스위치 : 3개의 단자를 구비한 전환용 용수철 스위치로서 복도의 양끝, 계단의 상하에서 점멸이 가능한 것이다.

■ 긴 복도, 계단, 현관 등에 설치하여, 두 곳에서 점멸할 수 있도록 한 스위치를 3로 스위치라 한다.

■ 프레셔 스위치(Pressure Switch) 기압이나 수압 등 압력변화에 의해 자동적으로 전기회로를 개폐하는 스위치

■ 마그넷 스위치(Magnet Switch) 전자력에 의해 접점을 움직여서 전류의 개폐조작을 하는 개폐기로서 일반 회로의 자동개폐조작이나 전동기회로의 제어 등에 사용된다.

 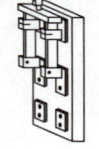  

(a) 컷아웃 스위치　(b) 나이프 스위치　(c) 커버 나이프 스위치　(d) 텀블러 스위치 (매입형 / 노출형)

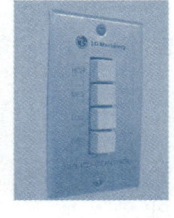  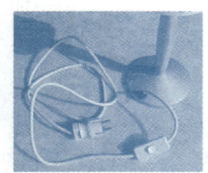

(e) 로터리 스위치　(f) 푸쉬버튼 스위치　(g) 3로 스위치　(h) 코드 스위치

〈그림 2-4〉 개폐기 및 점멸기의 종류

(3) 과전류 보호기

과전류가 흐르면 자동적으로 전로를 차단하는 것으로, 퓨즈 브레이커, 열동 계전기, 서킷 브레이커 등이 있다.

① 퓨즈(Fuse)

과부하 또는 단락시에 자동적으로 가용체를 용단하여 회로를 차단한다.

② 열동 계전기

③ 서킷 브레이커(circuit breaker, 자동차단기)

과전류(정격전류의 120%)가 흐를 때 자동적으로 회로를 끊어서 보호하는 것으로, 퓨즈와는 달리 아무런 손상을 입지 않고 다시 원상태로 복귀하여 재사용할 수 있으며, 노퓨즈 브레이커(No-fuse breaker)라고도 한다.

■ 과전류가 흐를 때 자동적으로 회로를 끊어서 기기를 보호하는 퓨즈를 사용하지 않는 스위치를 서킷 브레이커라 한다.

〈사진 2-3〉 서킷 브레이커

■ 배선용 차단기(Breaker)
- 전기회로에 과전류 즉 정격전류(단위:암페어 A) 이상의 전류가 흐를 때 이로 인한 사고를 예방하기 위해 전류의 흐름을 끊는 기계
- 예전에는 퓨즈가 사용되었으나 퓨즈는 한번 작동되면 새로운 것으로 교체해야 되는 불편함이 있어 지금은 퓨즈가 없는 노퓨즈브레이커(NFB)가 사용되며 가장 대표적인 것은 MCCB이다.

1) MCCB(Molded Case Circuit Breaker) : 몰드 케이스 내에 수용되어 있는 차단기로 가장 많이 사용

2) ACB(Air Circuit Breaker) / ABCB(Air Blast Circuit Breaker) : 압축된 공기를 이용한 차단기로 주로 고압전기에 사용

이 외에도 유입차단기(OCB), 누전차단기(ELCB), 고속차단기(HSCB), 전자차단기(MCB) 등 등 용도나 작동원리에 따라 많은 종류가 있다.

(4) 접속기

① 로제트 : 옥내 배선과 코드 접속
② 코드 커넥터 : 코드와 코드의 접속
③ 소켓, 분기소켓 : 전구와 코드 접속
④ 리셉터클 : 옥내 배선과 전등의 접속
⑤ 아우트렛과 플러그 : 보통 사무실에서는 벽길이 5m마다 한 개의 비율로 콘센트를 설치하며 설치 높이는 바닥에서 약 30cm로 한다.

(a) 콘센트(노출형)

(b) 플러그

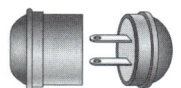
(c) 코드 케넥터

(d) 리셉티클

(e) 로젯

〈그림 2-5〉 접속기의 종류

핵 심 문 제

1 주택 등의 소규모 건축물에서의 배선 경로로 옳은 것은?
① 220[V] 인입 → 분전반 → 전력계 → 분기회로
② 220[V] 인입 → 분기회로 → 전력계 → 분전반
③ 220[V] 인입 → 전력계 → 분기회로 → 분전반
④ 220[V] 인입 → 전력계 → 분전반 → 분기회로

2 다음에서 대규모 건물에 적당한 간선의 배선방식은?
① 나무가지식
② 평행식
③ 나무가지 평행 병용식
④ 네트워크식

3 분전반에 관한 설명 가운데서 옳지 않은 것은?
① 분전반은 주개폐기, 분기개폐기로 구성된다.
② 분기 회로용 개폐기는 나이프 스위치, NFB 등이 주로 사용된다.
③ 1개의 분전반에 넣을 수 있는 분기개폐기의 수는 보통 60회선 정도로 한다.
④ 적어도 1개층에서 1개씩 분전반을 설치하고 될 수 있으면 분기회로의 길이를 30m 이하가 되도록 한다.

4 보통 1개의 분전반에 넣을 수 있는 분기회로 개폐기의 수는 예비회로를 포함하여 얼마 이하로 하는가?
① 40회로
② 30회로
③ 25회로
④ 20회로

5 전력설비에서 분기회로의 전선굵기 선정에 관한 기술 중 부적당한 것은?
① 전선의 허용 전압강하를 고려한다.
② 직경 1.0mm전선 이상을 사용한다.
③ 전선의 허용전류를 고려한다.
④ 전선의 기계적 강도를 고려한다.

해 설

해설 **1**

해설 **2**
소규모 건물에는 나무가지식, 대규모건물에는 평행식이 사용되며 대부분의 건물에서는 이 두 가지를 병용하여 사용한다.

해설 **3**
③ 1개의 분전반에는 예비회로를 포함하면 40회선, 보통 20회선 정도의 분기회로를 배선할 수 있다.

해설 **4**
분전반 1개로 공급하는 범위는 1,000m²이하로 하고 1개의 분전반에 넣을 수 있는 분기회로 개폐기의 수는 예비회로를 포함하여 40회로, 예비회로는 당초 사용회로의 30% 정도로 한다.

해설 **5**
분기회로 중 최소전선 굵기는 1.6mm (15A용)이다.

정답 1. ④ 2. ② 3. ③ 4. ① 5. ②

6 그림과 같은 간선의 전기 방식은?

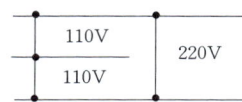

① 단상 2선식
② 단상 3선식
③ 3상 3선식
④ 3상 4선식

7 우리나라에서 승압계획에 따라 대형빌딩이나 공장 등의 간선회로에 주로 사용되는 배전방식은?

① 100V 단상 2선식
② 220V/380V 3상 4선식
③ 100V 3상 3선식
④ 220V 3상 4선식

8 전선의 굵기를 결정하는 고려사항 조건이 아닌 것은?

① 기계적 강도 ② 안전전류
③ 배선방식   ④ 전압강하

9 전선에 과전류가 흐르면 자동적으로 회로를 차단시켜 안전을 도모하는 스위치는?

① 서킷 브레이커(Circuit Breaker)
② 자동 댐퍼(Automatic Damper)
③ 나이프 스위치(Knife Switch)
④ 컷아웃 스위치(Cutout Switch)

10 아파트의 계단 같은 곳에서 아래층과 윗층에서 점멸시킬 수 있는 스위치는?

① 3로 스위치
② 도어 스위치
③ 압력 스위치
④ 나이프 스위치

해 설

해설 6

① 단상 2선식

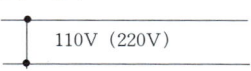

③ 3상 3선식

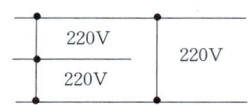

해설 7

대형빌딩이나 공장에서는 220V/380V 3상 4선식이 쓰인다.

해설 8

안전전류(허용전류), 전압강하, 기계적 강도

해설 9

① Circuit Breaker는 회로차단기로 정격전류의 120%를 초과하면 자동으로 회로가 차단된다. Fuse를 사용하지 않으므로 No-Fuse Breaker라고도 한다.

해설 10

긴복도, 현관, 계단실 등에 설치하여, 두 곳에서 점멸하는 스위치

정답 6. ② 7. ② 8. ③ 9. ① 10. ①

기출문제 및 예상문제

11 CHAPTER 2. 배전, 배선방식, 배선재료, 배선기구

■■■ 배전 및 배전방식

1. 옥내배선의 설계에 있어서 틀린 것은?
① 인입구 근처에는 개폐기, 보안장치를 설비하고 전 전류를 차단할 수 있게 시설한다.
② 간선은 분전반에서 전등까지의 배선을 말한다.
③ 분기선은 될 수 있는 한 최단거리를 통하게 한다.
④ 간선의 결정에는 전선의 허용전류를 고려한다.

[해설] 간선은 인입개폐기(배전반)에서 분전반까지의 배선이며, 분전반에서 전등이나 콘센트까지의 배선은 분기회로라 한다.

2. 옥내배선의 설계순서로서 가장 알맞은 것은?

| A : 전선굵기의 결정 | B : 배선방법을 선정 |
| C : 부하결정 | D : 전기방식 선정 |

① A-B-C-D
② C-D-B-A
③ B-A-D-C
④ D-B-A-C

[해설] 옥내배선의 설계순서
부하용량산정 - 전기방식 결정 - 배선방법 결정 - 전선굵기 결정

3. 다음 중 간선 및 배선설비 설계에서 일반적으로 가장 먼저 이루어지는 작업은?
① 부하 산정
② 보호방식 결정
③ 간선의 배선방식 결정
④ 배선의 부설방식 결정

4. 옥내배선에서 간선의 배선방식에 속하지 않는 것은?
① 평행식
② 나무가지식
③ 병용식
④ 시그널콘트롤식

[해설] 시그널콘트롤식은 엘리베이터 운전방식 중의 하나이다.

5. 다음과 같은 특징을 갖는 간선 배선 방식은?

• 사고 발생 때 타부하에 파급효과를 최소한으로 억제할 수 있어 다른 부하에 영향을 미치지 않는다.
• 경제적이지 못하다.

① 나뭇가지식
② 평행식
③ 나뭇가지 평행 병용식
④ 네트워크식

6. 다음 설명에 알맞은 간선의 배선 방식은?

• 경제적이나 1개소의 사고가 전체에 영향을 미친다.
• 각 분전반 별로 동일전압을 유지할 수 없다.

① 평행식   ② 나뭇가지식
③ 나뭇가지 평행식 ④ 루프식

7. 간선의 배전방식에서 분전반에서 사고가 발생했을 때 그 파급범위가 가장 좁은 것은?
① 평행식   ② 나무가지식
③ 병용식   ④ 방사선식

해답 1. ② 2. ② 3. ① 4. ④ 5. ② 6. ② 7. ①

8. 간선의 배선 방식 중 평행식에 관한 설명으로 옳은 것은?

① 공급 신뢰도가 낮아 중요 부하에 적용이 곤란하다.
② 나뭇가지식에 비해 배선이 단순하며 설비비가 저렴하다.
③ 용량이 큰 부하에 대하여는 단독의 간선으로 배선할 수 없다.
④ 사고발생 시 타부하에 파급효과를 최소한으로 억제할 수 있다.

9. 다음 그림과 같은 형태를 갖는 간선의 배선방식은?

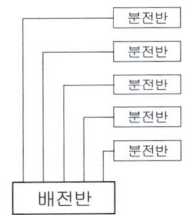

① 개별방식
② 루프방식
③ 병용방식
④ 나뭇가지방식

[해설] 평행식이라고도 하며 배전반으로부터 각 분전반까지 단독으로 배선되어 있어 압강하가 평균화되고 사고가 발생하여도 피해범위를 좁힐 수 있다.

10. 간선 배선방식 중 평행식에 관한 설명으로 옳지 않은 것은?

① 전압 강하가 평균화된다.
② 사고 발생시 파급되는 범위가 좁다.
③ 배선이 간편하고 설비비가 적어진다.
④ 배전반으로부터 각 층의 분전반까지 단독으로 배선된다.

11. 간선의 배선 방식 중 평행식에 대한 설명으로 옳은 것은?

① 설비비가 가장 저렴하다.
② 배선자재의 소요가 가장 적다.
③ 사고의 영향을 최소화할 수 있다.
④ 전압이 안정되나 부하의 증가에 적응할 수 없다.

12. 간선의 배선방식에 대한 설명 중 옳지 않은 것은?

① 평행식은 사고 발생시 파급되는 범위가 좁다.
② 루프식은 공급신뢰도가 높아 중요 부하에 적용된다.
③ 평행식은 각 층의 분전반까지 단독으로 배선되므로 전압강하가 평균화된다.
④ 나뭇가지식은 요구되는 전선의 굵기가 가늘어 대규모 건축물에 주로 사용된다.

13. 전기설비기술기준에 따른 용어의 정의가 옳지 않은 것은?

① 전로란 통상의 사용 상태에서 전기가 통하고 있는 곳을 말한다.
② 전압의 구분에서 저압은 직류는 1,500V 이하, 교류는 1,000V 이하인 것을 말한다.
③ 광섬유케이블이란 광신호의 전송에 사용하는 보호 피복으로 보호한 전송매체를 말한다.
④ 배선이란 전기사용 장소에 시설하는 전선을 말하며, 전기기계기구 내의 전선 및 전선로의 전선을 포함한다.

[해설] 배선이란 전기사용 장소에 시설하는 전선을 말하되 전기기계기구 내의 전선 및 전선로의 전선은 제외한다.(전기설비기술기준 제3조)

해답   8. ④   9. ①   10. ③   11. ③   12. ④   13. ④

■■■■ **분전반 및 분기회로**

14. 분전반에 관한 설명으로 옳지 않은 것은?
① 간선의 인출이 용이한 곳에 설치한다.
② 부하의 중심에 위치하는 것이 바람직하다.
③ 분전반에는 배관이 집중되도록 한다.
④ 분전반 1개로 공급하는 범위는 1,000m² 정도가 적당하다.

15. 주개폐기, 분기 회로용 분기 개폐기나 자동 차단기를 한곳에 모아서 설치한 것으로 간선과 분기회로의 연결역할을 하는 설비는?
① 케이블 래크   ② 배선용 비트
③ 풀박스   ④ 분전반

16. 저압 옥내 간선으로부터 분기하여 전기 기기에 이르는 전기회로를 무엇이라고 하는가?
① 간선   ② 케이블 래크
③ 풀박스   ④ 분기회로

17. 전기설비에서 다음과 같이 정의되는 것은?

> 간선에서 분기하여 회로를 보호하는 최종 과전류차단기와 부하 사이의 전로

① 나도체   ② 분기회로
③ 절연전선   ④ 인입케이블

18. 다음 중 분전반에 관한 설명으로 옳은 것은?
① 분기회로의 길이가 30m이하가 되도록 위치를 선정하는 것이 바람직하다.
② 한 층에 최소 3개씩 설치하여야 한다.
③ 큰 규모의 건물에서는 분전반의 수를 적게 하고 분기회로의 길이를 길게 하는 것이 좋다.
④ 1개의 분전반에 넣을 수 있는 분기 개폐기의 수는 예비회로를 포함하여 최대 15회로이다.

[해설] ③ 분기회로의 길이는 30m 이내로 한다.

④ 1개의 분전반에 넣을 수 있는 분기회로의 수는 예비회로를 포함하여 최대 40회로이다.

19. 1개의 분전반에 넣을 수 있는 분기 개폐기의 수는 예비회로를 포함하여 얼마 정도로 하는가?
① 10회선 정도   ② 20회선 정도
③ 30회선 정도   ④ 40회선 정도

[해설] 예비회로를 포함하면 40회선, 일반적으로는 20회선 정도로 한다.

20. 분전반은 분기회로의 길이가 얼마 이하가 되도록 설치하여야 하는가?
① 40m 이하   ② 30m 이하
③ 20m 이하   ④ 10m 이하

[해설] 한 층에 분전반을 적어도 한 개씩 설치하고 분기회로의 길이는 30m 이하가 되도록 한다.

21. 분기 회로 구성시의 유의사항에 대한 설명 중 옳지 않은 것은?
① 복도, 계단 등은 될 수 있는 한 같은 회로로 한다.
② 습기가 있는 장소의 수구는 가능하면 별도의 회로로 한다.
③ 같은 방, 같은 방향의 수구는 가능한 한 같은 회로로 한다.
④ 대규모 건물에서 전등과 콘센트는 동일한 회로로 구성하는 것을 원칙으로 한다.

[해설] 전등과 콘센트는 별도의 회로로 한다.

22. 다음의 분기회로 구성시 유의사항에 대한 설명 중 옳지 않은 것은?
① 분기회로의 전선 길이는 60m 이하로 한다.
② 전등회로와 콘센트회로는 별도의 회로로 한다.
③ 같은 스위치로 점멸되는 전등은 같은 회로로 한다.
④ 습기가 있는 장소의 수구는 가능하면 별도의 회로로 한다.

해답 14. ③ 15. ④ 16. ④ 17. ② 18. ① 19. ④ 20. ② 21. ④ 22. ①

[해설] 분기회로의 길이는 30m 이내로 한다.

23. 다음 중 분전반의 외함 크기를 결정하는 요소와 가장 거리가 먼 것은?
① 주차단기의 용량
② 분기차단기의 용량
③ 고주파의 크기
④ 사용장소

[해설] 고조파(Harmonics) : 기본파에 대해 정수배가 되는 주파수들로서 기본파의 주파수보다 두 배 높은 주파수를 2고조파, 3배 높은 주파수를 3고조파 등으로 부른다.

■■■ 배선방식

24. 일반주택의 수전 전기방식은 어떠한 것이 좋은가?
① 1ø 2W식 220V
② 1ø 3W식 110/220V
③ 3ø 3W식 220V
④ 3ø 4W식 220/380V

25. 100V, 200V 두가지의 전기 기구를 사용하는 주택에서 적당한 전기 방식은?
① 단상 2선식
② 단상 3선식
③ 3상 3선식
④ 3상 4선식

26. 사무실 빌딩과 같은 일반건물에서 많이 채용될 수 있는 전기방식은?
① 단상 3선식
② 단상 4선식
③ 3상 3선식
④ 3상 4선식

[해설] 1 HP 이상의 전동기 등에는 380V가 사용되기 때문에 3상 4선식 220/380V를 사용한다.

27. 전력을 배전하는데 전선량이 가장 적게 드는 전기방식은?
① 단상 2선식
② 단상 3선식
③ 3상 3선식
④ 3상 4선식

[해설] 전압, 전력, 배선거리가 같을 때 소요되는 전선의 동량(銅量)은 3상4선식 〈 단상3선식 〈 3상3선식 〈 단상2선식으로 3상4선식이 가장 적게 소요된다.

28. 3상 동력과 단상전등 부하를 동시에 사용할 수 있는 방식으로 대형빌딩이나 공장 등에서 사용되는 것은?
① 단상 3선식 220/110[V]
② 3상 2선식 220[V]
③ 3상 3선식 220[V]
④ 3상 4선식 380/220[V]

29. 220/380V 전원을 공급하는 빌딩 및 공장의 전등 및 동력용 간선으로 가장 많이 사용되는 배선 방식은?
① 단상 2선식
② 단상 3선식
③ 3상 3선식
④ 3상 4선식

30. 3상 Y결선되고 선간전압이 380V인 3상교류의 상전압은?
① 120V
② 220V
③ 380V
④ 660V

[해설] 3상4선식에서 상전압을 E, 선간전압을 V_{ab} 라 하면
$V_{ab} = \sqrt{3}E$
그러므로 $E = V_{ab}/\sqrt{3} = 380/\sqrt{3} = 220V$

31. 3상 대칭 성형(Y)결선에서 상전압이 220[V]일 때 선간전압은 얼마인가?
① 110[V]
② 220[V]
③ 380[V]
④ 440[V]

해답 23. ③ 24. ① 25. ② 26. ④ 27. ④ 28. ④ 29. ④ 30. ② 31. ③

[해설] 3상4선식에서 상전압을 E, 선간전압을 V_{ab} 라 하면
선간전압 $V_{ab} = \sqrt{3}E = \sqrt{3} \times 220 = 380V$

■■■ 배선재료

32. 다음에서 전선의 굵기 결정에 관계가 없는 것은?

① 기계적 강도 　　② 허용전류
③ 전압강하 　　　　④ 전선관의 굵기

[해설] 전선굵기 결정시 고려사항 3가지 : 안전(허용)전류, 전압강하, 기계적 강도
④ 전선관 굵기는 전선굵기와 가닥수가 결정된 다음 정한다.

33. 옥내배선의 전압강하는 경제성을 고려하여 보통 분기회로에서 몇 %이하로 하고 있는가?

① 2%　　　　② 5%
③ 7%　　　　④ 10%

[해설] 옥내배선의 전압강하는 될 수 있는 대로 적게 하는 것이 좋지만, 경제성을 고려하여 보통은 인입선에서 1%, 간선에서 1%, 분기회로에서 2%이하로 하고 있다.

34. 전압강하(Voltage Drop)에 관한 설명으로 옳은 것은?

① 저항이 적은 전선을 사용하면 전압 강하는 커진다.
② 전선 단면적에 비례하므로 전선을 가늘게 하면 전압강하가 발생하지 않는다.
③ 전압강하가 크면 전등은 광속이 감소하고 전동기는 토크가 감소한다.
④ 전선에 전류가 흐를 때 전선의 임피던스로 인하여 전원측 전압보다 부하측 전압이 커지는 현상이다.

[해설] ① 저항이 작은 전선을 사용하면 전압 강하는 작아진다.
② 저항과 전압강하는 전선 단면적에 반비례하므로 전선을 가늘게 하면 저항과 전압강하는 커진다.
③ 전선에 전류가 흐를 때 전원측 전압보다 부하측 전압이 작아지는 현상이다.

35. 금속관에 부설되는 전선의 절연피복을 포함한 총 단면적은 금속관 내 단면적의 최대 몇 % 이하가 되어야 하는가?

① 20%　　　　② 30%
③ 40%　　　　④ 50%

■■■ 배선기구

36. 수동으로 회로를 개폐하고, 미리 설정된 전류의 과부하에서 자동적으로 회로를 개방하는 장치로 정격의 범위 내에서 적절히 사용하는 경우 자체에 어떠한 손상을 일으키지 않도록 설계된 장치는?

① 캐비닛　　　　② 차단기
③ 단로스위치　　④ 절환스위치

[해설] 차단기(breaker) : 전기회로에 과전류 즉 정격전류(단위 : 암페어, A로 표시) 이상의 전류가 흐를 때 이로 인한 사고를 예방하기 위해 전류의 흐름을 끊는 기계이다. 예전에는 퓨즈가 사용되었으나 퓨즈는 한번 작동되면 새로운 것으로 교체해야 되는 불편함이 있어 지금은 퓨즈가 없는 노퓨즈브레이커(NFB)가 사용되며 가장 대표적인 것은 MCCB(molded case circuit breaker)이다.

37. 배선용 차단기에 관한 설명으로 옳지 않은 것은?

① 각 극을 동시에 차단하므로 결상의 우려가 없다.
② 과부하 및 단락사고 차단 후 재투입이 불가능하다.
③ 전기조작, 전기신호 등의 부속장치를 사용하여 자동제어가 가능하다.
④ 개폐기구 및 트립장치 등이 절연물인 케이스에 내장되어 있어 안전하게 사용 가능하다.

[해설] 배선용차단기(MCCB : Molded Case Circuit Breaker) NFB(No Fuse Breaker) 중 가장 많이 사용되는 것으로서 개폐기구, 트립장치 등을 절연물 용기내에 일체로 조립한 것으로 통전상태의 전로를 수동 또는 전기 조작에 의해 개폐할 수 있으며, 과부하 및 단로 등의 이상 상태시 자동적으로 전류를 차단하는 기구. 교류 600V 이하 또는 직류 250V 이하의 저압 옥내전로의

해답　32. ④　33. ①　34. ③　35. ③　36. ②　37. ②

보호에 사용되는 mold case 차단기.
소형이며 조작이 안전하고 작동 후 퓨우즈를 교체해야 되는 수고없이 즉시 재사용이 가능하므로 종래의 나이프 스위치와 퓨우즈를 결합한 것에 대신하여 널리 사용되고 있다.

38. 다음 중 최근 저압선로의 배선보호용 차단기로 가장 많이 사용되는 것은?

① ACB ② GCB
③ MCCB ④ ABCB

해설 배선용 차단기(Breaker) : 전기회로에 과전류 즉 정격전류(단위 : 암페어 A로 표시) 이상의 전류가 흐를 때 이로 인한 사고를 예방하기 위해 전류의 흐름을 끊는 기계이다. 예전에는 퓨즈가 사용되었으나 퓨즈는 한번 작동되면 새로운 것으로 교체해야 되는 불편함이 있어 지금은 퓨즈가 없는 노퓨즈브레이커(NFB)가 사용되며 가장 대표적인 것은 MCCB이다.
1) MCCB(Molded Case Circuit Breaker) : 몰드 케이스 내에 수용되어 있는 차단기로 가장 많이 사용한다.
2) ACB(Air Circuit Breaker) / ABCB(Air Blast Circuit Breaker) : 압축된 공기를 이용한 차단기로 주로 고압전기에 사용한다.
이 외에도 유입차단기(OCB), 누전차단기(ELCB), 고속도차단기(HSCB), 전자차단기(MCB) 등등 용도나 작동원리에 따라 많은 종류가 있다.

39. 전기설비에서 다음과 같이 정의되는 장치는?

> 지락전류를 영상변류기로 검출하는 전류동작형으로 지락전류가 미리 정해놓은 값을 초과할 경우, 설정된 시간 내에 회로나 회로의 일부의 전원을 자동으로 차단하는 장치

① 퓨즈 ② 누전차단기
③ 단로스위치 ④ 과전류차단기

해설 고장전류의 종류
(1) 과부하전류 - 전기기기는 그 정격전류, 전선은 그 허용전류를 어느 정도 초과하여 기기, 전선의 손상방지상 차단기를 필요로 하는 전류
(2) 단락전류 - 2개의 전기회로가 임피던스가 작은 상태로 접촉되었을 경우에 그 부분을 통하여 흐르는 전류
(3) 누설전류 - 전로 이외에 흐르는 전류로서, 전로의 절연체 내부 또는 표면과 공간을 통하여 선간 또는 대지사이를 흐르는 전류
(4) 지락전류 - 도체가 땅에 떨어져 지면으로 흐르는 고장 전류로 화재, 감전 또는 전로나 기기의 손상 등 사고를 일으키는 전류

40. 옥내 배선의 전기 회로를 조작하거나 보수하기 편리하도록 시설하는 스위치에 해당하는 배선 기구는?

① 자동 차단기 ② 개폐기
③ 접속기 ④ 콘센트

41. 분전반의 주개폐기나 각 분기회로용 개폐기로 주로 사용되는 것은?

① 마그네트 스위치(Magnet switch)
② 몰드케이스 서킷브레이커 스위치
   (Molded case circuit breaker switch)
③ 플로우트 스위치(Float switch)
④ 캐노피 스위치(Canopy switch)

해설 나이프스위치나 써킷브레이커가 사용된다.

42. 과전류가 흐를 때는 자동적으로 회로를 차단시켜주고 재사용이 가능한 것은?

① 퓨즈
② 노퓨즈 브레이커
③ 텀블러 스위치
④ 캐노피 스위치

해설 노퓨즈 브레이커(no-fuse breaker)
과전류가 흐를 때 자동적으로 회로를 끊어서 보호하는 것으로, 퓨즈와는 달리 아무런 손상을 입지 않고 다시 원상태로 복귀하여 재사용할 수 있으며, 서킷브레이커라고도 한다.

해답 38. ③ 39. ② 40. ② 41. ② 42. ②

43. 회로의 부하 상태에 의하여 자동적으로 작동한 후 원상태로 복귀가 가능한 개폐기는?
① 나이프 스위치
② 서킷 브레이커
③ 컷아웃 스위치
④ 보턴 스위치

[해설] ② 정격전류의 120% 이상의 과부하가 걸리면 자동으로 회로를 차단하는 것으로 퓨즈가 없는 자동차단기

44. 부하전류를 개폐함과 동시에 단락 및 지락사고 발생시 각층 계전기와의 조합으로 신속히 전로를 차단하여 기기 및 전선을 보호하는 장치는?
① 로우젯
② 영상 변류기
③ 진상용 콘덴서
④ 서킷 브레이커

45. 과전류 보호기로서 자동차단기는 정격전류의 몇 %에서 차단되는가?
① 110%   ② 120%
③ 130%   ④ 140%

[해설] 정격전류의 120%에서 차단된다.

46. 배선기구 중에서 벽매입형으로 가장 많이 사용되는 점멸기는?
① 로터리 스위치   ② 풀 스위치
③ 나이프 스위치   ④ 텀블러 스위치

47. 전기 배선 공사에 사용되는 기구 중 손잡이의 회전에 의해 점멸을 하는 스위치는?
① 로터리 스위치
② 텀블러 스위치
③ 푸시버튼 스위치
④ 캐노피 스위치

48. 배선기구의 관련사항에 대한 조합 중 틀린 것은?
① 컷아웃스위치 - 보안개폐기
② 서킷브레이커 - 과전류보호기
③ 캐노피스위치 - 전등의 점멸
④ 3로스위치 - 거실의 점멸

[해설] 3로스위치는 긴 복도, 계단실 등의 양쪽에서 점멸이 가능하다.

49. 사용 용도에 따른 스위치의 연결이 옳지 않은 것은?
① 응접실 - 마그넷 스위치
② 계단실 - 3로 스위치
③ 양수펌프 - 플로트 스위치
④ 분전반 - 나이프 스위치

[해설] 응접실 - 텀블러스위치(매입형), 마그넷 스위치 - 전동기 등의 자동제어용 스위치

50. 콘센트는 보통 사무실에서는 벽길이 몇 m 마다 한 개의 비율로 설치하는 것이 이상적인가?
① 벽길이 약 3m 마다
② 벽길이 약 4m 마다
③ 벽길이 약 5m 마다
④ 벽길이 약 6m 마다

51. 전기설비에서 점멸기의 위치 결정에 대한 설명 중 옳지 않은 것은?
① 개인실은 실내측에 둔다.
② 평상시 사람이 거주하지 않는 곳은 실내측에 설치한다.
③ 긴 복도는 복도 양단에 설치하고 계단실에는 상하 쌍방에 설치한다.
④ 설치 높이는 바닥에서 1.2m로 한다.

해답 43. ② 44. ④ 45. ② 46. ④ 47. ① 48. ④ 49. ① 50. ③ 51. ②

3 전기설비(Ⅲ) - 배선공사, 전기도시기호

학습방향

시설 장소별 배선공사의 종류, 금속관공사, 가요전선관공사, 플로어덕트공사, 버스덕트공사 등의 특징, 전기도시기호 등에 대한 이해가 요구된다.

10 배선공사

전기설비의 기술기준에 의하면 옥내배선공사의 종류는 12가지로 규정하고 있으며 시설장소 및 사용전압에 따라 채용될 수 있는 방법이 제한되어 있다.

〈표 3-1〉 시설장소별 공사종류

시설장소 공사종류	전개된 장소		점검할 수 있는 은폐장소		점검할 수 없는 은폐장소	
	건조 한곳	습기 물기 있는 곳	건조 한곳	습기 물기 있는 곳	건조 한곳	습기 물기 있는 곳
애자사용 공사	○	○	○	○	○	×
목재 몰드 공사	○	×	○	×	×	×
합성수지 몰드 공사	○	×	○	×	×	×
경질비닐관 공사	○	○	○	○	○	○
금속관 공사	○	○	○	○	○	○
금속몰드 공사	○	×	○	×	×	×
가요전선관 공사	○	×	○	×	×	×
금속덕트 공사	○	×	×	×	×	×
캡타이어 케이블공사	○	○	○	○	×	×
케이블 공사	○	○	○	○	○	○

○ ········ 시설할 수 있는 장소   × ········ 시설할 수 없는 장소

(1) 애자사용공사

건물의 천정, 벽 등에 놉애자, 핀애자, 애관, 클리이트를 사용하여 전선을 지지하는 공사 방법이다.

학습POINT

■ 전선배선시 전선을 보호하고 교체를 용이하게 할 수 있도록 각종 전선관을 사용한다.

■ 전개 및 은폐, 습기 등에 관계없이 모든 곳에 가능한 전기공사에는 경질비닐관공사, 금속관공사, 케이블공사 등이 있다.

■ ～몰드공사는 전선을 넣고 뚜껑을 덮는 형태의 공사이므로 습기 있는 곳이나 점검할 수 없는 은폐장소에는 사용할 수 없다.

■ ～덕트공사는 점검할 수 없는 은폐장소에는 사용할 수 없다.

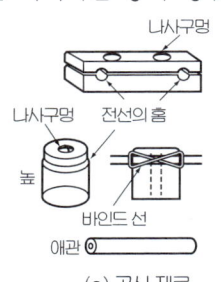

(a) 공사 재료   (b) 애자를 사용한 공사

〈그림 3-1〉 애자사용 공사

(2) 목재몰드 공사

목재에 홈을 파서 홈에 절연전선을 넣고 뚜껑을 덮어 실시하는 공사이다. 이 공사는 옥내배선의 모든 부분에 이용되는 경우는 없고 애자사용 배선의 일부로서 콘센트, 스위치류 등의 인하선에 이용되는 정도이다.

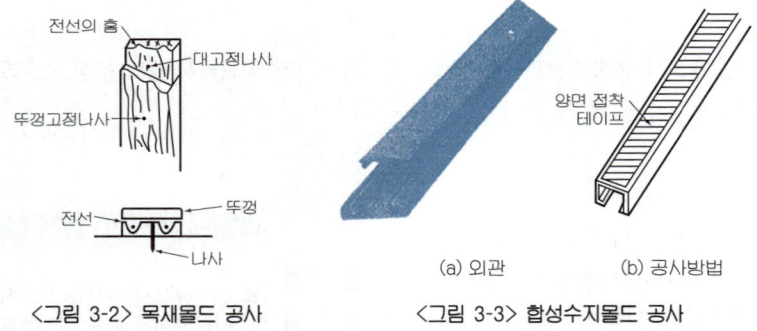

〈그림 3-2〉 목재몰드 공사 〈그림 3-3〉 합성수지몰드 공사

(3) 합성수지몰드 공사

이 공사는 접속점이 없는 절연 전선을 사용하여 전선이 노출되지 않도록 설치해야 한다. 내식성이 좋아 부식성 가스 또는 용액을 발산하는 화학공장의 배선에 적합하다.

(4) 경질비닐관 공사(합성수지관 공사)

관 자체가 우수한 절연성을 가지고 있으며, 중량이 가볍고 시공이 용이하며 내식성이 뛰어나 화학공장 등에 사용가능하지만, 열에 약하고 기계적 강도가 낮은 것이 결점이다.

■ PVC관을 이용한 배선공사로 내식성이 강하여 화학실험실 등에도 쓸 수 있다.

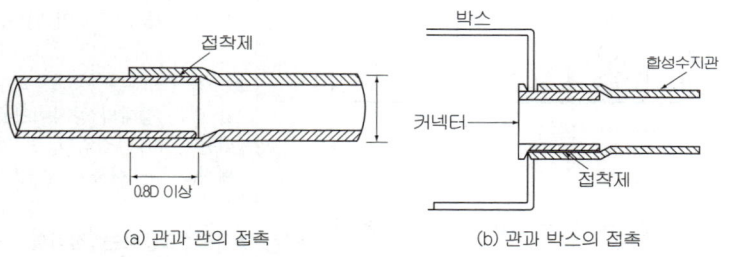

(a) 관과 관의 접촉 (b) 관과 박스의 접촉

〈그림 3-4〉 합성수지관 공사

(5) 금속관 공사

이 공사는 건물의 종류와 장소에 구애됨이 없이 시공이 가능한 공사방법이다. 금속관 공사에는 접속점이 없는 연선의 절연 전선을 사용한다. 주로 철근콘크리트 건물의 매입 배선 등에 사용되며, 화재에 대한 위험성이 적고, 전선에 이상이 생겼을 때 교체가 용이하며 전선의 기계적 손상에 대해 안전하다. 습기, 먼지 있는 장소에도 시공이 가능하나 증설은 곤란하다. 금속관에는 제3종 접지공사를 한다.

■ 금속관 공사는 콘크리트 매입공사에 적합하며, 전선의 교체가 용이하며, 전선의 기계적 손상에 대해 안전하다.

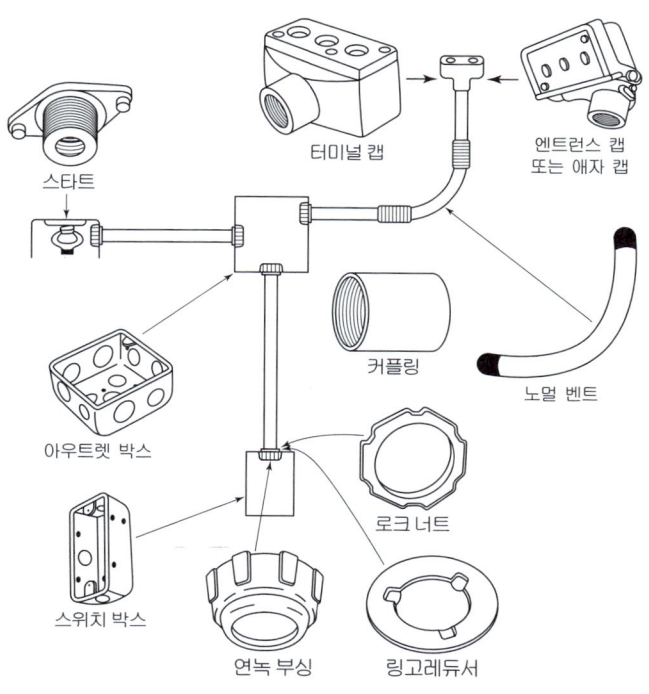

<그림 3-5> 금속관 공사

- 금속관 공사에서 전선은 배선공사가 끝난 후 제일 나중에 인입한다.

- 금속관 공사를 하면 전선을 외력으로부터 보호할 수 있고, 필요에 따라 전선인입을 쉽게 할 수 있다. 그러나 누전을 방지할 수는 없다.

(6) 금속몰드 공사

이 공사는 폭 5cm 이하, 두께 0.5mm 이상의 철재 홈통의 바닥에 전선을 넣고 뚜껑을 덮은 것이다. 금속몰드 공사에는 접속점이 없는 절연전선을 사용하고 접속은 기계적, 전기적으로 완전히 접속되어야 한다.

(7) 가요전선관 공사(flexible conduit 공사)

가요전선관 공사는 굴곡 장소가 많아서 금속관 공사로 하기 어려운 경우에 적합하며 옥내배선과 전동기를 연결하는 경우, 또는 엘리베이터의 배선, 증설공사, 기차나 전차내의 배선 등에 적합하다. 가요전선관 공사에는 접속점이 없는 절연전선을 사용하며 특히 습기, 물기, 먼지가 많은 장소나 기름을 취급하는 장소에는 방수용 가요 전선관을 사용해야 한다.

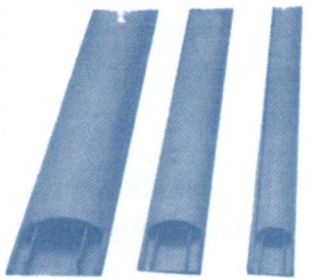

<사진 3-1> 금속몰드공사

<사진 3-2> 가요전선관공사

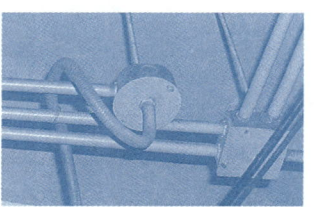

<사진 3-3> 금속관+가요전선관공사

■ 제11장 전기설비

(8) 금속덕트 공사

전선을 철재덕트 속에 넣고 시설하는 것으로 큰 공장이나 빌딩 등에서 증설공사를 할 경우 전기 배선 변경이 용이하므로 많이 이용된다. 금속 덕트 내의 전선은 분기점 이외에서는 접속점이 없어야 하고, 전선을 외부로 인출하는 부분은 금속관 공사, 합성 수지관 공사, 가요 전선관 공사 또는 케이블 공사를 해야 한다.

■ 금속덕트공사시 전선의 단면적이 덕트단면적의 20% 이하가 되도록 해야 한다.

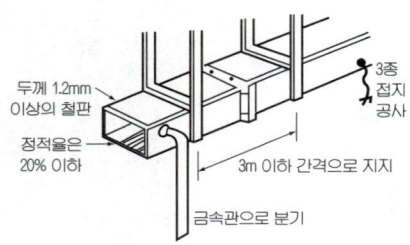

〈그림 3-6〉 금속덕트 공사

(9) 버스덕트공사

이 공사는 공장, 빌딩 등에 있어서 비교적 큰 전류를 통하는 저압 배전반 부근 및 간선에 많이 채용된다.

■ 버스덕트공사는 대형빌딩, 공장 등의 동력배선용으로 많이 사용된다.

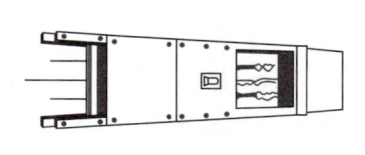

〈그림 3-7〉 버스 덕트 공사

(10) 라이팅덕트 공사

전선관과 전선이 일체로 되어 있는 형으로서 덕트 본체에 실링(sealing)이나 콘센트를 구성하여 사용한다. 점포의 액센트조명, 화랑의 벽면조명이나 스포트 조명, 광원을 이동시킬 필요가 있는 경우 사용한다.

〈사진 3-4〉 라이팅덕트공사

(11) 플로어덕트 공사

플로어덕트 공사는 은행, 회사, 백화점 등과 같이 바닥면적이 넓은 실에서 전기스탠드, 선풍기, 컴퓨터 등의 강전류 전선과 전화선, 신호선 등의 약전류 전선을 콘크리트 바닥에 매입하고 여기에 바닥면과 일치한 플로어 콘센트를 설치하여 이용토록 한 것이다.

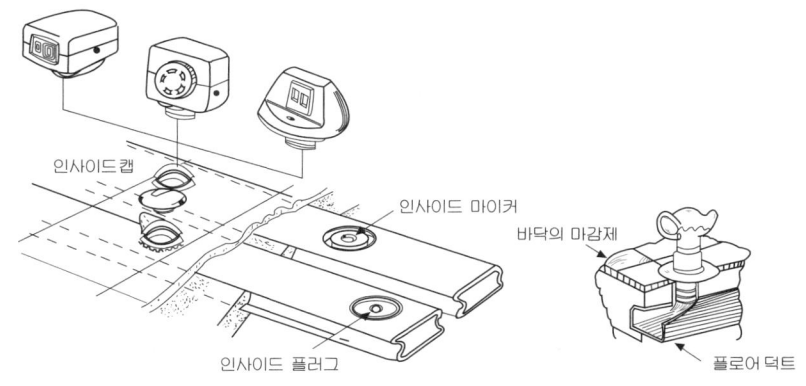

<그림 3-8> 플로어덕트 공사

(12) 케이블 공사

이 공사는 옥내배선에서 금속관 공사와 동일하게 모든 장소에 시설할 수 있는 공사 방법이다. 전선으로 케이블을 사용하는 경우와 캡타이어 케이블을 사용하는 경우가 있다.

주택에서의 옥내 전기배선의 예를 보면 다음 그림과 같다.

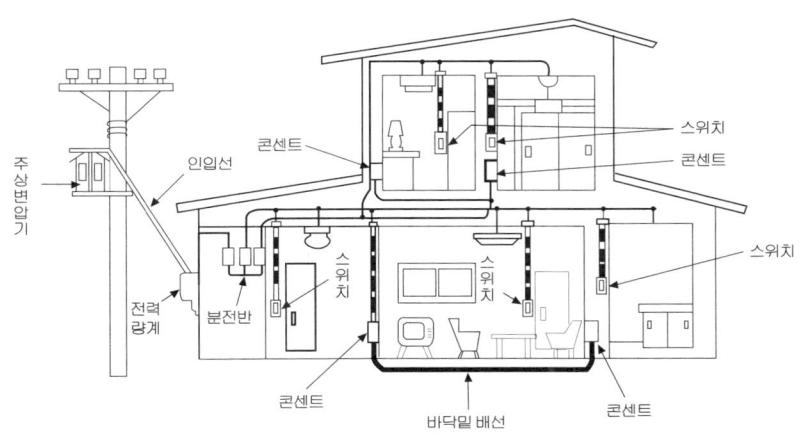

<그림 3-9> 옥내 전기배선의 예

11 전기도시기호

전기도면에 사용되는 기호는 매우 많으나 대표적인 것들은 다음과 같다.

<표 3-2> 전등 심벌

심 벌	명 칭	비 고	심 벌	명 칭	비 고
○	백열전등		⊗	외 등	
▭○▭	형 광 등	20W×1	⊖	코트팬던트	
▭○▭	형 광 등	20W×2	(R)	리셉터클	
▭○▭	형 광 등	20W×3	(CL)	실링라이트	
○─┤	백열전등	벽에 붙이는 것	(CP)	체인 팬던트	
⊗	비 상 등		(P)	파이프팬던트	
┤○├	형 광 등	벽에 붙이는 것	(CH)	샨데리아	
○─┤	상 시 등		◎	매 입 등	
(L)	램프·홀더	lamp holder			

<표 3-3> 콘센트 심벌

심 벌	명 칭	비 고	심 벌	명 칭	비 고
⊖	10A콘센트		⊖₃ₚ	콘 센 트	3극 이상일 때
⊖	콘 센 트	2극 이상일 때	⊖wp	콘 센 트	방 수 용

<표 3-4> 전선 심벌

심 벌	명 칭	비 고	심 벌	명 칭	비 고
───	천장은폐배선		─///─	전선수표시	
------	노 출 배 선		⏚	접 지	
─ ─ ─	바닥은폐배선		△	신설변압기	외선에 한함
─·─·─	지중매설선				

<표 3-5> 스위치 및 배분전반 심벌

심 벌	명 칭	비 고	심 벌	명 칭	비 고
S	단극스위치	single-pole switch	■	배(분)전반 일반	
S_2	2극스위치	double-pole	▨	전 등 용	
S_3	3로스위치		▨	직 류 용	
S_4	4로스위치		▶◀	전력 또는 전열용	
S_p	풀 스위치	pull switch	⊠	동 력 용	

<표 3-6> 개폐기기, 기기, 계기 심벌

심 벌	명 칭	비 고	심 벌	명 칭	비 고
S	개 폐 기		G	발 전 기	
$	전자개폐기		H	전 열 기	
C	안전개폐기	safety switch	≃	정 류 기	
F	컷아우트스위치	cut out switch	A	전 류 계	
WH	적산전력계		V	전 압 계	
WH	적산전력계	케이스에 들어 있을 때	W	전 력 계	
M	전 동 기		F	주파수계	
M_{kW}	전 동 기	용량을 표시할 때		유입개폐기	
∞	선 풍 기		CT	변 류 기	

<표 3-7> 전원 및 일반 심벌

심 벌	명 칭	비 고	심 벌	명 칭	비 고
	축 전 지		∼	교 류	
	건 전 지			주 파	
△	3상델타결선			저 항	
Y	3상스타결선			콘 덴 서	

핵심문제

1 다음에서 점검할 수 없는 은폐 장소에 적당치 않은 전기공사는?
① 애자사용 공사
② 목재몰드 공사
③ 경질비닐관 공사
④ 케이블 공사

2 다음과 같은 특징을 갖는 배선공사는?

- 열적 영향이나 기계적 외상을 받기 쉽다.
- 관 자체가 절연체이므로 감전의 우려가 없다.
- 화학공장, 연구실의 배선 등에 적합하다.
- 옥내의 점검할 수 없는 은폐 장소에도 사용이 가능하다.

① 금속관 공사　　　② 버스덕트 공사
③ 경질비닐관 공사　④ 라이팅덕트 공사

3 금속관 배선공사로 옳지 않은 것은?
① 먼지나 습기가 있는 장소에도 적당하다.
② 철근콘크리트조의 매설공사에 주로 사용된다.
③ 전선의 과열로 인한 화재의 위험성이 적다.
④ 전선의 인입, 교체가 용이하지 않다.

4 다음 중 옥내배선의 모든 공사에 채용될 수 있는 방법으로 주로 철근콘크리트조의 매입 공사로서 많이 행해지고 있는 것은?
① 금속관공사
② 금속몰드공사
③ 플로어덕트공사
④ 버스덕트공사

5 저압 옥내배선의 공사방법으로 넓은 사무실의 배선공사를 할 때 가장 적합한 공사 방법은?
① 플로어덕트 공사
② 목재모울드 공사
③ 플렉시블콘듀 공사
④ 애자사용 은폐공사

해설

해설 1 배선 공사 방법
~몰드공사는 습기있는 장소나 은폐장소에는 부적당하다.
~덕트공사는 점검할 수 없는 은폐장소에는 부적당하다.

해설 2
경질비닐관 공사(합성수지관 공사) : 관 자체가 우수한 절연성을 가지고 있으며, 중량이 가볍고 시공이 용이하며 내식성이 뛰어나지만, 열에 약하고 기계적 강도가 낮은 것이 결점이다.

해설 3
전선의 인입, 교체가 용이하다.
(증설은 곤란)

해설 4
콘크리트 바닥이나 벽체에 매입하는 공사는 금속관 공사이다.

해설 5
① floor duct 공사 - 넓은 사무실, 백화점, Intelligent Building 등에 쓰인다.

정답 1. ② 2. ③ 3. ④ 4. ① 5. ①

6 다음 중 저압옥내배선의 공사방법의 적용으로 틀리는 것은?

① 금속몰드공사 : 기설의 금속관공사로부터 증설배관시
② 플렉시블 관로공사 : 전동기에 이르는 짧은 배선이나 승강기배선
③ 금속덕트공사 : 수전용 배전실 부근의 간선
④ 버스덕트공사 : 소전류의 저압배전반 부근 및 간선

7 다음 옥내 배선용 심벌 중 벽등을 나타내는 기호는?

① ○　　　　　② ▭ 
③  ▭　　　　　④ ○⎯

8 다음 그림 중 비상등의 표시 기호는?

① ⊗　　　　　② ○ 
③  ○⎯　　　　④ Ⓛ

9 전선의 표시 기호로서 지중매설선은?

① ⎯⎯⎯　　　② ⎯ ⎯ ⎯ ⎯ ⎯
③ ⎯ ⎯ ⎯　　　④ ⎯ · ⎯ · ⎯

해 설

[해설] **6**
④ 버스덕트공사는 공장, 빌딩 등에 있어서 비교적 큰 전류를 통하는 저압 배전반 부근 및 간선에 많이 채용된다.

[해설] **7**
① 백열전구
② 형광등
③ 형광등(2등)

[해설] **8**
② 외등
③ 벽에 붙이는 백열전등
④ 램프홀더

[해설] **9**
① 천장은폐배선
② 노출배선
③ 바닥은폐배선

정답　6. ④　7. ④　8. ①　9. ④

기출문제 및 예상문제

11 CHAPTER 3. 배선공사, 전기도시기호

■■■ 전기배선공사

1. 옥내의 점검할 수 없는 은폐장소에 시설할 수 있는 배선방식은?

① 금속몰드 배선 ② 금속덕트 배선
③ 합성수지몰드 배선 ④ 금속관 배선

[해설] 전개 및 은폐, 습기 등에 관계없이 어느 곳이든 사용가능한 배선공사 - 경질비닐관(합성수지관)공사, 금속관공사, 케이블공사 등

2. 다음에서 점검할 수는 있으나 습기가 많은 은폐 장소에 적당치 않은 전기공사법은?

① 금속몰드공사 ② 애자사용공사
③ 경질비닐관공사 ④ 케이블공사

[해설] ~몰드공사 : 몰드에 전선을 넣고 뚜껑을 덮는 공사이기 때문에 습기가 있는 곳이나 은폐된 곳에는 쓸 수 없다.

3. 습기가 많은 은폐 장소에는 적당치 않으며 주로 철근 콘크리트 건물에서 기설의 금속관 배선으로부터 증설 배선하는 경우에 이용되는 전기공사법은?

① 금속몰드공사 ② 애자사용공사
③ 경질비닐관공사 ④ 케이블공사

[해설] ~몰드공사는 습기가 많은 곳에는 부적당하다.

4. 저압 옥내배선 공사방법 중 사용전압이 400V가 넘고 전개된 장소인 경우 사용할 수 없는 공사방법은?

① 애자 사용 공사 ② 합성 수지관 공사
③ 케이블 공사 ④ 금속 몰드 공사

[해설] 경질비닐관(합성수지관)공사, 금속관공사, 케이블공사는 전개 및 은폐, 습기 등에 관계없이 어느 곳이든 사용가능하다.

5. 경질 비닐관 공사에 대한 설명으로 옳은 것은?

① 온도 변화에 따라 기계적 강도가 변하지 않는다.
② 자성체이며 금속관보다 시공이 어렵다.
③ 절연성과 내식성이 강하다
④ 부식성 가스가 발생하는 곳의 배선에 적합치 않다.

6. 옥내의 습기가 많은 노출장소에 시설이 가능한 배선 공사는?

① 금속관 공사 ② 금속몰드 공사
③ 금속덕트 공사 ④ 플로어덕트 공사

[해설] 전개 및 은폐, 습기 등에 관계없이 어느 곳이든 사용가능한 배선공사 - 경질비닐관(합성수지관)공사, 금속관공사, 케이블공사 등

7. 다음 중 금속관 공사에 관한 설명으로 옳지 않은 것은?

① 전선의 과열로 인한 화재의 위험성이 적다.
② 기계적인 외력에 대하여 전선이 안전하게 보호된다.
③ 철근콘크리트 건물의 매입 배선으로는 사용할 수 없다.
④ 전선의 인입이 용이하다.

8. 금속관 공사에 대한 설명 중 옳지 않은 것은?

① 외부적 응력에 대한 전선보호에 신뢰성이 높다.
② 콘크리트 슬래브 속의 금속관은 철근콘크리트 조의 철근 역할을 하여 콘크리트를 구조적으로 안정화시킨다.
③ 옥내의 점검 불가능한 은폐장소로서 습기가 많은 장소에 사용이 가능하다.
④ 금속관 배선은 절연전선을 사용하여야 한다.

해답 1. ④ 2. ① 3. ① 4. ④ 5. ③ 6. ① 7. ③ 8. ②

9. 금속관 배선공사에 대한 설명 중 옳지 않은 것은?
① 금속관 배선은 절연전선을 사용한다.
② 고압, 저압, 통신설비 등에 널리 사용된다.
③ 옥내의 점검 불가능한 은폐장소로서 습기가 많은 장소에도 시공이 가능하다.
④ 열적영향이나 기계적 외상을 받기 쉬운 곳에서는 시공이 불가능하다.

10. 다음 중 주로 철근 콘크리트조의 공사로 사용되며, 노출된 곳으로 습기가 많은 장소에서도 공사가 가능한 배선공사 방법은?
① 금속 몰드 공사
② 합성수지 몰드 공사
③ 버스덕트 공사
④ 금속관 공사

11. 다음 설명에 알맞은 배선방법은?

> • 사용장소는 은폐장소, 노출장소, 옥내, 옥외 등 광범위하게 사용할 수 있다.
> • 외부적 응력에 대해 전선보호의 신뢰성이 높고 외부에 대한 고조파 영향이 없다.

① 금속관 배선
② 금속몰드 배선
③ 합성수지관 배선
④ 플로어덕트 배선

12. 저압옥내 배선공사 중 직접 콘크리트에 매설할 수 있는 공사는?
① 금속관 공사
② 금속덕트 공사
③ 버스덕트 공사
④ 금속몰드 공사

13. 배선설비 중 금속관 배선에 대한 설명으로 옳지 않은 것은?
① 외부에 대한 고조파 영향이 크다.
② 고압, 저압, 통신 설비 등에 사용된다.
③ 외부적 응력에 대해 전선보호에 신뢰성이 높다.
④ 사용장소는 은폐장소, 노출장소, 옥내, 옥외 등 광범위하게 사용할 수 있다.

해설 고조파 : 교류전원에 있어서 기본파의 주파수 보다 높은 주파수

14. 철근콘크리트 건축물에 전기공사를 할 때 다음 사항 중 제일 마지막에 하는 공사는?
① 전선관(Conduit tube)배관
② 분전관 매설
③ 전선관에 전선 인입
④ 콘크리트 박스나 아우트렛 박스(Outlet-box)고정

해설 전선관 공사의 마지막 공정은 전선관내에 전선인입이다.

15. 구부리기 쉬운 공장 등의 전동기에 이르는 짧은 배선이나 승강기배선에 사용되는 배선공사는?
① 애자사용공사
② 목재몰드공사
③ 금속관공사
④ 플렉시블 콘듀트(flexible conduit) 공사

해설 가요전선관(flexible conduit)공사 - 굴곡장소가 많은 공장 등의 전동기에 이르는 짧은 배선, 승강기배선, 기차나 전차의 배선, 증설공사 등에 적합

16. 다음 중 옥내의 건조한 노출장소에 시설할 수 없는 배선공사는?
① 금속관 배선
② 금속몰드 배선
③ 플로어덕트 배선
④ 합성수지몰드 배선

해답 9. ④ 10. ④ 11. ① 12. ① 13. ① 14. ③ 15. ④ 16. ③

[해설] 플로어덕트 공사는 바닥면적이 넓은 실에서 전선을 콘크리트 바닥에 매입하고 바닥면과 일치한 콘센트를 설치하여 이용토록 한 것으로 노출공사는 불가능하다.

17. 다음과 같은 특징을 갖는 배선공사는?

> • 옥내의 건조한 콘크리트 바닥면에 매입 사용된다.
> • 사무용 빌딩에 채용되고 있으며 강약전을 동시에 배선할 수 있는 2로, 3로 방식이 가능하다.

① 금속몰드 공사
② 버스덕트 공사
③ 금속덕트 공사
④ 플로어덕트 공사

[해설] 플로어덕트 공사
은행, 회사, 백화점 등과 같이 바닥면적이 넓은 실에서 전기스탠드, 컴퓨터 등의 강전류 전선과 전화선, 신호선 등의 약전류 전선을 콘크리트 바닥에 매입하고 여기에 바닥면과 일치한 플로어 콘센트를 설치하여 이용토록 한 것이다.

18. 콘크리트 바닥속에 설치해서 「커튼 월」(Curtain Wall)의 설치시나 선풍기, 전화기, 전열기등의 이용에 편리하도록 한 옥내배선방법은?

① 금속덕트(Duct) 공사
② 플렉시블 콘듀(Flexible Conduit) 공사
③ 금속선통(Mould) 공사
④ 플로어덕트(Floor Duct) 공사

[해설] 플로어덕트 공사
플로어덕트 공사는 은행, 회사, 백화점 등과 같이 바닥면적이 넓은 실에서 전기스탠드, 선풍기, 컴퓨터 등의 강전류 전선과 전화선, 신호선 등의 약전류 전선을 콘크리트 바닥에 매입하고 여기에 바닥면과 일치한 플로어 콘센트를 설치하여 이용토록 한 것이다.

19. 백화점 건물에 가장 적합한 전기배선 공사방법은?
① 금속닥트 공사
② 플로어닥트 공사
③ 버스닥트 공사
④ 가요전선관 공사

20. 옥내배전공사 중 금속덕트공사를 행할 경우 금속덕트에 넣는 전선의 절연피복을 포함한 단면적의 총합을 덕트 내부 단면적의 몇 % 이하로 해야 하는가?
① 10% ② 20%
③ 30% ④ 40%

[해설] 금속덕트공사에서는 내부단면적의 20% 이하로 해야 한다.

21. 파이프에 전선을 배선할 때 전선단면적의 합계는 파이프내단면적의 몇 %이하로 하는가? (4본 이상 삽입)
① 40% 이하 ② 50% 이하
③ 80% 이하 ④ 70% 이하

[해설] 금속관, PVC관 등 전선관에서는 내부단면적의 40% 이하로 해야 한다.

22. 전기설비의 배선공사에 관한 설명으로 옳지 않은 것은?
① 금속관 공사는 외부적 응력에 대해 전선보호의 신뢰성이 높다.
② 합성수지관 공사는 열적 영향이나 기계적 외상을 받기 쉬운 곳에서는 사용이 곤란하다.
③ 금속덕트 공사는 다수회선의 절연전선이 동일 경로에 부설되는 간선 부분에 사용된다.
④ 플로어덕트 공사는 옥내의 건조한 콘크리트 바닥면에 매입 사용되나 강·약전을 동시에 배선할 수 없다.

[해설] ④ 플로어덕트 공사는 바닥면적이 넓은 실에서 전기스탠드, 선풍기, 컴퓨터 등의 강전류 전선과 전화선,

해답 17. ④ 18. ④ 19. ② 20. ② 21. ① 22. ④

신호선 등의 약전류 전선을 콘크리트 바닥에 매입하고 여기에 바닥면과 일치한 플로어 콘센트를 설치하여 이용토록 한 것이다.

23. 전기설비에 관한 기술로서 잘못된 것은?
① 플로어덕트 방식은 대규모 사무실 등에서 아웃드렛드등의 취출에 편리한 방법이다.
② 버스닥트 방식은 대용량의 배전에는 부적당하여 간선용, 공장용으로는 쓸 수 없다.
③ 주택 등에서의 전기는 인입선에서 적산적력계, 분전반을 거쳐 각 곳에 배전된다.
④ 3로 스위치란 전등의 스위치로 2개소에서 동시에 점멸할 수 있는 것을 말한다.

[해설] ② Bus Duct 공사는 대용량의 간선 및 공장동력을 배선으로 사용된다.

■■■ 전기도시기호

24. 다음 전등 심벌 중 20W×3개의 형광등을 표시한 것은?

25. 다음 기호 중 콘센트의 도시 기호는 어느 것인가?

[해설] ② 백열 전등, ③ 선풍기, ④ 비상등

26. 다음 기호 중 접지의 표시 기호는?

[해설] ① 수전점, ② 점검구, ③ 전선 접속 표시

27. 전기설비 도면에서 ——— 의 표시기호는?
① 천장은폐배선 ② 노출배선
③ 바닥은폐배선 ④ 지중매설선

[해설] 대부분의 전선은 천장은폐배선이므로 이를 실선으로 나타낸다.

28. 전선의 도시 기호 중 잘못된 것은?
① 천정 은폐 배선 ————
② 노출 배선   -------------
③ 지중 매설 배선 —·—·—·—
④ 바닥 은폐 배선 ——///—

[해설] ④ 바닥은폐배선 -------------
      전선수표시   ——///—
      (천정은폐배선 3가닥)

29. 전기설비 도면에서 전열기 도시기호는?
① Ⓗ   ② Ⓜ
③ Ⓖ   ④ ⒸⓉ

[해설] ② 전동기, ③ 발전기, ④ 변류기

30. 옥내 전기배선용 기호에서 개폐기의 표시기호는?

[해설] ① 안전 개폐기
      ③ 동력용 분(배)전반
      ④ 전등용 분(배)전반

해답 23. ② 24. ③ 25. ① 26. ④ 27. ① 28. ④ 29. ① 30. ②

31. 옥내 배선용 심볼(symbol)로서 옳지 않게 연결된 것은?

① ⊖ : 코드 펜던트(cord pendant)
② CH : 체인 펜던트(chain pendant)
③ R : 리셉터클(receptacle)
④ P : 파이프 펜던트(pipe pendant)

해설 CH : 샹들리에
CP : 체인 펜던트

해답 31. ②

4 전기설비(Ⅳ) - 조명설비

> **학습방향**
> 조명에 대한 기초용어, 조명방식의 분류, 광원별 특징, 건축화조명, 조명설계의 순서 등에 대한 이해가 요구된다.

12 조명설비

(1) 조명에 대한 기초사항

빛에 관한 기초용어에는 광속, 조도, 광속 발산도, 광도, 휘도 등이 있다.

<표 4-1> 조명에 관한 단위와 용어

측광량		정의	기호	단위	단위약호	차원	비고
광속		$F = K_m \int \varphi(\lambda)V(\lambda)d\lambda$ 단위시간당 흐르는 광의 에너지량. 1cd의 광원에 의해 방사되는 전광속은 4π 루멘이다.	F	lumen	lm	lm	$\varphi(\lambda)$: 방사속 $V(\lambda)$: 표준비시감도 K_m : 최대시감도 (680lm/W)
광속의 면적밀도	조도	$E = \dfrac{dF}{ds}$ 단위면적당의 입사광속	E	lux	lx	lm/m²	S : 수조면의 면적 Photo(lm/cm²), foot-candle(lm/ft²)의 단위도 사용한다.
	광속발산도	$R = \dfrac{dF}{ds}$ 단위면적당의 발산광속	R	radlux	rlx	lm/m²	S : 발산면의 면적
발산체의 광각속밀도	광도	$I = \dfrac{dF}{d\omega}$ 점광원으로부터의 단위입체각당의 발산광속	I	candela (candle power)	촉광 cd	lm/sr	ω : 입체각 sr : 입체각의 단위 (steradian)
광면도적의 밀투도영	휘도	$B = \dfrac{dI_o}{dS \cdot \cos\theta}$ $= \dfrac{d^2F}{(dS \cdot \cos\theta) \cdot d\omega}$ 발산면의 단위투영면적당 단위입체각당의 발산광속	B	candela /m² (nit)	cd /m² (nit)	lm/m² ·sr	apostilb(asb)라는 단위도 사용된다. sb=cd/cm²

학습POINT

■ 촛불 한 개의 빛의 세기(광도)를 1cd라 하며, 1cd의 점광원에서는 1sr의 단위입체각을 통해 1lm의 빛의 양(광속)이 방사된다.

■ 반지름이 r인 구의 중심에 1cd의 광원이 있다면, 구면전체에는 4πlm의 광속이 방사된다.

■ 단위면적(m²)당의 입사광속을 조도라 하며 lx라는 단위를 쓴다. 1m² 위에 1lm이 비치는 것을 1lx라 한다.

(2) 좋은 조명의 조건
좋은 조명을 얻기 위하여 필요한 조건은 다음과 같다.
① 조도 : 조명의 목적에 적합하도록 충분한 조도를 갖도록 해야 한다.
② 광속발산도 분포 : 균등한 밝음이 눈에 잘 나타나는 현상으로 시야 내에 밝음의 차가 없을수록 좋다.
③ 눈부심 : 정반사에 의해 광원의 모습이 눈에 들어오는 경우 눈부심이 일어나므로 시선을 중심으로 30°범위내의 glare zone에는 광원을 설치하지 않는 것이 좋다.
④ 그늘 : 명암의 대비는 2 : 1 ~ 6 : 1 정도가 좋으며 3 : 1 정도가 가장 입체적으로 보인다.
⑤ 광색 : 광색은 물체의 보임을 좌우하는 요소 중 하나로 일반적으로 주광색에 가까운 것이 좋다.

(3) 조명방식
1) 기구배치에 의한 분류
① 전반조명 : 실내의 조도가 균일하게 되도록 조명기구를 일정하게 분산 배치하는 방식이다. (명시조명을 요하는 사무실, 학교, 공장 등에 적용)
② 국부조명 : 국부적인 장소에 높은 조도가 필요할 때 쓰이는 것으로 조명기구를 국부 장소에 설치한다. (주로 정밀공장의 기계부분, 전시장, 조립공장에 적용)
③ 전반·국부병용조명 : 조도의 변화를 적게 하여 명시효과를 높이기 위한 것이다. (정밀공장, 실험실, 조립 및 가공공장 등에 주로 적용)이 때 전반조명과 국부조명의 비율은 1:10 이하가 좋다.

2) 조명의 목적에 따른 분류
① 명시조명 : 밝기위주의 조명으로 사무실, 교실, 공장작업장 등에 쓰인다. 형광등, 수은등 등이 대표적 명시조명등
② 분위기조명(장식조명) : 분위기위주의 조명으로 상점, 레스토랑, 백화점 등에 쓰인다. 백열등, 할로겐등 등이 많이 쓰인다.

3) 배광에 의한 분류
① 직접조명 : 하향광속이 90% 이상으로 조명효율은 높으나 조도분포가 불균일하고 그림자가 강하다.
② 간접조명 : 하향광속이 10% 이하로 조명효율은 낮고 입체감은 약하나 조도분포가 균일하고 차분한 분위기를 얻을 수 있다.
③ 전반확산조명 : 상하향 광속이 각각 40~60%로 균등하게 확산되는 방식이다.

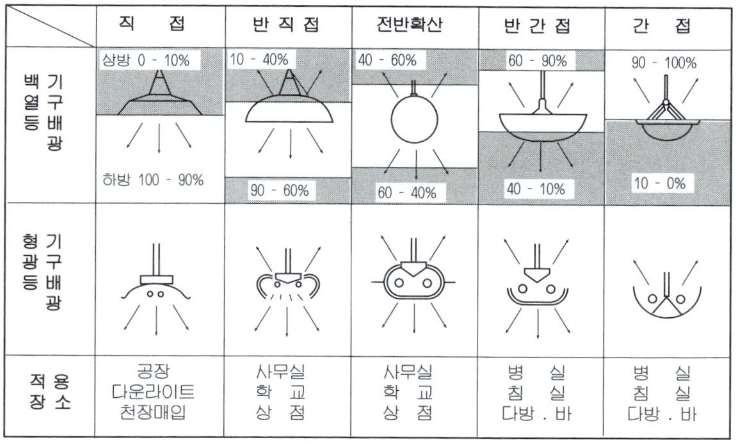

<그림 4-1> 조명기구의 배광과 분류

구분	백열전구	형광등	HID 등		
종류			(고압)수은등	메탈할라이드등	고압 나트륨등
크기 [W]	1~2,000 일반적으로 30~200	예열시동형 4~40 래핏스타터형 20~220	일반적으로 40~1,000	125~2,000 일반적으로 250~1,000	150~1,000
효율 [lm/W]	좋지 않다. 10~20	비교적 양호 50~90	비교적 양호 40~65	양호 70~95	매우양호 95~149
수명 [시간]	짧다. 1,000~2,000	비교적 길다. 7,500~10,000	길다. 6,000~12,000	비교적 길다. 6,000~9,000	길다. 9,000~12,000
연색	붉은색이 많다.	비교적 좋다.	그다지 좋지 않다.	좋다.	좋지 않다.
적합한 용도	조명전반	조명전반, 각종 특수용도용으로 만들어진 적도 있다.	천장이 높은 옥내·옥외조명, 도로조명, 상점·체육관	천장이 높은 옥내, 연색성이 요구되는 미술관, 상점, 사무실	천장이 높은 옥내·옥외조명, 도로조명
기타	광원의 휘도는 높다. 광원표면 온도가 높고 발생열도 높다.	빛은 확산성, 광원의 휘도는 낮다. 주위의 온도에 의해 효율이 변한다.	점등 때 안정되기까지 5분~10분이 걸린다.	점등 때 안정되기까지 5분~10분이 걸린다.	빛은 확산성, 광원의 휘도는 높다. 점등 때 안정되기까지 5분~10분이 걸린다.

<표 4-2> 각종 전등의 특성 비교

■ LED (Light Emitting Diode)등
발광다이오드(LED)를 이용한 조명기구이므로 수명과 효율이 백열등보다 몇 배나 높으며 형광등보다도 훨씬 효율적이다.
① 소요전력이 작아 효율이 좋다.
② 수명이 길다.
③ 필라멘트를 사용하지 않으므로 소형이다.
④ 진동에 강하다.

■ 효율(lm/W)
1와트(W)의 전기에너지를 소요하여 발생되는 빛의 양(lm)

■ 효율의 순서
나트륨등 > 메탈할라이드등 > 형광등 > 수은등 > 할로겐등 > 백열전구

■ 연색성
연색성이란 조명이 어떤 물체의 색상을 얼마나 자연색 그대로 보여주는가 하는 것을 말한다. 자연광(태양광)에서 본 사물의 색과 특정조명에서 본 사물의 색이 어느 정도 유사한가를 수치로 정량화 한 것을 연색평가지수 CRI(Color Rendering Index)라 하며 평균연색평가지수 Ra(Average Rendering Index)와 특수연색평가지수가 있다.
가장 좋은 연색지수(Ra)는 100이며 100에 가까울수록 자연광에 가까운 색의 조명이고 0에 가까울수록 색에 대한 왜곡이 많이 일어나는 조명이다. CRI100은 태양광을 의미한다. 수은등은 나트륨등과 더불어 연색성이 좋지 않다.

■ 연색성의 순서
주광색형광등 > 메탈할라이드등 > 백색형광등 > 수은등 > 백열전구 > 나트륨등

■ 나트륨등
효율은 가장 좋으나 연색성은 가장 떨어져 실내용보다는 가로등이나 터널조명으로 많이 쓰인다.

■ 할로겐등
① 백열등의 1/200까지 축소가능하며 작고 가벼워 작은 공간에 적합하다.
② 수명이 길고(백열등의 1.5~2배) 조도가 일정하다.
③ 연색성이 우수하여 색을 선명하게 재현할 수 있다.
④ 빛의 각도 조절이 쉽다.
⑤ 흑화현상이 거의 없다.
⑥ 작은 크기라도 광속이 크며 열 충격에도 강하다.
⑦ 온도분포가 일정하다.
⑧ 효율이 높아 에너지절약적이다.

(4) 건축화조명

보통광원은 조명기구에 부착시켜서 사용하지만, 천정, 벽, 기둥등 건축부분에 광원을 만들어 실내를 조명하기도 하는데 이를 건축화조명이라 한다. 건축화조명은 눈부심이 적고 명랑한 느낌을 주며 현대적인 감각을 느끼게 하나 비용이 많이 들며 조명효율은 떨어진다.

① 다운 라이트 : 천장에 작은 구멍을 뚫어 그 속에 광원을 매입한 것
② 코브 조명 : 광원을 눈가림판 등으로 가리고 빛을 천장에 반사시켜 간접조명하는 방식
③ 코퍼 조명 : 실내의 천장면을 사각, 동그라미 등 여러 형태로 오려내고 그 속에 다양한 형태의 광원을 매입하여 단조로움을 피하는 방식
④ 코니스 조명 : 광원을 벽면의 상부에 설치하여 빛이 아래로 비추도록 하는 조명방식
⑤ 밸런스 조명 : 광원을 벽면의 중간에 설치하여 빛이 상하로 비추도록 하는 조명방식
⑥ 광창 조명 : 광원을 벽에 설치하고 확산투과 플라스틱판이나 창호지 등으로 넓게 마감한 방식
⑦ 광천장 조명 : 광원을 천장에 설치하고 그 밑에 루버나 확산투과 플라스틱판을 넓게 설치한 방식으로 천장 전면을 낮은 휘도로 빛나게 하는 방법

이 외에도 라인조명, 광량조명 등 여러 가지가 있다.

(a) 다운라이트 및 코브조명

(b) 광천장조명

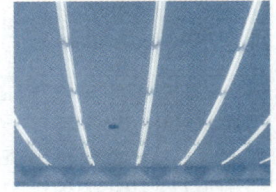

(c) 라인조명

〈사진 4-1〉 건축화조명

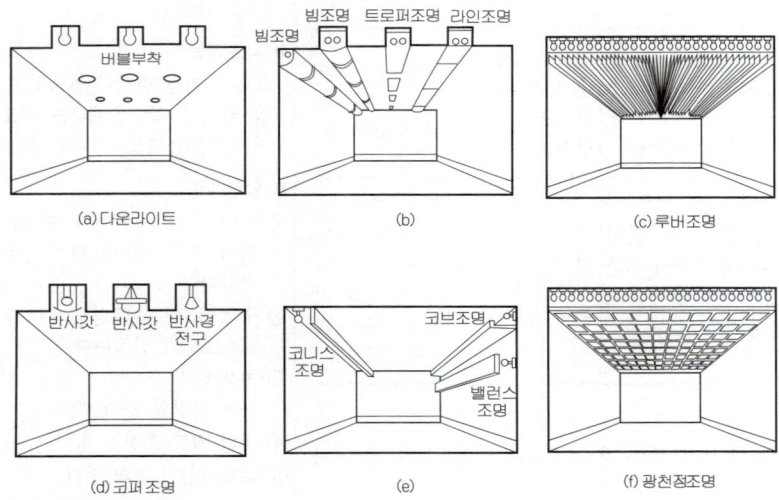

〈그림 4-2〉 건축화 조명의 예

(5) 조명설계

다음과 같은 순서에 의해 설계한다.

① 소요조도, 광원의 종류, 조명방식, 조명기구를 정한다.

② 실지수의 결정 : 방의 크기와 형태에 따라 달라지며 실지수가 커지면 조명율도 커진다. 실계수는 광속발산도를 검토할 때 이용된다.

$$실지수 = \frac{XY}{H(X+Y)} \qquad 실계수 = \frac{Z(X+Y)}{2XY}$$

   X : 방의 가로 길이 (m)
   Y : 방의 세로 길이 (m)
   H : 작업면으로부터 광원까지의 거리 (m)
   Z : 바닥으로부터 천정까지의 높이 (m)

③ 조명률의 결정 : 조명률표를 이용하며 실내반사율이 높을수록, 실지수가 높을수록 조명률은 크다.

④ 감광보상률의 결정 : 조명기구는 사용함에 따라 작업면의 조도가 점차 감소한다. 이러한 감소를 예상하여 소요광속에 여유를 두는데 그 정도를 감광보상률이라 하며, 감광보상률의 역수를 유지율, 보수율 또는 빛손실계수라 한다. 보통 직접조명에서는 D를 1.3~2.0 정도로 계산한다.

⑤ 광속법을 사용하여 광원의 개수를 계산한다.

   F·N·U=E·A·D 에서

$$N = \frac{E \cdot A \cdot D}{F \cdot U} = \frac{E \cdot A}{F \cdot U \cdot M}$$

   F : 사용광원 1개의 광속(lm)   D : 감광보상률
   E : 작업면의 평균조도(lx)   A : 방의 면적(m^2)
   N : 광원의 개수   U : 조명률
   M : 유지율(보수율, 빛손실계수)

⑥ 조명기구의 배치를 결정한다.

  ㉠ 광원의 높이(H)
    직접조명일 때 - 책상 위(85cm)에서 광원까지의 높이
    간접조명일 때 - 책상 위(85cm)에서 천정면까지의 높이

  ㉡ 광원의 간격 : 광원 상호간의 간격을 S라 하고, 벽과 광원 사이의 간격을 S_0라 하면

    S ≤ 1.5H

    $S_0 \leq \dfrac{H}{2}$ (벽면을 사용하지 않을 때)

    $S_0 \leq \dfrac{H}{3}$ (벽면을 사용할 때)

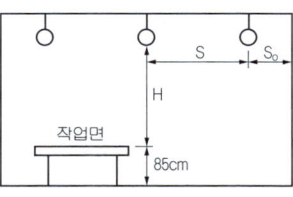

〈그림 4-3〉 조명기구의 배치

⑦ 조도분포와 휘도 등을 재검토 한다.
⑧ 스위치, 콘센트 등의 배치를 정한다.
⑨ 건축 평면도에 배선설계를 한다.

<표 4-3> 조명률의 예(매입형 형광등)

반사율	천정	80%			50%			30%			0%
	벽	70	50	30	70	50	30	70	50	30	0%
	바닥	10%									0%
실지수		조명율(×0.01)									
0.6		46	35	28	42	34	28	33	33	27	22
0.8		54	44	37	50	42	36	41	41	36	30
1.0		60	50	44	56	48	43	47	47	42	36
1.25		65	56	50	61	54	49	53	53	48	42
1.5		69	61	55	65	58	53	57	57	52	47
2.0		74	67	62	70	64	60	63	63	59	54
3.0		79	74	70	75	71	68	70	70	67	62
5.0		84	80	78	80	78	75	76	76	74	70
10.0		87	85	84	84	82	81	81	81	80	76

<표 4-4> 거실의 용도에 따른 조도기준

거실의 용도구분	조도 구분	바닥위 85cm의 수평면의 조도(룩스)
1. 거주	독서, 식사, 조리	150
	기타	70
2. 집무	설계, 제도, 계산	700
	일반사무	300
	기타	150
3. 작업	시험, 정밀검사, 수술	700
	일반작업, 제조, 판매	300
	포장, 세척	150
	기타	70
4. 집회	회의	300
	집회	150
	공연, 관람	70
5. 오락	오락일반	150
	기타	30
기타 명시되지 아니한 것		1란 내지 5란에 유사한 기준을 적용함

자료 : 건축물의 피난·방화구조 등의 기준에 관한 규칙

<표 4-5> 한국산업표준(KS) 조도기준(참고)

조도(lx)	사무실	공장	학교	보건소
3,000		조립a・검사a		
2,000		선별a, 설계, 제도, 제어반		
1,500	사무실a, 영업실, 설계실, 제도실, 현관홀(주간)	조립b・선별b 조립b・선별b 설계실, 제도실	정밀제도 정밀실험 키펀치 흑판 천장대에 의한계급 정밀공작	눈 진단 주사・검사 창구 사무
1,000			제도실・전자계산실	
750	사무실b, 종업원실 회의실, 제어실 접수실, 배전반	검사c・조립c 선별c・시험c 포장a, 제어실 창고내의 사무	교실 실험실 연구실 사무실 방송실	진료실 의사실 회의실	통계실 계측실 심전도실 검사실
500					
300	서고 기계실 강당 작업실	집회실 응접실 현관홀 (야간)식당 세면장 복도 세탁실 보일러실	포장b・조립c 한정된 작업전기실, 공기조절 기계실	강당 집회실 휴게실 탈의실 세면장 화장실 숙직실	강당 영양실 상담실 대합실	X선실 (촬영, 조작, 독영)
200						
150						
100	다실 휴게실 탈의실 창고 현관(주차장)		출입구, 복도 계단, 세면장		숙직실 화장실 복도	X선 투시실 눈밑 검사실
75	옥내 비상계단	옥내 비상계단 옥외동력설비 짐 이동작업	창고 차고 비상계단		
50					
30		옥외(통로, 구내 경비용)			
20					

■ 한국산업표준(KS)의 조도기준이 피난방화기준의 조도기준(표4-4) 보다 높다.

(6) 조도의 법칙

1) 거리의 역자승 법칙

빛은 직진하므로 점광원에서 d배 떨어진 곳에서는 동일광속이 d^2배의 면적으로 퍼지며 따라서 조도는 I/d^2배로 감소한다. 그리고 광도가 m 배가 되면 광속도 m배가 된다. 그림 4-5에서 광원의 광도를 I(cd)라 하고 광원과 표면간의 거리를 d라 하면 조도는 다음과 같다.

$$E = \frac{I}{d^2}$$

즉, 조도는 광도에 비례하고 거리의 제곱에 반비례한다. 이것을 거리의 역자승법칙이라 한다.

[예제1] 1,200cd의 전등이 ① 2m ② 6m 의 거리에 있는 표면에서의 조도를 계산하라.

$I = 1,200cd, \ d_1 = 2m, \ d_2 = 6m, \ E = ?$

① $E_1 = \dfrac{I}{d_1^2} = \dfrac{1,200}{2^2} = 300 lx$

② $E_2 = \dfrac{I}{d_2^2} = \dfrac{1,200}{6^2} = 33.33 lx$

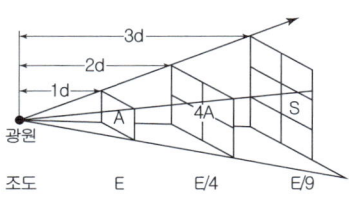

<그림 4-4> 거리의 역자승법칙

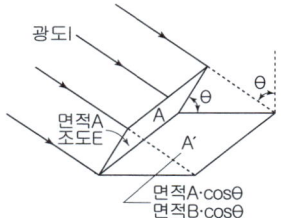

<그림 4-5> 빛의 코사인법칙

2) 코사인 법칙

빛이 경사각을 가진 표면에 입사될 경우 표면의 조도는 직각면의 조도와 다르게 된다. 그림 4-5에서 보듯이 만일 광속이 일정하고 수조면이 광원과 이루는 각 θ가 증가할 때 수조면의 조도는 감소하게 된다. 즉 조도는 기울어진 각의 코사인에 비례한다. 이것을 Lambert의 코사인 법칙이라 하며 다음 식과 같이 표시한다.

$$E = \frac{I}{d^2} \cdot \cos\theta$$

여기서, E : 표면조도(lx)
  I : 광도(cd)
  d : 광원과 수조면까지의 거리(m)
  θ : 법선면과 이루는 광속의 방향각($\theta=0°$일 때 $\cos\theta=1$)

예제2 반지름이 1.5m인 원형탁자 중심 바로 위 2m의 위치에 광도가 1,500cd인 램프가 있다. 이 탁자 모서리 끝부분의 조도를 계산하라. (단, 반사광은 무시한다.)

$E = ?$ $I = 1,500cd$
$d^2 = 2^2 + 1.5^2 = 6.25$
그러므로 $d = 2.5m$
$\cos\theta = \dfrac{2}{d} = \dfrac{2}{2.5} = 0.8$
$E = \dfrac{I}{d^2} \cdot \cos\theta = \dfrac{1,500}{2.5^2} \times 0.8 = 192$
∴ 조도 = $192 lx$

(7) 실내 상시보조 인공조명(PSALI)

실내의 모든 부분을 자연광만을 이용하여 균일한 조도를 유지하기란 매우 어려운 일이다. 그러므로 적절한 조도를 유지하기 위해서는 자연광과 인공광을 혼합한 조명방식의 채택이 요구된다.

이와 같이 자연조명을 보조하기 위한 인공조명을 PSALI(室內常時補助人工照明 : Permaent Supplementary Artificial Lighting of Interiors)라 하며 그림 4-6과 같다.

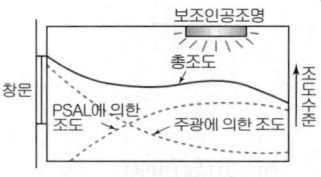

〈그림 4-6〉 PSALI조명의 예

(8) 조명 계획

에너지절약을 위한 합리적인 계획을 통해 인공조명보다 주광(晝光)을 많이 사입시켜 인공조명의 사용률을 낮춤으로서 전기에너지를 절감하는 것을 목적으로 다음과 같은 계획이 요구된다.

① 평면을 개방형으로 하고 가능한한 동일조도를 요하는 시작업으로 죠닝한다.
② 적정한 조명면적의 설계
③ 효율적인 창 및 차양장치의 설계
④ 과다한 실내조도를 피하기 위한 국부적인 선택조명의 채택
⑤ 고효율의 광원 및 높은 조명률과 조도자동조절 장치를 지닌 조명기구의 채택
⑥ PSALI설비의 효율적인 설계

핵 심 문 제

1 조명 단위에 대한 조합 중 틀린 것은?
① 광속 - lm　　② 조도 - lx
③ 휘도 - sb　　④ 광도 - cd/m²

2 조명방식 중에서 음영이 없고 균등한 조도가 얻어지며, 차분한 분위기를 얻을 수 있는 조명방식은?
① 직접조명　　② 간접조명
③ 전반조명　　④ 국부조명

3 조명기구의 배광에 따른 분류 중 직접조명형에 대한 설명으로 옳은 것은?
① 상향광속과 하향광속이 거의 동일하다.
② 천장을 주광원으로 이용하므로 천장의 색에 대한 고려가 필요하다.
③ 매우 넓은 면적이 광원으로서의 역할을 하기 때문에 직사 눈부심이 없다.
④ 작업면에 고조도를 얻을 수 있으나 심한 휘도의 차 및 짙은 그림자가 생긴다.

4 다음 광원 중에서 발광효율이 가장 좋은 것은?
① 백색 형광램프　　② 주광색 형광램프
③ 고압 수은램프　　④ 메탈할라이드 램프

5 다음의 광원 중 연색성이 가장 좋은 것은?
① 메탈 할라이드램프　② 나트륨램프
③ 주광색 형광램프　　④ 고압 수은램프

6 건축화 조명에 관한 다음의 설명 중 틀린 것은?
① 광량조명은 확산차폐용으로 연속열의 기구를 천장에 매입하거나 또는 보에 설치하는 방법이다.
② 코브라이트(cove light)는 간접조명이지만 간접조명 기구를 사용하지 않고 천장 또는 벽의 구조로 만든 것이다.
③ 광창조명은 천장에 작은 구멍을 뚫어 그 속에 기구를 매입한 것이다.
④ 광천장조명은 천장 전면을 낮은 휘도로 빛나게 하는 것이다.

해 설

[해설] 1 조명에 관한 용어의 단위
광속 - 루멘(lm), 조도 - 럭스(lx),
광속발산도 - radlux(rlx)
광도 - 칸델라(cd)
휘도 - 니트(nt), apostilb(asb)

[해설] 2
직접조명은 조명효율은 높으나 조도분포는 불균일하고 그림자가 강하다.
간접조명은 조명효율이 낮으나 조도분포가 균일하고 차분한 분위기를 얻을 수 있다.

[해설] 3
①는 전반확산조명, ②, ③는 간접조명에 대한 설명이다.

[해설] 4 광원의 효율순서
나트륨등 > 메탈 할라이드 > 형광등 > 수은등 > 할로겐등 > 백열전구

[해설] 5 연색성 순서
주광색형광등 > 메탈할라이드등 > 백색형광등 > 수은등 > 백열전구 > 나트륨등

[해설] 6
③ 광창조명은 벽이나 천장부분에 창이 있는 듯한 느낌을 주는 인공조명, 천장에 작은 구멍을 뚫어 그 속에 기구를 매입한 것을 pin hole 조명이라 하며 다운라이트방식 중의 하나이다.

정답 1. ④　2. ②　3. ④　4. ④
　　　 5. ③　6. ③

7 조명 설계의 순서로 옳은 것은?
① 전등종류 결정-소요조도 결정-조명방식 결정 -광속 계산-광원 배치
② 조명방식 결정-전등종류 결정-소요조도 결정 -광원 배치-광속 계산
③ 소요조도 결정-전등종류 결정-조명방식 결정 -광속 계산-광원의 배치
④ 광원의 배치-광속 계산-소요조도 결정-전등종류 결정-조명방식 결정

8 총광속법에 의한 인공조명설계에서 총광속을 구하는 식은 다음과 같다.
　　N·F = E·A·D/U
(단, N : 광원수, F : 광원 1개당 광속, E : 평균수평면 조도, A : 실면적, D : 감광보상율, U : 조명율) 여기서 조명율 U에 영향을 미치는 요소가 아닌 것은?
① 실의 크기　　　② 마감재의 반사율
③ 조명기구의 형상　　　④ 광원사이의 간격

9 면적이 100 m² 인 어느 강당의 야간 평균소요조도가 300lx 이다. 광속이 2000 lm 인 형광등을 사용할 경우, 필요한 개수는? (단, 조명률은 60%이고 감광보상률은 1.5이다.)
① 30　　　② 34
③ 38　　　④ 42

10 조명설계에서 광원의 배치 중 맞는 것은? (단, S : 광원상호간의 거리, H : 작업면에서의 광원높이, S_0 : 벽과 광원과의 거리)
① S ≤ 1.5H
② S ≥ 2.0H
③ So ≥ 1/2H (벽측에서 작업을 하지 않을 때)
④ So ≤ 2/3H (벽측에서 작업을 할 때)

11 어느 광원과 1m 떨어진 곳의 직각면 조도가 100lux일 때 광원과 2m 되는 곳의 조도(lux)는?
① 25　　　② 50
③ 100　　　④ 200

해 설

해설 7 조명 설계의 순서
① 소요 조도의 결정
② 전등 종류의 결정
③ 조명방식 및 조명기구 선정
④ 광속의 계산
⑤ 광원의 크기와 그 배치

해설 8 조명율에 영향을 미치는 요소
광원의 종류, 조명방식, 조명기구, 실내 벽체마감(반사율), 실의 형상(실지수) 등

해설 9
광속법에 의한 조명설계식
F·N·U=E·A·D에서
광원의 개수 N = $\dfrac{E \cdot A \cdot D}{F \cdot U}$
　　= $\dfrac{300 \times 100 \times 1.5}{2,000 \times 0.6}$
　　= 37.5 ≒ 38개

해설 10
광원간의 간격은 작업면에서 광원까지 높이의 3/2(1.5배)를 넘지 않아야 한다.

해설 11
조도에 대한 거리의 역자승법칙 : 조도는 광도(I)에 비례하고 거리(d)의 제곱에 반비례한다.
$E = \dfrac{I}{d^2}$ 에서 $100 = \dfrac{I}{1^2}$
∴ 광도 I = 100cd
따라서 2m되는 곳의 조도는
$E = \dfrac{100}{2^2}$ = 25lx이다.

정답　7. ③　8. ④　9. ③　10. ①
　　　　11. ①

기출문제 및 예상문제

11 CHAPTER
4. 조명설비

■■■ 기초사항

1. 다음은 조명설비와 관련된 용어에 대한 설명이다. ( ) 안에 알맞은 내용은?

> 어떤 물체에 광속이 투사되면 그 면은 밝게 비추어진다. 그 광원에 의해 비춰진 면의 밝기 정도를 ( )라 하며 단위는 럭스[lx]이다.

① 광도
② 휘도
③ 조도
④ 광속발산도

2. 빛에 관한 설명 중 옳은 것은?

① 조도란 어떤 면에서의 입사 광속밀도를 의미한다.
② 광도란 광원에서 나오는 빛의 양을 말하며 단위는 루우멘이다.
③ 휘도는 어떤 광원에서 발산하는 빛의 세기를 의미하며 단위는 칸델라이다.
④ 빛의 분광 특성이 색의 보임에 미치는 효과를 광속이라 한다.

[해설] 조명에 관한 용어
㉮ 조도(lx) : 단위면적당의 입사광속(작업면의 밝기)
㉯ 광속(lm) : 단위시간당 흐르는 광의 에너지량(빛의 량)
  1cd의 광원에 의해 방사되는 전광속은 4π 루멘이다.
㉰ 광도(cd) : 점광원으로부터의 단위입체각당의 발산광속(빛의 세기)
㉱ 휘도(nt, asb) : 발산면의 단위투영면적당 단위입체각당의 발산광속(광원표면의 밝기)
㉲ 광속발산도(radlux) : 단위면적당의 발산광속
㉳ 연색성 : 빛의 분광특성이 색의 보임에 미치는 효과

3. 빛을 발하는 점에서 어느 방향으로 향한 단위 입체각당의 발산광속으로 정의되는 용어는?

① 광속
② 광도
③ 조도
④ 휘도

4. 광원에 의해 비춰진 면의 밝기 정도를 나타내는 것은?

① 휘도
② 광도
③ 조도
④ 광속발산도

5. 조명 용어에 따른 단위가 옳지 않은 것은?

① 광속: 루멘[lm]
② 광도: 캔들[cd]
③ 조도: 룩스[lx]
④ 방사속: 스틸브[sb]

[해설] ① 광속(lm) : 방사속 중 사람의 눈이 인식하는 단위시간당 가시광선의 에너지량(빛의 량), 단위 : lm
④ 방사속(radiant flux) : 광원이 단위시간당 발생하는 방사에너지, 단위 : W(=J/s)
스틸브(sb, cd/cm²), 아포스틸브(asb), 니트(nt, cd/m²) 등은 휘도(광원 표면의 밝기)의 단위이다.

6. 다음 중 용어와 단위의 연결이 옳지 않은 것은?

① 광속발산도 - rlx
② 광속 - cd
③ 휘도 - sb
④ 조도 - lx

[해설] 광속의 단위는 lm(루멘)이다.

해답 1. ③ 2. ① 3. ② 4. ③ 5. ④ 6. ②

7. 조명설비에서 눈부심에 관한 설명으로 옳지 않은 것은?
① 광원의 크기가 클수록 눈부심이 강하다.
② 광원의 휘도가 작을수록 눈부심이 강하다.
③ 광원이 시선에 가까울수록 눈부심이 강하다.
④ 배경이 어둡고 눈이 암순응 될수록 눈부심이 강하다.

8. 작업대상물의 수평면상에서의 조도의 균일 정도를 표시하는 척도로서, 다음과 같은 식으로 표현되는 것은?

$$\frac{\text{수평면상의 최소조도}[lx]}{\text{수평면상의 평균조도}[lx]}$$

① 색온도
② 균제도
③ 분광분포
④ 전등효율

■■■ 조명방식

9. 명시적 조명의 좋은 조건으로 옳지 않은 것은?
① 필요한 밝기로서 적당한 밝기가 좋다.
② 분광분포와 관련하여 표준주광이 좋다.
③ 휘도분포와 관련하여 얼룩이 없을수록 좋다.
④ 직사 눈부심은 없어야 좋지만, 반사 눈부심은 있어야 좋다.

10. 기구 배치에 의한 조명방식 중 작업면상의 필요한 장소 즉, 어떤 특별한 면을 부분조명하는 방식은?
① 전반조명
② 국부조명
③ 직접조명
④ 간접조명

11. 전반조명과 국부조명 병용의 경우에 전반조명의 조도는 국부조명에 의한 조도의 어느 정도로 하는가?
① 1/5 이상
② 1/10 이상
③ 1/15 이상
④ 1/20 이상

[해설] 시대상과 주위조도비가 10:1 이상이 되지 않는 것이 좋다.

12. 조명기구를 배광에 따라 분류할 경우, 다음과 같은 특징을 갖는 것은?

- 공장의 일반 조명 방식에 사용된다.
- 작업면에 고조도를 얻을 수 있으나 심한 휘도의 차 및 짙은 그림자와 눈부심이 발생한다.

① 직접조명형
② 간접조명형
③ 반간접조명형
④ 전반확산조명형

13. 직접조명방식에 관한 설명으로 옳은 것은?
① 조명률이 크다.
② 실내면 반사율의 영향이 크다.
③ 분위기를 중요시 하는 조명에 적합하다.
④ 발산광속 중 상향광속이 90~100%, 하향광속이 0~10% 정도이다.

14. 직접조명방식에 관한 설명으로 옳지 않은 것은?
① 휘도의 차가 크다.
② 작업면에 고조도를 얻을 수 있다.
③ 발산광속 중 90~100% 정도가 작업면을 직접 조명한다.
④ 일반적으로 천장이나 벽면이 광원으로서의 역할을 한다.

해답 7. ② 8. ② 9. ④ 10. ② 11. ② 12. ① 13. ① 14. ④

15. 조명방식 중 거의 모든 광속을 윗방향으로 향하게 발산하여 천장 및 윗벽 부분에서 반사되어 방의 아래 각부분으로 확산시키는 방식은?

① 직접조명　　　② 반직접조명
③ 간접조명　　　④ 국부조명

[해설] 배광에 의한 조명의 분류
- 직접조명 - 하향으로 90 ~ 100% 발산
- 간접조명 - 상향으로 90 ~ 100% 발산
- 전반확산조명 : 상하향으로 각각 반 정도씩 발산

16. 조명기구 중 천장과 윗벽 부분이 광원의 역할을 하며 조도가 균일하고 음영이 유연하나 조명률이 낮은 특성을 갖는 것은?

① 직접조명기구
② 반직접조명기구
③ 간접조명기구
④ 전확산조명기구

17. 간접조명방식에 관한 설명으로 옳지 않은 것은?

① 조명률이 높다.
② 실내면 반사율의 영향이 크다.
③ 분위기를 중요시하는 조명에 적합하다.
④ 그림자가 적고 글레어가 적은 조명이 가능하다.

18. 간접조명기구에 관한 설명으로 옳지 않은 것은?

① 직사 눈부심이 없다.
② 매우 넓은 면적이 광원으로서의 역할을 한다.
③ 일반적으로 발산광속 중 상향광속이 90 ~ 100[%] 정도이다.
④ 천장, 벽면 등은 빛이 잘 흡수되는 색과 재료를 사용하여야 한다.

[해설] 간접조명은 천장, 벽 등에 의해 반사되는 빛을 이용하는 것이므로 천장, 벽 등에는 빛이 흡수되기 보다는 반사되는 색과 재료를 사용하여야 한다.

19. 다음 그림의 조명방식은? (단, 광원에서의 발산 광속 중 65%는 상향, 35%는 하향)

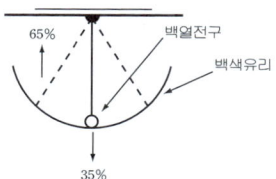

① 직접조명　　　② 간접조명
③ 반직접조명　　④ 반간접조명

20. 광원에서의 발산 광속 중 60 ~ 90(%)는 윗방향으로 향하여 천장이나 윗벽 부분에서 반사되고, 나머지 빛이 아래방향으로 향하는 방식의 조명기구는?

① 직접조명기구　　　② 반직접조명기구
③ 전반확산조명기구　④ 반간접조명기구

[해설] 배광에 의한 조명의 분류 및 특징
- 직접조명 - 조명효율이 좋으나 조도차이가 심하다.
- 간접조명 - 차분한 분위기를 얻을 수 있으나 조명효율이 떨어지고 입체감이 약하게 된다

구 분	직 접	반직접	전반확산	반간접	간 접
상향비율	0~10%	10~40%	40~60%	60~90%	90~100%
하향비율	100~90%	90~60%	60~40%	40~10%	10~0%

21. 각종 조명방식에 관한 설명으로 옳지 않은 것은?

① 간접조명방식은 확산성이 낮고 균일한 조도를 얻기 어렵다.
② 반간접조명방식은 직접조명방식에 비해 글레어가 작다는 장점이 있다.
③ 직접조명방식은 작업면에서 높은 조도를 얻을 수 있으나 주위와의 휘도차가 크다.
④ 반직접조명방식은 광원으로부터의 발산 광속 중 10 ~ 40%가 천장이나 윗벽 부분에서 반사된다.

[해설] 간접조명 : 조도가 균일하고 차분한 분위기를 얻을 수 있으나 입체감이 약하다.

해답　15. ③　16. ③　17. ①　18. ④　19. ④　20. ④　21. ①

22. 다음 설명에 알맞은 조명기구 배치에 따른 조명 방식은?

> • 조명대상 실내 전체를 일정하게 조명하는 것으로 대표적인 조명 방식이다.
> • 책상의 배치나 작업대상물이 바뀌어도 대응이 용이하다.

① 간접조명 방식
② 전반조명 방식
③ TAL 조명방식
④ 국부적 전반조명 방식

[해설] TAL 조명방식 (Task & Ambient Lighting) : 작업구역(Task)은 전용의 국부조명방식으로 밝게 조명하고, 기타 주변구역(Ambient)은 낮은 조도로 조명하는 방식을 말한다.

23. 작업구역에는 전용의 국부조명방식으로 조명하고, 기타 주변 환경에 대하여는 간접조명과 같은 낮은 조도레벨로 조명하는 방식은?

① TAL 조명방식
② 반직접 조명방식
③ 반간접 조명방식
④ 전반확산 조명방식

■■■ 광원의 특징

24. 인공광원의 효율에 대한 설명으로 적합한 것은?

① 광속을 광원의 용량(전력)으로 나눈 값이다.
② 백열등의 광속을 100으로 각 광원의 광속비를 말한다.
③ 전광속에 대한 하향광속의 비를 말한다.
④ 인공 광원의 유효수명을 말한다.

[해설] 인공광원의 효율은 lm/W로 나타낸다.

25. 백열전구와 비교한 형광램프의 특징으로 옳지 않은 것은?

① 효율이 높다.
② 휘도가 낮다.
③ 수명이 길다.
④ 전원 전압의 변동에 대하여 광속 변동이 크다.

26. 형광램프에 관한 설명으로 옳지 않은 것은?

① 점등장치를 필요로 한다.
② 백열전구에 비해 수명이 길다.
③ 옥내의 전반조명, 국부조명에 사용된다.
④ 빛의 어른거림이 없으며 열발산이 백열전구보다 많다.

27. 각종 광원에 대한 설명으로 옳지 않은 것은?

① 형광램프는 점등장치를 필요로 한다.
② 고압수은램프는 큰 광속과 긴 수명이 특징이다.
③ 형광램프는 백열전구에 비해 효율이 낮으며 수명도 짧다.
④ 나트륨램프는 연색성이 나쁘며 해안 도로 조명에 사용된다.

28. 다음 광원 중 한 등당의 광속이 많고 수명이 긴 점과 연색성이 양호한 점으로 인해서 연색성을 중요하게 고려하는 높은 천장, 옥외조명 등에 적합한 것은?

① 메탈할라이드램프
② 형광등
③ 고압수은등
④ 나트륨등

[해설] 메탈할라이드등은 옥외조명에서 사용되는 고강도 방전등(수은등, 나트륨등, 메탈할라이드등) 중에서 연색성이 가장 좋다.

해답 22. ② 23. ① 24. ① 25. ④ 26. ④ 27. ③ 28. ①

29. 조명에 사용되는 광원에 대한 설명으로 옳지 않은 것은?

① 할로겐램프는 백열전구보다 수명이 짧으며 흑화가 자주 발생한다.
② 고압수은램프는 시동에 걸리는 시간이 길다.
③ 메탈 할라이드 램프는 고압수은램프의 연색성과 효율을 개선한 방전등이다.
④ BL전구(blended lamp)는 수은방전전구와 백열전구의 혼합형 전구이다.

[해설] ① 광원중에서 백열전구의 수명이 가장 짧다.

30. 할로겐 램프에 대한 설명 중 옳지 않은 것은?

① 흑화가 거의 일어나지 않는다.
② 백열전구에 비해 수명이 길다.
③ 광속이나 색온도의 저하가 적다.
④ 휘도가 낮아 시야에 광원이 직접 들어오도록 설치하여도 무방하다.

[해설] 할로겐 램프의 특징
 ① 백열등의 1/200까지 축소가능하며 작고 가벼워 작은 공간에 적합하다.
 ② 수명이 길고(백열등의 1.5~2배) 조도가 일정하다.
 ③ 연색성이 우수하여 색을 선명하게 재현할 수 있다.
 ④ 빛의 각도 조절이 쉽다.
 ⑤ 흑화현상이 거의 없다.
 ⑥ 작은 크기라도 광속이 크며 열충격에도 강하다.
 ⑦ 온도분포가 일정하다.
 ⑧ 효율이 높아 에너지절약적이다.

31. 조명설비의 광원 중 할로겐램프에 관한 설명으로 옳지 않은 것은?

① 휘도가 낮다.
② 백열전구에 비해 수명이 길다.
③ 연색성이 좋고 설치가 용이하다.
④ 흑화가 거의 일어나지 않고 광속이나 색온도의 저하가 극히 적다.

[해설] 할로겐 램프는 휘도가 높다.

32. 다음 중 효율이 가장 높지만 등황색의 단색광으로 색채의 식별이 곤란하므로 주로 터널 조명에 사용하는 것은?

① 형광램프
② 고압수은램프
③ 저압나트륨램프
④ 메탈할라이드램프

33. 다음 중 상점 내부의 조명용 광원으로 가장 부적절한 것은?

① 형광등　　　　② 할로겐등
③ 백열전구　　　④ 고압나트륨등

[해설] 나트륨램프는 효율은 좋으나 연색성이 좋지 않아 실내조명용으로는 부적합하다.

34. 조명설비에 대한 설명 중 옳지 않은 것은?

① 나트륨등은 도로 조명, 터널 조명에 적합하다.
② 전반확산 조명기구는 광원에서의 발산 광속이 모든 방향으로 골고루 확산되도록 하는데 사용하는 조명기구이다.
③ 일반적으로 형광등은 백열등에 비하여 열을 많이 발산하며 전원 전압의 변동에 대하여 광속 변동이 많다.
④ 조명기구를 건축 내장재의 일부 마무리로써 건축의장과 조명기구를 일체화하는 조명방식을 건축화조명이라고 한다.

[해설] ③ 일반적으로 형광등에 비해 백열등이 열을 많이 발산한다.

35. 빛의 분광특성이 색의 보임에 미치는 효과를 의미하는 용어는?

① 광속발산도　　② 균제도
③ 색온도　　　　④ 연색성

[해설] 연색성 : 빛의 분광특성이 색의 보임에 미치는 효과

해답　29. ①　30. ④　31. ①　32. ③　33. ④　34. ③　35. ④

36. 조명에 관한 용어인 연색성(演色性)과 가장 밀접한 관계가 있는 건물은?
① 백화점　② 도서관
③ 호텔　　④ 사무소

37. 광원의 연색성에 관한 설명으로 옳지 않은 것은?
① 고압수은램프의 평균 연색평가수(Ra)는 100이다.
② 연색성을 수치로 나타낸 것을 연색평가수라고 한다.
③ 평균 연색평가수(Ra)가 100에 가까울수록 연색성이 좋다.
④ 물체가 광원에 의하여 조명될 때, 그 색의 보임을 정하는 광원의 성질을 말한다.

[해설] 연색성
연색성이란 조명이 어떤 물체의 색상을 얼마나 자연색 그대로 보여주는가 하는 것을 말한다.
자연광(태양광)에서 본 사물의 색과 특정조명에서 본 사물의 색이 어느 정도 유사한가를 수치로 정량화한 것을 연색평가지수 CRI(Color Rendering Index)라 하며 평균연색평가지수 Ra(Average Rendering Index)와 특수연색평가지수가 있다.
가장 좋은 연색지수(Ra)는 100이며 100에 가까울수록 자연광에 가까운 색의 조명이고 0에 가까울수록 색에 대한 왜곡이 많이 일어나는 조명이다.
CRI100은 태양광을 의미한다.
수은등은 나트륨등과 더불어 연색성이 좋지 않다.

38. 조명설비에서 연색성에 관한 설명으로 옳지 않은 것은?
① 평균 연색평가수(Ra)가 0에 가까울수록 연색성이 좋다.
② 일반적으로 할로겐전구가 고압수은램프보다 연색성이 좋다.
③ 연색성이란 물체가 광원에 의하여 조명될 때 그 물체의 색의 보임을 정하는 광원의 성질을 말한다.
④ 평균 연색평가수(Ra)란 많은 물체의 대표색으로서 7종류의 시험색을 사용하여 그 평균값으로부터 구한 것이다.

■■■ 건축화조명

39. 조명기구를 건축 내장재의 일부 마무리로써 건축의 장과 조명기구를 일체화하는 조명방식을 의미하는 것은?
① 전반조명
② 간접조명
③ 건축화조명
④ 확산조명

40. 건축화조명 중 천장 전면에 광원 또는 조명기구를 배치하고, 발광면을 확산투과성 플라스틱판이나 루버 등으로 전면을 가리는 조명 방법은?
① 다운라이트 조명
② 코니스 조명
③ 밸런스 조명
④ 광천장 조명

[해설] 다운 라이트 : 천장에 작은 구멍을 뚫어 그 속에 기구를 매입한 것
코오니스라이트, 밸런스라이트 : 벽면조명의 일종

41. 벽면의 상부에 위치하여 모든 빛이 아래로 직사하도록 하는 조명방식으로 벽지, 벽화, 그림, 커튼 등 벽면 부착물이나 벽면 자체에 시각적인 흥미를 주는 건축화조명은?
① 다운라이트
② 코니스 조명
③ 펜던트 조명
④ 광천장 조명

[해설] 벽면을 이용한 건축화조명에는 코니스조명과 밸런스 조명이 있다. 코니스 조명은 벽면의 상부에 위치하여 모든 빛이 아래로 비추도록 하는 조명방식이며 밸런스조명은 벽면의 중간에 위치하여 상하로 비추도록 하는 조명방식이다.

해답　36. ①　37. ①　38. ①　39. ③　40. ④　41. ②

42. 다음 설명에 알맞은 건축화 조명 방식은?

> • 코너 조명과 같이 천장과 벽면경계에 건축적으로 둘레턱을 만들어 내부에 등기구를 배치하여 조명하는 방식이다.
> • 아래 방향의 벽면을 조명하는 방식으로 형광램프를 이용하는 건축화 조명에 적당하다.

① 코퍼 조명 ② 광천장 조명
③ 코니스 조명 ④ 다운라이트 조명

[해설] 벽면을 이용한 건축화조명에는 코니스조명과 밸런스조명이 있다.
코니스 조명은 벽면의 상부에 위치하여 모든 빛이 아래로 비추도록 하는 조명방식이며 밸런스조명은 벽면의 중간에 위치하여 상하로 비추도록 하는 조명방식이다.

43. 실내의 천장면을 여러 형태의 사각, 동그라미 등으로 오려내고 다양한 형태의 매입기구를 취부하여 단조로움을 피하는 건축화 조명방식은?

① 코브 조명 ② 코퍼 조명
③ 밸런스 조명 ④ 광천장 조명

44. 천장면에 작은 구멍을 많이 뚫어 그 속에 여러 형태의 하면개방형, 하면루버형, 하면확산형, 반사형 전구 등의 등기구를 매입하는 건축화조명 방식은?

① 다운라이트 조명
② 루버 천장 조명
③ 밸런스 조명
④ 코브 조명

45. 건축화조명방식 중 천장면 이용방식에 속하지 않는 것은?

① 광창조명 ② 다운라이트
③ 광천장조명 ④ 라인라이트

■■■ 조명설계

46. 실내 조명설계상 우선적으로 고려하여야 할 점은?

① 조명기구의 배치
② 조명방식의 결정
③ 소요 조도의 결정
④ 소요 광속 계산

47. 옥내조명의 순서로 옳은 것은?

> A : 소요조도결정
> B : 조명방식, 광원의 선정
> C : 조명기구의 선정
> D : 조명기구의 배치 설정

① A - B - C - D
② A - D - C - B
③ B - C - A - D
④ A - C - D - B

48. 다음의 조명설계시 사용되는 용어에 대한 설명 중 옳지 않은 것은?

① 감광보상률이란 조명기구의 광속 발산도에 대한 반사율을 가리킨다.
② 조명률이란 광원에서 방사되는 전 광속과 작업면에 대한 유효 광속과의 비를 말한다.
③ 보수율이란 광원의 경년변화나 조명기구효율의 저하에 의한 초기로부터의 감광비율을 말한다.
④ 실지수란 방의 형상, 크기, 광원의 위치에 의하여 결정되는 계수이다.

[해설] 감광보상율 : 조명 기구는 사용함에 따라 점차 어두워진다. 이러한 감소를 예상하여 소요광속에 여유를 두는데 그 정도를 감광보상률이라 하며, 감광 보상률의 역수를 유지율 또는 보수율이라 한다. 보통 직접 조명에서는 D를 1.3~2.0 정도로 계산한다.

해답 42. ③ 43. ② 44. ① 45. ① 46. ③ 47. ① 48. ①

49. 어느 실에 필요한 조명기구의 개수를 구하고자 한다. 그 실의 바닥면적을 A, 평균조도를 B, 조명률을 U, 보수율을 M, 기구 1개의 광속(光束)을 F라고 할 때 조명기구 개수의 적절한 산정식은?

① $\dfrac{E \cdot A \cdot M}{F \cdot U}$ ② $\dfrac{E \cdot A \cdot M}{U \cdot M}$

③ $\dfrac{E \cdot A}{F \cdot U \cdot M}$ ④ $\dfrac{E}{A \cdot F \cdot U \cdot M}$

[해설] 광원의 개수 계산(광속법)

$F \cdot N \cdot U = E \cdot A \cdot D$에서

$N = \dfrac{E \cdot A \cdot D}{F \cdot U} = \dfrac{E \cdot A}{F \cdot U \cdot M}$

N : 광원의 개수   E : 작업면의 조도(lx)
A : 방의 면적(m^2)   F : 감광 보상률
D : 사용 광원 1개의 광속(lm)
U : 조명률
M : 유지율, 보수율, 빛손실계수(1/D)

50. 사무실의 평균조도를 300[lx]로 설계하고자 한다. 다음과 같은 조건에서 소요램프수로 가장 적당한 것은?

[조건]
• 램프 한 개당 광속 : 3,000[lm]
• 사무실의 면적 : 600[m²]
• 조명률 : 0.6
• 보수율 : 0.5

① 120개
② 150개
③ 180개
④ 200개

[해설] 광속법에 의한 조명설계 $F \cdot N \cdot U = E \cdot A \cdot D$ 에서

소요램프수 $N = \dfrac{E \cdot A \cdot D}{F \cdot U} = \dfrac{E \cdot A}{F \cdot U \cdot M}$

$= \dfrac{300 \times 600}{3,000 \times 0.6 \times 0.5} = 200$ 개

51. 실의 면적 100[m²], 천장높이 3.5[m]의 교실에서 소요평균 조도가 100[lx]일 때 40[W]의 형광등을 사용한다면 몇 개가 필요한가? (단, 40[W]의 형광등 1개당의 광속은 2,000[lm], 조명률은 50[%], 감광보상률은 1.5로 한다)

① 23개   ② 19개
③ 15개   ④ 8개

[해설] 조명등수

$N = \dfrac{E \cdot A \cdot D}{F \cdot U} = \dfrac{조도 \times 바닥면적 \times 감광보상율}{조명등당 광속 \times 조명률}$

$= \dfrac{100 \times 100 \times 1.5}{2,000 \times 0.5} = 15$개

52. 사무실의 평균조도를 300[lx]로 설계하고자 한다. 다음과 같은 조건에서의 조명률을 0.6에서 0.7로 개선할 경우 광원의 개수는 얼마만큼 줄일 수 있는가?

• 광원의 광속 : 3,000[lm]
• 개실의 면적 : 600[m²]
• 보수율(유지율) : 0.5

① 15개
② 18개
③ 25개
④ 28개

[해설] 광원의 개수 계산(광속법)

① 조명율이 0.6일 때 $N = \dfrac{E \cdot A}{F \cdot U \cdot M} = \dfrac{300 \times 600}{3,000 \times 0.6 \times 0.5}$
$= 200$개

② 조명율이 0.7일 때 $N = \dfrac{E \cdot A}{F \cdot U \cdot M} = \dfrac{300 \times 600}{3,000 \times 0.7 \times 0.5}$
$= 172$개

그러므로 28개 감소한다.

해답   49. ③   50. ④   51. ③   52. ④

53. 조명을 요하는 면적을 A, 사용램프의 전광속을 F, 조명률을 U, 보수율을 M, 평균조도를 E 라고 할 때 평균조도의 산정식으로 옳은 것은?

① $E = \dfrac{F \times U \times A}{M}$ ② $E = \dfrac{F \times U \times M}{A}$

③ $E = \dfrac{F \times U}{A \times M}$ ④ $E = \dfrac{A \times M}{F \times U}$

[해설] 광속법에 의한 조명설계식 $F \cdot N \cdot U = E \cdot A \cdot D$ 에서

조도 $E = \dfrac{F \cdot N \cdot U}{A \cdot D}$

문제 조건에서 F : 사용램프의 전광속이라 하였으므로 F(사용 광원 1개의 광속) × N(광원의 개수) = F, 감광보상율(D)의 역수 1/D = M(보수율) 이므로

조도 $E = \dfrac{F \cdot N \cdot U}{A \cdot D} = \dfrac{F \cdot N \cdot U \cdot M}{A}$

54. 면적이 100(m²)인 건물의 조명설비에서 40(W)짜리 형광등 10개를 설치할 때 평균조도는 얼마인가?(단, 40(W) 형광등 1개의 광속은 2,000(lm), 조명율 60(%), 감광보상률 1.5이다.)

① 40(lux) ② 80(lux)
③ 400(lux) ④ 800(lux)

[해설] 광속법에 의한 조명설계식
$F \cdot N \cdot U = E \cdot A \cdot D$ 에서

조도 $E = \dfrac{F \cdot N \cdot U}{A \cdot D} = \dfrac{2,000 \times 10 \times 0.6}{100 \times 1.5} = 80 \text{lx}$

55. 바닥면적이 50(m²)인 사무실이 있다. 32(W) 형광등 20개를 균등하게 배치할 때 사무실의 평균조도는? (단, 형광등 1개의 광속은 3,300(lm), 조명률은 0.5, 보수율은 0.76)

① 약 500[lx] ② 약 450[lx]
③ 약 400[lx] ④ 약 350[lx]

[해설] 광속법에 의한 조명설계식 $F \cdot N \cdot U = E \cdot A \cdot D$ 에서

조도 $E = \dfrac{F \cdot N \cdot U}{A \cdot D} = \dfrac{F \cdot N \cdot U \cdot M}{A}$

$= \dfrac{3,300 \times 20 \times 0.5 \times 0.76}{50} = 501.6 ≒ 500(lx)$

56. 조명기구로 부터의 빛의 이용에 많은 영향을 미치고 있는 방의 크기와 형체를 특징짓는 척도로서 사용되는 것은?

① 방계수 ② 조명률
③ 방지수 ④ 감광보상률

[해설] ① 조명률 : 광원에서 방사된 총광속 중 작업면에 도달하는 비율로, 이 값은 실내면의 마감에 따른 반사물과 실지수에 의해 결정된다.

② 방지수(실지수) $RI = \dfrac{XY}{H(X+Y)}$

X,Y : 방의 가로, 세로의 길이
H : 작업면에서 광원까지의 높이

③ 감광보상률 : 조명기구가 사용중에 광원의 능률 저하 또는 기구의 오손 등으로 조도가 저하되므로 일정한 조도를 유지하도록 미리 여유를 보아 두기 위한 비율이다.

57. 조명기구를 사용하는 도중에 광원의 능률저하나 기구의 오염, 손상 등으로 조도가 점차 저하되는데, 인공조명 설계 시 이를 고려하여 반영하는 계수는?

① 광도
② 조명률
③ 실지수
④ 감광 보상률

58. 다음 중 조명률에 영향을 끼치는 요소와 가장 거리가 먼 것은?

① 광원의 높이
② 마감재의 반사율
③ 조명기구의 배광방식
④ 글레어(glare)의 크기

59. 간접조명의 경우 등기구 사이의 간격으로 가장 적당한 것은?(단, H : 작업면에서 등기구까지의 높이, S : 등기구 사이의 간격)

① S≤H ② S≤1.5H
③ S≤H/2 ④ S≤H/3

해답 53. ② 54. ② 55. ① 56. ③ 57. ④ 58. ④ 59. ②

60. 다음 중 요구되는 조도기준이 가장 높은 거실의 용도는?

① 회의 ② 독서
③ 설계 ④ 식사

[해설] 조도기준 : 건축물의 피난·방화구조 등의 기준에 관한 규칙
- 700 lx - 설계, 제도, 계산, 시험, 정밀검사, 수술
- 300 lx - 사무, 회의, 일반작업, 제조, 판매
- 150 lx - 독서, 식사, 집회, 오락

61. 다음은 극장의 객석내에 설치하여야 하는 통로유도등과 관련된 기준 내용이다. ( )안에 알맞은 것은?

> 조도는 통로유도등의 바로 밑의 바닥으로부터 수평으로 0.5m 떨어진 지점에서 측정하여 ( )이상이어야 한다.

① 1 [lx]
② 2 [lx]
③ 5 [lx]
④ 10 [lx]

[해설] 유도등 및 유도표지의 화재안전기준(NFSC 303) 제6~7조
복도나 거실, 계단 등의 통로유도등은 1 lx 이상이어야 하며 극장내의 객석유도등은 0.2 lx 이상이어야 한다.

■■■ 조도의 법칙

62. 점광원으로부터의 거리가 n배가 되면 그 값은 $1/n^2$배가 된다는 '거리의 역제곱의 법칙'이 적용되는 빛환경 지표는?

① 조도 ② 광도
③ 휘도 ④ 복사속

[해설] 조도에 관한 거리의 역자승법칙 : $E = \dfrac{I}{d^2}$
거리가 2배가 되면 조도는 100[lx]의 1/4인 25[lx]가 된다.

63. 어느 점광원과 1m 떨어진 곳의 직각면 조도가 100[lx]일 때, 이 광원과 2m 떨어진 곳의 직각면 조도는?

① 25[lx] ② 50[lx]
③ 75[lx] ④ 100[lx]

[해설] 조도에 관한 거리의 역자승법칙 : $E = \dfrac{I}{d^2}$
조도(E)는 광도(I)에 비례하고 거리(d)의 제곱에 반비례한다.
따라서 거리가 4배가 되면 조도는 800[lx]의 1/16인 50[lx]가 된다.

64. 광속 3,000[lm]인 백열전구로부터 2m 떨어진 책상에서 조도를 측정하였더니 200[lx]가 되었다. 이 책상을 백열전구로부터 4m 떨어진 곳에 놓으면 그 책상에서의 조도는?

① 100 [lx] ② 75 [lx]
③ 50 [lx] ④ 25 [lx]

65. 어느 균등 점광원과 2m 떨어진 곳의 직각면 조도가 100[lx]일 때 이 점광원과 1m 떨어진 곳의 직각면 조도는?

① 200 [lx] ② 300 [lx]
③ 400 [lx] ④ 600 [lx]

[해설] $E = \dfrac{I}{d^2}$
거리가 1/2배 되면 조도는 4배가 된다.

66. 지상 6m 되는 곳에 점광원이 있다. 그 광도는 각 방향에 균일하게 100cd라고 한다. 직하면의 조도로 적당한 것은?

① 2.8 Lux ② 4.7 Lux
③ 6.8 Lux ④ 8.7 Lux

[해설] 조도에 대한 거리의 역자승법칙
$E = \dfrac{I}{d^2} = \dfrac{100}{6^2} = 2.8(lx)$

해답 60. ③ 61. ① 62. ① 63. ① 64. ③ 65. ③ 66. ①

67. 광원에서 1m 떨어진 점에서 조도를 측정하였더니 100[lx]이었다. 이 광원의 광도는? (단, 균등 점광원인 경우)

① 100[cd] ② 200[cd]
③ 300[cd] ④ 400[cd]

[해설] $E = \dfrac{I}{d^2}$ 에서 광도 $I = E \cdot d^2 = 100 \cdot 1^2 = 100(cd)$

68. 광원으로부터 일정거리 떨어진 수조면의 조도에 대한 설명 중 옳지 않은 것은?

① 광원의 광도에 비례한다.
② 거리의 제곱에 반비례한다.
③ cos (입사각)에 비례한다.
④ 측정점의 반사율에 반비례한다.

69. 50칸델라(candela)의 광원점에서 2[m]의 거리에 있는 직각의 면과 30° 경사된 평면상의 조도는?

① 6.3[lx]
② 10.8[lx]
③ 12.5[lx]
④ 14.4[lx]

[해설] 조도의 코사인 법칙

$$E = \dfrac{I}{d^2} \cdot \cos\theta = \dfrac{50}{2^2} \times \cos 30° = 10.8 lx$$

해답 67. ①   68. ④   69. ②

5 전기설비(Ⅴ) - 약전설비(전기통신설비)

학습방향
12V, 24V와 같은 낮은 전압에서 동작하는 전화 및 전기시계설비, 인터폰 설비 등 약전설비에 대한 개략적인 이해가 요구된다.

13 약전설비

(1) 전화설비

1) 전화설비의 구성

전화설비는 국선의 인입용 관로, 주배선반(MDF), 건물내 간선 케이블, 구내교환설비(PBX), 단자별 분기배선을 거쳐 전화기까지를 말한다.

2) 교환기의 종류

① 수동식 : 자석식(국부전지사용), 공전식(공동전지사용)이 있다.
② 자동식 : 기계식과 전자식이 있다. 근래의 교환기는 컴퓨터를 활용한 데이터 통신용 전자식 교환 방식이 채택되고 있다.

3) 전화회선의 기준 설비수

전화회선의 기준 설비수는 표 5-1에 의하여 결정한다.

〈표 5-1〉 전화회선의 표준설비수

업 종 별	국선수(10m² 당)	내선수(10m² 당)
사무실, 은행	0.4	0.8
관공서, 신문사	0.4	1.0
상사, 회사	0.5	1.3
증권회사, 백화점(매점)	0.5	1.0

■ 사무실이나 은행의 경우 10m² 당 국선 0.4회선, 내선 0.8회선 정도가 필요하다.

(2) 전기시계설비

1) 전기시계설비의 구성

모시계 1대와 그 펄스에 의해서 운침되는 여러 대의 자시계 및 그 사이의 배선을 말한다.

2) 모시계의 종류

① 수정식 : 정밀도가 좋아 많이 사용되고 있으며 정밀도는 Ⅰ급이 0.07초, Ⅱ급이 3초 정도이다.
② 진자식 : 기계식으로 추차는 5초~15초 이내이다.

■ 모시계 중 정밀도가 좋은 것은 수정식 Ⅰ급이다.

(3) 인터폰 설비

구내 상호간 통화하는 구내 전용 전화로 전화기형과, 확성형(마이크로폰 + 스피커)이 있다.

1) 통화방식에 의한 분류
   ① 모자식(친자식) : 모기에서는 어느 자기나 호출 통화할 수 있으나, 자기는 모기하고만 통화가 가능한 방식으로 사용빈도가 많은 곳에는 부적합하다.
   ② 상호식 : 모자식에서 모기만을 조합하여 접속한 방식으로 상호간에 상대를 호출 통화할 수 있다.
   ③ 복합식 : 상호식과 모자식을 복합한 방식

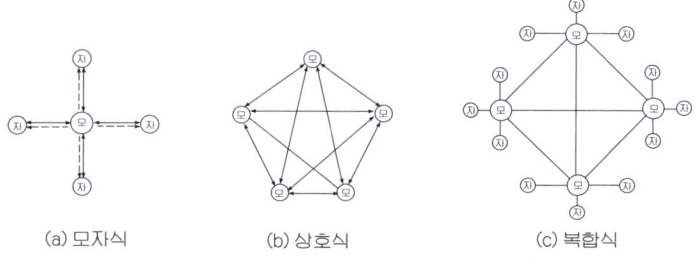

〈그림 5-1〉 접속방식에 따른 인터폰설비

2) 작동 원리에 따른 분류
   ① 프레스 토크 : 말할 때 통화버튼(단추)를 누르고, 들을 때 버튼을 놓고 통화하는 방식
   ② 동시통화식 : 전화와 같이 동시 통화하는 형식

3) 시공
   ① 설치 높이는 바닥에서부터 1.5m 정도로 한다.
   ② 전원장치는 보수가 용이하고 안전한 장소에 시설한다.
   ③ 전화배선과는 별도 계통으로 한다.

(4) 방송설비

1) 방송설비
   일반방송과 비상방송 등으로 구분하며 증폭기, 부속기, 스피커 및 배선을 말한다.

2) 스피커의 분류
   ① 콘형 : 무지향성(일반옥내용)
   ② 혼형 : 유지향성(옥외장소)

3) 스피커의 설치면적

일반 사무실의 경우 스피커의 허용입력은 3W로 천장고가 2.5m 이내일 때는 $25m^2$, 천장고가 2.5~3.6m 일 때는 $36m^2$의 면적을 감당할 수 있어야 한다.

4) 비상방송시 스피커 위치

1m 위치에서 90폰 이상의 음압레벨이 되어야 하며 임의 위치에서는 60폰 이상이어야 한다.

(5) 공동수신설비

안테나 1대를 이용하여 양질의 T.V전파를 수신한 다음, 직접 또는 증폭기를 거쳐 여러 대의 수상기에 전파를 배분하는 설비를 말한다. 안테나, 혼합기, 증폭기, 분배기, 전송선 등으로 구성되며 CATV(유선 텔레비전 방송설비), 위성방송설비도 T.V 공동수신설비에 포함된다.

1) T.V 방송대역 주파수

V.H.F(30~300 MHz)와 U.H.F(300 MHz~3 GHz)로 구분한다.

2) 수신기의 입력레벨

V.H.F 용은 60dB, U.H.F 용은 65dB 이상이어야 한다.

3) T.V 안테나 설치

강전류전선에서 3m 이상 띄워 전파의 장해를 받지 않는 장소를 선택하여야 하며, 피뢰침을 1.5m 이상의 이격거리에 설치하여 안테나가 이 피뢰침의 보호범위에 들어가도록 한다. 안테나 설치시 주의사항은 다음과 같다.
① 풍속 40m/s정도에 견디도록 고정시킨다.
② 피뢰침 보호각 내에 들어가도록 한다.
③ 강전류로부터 3m 이상 띄어서 설치한다.
④ 접합기의 설치 높이는 바닥 위 30cm 높이로 한다.
⑤ 방향성 결합기나 분배기를 사용하지 않는 플러그에는 더미 로드(dummy load)를 부착한다.

(6) 신호설비

1) 사무실용 표시설비 - 부재표시

관청 및 회사 등에서 간부들의 재실여부를 표시하기 위한 설비이다.

2) 병원용 표시설비

병실의 간호사 호출표시, 수술실의 경계표시 등이 있다.

3) 주차장용 표시설비

주차장 출입구에 감지기를 설치함으로서 출입 또는 만차를 알리는 장치이다. (감지기는 초음파식, 광전관식, 인덕턴스식, 디딤판식 등이 사용된다)

(7) 정보화설비

1) 통신설비 시스템

디지털 PBX(전화교환기), 인터넷, 전자메일, TV회의, 영상통신, 비디오텍스통신, 팩시밀리 통신, 영상응답 등이 해당된다.

2) 정보통신설비 시스템

최근 건물이 인텔리전트화되면서 사무자동화(OA) 시스템에 의한 정보처리 시스템과 통신망이 일체화 될 필요가 있다. 뉴미디어에 대응되는 통신망은 근거리 통신망(LAN), 부가가치 통신망(VAN), 고도정보통신 시스템(INS) 등이 있다.

핵 심 문 제

1 정보통신설비는 정보설비와 통신설비로 구분할 수 있다. 다음 중 통신설비에 속하지 않는 것은?
① 전화설비
② 인터폰설비
③ TV공청설비
④ 전기시계설비

2 대규모 빌딩에 적당한 모시계의 종류는?
① 진자식 Ⅱ급
② 진자식 Ⅰ급
③ 수정식 Ⅱ급
④ 수정식 Ⅰ급

3 인터폰의 접속 방법으로 볼 수 없는 것은?
① 모자식
② 토크식
③ 상호식
④ 복합식

4 인터폰설비에서 1대의 모기에 임의 대수의 자기를 접속한것으로 모기에서는 어느 자기나 호출 통화할 수 있으나 자기 상호간은 모기의 중계에 의해서 통화가 가능한 방식은?
① 모자식
② 상호식
③ 복합식
④ 병용식

해 설

해설 1
정보통신설비 : 유선이나 무선, 광선, 그 외 기타 전자적 방식으로 부호, 문자, 음향, 영상 따위의 정보를 저장하고 제어 및 처리, 송수신하기 위한 기계, 기구, 선로나 기타 필요한 설비
정보설비와 통신설비로 구분해서 사용하는 경우는 많지 않지만 굳이 구분하면 통신설비의 종류에는 전화설비, 인터넷, 인터폰, TV(공청, 위성, IPTV), 방송설비, CCTV, 빔프로젝트 등이 있다.

해설 2
전기시계 중 정밀도가 가장 높은 것은 수정식 Ⅰ급이다.

해설 3
인터폰은 접속방법에 따라 모자식, 상호식, 복합식이 있으며 작동원리에 따라 프레스 토크식과 동시통화식으로 구분된다.

해설 4 통화방식에 의한 분류
① 모자식(친자식) : 모기에서는 어느 자기나 호출 통화할 수 있으나, 자기는 모기하고만 통화가 가능한 방식
② 상호식 : 상호간에 상대를 호출 통화할 수 있는 방식
③ 복합식 : 상호식과 모자식을 복합한 방식

정답 1. ④ 2. ④ 3. ② 4. ①

기출문제 및 예상문제

11 CHAPTER
5. 약전설비

■■■ 전화설비

1. 다음 중 약전설비에 속하는 것은?

① 변전설비
② 전화설비
③ 축전지설비
④ 자가발전설비

2. 전화설비의 자동식 교환실의 환경조건에 대한 설명으로 옳지 않은 것은?

① 유효천장 높이는 보통 4m 이상으로 한다.
② 바닥은 리놀륨, 비닐타일 또는 플로링마무리로 한다.
③ 실내온도는 10~35℃ 정도로 한다.
④ 상대습도는 40~70% 정도로 한다.

[해설] 자동식 교환실의 유효 천정고는 2.4~2.7m 또는 교환기 가고+0.3m 이상으로 한다.

■■■ 전기시계설비

3. 모자식 전기시계에서 모시계 중 가장 정도(精度)가 높은 것은?

① 수정식
② 진자식
③ 동기전동기식
④ 뎀프식

[해설] 모시계의 정밀도가 가장 높은 방식은 수정식이다.

■■■ 인터폰 설비

4. 인터 폰설비의 통화망 구성 방식에 속하지 않는 것은?

① 상호식
② 모자식
③ 복합식
④ 연결식

5. 인터폰의 접속 방식이 아닌 것은?

① 모자식
② 연결식
③ 상호식
④ 복합식

[해설] 모자식, 상호식, 복합식이 있다.

6. 인터폰의 설명 중에서 옳은 것은?

① 모자식은 1대의 모기를 중심으로 여러 대의 자기를 접속하는 방식으로 배선이 복잡하지만 사용빈도가 많은 곳에 적당하다.
② 복합식은 모기 상호간에 임의로 통화가 가능하며, 각 모기에 접속된 모자간의 통화도 할 수 있다.
③ 상호식은 모자식에서 자기만을 조합하여 접속하는 방식으로 어느 기기에서나 임의의 기기로 통화가 가능하다.
④ 프레스토크 방식은 스위치의 조작이 불필요하며, 항상 서로 이야기하며 동시에 들을 수 있다.

[해설] ① 모자식은 사용빈도가 많은 곳에는 부적당하다.
③ 상호식은 모자식에서 모기만을 조합하여 접속하는 방식이다.
④ 프레스통크방식 : 말할 때 버튼을 눌러야 한다.
동시통화식 : 전화처럼 조작이 불필요하며 말하는 것과 동시에 들을 수 있다.

7. 인터폰 설비의 설치 높이는 바닥면 위로 얼마 정도가 좋은가?

① 0.9m
② 1m
③ 1.5m
④ 1.7m

해답 1. ② 2. ① 3. ① 4. ④ 5. ② 6. ② 7. ③

8. 다음의 인터폰 설비에 대한 설명 중 틀린 것은?
① 주택용 인터폰은 일반적으로 도어폰 기능을 갖는다.
② 사무용 인터폰 설비의 통화방식 중 상호통화식은 스피커형이 일반적이다.
③ 집합주택 관리용 인터폰의 기능으로는 현관문의 개폐기능, 비상 푸시버튼에 의한 비상통보기능 등이 있다.
④ 엘리베이터용 인터폰은 상호통화식이 주로 채용되며 반드시 축전지 설비를 설치할 필요는 없다.

9. 집합주택에서 각종 정보를 관리하는 목적으로 관리인실에 설치하는 집합주택 관리용 인터폰의 기능으로 옳지 않은 것은?
① 주출입구의 개폐기능
② 비상 푸시버튼에 의한 비상통보기능
③ 방범스위치에 의한 불법침입통보기능
④ 전기절약을 위한 전등 소등 기능

■■■ 공동수신설비

10. T.V 공청용 기기가 아닌 것은?
① 정합기
② 분배기
③ 방향성 결합기
④ 검출기

[해설] 접합기, 분배기, 방향성 결합기는 안테나 설비의 구성요소들이다.

11. 다음 중 텔레비전공동시청 안테나시설에 사용되는 설비에 속하지 않는 것은?
① 수신안테나
② 수신증폭기
③ 병렬단자
④ 주파수변환기

12. TV 공청설비의 주요 구성기기에 속하지 않는 것은?
① 증폭기   ② 월패드
③ 컨버터   ④ 혼합기

[해설] 월패드(Wall-Pad) : 가정의 거실 벽면 등에 부착된 홈네트워크의 핵심 기기로서 화면과 몇 개의 버튼으로 이루어져 있으며 대부분 터치스크린 방식이다. 기존의 비디오 도어 폰에서 한층 더 발전된 기기로서 홈 네트워크 월 패드라고도 한다. 기본 도어폰이 제공하는 기능 이외에도 방범, 방재, 가전·조명 제어를 비롯하여 아파트 세대 간 화상통화, 인터넷접속, TV수신 등의 기능을 제공하는 제품도 있다.

13. 다음의 건축설비에 관한 용어의 조합 중 잘못된 것은?
① PBX - 전기시계설비
② LAN - 구내정보통신망
③ VAN - 부가가치 통신망
④ ISDN - 종합정보서비스망

[해설] 통신용어
- PBX(Private Branch Exchange) - 구내교환설비
- LAN(Local Area Network) - 구내정보통신망
- VAN(Value Added Network) - 부가가치통신망
- ISDN(Integrated Service Digital Network) - 종합정보통신망

해답 8. ④ 9. ④ 10. ④ 11. ③ 12. ② 13. ①

6 전기설비(Ⅵ) - 방재설비(피뢰침, 접지 등)

학습방향

피뢰침의 보호각 및 구조, 접지의 종류, 항공장애등 및 비상콘센트설비 등에 대한 이해가 필요하다.

13 방재설비

(1) 피뢰침설비

1) 개요

피뢰침 설비는 수뢰부, 피뢰도선 및 접지설비로 이루어진 설비로서 중고층 건축물이나 위험물 저장소 등에 설치하여 낙뢰에 의해 생기는 화재, 파손 또는 인명이나 가축의 상해를 방지할 목적으로 설치하는 것을 말한다.

2) 피뢰설비 설치기준 (설비기준 제20조)

낙뢰의 우려가 있는 건축물 또는 높이 20m 이상 건축물에는 다음 기준에 적합한 피뢰설비를 설치하여야 한다.

<표 6-1> 피뢰침의 설치기준

설 비	설 치 기 준
① 피뢰설비	한국산업규격이 정하는 보호등급의 설비일 것 (위험물저장 및 처리시설 → 보호등급 Ⅱ 이상일 것)
② 돌 침	• 건축물 맨 윗부분으로부터 25cm 이상 돌출하여 설치할 것 • 풍하중기준에 견딜 수 있는 구조일 것
③ 피뢰설비 재료	최소 단면적 (피복이 없는 동선을 기준으로 함) • 수뢰부 : 50mm² 이상 • 인하도선 : 50mm² 이상 • 접지극 : 50mm² 이상
④ 인하도선	철골조, 철골·철근콘크리트조의 철근구조체를 사용하는 경우 • 전기적 연속성이 보장될 것 • 건축물 금속구조체 상·하단부 사이의 전기 저항값 : 0.2Ω이하일 것
⑤ 낙뢰방지 수뢰부의 설치	높이 60m를 초과하는 건축물 • 높이의 4/5 지점부터 상단부까지 측면에 수뢰부를 설치할 것 (예외) 높이 60m를 초과하는 부분 외부의 각 금속 부재를 2개소 이상 전기적으로 접속시켜 전기적 연속성이 보장된 경우

학습POINT

■ 피뢰침의 원리
전압 $V = I \cdot R$

저항 $R \propto \dfrac{l(\text{전선길이})}{S(\text{전선 단면적})}$

인 관계가 있다. 낙뢰의 전압은 수만~수십만 볼트이지만 피뢰도선을 따라 접지전극에 이르면 접지전극 주위의 무한한 토양전체가 전선단면 역할을 하게 된다. 즉, 전선의 단면적이 무한대에 가까워져, 저항 R이 0이 되면 낙뢰의 전압 V도 0이 된다. 전기기구를 접지하는 것도 이러한 원리를 이용한 것이다.

■ 피뢰침 설치가 바람직한 건축물 및 공작물
① 높은 탑, 굴뚝 등
② 과거 낙뢰가 있었던 건물, 또는 부근에 낙뢰가 있었던 건물
③ 평지에 있는 외딴집, 산꼭대기 또는 벼랑 위에 세워진 건축물
④ 많은 사람이 모이는 건축물 (예: 학교, 병원, 백화점, 목욕탕 등)
⑤ 가축을 다수 수용하는 목사(牧舍)
⑥ 미술, 과학, 역사상 귀중한 건축물 (예: 박물관, 진열장 등)
⑦ 위험물의 저장 또는 취급 목적이 있는 건축물

⑥ 접지	환경오염을 일으킬 수 있는 시공방법 또는 화학첨가물을 사용하지 아니할 것
⑦ 전기적 접속	건축물에 설치하는 금속배관 및 금속재 설비는 전위(電位)가 균등하게 이루어지도록 할 것

3) 뇌(雷)보호시스템의 보호등급 (일부 요약)
① 보호등급의 선정 목적은 보호건축물・보호공간에 대한 직격뢰의 위험을 최대한 허용할 수 있는 레벨 이하로 감소시키는데 있다.
② 모든 대상건축물에 대하여 뇌보호시스템의 설계자는 그 필요여부를 결정하고 적절한 보호등급을 선정하여야 한다.

<표 6-2> 뇌(雷)보호시스템의 보호등급의 효율

설 비	시스템 효율(E)
I	0.98
II	0.95
III	0.90
IV	0.80

■ 피뢰설비에 대한 기준
① 건축물의 설비기준에 관한 규칙 제20조
② 한국산업규격 - KSC IEC 62305 피뢰시스템
③ 한국전기설비규정 - 150 피뢰시스템

■ 수뢰부시스템의 보호범위 산정 방식 : 메시법, 보호각법, 회전구체법

4) 피뢰설비의 4등급
① 완전보호 : 관측소, 휴게소, 매점, 골프장의 독립 휴게소 등에 사용
② 증강보호 : 중요건축물로써 케이지 방식의 채용이 어려운 건축물에 사용
③ 보통보호 : 철근 콘크리트 건축물로서 옥상에 난간이 있을 경우에 사용
④ 간이보호 : 높이 20m이하의 건물에 자주적인 피뢰설비를 시설할 때 사용

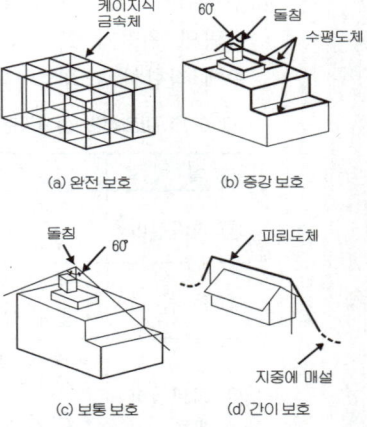

<그림 6-1> 보호등급에 따른 피뢰설비의 4등급

(2) 접지설비(Earthing System)
1) 개요
전기계통이나 전기기기는 감전피해 및 손상방지를 위하여 대지와 연결해야 하는데 이를 접지(Earthing)라 하며 이 전기계통이나 전기기기를 개별 또는 공통으로 접지하기 위하여 필요한 장치들을 접지설비라 한다.

2) 구성요소
① 보호도체 : 감전에 대해 보호 등 안전을 위해 설치되는 도체
② 접지도체 : 전력계통이나 전기기기에서 접지극 까지의 고장전류가 흐르는 도체
③ 접지극 : 땅 속 또는 콘크리트 속에 매설되어 고장전류를 땅 속으로 전달하는 금속전극(봉, 전선, 배관, 판 등)

3) 접지시스템의 구분
   ① 계통접지 - 전기계통의 이상현상에 대비하여 대지에 접속하는 것으로 접속방식에 따라 TN(TN-S, TN-C, TN-C-S)계통, TT계통, IT계통 등 세 종류가 있다.
   ② 보호접지 - 전기기기의 감전보호를 목적으로 한 점 이상을 접지하는 것
   ③ 피뢰시스템 접지 - 뇌격전류를 안전하게 대지로 방류하기 위해 접지하는 것

4) 접지시스템의 시설 종류
   ① 단독접지 : (특)고압계통과 저압계통의 접지극을 독립적으로 각각 시설하는 접지방식
   ② 공통접지 : (특)고압계통과 저압계통을 등전위형성을 위해 공통으로 접지하는 방식
   ③ 통합접지 : 계통접지, 통신접지, 피뢰접지 등을 통합하여 접지하는 방식

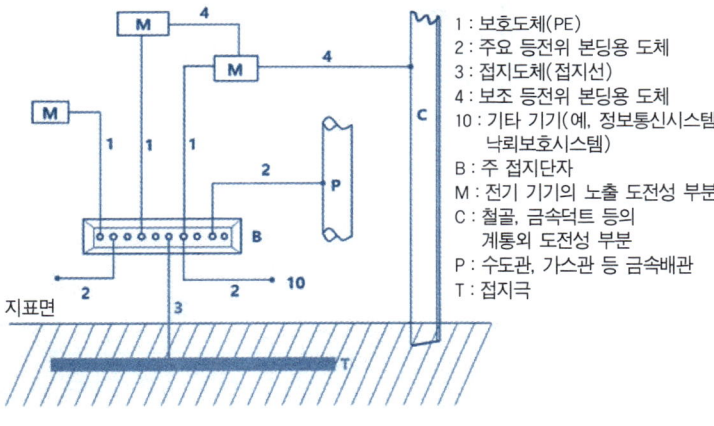

<그림 6-2> 접지설비의 개념도

5) 접지시스템의 설치기준
   ① 접지극의 매설깊이 : 동결깊이를 감안하여 지표면으로부터 0.75m 이상으로 한다.
   ② 지중에 매설되어 있는 금속제수도관 : 대지와의 전기저항 값이 3Ω 이하를 유지할 경우 접지극으로 사용 가능하다.
   ③ 접지도체의 최소단면적
      ㉠ 큰 고장전류가 흐르지 않을 경우
         - 구리 : $6mm^2$, 철제 : $50mm^2$ 이상
      ㉡ 피뢰시스템이 접속되는 경우
         - 구리 : $16mm^2$, 철제 : $50mm^2$ 이상

■ 접지시스템에 대한 기준
  ① 한국산업규격 - KSC IEC 60364-5-54 전기기기의 선정 및 설치 - 접지설비 및 보호도체
  ② 한국전기설비규정 - 140 접지시스템

■ 2021.1.19. '한국전기설비규정'의 '접지시스템'이 개정되어 종래 일괄 적용하던 종별접지(제1종, 제2종, 제3종, 특별 제3종)는 폐지되었다.

■ 전기기기의 접지 연결순서
  전기기기 - 보호도체 - 접지단자함 - 접지도체 - 접지극

■ 참고 : 계통접지의 종류에서 각 문자의 의미
  ① 맨 앞의 문자는 전원측 변압기의 접지상태를 의미한다.
     T는 땅(Terra), I는 절연(Insulation) 또는 임피던스(Impedance)
  ② 두 번째 문자는 설비기기의 접지상태를 의미한다.
     T는 땅(Terra), N은 중성선(Neutral)을 의미한다.
  ③ 세 번째 문자는 중성선과 보호도체의 연결상태를 의미한다.
     C는 중성선과 보호도체가 한 선으로 결합(Combine)되어 있다는 의미이며 S는 각각 분리(Separate)되어 있다는 의미이다.

예를 들어 TN-S는 ① 변압기가 땅(Terra)과 접지되어 있고 ② 설비기기는 중성선(Neutral)과 연결되어 있으며 ③ 중성선과 보호도체는 분리(Separate)되어 있다는 의미이다.

④ 접지도체의 절연 : 지하 0.75m ~ 지상 2m 까지의 접지도체는 합성수지관 또는 이와 동등 이상의 절연효과와 강도를 가지는 몰드로 덮어야 한다.
⑤ 보호도체의 최소단면적 : 선도체의 단면적, 보호도체의 재질, 사고 시 차단시간(5초) 등에 따라 다르다.

(3) 항공장애등설비

항공장애등은 야간에 운행하는 항공기에 대하여 항공의 장애가 되는 물건의 존재를 시각으로 인식시키기 위한 등이다.

공항시설법에는 지표면 또는 수면으로부터 60m 이상 높이의 초고층 건축물이나 공작물은 항공장애등을 설치하도록 되어 있다. 항공장애등 에는 고광도 항공장애등과 저광도 항공장애등의 2종류가 있다.

(a) 고광도 항공장애등

(b) 저광도 항공장애등

〈사진 6-1〉 항공장애등의 종류

1) 고광도 장애등
 ① 등광은 명멸로서 광원의 중심을 포함하는 수평면하 15°이하에서 위 방향으로 모든 방향에서 식별할 수 있을 것
 ② 1분간의 명멸횟수는 20~60 일 것
 ③ 최대광도는 2,000cd이상

2) 저광도 장애등
 ① 부등광으로서 광원의 중심을 포함하는 수평면하 15°에서 위방향으로 모든 방향에서 식별할 수 있을 것
 ② 광도는 20cd 이상일 것

(4) 방범설비

도난방지와 예방을 목적으로 하는 설비로서 금융기관, 박물관, 미술관, 귀금속 상점 등에 설치된다. 단말 검출기의 종류에는 리미트 스위치, 매트 수위치, 자기 스위치(도어스위치), 적외선 검출기, 초음파 검출기, 진동 검출기, 근접 수위치, ITV감시기 등이 있다.

(5) 비상콘센트설비 등

1) 비상콘센트설비

초고층 건물의 화재발생시 배연설비와 조명설비의 전원을 공급하기 위하여 다음과 같이 설치한다.
① 설치대상 및 거리 : 건축물의 11층 이상의 층에, 층마다 그 층의 각 부분으로부터 1개의 비상콘센트까지의 수평 거리는 50m 이하
② 설치 높이 : 바닥면상 중심에서 0.8~1.5m
③ 전원 : 3상교류 380V, 단상교류 220V
④ 1회선에 접속되는 콘센트의 수 : 10개 이하
⑤ 배선은 내화배선 또는 내열전선을 사용한다.

2) 유도등의 종류

피난구유도등, 통로유도등(1 lx), 객석유도등(0.2 lx) 등이 있으며 점등시간은 20분 이상이어야 한다.

3) 비상조명등

거실이나 피난통로 등에 설치하여 정전시에 자동점등되는 조명등으로 조도는 바닥에서 1 lx 이상이 되어야 한다.

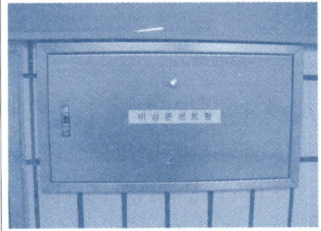

(a) 외형

(b) 내부

〈사진 6-2〉 비상콘센트함

■ 비상콘센트는 화재발생시 소방관들의 본격 소화활동에 필요한 전기를 공급하기 위한 설비이다. 피뢰침, 항공기장애등과 함께 방재설비로 분류된다.

핵 심 문 제

1 피뢰침과 항공기장애등을 설치해야 하는 건물의 높이는?
① 10m, 20m
② 10m, 30m
③ 20m, 40m
④ 20m, 60m

2 피뢰침 설비에 관한 기술에서 맞는 것은?
① 피뢰침의 인하도선은 50mm² 이상의 나동선을 사용한다.
② (피뢰침관련 기준의 개정으로 삭제)
③ 지표상 15m 이상되는 구조물은 피뢰침 설비를 한다.
④ 접지극은 상수면하에 매설하며 접지 저항치는 100Ω이하이다.

3 피뢰시스템에 관한 설명으로 옳지 않은 것은?
① 피뢰시스템은 보호성능 정도에 따라 등급을 구분한다.
② 피뢰시스템의 등급은 Ⅰ, Ⅱ, Ⅲ의 3등급으로 구분된다.
③ 수뢰부시스템은 보호범위 산정방식(보호각, 회전구체법, 메시법)에 따라 설치한다.
④ 피보호건축물에 적용하는 피뢰시스템의 등급 및 보호에 관한 사항은 한국산업표준의 낙뢰리스트 평가에 의한다.

4 피뢰설비에서 수뢰부 시스템의 설치 시 사용되는 보호범위 산정방식에 속하지 않는 것은?
① 메시법
② 면적법
③ 보호각법
④ 회전구체법

해 설

[해설] **1** 피뢰침과 항공장애등
(1) 설치대상 건물 높이
  ① 피뢰침 : 20m 이상
  ② 항공장애등 : 60m 이상
(2) 항공장애등의 광도
  ① 고광도 장애등 : 2,000cd 이상
  ② 저광도 장애등 : 20cd 이상

[해설] **2**
③ 지표상 20m 이상되는 구조물은 피뢰침 설비를 한다.
④ 접지극은 상수면하에 매설하며 접지 저항치는 10Ω이하이다.

[해설] **3**
피뢰시스템의 등급은 Ⅰ, Ⅱ, Ⅲ, Ⅳ의 4등급으로 구분된다.

[해설] **4**
• 피뢰설비 수뢰부 시스템의 보호범위 산정방식 : 메시법, 보호각법, 회전구체법
• 피뢰침의 기본적인 보호범위 : 피뢰침을 쓰러뜨려 지면에 눕혀서 그것을 반지름으로 하는 원을 그린 지상면적에서 피뢰침까지의 원추모양의 범위
• 회전구체법(Rolling Sphere Method) : 뇌격보호범위를 규정할 수 있으며, 이것과 보호대상물의 보호레벨을 바탕으로 피뢰침의 높이에 의한 보호범위 및 보호각도의 크기, 메쉬폭 등이 결정된다.

정답 1. ④ 2. ① 3. ② 4. ②

5 피뢰설비의 4등급 중 높은 산 위에 있는 관측소 등에 시설하며, 어떠한 뇌격에 대해서도 건물이나 내부에 있는 사람에게 위해를 가하지 않는 방식은?

① 증강보호
② 완전보호
③ 보통보호
④ 간이보호

6 다음 설명에 알맞은 접지의 종류는?

> 기능상 목적이 서로 다르거나 동일한 목적의 개별접지들을 전기적으로 서로 연결하여 구현한 접지시스템

① 단독접지
② 공통접지
③ 통합접지
④ 종별접지

7 고광도 항공장애등의 최대 광도는?

① 20cd 이상
② 200dcd 이상
③ 2,000cd 이상
④ 20,000cd 이상

8 비상용 콘센트에 대한 설명 중 틀린 것은?

① 5층 이상의 건물에 층마다 한 개씩 설치한다.
② 층의 각 부분에서, 한 개의 비상콘센트까지의 수평거리는 50m 이하가 되도록 한다.
③ 용량이 3상 교류인 경우 380[V]로 한다.
④ 용량이 단상교류인 경우 220[V]로 한다.

해 설

해설 5 보호등급에 따른 피뢰설비의 4등급
(1) 완전보호 : 관측소, 골프장의 독립휴게소 등에 케이지 방식으로 완전보호
(2) 증강보호: 중요건축물로서 케이지 방식의 채용이 어려울 때
(3) 보통보호 : 피뢰침을 이용한 일반적인 보호
(4) 간이보호 : 높이 20m 이하의 건물에 피뢰도체등을 이용하여 자주적인 설비를 할 때

해설 6 접하는 방법에 따른 접지의 종류
① 독립접지 : 개개의 기기를 각각의 독립된 접지극에 접지하는 것이다.
② 공용(공동 또는 공통 접지) : 1개소 또는 여러 개소에 시공한 공동의 접지극에 개개의 기기를 모아서 접속하여 접지를 공용하는 것을 말한다. 제1종, 제2종, 제3종 접지를 공통으로 하여 사용하는 접지방식
③ 통합접지 : 접지해야 할 기기를 하나의 접지극에 공동으로 접지한다는 점에서는 공용접지와 유사하나, 통합접지에서는 전기기기뿐만 아니라 수도관, 가스관, 철근, 철골 등과 같이 전기와 무관한 도체도 모두 함께 접지하여 그들 간에 전위차가 없도록 함으로서 사람이 감전될 우려를 최소화하는 것

해설 7
고광도 항공장애등 : 2,000cd 이상
저광도 항공장애등 : 20cd 이상

해설 8
11층 이상의 건물에 층마다 한 개씩 설치한다.

정답 5. ② 6. ③ 7. ③ 8. ①

기출문제 및 예상문제

■■■ 피뢰침

1. 다음 피뢰설비의 설치기준에 대한 설명 중 맞는 것은?
① (피뢰침관련 기준의 개정으로 삭제)
② 높이 15m 이상의 건축물에는 피뢰침 설비를 반드시 설치하여야 한다.
③ 피뢰설비의 재료는 최소 단면적이 피복이 없는 동선을 기준으로 수뢰부의 경우 20mm² 이상이어야 한다.
④ 돌침은 건축물의 맨 윗부분으로부터 25cm 이상 돌출시켜 설치한다.

[해설] ② 피뢰침 설치대상 - 높이 20m 이상의 건축물
③ 피뢰설비의 최소 단면적 - 피복이 없는 동선을 기준으로 수뢰부의 경우 50mm² 이상

2. 피뢰침의 주요구조부에 속하지 않는 것은?
① 돌침부
② 피뢰도선
③ 접지전극
④ 리미트 스위치

3. 피뢰시스템의 수뢰부에 사용되지 않는 것은?
① 돌침
② 인하도선
③ 메시도체
④ 수평도체

4. 위험물 저장 및 처리시설에 설치하는 피뢰설비는 한국산업표준에 따른 피뢰시스템레벨이 최소 얼마 이상이어야 하는가?
① Ⅰ
② Ⅱ
③ Ⅲ
④ Ⅳ

5. 피뢰설비에서 돌침은 건축물의 맨 윗부분으로부터 최소 얼마 이상 돌출시켜 설치하여야 하는가?
① 25cm
② 27cm
③ 30cm
④ 32cm

6. 피보호물을 연속된 망상도체나 금속판으로 싸는 방법으로 뇌격을 받더라도 내부에 전위차가 발생하지 않으므로 건물이나 내부에 있는 사람에게 위해를 주지 않는 피뢰설비 방식은?
① 돌침 방식(보통보호)
② 케이지 방식(완전보호)
③ 수평도체 방식(증강보호)
④ 가공지선 방식(간이보호)

[해설] 보호등급에 따른 피뢰설비의 4등급
① 완전보호 : 관측소, 골프장의 독립휴게소 등에 케이지 방식으로 완전보호
② 증강보호 : 중요건축물로서 케이지 방식의 채용이 어려울 때
③ 보통보호 : 피뢰침을 이용한 일반적인 보호
④ 간이보호 : 높이 20m 이하의 건물에 피뢰도체 등을 이용하여 자주적인 설비를 할 때

7. 북한산 중턱에 휴게소를 설치하려 한다. 피뢰 설비를 보호 등급에 따라 분류할 때 어느 정도의 보호능력을 요구하는가?
① 증강보호
② 완전보호
③ 보통보호
④ 간이보호

[해설] 북한산 중턱의 경우 낙뢰를 직접 맞을 가능성이 적으므로 간이보호로 한다. 산꼭대기에 있는 관측소나 휴게소 등은 완전보호로 하여야 한다.

해답 1. ④ 2. ④ 3. ② 4. ② 5. ① 6. ② 7. ④

8. 피보호물을 연속된 망상도체나 금속판으로 싸는 방법으로 뇌격을 받더라도 내부에 전위차가 발생하지 않으므로 건물이나 내부에 있는 사람에게 위해를 주지 않는 피뢰 설비 방식은?

① 케이지 방식(완전보호)
② 수평도체 방식(증강보호)
③ 돌침 방식(보통보호)
④ 가공지선 방식(간이보호)

9. 피뢰설비 방식 중 케이지 방식(완전보호)에 대한 설명으로 옳은 것은?

① 건물 각 부분 기타 위쪽에 수평도체를 건축물에 떨어져서 설치하는 방법이다.
② 피보호물을 연속된 망상도체나 금속판으로 싸는 방법이다.
③ 건축물 상단에 건축물에 밀착하여 수평도체를 설치하는 방법이다.
④ 금속체를 피보호물에서 돌출시켜 수뢰부로 하는 것으로 투영면적이 비교적 적은 건축물에 적합하다.

■■■ 접지공사

10. 접지시스템의 구성요소가 아닌 것은?

① 보호도체
② 접지도체
③ 분기회로
④ 접지극

11. 목적에 따른 접지의 분류 중 주로 고,저압의 혼촉에 의한 재해를 예방하기 위해 변압기 2차측에 접지하는 것은?

① 기기접지
② 계통접지
③ 통신용 접지
④ 뇌해방지용 접지

[해설] 목적에 따라 접지의 분류
① 기기접지 : 감전 및 화재방지(1종, 3종, 특3종접지)
② 계통접지 : 고,저압 혼촉에 의한 재해방지(2종접지)
③ 기능용 접지 : 통신 및 전자계산기의 안정된 동작 확보
④ 잡음대책용 접지
⑤ 뇌해방지용 접지
⑥ 정전기방지용 접지
⑦ 방식용 접지
⑧ 의료용 접지

12. 접지시스템의 시설 종류가 아닌 것은

① 단독접지
② 회로접지
③ 공통접지
④ 통합접지

[해설] 접지시스템의 시설 종류
① 단독접지 : (특)고압계통과 저압계통의 접지극을 독립적으로 각각 시설하는 접지방식
③ 공통접지 : (특)고압계통과 저압계통을 등전위형성을 위해 공통으로 접지하는 방식
④ 통합접지 : 계통접지, 통신접지, 피뢰접지 등을 통합하여 접지하는 방식

13. 피뢰시스템이 접속되는 구리 접지도체의 최소단면적은 얼마 이상으로 하여야 하는가?

① $6mm^2$
② $16mm^2$
③ $25mm^2$
④ $40mm^2$

[해설] 피뢰시스템이 접속되는 접지도체의 최소단면적은 구리 $16mm^2$, 철제 $50mm^2$ 이상이다.

14. 동결깊이를 감안한 접지극의 매설깊이는 지표면으로부터 얼마 이상으로 하여야 하는가?

① 0.5m 이상
② 0.75m 이상
③ 1.0m 이상
④ 1.2m 이상

[해설] 접지극의 매설깊이는 동결깊이를 감안하여 지표면으로부터 0.75m 이상으로 한다.

해답 8. ① 9. ② 10. ③ 11. ② 12. ② 13. ② 14. ②

15. 감전 등 위험에 대비한 접지도체의 절연높이는?

① 지표면 ~ 지상 2m
② 지표면 ~ 지상 3m
③ 지하 0.75m ~ 지상 2m
④ 지하 0.75m ~ 지상 3m

[해설] 접지도체의 절연
지하 0.75m~지상 2m 까지의 접지도체는 합성수지관 또는 이와 동등 이상의 절연효과와 강도를 가지는 몰드로 덮어야 한다.

■■■ 항공장애등

16. 건축물 등에서 항공기의 추돌을 방지하기 위하여 설치하는 각종의 안전등화를 무엇이라 하는가?

① 선회등
② 유도로등
③ 항공등화
④ 항공장애표시등

17. 항공장애등이 필요한 건물의 지표상의 높이는?

① 30m 이상
② 40m 이상
③ 50m 이상
④ 60m 이상

[해설] 피뢰침은 20m 이상, 항공기장애등은 60m 이상일 때 설치한다.

18. 저광도 항공장애등의 광도는?

① 1cd 이상
② 10cd 이상
③ 20cd 이상
④ 50cd 이상

■■■ 방범설비

19. 다음 장치 중에서 도난방지장치가 아닌 것은?

① 누름단추식
② 인덕턴스식
③ 도어스위치식
④ 적외선방식

[해설] 도난 방지 장치
① 누름단추 방식
② 도어스위치식
③ 바닥매트 방식
④ 적외선 방식
⑤ 오디오 모니터 방식
⑥ 발진회로 방식
⑦ 초음파 방식
⑧ 레이더 방식

20. 도난방지 장치와 관련 없는 것은?

① 바닥매트 방식
② 적외선 방식
③ 오디오 모니터 방식
④ 정전용량 방식

[해설] 방범설비의 단말 검출기 종류에는 리미트스위치, 매트스위치, 자기스위치(도어스위치), 적외선 검출기, 초음파 검출기, 진동 검출기, 근접스위치, ITV감시기 등이 있다.

■■■ 비상콘센트설비

21. 다음 중 비상콘센트설비에 대한 설명으로 옳지 않은 것은?

① 소방시설 중 화재를 진압하거나 인명구조 활동을 위하여 사용하는 소화활동설비에 속한다.
② 건축법상 6층 이상의 층을 설치대상으로 한다.
③ 전원회로는 각층 에 있어서 2이상이 되도록 설치하는 것을 원칙으로 한다.
④ 바닥으로부터 높이 1m 이상, 1.5m 이하의 위치에 설치한다.

해답 15. ③ 16. ④ 17. ④ 18. ③ 19. ② 20. ④ 21. ②

해설 국가화재안전기준(NFSC)상 비상콘센트설비
11층 이상의 건물에 적용하는 것으로 화재 발생시 소화에 필요한 동력용과 전등용 전원을 사용할 수 있어야 한다. 전원은 3상교류 200V 또는 380V, 단상교류 100V 또는 220V로 수평거리 50m 이내에 설치하며 설치높이는 바닥면상 1~1.5m 이다.

22. 다음은 비상콘센트설비를 설치하여야 하는 특정소방대상물에 관한 기준 내용이다. ( ) 안에 공통으로 들어가야 하는 숫자는?

> 지하층을 포함하는 층수가 ( )층 이상인 특정소방대상물의 경우에는 ( )층 이상의 층

① 8
② 11
③ 14
④ 16

23. 건물의 각 층에 있어서 각 부분으로부터 비상콘센트의 설치 거리는 몇 m 이하가 되도록 하는가?

① 20m 이하
② 30m 이하
③ 40m 이하
④ 50m 이하

24. 비상콘센트설비에서 비상콘센트의 설치 위치로 가장 알맞은 것은?

① 바닥으로부터 높이 0.5m 이상 1.5m 이하의 위치
② 바닥으로부터 높이 0.8m 이상 1.5m 이하의 위치
③ 바닥으로부터 높이 0.5m 이상 1.8m 이하의 위치
④ 바닥으로부터 높이 0.8m 이상 1.8m 이하의 위치

해설 바닥면에서 0.8~1.5m 높이에 설치하여, 소방관들이 선 자세에서 플러그를 쉽게 꽂을 수 있도록 한다.

25. 하나의 회로에 설치할 수 있는 비상 콘센트의 수는?

① 10개 이하
② 12개 이하
③ 15개 이하
④ 17개 이하

해설 한 회선에 접속할 수 있는 비상콘센트 수는 10개 이하이다.

26. 주차장 관계 표시장치의 표시기기의 종류에 해당되는 것은?

① 초음파식
② 누름단추방식
③ 도어스위치방식
④ 적외선방식

해설 주차표시 방식에는 초음파식, 광전관식, 인덕턴스식, 디딤판식이 있다.

해답 22. ② 23. ④ 24. ② 25. ① 26. ①

MEMO

제12장 승강운송설비

출제경향분석

승강운송설비는 매 회 1문제 정도 출제되는 부분으로 기출문제 중심의 학습으로 충분하다.(건축산업기사 제외부분) 속도에 의한 엘리베이터의 분류 및 구동방식, 엘리베이터의 구조, 에스컬레이터의 특징, 설치경사, 운행 속도 및 배치방식, 덤 웨이터 등에 대한 이해가 요구된다.

세부목차

1. 승강운송설비 - 엘리베이터, 에스컬레이터, 덤웨이터, 이동보도

1 승강운송설비 - 엘리베이터, 에스컬레이터

학습방향

승강운송설비에는 엘리베이터, 에스컬레이터, 리프트, 이동보도 등이 있다.
엘리베이터의 안전장치, 속도별 분류, 에스컬레이터의 설치시 주의사항 및 배치형식별 특징 등에 대한 이해가 필요하다.

1 엘리베이터

엘리베이터는 승강로 내에 설치된 레일에 따라 매달려 있는 카아를 동력으로 승강시키는 장치이다. 엘리베이터는 권상기, 승강 car, 가이드레일, 안전장치, 제어장치, 신호장치 등으로 이루어진다.

(1) 권상기(traction machine)

전동기의 회전력을 로프에 전달하는 기기
① 기어드형 : 전동기축에 웜기어가 직결되어 이 웜기어로 로프에 연결된 기어를 회전시키는 것
② 기어레스형 : 기어를 사용하지 않고 전동기축에 로프를 직접 연결한 것

1) 전동기 : 교류전동기, 직류전동기의 2종이 있다.

〈표 1-1〉 교류, 직류엘리베이터의 비교

	교류 엘리베이터	직류 엘리베이터
기동	기동 토크가 적다.	임의의 기동토크를 얻을 수 있다.
속도조정	속도를 임의로 선택할 수 없고, 속도제어는 불가, 부하에 의한 속도 변동이 있다.	속도를 임의로 선택할 수 있고, 속도제어가능, 부하에 의한 속도 변동이 없다.
승강기분	직류에 비하여 떨어진다.	원활하게 가감속이 되므로 양호하다.
착상오차	수 mm의 오차가 생긴다.	1mm 이내의 오차이다.
전효율	40~60%	60~80%
가격	싸다	교류의 최고 1.5~2.0배
속도	30m/분, 45m/분, 60m/분	90m/분, 105m/분, 120m/분, 150m/분, 180m/분, 210m/분, 240m/분

■ 직류엘리베이터는 가격을 제외한 모든 면에서 교류엘리베이터 보다 우수하다.

2) 제동기(break)

① 전기적 제동기 - 역회전력을 이용하여 감속시킨다.
② 기계적 제동기 - 전동기의 제동륜을 브레이크로 조인다.

3) 감속기
① 기어식 - 저속엘리베이터에서 워엄기어를 사용하여 감속시킨다.
② 직류직결식 - 100m/min 이상일 때 기어레스(gearless)식이 쓰인다.

4) 균형추
권상기의 부하를 가볍게 하고자 카(car)의 반대측 로프에 장치한다. 보통 1개에 약 200kg 정도의 주철편을 적당수 겹쳐 이를 볼트로 연결하여 승강로 벽에 따라 2개의 레일 사이를 오르내린다.

> 균형추의 중량 = car의 전중량 + 최대적재량 × (0.4~0.6)

(2) 승강카(car)
승강카(car)는 승객 또는 화물을 운반하는 용기로 그 목적에 따라 구조도 다르다.

(3) 안전장치
① 전자 브레이크 : 전동기의 토크 손실이 생겼을 때 엘리베이터를 정지시킨다.
② 조속기 : 케이지가 과속했을 때 작동한다.
③ 비상정지버튼 : 케이지 안에 있는 것으로 비상시에 급정지시킨다.
④ 종점스위치(스토핑스위치) : 최상층이나 최하층에서 케이지를 자동적으로 정지시킨다.
⑤ 리미트스위치(제한스위치) : 스토핑 스위치가 작동하지 않을 때 제2단의 작동으로 주회로를 차단한다.
⑥ 도어 안전스위치 : 자동 엘리베이터에 있어서 닫히고 있는 문에 몸이 접촉되면 도로 문이 열린다.
⑦ 비상벨과 전화기 : 고장이 난 경우, 케이지 안과 기계실 또는 전기실에 신호 또는 통화를 한다.
⑧ 완충기 : 비상 정지 장치가 작동하지 않아 케이지가 미끄러져 떨어지거나 초과부하로 브레이크가 듣지 않아 케이지가 미끄러져 떨어질 때 승강로 밑바닥에 격돌하는 것을 방지한다.
⑨ 리타이어링 캠 : 카의 문과 승차장의 문을 동시에 개폐한다.

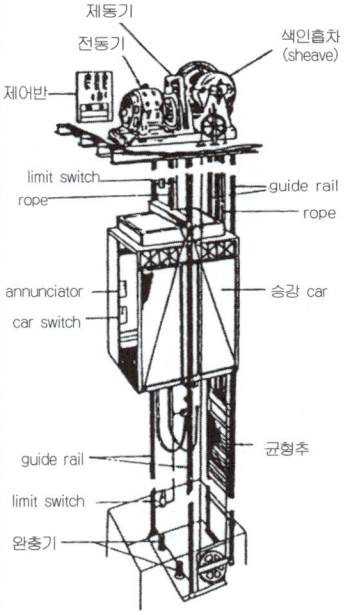

〈그림 1-1〉 엘리베이터의 각 부 명칭과 구조

(4) 속도별 분류
엘리베이터를 속도별로 분류하면 다음과 같다.

〈표 1-2〉 엘리베이터의 속도별 분류

구 분	속도(m/min)	구동방식
저 속	15, 20, 30, 45	교류 1단, 교류 2단
중 속	60, 70, 90, 105	교류 2단, 직류 기어
고 속	120, 150, 180, 210, 240, 300	직류 기어레스

(5) 용도별 속도

엘리베이터의 용도별 속도는 다음 표와 같다.

<표 1-3> 엘리베이터의 적정속도 및 제어방식

용 도		적재(정원)	속도(m/min)	제어방식
승용 엘리베이터	小빌딩, 아파트, 중소병원(승용), 4~6층건물	400kg~750kg (6인) (11인)	30 45 60	교류 궤환제어, 유압식
	中빌딩, 아파트, 대형병원(승용), 5~10층건물	600kg~1,150kg (9인) (17인)	45 60 90 105	교류궤환제어, 직류기어드, 유압식
	오피스빌딩, 고층호텔, 아파트, 10~20층 건물	1,000kg~1,600kg (15인) (24인)	60 90 105 120 150 120 240	교류궤환제어, 직류기어드, 직류기어레스
	오피스빌딩, 고층호텔, 20층이상 건물	1,150kg~1,600kg (17인) (24인)	210 240 300 450 540	직류기어레스
	대형백화점	1,350kg~1,800kg (20인) (27인)	90 120 150	교류궤환제어, 직류기어레스
	침대용(병원)	750kg~1,000kg (11인) (15인)	30 45	교류궤환제어
인화물용 엘리베이터	사무소빌딩, 백화점, 소창고빌딩	750kg~2,000kg	45 60 90	교류2단속도, 직류기어드, 유압식
	대백화점, 대창고빌딩	1,500kg~7,000kg	15 30 45 60	교류2단속도, 직류기어드, 유압식
자동차용 엘리베이터		2,000kg~3,000kg	15 30 45	교류2단속도, 유압식
전동 덤웨이터		50kg~500kg	10 15 20 30	교류1단속도

■ 엘리베이터의 속도

초고층 건물들이 건설되면서 엘리베이터의 속도도 점점 빨라지고 있다.
강남역 삼성타운은 420m/min, 여의도 63빌딩은 540m/min의 엘리베이터가 운행되고 있으며 1,080m/min의 엘리베이터도 개발중에 있다.

(6) 엘리베이터 배치

엘리베이터는 건물의 교통 동선(交通動線)의 중심에 오도록 배치해야 하며 특별한 사정이 없는 한 1개소에 집중하여 배치하는 것이 좋다.

(7) 정원·설비대수·평균 1주 시간을 구하는 방법

1) 정원 산출 방법

승용(乘用) 엘리베이터에서 적재 하중이 정해지면 1인당 하중을 65kg으로 하여 최대 정원을 구한다.(바닥면적은 1인당 약 0.2~0.23m^{2}정도)

2) 설비 대수

이용자가 많다고 생각되는 시간대 5분간의 이용 인원수와 엘리베이터가 5분간에 운반하는 인원수로써 설비 대수가 결정된다.

① 5분간에 운반하는 수송 인원수 P는 케이지 정원과 평균 일주 시간에 의하여 계산된다.

$$P = \frac{60 \times 5 \times 0.8 \times 케이지\ 정원}{평균\ 1주\ 시간}$$

② 아침·저녁의 러시 아워시의 5분간에 이용하는 인원수 M은 건물 인구와 건물의 이용 목적에 의해 정해진다.

M = 건물인구 × 5분간 이용하는 인원수의 비율

<표 1-4> 5분간 이용하는 인원수의 비율

사 무 실 의 종 류	비 율
전용 사무실이나 동시 출근이 많은 임대 사무실	1/3~1/4
블럭 임대나 플로어 임대 등 임대주 수가 적은 임대 사무실	1/7~1/8
임대주, 회사 수가 많은 임대 사무실	1/9~1/10

③ 설비 대수 (N)

$$N = \frac{M}{P} = \frac{5분간의 이용 인원수}{5분간에 운반하는 수송 인원수}$$

3) 평균일주시간 산출

평균일주시간 = 승객출입시간 + 문의 개폐시간 + 주행시간(초)

4) 운전간격과 평균대기시간

운전간격이란 뱅크운전 중의 엘리베이터 군(群)에서의 각 케이지의 기준층을 출발하는 간격을 말한다. 엘리베이터의 서비스 기준에서 운전간격이 30초까지면 양(良), 40초까지면 가(可), 50초를 초과하면 불가이며, 승객의 평균 대기시간은 이 운전간격의 1/2로 된다.

$$운전간격 = \frac{평균일주시간}{1뱅크 운전 중의 대수}$$

(8) 엘리베이터 기계실

엘리베이터의 기계실은 승강로의 직상부 기계실내에 권상기와 배전반 기타 각종 기기가 놓이므로 수리점검에 지장이 없는 넓이로 해야 한다. 일반적으로 승강로 수평투명면적의 2배 이상으로 하며 교류엘리베이터의 경우 2.0~2.5배, 직류엘리베이터의 경우 2.5~3.0배, 군관리 운전방식의 직류엘리베이터의 경우 3.0~3.5배로 한다. 그리고 기계와 기계실 벽과의 간격은 0.5m 이상, 기계실의 천정높이는 2m 이상으로 한다.

■ 엘리베이터 기계실 천정높이는 2m 이상, 넓이는 승강로 수평투영면적의 2배 이상으로 한다.

2 에스컬레이터

(1) 에스컬레이터의 개요

30도 이하의 기울기를 가진 계단식으로 된 컨베이어로 정격 속도는 하강방향을 고려하여 30m/min정도가 좋다.

짧은 거리의 다량 수송용(수송능력은 시간당 4,000~8,000인, 엘리베이터는 400~500인으로 장거리 고속수송용)으로, 최근 백화점에서 많이 이용되고 있다.

<표 1-5> 에스컬레이터의 수송인원

형명	난간유효너비(m)	수송능력(명/h)
600	0.6	4,000
800	0.8	5,000
900	0.9	6,000
1,200	1.2	9,000

(2) 에스컬레이터 설치시 주의사항

① 보나 기둥에 하중이 균등하게 걸리도록 한다.
② 사람 흐름의 중심(예를 들어 현관의 중간)에 배치한다.
③ 에스컬레이터의 바닥면적을 적게 한다.
④ 승객의 시야를 넓게 한다.
⑤ 주행거리를 짧게 한다.
⑥ 경사도는 30도 이하로 한다.
⑦ 디딤바닥의 속도는 30m/min이하로 한다.
⑧ 양측난간의 상부가 디딤바닥과 동일한 속도로 운동하여야 한다.

(3) 배치형식

에스컬레이터 배치형식에 따른 특징은 다음 표와 같다.

<표 1-6> 에스컬레이터 배치형식과 특징

형식	각종 배열법	장 점	단 점
직렬형		• 승객의 시야가 가장 넓다.	• 점유 면적이 넓다.
단열 중복형 (병렬 단속형)		• 에스컬레이터의 존재를 잘 알 수 있다. • 시야를 막지 않는다.	• 교통이 불연속으로 되고, 서비스가 나쁘다. • 승객이 한 방향만 바라본다. • 승강객이 혼잡하다.
복렬형 (병렬 연속형) (평행 승계형)		• 교통이 연속되고 있다. • 타고 내리는 교통이 명백히 분할될 수 있다. • 승객의 시야가 넓어진다. • 에스컬레이터의 존재를 잘 알 수 있다.	• 점유면적이 넓다. • 시선이 마주친다.
복렬형 (교차형)		• 교통이 연속하고 있다. • 승강객의 구분이 명확하므로 혼잡이 적다. • 점유면적이 좁다.	• 승객의 시야가 좁다. • 에스컬레이터의 위치를 표시하기 힘들다.

■ 엘리베이터와 비교한 에스컬레이터의 특징
① 수송능력이 엘리베이터의 약 10배로 단거리 대량수송에 적합하다.
② 기다리는 시간이 없고 연속적으로 수송한다.
③ 점유면적이 작고, 기계실이 필요없으며 피트가 간단하다.
④ 건축에 걸리는 하중이 각 층에 분담된다.
⑤ 에스컬레이터 이용중에 주위를 볼 수 있어 백화점 등에서는 구매의욕을 불러 일으킨다.
⑥ 소비되는 전력량이 적고 전동기의 기동회수는 적으므로 전동기의 기동시에 흐르는 대전류에 의한 부하전류의 변화도 적어서 건물내의 전원설비의 부담이 작아진다.

■ 복렬교차형
교통이 연속되고 혼잡하지 않으며 점유면적이 좁아 백화점 등에 가장 많이 사용한다.

(4) 에스컬레이터의 대수

에스컬레이터의 대수 결정은 밀도율(density ratio)로 구하는 것이 간단하다.

$$\text{density ratio (R)} = \frac{10 \times 2\text{층 이상의 유효바닥면적 (m}^2\text{)}}{1\text{시간의 수송능력}}$$

R의 값은 20~25가 양호하고, 25 이상이면 수송설비가 나쁘다고 판단된다.

(5) 에스컬레이터의 안전장치

① 구동체인 안전장치 : 구동체인이 늘어나거나 절단되었을 경우에 에스컬레이터를 정지시킨다.
② 전자브레이크 : 정지버튼을 누르거나 각종 안전장치가 작동하여 전원이 끊김과 동시에 스프링의 힘에 의해 에스컬레이터를 정지시켜 주는 기기이다.
③ 절단안전스위치 : 스텝체인이 늘어나거나 절단되었을 경우에 리미트스위치를 작동시켜 에스컬레이터를 정지시킨다.
④ 비상정지스위치 : 에스컬레이터는 열쇠로 기동시키며 비상시에는 적색의 비상정지버튼을 누름으로써 즉시 에스컬레이터를 정지시킬 수 있다.
⑤ 디딤판 이상검출장치 : 디딤판 사이에 이물질 등이 끼어 디딤판이 떠올라 있는 상태로 운행하면 위험하기 때문에 설치하는 장치이다.

3 기타 운반설비

덤웨이터(500kg 이하의 화물전용, 주방설비용), 이동보도, 카 리프트(주차설비용), 컨베이어 등이 있다.

■ 덤 웨이터를 리프트(lift)라 하기도 한다.

(1) 덤 웨이터(dumb waiter)

① 소형 화물전용 승강기로 문이 닫혀 있으면 승강할 수 없다.
② 케이지 바닥면적 : 1m² 이하
③ 천장높이 : 1.2m 이하
④ 적재량 : 500kg 이하
⑤ 운행속도 : 15, 20, 30m/min
⑥ 전동기 용량 : 최대 3HP

■ 최대 적재량은 수동식의 경우 100kg이하, 전동식의 경우 500kg 이하로 한다.

(2) 이동보도

수평에 대하여 경사 12°이하의 범위에서 승객을 수평으로 이동시키는 장치로 승객을 목적지까지 조속히 수송하고 교통혼잡을 해소하는 것이 특징이다. 주로 박람회장, 터미널, 공항, 백화점, 건물간의 승객수송에 이용된다.

① 폭 : 800~1,200mm
② 속도 : 경사 8°이하-50m/min이하, 경사 8°초과-40m/min이하
③ 전동기 : 3상교류전동기
④ 수송능력 : 800mm폭-약 4,800명/h, 900mm폭-약6,000명/h

핵 심 문 제

1 엘리베이터에 관해 옳은 것은?
① 전기식 제동기는 역회전력을 이용하여 제동한다.
② 감속기는 직류모터 사용시 감속하기 위해 웜기어를 사용한다.
③ 견인구차는 바퀴와 로프의 마찰을 적게 한다.
④ 카운터웨이트는 엘리베이터가 미끄러지는 것을 방지한다.

2 직류엘리베이터에 대한 교류엘리베이터의 특성을 설명한 것으로 옳지 않은 것은?
① 시동 토크가 크다.
② 속도를 임의로 선택 할 수 없다.
③ 승차시 승강기분이 좋지 않다.
④ 착상 오차가 크다.

3 엘리베이터에 관한 옳은 것은?
① 고속용은 직류 전동기(기어레스)를 사용한다.
② 일반적으로 화물용은 고속이고 승객용은 저속이다.
③ 카운터웨이트중량 = 카중량+최대적재중량
④ 사용하는 로프는 20mm이상 2본으로 매단다.

4 엘리베이터의 안전장치와 관련없는 것은?
① 조속기
② 종점스위치
③ 3로 스위치
④ 리미트 스위치

5 운행속도가 120m/min 이상인 고속엘리베이터의 구동방식으로 적당한 것은?
① 교류 1단
② 교류 2단
③ 직류기어드
④ 직류기어리스

해 설

해설 1
(1) 제어기
 • 전기식 제동기 - 역회전력을 이용하여 감속시킨다.
 • 기계식 제동기 - 전동기의 제동륜을 브레이크로 조인다.
(2) 감속기
 • 기어식 : 웜엄기어 사용
 • 기어레스식 : 직류가변전압의 형으로 웜기어 없이 직류직결식, 즉 기어레스가 쓰인다.
(3) 견인구차는 로프와의 마찰을 크게 하여 미끄러지지 않도록 홈이 파져 있다.
(4) 카운터 웨이트는 권상기의 부하를 가볍게 하고자 카의 반대측 로프에 장착하는 균형추를 말한다.

해설 2
① 시동토크가 작다

해설 3
② 화물용은 저속, 승객용은 고속
③ 카중량+최대적재량의 1/2
④ 카와 균형추의 로프는 12mm이상, 3본이상

해설 4
① 케이지가 과속할 경우 작동되며 전자브레이크를 작동시켜 엘리베이터를 정지시킨다.
② 종점에서 케이지를 자동정지시킨다.(스토핑 스위치)
③ 복도나 계단실 등에 사용되는 두 곳에서 동시에 점멸이 가능한 스위치
④ 케이지가 최상층이나 최하층에서 정상위치를 벗어나 운행하는 것을 방지하는 장치(제한 스위치)

해설 5 엘리베이터 구동방식
① 60m/min 이하 : 교류
② 90~105m/min : 직류기어드
③ 120m/min 이상 : 직류기어레스

정답 1. ① 2. ① 3. ① 4. ③ 5. ④

6 엘리베이터의 용도와 그 구동방식의 조합으로서 옳지 않은 것은?

① 아파트 – 교류 1단
② 중소빌딩 – 교류 2단
③ 대규모 사무소빌딩 – 직류기어드
④ 대형백화점 – 직류기어레스

7 escalator에 대한 설명 중 틀린 것은?

① 전동기는 7.5~11kW 3상 유도 전동기를 사용한다.
② 경사는 45°이하로 한다.
③ 속도는 30m/min 이하로 한다.
④ 계단 폭은 60~120cm이다.

8 에스컬레이터의 배열방식 중 설치면적이 적고 승강구가 각각 떨어져 있어 승객의 혼잡이 없는 방식은?

① 복열교차형
② 복열평행접속형
③ 단열겹침형
④ 단열접속형

9 1,200형 에스컬레이터의 공칭 수송능력은?

① 4,800인/h
② 6,000인/h
③ 7,200인/h
④ 9,000인/h

10 이동보도에 대한 설명 중 잘못된 것은?

① 이동속도는 30~50m/min이다.
② 승객을 수직으로 수송하는 방식이다.
③ 수평으로부터 10°이내의 경사로 되어 있다.
④ 주로 역이나 공항 등에 이용된다.

해 설

[해설] **6**
① 교류1단 : 30m/min이하
② 교류2단 : 45~80m/min
③ 직류기어드 : 90~105m/min
④ 직류기어레스 : 120m/min 이상
※ 대규모 사무소 빌딩은 속도가 120m/min 이상인 직류기어레스 방식이 적합하다.

[해설] **7**
② 설치 경사는 30°이내, 운행속도는 30m/분 이하

[해설] **8** 복열교차형
대형백화점 등에 많이 사용하는 방식으로 교통이 연속되어 혼잡이 적고 점유면적이 작다.

[해설] **9**
엘리베이터는 장거리 고속수송용인 데 비해 에스컬레이터는 단거리 대량수송용이다.
1,200형은 난간유효너비가 1.2m로서 공칭 수송능력은 9,000인/h, 설계 수송능력은 7,200인/h이다.

[해설] **10**
이동보도는 공항이나 역 등에서 승객을 수평으로 수송한다.

정답 6. ③ 7. ② 8. ① 9. ④ 10. ②

기출문제 및 예상문제

CHAPTER 12 승강운송설비

■■■ **엘리베이터의 장치 및 특징**

1. 엘리베이터의 설비에 관한 기술 중 틀린 것은?

① 균형추(counter weight)는 카의 적재중량의 130~150% 정도로 한다.
② 승용 엘리베이터의 카는 1인당 0.2m²가 필요하다.
③ 엘리베이터의 카를 안내하는 장치는 가이드 레일이다.
④ 카의 중량이 4,000kg이고 적재 하중이 1,600kg이면 균형 추의 중량은 5,600kg이다.

[해설] 균형추의 중량 = 전중량 + 최대 적재량 × $\frac{1}{2}$
= 4,000 + 1,600 × $\frac{1}{2}$ = 4,800kg

2. 엘리베이터에 설치하는 균형추의 중량은 다음 중 어느 식으로 구하는가?

① 균형추의 중량=전중량+최대적재량×(0.4-0.6)
② 균형추의 중량=전중량+최대적재량×(0.3-0.4)
③ 균형추의 중량=전중량+최대적재량×(0.2-0.3)
④ 균형추의 중량=전중량+최대적재량×(0.5-0.7)

[해설] 균형추는 카의 반대편 로프에 매달아 권상기의 부하를 줄이기 위한 것으로 시소(seesaw)의 원리를 응용한 것이다. 따라서 무게는 카가 빈 상태로 움직일 때와 최대적재량을 적재한 상태의 중간으로 하는 것이 이상적이다.

3. 엘리베이터의 주요 기기의 설치. 위치는 기계실, 승강로, 승장 등으로 나눌 수 있다. 다음 중 기계실에 설치하는 것은?

① 가이드 레일   ② 완충기
③ 균형추   ④ 권상기

[해설] 권상기는 전동기의 회전동력을 로프에 전달하는 기기로 엘리베이터 기계실에 설치된다.

4. 엘리베이터의 기계실에 있는 주요설비에 속하지 않는 것은?

① 조속기   ② 권상기
③ 완충기   ④ 전자 브레이크

[해설] 완충기 : 비상정지장치가 작동하지 않아 케이지가 미끄러져 떨어지거나 초과부하로 브레이크가 듣지 않아 케이지가 미끄러져 떨어질 때 승강로 밑바닥에 격돌하는 것을 방지한다.

■■■ **엘리베이터의 종류 및 특징**

5. 다음의 직류 엘리베이터에 대한 설명 중 옳지 않은 것은?

① 속도조정이 자유롭다.
② 부하에 의한 속도변동이 없다.
③ 교류 엘리베이터에 비해 착상오차가 적다.
④ 속도 60m/min, 하중 1,000kg 이하가 적당하다.

[해설] 직류엘리베이터는 속도 90m/min, 적재하중 1000kg 이상에 사용하나 설비비가 비싸다.

6. 직류 엘리베이터에 관한 설명으로 옳지 않은 것은?

① 임의의 기동 토크를 얻을 수 있다.
② 고속 엘리베이터용으로 사용이 가능하다.
③ 원활한 가감속이 가능하여 승차감이 좋다.
④ 교류 엘리베이터에 비해 가격이 저렴하다.

7. 직류 엘리베이터에 관한 설명으로 옳지 않은 것은?

① 기동 토크를 쉽게 얻을 수 있다.
② 승강기분이 좋고 착상오차가 적다.
③ 속도를 선택할 수 있으며 속도제어가 가능하다.

해답 1. ④ 2. ① 3. ④ 4. ③ 5. ④ 6. ④ 7. ④

④ 기어드식은 120[m/min] 이상의 속도를 요구하는 경우에 사용된다.

[해설] ④ 120m/min 이상의 고속운행에는 직류기어레스식이 사용된다.

8. 직류 엘리베이터의 종류 중 권상기 자체가 전동기만으로 되어 있는 방식으로 고속, 초고속 엘리베이터에 이용되는 것은?

① 기어드 엘리베이터
② 기어레스 엘리베이터
③ 유압식 엘리베이터
④ 로프식 엘리베이터

9. 로프식 엘리베이터와 유압식 엘리베이터를 비교할 때 유압식 엘리베이터의 장점은?

① 전동기 출력이 작다.
② 기계실 위치가 자유롭다.
③ 기계실 발열량이 작다.
④ 속도의 범위가 자유롭다.

[해설] 유압식 엘리베이터의 특징
(1) 작동원리 : 유압펌프에서 토출된 작동유로 플런저를 작동시켜 카를 승강시킨다.
(2) 유압식 엘리베이터의 장점
 - 기계실의 배치가 자유롭다.
 - 건물 꼭대기부분에 하중이 걸리지 않는다.
 - 승강로 꼭대기 틈새가 작아도 된다.
(3) 유압식 엘리베이터의 단점
 - 실린더를 사용하기 때문에 행정거리와 속도에 한계가 있다.
 - 균형추를 사용하지 않으므로 전동기의 소요동력이 커진다.

10. 유압식 엘리베이터에 대한 설명 중 옳지 않은 것은?

① 오버헤드가 작다.
② 기계실의 위치가 자유롭다.
③ 큰 적재량으로 승강행정이 짧은 경우에는 적용할 수 없다.
④ 지하주차장 엘리베이터와 같이 지하층에만 운전하는 경우 적용할 수 있다.

[해설] 유압식 : 유압으로 플런저를 밀어 올려 카를 승강시키므로 행정거리와 속도에 한계가 있다. 즉 행정이 긴 경우 적용이 곤란하다.

■■■ 엘리베이터의 안전장치

11. 엘리베이터의 안전장치와 가장 관계가 먼 것은?

① 권상기   ② 조속기
③ 완충기   ④ 리미트 스위치

[해설] 권상기 : 전동기의 회전동력을 로프에 전달하는 기기

12. 다음 중 엘리베이터의 안전장치와 가장 관계가 먼 것은?

① 조속기   ② 전자 브레이크
③ 종점 스위치   ④ 핸드 레일

[해설] 핸드레일은 에스컬레이터 또는 이동보도의 손잡이를 말한다.

13. 엘리베이터의 안전장치에 속하지 않는 것은?

① 균형추   ② 완충기
③ 조속기   ④ 전자브레이크

14. 엘리베이터의 전기적 안전장치에 해당하지 않는 것은?

① 완충기
② 도어 스위치
③ 과부하 계전기
④ 파이널 리미트 스위치

[해설] ① 완충기 : 스프링, 고무, 유체 등을 이용하여 운동에너지를 흡수하는 기계적인 충격완화 장치
③ 과부하계전기 : 회로의 부하가 증가되어 전류가 설정치 이상 흐르는 경우에 작동하는 계전기

해답 8. ② 9. ② 10. ③ 11. ① 12. ④ 13. ① 14. ①

15. 엘리베이터의 과속에 대한 안전장치가 아닌 것은?
① 조속기   ② 전자 브레이크
③ 종점 스위치   ④ 도어 스위치

[해설] 도어 스위치는 문이 열린 채로 엘리베이터가 움직이는 것을 방지하는 것이다.

16. 엘리베이터의 안전장치 중에서 만일의 사고로 종점 스위치가 고장났을 때 작동하여 전동기를 정지시킴과 동시에 전자 브레이크를 작동시켜 케이지를 급정지 시키는 것은?
① 조속기   ② 제한 스위치
③ 비상정지장치   ④ 완충기

[해설] 최상층이나 최하층에서 엘리베이터를 자동으로 정지시키는 것이 종점스위치(스토핑스위치)이며 만일 종점스위치가 고장나면 제한스위치(리미트스위치)가 주회로를 차단하고 전자브레이크를 작동시켜 엘리베이터를 정지시킨다.

17. 엘리베이터 카(car)가 최상층이나 최하층에서 정상 운행위치를 벗어나 그 이상으로 운행하는 것을 방지하기 위해 설치하는 전기적 안전장치는?

① 조속기
② 가이드 레일
③ 전자 브레이크
④ 최종 리밋 스위치

[해설] 파이널(최종) 리밋스위치 : 최상층이나 최하층에서 케이지를 자동 정지시키는 스토핑스위치가 작동하지 않을 때 제2단의 작동으로 주회로를 차단한다.

18. 엘리베이터의 안전 장치에 관한 설명으로 맞는 것은?
① 전동기가 회전을 정지하였을 경우 스프링의 힘으로 브레이크 드럼을 눌러 엘리베이터를 정지시켜 주는 장치는 전자 브레이크(magnetic brake)이다.
② 사고 발생시 층 사이에서 카(car) 내의 승객이 카 밖으로 나가려고 할 경우 승강로의 벽과 카 사이의 공간으로 승객이 추락하는 것을 방지하기 위한 장치는 조속기(governor)이다.
③ 리미트 스위치에 의한 조속기의 동작에 의하여 비상시 엘리베이터를 안전하게 정지시키도록 하는 장치로 가이드 레일을 움켜잡아 정지시키는 장치는 역·결상 릴레이이다.
④ 카(car)가 최상층이나 최하층에서 정상 위치를 벗어나 그 이상으로 운행하는 것을 방지하는 안전장치는 끼임 방지장치(safety shoe)이다.

[해설] ② 추락방지판 ③ 강제정지장치 ④ 리미트스위치

19. 다음 설명에 알맞은 엘리베이터의 안전장치는?

- 일정 이상의 속도가 되었을 때 브레이크나 안전장치를 작동시키는 기능을 한다.
- 사전에 설정된 속도에 이르면 스위치가 작동하며, 다시 속도가 상승했을 경우, 로프를 제동해서 고정시킨다.

① 조속기
② 완충기
③ 도어 클로저
④ 최종 리미트 스위치

20. 엘리베이터의 안전장치 중 일정 이상의 속도가 되었을 때 브레이크 등을 작동시키는 기능을 하는 것은?
① 조속기   ② 권상기
③ 완충기   ④ 가이드 슈

[해설] 조속기 : 엘리베이터의 안전장치 중의 하나로서
① 일정 이상의 속도가 되었을 때 브레이크나 안전장치를 작동시키는 기능을 한다.
② 사전에 설정된 속도에 이르면 스위치가 작동하며, 다시 속도가 상승했을 경우 로프를 제동해서 고정시킨다.

21. 엘리베이터에서 케이지 문과 승차장 문은 무엇을 사용하여 동시에 개폐하게 되는가?

① 케이지 틀
② 리타이어링 캠
③ 루브리케이터
④ 리미트 스위치

[해설] ② 리타이어링캠 - 엘리베이터에서 카의 문과 승차장의 문을 동시에 개폐하는 안전장치
③ 루브리케이터(lubricator) - 주유기

■■■ 엘리베이터의 구동방식 및 속도

22. 가장 고속의 엘리베이터 구동방식은?

① 교류 1단
② 교류 2단
③ 직류 기어드
④ 직류 기어레스

[해설] ① 30m/min 이하 - 교류1단
② 45~60m/min - 교류2단
③ 90~105m/min - 직류기어드
④ 120m/min 이상 - 직류기어레스

23. 엘리베이터의 속도가 210m/min일 때 구동 방식으로 가장 적합한 것은?

① 교류 1단
② 교류 2단
③ 직류 가변전압 기어드
④ 직류 가변전압 기어리스

24. 엘리베이터의 속도를 가장 저속으로 운행하는 건물은?

① 사무실
② 백화점
③ 호텔
④ 병원

[해설] 병원환자 수송용 : 15~30m/min

■■■ 엘리베이터의 대수산정 및 계획

25. 전기식 엘리베이터의 정원 산정식으로 옳은 것은?

① $\dfrac{정격하중(kg)}{55}$ ② $\dfrac{정격하중(kg)}{60}$
③ $\dfrac{정격하중(kg)}{65}$ ④ $\dfrac{정격하중(kg)}{70}$

[해설] 승용 엘리베이터는 1인당 하중을 65kg으로 하여 최대정원을 구한다.

26. 승객용 엘리베이터 케이지의 나비와 깊이의 비는 얼마 정도로 하는 것이 가장 이상적인가?

① 10 : 10
② 10 : 9
③ 10 : 7
④ 10 : 6

[해설] 승객이 쉽게 타고 내릴 수 있도록 10 : 7 정도로 나비를 깊이보다 크게 한다.

27. 엘리베이터의 일주시간 구성요소에 속하지 않는 것은?

① 주행시간
② 도어개폐시간
③ 승객출입시간
④ 승객대기시간

28. 어떤 엘리베이터의 승객 정원이 10명, 평균일주시간이 10초 일 때, 이 엘리베이터의 5분간 수송능력은?

① 80명 ② 120명
③ 240명 ④ 360명

[해설] 엘리베이터의 5분간 수송 인원수

$$P = \dfrac{60 \times 5 \times 0.8 \times 케이지정원}{평균일주시간} = \dfrac{60 \times 5 \times 0.8 \times 10}{10}$$
$$= 240명$$

해답 21. ② 22. ④ 23. ④ 24. ④ 25. ③ 26. ③ 27. ④ 28. ③

29. 엘리베이터의 기계실에 관한 설명으로 옳지 않은 것은?
① 기계실의 위치는 대부분의 경우 승강기의 윗쪽에 설치한다.
② 기계실의 바닥면적은 승강로 수평 투영면적과 같은 크기로 한다.
③ 바닥면에서 천장까지는 보 아래의 수직거리를 2m 이상으로 한다.
④ 기계실은 발열이 많으므로 환기시킨다.

[해설] ② 승강로 투영면적의 2배 이상으로 한다.

■■■ 엘리베이터의 운전방식

30. 엘리베이터의 조작 방식 중 무운전원 방식으로 다음과 같은 특징을 갖는 것은?

> 승객 스스로 운전하는 전자동 엘리베이터로, 승강장으로부터의 호출 신호로 기동, 정지를 이루는 조작 방식이며, 누른 순서에 상관없이 각 호출에 응하여 자동적으로 정지한다.

① 단식자동방식
② 카 스위치방식
③ 승합전자동방식
④ 시그널 콘트롤 방식

31. 다음 설명에 알맞은 요운전원 엘리베이터 조작방식은?

> 기동은 운전원의 버튼 조작으로 하며, 정지는 목적층 단추를 누르는 것과 승강장의 호출 신호로 층의 순서대로 자동 정지한다.

① 카 스위치 방식
② 레코드 컨트롤 방식
③ 전자동 군관리 방식
④ 시그널 컨트롤 방식

32. 엘리베이터의 운전방식에서 무운전원 방식이 아닌 것은?
① 단식 자동방식
② 승합 전자동식
③ 하강승합 자동방식
④ 시그널 콘트롤방식

[해설] (1) 운전원에 의한 방식 - 카스위치 방식, 레코드 컨트롤 방식, 시그널컨트롤 방식
(2) 운전원이 없는 방식 - 단식 자동방식, 승합 전자동방식, 하강승합 자동방식

33. 3~8대의 엘리베이터가 서로 연락하며 빌딩내 교통수요 변동에 대응하는 효율적인 수송을 하는 엘리베이터 조작방식은?
① 단식자동방식
② 승합전자동방식
③ 군승합방식
④ 전자동 군관리방식

■■■ 에스컬레이터

34. 에스컬레이터에 관한 설명으로 옳지 않은 것은?
① 엘리베이터에 비해 수송능력이 크다.
② 대기시간이 없고 연속적인 수송설비이다.
③ 건축적으로 점유면적이 크고, 건물에 걸리는 하중이 집중된다는 단점이 있다.
④ 에스컬레이터의 수량은 공칭수송능력의 80% 정도를 설계수송능력으로 하여 계산한다.

[해설] 엘리베이터와 비교한 에스컬레이터의 특징
① 수송능력이 엘리베이터의 약 10배로 단거리 대량 수송에 적합하다.
② 기다리는 시간이 없고 연속적으로 수송한다.
③ 점유면적이 작고, 기계실이 필요없으며 피트가 간단하다.
④ 건축에 걸리는 하중이 각층에 분담된다.
⑤ 건물내의 전원설비의 부담이 작아진다.

해답 29. ② 30. ③ 31. ④ 32. ④ 33. ④ 34. ③

35. 에스컬레이터에 관한 설명으로 옳지 않은 것은?

① 수송량에 비해 점유면적이 작다.
② 수송능력이 엘리베이터보다 작다.
③ 대기시간이 없고 연속적인 수송설비이다.
④ 연속 운전되므로 전원설비에 부담이 적다.

[해설] 엘리베이터는 장거리 고속수송용인데 비해 에스컬레이터는 단거리 대량수송용이다.

36. 에스컬레이터에 대한 설명 중에서 옳은 것은?

① 경사도는 45° 이하로 한다.
② 정격속도는 하강방향의 안전을 고려하여 30m/min 이하로 한다.
③ 수송능력은 엘리베이터보다 30배 정도 많다.
④ 구동장치, 제어장치 등을 격납하는 기계실은 되도록 크게 한다.

[해설] ① 경사도는 30° 이하로 한다.
③ 수송능력은 엘리베이터보다 10~20배 정도 많다.
④ 기계실이 필요없다.

37. 에스컬레이터에 대한 다음 설명 중에서 옳지 않은 것은?

① 엘리베이터에 비해 10배 이상의 수송능력이 있다.
② 경사도는 30° 이하로 해야 한다.
③ 기계실이 필요치 않으며, 피트가 간단하다.
④ 에스컬레이터의 정격속도는 45m/min 이하로 한다.

[해설] 에스컬레이터의 정격속도는 30m/min 이하로 한다.

38. 에스컬레이터에 대한 설명 중 옳지 않은 것은?

① 에스컬레이터는 엘리베이터에 비해 많은 승객을 운반할 수 있다.
② 에스컬레이터의 일반적 구조는 상부에 전동기가 설치되어 있다.
③ 폭 600mm 에스컬레이터의 수송능력은 시간당 4,000명 정도이다.
④ 에스컬레이터의 속도는 50m/min 이하로 한다.

[해설] ④ 에스컬레이터의 속도는 30m/min 이하로 한다.

39. 에스컬레이터에 관한 설명으로 옳지 않은 것은?

① 장거리 대량수송을 할 때 효과적이다.
② 800형 에스컬레이터의 공칭수송능력은 6,000인/h이다.
③ 경사도가 30° 이하인 에스컬레이터의 공칭속도는 0.75m/s 이하이어야 한다.
④ 수송량에 비해 점유면적이 적으며, 연속 운전되므로 전원설비에 부담이 적다.

[해설] 엘리베이터는 장거리 고속수송, 에스컬레이터는 단거리 대량수송용이다.

40. 다음의 에스컬레이터의 경사도에 관한 설명 중 ( )안에 알맞은 것은?

> 에스컬레이터의 경사도는 (㉠)를 초과하지 않아야 한다. 다만, 높이가 6m 이하이고 공칭속도가 0.5m/s 이하인 경우에는 경사도를 (㉡)까지 증가시킬 수 있다.

① ㉠ 25°, ㉡ 30°
② ㉠ 25°, ㉡ 35°
③ ㉠ 30°, ㉡ 35°
④ ㉠ 30°, ㉡ 40°

41. 에스컬레이터의 경사도는 최대 얼마 이하로 하여야 하는가? (단, 공칭속도가 0.5m/s를 초과하는 경우이며 기타 조건은 무시)

① 25°
② 30°
③ 35°
④ 40°

해답 35. ② 36. ② 37. ④ 38. ④ 39. ① 40. ③ 41. ②

42. 에스컬레이터의 구성 요소에 관한 설명으로 옳지 않은 것은?

① 외부 패널은 에스컬레이터를 둘러싸고 있는 외부측 부분이다.
② 스커트는 스텝, 팔레트 또는 벨트와 연결되는 난간의 수직 부분이다.
③ 스커트 디플렉터는 스텝과 스커트 사이에 끼임의 위험을 최소화하기 위한 장치이다.
④ 내부 패널은 핸드레일 가이드 측면과 만나고 난간의 상부 커버를 형성하는 난간의 가로요소이다.

[해설] 내부패널(Interior Panel) : 에스컬레이터 난간의 디딤판과 접한 측(내부측)의 가림판 부분

43. 에스컬레이터의 좌우에 설치되어 있으며, 스텝을 주행시키는 역할을 하는 것은?

① 스텝체인
② 스커트가드
③ 핸드레일
④ 가이드레일

[해설] ① 스텝체인 : 에스컬레이터에서 승객이 탑승해 밟고 서 있는 부분을 스텝이라 하며 발판과 라이저로 구성된다. 이 스텝을 주행시키는 역할을 하는 것을 스텝체인이라 한다.
② 스커트가드 : 에스컬레이터 양측판 아래쪽의 볼록한 부분으로 그 안에는 회전봉과 디스크브레이크, 감지부, 제어부 등이 설치된다. 측판과 스텝 사이에 인체의 일부나 옷, 신발 등이 끼어 발생하는 사고를 방지하기 위하여 에스컬레이터 출구 부근의 스커트가드 속에는 스커트가드 안전스위치가 설치된다.
③ 핸드레일 : 에스컬레이터의 승객이 몸을 지탱하기 위하여 손으로 잡는 부분으로 스텝과 연동되어 같은 속도로 움직여야 한다.
④ 가이드레일 : 엘리베이터의 카와 균형추의 승강을 안내하고 일직선이 되기 위해 승강로내에서 수직으로 움직일 수 있도록 설치된 T단면의 부품

44. 에스컬레이터는 대체로 엘리베이터에 비해 몇 배의 수송 능력을 갖는가?

① 2배 이상
② 4배 이상
③ 8배 이상
④ 10배 이상

[해설] 수송능력은 엘리베이터 400~500인/h, 에스컬레이터 4,000~8,000인/h 정도이다.

45. 에스컬레이터의 안전장치에 속하지 않는 것은?

① 리타이어링 캠
② 비상정지스위치
③ 구동체인안전장치
④ 핸드레일인입안전장치

46. 에스컬레이터와 교차되는 천장의 밑부분에 협각이 이루어지는 부분은 인접 에스컬레이터의 측면을 포함하여 안전사고의 발생요소이다. 이 부분에 대해 승객에게 위험개소를 경고하기 위하여 설치하는 것은?

① 데크 보드(deck board)
② 스커트가드 판넬(skirt guard panel)
③ 플로어 플레이트(floor plate)
④ 삼각부 안내판(wedge guard)

[해설] 삼각부 안내판(wedge guard)
에스컬레이터와 교차되는 천장의 밑부분에 협각이 이루어지므로 이 부분은 인접 에스컬레이터의 측면을 포함하여 안전사고의 발생요소로서 승객에게 위험개소를 경고하기 위하여 설치한 것을 말한다.

47. 에스컬레이터의 배열에 관한 설명 중 옳지 않은 것은?

① 하중이 구조부에 균등히 지지되도록 한다.
② 교통이 연속되도록 한다.
③ 주행거리를 길게 한다.
④ 승객의 시야를 막지 않게 한다.

48. 에스컬레이터의 배열방식 중 교차형에 대한 설명으로 옳지 않은 것은?

① 연속적으로 승강할 수 있다.
② 상·하향 승강구가 분리되어 있어서 복잡하지 않다.
③ 대형건물에 채용이 가능하다.

해답 42. ④ 43. ① 44. ④ 45. ① 46. ④ 47. ③ 48. ④

④ 승객의 시야가 넓다.

[해설] 에스컬레이터 배치형식 중 교차형
교통이 연속되고 혼잡하지 않으며 점유면적이 좁아 백화점 등 대형건물에 가장 많이 사용한다. 승객의 시야가 좁은 게 단점이다.

49. 다음과 같은 특징을 갖는 에스컬레이터 배열방법은?

- 설치면적이 작다.
- 일반적으로 대형 백화점에서 채용된다.
- 승강, 하강 모두 연속적으로 갈아탈 수 있다.

① 복렬형　　　　② 교차형
③ 병렬형　　　　④ 단열중복형

50. 에스컬레이터의 density ratio는 얼마정도이어야 양호한가?

① 10~15　　　　② 15~20
③ 20~25　　　　④ 25~30

[해설] 밀도율(density ratio)은 바닥 면적과 수송인원과의 관계를 나타내는 용어로 20~25이면 양호하고, 25이상이면 불량하다고 판단한다.

51. 수송설비에 사용되는 밀도율에 관한 설명으로 옳지 않은 것은?

① 건물 내 수송설비에 의한 서비스 등급을 판정하는데 사용된다.
② 밀도율이 높을수록 서비스 수준이 양호하다는 것을 나타낸다.
③ 백화점과 같이 승객의 서비스를 주목적으로 하는 건축물에 사용된다.
④ 1시간의 수송능력에 대한 2층 이상의 유효바닥면적의 비율로 산정한다.

[해설] 밀도율(density ratio)이 20~25이면 양호, 25이상이면 불량하다고 판단한다.

52. 엘리베이터와 비교한 에스컬레이터의 특징에 대한 설명으로 옳은 것은?

① 에스컬레이터의 수송 능력은 엘리베이터에 비하여 약 1/2 정도이다
② 에스컬레이터는 기계실이 필요없는 대신 피트가 복잡하고 하중이 특정층에 집중된다.
③ 에스컬레이터에서 소비되는 전력량은 엘리베이터에 비하여 크고 전동기의 기동회수가 매우 많다.
④ 에스컬레이터는 전동기 기동시에 흐르는 대전류에 의한 부하의 전류 변화가 엘리베이터에 비하여 적다.

[해설] 엘리베이터와 비교한 에스컬레이터의 특징
① 수송능력이 엘리베이터의 약 10배로 단거리 대량수송에 적합하다.
② 기다리는 시간이 없고 연속적으로 수송한다.
③ 점유면적이 작고, 기계실이 필요없으며 피트가 간단하다.
④ 건축에 걸리는 하중이 각 층에 분담된다.
⑤ 에스컬레이터 이용중에 주위를 볼 수 있어 백화점 등에서는 구매의욕을 불러 일으킨다.
⑥ 소비되는 전력량이 적고 전동기의 기동회수는 적으므로 전동기의 기동시에 흐르는 대전류에 의한 부하전류의 변화도 적어서 건물내의 전원설비의 부담이 작아진다.

■■■ 기타 운반설비

53. 전동 덤웨이터의 적재량은?

① 100kg 까지　　② 300kg 까지
③ 500kg 까지　　④ 1,000kg 까지

[해설] 전동 덤웨이터의 적재량은 최대 500kg 이하이다.

54. 리프트에 대한 것 중 틀린 것은?

① 승강 속도는 120~140m/min이다.
② 모터의 마력은 1~3HP이다.
③ 수동식의 적재 적량이 100kg 정도로 3층 이내이다.
④ 소형 화물용으로 dumb waiter라고도 한다.

해답　49. ②　50. ③　51. ②　52. ④　53. ③　54. ①

[해설] ① 승강속도는 15, 20, 30m/min으로 에스컬레이터보다 느리다.

55. 수평보행기에 관한 설명으로 옳지 않은 것은?
① 경사각이 6° 이하인 수평보행기의 경우 광폭형을 설치할 수 없다.
② 수평보행기 디딤판(펠릿)의 디딤면의 주행방향 길이는 제한하지 않는다.
③ 수평보행기 디딤판의 속도는 경사도가 8° 이하인 것은 50m/min 이하로 하여야 한다.
④ 수평보행기의 디딤면이 고무제품 등 미끄러지기 어려운 구조일 경우 경사도를 15° 이하로 할 수 있다.

[해설] ① 에스컬레이터 및 수평보행기의 공칭 폭은 0.58m 이상, 1.1m 이하이어야 한다. 경사도가 6° 이하인 수평보행기의 폭은 1.65m까지 허용된다.
③ 수평보행기 디딤판의 속도는 경사도가 8° 이하의 것은 50m/min 이하, 경사도가 8°를 초과하는 것은 40m/min 이하로 하여야 한다.
④ 승강기검사기준에 따르면 수평보행기의 경사도는 12° 이하이어야 한다.

56. 이동식 보도에 대한 설명 중 잘못된 것은?
① 수송능력은 1시간당 최대 1,500명 정도이다.
② 속도는 55~65m/min 이다.
③ 수평으로부터 10° 이내의 경사로 되어 있다.
④ 주로 역이나 공항 등에 이용된다.

[해설] 이동식 보도 - 공항이나 역 등에서 승객을 주로 수평으로 수송하는 설비로 적정속도는 30~50m/min 정도이며 수송능력은 속도 및 폭에 따라 다르다.

57. 이동식 보도에 관한 설명으로 옳지 않은 것은?
① 속도는 60~70m/min이다.
② 주로 역이나 공항 등에 이용된다.
③ 승객을 수평으로 수송하는데 사용된다.
④ 수평으로부터 10° 이내의 경사로 되어 있다.

[해설] 이동보도 디딤판의 속도
경사도가 8° 이하의 것은 50m/min 이하, 경사도가 8°를 초과하는 것은 40m/min 이하로 하여야 한다.

58. 수송설비에 관한 설명 중 틀린 것은?
① 리미트스위치는 엘리베이터 작동시에 전동기 등에 과전류가 흐르게 될 때 각종 기기를 보호하기 위해 설치하는 기기이다.
② 전동덤웨이터는 사람은 타지 않고 물품만을 승강시키는 장치이다.
③ 승용엘리베이터는 1인당의 하중을 65kg으로 하여 최대 정원을 구한다.
④ 기송관장치란 통에 수용한 피반송물을 공기의 압력차를 이용하여 수송하는 것이다.

[해설] 리미트 스위치(제한 스위치)
최종 계층에서 케이지를 자동적으로 정지시키는 스토핑스위치(종점스위치)가 작동하지 않을 때 제2단의 작동으로 주회로를 차단한다.

59. 다음의 수송설비에 대한 설명 중 옳지 않은 것은?
① 엘리베이터는 직류 및 교류를 사용하는데 고속에는 직류가 흔히 사용된다.
② 에스컬레이터는 수송 능력이 엘리베이터의 10배 정도이며 경사각도는 30° 이하로 한다.
③ 이동보도는 승객을 수평 방향으로 수송하는데 이용되는 설비이다.
④ 엘리베이터의 리미트 스위치(limit switch)는 카가 최하층을 벗어나 바닥에 충돌할 때의 충격을 완하하기 위하여 피트에 설치하는 안전장치이다.

[해설] 완충기 : 비상정지장치가 작동하지 않아 케이지가 미끄러져 떨어지거나 초과부하로 브레이크가 듣지 않아 케이지가 미끄러져 떨어질 때 승강로 밑바닥에 격돌하는 것을 방지한다.

해답 55. ① 56. ② 57. ① 58. ① 59. ④

제13장 환경계획원론

출제경향분석

건축기사에 한하여 매 회 1문제 정도 출제되는 부분이다(건축산업기사 제외부분). 건축환경분야에는 열환경, 빛환경, 음환경 등 분야가 넓고 내용도 많으므로 기출문제 중심의 학습이 요망된다.

세부목차

1. 환경계획원론(Ⅰ) - 건축과 환경 : 기후와 건축, 일조와 일사
2. 환경계획원론(Ⅱ) - 열환경 : 열쾌적, 전열, 단열, 습기와 결로
3. 환경계획원론(Ⅲ) - 빛환경 : 빛이론, 자연채광
4. 환경계획원론(Ⅳ) - 음환경 : 음향이론, 흡음과 차음, 실내음향, 소음과 진동

1 환경계획원론(Ⅰ) - 건축과 환경

학습방향
건축과 자연환경, 기후대별 건축환경계획, 일조와 일사, 친환경건축 등에 대한 이해가 요구된다.

1 건축환경계획의 개요

(1) 건축환경계획
더욱 안전하고 쾌적한 생활 공간의 확보를 위한 자연환경의 이용과 제어에 관한 모든 기술을 배우는 학문

(2) 건축환경조절
쾌적한 생활 공간을 위한 건축환경조절방법

```
           ┌ 건축적방법(자연형조절) - 건축환경계획
           │           ┌ 열(熱) - 전열(傳熱), 단열, 일사, 습기와 결로
           │           ├ 광(光) - 자연채광, 일조
           │           ├ 음(音) - 흡음, 차음, 소음조절, 실내음향
           │           ├ 공기환경 - 공기오염, 환기, 통풍
           │           └ 색채환경
           └ 설비적방법(설비형조절) - 건축설비
```

1) 자연형조절(Passive Control)
   ① 건물의 형태, 구조, 공간구성, 외피구성 등 건축계획을 통하여 기계적 장치없이 실내환경조건을 조절하는 방법
   ② 각종 설계기법을 통하여 자연환경이 가진 이점을 최대한 활용함으로써 에너지를 절약하며 실내환경조건을 조절하는 방법

2) 설비형조절(Active Control)
   ① 환경조절을 위하여 에너지를 소모하는 기계적 장치를 이용하는 방법
   ② 실내환경에 대한 적극적인 통제이고, 외부의 환경조건과는 무관하게 일정한 수준으로 조절하는 방법

3) 자연형조절과 설비형조절의 관계
   ① 건축환경의 조절은 자연형조절이 우선이며 설비형조절은 자연형조절의 한계를 보완하는 보조수단이 되어야 한다.
   ② 야간이나 겨울철 등에는 인공조명이나 난방 등 설비의 사용이 불가피하므로 자연형조절과 설비형조절을 적절히 조화시켜야 한다.

2 건축과 자연환경

(1) 기후요소

① 기상(weather) : 시시각각으로 변화하는 대기의 상태
② 기후(climate) : 특정지역에 있어서 일정기간에 걸친 기상의 평균 상태
　㉮ 기후요소 : 기후의 특성을 나타내는 요소로 기온, 습도, 풍속, 풍압, 운량(雲量), 일조, 일사, 강수량과 그 연간분포 등
　㉯ 기후인자 : 기후요소의 지리적 분포를 지배하는 인자로 해륙의 분포, 위도, 표고, 해류 또는 고기압이나 저기압의 위치 등

1) 기온 - 대기의 온도

열쾌적설계에는 월평균기온, 일평균최고 및 최저기온, 일교차 등이 주로 사용된다.

① 월평균기온 : 월중 기록된 온도의 평균으로서 기본적인 기후조건
② 일평균최고 및 최저기온 : 몇년간 기록된 일평균 최고 및 최저기온 일반적으로 많이 사용되며 설계에 이용
③ 일교차 : 1일중 최고기온(오후 1 - 3시)과 최저기온(일출직전)과의 차. 흐린날보다 맑은 날이, 해안보다 내륙이, 저위도 지역보다 고위도 지역이 일교차가 크다.
④ 설계외기온도 : 냉난방설비 기기의 용량계산 등을 위한 부하계산시에 실제의 최저온도나 최고온도를 적용하면 설비기기의 용량이 과대해지므로 우리나라는 위험률 2.5%를 적용한 외기조건을 설계외기온도로 사용한다.

2) 습도 - 공기중에 포함되어 있는 수증기량의 다소

표시방법에는 절대습도, 상대습도, 비습, 수증기압력, 습구온도, 노점온도 등이 있다.

3) 바람 - 압력차 및 온도차에 의한 공기의 이동현상

① 계절풍 : 대륙과 해양과의 온도변화로 계절에 따라 거의 일정한 방향으로 부는 현상
　우리나라의 풍향 : 여름 - 남풍(SE - SW 사이)
　　　　　　　　　　겨울 - 북서풍(N - W 사이)
② 해안풍 : 낮 - 해안에서 육지로
　　　　　　밤 - 육지에서 해안으로 분다.

4) 강수량 - 강우량과 강설량을 합한 것

① 시간당 최대강우량은 건축계획상 홈통계획, 배수설계, 하수설계 등에 이용된다.
② 우리나라의 연평균 강수량은 1,000(대구) ~ 1,700(서귀포) mm정도로 내륙은 작고 해안이 크며 주로 여름에 집중되는 경향을 보인다.

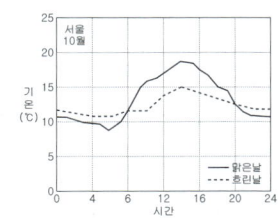

월 도시	1월	8월	연평균	연교차
서울	-3.5	25.3	11.6	28.8
강릉	-0.4	24.3	12.4	24.7
대구	-0.9	26.1	13.0	27.0
부산	2.2	25.5	14.0	23.3
제주	5.2	26.4	15.1	21.2

〈표 1-1〉 월평균기온과 연교차(℃)

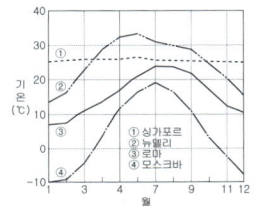

〈그림 1-1〉 기온의 일변화

〈그림 1-2〉 기온의 연변화

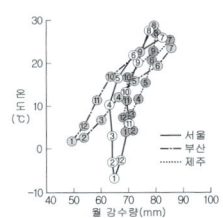

〈그림 1-3〉 클라이모 그래프

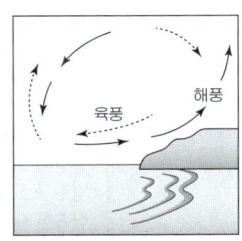

〈그림 1-4〉 해안풍

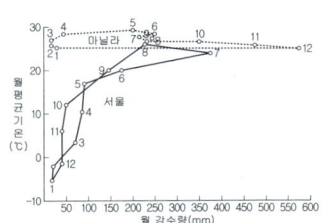

〈그림 1-5〉 하이더 그래프

(2) 기후대별 건축환경계획

빅터 올기에이(V.olgyay)에 따르면 지구상의 기후대는 네 가지로 대별할 수 있다. 대체로 북회귀선과 남회귀선 사이에 두 개의 기후대 즉, 열대습윤 기후대와 고온건조 기후대, 회귀선과 극권 사이의 온난기후대 그리고 극권에 한냉기후대가 위치한다.

이와 같이 기후대의 특성은 지리적, 지형적 영향요인과 더불어 그 지방의 풍토성을 결정하는 기본요인이 되고, 이에 따라 건축유형 및 형태가 결정되게 된다.

다음 표 1-1은 기후대별 기후특성 및 이를 고려한 건축환경계획의 예를 나타낸다.

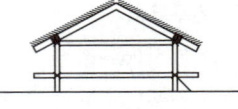
(a) 열대습윤기후대

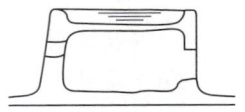
(b) 고온건조기후대

(c) 온난기후대

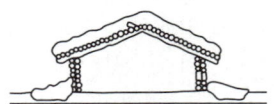
(d) 한냉기후대

<그림 1-6> 기후대별 건축환경계획

<표 1-1> 기후에 따른 건축환경계획

구 분		열대습윤 기후대	고온건조 기후대	온난 기후대 (우리 나라)	한냉기후대
기후특성	기온	연평균 최고 30℃	연평균 최고 38℃ 사막지역은 50℃ 낮은 야간기온	계절별 큰 기온차	낮은 기온
	습도	높다	낮다	평균이상 (여름:80%, 겨울:65%)	낮다
	강수량	많다	적다	중간	적다
	일교차	작다(7℃)	크다(20℃)	중간(8~14℃)	작다
	연교차	작다(5℃)	작다	크다(22~44℃)	대륙:크다 해양:작다
	바람	약하다	강하다	계절풍	강하다
	기타	많은 구름	직사일광이 강하다 먼지가 많다	계절별로 일사강도가 다르다	겨울이 길다
건축환경 계획		·건물간의 거리 이격, 큰 창문 - 통풍유도 ·고상건축 - 건물하부와 지표면 사이 통풍유도, 지표면의 습기나 강우로부터 보호 ·지붕과 천장사이 공간의 환기 ·경량구조 - 야간의 신속한 냉각	·작은 창문 - 온도가 높아 통풍은 효과가 없다. ·밀집된 건물배치 - 직사일광, 강한 바람 및 먼지 차단 ·중정형 건물 - 중정은 그늘로 서늘, 개구부는 중정에 설치 ·건물표면은 흰색 - 열반사 ·중량구조 - 축열	·남향창문이 유리 ·다양한 기후특성상 가장 세심한 주의 필요 ·겨울 추위와 여름 더위에 동시 만족 ·적절한 길이의 처마와 차양 - 겨울에는 일사취득, 여름에는 일사차단 ·추위에 대비 단열철저 · 중량구조 - 축열	·작은 2중, 3중 창문 ·건물체적에 비해 외피면적 작게 - 이글루 ·단열철저 ·지붕 - 남측은 높게하여 태양열 획득, 북측은 낮게하여 겨울바람에 대처

3 일사 및 일조

(1) 일사(日射)

1) 태양의 방사

태양광선은 약 200 ~ 3,000nm (nanometer = 10^{-9}m)의 파장을 갖고 있는 전자기파(electromagnetic)로 구성되어 있으며 파장의 길이에 따라 다음과 같이 분류한다.

① 자외선(紫外線) : 파장이 200 ~ 380nm로 생물에 대한 생육작용과 살균작용을 하며 특히 290 ~ 320nm 파장범위의 자외선을 도르노선(건강선)이라 한다.

② 가시광선(可視光線) : 파장이 380 ~ 700nm(또는 780nm)로 눈에 보이는 빛이다.

③ 적외선(赤外線) : 파장이 700(또는 780nm) ~ 3,000nm로 열적효과를 갖고 있어 열선이라고도 한다.

2) 우리나라의 일사

그림 1-3은 서울지방의 청명일에 단위면적당 입사하는 일사량을 방위별로 나타낸 것이다.
① 수평면 일사량은 여름에 매우 많다.
② 남향 수직면의 일사량은 여름에 적고 겨울에 많다.
③ 동서향 수직면의 일사량은 여름에 많고 겨울에 적다.
④ 북향 수직면의 일사량은 여름에만 약간 있다.

3) 일사량

일사량은 단위시간에 단위면적당 받는 열량으로 표현하며 단위는 W/m^2를 사용한다. 일사는 직달일사와 천공일사로 나눌 수 있으며, 양자를 합하여 전천공일사라고 한다.

① 직달일사

태양으로부터 복사로 지구 대기권외(大氣圈外)에 도달하여 대기를 투과해서 직접 지표에 도달한 것을 말하며 대기 중의 수증기와 먼지, 태양고도와 수조면의 각도 등에 의해 달라진다.

② 천공일사(확산일사)

태양으로부터 복사되어 비교적 파장이 짧은 것은 공기분자, 먼지 등에 의해 산란을 일으켜 천공전체로 부터 방향성이 없는 일사로 되어 지상에 도달한다. 이것을 천공일사라고 한다. 수평면 천공일사량은 태양고도가 높을수록, 그리고 대기혼탁도가 클수록 크다.

③ 반사일사

직달일사와 천공일사가 지면으로부터 다시 반사되어 받는 일사

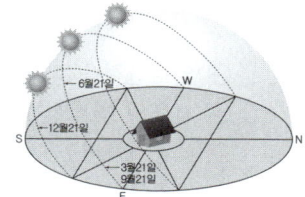

〈그림 1-7〉 계절별 태양의 경로

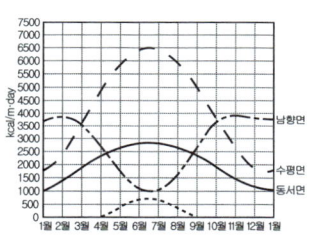

〈그림 1-8〉 방위별 단위면적당 수직면 월평균 일사량

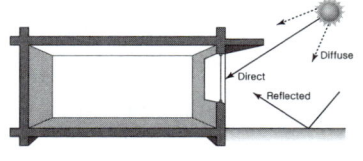

〈그림 1-9〉 일사의 종류

4) 일사조절
  ① 방위 계획
    ㉮ 중요한 건물 벽면(남향)이 난방기간중 최대일사량을 받고, 냉방기간 중 최소일사량을 받도록 한다.
    ㉯ 우리나라의 경우 일사 조건상 동서로 긴 남향 배치가 유리하다.
    ㉰ 주택의 경우 난방기간중 수직면 일사량을 가장 많이 받는 남향이 가장 유리 (남 - 남남동 - 남남서 - 남동 - 남서 순으로 유리)
  ② 형태 계획
    ㉮ 건물의 길이, 폭, 높이간의 비율을 조정하여 겨울에는 태양열 획득이 최대가 되고 열손실을 최소화 하며 여름에는 최소의 태양열을 받도록 계획
    ㉯ 외피면적을 작게 한다.
    ㉰ 건물의 최적형태
      ㉠ 동서축의 건물(남향)로 장·단변비가 1 : 1.5정도로 동서로 긴 형태
      ㉡ 정사각형 건물은 최적형태가 아니다.
      ㉢ 남북축의 건물(동서향)은 정사각형 건물보다 불리
  ③ 지붕평면 계획
    ㉮ 평지붕보다 경사(박공)지붕이 유리
    ㉯ 남향의 급구배 지붕이 가장 유리, 동서향이 가장 불리
  ④ 개구부 계획
    ㉮ 창 계획 - 채광, 조망, 환기 등을 고려해서 쾌적범위내에서 크기 결정
                일사조절을 위해 흡수유리, 반사유리, 유리블럭 등 사용
    ㉯ 차양계획 - 연간 일사의 차폐범위를 고려하여 결정
      ㉠ 수평차양 : 남쪽 창에 유리 (태양의 고도와 관련)
      ㉡ 수직차양 : 동쪽과 서쪽 창에 유리 (방위각과 관련)
      ㉢ 수직·수평 복합차양 : 가장 효과적인 차양 방법임
  ⑤ 기타계획 - 파고라, 수목 등을 이용하거나 건물의 표면색채처리 등

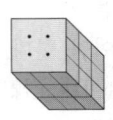 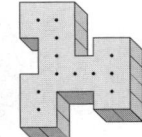

<그림 1-10> 건물의 형태 (동일 바닥면적)

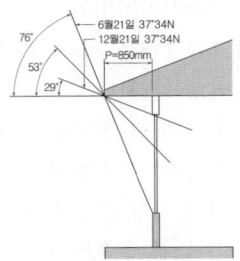

<그림 1-11> 수평차양

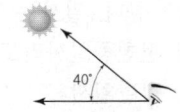

<그림 1-12> 태양고도

(2) 일조(日照)
빛이 들어오는 것을 의미하며 태양의 열을 대상으로 하는 일사와는 구분하기도 한다.

1) 일조시간 및 일조율
장애물이 없는 장소에서 청천시에 일출부터 일몰까지의 시간을 가조시간이라 하며 실제로 직사일광이 지표를 조사한 시간을 일조시간이라 한다. 가조시간에 대한 일조시간의 백분율을 일조율이라 한다.

$$일조율 = \frac{일조시간}{가조시간} \times 100(\%)$$

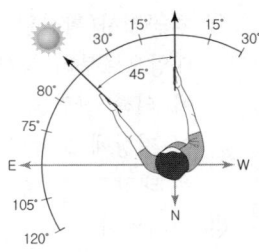

<그림 1-13> 태양방위각

2) 인동 간격

① 건물의 일조계획시 우선적으로 고려해야 할 사항은 일조권의 확보이며 일조권은 일정한 인동간격을 유지함으로써 얻을 수 있다.
② 집합주택의 경우, 동지 때라도 1일에 4시간 이상의 일조가 되도록 남북 방향의 인동간격을 유지하는 것이 바람직하다.
③ 인동간격(건물의 음영 길이)에 영향을 주는 요소 : 전면 건물높이, 태양고도, 대지의 조건(경사방향, 경사도), 건물법선 방위각(건물의 향), 태양 방위각

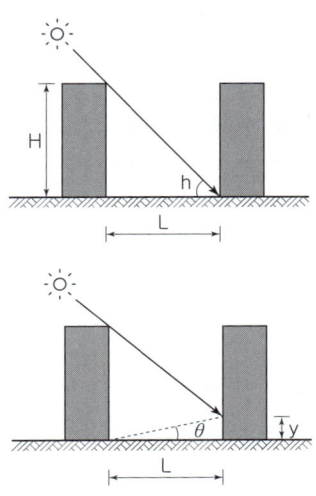

〈그림 1-14〉 인동거리 산정 개념도

■ 서울(37.5°)의 계절별 태양고도
하   지 : $90° - 37.5° + 23.5° = 76°$
춘추분 : $90° - 37.5° ± 0° = 52.5°$
동   지 : $90° - 37.5° - 23.5° = 29°$

3) 일영곡선

① 수평면상에 수직으로 세운 막대 끝에 던져지는 그림자의 궤적을 일영곡선(日影曲線)이라고 한다.
② 건축물에 의한 일영의 상황이나 창문에 의한 실내의 일조범위를 구할 수 있다.
③ 종일음영 : 1일중 일조가 되지 않는 부분
④ 영구음영 : 1년중 일조가 되지 않는 부분

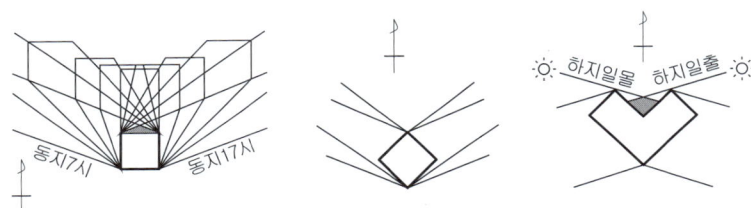

〈그림 1-15〉 종일음영　　〈그림 1-16〉 종일음영방지　　〈그림 1-17〉 영구음영

4) 일조 조절

일조의 조절은 직사일광으로 인한 현휘나 가구의 뒤틀림, 마감의 퇴색 등 사람이나 물건에 대한 피해를 방지하고, 과다한 일사에 의한 과열현상을 방지하기 위해 필수적이다. 최근에는 태양광선을 적극적으로 활용하여 채광 및 난방에 이용하는 것이 일조조절의 중요한 목표가 되었다.

① 건축계획적 측면
  ㉮ 건물의 향(向) : 정남향보다 동남향이 일조계획상 유리
  ㉯ 건물의 형태 : 정방형보다 (동서로 긴)장방형이 유리
  ㉰ 창의 면적 : 채광, 조망, 환기 등을 고려하여 크기 결정
  ㉱ 기타 : 수목을 이용한 햇빛 조절
② 차양계획 및 설계
  ㉮ 내부차양 장치 - 베네시안 블라인드, 커텐, 불투명 롤블라인드
  ㉯ 외부차양 장치 - 선스크린, 롤 블라인드, 루버 등 에너지절약 면에서 내부차양장치보다 유리하다.

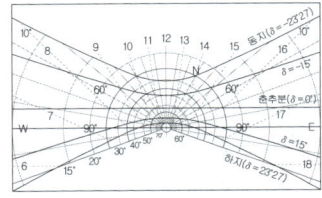

〈그림 1-18〉 일영곡선

핵 심 문 제

1 다음 중 건물계획시 통풍이 가장 많이 요구되는 기후대는?
① 열대습윤 기후대
② 고온건조 기후대
③ 온난 기후대
④ 한냉 기후대

2 우리나라의 일평균 수직면 직달일사량에 대한 다음 설명 중 맞는 것은?
① 동향면의 일사량은 여름보다 겨울에 많다.
② 남향면의 일사량은 여름보다 겨울에 많다.
③ 북향면에는 일년 중 직달일사가 도달하지 않는다.
④ 여름의 남향면 일사량은 동향이나 서향보다 많다.

3 다음의 일사조절에 대한 설명 중 옳지 않은 것은?
① 일사에 의한 건물의 수열은 방위에 따라 상당한 차이가 있다.
② 추녀와 차양은 창면에서의 일사조절 방법으로 사용된다.
③ 블라인드, 루버, 롤스크린은 계절이나 시간, 실내의 사용 상황에 따라 일사를 조절할 수 있다.
④ 일사조절의 목적은 일사에 의한 건물의 수열이나 흡열을 작게 하여 동계의 실내 기후의 악화를 방지하는데 있다.

4 다음은 어떤 수조면의 일사량을 나타낸 것이다. 그 값이 가장 큰 것은?
① 전일사량
② 확산일사량
③ 천공일사량
④ 반사일사량

해 설

해설 1
열대습윤 기후대는 습도가 높고 바람은 약하므로 지붕과 천장사이, 바닥과 지면 사이, 건물과 건물사이 등에 통풍을 유도한다.

해설 2
② 동서향면의 일사량은 여름에 많고 남향면의 일사량은 겨울에 많다.
③ 북향면에도 하지를 중심으로 한 여름철에는 직달일사가 도달한다.

해설 3
④ 일사획득을 여름철에는 작게, 겨울철에는 많게 조절한다.

해설 4
전일사량 = 직달일사량 + 확산(천공)일사량

정답 1. ① 2. ② 3. ④ 4. ①

기출문제 및 예상문제

13 CHAPTER
1. 건축과 환경

■■■ 기상, 기후와 건축

1. 기상에 관한 기술에서 틀린 것은 다음 중 어느 것인가?
① 우리나라의 여름이 무더운 것은 습도가 높기 때문이다.
② 해안지방에서는 낮에는 바다에서 육지로, 밤에는 육지에서 바다로 바람이 분다.
③ 외기의 상대습도는 아침저녁에 가장 낮고 정오무렵이 가장 높다.
④ 여름과 겨울의 습도가 70%일 때 $1m^3$중에 포함된 수증기의 량은 다르다.

[해설] ③ 외기의 상대습도는 아침저녁에 높고 정오무렵이 낮다.

2. 연교차에 대한 설명이 맞는 것은?
① 1년 중 가장 더운 시각과 가장 추운 시각의 차이
② 1년 중 가장 더운 날과 가장 추운 날의 평균기온의 차이
③ 1년 중 가장 더운 달과 가장 추운 달의 월 평균기온의 차이
④ 해안지방이 내륙지방보다 크게 나타난다.

[해설] ④ 연교차, 일교차 등은 해안지방보다 내륙지방이 더 크게 나타난다.

3. 바람의 특성에 대한 다음 설명 중 틀린 것은?
① 여름에는 대륙이 먼저 따뜻해져 상승기류가 생기므로 해양에서 바람이 불어온다.
② 겨울에는 열용량이 작은 대륙이 먼저 차가워져 고압이 되므로 해양으로 바람이 불어 나간다.
③ 낮에는 지면 부근의 공기가 차가워져 무겁게 되므로 바람이 잔잔해진다.
④ 해안지역에서는 낮에는 해풍이 불고 밤에는 육풍이 분다.

[해설] 낮에는 일사의 영향으로 지면 부근의 공기가 뜨거워지면 가벼워져 상승하므로 상부의 무거운 공기와 혼합하게 되므로 오후에 바람이 강해진다.

4. 중정형 및 작은 창문을 가진 중량구조의 건물이 가장 적합한 기후대는?
① 열대습윤 기후대
② 고온건조 기후대
③ 온난 기후대
④ 한냉 기후대

[해설] 고온건조 기후대는 바람 및 직사일광이 강하며 먼지가 많으므로 작은 창문이 유리하다. 또한 낮에는 온도가 높고 밤에는 낮아 일교차가 크므로 중량구조로 하면 낮의 열을 건물 외피에 축열하였다가 밤에 외부로 방출할 수 있다.

5. 겨울의 추위와 여름의 더위를 동시에 만족하여야 하는 등 다양한 기후특성으로 설계시 가장 세심한 주의가 필요한 기후대는?
① 열대습윤 기후대
② 고온건조 기후대
③ 온난 기후대
④ 한냉 기후대

[해설] 온난기후대는 계절의 변화가 뚜렷하여 설계시 세심한 주의가 필요하다.

6. 건물 설계시 철저한 단열과 기밀성이 좋은 작은 창문이 요구되는 기후대는?
① 열대습윤 기후대
② 고온건조 기후대
③ 온난 기후대
④ 한냉 기후대

[해설] 한냉기후대는 실내외 온도차가 크게 되므로 단열을 철저히 하여야 한다.

해답 1. ③ 2. ③ 3. ③ 4. ② 5. ③ 6. ④

■■■ **일사 및 일조**

7. 직달일사에 의한 수열량에 관한 기술에서 잘못된 것은 어느 것인가?

① 동향의 벽과 서향의 벽의 수열량은 계절에 관계없이 같다.
② 북향면은 겨울철에는 수열이 없다.
③ 수평면의 수열량이 최대가 되는 것은 정오경이다.
④ 남향 벽의 수열량은 겨울철보다 여름철이 많다.

해설 ④ 남향면의 일사량은 여름보다 겨울에 많다.

8. 다음 ㉮~㉰의 각 방위의 수직벽면에 대한 하지에서 동지까지의 일사량이 큰 것부터 작은 것으로 배열해 놓은 것이다. 순서의 조합으로서 정확한 것은 어느 것인가?

| ㉮ 남향 수직벽면 | ㉯ 남서향 수직벽면 |
| ㉰ 서향 수직벽면 | |

　　　　하　　지　　　　　　　동　　지
① ㉯ - ㉰ - ㉮　　　　　㉮ - ㉯ - ㉰
② ㉯ - ㉰ - ㉮　　　　　㉯ - ㉮ - ㉰
③ ㉰ - ㉯ - ㉮　　　　　㉯ - ㉮ - ㉰
④ ㉰ - ㉯ - ㉮　　　　　㉮ - ㉯ - ㉰

9. 차양장치에 대한 설명 중 틀린 것은?

① 수평차양은 태양의 고도와 관련하여 남향창에 설치하는 것이 유리하다.
② 외부차양장치보다 내부차양장치가 일사조절에 유리하다.
③ 수직차양은 태양의 방위각과 관련하여 남향보다 동서향의 창에서 유리하다.
④ 차양장치를 적절히 설계하면 자연채광에 적극 이용할 수 있다.

해설 ② 내부차양장치 보다는 외부차양장치가 일사조절에 유리하다.

10. 영구음영과 관계가 깊은 계절은?

① 봄　　　　　　　② 여름
③ 가을　　　　　　④ 겨울

11. 일사·일조·일영에 관한 기술 중 부적당한 것은?

① 주광율은 전천공조도가 변해도 변하지 않는다.
② 북향의 연직벽면에는 약 6개월간 일조가 없다.
③ 대기투과율은 대기가 깨끗할수록 커진다.
④ 일영시간은 건축물의 형상이 동일한 경우 위도에 관계없다.

해설 ① 전천공조도가 변하면 실내조도도 변하므로 주광율에는 큰 차이가 없다.
　　④ 일영시간은 태양고도에 따라 다르고 태양고는 위도에 따라 다르므로 위도가 다르면 일영시간도 다르다.

12. 건물의 남북 간격과 관계된 것이다. 이 중 관계가 없는 것은?

① 대지의 경사도
② 태양의 고도
③ 전면 건물의 높이
④ 전천공 조도

해설 인동 간격

$$D = \frac{\cos(\alpha - \omega)}{\tanh + \tan\theta \cdot \cos(\alpha - \omega)} \times H$$

α : 태양 방위각, θ : 대지 경사도
ω : 건물법선 방위각, h : 태양고도
　H : 전면 건물높이

해답　7. ④　8. ④　9. ②　10. ②　11. ④　12. ④

2 환경계획원론(Ⅱ) - 열환경

학습방향

온도, 열쾌적, 전열, 단열, 습기와 결로, 습공기선도, 자연형태양열 등에 대한 이해 및 열량, 열관류율 등에 대한 계산문제가 가끔 출제된다.

1 기초사항 및 전열

제 8 장 난방설비(I)의 '**1** 기초사항 및 전열' 참조

2 단열

(1) 단열의 원리

1) 저항형(기포형)단열
   ① 원리 : 열전도율이 작은 많은 기포로 구성되어 있기 때문에 열전도율이 낮다.
   ② 종류 : 발포폴리스티렌폼, 유리면, 암면 등 다공질이나 섬유질의 기포성 단열재

2) 반사형 단열
   ① 원리 : 복사열전달을 차단시키거나 반사시키는 형태로 중공층에 유효하다. 벽에 생긴 결로나 금속 표면의 먼지층은 흡수율과 복사율을 증가시키며 반사형 단열재의 효율을 감소시킨다.
   ② 종류 : 알미늄박(은박지), 광택성 금속박판 등 방사(복사)율이 낮고 반사율이 높은 재료

3) 용량형 단열
   ① 건물 외피의 축열용량을 이용한 것으로, 건물 외표면에 작용하는 복사열에 의한 온도변화와 건물 내표면에 작용하는 온도변화의 시간지연(time-lag)을 이용한 것이다.
   ② 건물 외피의 축열용량이 충분하다면 낮에 받는 일사량은 벽체에 축열되었다가 야간에 외부로 방열되므로 실내에 미치는 영향은 작아진다. 따라서 실내열부하가 안정되었다면 중량벽 내측은 더운 날에도 시원하다.

학습POINT

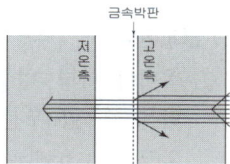
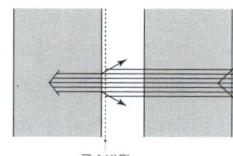
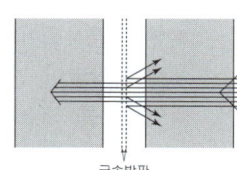

〈그림 2-1〉 중공벽내의 단열

(2) 내단열과 외단열

1) 내단열
   ① 내단열은 열용량이 작기 때문에 빠른 시간에 더워지므로 간헐난방을 필요로 하는 강당이나 집회장과 같은 곳에 유리하나 실온변동의 폭은 외단열에 비해 크며 타임-랙도 짧다.
   ② 표면결로는 발생하지 않으나, 한쪽 벽이 차가운 상태이기 때문에 내부결로가 발생하기 쉽다.
   ③ 모든 내단열 방법은 고온측에 방습막을 설치하는 것이 좋다.
   ④ 열교현상에 의한 국부열손실을 방지하기가 어렵다.

2) 외단열
   ① 내부측의 열용량이 커져 연속난방에 유리하며 실온변동의 폭은 작아지며 타임-랙도 길다.
   ② 전체 구조물의 보온에 유리하며 내부결로의 위험도 감소시킬 수 있다.
   ③ 외단열은 벽체의 습기뿐만 아니라 열적 문제에서도 유리한 방법이다.
   ④ 외단열은 단열재를 건조한 상태로 유지시켜야 하고, 내구성과 외부 충격에 견딜 뿐 아니라 외관의 표면처리도 보기 좋아야 한다.

〈그림 2-2〉 내단열과 외단열

(3) 열교현상

① 벽이나 바닥, 지붕 등의 건축물부위에 단열이 연속되지 않은 부분이 있을 때, 이 부분이 취약부위가 되어 열의 이동이 많아지며, 이것을 열교(heat bridge) 또는 냉교(cold bridge) 라고 한다.
② 열교현상이 발생하면 구조체의 단열성이 저하되어 표면온도가 낮아지며 결로가 발생되므로 쉽게 알 수 있다.
③ 발생부위 : 중공벽의 연결철물이 통과하는 구조체, 벽체와 지붕 또는 바닥과의 접합 부위, 창틀 등에서 발생한다.
④ 방지대책 : 접합 부위의 단열설계 및 단열재가 불연속됨이 없도록 철저한 단열시공이 이루어져야 한다. 콘크리트 라멘조나 조적조 건축물에서는 단열이 연속되기 어려운 점이 있으나 외단열과 같은 방법으로 취약부위를 감소시키는 대책이 요구된다.

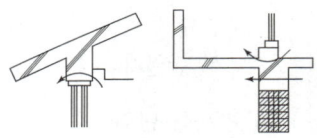

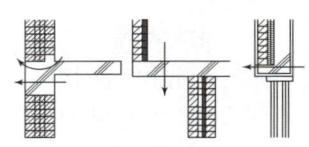

〈그림 2-3〉 열교현상

3 습기와 결로

(1) 습기

습기란 공기 속 또는 재료 속에 기체 또는 액체의 형태로 존재하는 수분을 말한다. 습기의 함유상태에 따라 공기는 다음과 같이 분류된다.

- 건조공기(DA) : 수증기를 전혀 함유하지 않은 공기
- 습 공기 : 수증기를 함유한 통상의 공기(건조공기+수증기)
- 포화공기 : 공기속의 수분이 수증기의 형태로만 존재할 수 없는 상태의 공기로서 냉각하면 수증기가 물방울로 맺힘(김, 안개 → 비)

(2) 습공기 선도

제 9 장 공기조화설비의 **1** 기초사항 중 '(2)습공기선도' 참조

(3) 결 로

습공기가 차가운 벽이나 천정, 바닥 등에 닿으면 공기중의 수증기가 응축되어 물방울로 맺히는데 이것을 결로라 한다. 결로현상이 물체의 표면에 생기는 것을 표면결로, 구조체 내부에 생기는 것을 내부결로라 한다.

1) 결로의 원인
① 실내외 온도차 - 실내외 온도차가 클수록 많이 생긴다.
② 실내 습기의 과다발생 - 가정에서 호흡, 조리, 세탁 등으로 하루 약 12kg의 습기 발생
③ 생활 습관에 의한 환기부족 - 대부분의 주거활동이 창문을 닫은 상태인 야간에 이루어짐
④ 구조체의 열적 특성 - 단열이 어려운 보, 기둥, 수평지붕
⑤ 시공불량 - 단열시공의 불완전
⑥ 시공직후의 미건조 상태에 따른 결로 - 콘크리트, 모르타르, 벽돌

2) 원인제거 방법
① 환기 : 습한 공기를 제거하여 실내의 결로를 방지한다.
② 난방 : 건물내부의 표면온도를 올린다.
　　　　낮은 온도의 지속난방 〉 높은 온도의 짧은 난방
③ 단열 : 구조체를 통한 열손실 방지와 보온역할

3) 결로의 발생 및 방지
① 표면결로
　㉮ 발생 - 건물의 표면온도가 접촉하고 있는 공기의 노점온도보다 낮을 때 표면에 발생
　㉯ 방지대책
　　㉠ 벽표면 온도를 실내공기의 노점온도보다 높게 할 것
　　㉡ 실내의 수증기 발생 억제 및 환기를 통한 발생습기의 배제
② 내부결로
　㉮ 발생 - 벽체내의 어느 부분의 건구온도가 그 부분의 노점온도 보다 낮을 때 내부에 발생
　㉯ 방지대책
　　㉠ 벽체 내부온도를 그 부분의 노점온도보다 높게 할 것 - 단열재를 가능한 한 벽의 외측에 설치(외단열)
　　㉡ 벽체 내부의 수증기압을 포화수증기압보다 작게 한다. - 적절한 투습저항을 갖춘 방습층을 벽의 내측에 설치

[예제] 공기온도 20℃, 상대습도 50%인 실내의 벽 표면이 18℃ 일 때 표면결로는 발생하는가?
■ 습공기선도에서 20℃, 50% 공기의 노점온도 9℃ 〈 벽체의 표면온도 18℃
표면온도가 노점온도 보다 높으므로 표면결로는 발생하지 않는다.

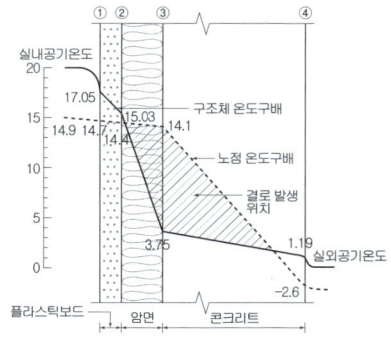

〈그림 2-4〉 내부결로의 예측

핵 심 문 제

1 벽체의 전열 및 단열에 관한 다음의 기술 중 부적당한 것은 어느 것인가?
① 벽체의 열전도 저항은 그 구성재료가 습기를 함유하면 작게 된다.
② 벽체의 열전달 저항은 벽체에 닿는 풍속이 클수록 크게 된다.
③ 벽체는 열용량이 크게 되면 따뜻해지기가 어려운 반면 차게 하기 어렵다.
④ 벽체내의 공기층의 단열효과는 공기층의 기밀성이나 두께에 큰 관계가 있다.

해설 1
① 재료가 흡습하면 열전도율이 커지므로 열전도저항은 작아진다.
② 풍속이 크면 열전달율이 커지므로 열전달저항은 작아진다.
③ 열용량이 크면 온도변화가 잘 일어나지 않는다.
④ 공기층의 단열효과는 특히 기밀성에 큰 영향을 받는다.

2 건축물의 에너지절약설계기준에 따른 건축물의 단열을 위한 권장사항으로 옳지 않은 것은?
① 외벽 부위는 내단열로 시공한다.
② 열손실이 많은 북측 거실의 창 및 문의 면적은 최소화한다.
③ 외피의 모서리 부분은 열교가 발생하지 않도록 단열재를 연속적으로 설치한다.
④ 발코니 확장을 하는 공동주택에는 단열성이 우수한 로이(Low-E) 복층창이나 삼중창 이상의 단열성능을 갖는 창을 설치한다.

해설 2
외벽은 열교 및 내부결로 발생부위 면적감소를 위해 외단열로 시공한다.

3 결로 방지 대책 중 가장 부적당한 것은?
① 표면결로 - 실내 표면온도를 높인다.
② 표면결로 - 실내환기 회수를 늘린다.
③ 내부결로 - 온도가 낮은 측에 방습층을 설치한다.
④ 내부결로 - 온도가 낮은 측에 단열재를 보강한다.

해설 3
① 표면결로를 방지하기 위해서는 실내벽의 표면온도가 실내공기의 노점온도보다 높도록 계획한다.
③ 내부결로를 방지하기 위해서는 방습층은 온도가 높은 실내측에, 단열재는 온도가 낮은 실외측에 설치하는 것이 효과적이다.

4 겨울철 주택의 단열 및 결로에 대한 설명 중 옳지 않은 것은?
① 단층 유리보다 복층 유리의 사용이 단열에 유리하다.
② 단열이 잘 된 벽체는 내부결로는 없으나 표면결로가 발생하기 쉽다.
③ 실내측에 방습막을 부착할 경우, 구조체의 내부결로 방지에 효과적이다.
④ 실내측 벽 표면온도가 실내공기의 노점온도보다 높은 경우 표면결로는 발생하지 않는다.

해설 4
단열이 잘 된 벽체는 표면온도가 높아져 표면결로는 막을 수 있으나 단열재로부터 외측 부분에는 내부결로가 생기므로 외단열로 시공하는 것이 유리하다.

정답 1. ② 2. ① 3. ③ 4. ②

기출문제 및 예상문제

CHAPTER 13
2. 열환경

■■■ 전열 및 단열

1. 열관류율이 작은 벽을 만들어 단열 효과를 얻고자 한다. 부적당한 것은?

① 재료의 두께는 두꺼울수록 유효하다.
② 공기층을 두는 경우에는 두께가 증가한다고 단열 효과가 항상 증가하는 것은 아니다.
③ 열전도저항이 큰 재료를 선택한다.
④ 열전도율이 같으면 흡수성이 큰 재료가 좋다.

[해설] ①, ③ 열전도율과 열전달율은 작을수록, 두께와 열저항은 클수록 열관류율이 작아져 단열성능이 증대된다.
② 중공층의 두께가 어느 한계점을 지나면 내부에서 대류가 생겨 열손실이 많아진다.
④ 재료에 습기가 차면 단열성은 떨어진다.

2. 전열·단열에 관한 기술 중 틀린 것은?

① 같은 종류의 발포성 단열재에서 공극률이 같다면 재료내부의 기포크기가 클수록 열전도율은 작아진다.
② 겨울에 벽체내의 내부결로를 방지하기에는 내단열보다도 외단열쪽이 유리하다.
③ 건축재료의 열전도율은 일반적으로 비중이 증가할수록 커지는 경향이 있다.
④ 섬유계의 단열재가 결로등에 의해 습기를 포함하면 열전도저항은 작아진다.

[해설] ① 기포크기가 커지면 기포내부에 대류가 생겨 재료의 열전도율은 커진다.

3. 주어진 건축재료 중에서 단열 효과를 올리기 위하여 열관류율의 값이 작은 것을 고르려고 할 때 다음 중 어느 견해를 따르는 것이 좋은가? (단, 재료나 두께는 같다.)

① 재료가 단단하고 튼튼한 것이 좋다.
② 비중이 큰 것이 좋다.
③ 공극율이 크고 가볍되 방수성의 재료가 좋다.
④ 복사방지를 위하여 표면이 매끈매끈한 것이 좋다.

[해설] ③ 단열성능을 위해서는 비중이 작고(공극률이 크고) 방수성이 있는 재료가 좋다.

4. 단열에 관한 다음의 기술 중 옳은 것은 어느 것인가?

① 벽체내의 공기층에 넣는 알루미늄 박은 공기층의 어느 쪽에 붙여도 벽체의 단열효과에는 실용상 차이가 없다.
② 같은 소재의 보온재로 하면 부피 비중의 대소는 열전도율에는 관계가 없다.
③ 밀폐된 공기층을 가진 벽체의 단열 효과는 공기층이 두꺼울수록 높다.
④ 보통 콘크리트와 보통 벽돌의 열전도율을 비교하면 보통 콘크리트의 쪽이 작다.

[해설] ② 단열재의 경우에도 비중에 따라 열전도율이 다르다. 그러나 일반재료와는 달리 비중이 작다고 해서 반드시 열전도율이 작은 것은 아니다.

5. 공기층의 단열효과에 대한 기술로 잘못된 것은?

① 공기층은 한 층으로 두꺼운 것보다 여러 층으로 분할하는 쪽이 효과가 좋다.
② 열관류율은 공기층의 두께에 반비례하는 것으로 생각해서는 안된다.
③ 알미늄박을 공기층의 내면에 사용하면 열저항은 현저히 커진다.
④ 공기층은 기밀성이 떨어져도 단열효과에는 영향이 없다.

해답 1. ④   2. ①   3. ③   4. ①   5. ④

6. 여름철 실내 최고 온도는 외기온도가 가장 높은 시각 이후에 나타나는 것이 일반적이다. 이와 같은 현상은 벽체를 구성하고 있는 재료의 어떤 성능 때문인가?
① 축열성능　　② 단열성능
③ 일사반사성능　　④ 일사투과성능

7. 다음 중 외기온과 실온변화에 있어서 시간지연에 직접적인 영향을 미치는 요소는?
① 열관류율　　② 기류속도
③ 표면복사율　　④ 구조체의 열용량

> [해설] 용량형 단열 : 건물 외피의 축열용량을 이용한 것으로, 건물 외표면에 작용하는 복사열에 의한 온도변화와 건물 내표면에 작용하는 온도변화의 시간지연(time-lag)을 이용한 것이다.
> 건물 외피의 축열용량이 충분하다면 낮에 받는 일사량은 벽체에 축열되었다가 야간에 외부로 방열되므로 실내에 미치는 영향은 작아진다. 따라서 지하층이나 중량벽 내측은 더운 날에도 시원하다.

8. 겨울철 주택의 단열, 보온, 방로에 관한 설명 중 옳지 않은 것은?
① 벽체의 열전달저항은 근처의 풍속이 클수록 작게 된다.
② 단열재가 결로 등에 의해 습기를 함유하면 그 열관류저항은 크게 된다.
③ 외벽의 모서리 부분은 다른 부분에 비해 손실 열량이 크고, 그 실내측은 결로되기 쉽다.
④ 주택의 열손실을 저감시키기 위해서는 벽체 등의 단열성을 높이는 것만 아니라 틈새바람에 대한 대책도 필요하다.

9. 에너지절약을 위한 방법이 아닌 것은?
① 환기량을 늘린다.
② 구조체를 기밀화 한다.
③ 효율적인 에너지 기기를 사용한다.
④ 자연 에너지를 이용한다.

> [해설] ① 환기회수를 늘리면 환기에 의한 손실열량도 따라서 커진다.

10. 에너지를 절약하기 위한 방법과 가장 관계가 먼 것은?
① 열관류율이 낮은 재료를 사용한다.
② 동일한 재료인 경우 두께가 두꺼운 것을 사용한다.
③ 열전도율이 낮은 재료를 사용한다.
④ 흡수성이 높은 재료를 사용한다.

11. 건물 외벽의 단열을 내단열로 했을 경우에 대한 설명으로 틀린 것은?
① 실내측에 축열체가 없으므로 실온변동은 외단열보다 크다.
② 열교부분의 단열처리가 외단열보다 용이하지만 국부결로가 발생하기 쉽다.
③ 단열재의 실내측에 완전한 방습층을 설치하지 않는 한 내부결로를 방지하기 어렵다.
④ 단열재 위치에 따른 난방부하의 차이는 고려하지 않는다.

■■■ 결로

12. 다음 중 실내에 결로 현상이 발생하는 원인과 가장 거리가 먼 것은?
① 실내외 온도차
② 실내의 수증기 발생량 억제
③ 생활 습관에 의한 환기 부족
④ 구조재의 열적 특성

13. 표면결로 방지대책에 대한 설명 중 틀린 것은?
① 환기회수를 증가시킨다.
② 벽체의 단열을 증가시켜 표면온도를 높게한다.
③ 방수마감을 잘 한다.
④ 벽체의 열관류 저항을 크게 한다.

해답　6. ①　7. ④　8. ②　9. ①　10. ④　11. ②　12. ②　13. ③

[해설] ③ 방수마감을 잘하면 내부결로는 막을 수 있지만 표면결로와는 관계가 없다.

14. 표면결로의 방지대책으로 옳지 않은 것은?
① 실내에서 발생하는 수증기를 억제한다.
② 환기에 의해 실내 절대습도를 상승시킨다.
③ 단열강화에 의해 실내측 표면온도를 상승시킨다.
④ 직접가열에 의해 실내측 표면온도를 상승시킨다.

15. 다음 중 겨울철 실내 유리창 표면에 발생하기 쉬운 결로의 방지 방법과 가장 거리가 먼 것은?
① 실내공기의 움직임을 억제한다.
② 실내에서 발생하는 수증기를 억제한다.
③ 난방기기를 이용하여 유리창 표면온도를 높인다.
④ 이중유리로 하여 유리창의 단열성능을 높인다.

해답 14. ② 15. ①

3 환경계획원론(Ⅲ) - 빛환경

학습방향

빛이론, 자연채광 등에 대한 내용으로서 주광률, 주광설계지침, 채광방식 등에 대한 이해가 요구된다.

1 기초이론

(1) 빛의 정의

빛은 전자파 에너지 방사 중에서 자외선과 적외선 사이에 있는 약 380 - 780nm(nanometer = 10^{-9}m) 파장범위의 가시광선을 말한다. 인간의 눈은 가시광선의 파장에 따라 각기 다른 색을 지각하게 된다.

(2) 빛의 성질

1) 투과 (Transmission)
   ① 투명체(transparence) : 어느 정도 빛을 투과하는 물질
   ② 불투명체(opaque) : 빛을 투과하지 못하는 물질
   ③ 반투명체(translucent) : 빛을 통과시키기는 하나 빛의 직진을 교란시켜 확산광을 형성하는 물질
2) 반사 (reflection)
   ① 경면반사 : 빛의 방향을 한 방향으로만 변화시키는 것. (입사각 = 반사각)
   ② 확산반사 : 빛의 반사광선이 여러 방향으로 확산되는 것.
3) 굴절 (refraction)
   빛이 하나의 투명매체에서 다른 매체로 들어갈 때 빛의 방향이 변하는 것.

(3) 시 각

1) 명시(明視)의 조건
   ① 시대상이 보기 쉽고 잘 보이는 것을 명시(明視)라고 한다.
   ② 명시를 위한 기본적인 조건은 크기, 밝기, 대비, 시간이라고 하며 이것을 보임의 조건이라 한다. 크기란 시대상의 크기, 밝기란 시대상의 휘도, 대비(對比)란 주로 휘도 대비를 말하며, 시대상과 그 배경의 휘도의 차로 표시된다.

학습POINT

■ 굴절의 법칙
① 입사광선, 법선, 굴절광선은 같은 평면상에 있다.
② 평행한 한 쌍의 투과매체에 대해 그 굴절률(μ)은 일정하다.

2) 휘도와 조도의 분포

① 휘도분포 - 사무실에서의 휘도비는 다음 값 이하로 하는 것이 바람직하다.

<표 3-1> 휘도비의 추천치

1 : 1/3	작업면과 작업면의 주변
1 : 1/5	작업면과 작업면에서부터 다소 떨어진 어두운 마감면
1 : 5	작업면과 작업면에서부터 다소 떨어진 밝은 마감면

② 조도분포

실내의 최대조도와 최저조도의 비가 주광조명의 경우 10 : 1이하, 인공조명의 경우 3 : 1이하로 하는 것이 바람직하다. 병용조명의 경우에는 주광조명과 인공조명의 중간, 즉 6 : 1정도이다.

③ 균제도

휘도나 조도, 주광률등의 분포를 나타내는 지표로서 균제도(uniformity factor)가 사용된다. 균제도 U는 휘도나 조도, 주광률등의 평균치에 대한 최소치의 비이다.

$$U = \frac{(휘도 \cdot 조도 \cdot 주광률의)최소치}{(휘도 \cdot 조도 \cdot 주광률의)평균치}$$

3) 글레어 (glare, 현휘)

시야내에 눈이 순응하고 있는 휘도보다 현저하게 휘도가 높은 부분이 있거나 휘도대비가 큰 부분이 있어 잘 보이지 않거나 불쾌감을 느끼는 현상

① 불능글레어(disability glare) - 잘 보이지 않게 되는 글레어
② 불쾌글레어(discomfort glare) - 잘 보이지 않을 정도는 아니나, 신경이 쓰이거나 불쾌감을 느끼게 하거나 하는 글레어

4) 실루엣 현상 및 창가 모델링

① 실루엣(silhouette) 현상 - 밝은 창문을 배경으로 한 사람의 얼굴이 잘 보이지 않는 현상.

실내에서 창문 쪽으로 흐르는 빛의 양을 증대하여 얼굴면의 휘도와 창면휘도의 비가 0.007을 초과하면 해소된다.

$$\frac{얼굴면의\ 휘도}{창면의\ 휘도} > 0.007$$

<사진 3-1> 실루엣 현상

② 창가 모델링 - 창가에서 실외로부터 들어오는 빛이 너무 강하면 창쪽의 얼굴면은 너무 밝게 보이고 안쪽의 얼굴면은 너무 어둡게 보이는데 이를 창가 모델링이라고 한다.

창가 모델링도 실내에서 실외로 흐르는 빛을 늘려 창쪽의 조도와 실안쪽의 조도비가 10보다 작으면 해소된다.

$$\frac{창쪽\ 연직면조도}{실안쪽\ 연직면조도} < 10$$

<사진 3-2> 모델링 현상

2 자연채광

(1) 자연광원
① 직사일광 : 태양으로부터 방사되어 지구에 도달하는 빛 중 대기층을 투과하여 지표면에 직접 도달하는 빛
② 천공광 : 대기층과 구름에서 확산, 투과, 반사되어 지표면에 도달하는 빛
③ 주광 : 직사일광 + 천공광

(2) 주광률
시각, 날씨에 따라 변하는 천공의 밝기에 따라 실내의 조도도 변화한다. 이렇게 시시각각 변하는 실내조도를 설계기준으로 삼기는 곤란하므로 주광에 대한 실내조도의 비율, 즉 주광률(Daylight Factor)을 이용하여 채광계획의 지표로 한다.

$$주광률(DF) = \frac{실내\ 한\ 지점의\ 조도(E)}{담천공으로부터의\ 전천공조도(E_s)} \times 100(\%)$$

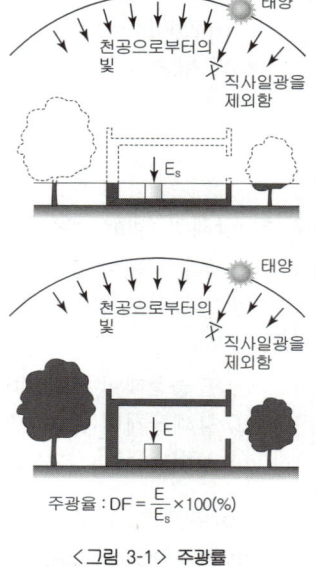

〈그림 3-1〉 주광률

〈표 3-2〉 기준주광률(일본건축학회)

단계	작업 또는 방의 종별 예	기준 주광률(%)
A	시계 수리, 주광만의 수술실	10
B	장시간의 재봉, 정밀 제도, 정밀 공작	5
B	단시간의 재봉, 장시간의 독서, 일반 제도, 타자, 전화 교환, 치과 진찰	3
C	독서·사무·일반진찰, , 보통교실	2
C	회의, 용접, 강당, 체육관, 일반병실	1.5
D	단시간의 독서(주간), 미술전시, 도서관 서고, 차고	1
D	호텔로비, 주택식당, 일반거실, 영화관, 휴게실, 교회객석	0.7
E	복도·일반계단, 소형화물 창고	0.5
F	대형화물창고, 주택창고	0.2

(3) 채광방식
채광방식은 일반적으로 창의 위치에 따라 실내측면의 연직창에 의한 측창채광, 천창에 의한 천창채광, 천장부의 연직창에 의한 정측창채광으로 분류된다.

1) 측창채광(side lighting)
창문이 측면에 배치된 것을 말하며 같은 면적일 경우 수직창이 수평창보다 채광량이 많고 1개의 큰 창보다 여러 개로 분할하는 것이 효과적이다.

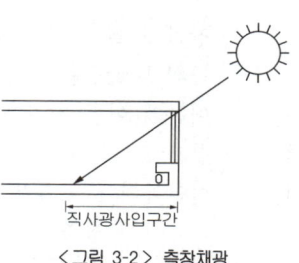

〈그림 3-2〉 측창채광

① 장점
  ㉮ 구조와 시공이 용이
  ㉯ 개폐와 조작, 청소 등 유지가 용이
  ㉰ 비가 유리창에 들이칠 때 다른 창에 비해 피해가 적다.
  ㉱ 통풍 및 차열(遮熱)에 유리
② 단점
  ㉮ 조도분포가 불균일하여 실깊이에 제한을 받으므로 넓은 실에 불리
  ㉯ 주변 상황에 큰 영향을 받는다.
  ㉰ 전시실 채광에는 가장 부적합한 채광방식이다.

2) 고창채광(高窓採光)
창문의 위치가 시선보다 위에 있는 측창채광을 고창채광이라 한다.
  ㉮ 통풍 등의 기능은 떨어지지만 실내의 조도 분포는 양호하다.
  ㉯ 주로 고미술관이나 공장 등에서 이용하고 있다.

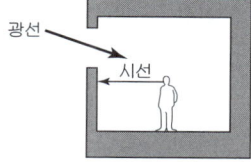

〈그림 3-3〉 고창채광

3) 천창채광(top lighting)
조각품전시에 적합하며 전시실 중앙을 가장 밝게 하여 벽면조도를 균등하게 한다.
① 장점
  ㉮ 채광량면에서 매우 유리 - 측창의 3배
  ㉯ 조도 분포의 균일
  ㉰ 채광상 이웃 건축물에 의한 영향을 거의 받지 않는다.
② 단점
  ㉮ 구조와 시공이 불리하며, 특히 빗물처리에 불리하다.
  ㉯ 조작 및 유지에 불리하다.
  ㉰ 비개방적이고 폐쇄된 느낌을 준다.
  ㉱ 통풍과 차열에 불리하다.
  ㉲ 창 이외의 천장 부분과의 휘도 대비가 심하게 되어 눈부심을 일으킬 수 있다.

〈사진 3-3〉 천창채광

4) 정측창채광(top side lighting)
창이 천창의 위치에 있지만, 연직창에서 채광하는 방식으로 천창과의 차이는 창이 수직이냐 수평이냐의 차이뿐이다.
  ㉮ 측창을 이용하기가 곤란한 공장이나, 수평면보다 연직면의 조도를 높이기 위한 미술관 등에서 사용한다.
  ㉯ 관람자 위치보다 전시벽면을 밝게 한다. 벽면진열에 유리하다.

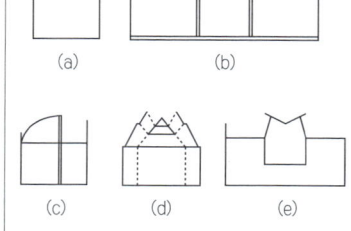

〈그림 3-4〉 미술관의 정측창

(4) 주광설계지침

1) 주광이용계획의 기본사항
   ① 건축물 내부로 가능한 한 많은 양의 주광을 사입시킨다.
   ② 건축물 내·외부에서 시야내의 휘도를 조절하고, 시력을 감소시키는 광대한 휘도차가 생기지 않도록 한다.
   ③ 주요한 작업면에 광막반사현상이 생기지 않도록 해야 한다.

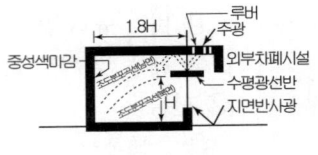
<그림 3-5> 반사광이용

2) 주광설계 지침
   ① 주요한 작업면에는 직사광을 피하도록 한다. 직사광이 사입되면 과도한 현휘차가 생겨 시각에 불쾌감을 느끼게 하기 때문에 주광은 반사의 과정을 거쳐 실내에 사입시킨다.
   ② 높은 곳에서 사입시키며 천창, 고측창을 사용한다.
   ③ 주광을 확산 분산시킨다. 주광은 광질 그 자체가 거칠기 때문에 부드럽고 균일한 확산을 위해 여과시키거나 빛의 강도를 낮추고 확산시키는 장치를 한다.

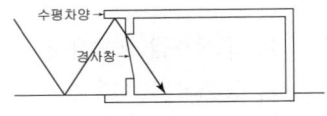
<그림 3-6> 수평차양에 의한 반사광

   ④ 양측채광을 한다.
   ⑤ 지면의 반사광을 실내로 사입시키기 위해서는 수평차양장치가 유용하다.
   ⑥ 천창은 현휘를 감소하기 위해 밝은색이나 흰색으로 마감하고, 천창 밑에는 빛을 확산시키는 장치를 한다.
   ⑦ 현휘를 방지하기 위하여 예각 모서리의 개구부는 피하고, 개구부 부근의 벽면을 경사지게 한다.

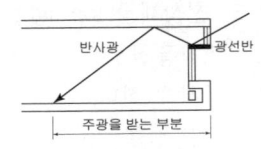
<그림 3-7> 광선반에 의한 반사광

   ⑧ 주광을 실내 깊숙히 사입시키기 위하여 곡면경이나 평면경을 사용한다
   ⑨ 주광과 다른 요소들을 종합시켜 계획한다. 채광창 계획에서는 다른 환경요소, 즉 조망, 자연환기, 음향, 바람의 영향 등을 종합하여 계획해야 한다.
   ⑩ 작업 위치는 창과 평행하게 하고 가능한 한 창에 근접시킨다. 또 현휘를 줄이기 위해 작업시선과 주광의 방향이 수직으로 교차하도록 한다.

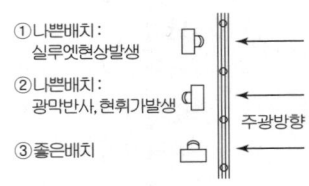
<그림 3-8> 작업위치와 주광방향

핵심문제

1 조명설비에서 불쾌 글레어(Discomfort glare)의 원인과 가장 거리가 먼 것은?

① 휘도가 낮은 광원
② 시선 부근에 노출된 광원
③ 눈에 입사하는 광속의 과다
④ 물체와 그 주위 사이의 고휘도 대비

해설 1
글레어(현휘) - 시야내에 눈이 순응하고 있는 휘도보다 현저하게 휘도가 높은 부분이 있거나 또는 휘도대비가 현저하게 큰 부분이 있으면 잘 보이지 않게 되거나 불쾌감을 느끼게 되는 현상

2 주광설계 지침을 설명하였다. 크게 틀린 것은?

① 주요한 작업면에는 가능한 한 직사광을 받도록 한다.
② 가능한 높은 곳에서 주광을 사입시킨다.
③ 주광을 확산 분산 시킨다.
④ 주광을 실내 깊숙히 사입시키기 위하여 곡면 또는 평면 거울을 사용한다.

해설 2
① 직사광 보다는 반사광이 채광상 좋다.

3 주광률에 관한 다음 설명 중 맞는 것은 어느 것인가?

① 햇볕이 없는 북측실에는 적용할 수 없다.
② 전천공(全天空)조도에 대한 어떤 점의 조도의 비율을 나타낸다.
③ 인공광과 자연광을 병용하는 조명에서 자연광의 비율을 의미한다.
④ 실내표면에서의 반사의 영향을 받지 않는다.

해설 3
① 북측실도 실내밝기가 있으므로 적용할 수 있다.
② 주광률(DF) = $\frac{실내조도}{전천공조도} \times 100(\%)$
④ 실내표면의 반사율이 높으면 실내조도도 높아져 주광율도 높아진다.

4 다음 자연채광방식에 대한 설명 중 틀린 것은?

① 편측채광은 조도분포가 불리하다.
② 천창채광은 조도분포가 균일하고 개방된 분위기를 조성한다.
③ 정측창채광은 바닥면보다는 벽면을 밝게 한다.
④ 측창채광은 통풍 및 차열에 유리하다.

해설 4
② 천창채광은 채광량이 많고 조도분포가 균일하나 밀폐된 분위기를 조성한다.

정답 1. ① 2. ① 3. ② 4. ②

기출문제 및 예상문제

13 CHAPTER 3. 빛환경

■■■ 기초

1. 사무실에서의 작업대상물과 그의 주위와의 사이의 휘도 대비의 한도는?

① 3 : 1
② 5 : 1
③ 10 : 1
④ 20 : 1

[해설] 휘도비는 3 : 1 이하가 좋다.

2. 시환경에 관한 다음 용어 중 나쁜 조건을 나타내는 용어가 아닌 것은?

① 모델링
② 암순응
③ 실루엣
④ 현휘

[해설] ② 입사하는 빛의 양에 따라 망막이 감도가 변화하는 현상을 순응이라 한다.

3. 조명설비에서 눈부심(glare)이 발생하는 원인과 가장 거리가 먼 것은?

① 저휘도의 광원
② 순응의 결핍
③ 눈에 입사하는 광속의 과다
④ 시선 부근에 노출된 광원

4. 다음 중 빛과 관련된 용어가 아닌 것은?

① dB
② 연색성
③ 휘도
④ 조도

[해설] dB는 음압레벨 또는 음의 세기레벨의 단위로서 소음의 크기 등을 나타낼 때 사용한다.

■■■ 설계지침

5. 주광설계 지침사항에 관한 설명 중 가장 부적당한 것은?

① 주광을 높은 곳에서 사입시키기 위해 창문 높이를 실 깊이의 1/2 이상이 되도록 한다.
② 주광과 부근 벽면간의 심한 대비 현상을 막기 위해 2면 이상의 창으로부터 주광을 사입시킨다.
③ 작업 위치는 창과 평행하게 하고 가능한 한 창에 근접시킨다.
④ 주광을 많이 사입시키기 위해 수개의 창보다 1개의 큰 창으로 한다.

[해설] ④ 실내 주광률을 개선하기 위해서는 대형창 보다는 수개의 분할창이 유리하다.

6. 채광에 의한 실내 조도분포를 균등화하는 목적에서 볼 때 부적당한 기술은 다음 중 어느 것인가?

① 방의 안길이를 깊게 하지 않는다.
② 창 유리를 균등하게 설치한다.
③ 창 위치를 낮게 하지 않는다.
④ 창위에 차양을 대지 않는다.

[해설] ④ 차양을 설치하여 직사일광을 막고 반사광을 얻는 것이 실내 조도분포가 균등하다.

■■■ 주광률

7. 초등학교 교실의 채광설계에서 200룩스(lux)의 조도를 얻을 수 있는 주광률은? (단, 실외 천공광 기준조도 = 5,000 룩스(lux))

① 0.4% ② 2.5%
③ 4%   ④ 25%

[해설] 주광률 = $\dfrac{실내조도}{실외전천공기준조도} \times 100(\%)$

= $\dfrac{200}{5,000} \times 100(\%) = 4\%$

해답 1. ① 2. ② 3. ① 4. ① 5. ④ 6. ④ 7. ③

8. 채광계획에 사용하는 주광률에 관한 다음 설명 중 적당한 것은 어느 것인가?

① 주광률은 인공광과 자연광을 병용하는 조명으로 자연광이 점하는 비율을 나타낸다.
② 주광률은 일반적으로 실내의 위치에 따라 변한다.
③ 주광률은 천공휘도의 시간적 변화에 따라 크게 변한다.
④ 주광률은 실내 표면에 의한 반사의 영향을 포함하지 않는다.

[해설] ② 주광률은 실내의 위치마다 그 값이 각각 다르다.
③ 천공휘도의 시간에 따라 변하면 실내 조도도 변하므로 주광률은 크게 변하지 않는다.

■■■ **채광방식**

9. 수직창(side lighting, 측광)에 대한 특성 중 틀린 것은?

① 구조와 시공이 용이하고 비가 창에 들이칠 때 다른 창에 비해 피해가 적다.
② 조도 분포가 균일하며 실깊이에 제한을 받지 않으므로 넓은 실에 유리하다.
③ 통풍 및 열차단에 유리하다.
④ 주변상황에 큰 영향을 받는다.

[해설] ② 측창은 조도분포가 불균일하여 넓은 실에는 불리하다.

10. 천창(top lighting, 정광)에 대한 특성을 설명한 것 중 틀린 것은?

① 비개방적이고 폐쇄된 느낌을 준다.
② 채광량면에서 매우 유리하다.
③ 실의 넓이와는 관계없이 실이 넓어도 채광상 불리하지 않다.
④ 조도 분포의 균일화에 불리하다.

[해설] ④ 천창은 측창보다 채광량이 많고 조도분포가 균일하다.

해답 8. ② 9. ② 10. ④

4 환경계획원론(Ⅳ) - 음환경

> **학습방향**
> 음향이론, 흡음과 차음, 잔향시간, 실내음향, 소음과 진동 등에 대한 이해가 요구된다.

1 기초이론

학습POINT

(1) 음의 특성

1) 음의 전파속도

공기중에 전파되는 음의 속도(v)는 다음과 같다.

$$v = 331.5\sqrt{\frac{273+t}{273}} = 331.5 + 0.6t(m/s)$$

여기서 t는 기온(℃)이며 실용적으로는 t=15℃일 때의 v=340m/s를 사용한다.

2) 주파수

음이 전파될 때에는 파동현상을 나타내며 방사상의 방향으로 종파의 형태로 전파된다. 이 때 1초간에 왕복 진동하는 횟수를 주파수(진동수)라고 하며, 단위는 Hz(c/s)를 사용한다.

① 가청주파수 : 20~20,000Hz
② 초음파
　초저주파수음 : 20Hz 미만의 음으로 인간에게 치명적인 해를 줄 수 있다.
　초고주파수음 : 20,000Hz 이상의 음
③ 표준음 : 63, 125, 250, 500, 1,000, 2,000, 4,000, 8,000Hz의 순음
④ 건축재료나 실내음향적 성질을 표시할 때의 표준음 : 500Hz
⑤ 음의 파장(λ), 주파수(f), 음속(c)의 관계 $\lambda = \frac{c}{f}(m)$

그러므로 가청음의 파장 $\lambda = \frac{340}{20 \sim 20,000} = 17m \sim 0.017m$

[예제] 음의 주파수가 500Hz 일 때와 1,000Hz 일 때의 파장을 비교하여라. (단, 음속은 340m/s이다.)

■ 1) 500Hz 일 때 $\lambda = \frac{c}{f} = \frac{340}{500} = 0.68(m)$

2) 1,000Hz 일 때 $\lambda = \frac{c}{f} = \frac{340}{1,000} = 0.34(m)$

고주파수 음일수록 파장이 짧아진다.

3) 음의 높이(pitch)

심리적 감각의 음청각 성질로서 저주파수 음은 낮게, 고주파수음은 높게 감지된다.

4) 음의 3요소

① 음의 강도(세기) : 음압에 따라 결정된다.
② 음의 고저 : 주파수에 따라 결정된다.
③ 음색 : 음의 파형(순음, 복합음)에 따라 결정된다.

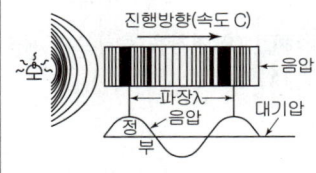

〈그림 4-1〉 음의 전파

5) 음의 전파
  ① 회절(diffraction) : 음이 진행중에 장애물이 있으면 파동은 직진하지 않고 그 뒤쪽으로 돌아가는 현상으로서 장벽(칸막이) 뒤의 소리가 들리는 것은 회절현상에 의한 것이다.
  ② 간섭(interference) : 2개 이상의 음파가 동시에 어떤 점에 도달하면 서로 강화하거나 약화시키거나 한다. 이것을 소리의 간섭이라고 한다.
  ③ 울림(echo) : 진동수가 조금 다른 두 음의 간섭에 의해 생기는 현상
  ④ 공명(resonance) : 입사음의 진동수가 벽이나 천장 등의 고유진동수와 일치되어 같이 소리를 내는 현상
  ⑤ 확산(diffusion) : 음파가 요철표면에 부딪쳐 여러 개의 작은 파형으로 나뉘는 것. 효과적인 확산은 echo를 방지하고 실내음압분포를 고르게 하여 음악홀 등의 음향조건이 좋아진다.
  ⑥ 반사(reflection) : 음은 흡수, 투과 또는 반사의 성질을 갖고 있으며 각각의 비율은 재료에 따라 다르다. 또한 입사각과 반사각은 같다.

(2) 음압과 음압 레벨
  ① 음압(Sound Pressure ; P)
    ㉮ 정의 : 음파에 의해 공기진동으로 생기는 대기중의 변동으로서 단위면적에 작용하는 힘
    ㉯ 단위 : $N/m^2(Pa)$
    ㉰ 가청음압 : 주파수가 1,000Hz일 때 $2 \times 10^{-5} \sim 2 \times 10^2 N/m^2 (Pa)$
  ② 음압레벨(Sound Pressure Level ; SPL)
    ㉮ 정의 : $2 \times 10^{-5} N/m^2$를 기준값으로 하여 어떤 음의 음압이 기준 음압의 몇 배인가를 대수로서 표시한 것
    $$SPL = 20 \log \frac{P}{P_o} (dB)$$
    ㉯ 가청음압레벨 : 0~140(dB)

[예제] 음압이 $2 N/m^2$ 라면 음압레벨은 몇 dB인가?
■ $SPL = 20 \log \dfrac{2}{2 \times 10^{-5}} = 20 \log 10^5$
  $= 100(dB)$

(3) 음의세기와 음의세기 레벨
  ① 음의 세기(Sound Intensity ; I)
    ㉮ 정의 : 음파의 방향에 직각되는 단위면적을 통하여 1초간에 전파되는 음에너지량
    $I = P^2/\rho c (W/m^2)$
    P : 음압
    ρ : 공기밀도(상온에서 보통 $1.2kg/m^3$)
    c : 음속(공기중에서 보통 340m/sec)
    ㉯ 가청음의 세기 : $10^{-12} \sim 10^2 W/m^2$
  ② 음의 세기 레벨(Sound Intensity Level ; IL)
    $10^{-12} W/m^2$을 기준값으로 하여 어떤 음의 세기가 기준음의 몇 배인

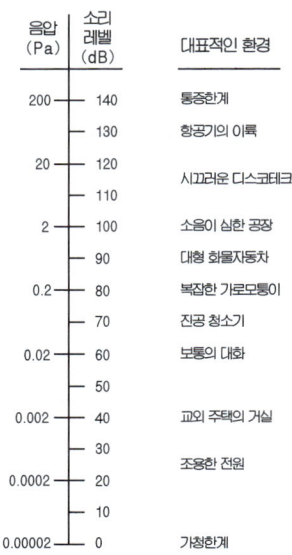

〈그림 4-2〉 데시벨(dB)의 구분 예

가를 대수로 표시한 것

$$IL = 10\log\frac{I}{I_o}(dB)$$

(4) 음의 크기와 음크기 레벨

① 음의 크기
  ㉮ 청각의 감각량으로서 음의 감각적 크기를 보다 직접적으로 표시한 것
  ㉯ 단위 : 손(sone)
  ㉰ sone값을 2배로 하면 음크기는 2배로 감지

② 음의 크기 레벨
  ㉮ 귀의 감각적 변화를 고려한 주관적인 척도
  ㉯ 단위 : 폰(phone)
  ㉰ 1손(sone)은 40폰(phone)에 해당되며 손(sone)값을 2배로 하면 10phone씩 증가 (1손=40phone, 2손=50phone, 4손=60phon.......)

(5) 점음원과 선음원

1) 점음원(點音源)
① 측정거리에 비해 음원의 크기가 충분히 작으면 점음원으로 취급된다. 자유음장에서 점음원의 음파는 구의 형태로서 모든 방향으로 일정하게 확산된다.
② 음파가 점음원일 때는 거리가 2배 될 때마다 6dB씩 감쇠한다.

2) 선음원
① 선음원은 점음원의 집합이라고 생각할 수 있고, 그 음파는 원통형태로 확산된다.
② 음파가 선음원일 때는 거리가 2배 될 때마다 3dB씩 감쇠한다.

2 흡음 및 차음

(1) 흡음률

① 흡음률(α) : 입사에너지와 재료표면에 흡수된 에너지와의 비율로서 주파수에 따라 다르며, 0~1.0 사이에서 변화한다.
② 표면의 흡음력(A) : 어느 재료의 흡음률(α)과 그 표면적(S)과의 곱이다. 어떤 실의 전체 흡음력은 다음과 같다. (흡음력의 단위는 m^2이며 미터세이빈이라 읽는다.)
총 흡음력 $A = \sum(S\alpha) =$ 실표면재료의 흡음력 ($\sum S_t\alpha_t$) +고주파수에서의 공기에 의한 흡음력(4mV) + 재실자와 물체의 흡음력 ($\sum A_t$)
여기에서 V : 실용적(m^3), m : 온습도에 의한 감쇠계수
  α_t : 실표면재료의 흡음률, S_t : 실의 각 표면재료 면적(m^2)

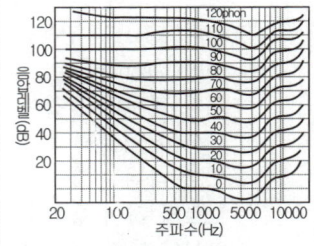

[예제] 음의 세기가 10^{-2} W/m² 라면 음의 세기레벨은 몇 dB인가?

■ $IL = 10\log\frac{I}{I_o} = 10\log\frac{10^{-2}}{10^{-12}}$
  $= 10\log 10^{10} = 100(dB)$

<그림 4-3> 등감음도 곡선
(等Loudness curve)

(예) 100HZ, 70dB과, 1,000HZ, 60dB의 음크기레벨은 모두 60폰으로 우리 귀에는 같은 크기로 들린다.

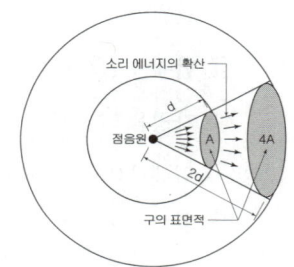

<그림 4-4> 점음원

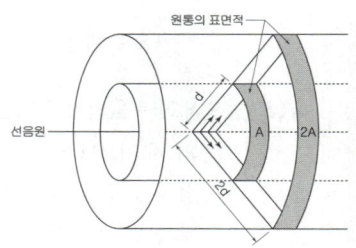

<그림 4-5> 선음원

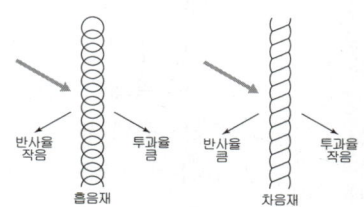

<그림 4-6> 흡음재와 차음재

(2) 흡음 재료

1) 다공성 흡음재(porous absorbers)

다공성 흡음재는 글라스 울(glass wool), 암면(rock wool)등의 광물면, 식물성섬유류, 발포 플라스틱과 같이 표면에 미세한 구멍이 있는 재료로서 흡음재료의 대부분이 여기에 속한다.
① 중·고주파수에서의 흡음률은 크지만 저주파수에서는 급격히 저하
② 재료의 두께나 공기층 두께를 증가시킴으로써 저주파수의 흡음률 증가
③ 다공질 재료의 표면이 다른 재료에 의하여 피복되어 통기성이 저하되면 중·고 주파수에서의 흡음률 저하

2) 판(막) 진동 흡음재(membrane absorbers)

합판, 섬유판, 석고보드, 석면슬레이트, 플라스틱판 등의 얇은 판에 음이 입사되면 판진동이 일어나서 음에너지의 일부가 그 내부마찰에 의하여 소비된다.
① 보통 공명주파수 범위가 80~300Hz의 저음역에 있으므로 저음용의 흡음재로서 유용하며, 재료의 중량이 크거나 배후 공기층이 클수록 공명주파수 범위가 저음역으로 이동한다.
② 흡음률은 저음역에서는 0.2~0.5이고, 고음역에서는 0.1내외이므로 반사판 구실을 한다.
③ 흡음판은 막진동하기 쉬운 얇은 것일수록 흡음률이 크며, 기밀하게 접착하는 것보다는 못으로 고정하는 것이 진동하기 쉬우므로 흡음률이 커진다.

3) 공동(Helmholz) 공명기

음파가 입사될 때, 구멍부분의 공기는 입사음과 일체가 되어 앞·뒤로 진동하며, 동시에 배후공기층의 공기가 스프링과 같이 압축과 팽창을 반복한다. 특히, 공명주파수 부근에서는 공기의 진동이 커지고 공기의 마찰점성저항이 생겨 음에너지가 열에너지로 변하는 양이 증가하므로 흡음률은 최대가 된다.
① 종류 : 단일(單一)공동공명기, 천공판공명기, 슬리트(slit)공명기
② 원하는 특정 주파수의 음만을 효과적으로 처리할 수 있다.

4) 특수 흡음구조

① 매달은(縣垂) 흡음체
벽이나 천장을 보통 흡음처리로 했을 때, 흡음 면적이 충분하지 못하거나 곤란할 경우 사용된다. 동, 알루미늄, 하드보드(hard board)등의 구멍뚫린 판으로 패널, 입방체, 구, 원통, 원추형 등의 모양(직경 0.45~0.9m)을 만들고 그 내부에 암면, 유리면 등의 흡음재를 넣어 천장에 매단 구조이다.

② 가변 흡음구조
가변 흡음구조는 실의 용도에 따라 잔향시간을 조절할 수 있으므로 다목적용 오디토리엄과 방송스튜디오, 시청각실 등 특수실의 경우에 실제 이용되고 있다.

■ 재료표면에 입사한 음파는 좁은 틈 사이의 공기속을 전파할 때 주위벽과의 마찰이나 점성저항 등에 의하여 음에너지의 일부가 열에너지로 변하여 흡음된다.

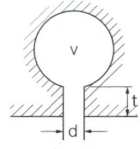

(a)단일 공명기

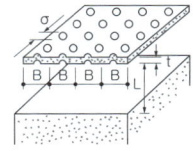

(b)천공판 공명기

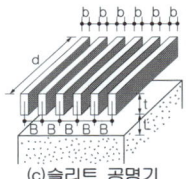

(c)슬리트 공명기

<그림 4-7> 공동공명기

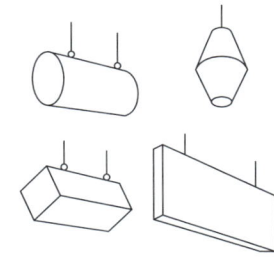

<그림 4-8> 매달은 흡음체의 예

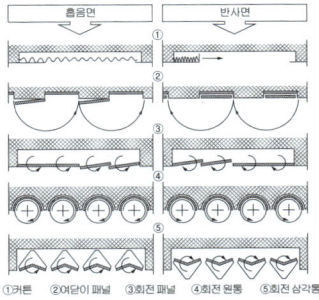

①커튼 ②여닫이 패널 ③회전 판넬 ④회전 원통 ⑤회전 삼각통

<그림 4-9> 가변 흡음구조의 예

(3) 차음

1) **투과손실(sound transmission loss)**

   구조체의 차음(遮音)성능은 투과율(τ)이나 투과손실(TL)에 의하여 표시된다.

   ① 투과율(transmission coefficient) : 투과에너지의 입사에너지에 대한 비율

   $$\text{투과율 } \tau = \frac{I_t}{I_i} (0 \leq \tau \leq 1)$$

   여기서, I_i : 입사음세기, I_t : 투과음세기, I_r : 반사음세기

   ② 투과손실 : 입사음 중에서 투과되지 않고 손실되는 음으로서 차음성능을 나타낸다. 식에서 보는 바와 같이 투과율과 투과손실은 서로 반대관계로서 투과율이 크면 투과손실(차음성능)은 작아진다.

   $$\text{투과손실 } TL = I_i - I_t = 10\log\frac{I_i}{I_o} - 10\log\frac{I_t}{I_o} = 10\log\frac{I_i}{I_t} = 10\log\frac{1}{\tau}(dB)$$

2) **단일벽의 투과손실**

   단일벽의 투과손실은 벽의 면밀도(m : kg/m²)와 투과하는 음의 주파수(f)에 관계된다. 음이 수직입사될 때 단일벽의 음 투과손실은 다음과 같은 근사식에 의해 구하며, 이를 차음에 관한 질량법칙(mass law)이라 한다.

   $$TL_o = 20\log m \cdot f - 43$$

   여기서, 벽의 중량이나 주파수가 2배가 되면 TL_o는 6dB 정도 증가함을 알 수 있다. 그러나 실제의 음장에서는 음의 입사각이 난입사(0°~78°)되므로 다음 식을 사용하는 것이 일반적이다. 이를 음장입사 질량법칙이라 한다.

   $$TL = TL_o - 5(dB)$$

3) **이중벽의 차음**

   단일벽의 투과손실은 벽두께를 두배로 하여도 최대 6dB 밖에 커지지 않는다. 서로 연결되지 않은 2중벽인 경우 투과손실은 일반적으로 같은 질량의 단일벽보다 8dB 정도 커진다. 예를 들면 105mm 두께 벽돌벽의 TL은 45dB, 210mm 두께 벽돌벽의 TL은 50dB, 260mm(105+50+105) 중공벽의 TL은 58dB이다.

4) **차음성능 저하**

   차음효과는 공명(resonance)과 일치효과(coincidence effect) 2가지 현상에 의해 감소된다.

   ① 공명(resonance) : 벽체에 입사하는 소리의 파동이 벽체가 갖고 있는 고유주파수와 같을 때 발생한다. 공명주파수는 대개 낮으며 주로 중공층 구조에서 발생하기 쉽다.

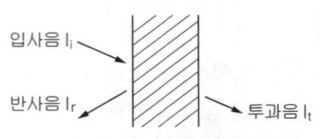

〈그림 4-10〉 차음구조와 투과원리

[예제1] 어느 벽체에서 1%의 음만을 투과시킨다면 투과손실은?

■ $TL = 10\log\frac{I_i}{I_t} = 10\log\frac{100}{1} = 10\log 100$

  $= 10\log 10^2 = 20(dB)$

[예제2] 위 예제에서 입사음이 80dB이라면 투과되는 음은?

■ 80dB - 20dB = 60dB

[예제3] 투과손실이 30dB일 때 투과율은?

■ $TL = 30 = 10\log 10^3 = 10\log\frac{1}{\tau}$

  에서 $\tau = 1/10^3 = 0.001$

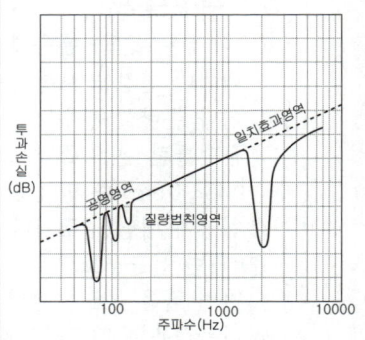

〈그림 4-11〉 차음성능 저하

② 일치효과(coincidence effect) : 소리의 파동이 간벽에 90°가 아닌 각도로 도달하게 되면 소리의 투과량은 구불구불한 진동파를 따라 증가된다. 즉, 음파의 주파수와 간벽의 진동 파동이 갖고 있는 주파수의 일치현상이 임계주파수에서 나타난다. 일치효과에 의한 차음성능의 손실은 중공벽이나 속이 빈 블록벽과 같은 이중벽체에서 발생하기 쉽다.

3 실내음향

(1) 음향계획 기준

강연, 음악 등의 실용도에 따라 음향계획에 요구되는 일반 기준은 다음과 같다.

① 실내 전체에 충분한 음압이 고르게 분포되도록 한다.
  ㉮ 객석은 가급적 무대 음원 가까이 배치하여 음원으로부터의 거리를 짧게 한다.
  ㉯ 음원근처에 반사체를 두어 초기반사를 이용하고, 반사체 크기는 반사되는 음원의 파장 이상으로 한다.
  ㉰ 객석바닥은 시각적인 이유와 만족할만한 직접음을 받도록 경사지게 하는 것이 유리하며, 부득이 수평일 때는 무대 음원의 위치를 가급적 높이는 것이 좋다. (오디트리엄 - 최저 8°, 극장 - 최저 15°)
  ㉱ 실 바닥면적과 용적은 합리적인 최소치로써 직접음과 반사음의 거리를 짧게 한다.
② 실내 어디서나 장기간 지연 반사음, 반향(echo), 음의 집중, 음의 그림자, 실의 공명 등 음향적 결함이 없어야 한다.

(2) 잔향

1) 잔향(reverberation)의 정의
  ① 잔향(殘響) : 실내에서는 음을 갑자기 중지시켜도 소리는 그 순간에 없어지는 것이 아니라 점차로 감쇠되다가 안 들리게 된다. 이와 같이 음 발생이 중지된 후에도 소리가 실내에 남는 현상을 잔향이라 한다.
  ② 잔향시간 : 실내에 일정한 세기의 음을 제공하여 일정 상태가 되었을 때 음원으로부터 음의 발생을 중지시킨 후 실내의 에너지 밀도가 최초값보다 60dB 감쇠하는데 걸리는 시간을 말한다.

2) 잔향시간
  ① Sabine의 잔향식

  $$\text{잔향시간} \quad RT = K \cdot \frac{V}{A} = 0.16 \frac{V}{A} \text{ (초)}$$

  여기에서, V : 실의 용적(m^3), K : 비례상수(0.16),
        A : 실내 총흡음력(m^2)

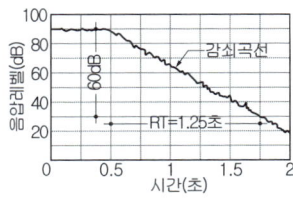

〈그림 4-12〉 잔향시간의 정의

■ Sabine의 잔향식 - 흡음력이 매우 적은 실에 적합
Eyring의 잔향식 - 흡음력이 큰 실에 적합
Knudsen의 잔향식 - 실용적이 큰 실에 적합하며 공기의 점성저항에 의한 음의 감쇠를 고려

이 식은 잔향시간이 짧은 실($\bar{a} > 0.1$)이나 4,000c/s 이상의 고음에서는 약간의 오차가 있으므로 Eyring 또는 Knudsen 식이 이용된다.

② 최적잔향시간
㉮ 강연이나 연극 등 언어를 주 사용목적으로 할 경우 잔향시간은 비교적 짧게 하여 음성의 명료도를 제일 조건으로 한다.
㉯ 오케스트라나 뮤지컬(musical) 등 음악을 주목적으로 할 경우 잔향시간은 비교적 길게 하여 음악의 음질을 우선으로 한다.
㉰ 실의 용도가 다목적인 경우는 잔향시간을 언어와 음악의 중간 정도로 하여 요구되는 목적에 따라 변경할 수 있도록 잔향시간의 가변장치(가변흡음구조 등)를 설치한다.
㉱ 전기음향설비를 주로 이용하여 경우는 최적치보다 잔향시간을 짧게 하는 것이 좋다.

(3) 실의 형태계획

1) 개요
① 평면 계획에서 객석은 실의 중심축으로부터 각각 70° 이내에 위치하도록 하며 가능한 음원(무대) 가까이 위치하도록 설계한다.
② 부채꼴형이나 부정형, 비대칭형 평면은 음확산을 위해 효과가 좋은 경우가 많으나 타원 또는 원형평면은 음의 집중·반향 등의 음향적 결함을 일으킬 수 있다.
③ 음원에 가까운 부분은 반사성(live), 후면에는 확산성 또는 흡음성(dead)을 갖도록 계획한다.

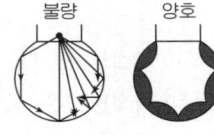
(a) 원형 평면

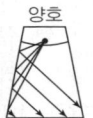
(b) 부채형 평면

〈그림 4-13〉 실의 평면 형상

2) 음향상 장애가 되는 현상
① 에코(eacho) : 직접음이 들린 후에 뚜렷이 분리하여 반사음이 들리는 경우가 있는데 이것을 에코(반향, 산울림)라고 한다. 이것은 일반적으로 직접음과 반사음과의 행정차가 17m 이상, 즉 시간차가 1/20초 이상될 때 일어난다.
② 플러터 에코(flutter echo) : 박수 소리나 발자국 소리가 천장과 바닥면 및 옆벽과 옆벽 사이에서 왕복 반사하여 독특한 음색으로 울리는 현상
③ 속삭임의 회랑(回廊) : 음원으로부터 나온 음이 커다란 요철면을 따라 반사를 되풀이함으로써 속삭임과 같은 작은 소리라도 먼 곳까지 들리는 경우가 있는데 런던의 세인트폴 사원의 큰 돔(done)의 회랑이 특히 유명하다.
④ 음의 집점(集點)과 사점(死點)
㉮ 빛의 경우와 마찬가지로 음파도 집점이 생기고, 그 점의 음압도 커지는 경우가 있다.
㉯ 반대로 다른 장소에는 음압이 작아지며 음의 분포가 불균일한 사점이 생긴다.

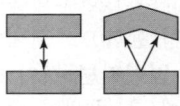
(a) 플러터 에코

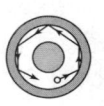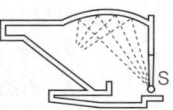
(b) 속삭임의 회랑   (c) 음의 집점

〈그림 4-14〉 음의 특이 현상

4 소음과 진동

(1) 소음의 측정 및 평가

1) 소음의 측정
    ① 소음계의 청감보정회로
        ㉮ A특성의 측정치는 청각에 잘 대응하므로 소음레벨로서는 보통 A특성을 사용하여 측정하며, 이 값은 dB(A)라고 표시한다.
        ㉯ C특성은 물리적인 음압레벨에 근사하므로 분석이나 녹음을 할 때 사용한다.
        ㉰ B특성은 별로 사용할 필요는 없지만 A특성과 C특성의 비교를 통해 그 소음의 대체적 성격을 아는데 유효하다.
    ② 주파수 분석 : 소음방지대책시 소음레벨 측정만으로는 검토자료로 불충분하므로 주파수 분석을 통하여 음의 특성을 파악할 필요가 있다.

2) 소음의 평가
    소음이 미치는 영향의 크기는 단지 물리적인 요인(소음의 강도, 주파수 특성, 정상·충격 등의 시간 특성 등)뿐 아니라 생리, 심리적 요인에 의해서도 좌우되며, 그 목적에 따라 여러가지 평가법이 제안되고 있다.
    ① 소음의 "크기"에 주목한 것 : 라우드니스 레벨[phon], 소음레벨[dB(A)]
    ② 소음의 "시끄러움"에 주목한 것 : PNL(perceived noise level), NC곡선(noise criterion curve), NR곡선(noise rating curve)
    ③ 소음의 "성가심"에 주목한 것 : L_{eq}, L_{dn}, L_{np}, WECPNL

(2) 소음 및 진동방지

소음 및 진동은 음원측, 전파경로, 수음측에서 그 대책을 강구할 수 있다.

1) 소음원 대책
    소음원의 제거 또는 밀폐, 기계장비의 적절한 선택, 소음원의 위치선정 및 시간계획

2) 실외에서의 소음조절
    ① 거리에 의한 조절
        ㉮ 점음원의 경우(모터, 비행기 소음) : 거리가 2배될 때 6dB 감소
        ㉯ 도로교통소음(점음원과 선음원의 중간) : 거리가 2배될 때 4dB 감소
    ② 장벽에 의한 조절 - 벽, 울타리, 건물, 발코니, 제방, 식수(Planting)

3) 건축계획에 의한 소음조절
    ① 배치계획
        ㉮ 소음원에서 되도록 멀리 건물을 배치
        ㉯ 부지경계선에 장벽 설치
        ㉰ 소음원쪽에 건물의 배면이 향하도록 배치, 특히 침실, 서재 등은 소음원의 반대쪽에 배치 - 30dB 감소

② 각 부위별 계획
  ㉮ 벽 : 차음의 목적으로 쓰이는 대표적인 부분 - 투과손실을 크게
  ㉯ 바닥 : 중량이 있으므로 공기음을 차음하기에 매우 좋다.(음에 대한 질량 법칙)
  ㉰ 천장 : 천장속에 흡음재 사용, 통기성과 틈이 없도록 시공
  ㉱ 개구부 : 차음, 채광, 환기, 조망, 태양열, 실용성, 경제성, 건물의 균형 등을 고려하여 설계

4) 진동방지
보행, 물건의 이동 또는 낙하, 바닥위의 회전기계에 의해서 구조체가 받는 충격이 벽, 바닥을 진동시켜 소리를 방사시키는데 이를 고체전달소음이라 하며 다음과 같은 방법에 의해 방지 또는 완화할 수 있다.
① 배치계획에 의한 진동조절 - 진동발생원을 격리시켜 설치
② 발생부위에서의 조절 - 발생원 감소 및 방진재 처리
③ 진동 발생원과 구조체와의 절연 - 송풍기, 공조기, 냉각탑, 펌프 등 진동발생기 설치시에 방진스프링, 방진고무, 캔버스 이음, 플렉시블 코넥터 등을 이용하여 구조체와 절연
④ 방진구조를 이용한 진동조절 - 바닥충격음 감소에는 뜬바닥구조 및 슬래브의 중량화가 가장 유효하다. 공조실 등은 JACK-UP 방진 등을 이용해 뜬바닥구조로 한다.
  ㉮ 습식 뜬바닥구조 : 슬래브 위에 유리면, 암면 등의 완충재를 깔고 그 위에 바닥콘크리트를 치는 방법
  ㉯ 건식 뜬바닥구조 : 슬래브 위에 목구조를 설치하여 중공층을 만들고 그 위에 바닥콘크리트를 치는 방법

핵 심 문 제

1 용어와 단위를 짝지은 것 중에서 틀린 것은?

① 음의 세기의 레벨 – dB
② 음압 – $dyne/cm^2$
③ 광속 – lm/m^2
④ 열관류율 – $W/m^2 \cdot K$

2 음의 세기가 $10^{-9} W/m^2$일때 음의 세기 레벨은 몇 dB인가? (단, 기준 음의 세기 $I_o = 10^{-12} W/m^2$ 이다.)

① 3 dB
② 30 dB
③ 0.3 dB
④ 0.03 dB

3 건축 흡음구조 및 재료에 대한 설명 중 옳은 것은?

① 다공질 흡음재는 저·중 주파수에서의 흡음률은 크지만 고주파수에서는 흡음성이 급격히 저하한다.
② 다공질 재료의 표면이 다른 재료에 의해 피복되어 통기성이 저하되면 저·중 주파수에서의 흡음률이 상승한다.
③ 단일 공동공명기는 전 주파수 영역범위에서 흡음률이 동일하다.
④ 판진동형 흡음구조의 흡음판은 기밀하게 접착하는 것보다 못 등으로 고정하는 것이 흡음률이 커진다.

4 흡음 및 차음에 관한 설명으로 옳지 않은 것은?

① 벽의 차음성능은 투과손실이 클수록 높다.
② 차음성능이 높은 재료는 흡음성능도 높다.
③ 벽의 차음성능은 사용재료의 면밀도에 크게 영향을 받는다.
④ 벽의 차음성능은 동일 재료에서도 두께와 시공법에 따라 다르다.

해 설

해설 1

광속 – 루멘(lm)

해설 2

음의 세기레벨

$$IL = 10 \log \frac{I}{I_o} = 10 \log \frac{10^{-9}}{10^{-12}}$$

$$= 10 \log 10^3 = 30 \, (dB)$$

해설 3

① 다공질흡음재는 중·고주파수에서의 흡음률은 크지만 저주파수에서는 급격히 저하된다.
② 다공질 재료의 표면이 다른 재료에 의하여 피복되어 통기성이 저하되면 중·고 주파수에서의 흡음률이 저하된다.
③ 단일 공동공명기는 미리 원하는 특정 주파수의 음만을 효과적으로 처리할 수 있다.

해설 4

① 차음성능과 투과손실은 비례한다.
② 밀도가 큰 재료일수록 차음성능이 좋으며, 흡음재료는 밀도가 매우 작으므로 차음성능이 매우 작다.

정답 1. ③ 2. ② 3. ④ 4. ②

5 다음 중 건축물 실내공간의 잔향시간에 가장 큰 영향을 주는 것은?
① 실의 용적
② 음원의 위치
③ 벽체의 두께
④ 음원의 음압

6 강당 설계시 건축음향효과를 좋게 하기 위한 재료선택 방법에서 가장 적당한 것은?
① 음의 반사를 많이 발생시키기 위하여 창에 커텐을 사용하지 않는 것이 좋다.
② 연단 가까이의 천장, 벽은 음의 반사재를 사용하고, 먼 곳에는 흡수재를 사용한다.
③ 연단 가까이의 천장, 벽은 흡수재를 사용하고 먼 곳에는 반사재를 사용한다.
④ 실내의 벽이나 천장에는 모두 반사재를 사용하는 것이 적당하다.

7 그림과 같은 단면을 가진 극장의 벽과 천장의 마감 재료의 조합에서 가장 적합한 것은 어느 것인가?

	회반죽 마감	텍스 마감
①	②·③	①·④
②	①·④	②·③
③	①·③	②·④
④	①·②	③·④

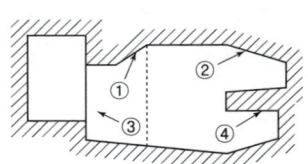

해 설

해설 5 Sabine의 잔향식
$$RT = K \cdot \frac{V}{A} = 0.16 \frac{V}{A}$$
RT : 잔향시간(초),
V : 실의 체적(m³),
K : 비례상수(0.16),
A : 실내의 총 흡음력(m²)
   = $\sum$ (흡음율×표면적)
위 공식과 같이 잔향시간은 실의 체적, 흡음력(흡음율×표면적) 등에 의해 결정된다.

해설 6
② 음원 가까이는 반사재로 마감하여 실내에 음이 고르게 분포되도록 하고 음원에서 먼 곳에는 흡음재로 마감하여 반향을 방지한다.

해설 7
③ 회반죽 마감은 반사재로, 텍스 마감은 흡음재로 보는 것이 타당하다.

정답 5. ① 6. ② 7. ③

기출문제 및 예상문제

13 CHAPTER 4. 음환경

■■■ 기초

1. 소리의 성질에 관한 일반적 성질이다. 틀린 것은?

① 파장은 파동상의 모든 두 반복점 간의 거리를 말한다.
② 주파수는 1초 동안의 진동 회수를 말한다.
③ 공기중에서 소리의 속도는 온도나 습도가 높아짐에 따라 증가한다.
④ 공명은 어떤 물체의 고유 주파수가 이 물체에 가해진 진동의 주파수와 일치하면 발생하지 않는다.

[해설] ④ 입사음의 주파수가 벽이나 천장등의 고유진동수와 일치되어 같이 소리를 내는 현상을 공명이라 한다.

2. 음에 대한 설명 중 틀린 것은?

① 음의 공기중 전달속도는 기온이 높을수록 빠르다.
② 음의 세기의 레벨, 음압레벨 및 파워레벨의 단위는 모두 데시벨로 표시한다.
③ 데시벨은 귀의 감각적 변화를 고려한 주관적 척도인데 반해 Sone 은 물리적인 척도이다.
④ 음파는 종파로서 반사, 회절, 간섭 등의 현상을 일으킨다.

[해설] ③ 데시벨은 물리적인 척도이며 Sone 또는 phon은 감각적 변화를 고려한 주관적 척도이다.

3. 소리의 감쇠에 대한 설명 중 틀린 것은?

① 점음원에서 거리가 2배로 증가할 때마다 SPL은 6dB 씩 감소한다.
② 소리의 감쇠는 공기의 밀도와 관계가 되며 거리의 감쇠와는 무관하다.
③ 완전한 선음원의 경우 음원으로부터의 거리가 2배로 증가할 때마다 SPL은 3dB씩 감소한다.
④ 도로상에 있는 차들로부터의 소음은 거리가 2배로 증가할 때마다 SPL은 4dB씩 감소한다.

4. 음의 대소를 나타내는 감각량을 음의 크기라고 하는데 음의 크기의 단위는?

① dB ② cd
③ Hz ④ sone

[해설] ① dB : 음의 세기레벨 또는 음압레벨
② cd : 빛의 세기(광도)
③ Hz : 쥬파수
④ sone : 음의 크기, phone : 음의 크기레벨

5. 다음 중 음크기 레벨의 단위는 어느 것인가?

① dB ② Phon
③ Hz ④ N/m²

[해설] dB - 음압레벨, 음의 세기레벨, Hz - 주파수의 단위
N/㎡ - 음압의 단위, W/㎡ - 음의 세기 단위

6. 60dB의 음을 내는 두개의 음원이 합성되면 그 음의 세기는 얼마인가?

① 60dB ② 63dB
③ 90dB ④ 120dB

[해설] 동일 음압레벨(L)이 n개일 때의 합성음 레벨(L)은 다음과 같다.

$$L = L_1 + 10 \log n (dB)$$

따라서 음원이 2개가 되면 L=60+10log2=63(dB)
즉 음의 세기가 2배로 되거나 음원이 2개로 되면 음압레벨은 3dB 증가한다.

■■■ 흡음 및 차음

7. 흡음성능에 관한 설명으로 적합한 것은?

① 다공성 흡음재는 저주파수에서 큰 흡음율을 갖는다.
② 다공성 흡음재는 표면이 페인트로 피복되면 고음에서의 흡음율이 저하한다.

해답 1. ④ 2. ③ 3. ② 4. ④ 5. ② 6. ② 7. ②

③ 공동공명기는 배후의 공기층이 두꺼울수록 고음역을 흡수한다.
④ 음악당에서 관객은 흡음재의 역할을 하지 않는다.

8. 차음 성능에 관한 설명 중에서 맞는 것은?
① 벽체의 두께가 2배가 되면 투과손실도 2배로 된다.
② 벽체의 비중이 클수록 투과손실도 증가한다.
③ 차음성능과 투과손실은 반비례한다.
④ 투과율은 투과음의 세기를 흡수음의 세기로 나눈 값이다.

[해설] ① 벽체의 두께가 2배가 되면 투과손실은 약 6dB 증가한다.
③ 차음성능과 투과손실은 비례한다.
④ 투과율은 투과음의 세기를 입사음의 세기로 나눈 값이다.

9. 다음 중 차음설계와 가장 밀접한 관계가 있는 것은?
① Heat Bridge(열교현상)
② 투과손실
③ 압력손실
④ 실의 지수

[해설] 구조체의 차음성능은 투과율(τ)이나 투과손실(TL)에 의하여 표시된다. 투과율(transmission coefficient)은 투과에너지의 입사에너지에 대한 비율을 말하며 다음 식으로 정의된다.
(1) 투과율 $\tau = \frac{I_t}{I_i} (0 \leq \tau \leq 1)$

여기서, I_i : 입사음세기,
I_t : 투과음세기
(2) 투과손실

$$TL = I_i - I_t = 10 \log \frac{I_i}{I_o} - 10 \log \frac{I_t}{I_o}$$
$$= 10 \log \frac{I_i}{I_t} = 10 \log \frac{1}{\tau} (dB)$$

투과율과 투과손실은 반대관계이며 투과율이 작을수록 투과손실은 커져 차음성능은 향상된다.

10. 흡음 및 차음에 관한 설명으로 옳지 않은 것은?
① 벽의 차음성능은 투과손실이 클수록 높다.
② 차음성능이 높은 재료는 대부분 흡음성능도 높다.
③ 실내 벽면의 흡음률이 높아지면 잔향시간은 짧아진다.
④ 철근콘크리트 벽은 동일한 두께의 경량콘크리트 벽보다 차음성능이 높다.

[해설] 밀도가 큰 재료일수록 차음성능이 좋으며, 흡음재료는 밀도가 매우 작으므로 차음성능이 극히 작다.

11. 벽체의 흡음·차음에 관한 기술 중 부적당한 것은?
① 흡음성능이 좋은 벽체는 일반적으로 차음성능도 좋다.
② 벽을 무거운 재료로 두껍게 하면 밖으로부터의 소음방지에 효과적이다.
③ 벽체의 차음성능은 음의 주파수에 따라 다르다.
④ 같은 질량의 벽체라면 중고음벽에서는 단층벽보다 중공층을 갖는 복층벽으로 구성하는 것이 투과손실을 크게 한다.

[해설] ① 흡음률이 높은 재료는 투과율이 크므로 차음성능은 좋지 않다.

12. 소리에 관한 다음 기술 중 가장 알맞지 않은 것은?
① 두꺼운 융단은 어린이의 뛰어노는 소리와 같은 둔중한 충격음에 대해서는 효과가 낮다.
② 어린이가 뛰어다니는 소리가 바로 아래층에 전파되는 것을 방지하기 위해 바닥슬래브를 두껍게 하는 것이 효과적이다.
③ 다공질재의 흡음특성은 배후 공기층 두께에 따라 크게 달라진다.
④ 경계벽의 투과손실이 40데시벨일 경우에 실내에서 75데시벨의 소음이 발생하면 옆방의 소음레벨은 35데시벨이 된다.

■■■ 실내음향

13. 실내의 음향 계획에 관한 다음의 기술 중 틀린 것은?

① 잔향 시간은 청중의 다소와는 무관하다.
② 불필요한 반향이 있어서는 안 된다.
③ 반사율이 일부분으로 집중하는 것은 좋지 않다.
④ 음의 명료도는 잔향 시간이 길면 감소한다.

14. 극장의 객석 공간의 형태를 결정할 때의 음향 조건으로서 틀린 것은?

① 에코가 생기지 않도록 한다.
② 불필요한 음은 적당히 감쇠하고, 필요한 음의 청취를 방해하지 않도록 한다.
③ 반사음의 집중점이 생기도록 한다.
④ 객석의 뒷부분 반사음이 갈수 있도록 계획한다.

15. 아래 그림은 오디토리엄의 단면도이다. 흡음력이 가장 큰 재료를 사용해야 할 위치는?

① ㉠, ㉢
② ㉡, ㉢
③ ㉡, ㉣
④ ㉣, ㉤

[해설] 음악당 등의 뒷벽은 흡음재를 부착하여 불필요한 반향을 방지하도록 계획한다.

■■■ 잔향

16. 잔향시간에 관한 기술 중에서 적당한 것은?

① 잔향시간이란 정상상태에서 90dB의 음이 감쇠하는데 소요하는 시간을 말한다.
② 강당의 최적 잔향시간은 음악당의 최적잔향시간 보다 짧다.
③ 오디토리움의 내부 벽재료는 잔향시간에 영향을 주지 않는다.
④ 잔향시간은 실용적과 무관하다.

[해설] ② 잔향시간이란 발생된 음의 에너지밀도가 최초 값보다 60dB 감쇠하는데 요하는 시간으로 음악당의 잔향시간은 강당보다 약간 길게 계획한다.

17. 다음 용도 중 잔향시간이 가장 짧은 것에서 긴 것의 순서가 옳은 것은 어느 것인가?

① 강연 - 실내악 - 종교 음악
② 실내악 - 종교 음악 - 강연
③ 종교 음악 - 실내악 - 강연
④ 실내악 - 강연 - 종교 음악

[해설] ① 장엄함을 느낄 수 있도록 종교 음악을 가장 길게 한다.

18. 실내 음환경의 잔향시간에 대한 설명 중 옳은 것은?

① 잔향시간은 음향청취를 목적으로 하는 공간이 음성전달을 목적으로 하는 공간보다 짧아야 한다.
② 잔향시간을 길게 하기 위해서는 실내 공간의 용적이 작아야 한다.
③ 실의 흡음력이 높을수록 잔향시간은 길어진다.
④ 영화관은 전기음향 설비가 주가 되므로 잔향시간은 짧을수록 좋다.

[해설] Sabine의 잔향식 $RT = K \cdot \dfrac{V}{A} = 0.16 \dfrac{V}{A}$

RT : 잔향시간(초), V : 실의 용적(m^3),
K : 비례상수(0.16),
A : 실내의 총 흡음력(m^2) = $\sum$ (흡음율×표면적)
① 실의 용적이 크거나 흡음력이 작으면 잔향시간은 길어진다.
② 강연이나 연극 등 언어를 주 사용목적으로 할 경우 잔향시간은 짧게 하여 음성의 명료도를 제일 조건으로 한다.
③ 오케스트라나 뮤지컬(musical) 등 음악을 주목적으로 할 경우 잔향시간은 비교적 길게 하여 음악의 음질을 우선으로 한다.

해답 13. ①   14. ③   15. ④   16. ②   17. ①   18. ④

19. Sabin의 잔향이론에 관한 기술 중 틀린 것은 어느 것인가?

① 잔향 시간은 음원의 위치나 측정위치에 무관하다.
② 잔향 시간은 흡음 재료를 붙이는 위치에 따라 크게 달라진다.
③ 잔향 시간은 실용적에 비례한다.
④ 잔향시간은 실내 흡음량에 반비례한다.

[해설] 잔향 시간은 음원의 위치, 측정 위치, 흡음재료의 위치와 무관하다.

■■■ 소음 및 진동 방지

20. 소음방지 계획에 대한 설명 중 틀린 것은?

① 음원측, 전파경로, 수음측에서 대책을 강구한다.
② 소음의 감쇠경로 및 감쇠량을 측정한다.
③ 소음 감쇠량을 설정하고 필요감음량을 계산한다.
④ 소음레벨 측정시 주파수 특성분석은 필요치 않다.

[해설] ④ 주파수 분석을 통하여 음의 특성을 파악할 필요가 있다.

21. 소음방지를 고려한 다음의 아파트 배치 형태 중 부적당한 것은?

① 중정을 둘러 싼 건물배치형태
② 서로 엇갈린 건물배치형태
③ 건물배면이 주 소음원을 향한 배치형태
④ 보행자와 차량 동선이 분리된 배치형태

22. 건축물의 방진에 대한 대책으로 부적당한 것은?

① 배관 및 덕트의 방진에는 고유 진동수에 대하여 방진 성능을 갖는 금속 스프링을 사용한다.
② 방진재 사용시 공진역에서의 사용은 피한다.
③ 금속 스프링은 소음 절연성이 나쁘다.
④ 방진 고무는 고유 진동수가 높은 편에 알맞다.

[해설] ① 수평 배관 및 덕트의 방진은 고유 진동수에 대하여 방진 성능을 가진 방진 고무를 사용한다.

해답 19. ② 20. ④ 21. ① 22. ①

부록 과년도출제문제
건축설비

건축기사

2023. 2.23   시행 출제문제해설 및 정답
2023. 5.13   시행 출제문제해설 및 정답
2023. 9. 2   시행 출제문제해설 및 정답
2024. 2.15   시행 출제문제해설 및 정답
2024. 5. 9   시행 출제문제해설 및 정답
2024. 7. 5   시행 출제문제해설 및 정답
2025. 2. 7   시행 출제문제해설 및 정답
2025. 5.10   시행 출제문제해설 및 정답
2025. 8. 9   시행 출제문제해설 및 정답

건축산업기사

2023. 2.23   시행 출제문제해설 및 정답
2023. 5.14   시행 출제문제해설 및 정답
2023. 7. 8   시행 출제문제해설 및 정답
2024. 2.15   시행 출제문제해설 및 정답
2024. 5. 9   시행 출제문제해설 및 정답
2024. 7. 5   시행 출제문제해설 및 정답
2025. 2. 7   시행 출제문제해설 및 정답
2025. 5.10   시행 출제문제해설 및 정답
2025. 8. 9   시행 출제문제해설 및 정답

CBT 실전테스트

- CBT 건축기사 10회분 실전테스트
- CBT 건축산업기사 10회분 실전테스트

CBT 대비 건축기사, 건축산업기사 실전테스트는 홈페이지(www.inup.co.kr)에서 CBT 모의 TEST로 함께 체험하실 수 있습니다.

과년도출제문제 (CBT 시험문제)

23 건축기사 2. 23 시행 출제문제

※ 본 기출문제는 수험자의 기억을 바탕으로 하여 복원한 문제이므로 실제 문제와 다를 수 있음을 미리 알려드립니다.

1. 대변기에 설치한 세정밸브(flush valve)의 최저 필요 압력은?

① 10kPa 이상 ② 30kPa 이상
③ 50kPa 이상 ④ 70kPa 이상

2. 건물 내의 배수계통에 통기관을 설치하는 목적으로 옳지 않은 것은?

① 배수관 내의 환기를 위하여
② 배수관이 막혔을 때 예비로 사용하기 위하여
③ 트랩의 봉수를 보호하기 위하여
④ 배수관 내의 물의 흐름을 원활하게 하기 위하여

3. 수도직결방식의 급수에서 수압이 0.24MPa일 때 급수압에 의한 물의 상승높이는?

① 2.4m ② 4.8m
③ 12m   ④ 24m

4. 압축식 냉동기의 냉동사이클로 옳은 것은?

① 압축→응축→팽창→증발
② 압축→팽창→응축→증발
③ 응축→증발→팽창→압축
④ 팽창→증발→응축→압축

5. 다음 중 증기난방에 대한 설명으로 옳지 않은 것은?

① 응축수 환수관 내에 부식이 발생하기 쉽다.
② 온수난방에 비해 방열기 크기나 배관의 크기가 작아도 된다.
③ 방열기를 바닥에 설치하므로 복사난방에 비해 실내 바닥의 유효면적이 줄어든다.
④ 온수난방에 비해 예열시간이 길어서 충분히 난방감을 느끼는데 시간이 걸린다.

6. 급수방식 중 고가수조 방식에 대한 설명으로 옳지 않은 것은?

① 저수 시간이 길어지면 수질이 나빠지기 쉽다.
② 대규모의 급수 수요에 쉽게 대응할 수 있다.
③ 단수시에도 일정량의 급수를 계속할 수 있다.
④ 급수 공급압력의 변화가 심하고 취급이 까다롭다.

7. 다음 중 약전설비에 속하는 것은?

① 변전설비
② 전화설비
③ 축전지설비
④ 자가발전설비

8. 급탕설비 중 개별식 급탕법의 설명으로 옳지 않은 것은?

① 용도에 따라 필요한 개소에서 필요한 온도의 탕을 비교적 간단하게 얻을 수 있다.
② 건물 완공 후에도 급탕 개소의 증설이 비교적 쉽다.
③ 급탕개소마다 가열기의 설치 스페이스가 필요하다.
④ 배관길이가 짧으나 배관 중의 열손실이 크다.

9. 작업면의 필요 조도가 400[lx], 면적이 10[m²], 전등 1개의 광속이 2000[lm], 감광 보상률이 1.5, 조명률이 0.6일 때 전등의 소요 수량은?

① 3등
② 5등
③ 8등
④ 10등

10. 청소구(Clean Out)의 설치 위치로 적당하지 않은 곳은?
① 배수 수평주관 및 배수 수평지관의 기점
② 배수 수평주관과 옥외배수관의 접속장소와 가까운 곳
③ 배수 수직관의 최하부
④ 배수관이 30° 이상의 각도로 방향을 바꾸는 곳

11. 변전실의 위치에 대한 설명 중 옳지 않은 것은?
① 가능한 한 부하의 중심에서 먼 장소일 것
② 외부로부터 전선의 인입이 쉬운 곳일 것
③ 습기와 먼지가 적은 곳일 것
④ 전기 기기의 반출입이 용이할 것

12. 덕트의 치수 결정 방법에 속하지 않는 것은?
① 균등법   ② 등속법
③ 등마찰법   ④ 정압재취득법

13. 보일러 하부의 물드럼과 상부의 기수드럼을 연결하는 다수의 관을 연소실 주위에 배치한 구조로 상부 기수드럼 내의 증기를 사용하는 보일러는?
① 주철제 보일러   ② 관류 보일러
③ 수관 보일러   ④ 노통연관 보일러

14. 다음 중 온수난방에서 복관식 배관에 역환수 방식(Reverse Return)을 채택하는 가장 주된 이유는?
① 공사비를 절약할 목적으로
② 순환펌프를 설치하기 위하여
③ 온수의 순환을 평균화시킬 목적으로
④ 중력식으로 온수를 순환하기 위하여

15. 양수량 10m³/min, 전양정 10m, 펌프의 효율은 80%일 때 펌프의 소요 동력은 얼마인가? (단, 물의 밀도는 1,000kg/m³, 여유율은 10%로 한다.)
① 22.5kW   ② 26.5kW
③ 30.6kW   ④ 32.4kW

16. 자동화재탐지설비의 열감지기 중 주위 온도가 일정한 온도 이상이 되면 작동하도록 된 열감지기는?
① 차동식   ② 정온식
③ 광전식   ④ 이온화식

17. 공기조화 방식 중 단일덕트 방식에 대한 설명으로 옳지 않은 것은?
① 냉·온풍의 혼합손실이 없다.
② 2중덕트 방식에 비해 덕트 스페이스가 적게 든다.
③ 각 실이나 존의 부하변동에 즉시 대응할 수 있다.
④ 부하특성이 다른 여러 개의 실이나 존이 있는 건물에 적용하기가 곤란하다.

18. 습공기가 냉각되어 포함되어 있던 수증기가 응축되기 시작하는 온도를 의미하는 것은?
① 노점온도
② 습구온도
③ 건구온도
④ 절대온도

19. LPG에 관한 설명으로 옳지 않은 것은?
① 비중이 공기보다 작다.
② 액화석유가스를 말한다.
③ 액화하면 그 체적은 약 1/250로 된다.
④ 상압에서는 기체이지만 압력을 가하면 액화된다.

20. 급기온도를 일정하게 하고 송풍량을 변화시켜서 실내온도를 조절하는 공기조화방식은?
① FCU 방식
② 이중덕트방식
③ 정풍량 단일덕트방식
④ 변풍량 단일덕트방식

해설 및 정답

1. 세정밸브의 최저필요압력 : 0.07Mpa = 70kpa

2. 통기관의 설치 목적
① 트랩의 봉수 보호
② 배수의 흐름 원활
③ 신선한 공기를 유통시켜 관내 청결유지

3. 수압(P, MPa)과 수두(H, mAq)와의 관계
P = 0.01H 에서 H = 100P = 100×0.24 = 24mAq

4. 압축식 냉동사이클의 냉매흐름 순서 : 압축기 → 응축기 → 팽창밸브 → 증발기

5. 증기난방은 온수난방에 비해 예열시간이 짧다.

6. 고가수조 방식은 급수압력이 일정하다.

7. 전기설비의 분류
1) 약전설비 : 전화설비, 신호표시장치, 인터폰 설비, 전기시계설비, 안테나설비, 방송설비 등 대부분의 정보설비
2) 강전설비 : 조명설비, 동력설비, 전원설비 등

8. 개별식 급탕은 중앙식 급탕에 비해 배관이 짧으므로 배관 중의 열손실도 작다.

9. 광속법에 의한 조명설계식 $F \cdot N \cdot U = E \cdot A \cdot D$ 에서
광원의 개수 $N = \dfrac{E \cdot A \cdot D}{F \cdot U} = \dfrac{400 \times 10 \times 1.5}{2,000 \times 0.6} = 5$ 개

10. 배수배관이 45° 이상 각도로 구부러지는 곳에는 청소구를 설치해야 한다.

11. 변전실은 부하의 중심에 가까워야 전력손실, 전압강하가 작아지고 배선비도 적게 든다.

12. 균등법은 급수배관의 관경을 결정하는 방법 중 하나이다.

13. 수관보일러
대형건물이나 고압증기를 다량 사용하는 곳, 지역난방 등에 주로 사용되는 대규모 보일러로서 하부의 물드럼과 상부의 기수드럼을 연결하는 다수의 관을 연소실 주위에 배치한 구조로서 상부 기수드럼에 발생한 증기를 사용한다.

14. 역환수방식(리버스 리턴방식)
방열기, FCU 등의 냉온수배관에서 배관마찰손실을 같게 하여 균등한 유량이 되도록 각 기기마다 배관 회로의 길이를 같게 하는 방식

15. 펌프의 축동력
$\dfrac{\rho \cdot Q \cdot H}{6,120E}(1+\alpha) = \dfrac{1,000 \times 10 \times 10}{6,120 \times 0.8}(1+0.1) = 22.47(kw)$

16. • 정온식 : 주위온도가 일정온도 이상이 되면 작동
• 차동식 : 주위온도가 일정 온도상승률 이상이 되면 작동

17. 단일덕트방식에는 각 실별 유닛이 없으므로 각 실별 부하변동에 대응하기는 불가능하다.

18. 노점(이슬점)온도 : 습공기가 냉각될 때 그 안에 포함되어 있던 수증기가 응축하여 이슬로 맺히기 시작하는 온도

19. LPG는 발열량이 크나 공기보다 비중이 크고 연소 시 소요공기량이 많다.

20. 단일덕트 가변풍량방식(Variable Air Volume System)
덕트의 말단에 VAV유닛을 설치하여 송풍온도는 일정하게 하고, 실내부하의 변동에 따라 송풍량을 변화시키는 방식으로 에너지 절약형이다.

1. ④	2. ②	3. ④	4. ①	5. ④
6. ④	7. ②	8. ④	9. ②	10. ④
11. ①	12. ①	13. ③	14. ③	15. ①
16. ②	17. ③	18. ①	19. ①	20. ④

과년도출제문제 (CBT 시험문제)

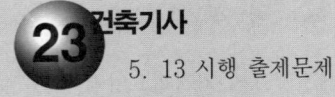

※ 본 기출문제는 수험자의 기억을 바탕으로 하여 복원한 문제이므로 실제 문제와 다를 수 있음을 미리 알려드립니다.

1. 흡수식 냉동기의 주요 구성부분에 속하지 않는 것은?
① 응축기
② 압축기
③ 증발기
④ 재생기

2. 급수방식 중 펌프직송방식에 관한 설명으로 옳지 않은 것은?
① 상향공급방식이 일반적이다.
② 전력공급이 중단되면 급수가 불가능하다.
③ 자동제어에 필요한 설비비가 적고, 유지관리가 간단하다.
④ 적절한 대수분할, 압력제어 등에 의해 에너지절약을 꾀할 수 있다.

3. 각종 보일러에 대한 설명으로 옳은 것은?
① 관류 보일러는 보유수량이 많아 예열시간이 길다.
② 주철제 보일러는 사용 내압이 높아 고압용으로 주로 사용되며 용량도 크다.
③ 수관 보일러는 소용량으로 소규모 건물에 적합하며 지역난방으로는 사용이 불가능하다.
④ 노통연관 보일러는 부하변동에 잘 적응되며, 보유수면이 넓어서 급수용량 제어가 쉽다.

4. 덕트의 치수 결정방법에 속하지 않는 것은?
① 균등법
② 등속법
③ 등마찰법
④ 정압재취득법

5. 증기난방에 관한 설명으로 옳지 않은 것은?
① 응축수 환수관 내에 부식이 발생하기 쉽다.
② 동일 방열량인 경우 온수난방에 비해 방열기의 방열면적이 작아도 된다.
③ 방열기를 바닥에 설치하므로 복사난방에 비해 실내바닥의 유효면적이 줄어든다.
④ 온수난방에 비해 예열시간이 길어서 충분한 난방감을 느끼는데 시간이 걸린다.

6. 정보통신설비는 정보설비와 통신설비로 구분할 수 있다. 다음 중에서 통신설비에 속하지 않는 것은?
① 인터폰설비
② 전화설비
③ TV공청설비
④ 전기시계설비

7. 플러시 밸브식 대변기에 관한 설명으로 옳은 것은?
① 대변기의 연속사용이 가능하다.
② 급수관경과 급수압력에 제한이 없다.
③ 우리나라에서는 일반 주택을 중심으로 널리 채용되고 있다.
④ 탱크에 저장된 물의 낙차에 의한 수압으로 대변기를 세척하는 방식이다.

8. 배수트랩에 관한 설명으로 옳지 않은 것은?
① 트랩은 이중으로 설치하면 효과적이다.
② 트랩의 봉수깊이가 너무 깊으면 통수능력이 감소된다.
③ 트랩은 하수가스의 실내 침입을 방지하는 역할을 한다.
④ 트랩은 위생기구에 가능한 한 접근시켜 설치하는 것이 좋다.

9. 자연환기에 관한 설명으로 옳은 것은?
① 풍력환기에 의한 환기량은 풍속에 반비례한다.
② 풍력환기에 의한 환기량은 유량계수에 비례한다.
③ 중력환기에 의한 환기량은 공기의 입구와 출구가 되는 두 개구부의 수직거리에 반비례한다.
④ 중력환기에서는 실내온도가 외기온도보다 높을 경우, 공기는 건물 상부의 개구부에서 들어와서 하부의 개구부로 나간다.

10. 어떤 상태의 습공기를 절대습도의 변화없이 건구온도만 상승시킬 때, 습공기의 상태변화로 옳은 것은?
① 엔탈피는 증가한다.
② 비체적은 감소한다.
③ 노점온도는 낮아진다.
④ 상대습도는 증가한다.

11. 변풍량 단일덕트방식에서 송풍량 조절의 기준이 되는 것은?
① 실내 청정도
② 실내 기류속도
③ 실내 현열부하
④ 실내 잠열부하

12. 주위 온도가 일정온도 상승률 이상이 되었을 때 작동하는 것으로 국소적 열효과에 의하여 작동하는 감지기는?
① 차동식 스포트형 감지기
② 정온식 스포트형 감지기
③ 정온식 감지선형 감지기
④ 광전식 연기 감지기

13. 압력에 따른 도시가스의 분류에서 고압의 기준으로 옳은 것은?
① 0.1MPa 이상
② 1MPa 이상
③ 10MPa 이상
④ 100MPa 이상

14. 엘리베이터의 주요 기기의 설치 위치는 기계실, 승강로, 승장 등으로 나눌 수 있다. 다음 중 기계실에 설치하는 것은?
① 가이드 레일
② 균형추
③ 완충기
④ 권상기

15. 급탕배관에 관한 설명으로 옳은 것은?
① 배관은 하향 구배로 하는 것이 원칙이다.
② 탕비기 주위의 급탕배관은 가능한 짧게 하고 공기가 체류하지 않도록 한다.
③ 배관은 신축에 견디도록 가능하면 요철부가 많도록 배관하는 것이 원칙이다.
④ 물이 뜨거워지면 수중에 포함된 공기가 분리되기 쉽고, 이 공기는 배관의 상부에 모여서 급탕의 순환을 원활하게 한다.

16. 다음 설명에 알맞은 접지의 종류는?

> 기능상 목적이 서로 다르거나 동일한 목적의 개별 접지들을 전기적으로 서로 연결하여 구현한 접지시스템

① 단독접지
② 공통접지
③ 통합접지
④ 종별접지

17. 옥내소화전설비에 관한 설명으로 옳지 않은 것은?
① 옥내소화전방수구는 바닥으로부터의 높이가 1.5m 이하가 되도록 설치한다.
② 옥내소화전설비의 송수구는 구경 65mm의 쌍구형 또는 단구형으로 한다.
③ 전동기에 따른 펌프를 이용하는 가압송수 장치를 설치하는 경우, 펌프는 전용으로 하는 것이 원칙이다.
④ 어느 한 층의 옥내소화전을 동시에 사용할 경우 각 소화전의 노즐선단에서의 방수압력은 최소 0.7MPa 이상이 되어야 한다.

18. 어떤 실의 취득열량이 현열 35,000W, 잠열 15,000W 이었을 때, 현열비는?
① 0.3
② 0.4
③ 0.7
④ 2.3

19. 통기관에 관한 설명으로 옳지 않은 것은?
① 2개 이상의 횡지관이 있는 배수입상관에는 통기입상관을 설치하여야 한다.
② 위생배관의 통기관은 위생배관의 통기 이외의 다른 목적으로 사용하지 않는다.
③ 통기관은 위생기구의 물 넘침선보다 150mm 이상 높게 배관하여 연결하는 것이 원칙이다.
④ 여러 개의 통기관을 입상관 상부 끝에서 공통 헤더로 연결하여 한 곳에서 대기에 개방할 수 있다.

20. 변전실에 관한 설명으로 옳지 않은 것은?
① 건축물의 최하층에 설치하는 것이 원칙이다.
② 용량의 증설에 대비한 면적을 확보할 수 있는 장소로 한다.
③ 사용부하의 중심에 가깝고, 간선의 배선이 용이한 곳으로 한다.
④ 변전실의 높이는 바닥의 케이블트렌치 및 무근 콘크리트 설치 여부 등을 고려한 유효 높이로 한다.

해설 및 정답

1. • 흡수식 냉동기 : 흡수기, 응축기, 재생기(발생기), 증발기로 구성
• 압축식 냉동기 : 압축기, 응축기, 팽창밸브, 증발기로 구성

2. 펌프직송방식은 대수제어, 교대운전 등 자동제어에 필요한 설치비가 많이 든다.

3. ① 관류보일러 : 보유수량이 적어 예열시간이 짧다.
② 주철제보일러 : 사용압력이 낮아 증기용은 0.1MPa (100kPa), 온수용은 수두 50m 이하로 제한된다.
③ 수관보일러 : 대형건물이나 고압증기를 다량 사용하는 곳, 지역난방 등에 주로 사용되는 대규모 보일러이다.

5. 증기난방은 온수난방에 비해 예열시간이 짧다.

6. 정보통신설비 : 유선이나 무선, 광선, 그 외 기타 전자적 방식으로 부호, 문자, 음향, 영상 따위의 정보를 저장하고 제어 및 처리, 송수신하기 위한 기계, 기구, 선로나 기타 필요한 설비
정보설비와 통신설비로 구분해서 사용하는 경우는 많지 않지만 굳이 구분하면 통신설비의 종류에는 전화설비, 인터넷, 인터폰, TV(공청, 위성, IPTV), 방송설비, CCTV, 빔프로젝트 등이 있다.

7. 플러시 밸브(세정밸브)식 변기 - 최소 급수관경이 25mm로 커서 일반 주택에는 사용할 수 없고, 최저필요수압은 0.07MPa이며 세정소음이 작고 연속사용이 가능하다.

8. 트랩을 이중으로 설치하면 트랩과 트랩사이에 공기가 고여서 배수에 지장이 생긴다.

9. 자연환기량은
① 압력차, 풍압계수차, 온도차, 밀도차, 개구부의 높이차(수직거리)의 제곱근에 비례하여 커진다.
② 개구부면적, 유속에 비례하여 커진다.

10. 습공기의 건구온도가 상승하면
상대습도-낮아진다.
엔탈피, 비체적, 습구온도-증가한다.
절대습도, 노점온도-변화없다.

11. 변풍량방식 뿐만 아니라 모든 공조설비에서 풍량(Q)은 실내 현열부하(q_{SH})와 송풍온도차(t_i-t_s)로 계산한다.
송풍량 $Q = \dfrac{q_{SH}(kW)}{1.21(t_i - t_s)}(m^3/s)$

12. • 정온식 : 주위온도가 일정온도 이상이 되면 작동
• 차동식 : 주위온도가 일정 온도상승률 이상이 되면 작동

13. 가스의 사용압력
저압 : 0.1MPa 미만, 중압 : 0.1~1 MPa,
고압 : 1MPa 이상의 압력

14. 권상기는 전동기의 회전동력을 로프에 전달하는 기기로 엘리베이터 기계실에 설치된다.

15. ① 급탕배관은 선상향구배로 하고 반탕배관은 온수가 순환펌프로 내려가도록 선하향구배로 한다.
③ 배관은 요철부가 적도록 가능하면 직선배관으로 한다.
④ 배관내에 생긴 공기는 급탕순환에 불리하므로 공기빼기밸브를 이용해 제거해준다.

16. 통합접지 : 접지해야할 기기를 하나의 접지극에 공동으로 접지한다는 점에서는 공용접지와 유사하나, 통합접지에서는 전기기기뿐만 아니라 수도관, 가스관, 철근, 철골 등과 같이 전기와 무관한 도체도 모두 함께 접지하여 그들 간에 전위차가 없도록 함으로서 사람이 감전될 우려를 최소화하는 것

해설 및 정답

17. 옥내소화전 노즐선단의 방수압력은 0.17MPa 이상이어야 한다.

18. $SHF = \dfrac{현열량}{현열량+잠열량} = \dfrac{35,000}{35,000+15,000} = 0.7$

19. 통기수직관을 설치하지 않고 배수수직관으로 배수와 통기를 겸하는 소벤트 통기시스템 또는 섹스티아 통기시스템을 사용할 수도 있다.

20. 변전실이 반드시 최하층이어야 할 이유는 없으며 가능한 한 부하의 중심에서 가까운 장소이어야 한다.

1. ②	2. ③	3. ④	4. ①	5. ④
6. ④	7. ①	8. ①	9. ②	10. ①
11. ③	12. ①	13. ②	14. ④	15. ②
16. ③	17. ④	18. ③	19. ①	20. ①

과년도출제문제 (CBT 시험문제)

23 건축기사 9. 2 시행 출제문제

※ 본 기출문제는 수험자의 기억을 바탕으로 하여 복원한 문제이므로 실제 문제와 다를 수 있음을 미리 알려드립니다.

1. 평균조도의 계산과 관련하여, 면적을 A, 사용램프의 전광속을 F, 조명율을 U, 보수율을 M, 평균조도를 E라고 할 때 성립하는 식은?

① $E = \dfrac{F \times U \times A}{M}$ ② $E = \dfrac{F \times U \times M}{A}$

③ $E = \dfrac{F \times U}{A \times M}$ ④ $E = \dfrac{A \times M}{F \times U}$

2. 배수관에 있어서 청소구(clean out)를 원칙적으로 설치해야 하는 곳이 아닌 것은?

① 배수수직관의 최상부
② 배수 수평주관과 옥외배수관의 접속장소와 가까운 곳
③ 배수관이 45° 이상의 각도로 방향을 바꾸는 곳
④ 배수 수평주관의 기점

3. 에스컬레이터에 관한 설명으로 옳지 않은 것은?

① 엘리베이터에 비해 수송능력이 크다.
② 대기시간이 없고 연속적인 수송설비이다.
③ 건축적으로 점유면적이 크고, 건물에 걸리는 하중이 집중된다는 단점이 있다.
④ 에스컬레이터의 수량은 공칭수송능력의 80% 정도를 설계 수송능력으로 하여 계산한다.

4. 급수설비에서 수격작용(워터 해머)에 관한 설명으로 옳지 않은 것은?

① 관경이 클수록 발생하기 쉽다.
② 굴곡개소로 인해 발생하기 쉽다.
③ 유속이 빠를수록 발생하기 쉽다.
④ 플래시 밸브나 수전류를 급격히 열고 닫을 때 발생하기 쉽다.

5. 최대수용전력이 500kW, 수용률이 80%일 때 부하설비용량은?

① 400 kW
② 625 kW
③ 800 kW
④ 1250 kW

6. 도시가스에서 중압의 가스압력은? (단, 액화가스가 기화되고 다른 물질과 혼합되지 아니한 경우 제외)

① 0.05MPa 이상, 0.1MPa 미만
② 0.01MPa 이상, 0.1MPa 미만
③ 0.1MPa 이상, 1MPa 미만
④ 1MPa 이상, 10MPa 미만

7. 급기온도를 일정하게 하고 송풍량을 변화시켜서 실내온도를 조절하는 공기조화방식은?

① FCU 방식
② 이중덕트방식
③ 정풍량 단일덕트방식
④ 변풍량 단일덕트방식

8. 다음의 열펌프(heat pump)에 대한 설명 중 ( )안에 알맞은 용어는?

> 냉동기의 압축기에서 토출된 고온·고압의 냉매 증기는 ( )에서 방열하고 액화된다. 이때 방열되는 응축열로 물이나 공기를 가열하여 난방에 이용하는 장치를 열펌프라 한다.

① 응축기
② 팽창밸브
③ 압축기
④ 증발기

9. 다음의 스프링클러에 대한 설명 중 틀린 것은?
① 가압송수장치의 정격토출압력은 하나의 헤드 선단에 0.1MPa 이상 1.2MPa 이하의 방수압력이 될 수 있는 크기일 것
② 스프링클러설비의 수원을 수조로 설치하는 경우에는 다른 설비와 겸용하여 설치할 것
③ 가압송수장치의 송수량은 0.1MPa의 방수압력 기준으로 80L/min 이상의 방수성능을 가진 기준개수의 모든 헤드로부터의 방수량을 충족시킬 수 있는 양 이상의 것으로 할 것
④ 개방형스프링클러헤드를 사용하는 스프링클러설비의 수원은 최대 방수구역에 설치된 스프링클러헤드의 개수가 30개 이하일 경우에는 설치 헤드수에 1.6m³를 곱한 양 이상으로 할 것

10. 온수난방에서 일반적인 특징에 관한 설명으로 옳지 않은 것은?
① 한랭지에서는 운전정지 중에 동결의 위험이 있다.
② 난방을 정지하여도 난방 효과가 어느 정도 지속된다.
③ 증기난방에 비하여 난방부하 변동에 따른 온도조절이 용이하다.
④ 증기난방에 비하여 소요방열면적과 배관경이 작게 되므로 설비비가 적게 든다.

11. 다음과 같은 조건에 있는 실의 틈새바람에 의한 현열 부하량은?

[조건]
- 실의 체적 : 400m³
- 환기횟수 : 0.5회/h
- 실내공기 건구온도 : 20℃
- 외기 건구온도 : 0℃
- 공기의 밀도 : 1.2kg/m³
- 공기의 비열 : 1.01kJ/kg·K

① 986 W   ② 1124 W
③ 1347 W   ④ 1542 W

12. 구조가 간단하고 자기 사이폰 작용을 일으키면 자정작용을 갖는 트랩으로 사이폰 작용을 일으키기 쉽기 때문에 사이폰 트랩이라고도 불리우는 것은?
① 드럼트랩   ② 관트랩
③ 기구트랩   ④ 바닥배수트랩

13. 다음과 같은 특징을 갖는 전동기는?

- 구조와 취급이 간단하고 기계적으로 견고하다.
- 가격이 비교적 싸고 운전이 대체로 쉽다.
- 건축설비에서 가장 널리 사용되고 있다.

① 정류자전동기   ② 유도전동기
③ 동기전동기   ④ 직류전동기

14. 공기조화방식 중 전공기방식에 속하는 것은?
① 패키지 방식
② 이중덕트 방식
③ 유인유닛 방식
④ 팬코일유닛 방식

15. 축전지의 충전 방식 중 필요할 때마다 표준시간율로 소정의 충전을 하는 방식은?
① 급속충전   ② 보통충전
③ 부동충전   ④ 세류충전

16. 다음과 같은 특징을 갖는 배선공사는?

- 열적영향이나 기계적 외상을 받기 쉽다.
- 관자체가 절연체이므로 감전의 우려가 없다.
- 옥내의 점검할 수 없는 은폐 장소에도 사용이 가능하다.

① 금속관 공사
② 버스덕트 공사
③ 경질비닐관 공사
④ 라이팅덕트 공사

17. 다음과 같은 조건에서 실의 현열부하가 7,000W인 경우 실내 취출풍량은?

[조건]
- 실내온도 : 22℃
- 취출공기온도 : 12℃
- 공기의 비열 : 1.01 kJ/kg·K
- 공기의 밀도 : 1.2 kg/m³

① 1,042 m³/h ② 2,079 m³/h
③ 3,472 m³/h ④ 6,944 m³/h

18. 가압급수방식(부스터펌프방식)의 특징으로서 틀린 것은?

① 부하설계와 기기의 선정이 적절하지 못하면 에너지 낭비가 크다.
② 급수량에 따라 펌프의 대수제어 운전, 회전수 제어운전이 가능하며 최상층의 수압도 크게 할 수 있다.
③ 정전시에도 옥상탱크에 있는 물을 공급할 수 있어 안정적이다.
④ 부스터펌프방식에 압력탱크를 병용하여 사용하면 펌프의 잦은 단락을 보완할 수 있다.

19. 실내공기 중에 부유하는 직경 10 μm 이하의 미세먼지를 의미하는 것은?

① VOC10 ② PMV10
③ PM10   ④ SS10

20. 음의 세기가 10^{-9} W/m² 일 때 음의 세기 레벨은? (단, 기준음의 세기 $I_0 = 10^{-12}$ W/m² 이다.)

① 3 dB   ② 30 dB
③ 0.3 dB ④ 0.03 dB

해설 및 정답

1. 광속법에 의한 조명설계식 $F \cdot N \cdot U = E \cdot A \cdot D$ 에서

   조도 $E = \dfrac{F \cdot N \cdot U}{A \cdot D}$

   문제 조건에서 F : 사용램프의 전광속이라 하였으므로
   F(사용 광원 1개의 광속)×N(광원의 개수)=F(사용 램프의 전광속),
   감광보상율(D)의 역수 1/D = M(보수율) 이므로

   조도 $E = \dfrac{F \cdot N \cdot U}{A \cdot D} = \dfrac{F \cdot U \cdot M}{A}$

2. 배수수직관의 최상부는 관경을 축소하지 않고 그대로 연장하여 구부려서 대기 중에 개방하는데 이를 신정통기관이라 하며 여기는 공기만 통하는 곳이므로 청소구가 필요없다.

3. 에스컬레이터는 점유면적이 작고 건축에 걸리는 하중이 각층에 분담된다.

4. 수격작용은 관경이 적을수록, 유속이 빠를수록, 굴곡 개소가 많을수록 일어나기 쉽다.

5. 수용률 $= \dfrac{\text{최대수용전력(kW)}}{\text{부하설비용량(kW)}} \times 100(\%)$ 에서

   부하설비용량 $= \dfrac{\text{최대수용전력(kW)}}{\text{수용률}(\%)} \times 100(\%)$

   $= \dfrac{500(\text{kW})}{80(\%)} \times 100(\%) = 625\text{kW}$

6. 가스의 사용압력
   저압 : 0.1 MPa 미만
   중압 : 0.1~1 MPa
   고압 : 1 MPa 이상의 압력

7. 단일덕트 가변풍량방식(Variable Air Volume System)
   덕트의 말단에 VAV유닛을 설치하여 송풍온도는 일정하게 하고, 실내부하의 변동에 따라 송풍량을 변화시키는 방식으로 에너지 절약형이다. 외기냉방 및 온습도의 개별제어가 가능하나 부하가 작아지면 송풍량이 작아져 환기량이 부족해 실내공기가 오염될 수 있다.

8. 압축기에서 토출된 냉매 증기(기체)는 응축기에서 액체로 응축하며 열을 방출한다.

9. 스프링클러설비의 수원을 다른 설비와 겸용할 수는 있으나 반드시 겸용해야 하는 것은 아니다.

10. 온수난방은 증기난방에 비해 표준방열량이 작으므로 배관이나 방열면적은 커야 된다.

11. 외기 또는 틈새바람에 의한 현열부하
    풍량(Q, m³/h) = 환기회수(n, 회/h) × 체적(V, m³)
    = 0.5회/h × 400m³ = 200m³/h
    외기 또는 틈새바람에 의한 현열부하
    q_{SH} = 밀도(ρ, kg/m³)×풍량(Q, m³/s)
    ×비열(C, kJ/kg·K)×온도차(Δt, K)에서
    = 1.2(kg/m³)×200/3,600(m³/s)×1.01(kJ/kg·K)× 20(K) = 1.347(kW) = 1,347(W)

12. 사이폰식 트랩 : 구조가 간단하고 자기사이폰 작용으로 자정작용도 하지만 봉수가 파괴되기 쉬운 단점도 있다. P트랩, S트랩, U트랩 등 관을 구부려 만든 관트랩이 여기에 해당한다.

13. 설비에서 가장 많이 사용되는 전동기는 값이 싸고 조작이 간편한 교류용 3상유도전동기이다.

14. 열매에 따른 공조방식의 분류
    • 전공기방식 : 단일덕트방식, 이중덕트방식, 멀티존 유니트방식
    • 수공기방식 : 덕트병용 팬코일유니트방식, 유인유니트 방식
    • 전수방식 : 팬코일유니트방식
    • 냉매방식 : 패키지방식

해설 및 정답

15. 축전지의 충전방식
① 급속충전 : 축전지 용량의 1/3정도의 충전전압으로 짧은 시간에 충전하는 것. 축전지에서 순간적으로 발생하는 열이 높아 수명이 짧아지고 성능도 떨어진다.
② 보통충전 : 축전지 용량의 1/10정도의 충전전압으로 보다 장시간에 걸쳐 표준시간율로 충전하는 것
③ 부동충전 : 상용부하에 대한 전력공급은 충전기가 부담하도록 하되 충전기가 부담하기 어려운 일시적인 대전류부하는 축전지로 하여금 부담하게 하는 것
④ 세류충전 : 자기 방전에 가까운 낮은 전류로 서서히 충전을 하는 것

16. 경질비닐관 공사(합성수지관 공사) - 관 자체가 우수한 절연성을 가지고 있으며, 중량이 가볍고 시공이 용이하며 내식성이 뛰어나지만, 열에 약하고 기계적 강도가 낮은 것이 결점이다.

17. 공조설비 송풍량 계산
부하는 시간당 필요한 열량과 같은 의미이므로 다음의 열량계산식으로 계산한다.
열량(q, kJ/s(kW)) = 밀도(ρ, kg/m³) × 풍량(Q, m³/s) × 비열(C, kJ/kg·K) × 온도차(Δt, K)에서
풍량(Q, m³/s)

$$= \frac{\text{열량}(q, \text{kJ/h})}{\text{밀도}(\rho, \text{kg/m}^3) \times \text{비열}(C, \text{kJ/m}^3 \cdot K) \times \text{온도차}(\Delta t, K)}$$

$$= \frac{25,200(\text{kJ/h})}{1.2(\text{kg/m}^3) \times 1.01(\text{kJ/kg}\cdot K) \times (22-12)(K)}$$

= 2,079(m³/h)

여기에서
열량(부하) 7,000 W = 7,000 J/s = 25,200 kJ/h

18. 가압급수방식(부스터펌프방식)은 옥상탱크가 필요없는 급수방식이다.

19. PM10 : 실내공기 중에 부유하는 직경 $10\mu m$ 이하의 미세먼지

20. 음의 세기 레벨(Sound Intensity Level ; IL) :
$10^{-12} W/m^2$ 을 기준값으로 하여 어떤 음의 세기가 기준음의 몇 배인가를 대수로서 표시한 것
$$IL = 10\log\frac{I}{I_0} = 10\log\frac{10^{-9}}{10^{-12}} = 10\log 10^3 = 30(dB)$$

1. ②	2. ①	3. ③	4. ①	5. ②
6. ③	7. ④	8. ①	9. ②	10. ④
11. ③	12. ②	13. ②	14. ②	15. ②
16. ③	17. ②	18. ③	19. ③	20. ②

과년도출제문제 (CBT 시험문제)

24 건축기사
2. 15 시행 출제문제

※ 본 기출문제는 수험자의 기억을 바탕으로 하여 복원한 문제이므로 실제 문제와 다를 수 있음을 미리 알려드립니다.

1. 다음 중 증기 압축식 냉동기에 속하지 않는 것은?
① 터보식 냉동기 ② 왕복동식 냉동기
③ 스크류식 냉동기 ④ 흡수식 냉동기

2. 실내 냉방부하 중 현열부하가 620W, 잠열 부하가 155W일 때 현열비는?
① 0.2 ② 0.25
③ 0.4 ④ 0.8

3. 다음 그림과 같은 형태를 갖는 간선의 배선방식은?

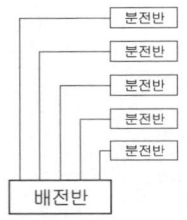

① 개별방식
② 루프방식
③ 병용방식
④ 나뭇가지방식

4. 다음 설명에 알맞은 요운전원 엘리베이터 조작방식은?

> 기동은 운전원의 버튼 조작으로 하며, 정지는 목적층 단추를 누르는 것과 승강장의 호출 신호로 층의 순서대로 자동 정지한다.

① 카 스위치 방식
② 레코드 컨트롤 방식
③ 전자동 군관리 방식
④ 시그널 컨트롤 방식

5. LPG에 관한 설명으로 옳지 않은 것은?
① 비중이 공기보다 작다.
② 액화석유가스를 말한다.
③ 액화하면 그 체적이 약 1/250로 된다.
④ 상압에서는 기체이지만 압력을 가하면 액화된다.

6. 양수량 10m³/min, 전양정 10m, 펌프의 효율 80% 일 때 펌프의 소요 동력은 얼마인가? (단, 물의 밀도는 1,000kg/m³, 여유율은 10%로 한다.)
① 22.5kW
② 26.5kW
③ 30.6kW
④ 32.4kW

7. 오수의 BOD 제거율이 95%인 정화조에서 정화조로 유입되는 오수의 BOD농도가 300ppm일 경우, 방류수의 BOD 농도는?
① 15ppm
② 85ppm
③ 150ppm
④ 285ppm

8. 흡음 및 차음에 관한 설명으로 옳지 않은 것은?
① 벽의 차음성능은 투과손실이 클수록 높다.
② 차음성능이 높은 재료는 흡음성능도 높다.
③ 벽의 차음성능은 사용재료의 면밀도에 크게 영향을 받는다.
④ 벽의 차음성능은 동일 재료에서도 두께와 시공법에 따라 다르다.

9. 변압기의 1차측 코일의 권수가 6,000, 2차측 코일의 권수가 200일 때 1차측 코일에 교류전압 3,000〔V〕 인가 시 2차측 코일에 발생하는 교류전압〔V〕은?

① 50
② 100
③ 200
④ 500

10. 팬코일유닛(FCU) 방식의 특징이 아닌 것은?

① 각 유닛의 개별제어가 가능하다.
② 부하 증가에 대한 대처가 용이하다.
③ 외기의 도입, 습도의 조절에 어려움이 있다.
④ 각 실의 공기 정화능력이 뛰어나다.

11. 주위 온도가 일정온도 이상으로 되면 동작하는 자동화재탐지 설비의 감지기는?

① 이온화식 감지기
② 차동식 스폿 감지기
③ 정온식 스폿 감지기
④ 광전식 스폿 감지기

12. 증기난방에 관한 설명으로 옳지 않은 것은?

① 온수난방에 비해 예열시간이 짧다.
② 온수난방에 비해 한랭지에서 동결의 우려가 적다.
③ 운전 시 증기해머로 인한 소음을 일으키기 쉽다.
④ 온수난방에 비해 부하변동에 따른 실내방열량의 제어가 용이하다.

13. 압축식 냉동기의 냉동사이클을 올바르게 표현한 것은?

① 압축 → 응축 → 팽창 → 증발
② 압축 → 팽창 → 응축 → 증발
③ 응축 → 증발 → 팽창 → 압축
④ 팽창 → 증발 → 응축 → 압축

14. 트랩의 봉수파괴 원인 중 통기관을 설치함으로써 봉수파괴를 방지할 수 있는 것이 아닌 것은?

① 분출작용
② 모세관현상
③ 자기사이펀작용
④ 유도사이펀작용

15. 배수트랩에서 봉수깊이와 관련된 설명 중 틀린 것은?

① 봉수깊이는 50~100mm로 하는 것이 보통이다.
② 봉수깊이를 너무 깊게 하면 유수의 저항이 감소된다.
③ 봉수깊이를 너무 깊게 하면 통수능력이 감소된다.
④ 봉수깊이가 너무 낮으면 봉수를 손실하기 쉽다.

16. 전기샤프트(ES)의 계획 시 고려사항으로 옳지 않은 것은?

① 각 층마다 같은 위치에 설치한다.
② 기기의 배치와 유지보수에 충분한 공간으로 하고, 건축적인 마감을 실시한다.
③ 점검구는 유지보수 시 기기의 반출입이 가능하도록 하여야 하며, 점검구 문의 폭은 최소 300mm 이상으로 한다.
④ 공급대상 범위의 배선거리, 전압강하 등을 고려하여 가능한 한 공급 대상설비 시설 위치의 중심부에 위치하도록 한다.

17. 다음 설명에 알맞은 화재의 종류는?

나무, 섬유, 종이, 고무, 플라스틱류와 같은 일반 가연물이 타고 나서 재가 남는 화재

① A급 화재
② B급 화재
③ C급 화재
④ K급 화재

18. 다음과 같은 조건에 있는 실의 틈새바람에 의한 현열 부하량은?

[조건]
- 실의 체적 : 400m³
- 환기횟수 : 0.5회/h
- 실내공기 건구온도 : 20℃
- 외기 건구온도 : 0℃
- 공기의 밀도 : 1.2kg/m³
- 공기의 비열 : 1.01 kJ/kg·K

① 986 W   ② 1,124 W
③ 1,347 W   ④ 1,542 W

19. 사무실의 평균조도를 800(lx)로 설계하고자 한다. 다음과 같은 조건에서 소요램프수로 가장 적당한 것은?

[조건]
- 광원 1개의 광속 : 2,000[lm]
- 실의 면적 : 10[m²]
- 감광 보상률 : 1.5
- 조명률 : 0.6

① 3개   ② 5개
③ 8개   ④ 10개

20. 공기선도에서 어떤 공기를 가열했을 때 다음 중에서 변화하지 않는 것은?

① 건구온도
② 습구온도
③ 절대습도
④ 상대습도

해설 및 정답

1. 냉동기의 종류
1) 압축식 냉동기 : 전기의 입력에 의한 기계적에너지로 냉동하며 종류에는 왕복동식 냉동기, 터보식(원심식) 냉동기, 스크류식(회전식) 냉동기 등이 있다.
2) 흡수식 냉동기 : 냉매를 증발시키고 용액으로 흡수하여 열에너지로 냉동한다.

2. $SHF = \dfrac{현열}{현열+잠열} = \dfrac{620}{620+155} = 0.8$

3. 평행식이라고도 하며 배전반으로부터 각 분전반까지 단독으로 배선되어 있어 압강하가 평균화되고 사고가 발생하여도 피해범위를 좁힐 수 있다.

5. LPG는 발열량이 크나 공기보다 비중이 크고 연소시 소요공기량이 많다.

6. 펌프의 축동력
$$\dfrac{\rho \cdot Q \cdot H}{6{,}120 E}(1+\alpha) = \dfrac{1{,}000 \times 10 \times 10}{6{,}120 \times 0.8}(1+0.1) = 22.5\,(\mathrm{kW})$$

7. BOD 제거율(%)
$$= \dfrac{\text{유입수 BOD} - \text{유출수 BOD}}{\text{유입수 BOD}} \times 100$$
$$= \dfrac{300-x}{300} \times 100 = 95(\%) \text{에서 } x = 15(\mathrm{ppm})$$

8. ① 차음성능과 투과손실은 비례한다.
② 밀도가 큰 재료일수록 차음성능이 좋으며, 흡음재료는 밀도가 매우 작으므로 차음성능이 극히 작다. 즉 차음재와 흡음재는 서로 반대의 특성을 갖는다.

9. 변압기의 코일권수와 전압에 관한 기본공식
$N_1/N_2 = V_1/V_2$
N_1 : 입력코일권수, N_2 : 출력코일권수,
V_1 : 입력전압, V_2 : 출력전압
발생전압은 이론적으로 코일의 권수에 비례한다.
1, 2차 코일권수비가 6,000 : 200이므로 1, 2차 전압비는 3,000 : 100이 된다.

10. 팬코일유닛 방식은 외기공급이 어렵고 필터의 성능이 낮아 공기 정화능력은 떨어진다.

11. • 정온식 : 주위온도가 일정온도 이상이 되면 작동
• 차동식 : 주위온도가 일정 온도상승률 이상이 되면 작동

12. 증기는 온수에 비해 온도가 높고 유량조절이 어려우므로 방열량 조정이 어렵다.

13. 압축식 냉동사이클의 냉매흐름 순서 : 압축기 → 응축기 → 팽창밸브 → 증발기

14. 트랩의 봉수파괴원인 중 모세관현상은 트랩의 출구에 걸린 천조각, 머리카락 등으로 모세관현상에 의해 물이 타고 넘어가 없어지는 현상이므로 통기관을 세워도 봉수파괴를 막을 수 없다.

15. 배수트랩의 봉수깊이를 너무 깊게 하면 유수의 저항이 증가하여 통수능력이 감소되므로 봉수의 깊이는 트랩의 구경에 관계없이 50~100mm로 한다.

16. 전기 샤프트의 점검구는 유지보수 시 기기의 반입 및 반출이 가능하도록 하여야 하며 문의 폭은 600mm 이상으로 한다.

17. A급화재(보통화재) - 나무, 섬유, 종이, 고무, 플라스틱류와 같은 일반 가연물이 타고 나서 재가 남는 화재를 말한다.

18. 틈새바람에 의한 현열부하 계산
부하는 시간당 필요한 열량과 같은 의미이므로 다음의 열량계산식으로 풀면 된다.
열량 즉 현열부하 q_{SH} (kJ/s)
= 밀도(ρ, kg/m³) × 풍량(Q, m³/s)
 × 비열(C, kJ/kg·K) × 온도차(Δt, K)에서
= 1.2(kg/m³) × 200/3,600(m³/s) × 1.01(kJ/kg·K)
 × (20−0)(K) ≒ 1.347(kW) = 1,347(W)

해설 및 정답

여기에서
풍량(Q, m³/h) = 환기횟수(n, 회/h) × 체적(V, m³)
= 0.5회/h × 400m³ = 200 m³/h
또는 $H_i = 0.337 \cdot Q \cdot \Delta t$
= 0.337 × 200(m³/h) × (20-0)(K) = 1,348 W
상수 또는 단위환산계수의 반올림 등으로 인해 계산 결과가 정확히 일치하지는 않는다.

19. 광속법에 의한 조명설계식 $F \cdot N \cdot U = E \cdot A \cdot D$ 에서

광원의 개수 $N = \dfrac{E \cdot A \cdot D}{F \cdot U} = \dfrac{800 \times 10 \times 1.5}{2,000 \times 0.6} = 10$ 개

여기에서
F : 사용 광원 1개의 광속(lm) D : 감광 보상률
E : 작업면의 평균 조도(lx) A : 방의 면적(m²)
N : 광원의 개수 U : 조명률

20. 습공기선도에서 습공기의 건구온도가 상승하면
상대습도 - 낮아진다.
엔탈피, 비체적, 습구온도 - 증가한다.
절대습도, 노점온도 - 변화없다.

1. ④	2. ④	3. ①	4. ④	5. ①
6. ①	7. ①	8. ②	9. ②	10. ④
11. ③	12. ④	13. ①	14. ②	15. ②
16. ③	17. ①	18. ③	19. ④	20. ③

과년도출제문제 (CBT 시험문제)

24 건축기사 5. 9 시행 출제문제

※ 본 기출문제는 수험자의 기억을 바탕으로 하여 복원한 문제이므로 실제 문제와 다를 수 있음을 미리 알려드립니다.

1. 조명기구를 사용하는 도중에 광원의 능률저하나 기구의 오염, 손상 등으로 조도가 점차 저하되는데, 인공조명 설계 시 이를 고려하여 반영하는 계수는?
① 광도
② 조명률
③ 실지수
④ 감광 보상률

2. 실내공기오염의 종합적 지표로서 사용되는 오염 물질은?
① 부유분진
② 이산화탄소
③ 일산화탄소
④ 이산화질소

3. 다음의 냉방부하 발생요인 중 현열부하만 발생시키는 것은?
① 인체의 발생열량
② 벽체로부터의 취득열량
③ 극간풍에 의한 취득열량
④ 외기의 도입으로 인한 취득열량

4. 통기관의 설치 목적으로 옳지 않은 것은?
① 트랩의 봉수를 보호한다.
② 오수와 잡배수가 서로 혼합되지 않게 한다.
③ 배수계통 내의 배수 및 공기의 흐름을 원활히 한다.
④ 배수관 내에 환기를 도모하여 관 내를 청결하게 유지한다.

5. 전압이 1[V]일 때 1[A]의 전류가 1[s] 동안 하는 일을 나타내는 것은?
① 1[Ω]
② 1[J]
③ 1[dB]
④ 1[W]

6. 다음과 같은 특징을 갖는 배선 방법은?

- 열적영향이나 기계적 외상을 받기 쉬운 곳이 아니면 금속관 배선과 같이 광범위하게 사용 가능하다.
- 관자체가 절연체이므로 감전의 우려가 없으며 시공이 용이하다.

① 금속덕트 배선
② 버스덕트 배선
③ 플로어덕트 배선
④ 합성수지관 배선

7. 압력탱크 급수방식에 관한 설명으로 옳지 않은 것은?
① 정전시 급수가 곤란하다.
② 급수 압력을 일정하게 유지할 수 있다.
③ 단수 시 저수조의 물을 사용할 수 있다.
④ 탱크를 높은 곳에 설치하지 않아도 된다.

8. 어떤 상태의 습공기를 절대습도의 변화없이 건구온도만 상승시킬 때, 습공기의 상태변화로 옳은 것은?
① 엔탈피는 증가한다.
② 비체적은 감소한다.
③ 노점온도는 낮아진다.
④ 상대습도는 증가한다.

9. 간접가열식 급탕방식에 관한 설명으로 옳지 않은 것은?
① 저압보일러를 써도 되는 경우가 많다.
② 직접가열식에 비해 소규모 급탕설비에 적합하다.
③ 급탕용 보일러는 난방용 보일러와 겸용할 수 있다.

④ 직접가열식에 비해 보일러 내면의 스케일이 발생할 염려가 적다.

10. 압력에 따른 도시가스의 분류에서 고압의 기준으로 옳은 것은?(단, 게이지압력 기준)
① 0.1MPa 이상
② 1MPa 이상
③ 10MPa 이상
④ 100MPa 이상

11. 다음과 같은 조건에서 실의 현열부하가 7,000W인 경우 실내 취출풍량은?

[조건]
- 실내온도 : 22℃
- 취출공기온도 : 12℃
- 공기의 비열 : 1.01 kJ/kg·K
- 공기의 밀도 : 1.2 kg/m³

① 1,042 m³/h
② 2,079 m³/h
③ 3,472 m³/h
④ 6,944 m³/h

12. 엘리베이터의 조작 방식 중 무운전원 방식으로 다음과 같은 특징을 갖는 것은?

승객 스스로 운전하는 전자동 엘리베이터로, 승강장으로부터의 호출 신호로 기동, 정지를 이루는 조작 방식이며, 누른 순서에 상관없이 각 호출에 응하여 자동적으로 정지한다.

① 단식자동방식
② 카 스위치방식
③ 승합전자동방식
④ 시그널 콘트롤 방식

13. 다음 중 트랩의 봉수 파괴 원인이 아닌 것은?
① 자기 사이펀 작용
② 유도 사이펀 작용
③ 증발현상
④ 자정작용

14. 다음 중 건축물 실내공간의 잔향시간에 가장 큰 영향을 주는 것은?
① 실의 용적
② 음원의 위치
③ 벽체의 두께
④ 음원의 음압

15. 양수 펌프의 회전수를 원래보다 20% 증가시켰을 경우 양수량의 변화로 옳은 것은?
① 20% 증가
② 44% 증가
③ 73% 증가
④ 100% 증가

16. 다음과 같은 공식을 통해 산출되는 값으로 전기설비가 어느 정도 유효하게 사용되는가를 나타내는 것은?

$$\frac{\text{부하의 평균전력}}{\text{최대 수용전력}} \times 100 [\%]$$

① 부하율
② 보상률
③ 부등률
④ 수용률

17. 다음의 간선 배전방식 중 분전반에서 사고가 발생했을 때 그 파급 범위가 가장 좁은 것은?
① 평행식
② 방사선식
③ 나뭇가지식
④ 나뭇가지 평행식

18. 연결송수관설비의 방수구에 관한 설명으로 옳지 않은 것은?

① 방수구의 위치표시는 표시등 또는 축광식 표지로 한다.
② 호스접결구는 바닥으로부터 0.5m 이상 1m 이하의 위치에 설치한다.
③ 개폐기능을 가진 것으로 설치하여야 하며, 평상시 닫힌 상태를 유지하도록 한다.
④ 연결송수관설비의 전용방수구 또는 옥내소화전 방수구로서 구경 50mm의 것으로 설치한다.

19. 900명을 수용하고 있는 극장에서 실내 CO_2 농도를 0.1%로 유지하기 위해 필요한 환기량은? (단, 외기의 CO_2 농도는 0.04%, 1인당 CO_2 배출량은 18L/h 이다.)

① 27,000m³/h
② 30,000m³/h
③ 60,000m³/h
④ 66,000m³/h

20. 덕트의 분기부에 설치하여 풍량조절용으로 사용되는 댐퍼는?

① 스플릿 댐퍼
② 평행익형 댐퍼
③ 대향익형 댐퍼
④ 버터플라이 댐퍼

해설 및 정답

1. 감광보상율 : 조명기구는 사용함에 따라 점차 어두워진다. 이러한 감소를 예상하여 소요광속에 여유를 두는데 그 정도를 감광보상률이라 하며, 감광보상률의 역수를 유지율 또는 보수율이라 한다. 보통 직접조명에서는 감광보상율을 1.3 ~ 2.0 정도로 계산한다.

2. 대부분의 오염물질의 농도는 이산화탄소의 농도에 비례하여 증감하기 때문에 이산화탄소의 농도를 기준으로 한다.

3. 실내의 온도를 변하게 하는 것은 현열부하를 발생시키고 습도를 변하게 하는 것은 잠열부하를 발생시킨다. 인체부하, 틈새바람(극간풍)에 의한 부하, 외기부하 등은 온도뿐만 아니라 습도도 변하게 하므로 현열과 잠열부하를 모두 고려해야 한다.

5. 와트(W)는 일률 또는 전력의 단위로서 한 일(J)을 시간(s)으로 나눈 것이다. 즉 W=J/s 이다.

6. 배선공사 방법 중 합성수지관 공사(경질비닐관 공사)는 전개 및 은폐, 습기 등에 관계없이 사용할 수 있다.

7. 압력탱크 방식은 압력탱크내의 수위에 따라 수압이 변한다.

8. 습공기선도에서 습공기의 건구온도가 상승하면
　상대습도 - 낮아진다.
　엔탈피, 비체적, 습구온도 - 증가한다.
　절대습도, 노점온도 - 변화없다.

9. 간접가열식 급탕방식은 직접가열식에 비해 대규모 급탕설비에 적합하다.

10. 가스의 사용압력
　저압 : 0.1MPa 미만, 중압 : 0.1~1 MPa, 고압 : 1MPa 이상의 압력

11. 공조설비 송풍량 계산
부하는 시간당 필요한 열량과 같은 의미이므로 다음의 열량계산식으로 계산한다.
열량(q, kJ/s(kW)) = 밀도(ρ, kg/m³) × 풍량(Q, m³/s) × 비열(C, kJ/kg·K) × 온도차(Δt, K)에서
풍량(Q, m³/s)

$$= \frac{열량(q, kJ/s)}{밀도(\rho, kg/m^3) \times 비열(C, kJ/kg \cdot K) \times 온도차(\Delta t, K)}$$

$$= \frac{7(kJ/s)}{1.2(kg/m^3) \times 1.01(kJ/kg \cdot K) \times (22-12)(K)}$$

$= 0.57755(m^3/s) = 2,079(m^3/h)$

여기에서
열량(부하) 7,000 W = 7,000 J/s = 7 kJ/s

13. 트랩의 봉수파괴 원인 : 자기 사이펀 사용, 유인 사이펀 작용(흡인작용), 분출작용(토출작용), 모세관 작용, 증발, 운동량에 의한 관성

14. Sabine의 잔향식 $RT = K \cdot \frac{V}{A} = 0.16 \frac{V}{A}$

RT : 잔향시간(초), V : 실의 체적(m³),
K : 비례상수(0.16),
A : 실내의 총 흡음력(m²) = $\sum$ (흡음율×표면적)
위 식과 같이 잔향시간은 실의 체적(V), 흡음력(A) 등에 의해 결정된다.

15. 펌프의 양수량은 임펠러의 회전수에 비례, 양정은 회전수의 제곱에 비례, 축동력은 회전수의 세제곱에 비례한다. 따라서 회전수가 20% 증가하면 양수량도 20% 증가한다.

16. 부하율은 전기설비가 어느 정도 유효하게 사용되는가를 판단하는 척도로 이 값이 클수록 전기설비가 평활하게 사용됨을 의미한다.

17. 평행식은 각 분전반 마다 배전반으로부터 1:1 단독으로 배선되어 있으므로 사고가 발생하여도 그 범위를 좁힐 수 있다.

해설 및 정답

18. 연결송수관설비의 전용방수구는 구경 65mm, 옥내소화전 방수구로는 구경 40mm의 것으로 설치한다. 송수구의 구경은 65mm로 동일하다.

19. CO_2 농도에 의한 필요 환기량

$$Q = \frac{k}{(C - C_0)} = \frac{900 \times 0.018}{(0.001 - 0.0004)} = 27{,}000\, m^3/h$$

20. ① 스플릿 댐퍼 : 덕트분기부에 사용되어 풍량을 조절하는 댐퍼
② 평행익형 댐퍼 : 서로 이웃하는 날개가 같은 방향으로 회전하는 댐퍼
③ 대향익형 댐퍼 : 서로 이웃하는 날개가 반대 방향으로 회전하는 댐퍼
④ 버터플라이 댐퍼 : 날개가 한 개인 단익댐퍼로 주로 소형 덕트에 사용

1. ④	2. ②	3. ②	4. ②	5. ④
6. ④	7. ②	8. ①	9. ②	10. ②
11. ②	12. ③	13. ④	14. ①	15. ①
16. ①	17. ①	18. ④	19. ①	20. ①

과년도출제문제 (CBT 시험문제)

24 건축기사 7. 5 시행 출제문제

※ 본 기출문제는 수험자의 기억을 바탕으로 하여 복원한 문제이므로 실제 문제와 다를 수 있음을 미리 알려드립니다.

1. 자연환기에 관한 설명으로 옳은 것은?
① 풍력환기에 의한 환기량은 풍속에 반비례한다.
② 풍력환기에 의한 환기량은 유량계수에 비례한다.
③ 중력환기에 의한 환기량은 공기의 입구와 출구가 되는 두 개구부의 수직거리에 반비례한다.
④ 중력환기에서 실내온도가 외기온도보다 높을 경우 공기는 건물 상부의 개구부에서 실내로 들어와서 하부의 개구부로 나간다.

2. 다음 중 수변전실 계획에 관한 설명으로 옳지 않은 것은?
① 발전기실, 축전지실과 가능한 한 인접장소에 설치한다.
② 사용부하의 중심에 가깝고 간선의 배선이 용이한 곳으로 한다.
③ 외부로부터 전원을 공급하기 위한 전선로 등의 인입이 편리한 위치로 한다.
④ 빌딩의 변전실은 지하 최저층에 위치시키고 천장 높이는 2.7m 이상으로 한다.

3. 다음과 같은 특징을 갖는 전동기는?

- 구조와 취급이 간단하고 기계적으로 견고하다.
- 가격이 비교적 싸고 운전이 대체로 쉽다.
- 건축설비에서 가장 널리 사용되고 있다.

① 정류자전동기   ② 동기전동기
③ 유도전동기   ④ 직류전동기

4. 음의 세기가 10^{-9} W/m² 일 때 음의 세기 레벨은? (단, 기준음의 세기 $I_0 = 10^{-12}$ W/m² 이다.)
① 30dB   ② 3dB
③ 0.3dB ④ 0.03dB

5. 한 시간당 급탕량이 5m³일 때 급탕부하는 얼마인가? (단, 물의 비열은 4.2kJ/kg·K, 급탕온도는 70℃, 급수온도는 10℃ 이다.)
① 35kW   ② 126kW
③ 350kW   ④ 1,260kW

6. 어느 점광원에서 1[m] 떨어진 곳의 직각면 조도가 200[lx]일 때 이 광원에서 2[m] 떨어진 곳의 직각면 조도는?
① 25[lx]   ② 50[lx]
③ 100[lx] ④ 200[lx]

7. 터보식 냉동기에 관한 설명으로 옳지 않은 것은?
① 대·중형 규모의 중앙식 공조에서 냉방용으로 사용된다.
② 기계적 에너지가 아닌 열에너지에 의해 냉동효과를 얻는다.
③ 임펠러의 원심력에 따라 냉매가스를 압축한다.
④ 대용량에서는 압축효율이 좋고 비례 제어가 가능하다.

8. 다음과 같이 정의되는 통기관의 종류는?

오배수 수직관 내의 압력변동을 방지하기 위하여 오배수 수직관 상향으로 통기수직관에 연결하는 통기관

① 각개통기관
② 공용통기관
③ 결합통기관
④ 반송통기관

9. 다음 중 급수 계통의 오염 원인과 가장 거리가 먼 것은?
① 급수로의 배수역류
② 수격작용(Water Hammering)
③ 저수탱크에 유해물질 침입
④ 크로스 커넥션(Cross Connection)

10. 220[V], 200[W] 전열기를 110[V]에서 사용하였을 경우 소비전력은?
① 50[W] ② 100[W]
③ 200[W] ④ 400[W]

11. 급수설비에서 펌프의 실양정이 의미하는 것은? (단, 물을 높은 곳으로 보내는 경우)
① 흡수면에서 펌프축 중심까지의 수직거리
② 흡수면에서 토출수면까지의 수직거리
③ 배관계의 마찰손실에 해당하는 높이
④ 펌프축 중심에서 토출수면까지의 수직거리

12. 다음 중 냉방부하 계산 시 현열만을 고려하는 것은?
① 인체의 발생열량
② 벽체로부터의 취득열량
③ 극간풍에 따른 취득열량
④ 외기의 도입으로 인한 취득열량

13. 도시가스 설비에서 도시가스 압력을 사용처에 맞게 낮추는 감압 기능을 갖는 것은?
① 기화기 ② 정압기
③ 압송기 ④ 가스홀더

14. 다음 중 방송수신 안테나 시설에 사용하는 설비에 속하지 않는 것은?
① 신호처리기 ② 모시계
③ 증폭기 ④ 레벨조정기

15. 가로, 세로, 높이가 각각 4.5×4.5×3m인 실의 각 벽면 표면온도가 18℃, 천장면 20℃, 바닥면 30℃일 때 평균복사온도(MRT)는?
① 15.2℃ ② 18.0℃
③ 21.0℃ ④ 27.2℃

16. 다음의 에스컬레이터의 경사도에 관한 설명 중 ( )안에 알맞은 것은?

> 에스컬레이터의 경사도는 (㉠)를 초과하지 않아야 한다. 다만, 높이가 6m 이하이고 공칭속도가 0.5m/s 이하인 경우에는 경사도를 (㉡)까지 증가시킬 수 있다.

① ㉠ 25°, ㉡ 30° ② ㉠ 25°, ㉡ 35°
③ ㉠ 30°, ㉡ 35° ④ ㉠ 30°, ㉡ 40°

17. 구조체를 가열하는 복사난방에 관한 설명으로 옳지 않은 것은?
① 복사열에 의하므로 쾌적성이 좋다.
② 바닥, 벽체, 천장 등을 방열면으로 할 수 있다.
③ 예열시간이 길고 일시적인 난방에는 바람직하지 않다.
④ 방열기의 설치로 인해 실의 바닥면적의 이용도가 낮다.

18. 다음은 옥내소화전설비에서 전동기에 따른 펌프를 이용하는 가압송수장치에 관한 설명이다. ( )안에 알맞은 것은?

> 펌프의 토출량은 옥내소화전이 가장 많이 설치된 층의 설치개수(옥내소화전이 2개 이상 설치된 경우에는 2개)에 ( )를 곱한 양 이상이 되도록 하여야 한다.

① 70L/min ② 130L/min
③ 260L/min ④ 350L/min

19. 공기조화방식 중 단일덕트 변풍량방식에 관한 설명으로 옳지 않은 것은?

① 전공기방식의 특성이 있다.
② 각 실이나 존의 온도를 개별제어할 수 있다.
③ 단일덕트 정풍량방식보다 설비비가 적게 든다.
④ 실내부하가 적어지면 송풍량을 줄일 수 있으므로 에너지 절감효과가 크다.

20. 건구온도 25℃인 실내공기 8,000m³/h와 건구온도 31℃인 외부공기 2,000m³/h를 단열혼합하였을 때 혼합공기의 건구온도는?

① 24.8℃ ② 26.2℃
③ 27.5℃ ④ 29.8℃

해설 및 정답

1. 자연환기에는 바람에 의한 풍력환기와 온도차에 의한 중력환기가 있다.
  ① 자연환기량은 개구부면적, 풍속, 유량계수에 비례하여 커진다.
  ③ 자연환기량은 압력차, 풍압계수차, 온도차, 밀도차, 개구부의 높이차(수직거리)의 제곱근에 비례하여 커진다.
  ④ 중력환기에서 실내온도가 외기온도보다 높을 경우 공기는 건물 하부의 개구부로 들어와서 상부의 개구부로 나간다.

2. 변전실이 반드시 최하층이어야 할 이유는 없으며 층고는 고압일 경우 보 아래 3.0m 이상, 특고압일 경우 보 아래 4.5m 이상으로 한다.

3. 건축설비에서 가장 많이 사용되는 전동기는 값이 싸고 조작이 간편한 교류용 3상유도전동기이다.

4. 음의 세기 레벨(Sound Intensity Level ; IL) : $10^{-12} W/m^2$ 또는 $10^{-16} W/cm^2$ 을 기준값으로 하여 어떤 음의 세기가 기준음의 몇 배인가를 대수로서 표시한 것

$$IL = 10\log\frac{I}{I_0} = 10\log\frac{10^{-9}}{10^{-12}} = 10\log 10^3 = 30(dB)$$

5. 급탕부하

$$= \frac{\text{시간당급탕량}G(kg/h) \times \text{비열}\,C(kJ/kg\cdot K) \times \text{온도차}\Delta t(K)}{3,600(s/h)}$$

$$= \frac{5,000(kg/h) \times 4.2(kJ/kg\cdot K) \times 60(K)}{3,600(s/h)}$$

$$= 350\,(kW)$$

6. 조도에 관한 거리의 역자승법칙 : $E = \frac{I}{d^2}$

조도(E)는 광도(I)에 비례하고 거리(d)의 제곱에 반비례한다. 따라서 거리가 2배가 되면 조도는 200[lx]의 1/4인 50[lx]가 된다.

7. 냉동기의 종류
  1) 압축식 냉동기 : 전기의 입력에 의한 기계적에너지로 냉동하며 종류에는 왕복동식 냉동기, 터보식(원심식) 냉동기, 스크류식(회전식) 냉동기 등이 있다.
  2) 흡수식 냉동기 : 냉매를 증발시키고 용액으로 흡수하여 열에너지로 냉동한다.

8. 결합통기관
  1) 배수수직주관과 통기수직주관을 5개층마다 접속하여 배수수직주관의 통기 촉진
  2) 관경 : 통기수직주관과 같게 하되 최소 관경은 50mm

10. 전력 $W = VI = I^2 R = V^2/R$ 에서 전압이 1/2로 감소하면 전력은 1/4이 된다. (전열기의 저항 R은 일정)

11. 펌프 실양정 = 흡입양정 + 토출양정
  전양정 = 실양정 + 마찰손실수두

12. 실내의 온도를 변하게 하는 것은 현열부하를 발생시키고 습도를 변하게 하는 것은 잠열부하를 발생시킨다. 인체부하, 틈새바람(극간풍)에 의한 부하, 외기부하 등은 온도뿐만 아니라 습도도 변하게 하므로 현열과 잠열부하를 모두 고려해야 한다.

14. 모시계 1대와 자시계 여러 대, 그 사이의 배선 등은 전기시계설비의 구성부품이다.

15. 평균복사온도(MRT) : 실내 각 부분의 면적을 고려한 평균표면온도를 말한다.

$$MRT = \frac{A_1 T_1 + A_2 T_2 + A_3 T_3 + \cdots\cdots}{A_1 + A_2 + A_3 + \cdots}$$

$$= \frac{4.5 \times 4.5 \times 30 + 4.5 \times 4.5 \times 20 + 4.5 \times 3 \times 4 \times 18}{4.5 \times 4.5 \times 2 + 4.5 \times 3 \times 4}$$

$$= \frac{1,984.5}{94.5} = 21°C$$

여기에서 A_1, A_2, A_3는 실내 각 부분의 면적, T_1, T_2, T_3는 실내 각 부분의 온도이다.

해설 및 정답

17. 복사난방은 방열기를 설치하지 않아 바닥면 이용도는 높으나 온수관이 매입되므로 시공, 보수는 어렵다.

18. 옥내소화전펌프의 토출량은 설치개수(한층 최대 2개)에 표준방수량 130L/min을 곱한 양 이상이어야 한다.

19. 단일덕트 변풍량방식은 정풍량방식에 비해 설비비는 높아지나 운전비가 감소한다.

20. 혼합공기온도
  $25°C × 8,000m^3 + 31°C × 2,000m^3$
  $= x°C × 10,000m^3$ 에서 $x = 26.2°C$

1. ②	2. ④	3. ③	4. ①	5. ③
6. ②	7. ②	8. ③	9. ②	10. ①
11. ②	12. ②	13. ②	14. ②	15. ③
16. ③	17. ④	18. ②	19. ③	20. ②

과년도출제문제 (CBT 시험문제)

25 건축기사 2. 7 시행 출제문제

※ 본 기출문제는 수험자의 기억을 바탕으로 하여 복원한 문제이므로 실제 문제와 다를 수 있음을 미리 알려드립니다.

1. 다음 그림과 같이 A지점과 B지점의 관경이 각각 $d_A=100mm$, $d_B=200mm$이고, 유량이 $3.0m^3/min$이라면 A, B 지점에서의 유속(m/s)은 각각 얼마인가?

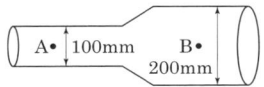

① A : 1.59m/s, B : 0.80m/s
② A : 1.59m/s, B : 6.37m/s
③ A : 6.37m/s, B : 3.19m/s
④ A : 6.37m/s, B : 1.59m/s

2. 조명설비에서 연색성에 관한 설명으로 옳지 않은 것은?
① 평균 연색평가수(Ra)가 0에 가까울수록 연색성이 좋다.
② 일반적으로 할로겐전구가 고압수은램프보다 연색성이 좋다.
③ 연색성이란 물체가 광원에 의하여 조명될 때 그 물체의 색의 보임을 정하는 광원의 성질을 말한다
④ 평균 연색평가수(Ra)란 많은 물체의 대표색으로서 7종류의 시험색을 사용하여 그 평균값으로부터 구한 것이다.

3. 전기설비가 어느 정도 유효하게 사용되는가를 나타내며, 다음과 같이 표현되는 것은?

$$\frac{부하의\ 평균전력}{최대\ 수용전력} \times 100[\%]$$

① 역률   ② 부등률
③ 부하율   ④ 수용률

4. 다음의 에스컬레이터의 경사도에 관한 설명 중 ( ) 안에 알맞은 것은?

에스컬레이터의 경사도는 (㉠)를 초과하지 않아야 한다. 다만, 높이가 6m 이하이고 공칭속도가 0.5m/s 이하인 경우에는 경사도를 (㉡)까지 증가시킬 수 있다.

① ㉠ 25°, ㉡ 30°
② ㉠ 25°, ㉡ 35°
③ ㉠ 30°, ㉡ 35°
④ ㉠ 30°, ㉡ 40°

5. 펌프에서 발생하는 공동현상(Cavitation)의 방지 대책으로 가장 알맞은 것은?
① 펌프의 설치위치를 높인다.
② 펌프의 흡입양정을 낮춘다.
③ 펌프의 토출양정을 높인다.
④ 펌프의 토출구경을 확대한다.

6. 가스사용시설의 가스계량기에 관한 설명으로 옳지 않은 것은?
① 공동주택의 경우 가스계량기는 일반적으로 대피공간이나 주방에 설치된다.
② 가스계량기와 전기계량기와의 거리는 60cm 이상 유지하여야 한다.
③ 가스계량기와 전기개폐기와의 거리는 60cm 이상 유지하여야 한다.
④ 가스계량기와 화기(그 시설 안에서 사용하는 자체화기는 제외) 사이에 유지하여야 하는 거리는 2m 이상이어야 한다.

7. 2중효용 흡수식 냉동기에 관한 설명으로 옳은 것은?
① 냉매로서 LiBr 수용액을 사용한다.
② LiBr 수용액의 농축을 위하여 증발을 사용한다.
③ 발생기, 압축기, 흡수기, 증발기로 구성되어 있다.
④ 발생기는 저온발생기와 고온발생기로 구성되어 있다.

8. 자동화재탐지설비의 감지기에 관한 설명으로 옳지 않은 것은?
① 스포트형 감지기는 45° 이상 경사되지 않도록 부착한다.
② 감지기는 천장 또는 반자의 옥내에 면하는 부분에 설치한다.
③ 정온식 감지기는 주방·보일러실 등으로서 다량의 화기를 취급하는 장소에 설치한다.
④ 보상식 스포트형 감지기는 정온점이 감지기 주위의 평상시 최고온도보다 10℃ 이상 높은 것으로 설치한다.

9. 변풍량 단일덕트방식에서 송풍량 조절의 기준이 되는 것은?
① 실내 청정도
② 실내 기류속도
③ 실내 현열부하
④ 실내 잠열부하

10. 고온수 난방방식에 관한 설명으로 옳지 않은 것은?
① 장치의 열용량이 크므로 예열시간이 길게 된다.
② 공급과 환수의 온도차를 크게 할 수 있으므로 열수송량이 크다.
③ 공업용과 같이 고압증기를 다량으로 필요로 할 경우에는 부적당하다.
④ 지역난방에는 이용할 수 없으며 높이가 높고 건축면적이 넓은 단일 건물에 주로 이용된다.

11. 축전지의 충전방식 중 필요할 때마다 표준 시간율로 소정의 충전을 하는 방식은?
① 보통 충전   ② 급속 충전
③ 세류 충전   ④ 균등 충전

12. 다음 중 사이폰식 트랩에 속하지 않는 것은?
① P트랩   ② S트랩
③ U트랩   ④ 드럼트랩

13. 급기온도를 일정하게 하고 송풍량을 변화시켜서 실내온도를 조절하는 공기조화방식은?
① FCU 방식
② 이중덕트방식
③ 정풍량 단일덕트방식
④ 변풍량 단일덕트방식

14. 다음과 같은 조건에 있는 실의 틈새바람에 의한 현열 부하량은?

[조건]
- 실의 체적 : 400m³
- 환기횟수 : 0.5회/h
- 실내공기 건구온도 : 20℃
- 외기 건구온도 : 0℃
- 공기의 밀도 : 1.2kg/m³
- 공기의 비열 : 1.01kJ/kg·K

① 986 W   ② 1,124 W
③ 1,347 W   ④ 1,542 W

15. 습공기의 상태변화에 관한 설명으로 옳지 않은 것은?
① 가열하면 엔탈피는 증가한다.
② 냉각하면 비체적은 감소한다.
③ 가열하면 절대습도는 증가한다.
④ 냉각하면 습구온도는 감소한다.

16. 급수방식에 관한 설명으로 옳지 않은 것은?

① 상수도 직결방식은 위생성 측면에서 바람직한 방식이다.
② 고가탱크방식은 중력으로 필요한 곳에 급수하는 방식이다.
③ 펌프직송방식 중 변속방식은 토출압력을 감지하여 펌프의 회전수를 제어하는 방식이다.
④ 압력탱크방식은 대규모의 급수 수요에 쉽게 대응할 수 있어 고층 건물에 주로 사용된다.

17. 급탕설비에 관한 설명으로 옳지 않은 것은?

① 냉수, 온수를 혼합 사용해도 압력차에 의한 온도 변화가 없도록 한다.
② 배관은 적정한 압력손실 상태에서 피크시를 충족시킬 수 있어야 한다.
③ 도피관에는 압력을 도피시킬 수 있도록 밸브를 설치하고 배수는 직접배수로 한다.
④ 밀폐형 급탕시스템에는 온도상승에 의한 압력을 도피시킬 수 있는 팽창탱크 등의 장치를 설치한다.

18. 실내공기 중에 부유하는 직경 10 μm 이하의 미세먼지를 의미하는 것은?

① VOC10　　② PMV10
③ PM10　　④ SS10

19. 다음과 같은 특징을 갖는 배선공사 방식은?

- 열적 영향이나 기계적 외상을 받기 쉬운 곳이 아니면 금속배관과 같이 광범위하게 사용 가능하다.
- 관자체가 절연체이므로 감전의 우려가 없으며 시공이 쉬운게 장점이다.

① 버스덕트 공사　　② 애자사용 공사
③ 합성수지관 공사　　④ 플로어덕트 공사

20. 건축물의 단열계획에 관한 설명으로 옳지 않은 것은?

① 외벽 부위는 내단열로 시공한다.
② 열손실이 많은 북측 거실의 창 및 문의 면적을 최소화한다.
③ 외피의 모서리 부분은 열교가 발생하지 않도록 단열재를 연속적으로 설치한다.
④ 발코니 확장을 하는 공동주택에는 단열성이 우수한 로이(Low-E) 복층창이나 삼중창 이상의 단열성능을 갖는 창을 설치한다.

해설 및 정답

1. 유량(Q) = 단면적(A) × 속도(v)에서
속도(v) = 유량(Q)/단면적(A)
$v_A = 3/(3.14 \times 0.05^2) = 382.2$ m/min $= 6.37$ m/s
$v_B = 3/(3.14 \times 0.1^2) = 95.5$ m/min $= 1.59$ m/s

2. 연색평가지수(CRI)
1) 자연광(태양광)에서 본 사물의 색과 특정조명에서 본 사물의 색이 어느 정도 유사한가를 수치로 정량화한 것
2) 평균연색평가지수(Ra)가 100에 가까울수록 자연광에 가까운 색의 조명이고 0에 가까울수록 색에 대한 왜곡이 많이 일어나는 조명이다.
3) CRI100은 태양광을 의미한다.
4) 수은등과 나트륨등은 연색성이 좋지 않다.

3. 부하율은 전기설비가 어느 정도 유효하게 사용되는가를 판단하는 척도로 이 값이 클수록 전기설비가 평활하게 사용됨을 의미한다.

5. 공동현상(캐비테이션, cavitation) : 흡입양정이 너무 높거나 물의 온도가 높아 펌프의 흡입구 측에서 물의 일부가 증발하여 기포로 되며 소음과 진동이 발생하는 현상을 말한다. 이의 방지를 위해서는 흡입양정을 낮추어야 한다.

6. 가스계량기는 위험에 대비하여 대피공간이나 주방이 아닌 다용도실이나 발코니 등에 대부분 설치한다.

7. 2중효용 흡수식 냉동기
단효용 흡수식 냉동기의 발생기를 고온발생기와 저온발생기로 분리하여 고온발생기에서 발생한 증기의 열을 저온발생기에서 용액과 물을 분리하는데 한 번 더 이용하여 효율을 향상시킨 것이다.
① 흡수식 냉동기의 냉매는 물, 흡수액으로서는 LiBr 수용액을 사용한다.
② LiBr 수용액의 농축을 위하여 발생기에서 가열한다.
③ 발생기, 응축기, 흡수기, 증발기로 구성되어 있다.

8. 보상식스포트형감지기는 정온점이 감지기 주위의 평상시 최고온도보다 20°C 이상 높은 것으로 설치할 것(자동화재탐지설비 및 시각경보장치의 화재안전기술기준(NFTC 203) 2.기술기준)

9. 변풍량방식 뿐만 아니라 모든 공조설비에서 풍량(Q)은 실내 현열부하(q_{SH})와 송풍온도차($t_i - t_s$)로 계산한다.

송풍량 $Q = \dfrac{q_{SH}(kW)}{1.21(t_i - t_s)}$ (m³/s)

10. 고온수난방은 지역난방에 많이 이용되며 높이가 높은 곳은 고온수보다는 고압증기가 수송에 편리하여 많이 이용된다.

11. 축전지의 충전방식
① 급속충전 : 축전지 용량의 1/3정도의 충전전압으로 짧은 시간에 충전하는 것. 축전지에서 순간적으로 발생하는 열이 높아 수명이 짧아지고 성능도 떨어진다.
② 보통충전 : 축전지 용량의 1/10정도의 충전전압으로 보다 장시간에 걸쳐 표준시간율로 충전하는 것
③ 부동충전 : 상용부하에 대한 전력공급은 충전기가 부담하도록 하되 충전기가 부담하기 어려운 일시적인 대전류부하는 축전지로 하여금 부담하게 하는 것
④ 세류충전 : 자기 방전에 가까운 낮은 전류로 서서히 충전을 하는 것

12. 사이폰식 트랩 : 구조가 간단하고 자기사이폰 작용으로 자정작용도 하지만 봉수가 파괴되기 쉬운 단점도 있다. P트랩, S트랩, U트랩 등 관을 구부려 만든 관트랩이 여기에 해당한다.

13. 단일덕트 가변풍량방식(Variable Air Volume System)
덕트의 말단에 VAV유닛을 설치하여 송풍온도는 일정하게 하고, 실내부하의 변동에 따라 송풍량을 변화시키는 방식으로 에너지 절약형이다.

해설 및 정답

14. 틈새바람에 의한 현열부하 계산
부하는 시간당 필요한 열량과 같은 의미이므로 다음의 열량계산식으로 풀면 된다.
열량 즉 현열부하 q_{SH} (kJ/s)
= 밀도(ρ, kg/m³)×풍량(Q, m³/s)
×비열(C, kJ/kg·K)×온도차(Δt, K)에서
= 1.2(kg/m³)×200/3,600(m³/s)×1.01(kJ/kg·K)
×(20-0)(K) ≒ 1.347(kW) = 1,347(W)

15. 습공기선도에서 습공기의 건구온도가 상승하면
상대습도-낮아진다.
엔탈피, 비체적, 습구온도-증가한다.
절대습도, 노점온도-변화없다.

17. ③ 도피관은 팽창관 또는 안전관을 말하는 것으로 밸브를 설치하지 않는다.

18. • PM10 : 실내공기 중에 부유하는 직경 10 μm 이하의 미세먼지
• VOCs(Volatile Organic Compounds) : 휘발성 유기화합물. 증기압이 높아 대기 중으로 쉽게 증발되는 액체 또는 기체상 유기화합물의 총칭
• PMV(Predicted Mean Vote) : 열쾌적성을 나타내는 지표로서 예상 평균 온열감을 말한다. PMV가 0에 가까울수록 쾌적한 상태이다.
• SS(suspendid solid) : 오수중에 함유되어 있는 부유물질

19. 합성수지관 공사(경질비닐관 공사) - 관 자체가 우수한 절연성을 가지고 있으며, 중량이 가볍고 시공이 용이하며 내식성이 뛰어나지만, 열에 약하고 기계적 강도가 낮은 것이 단점이다.

20. 외벽은 열교 및 내부결로 발생부위 면적감소를 위해 외단열로 시공한다.

1. ④	2. ①	3. ③	4. ③	5. ②
6. ①	7. ④	8. ④	9. ③	10. ④
11. ①	12. ④	13. ④	14. ③	15. ③
16. ④	17. ③	18. ③	19. ③	20. ①

과년도출제문제 (CBT 시험문제)

25 건축기사
5. 10 시행 출제문제

※ 본 기출문제는 수험자의 기억을 바탕으로 하여 복원한 문제이므로 실제 문제와 다를 수 있음을 미리 알려드립니다.

1. 다음과 같은 조건에서 실내에 500W의 열을 발산하는 기기가 있을 때, 이 열을 제거하기 위한 필요환기량은?

[조건]
- 실내온도 : 20°C, 환기온도 : 10°C
- 공기의 정압비열 : 1.01kJ/kg · K
- 공기의 밀도 : 1.2kg/m³

① 41.3m³/h   ② 148.5m³/h
③ 413m³/h   ④ 1485m³/h

2. 배수배관에 관한 설명으로 옳지 않은 것은?
① 배수배관은 원칙적으로 중력에 의해 옥외로 배출하도록 한다.
② 엘리베이터 샤프트, 수변전실에는 배수배관을 설치하지 않는다.
③ 배관 내를 쉽게 청소할 수 있는 위치에 청소구를 설치한다.
④ 건물 내에서 피트 내 가공배관은 피하고 지중배관을 한다.

3. 중앙식 급탕 방식 중 보일러에서 만들어진 증기 또는 고온수를 열원으로 하고, 저탕조 내에 설치된 코일을 통해 저탕조 내의 물을 가열하는 방식은?
① 간접 가열식
② 기수 혼합식
③ 직접 가열식
④ 순간 가열식

4. 가스의 연소성을 나타내는 것은?
① 비열비   ② 웨버지수
③ 가버너   ④ 단열지수

5. 다음 중 상대습도(R.H) 100%에서 그 값이 같지 않은 온도는?
① 효과온도   ② 건구온도
③ 습구온도   ④ 노점온도

6. 각종 보일러에 관한 설명으로 옳은 것은?
① 수관보일러는 소용량으로 소규모 건물에 적합하며 지역난방으로는 사용이 불가능하다.
② 주철제보일러는 사용 내압이 높아 고압용으로 주로 사용되며 용량도 크다.
③ 관류보일러는 보유수량이 많아 예열시간이 길다.
④ 노통연관보일러는 부하변동에 잘 적응되며, 보유수면이 넓어서 급수용량 제어가 쉽다.

7. 면적이 100m²인 어느 강당의 소요 평균조도가 300lx이다. 1개당 광속이 2,000lm인 형광등을 사용할 경우 소요형광등수는? (단, 조명률은 60%, 감광보상률은 1.5이다.)
① 25개   ② 29개
③ 34개   ④ 38개

8. 일사에 관한 설명으로 옳지 않은 것은?
① 일사에 의한 건물의 수열은 방위에 따라 차이가 있다.
② 추녀와 차양은 창면에서의 일사조절 방법으로 사용된다.
③ 블라인드, 루버, 롤스크린은 계절이나 시간, 실내의 사용상황에 따라 일사를 조절할 수 있다.
④ 일사조절의 목적은 일사에 의한 건물의 수열이나 흡열을 작게 하여 동계의 실내기후의 악화를 방지하는데 있다.

9. 엘리베이터 안전장치 중에서 카(Car)가 최상층이나 최하층에서 정상 운행위치를 벗어나 그 이상으로 운행하는 것을 방지하는 것은?

① 완충기(Buffer)
② 조속기(Governor)
③ 리미트 스위치(Limit Switch)
④ 카운터 웨이트(Counter Weight)

10. 다음 설명에 알맞은 화재의 종류는?

> 나무, 섬유, 종이, 고무, 플라스틱류와 같은 일반 가연물이 타고 나서 재가 남는 화재

① A급 화재　　② B급 화재
③ C급 화재　　④ K급 화재

11. 양수량 2m³/min, 전양정 50m, 효율이 60%인 펌프의 축동력은? (단, 유체의 밀도는 1,000kg/m³ 이다.)

① 2.77 kW
② 9.82 kW
③ 16.33 kW
④ 27.23 kW

12. 환기에 관한 설명으로 옳지 않은 것은?

① 기밀성이 높은 주택의 경우 잦은 기계환기를 통해 실내공기의 오염을 낮추는 것이 바람직하다.
② 병원의 수술실은 오염공기가 실내로 들어오는 것을 방지하기 위해 실내압력을 주변공간보다 높게 설정한다.
③ 공기의 오염도가 높은 도로에 면해 있는 건물의 경우, 공기조화설비 계통의 외기도입구를 가급적 높은 위치에 설치한다.
④ 화장실은 송풍기(급기팬)와 배풍기(배기팬)를 설치하는 것이 일반적이다.

13. 다음 중 냉방부하 계산 시 현열만을 고려하는 것은?

① 인체의 발생열량
② 실내기기 부하
③ 틈새바람으로부터의 취득열량
④ 외기의 도입으로 인한 취득열량

14. 자동화재탐지설비의 감지기 중 감지기 주위의 온도상승률이 일정한 값을 초과하는 경우 작동하는 것은?

① 정온식　　② 차동식
③ 광전식　　④ 이온화식

15. 증기난방에 관한 설명으로 옳지 않은 것은?

① 온수난방에 비해 예열시간이 짧다.
② 온수난방에 비해 한랭지에서의 동결의 우려가 작다.
③ 운전 시 증기해머로 인한 소음을 일으키기 쉽다.
④ 온수난방에 비해 부하변동에 따른 실내발열량의 제어가 용이하다.

16. 다음 설명에 알맞은 전동기의 종류는?

> • 회전자계를 만드는 여자전류가 전원측으로부터 흐르는 관계로 역률이 나쁘다는 결점이 있다.
> • 구조와 취급이 간단하여 건축설비에서 가장 널리 사용된다.

① 직권전동기　　② 분권전동기
③ 유도전동기　　④ 동기전동기

17. 다음과 같은 공식을 통해 산출되는 값으로 전기설비가 어느 정도 유효하게 사용되는가를 나타내는 것은?

$$\frac{부하의\ 평균전력}{최대\ 수용전력} \times 100[\%]$$

① 부하율　　② 보상률
③ 부등률　　④ 수용률

18. 게이트밸브(gate valve)라고도 하며 유체흐름에 의한 마찰손실이 적어서 물과 증기배관에 주로 사용되는 밸브는?

① 체크밸브(Check valve)
② 앵글밸브(Angle valve)
③ 글로브밸브(Glove valve)
④ 슬루스밸브(Sluice valve)

19. 다음 통기관의 관경에 대한 설명으로 옳지 않은 것은?

① 각개통기관의 관경은 그것이 접속되는 배수관 관경의 1/2 이상으로 한다.
② 회로통기관의 관경은 배수수평지관과 통기수직관 중 큰 쪽 관경의 1/2 이상으로 한다.
③ 결합통기관의 관경은 통기수직관과 배수수직관 중 작은 쪽 관경 이상으로 한다.
④ 신정통기관의 관경은 배수수직관의 관경보다 작게해서는 안된다.

20. 다음 중 최근 저압선로의 배선보호용 차단기로 가장 많이 사용되는 것은?

① ACB
② GCB
③ MCCB
④ ABCD

해설 및 정답

1. 발열량에 의한 환기량 계산
현열부하 계산식 $q_{SH} = G \cdot C \cdot \Delta t = \rho \cdot Q \cdot C \cdot (t_i - t_o)$ 에서

$$Q = \frac{q_{SH}}{\rho \cdot C \cdot (t_i - t_o)}$$

$$= \frac{500 J/s \div 1,000 J/kJ \times 3,600 s/h}{1.2 kg/m^3 \times 1.01 kJ/kg \cdot K \times (20-10)K} = 148.5(m^3/h)$$

2. 지중배관은 정확한 구배 공사 및 청소, 교체 등 유지 관리도 어려우므로 가능한 피트내 가공배관으로 한다.

3. 직접가열식 급탕과 간접가열식 급탕의 가열장소 구분
- 직접가열식 : 보일러에서 물을 직접 가열
- 간접가열식 : 보일러에서 만들어진 증기 또는 고온수를 저탕조 내에 설치된 가열코일로 보내 저탕조에서 물을 가열

4. 웨버지수 WI(Wobbe Index)
가스연료의 단위시간당 방출되는 에너지를 정의하기 위한 지수
웨버지수 WI = 가스의 발열량/$\sqrt{d}$
d : 가스의 비중(공기를 1로 했을 때)

5. 포화상태(상대습도 100%)일 때는 건구온도, 습구온도, 노점온도 모두 동일하다.

6. ① 수관보일러 : 대형건물이나 고압증기를 다량 사용하는 곳, 지역난방 등에 주로 사용되는 대규모 보일러이다.
② 주철제보일러 : 사용압력이 낮아 증기용은 0.1MPa(100kPa), 온수용은 수두 50m 이하로 제한된다.
③ 관류보일러 : 보유수량이 적어 예열시간이 짧다.

7. 광속법에 의한 조명설계식 $F \cdot N \cdot U = E \cdot A \cdot D$ 에서

광원의 개수 $N = \dfrac{E \cdot A \cdot D}{F \cdot U} = \dfrac{300 \times 100 \times 1.5}{2000 \times 0.6} = 37.5 = 38$ 개

여기에서
N : 광원의 개수
F : 광원 1개의 광속(lm)
A : 방의 면적(m^2)
E : 조도(lx)
D : 감광 보상률
U : 조명률

8. ④ 일사조절의 목적은 일사에 의한 건물의 수열이나 흡열을 조절하여 난방기간(겨울) 중 최대일사량을 받고, 냉방기간(여름) 중 최소일사량을 받도록 한다.

9. 리미트 스위치(Limit Switch) : 최상층이나 최하층에서 카를 자동으로 정지시키는 스토핑스위치가 작동하지 않을 때 제 2단의 작동으로 주회로를 차단한다.

10. 유형에 따른 화재의 분류
① A급 화재 - 보통화재
② B급 화재 - 기름화재
③ C급 화재 - 전기화재
④ K급 화재 - 주방화재

11. 펌프의 축동력 = $\dfrac{\rho \cdot Q \cdot H}{6120 E} = \dfrac{1,000 \times 2 \times 50}{6120 \times 0.6} = 27.2(kW)$

12. 화장실, 주방 등 냄새가 나거나 오염이 있는 실의 환기 : 배풍기(배기팬)만을 설치하는 3종환기(자연급기, 강제배기)로 하여 실내를 부압(-압)으로 만든다.

13. 실내의 온도를 변하게 하는 것은 현열부하를 발생시키고 습도를 변하게 하는 것은 잠열부하를 발생시킨다. 인체부하, 틈새바람(극간풍)에 의한 부하, 외기부하 등은 온도뿐만 아니라 습도도 변하게 하므로 현열과 잠열부하를 모두 고려해야 한다.

14. 작동원리에 따른 감지기의 구분
- 정온식 : 주위온도가 일정온도 이상이 되면 작동
- 차동식 : 주위온도가 일정 온도상승률 이상이 되면 작동

해설 및 정답

15. 증기는 온수에 비해 온도가 높고 유량조절이 어려우므로 방열량 조정이 어렵다.

16. 건축설비에서 가장 많이 사용되는 전동기는 값이 싸고 조작이 간편한 교류용 3상유도전동기이다.

17. 부하율은 전기설비가 어느 정도 유효하게 사용되는가를 판단하는 척도로 이 값이 클수록 전기설비가 평활하게 사용됨을 의미한다.

18.
- 유체흐름에 대한 저항이 가장 큰 밸브 - 글로브 밸브
- 유체흐름에 대한 저항이 가장 작은 밸브 - 슬루스밸브(게이트밸브)

19. 회로통기관의 관경은 배수수평지관과 통기수직관 중 작은 쪽 관경의 1/2 이상으로 한다.

20. 배선용차단기(MCCB : Molded Case Circuit Breaker) NFB(No Fuse Breaker) 중 가장 많이 사용되는 것으로서 개폐기구, 트립장치 등을 절연물 용기내에 일체로 조립한 것으로 통전상태의 전로를 수동 또는 전기 조작에 의해 개폐할 수 있으며, 과부하 및 단로 등의 이상 상태시 자동적으로 전류를 차단하는 기구. 교류 600V 이하 또는 직류 250V 이하의 저압 옥내전로의 보호에 사용되는 mold case 차단기

1. ②	2. ④	3. ①	4. ②	5. ①
6. ④	7. ④	8. ④	9. ③	10. ①
11. ④	12. ④	13. ②	14. ②	15. ④
16. ③	17. ①	18. ④	19. ②	20. ③

과년도출제문제 (CBT 시험문제)

※ 본 기출문제는 수험자의 기억을 바탕으로 하여 복원한 문제이므로 실제 문제와 다를 수 있음을 미리 알려드립니다.

1. 엘리베이터의 조작방식 중 무운전원 방식으로 다음과 같은 특징을 갖는 것은?

> 승객 스스로 운전하는 전자동 엘리베이터로, 승강장으로부터의 호출 신호로 기동, 정지를 이루는 조작 방식이며, 누른 순서에 상관없이 각 호출에 응하여 자동적으로 정지한다.

① 단식자동방식
② 카 스위치방식
③ 승합전자동방식
④ 시그널 콘트롤 방식

2. 합성 최대수용전력이 1000(kW), 부하율이 0.6일 때 평균전력(kW)은?

① 600
② 800
③ 1000
④ 1667

3. 다음과 같은 조건에 있는 실의 틈새바람에 의한 현열부하는?

> - 실의 체적: 400m³
> - 환기횟수: 0.5회/h
> - 실내온도: 20°C, 외기온도: 0°C
> - 공기의 밀도: 1.2kg/m³
> - 공기의 정압비열: 1.01KJ/kg · K

① 약 654W
② 약 972W
③ 약 1347W
④ 약 1654W

4. 급수방식에 관한 설명으로 옳지 않은 것은?

① 상수도 직결방식은 위생성 측면에서 바람직한 방식이다.
② 고가탱크방식은 중력으로 필요한 곳에 급수하는 방식이다.
③ 펌프직송방식 중 변속방식은 토출압력을 감지하여 펌프의 회전수를 제어하는 방식이다.
④ 압력탱크방식은 대규모의 급수수요에 쉽게 대응할 수 있어 고층건물에 주로 사용된다.

5. 다음 중 건축물 실내공간의 잔향시간에 가장 큰 영향을 주는 것은?

① 실의 용적
② 음원의 위치
③ 벽체의 두께
④ 음원의 음압

6. 자동화재탐지설비의 감지기에 관한 설명으로 옳지 않은 것은?

① 스포트형 감지기는 45° 이상 경사되지 않도록 부착한다.
② 감지기는 천장 또는 반자의 옥내에 면하는 부분에 설치한다.
③ 정온식 감지기는 주방·보일러실 등으로서 다량의 화기를 취급하는 장소에 설치한다.
④ 보상식 스포트형 감지기는 정온점이 감지기 주위의 평상시 최고온도보다 10°C 이상 높은 것으로 설치한다.

7. 건구온도 30℃, 상대습도 60%인 공기를 냉수코일에 통과시켰을 때 공기의 상태변화로 옳은 것은? (단, 코일 입구수온 5℃, 코일 출구수온 10℃)

① 건구온도는 낮아지고 절대습도는 높아진다.
② 건구온도는 높아지고 절대습도는 낮아진다.
③ 건구온도는 높아지고 상대습도는 높아진다.
④ 건구온도는 낮아지고 상대습도는 높아진다.

8. 베르누이(Berroulli)의 정리를 가장 올바르게 표현한 것은?

① 유체가 갖고 있는 운동에너지는 흐름 내 어디에서나 일정하다.
② 유체가 갖고 있는 운동에너지와 중력에 의한 위치에너지의 총합은 흐름 내 어디에서나 일정하다.
③ 유체가 갖고 있는 운동에너지, 중력에 의한 위치에너지의 총합은 흐름 내 어디에서나 압력에너지와 같다.
④ 유체가 갖고 있는 운동에너지, 중력에 의한 위치에너지 및 압력에너지의 총합은 흐름 내 어디에서나 일정하다.

9. 다음 중 역류를 방지하여 오염으로부터 상수계통을 보호하기 위한 방법과 가장 거리가 먼 것은?

① 토수구 공간을 둔다.
② 역류방지밸브를 설치한다.
③ 대기압식 또는 가압식 진공브레이커를 설치한다.
④ 플렉시블 조인트를 설치하거나 스위블이음으로 배관한다.

10. 급기온도를 일정하게 하고 송풍량을 변화시켜서 실내온도를 조절하는 공기조화방식은?

① FCU 방식
② 이중덕트방식
③ 정풍량 단일덕트방식
④ 변풍량 단일덕트방식

11. 다음과 같은 조건에서 난방부하가 3,500W인 실을 온수난방으로 할 때 방열기의 온수 순환수량은?

[조건]
- 방열기의 입구 수온: 90℃
- 방열기의 출구 수온: 85℃
- 물의 비열: 4.2kJ/kg·K

① 300kg/h
② 600kg/h
③ 900kg/h
④ 1,200kg/h

12. 알칼리 축전지에 관한 설명으로 옳지 않은 것은?

① 고율방전특성이 좋다.
② 공칭전압은 2[V/셀]이다.
③ 기대수명이 10년 이상이다.
④ 부식성의 가스가 발생하지 않는다.

13. 어떤 사무실의 취득 현열량이 15000W일 때 실내온도를 26℃로 유지하기 위하여 16℃의 외기를 도입할 경우, 실내에 공급하는 송풍량은 얼마로 해야 하는가? (단, 공기의 정압비열은 1.01kJ/kg·K, 밀도는 1.2kg/m³ 이다.)

① 2455m³/h
② 4455m³/h
③ 6455m³/h
④ 8455m³/h

14. 지역난방 방식에 관한 설명으로 옳지 않은 것은?

① 열원설비의 집중화로 관리가 용이하다.
② 설비의 고도화로 대기오염 등 공해를 방지할 수 있다.
③ 각 건물의 이용시간차를 이용하면 보일러의 용량을 줄일 수 있다.
④ 고온수난방을 채용할 경우 감압장치가 필요하며 응축수 트랩이나 환수관이 복잡해진다.

15. 흡수식 냉동기에 관한 설명으로 옳지 않은 것은?

① 열에너지가 아닌 기계적 에너지에 의해 냉동효과를 얻는다.
② 증발기, 흡수기, 재생기(발생기), 응축기 등으로 구성되어 있다.
③ 냉방용의 흡수식 냉동기는 물과 브롬화리튬의 혼합용액을 사용한다.
④ 2중효용 흡수식 냉동기는 단효용 흡수식 냉동기보다 에너지 절약적이다.

16. 소방시설은 소화설비, 경보설비, 피난구조설비, 소화용수설비, 소화활동설비로 구분할 수 있다. 다음 중 소화활동설비에 속하는 것은?

① 제연설비
② 비상방송설비
③ 스프링클러설비
④ 자동화재탐지설비

17. 통기관에 관한 설명으로 옳지 않은 것은?

① 2개 이상의 횡지관이 있는 배수입상관에는 통기입상관을 설치하여야 한다.
② 위생배관의 통기관은 위생배관의 통기 이외의 다른 목적으로 사용하지 않는다.
③ 통기관은 위생기구의 물 넘침선보다 150mm 이상 높게 배관하여 연결하는 것이 원칙이다.
④ 여러 개의 통기관을 입상관 상부 끝에서 공통 헤더로 연결하여 한 곳에서 대기에 개방할 수 있다.

18. 다음의 간선 배전방식 중 분전반에서 사고가 발생했을 때 그 파급범위가 가장 좁은 것은?

① 평행식
② 방사선식
③ 나뭇가지식
④ 나뭇가지 평행식

19. 조명을 요하는 면적을 A, 사용램프의 전광속을 F, 조명률을 U, 보수율을 M, 평균조도를 E 라고 할 때 평균조도의 산정식으로 옳은 것은?

① $E = \dfrac{F \times U \times A}{M}$
② $E = \dfrac{F \times U \times M}{A}$
③ $E = \dfrac{F \times U}{A \times M}$
④ $E = \dfrac{A \times M}{F \times U}$

20. 급탕배관에 관한 설명으로 옳지 않은 것은?

① 관의 신축을 고려하여 굽힘부분에는 스위블이음 등으로 접합한다.
② 관의 신축을 고려하여 건물의 벽관통부분의 배관에는 슬리브를 사용한다.
③ 역구배나 공기 정체가 일어나기 쉬운 배관 등 온수의 순환을 방해하는 것은 피한다.
④ 배관재로 동관을 사용하는 경우 관내 유속을 느리게 하면 부식되기 쉬우므로 2.5m/s 이상으로 하는 것이 바람직하다.

해설 및 정답

2. 부하율 = $\dfrac{평균수용전력(kW)}{최대수용전력(kW)} \times 100(\%)$ 에서

평균수용전력(kW) = 최대수용전력(kW) × 부하율
= 1000 × 0.6 = 600(kW)

3. 틈새바람에 의한 현열부하 계산
부하는 시간당 필요한 열량과 같은 의미이므로 다음의 열량계산식으로 풀면 된다.
열량 즉 현열부하 q_{SH} (kJ/s)
= 밀도(ρ, kg/m³) × 풍량(Q, m³/s)
  × 비열(C, kJ/kg·K) × 온도차(Δt, K)에서
= 1.2(kg/m³) × 200/3,600(m³/s) × 1.01(kJ/kg·K)
  × (20-0)(K) ≒ 1.347(kW) = 1,347(W)
여기에서
풍량(Q, m³/h) = 환기회수(n, 회/h) × 체적(V, m³)
= 0.5회/h × 400m³ = 200m³/h

5. Sabine의 잔향식 $RT = K \cdot \dfrac{V}{A} = 0.16 \dfrac{V}{A}$

RT : 잔향시간(초), V : 실의 체적(m³), K : 비례상수(0.16),
A : 실내의 총 흡음력(m²) = Σ (흡음율 표면적)
위 식과 같이 잔향시간은 실의 체적(V), 흡음력(A) 등에 의해 결정된다.

6. 보상식스포트형감지기는 정온점이 감지기 주위의 평상시 최고온도보다 20°C 이상 높은 것으로 설치할 것 (자동화재탐지설비 및 시각경보장치의 화재안전기술기준(NFTC 203) 2.기술기준)

7. 공기가 표면온도가 낮은 냉수코일을 통과하면 건구온도가 낮아지고 결로로 인한 감습으로 절대습도도 낮아진다. 그러나 건구온도가 낮아짐에 따라 포화수증기압이 낮아지므로 상대습도는 약 90% 정도로 높아진다. 이 공기가 실내로 취출되면 온도가 높은 실내공기와 혼합되어 건구온도가 다시 올라가 포화수증기압이 다시 커지므로 상대습도는 쾌적한 범위로 낮아진다.

8. 베르누이 방정식 : $p + \dfrac{1}{2}\rho v^2 + \rho g h$ = 일정

동일한 Stream line(유선)에서 임의의 두 점을 선택하여 계산한 압력에너지와 속도수두(운동에너지), 위치에너지의 합은 일정하다.

9. • 플렉시블 조인트 : 배관도중 방진이 필요한 곳에 사용되는 이음쇠
• 스위블이음 : 배관도중 2개 이상의 엘보를 사용하여 신축을 흡수하는 것

10. 부하의 변화에 따라
• 정풍량 방식 : 송풍량 일정, 송풍온도 변화
• 변풍량 방식 : 송풍량 변화, 송풍온도 일정

11. 난방부하는 시간당 필요한 열량을 말하므로 온수순환량은 다음의 열량계산식으로 계산한다.

열량 = $\dfrac{질량G(kg/h) \times 비열C(kJ/kg \cdot K) \times 온도차 \Delta t(K)}{3,600(s/h)}$

즉 열량 $q = \dfrac{G \cdot C \cdot \Delta t}{3,600}(kW)$ 에서

질량(온수순환량) $G = \dfrac{3,600q}{C \cdot \Delta t} = \dfrac{3,600 \times 3.5}{4.2 \times 5} = 600 kg/h$

문제조건 중 3,500W = 3.5kW이고
W = J/s, KW = kJ/s 이다.

12. 알칼리 축전지의 공칭전압은 1.2[V/셀]이다.

13. 공조설비 송풍량 계산
부하는 시간당 필요한 열량과 같은 의미이므로 다음의 열량계산식으로 풀면 된다.
열량(q, kJ/h) = 밀도(ρ, kg/m³) × 풍량(Q, m³/h) × 비열(C, kJ/kg·K) × 온도차(Δt, K)에서
풍량(Q, m³/h)

= $\dfrac{열량(q, kJ/h)}{밀도(\rho, kg/m^3) \times 비열(C, kJ/m^3 \cdot K) \times 온도차(\Delta t, K)}$

= $\dfrac{15(kJ/s)}{1.2(kg/m^3) \times 1.01(kJ/kg \cdot K) \times (26-16)(K)}$

= 1.2376(m³/s) = 4,455(m³/h)

해설 및 정답

여기에서
열량(부하) 15,000 W = 15,000 J/s = 15 kJ/s

14. 지역난방의 열매가 증기일 경우 수송은 편리하나 트랩관리가 어렵고 환수관이 잘 부식되며 복잡해진다.

15. 냉동기별 냉동원리
1) 압축식 냉동기 : 전기의 입력에 의한 기계적에너지로 냉동
2) 흡수식 냉동기 : 냉매를 증발시키고 용액으로 흡수하여 열에너지로 냉동

16. 제연설비는 소화활동설비에 해당된다.
소화활동설비 : 제연설비, 연결송수관설비, 연결살수설비, 무선통신보조설비, 비상콘센트설비 등

18. 평행식은 각 분전반 마다 배전반으로부터 1:1 단독으로 배선되어 있으므로 사고가 발생하여도 그 범위를 좁힐 수 있다.

19. 광속법에 의한 조명설계식 $F \cdot N \cdot U = E \cdot A \cdot D$ 에서
$$N = \frac{E \cdot A \cdot D}{F \cdot U} = \frac{E \cdot A}{F \cdot U \cdot M}$$
여기에서 D는 감광보상율이며 그 역수 1/D은 빛손실계수, 유지율 또는 보수율(M)이라 한다.

20. 급수관이나 급탕관의 유속이 빠를수록 수격작용(water hammering)이 발생하기 쉽다.

1. ③	2. ①	3. ③	4. ④	5. ①
6. ④	7. ④	8. ④	9. ④	10. ④
11. ②	12. ②	13. ②	14. ④	15. ①
16. ①	17. ①	18. ①	19. ②	20. ④

과년도출제문제 (CBT 시험문제)

23 건축산업기사
2. 23 시행 출제문제

※ 본 기출문제는 수험자의 기억을 바탕으로 하여 복원한 문제이므로 실제 문제와 다를 수 있음을 미리 알려드립니다.

1. 위험물저장 및 처리시설의 피뢰침 보호각의 기준은 몇 도인가?
① 30°
② 45°
③ 60°
④ 90°

2. 다음 중 최저 필요급수압력이 가장 높은 대변기 세정수의 급수방식은?
① 사이폰식
② 로 탱크식
③ 하이 탱크식
④ 플러시 밸브식

3. 간선설계 순서로서 옳은 것은?

| A: 전선굵기를 결정 | B: 배선방법을 선정 |
| C: 부하용량을 구한다. | D: 전기방식을 결정 |

① A-B-C-D
② C-D-B-A
③ B-A-D-C
④ D-B-A-C

4. 다음 중 생물화학적 산소요구량을 나타내는 것은?
① COD
② DO
③ BOD
④ PPM

5. 다음의 소방시설에 관한 설명 중 옳은 것은?
① 옥내소화전의 방수압력은 0.17MPa 이상이고, 방수량은 130l/min 이하이다.
② 옥외소화전의 방수압력은 0.25MPa 이상이고, 방수량은 300l/min 이상이다.
③ 스프링클러 헤드 1개의 방수량은 500l/min 이상이다.
④ 드렌쳐 설비 헤드 1개의 방수압력은 0.1MPa이다.

6. 배수트랩에 관한 설명으로 옳지 않은 것은?
① 유효 봉수깊이가 너무 낮으면 봉수를 손실하기 쉽다.
② 유효 봉수깊이는 일반적으로 50mm 이상 100mm 이하이다.
③ 배수관 계통의 환기를 도모하여 관내를 청결하게 유지하는 역할을 한다.
④ 유효 봉수깊이가 너무 크면 유수의 저항이 증가되어 통수능력이 감소된다.

7. 열관류율 K=5W/m²·K인 유리창을 통하여 이동하는 열량은? (단, 유리창의 면적은 10m²이며, 실내외 공기의 온도차는 30℃ 이다.)
① 50W
② 150W
③ 300W
④ 1500W

8. 조명 단위에 대한 조합 중 틀린 것은?
① 광속 - lm
② 조도 - lx
③ 휘도 - sb
④ 광도 - cd/m²

9. 복사난방에 관한 설명으로 옳지 않은 것은?
① 복사열에 의한 난방이므로 쾌감도가 높다.
② 열용량이 작기 때문에 간헐난방에 적합하다.
③ 천장고가 높은 곳에서도 난방감을 얻을 수 있다.
④ 실내에 방열기를 설치하지 않으므로 바닥이나 벽면을 유용하게 이용할 수 있다.

10. 급탕설비 중 개별식 급탕법의 설명으로 옳지 않은 것은?
① 용도에 따라 필요한 개소에서 필요한 온도의 탕을 비교적 간단하게 얻을 수 있다.
② 건물 완공 후에도 급탕 개소의 증설이 비교적 쉽다.
③ 급탕개소마다 가열기의 설치 스페이스가 필요하다.
④ 배관길이가 짧으나 배관 중의 열손실이 크다.

11. 통기 배관에 관한 설명으로 옳지 않은 것은?
① 각개통기방식의 경우, 반드시 통기수직관을 설치한다.
② 통기수직관과 빗물수직관은 겸용하는 것이 경제적이며 이상적이다.
③ 배수수직관의 상부는 연장하여 신정통기관으로 사용하며, 대기 중에 개구한다.
④ 통기수직관의 하부는 최저위치에 있는 배수 수평지관보다 낮은 위치에서 배수수직관에 접속하거나 또는 배수 수평주관에 접속한다.

12. 난방부하가 3.5kW인 방을 온수난방 하고자 한다. 방열기의 온수 순환수량은 얼마인가? (단, 방열기의 입구 수온은 80℃이고 출구 수온은 70℃이며 물의 비열은 4.2kJ/kg · K이다)
① 300 L/h   ② 600 L/h
③ 900 L/h   ④ 1,200 L/h

13. 자동화재탐지설비의 감지기 중 설치된 감지기의 주변온도가 일정한 온도상승률 이상으로 되었을 경우에 작동하는 것은?
① 차동식
② 정온식
③ 광전식
④ 이온화식

14. 다음 설명에 알맞은 접지의 종류는?

> 기능상 목적이 서로 다르거나 동일한 목적의 개별접지들을 전기적으로 서로 연결하여 구현한 접지

① 단독접지
② 공통접지
③ 통합접지
④ 종별접지

15. 보일러 주변을 하트포드(Hartford) 접속으로 하는 가장 주된 이유는?
① 소음을 방지하기 위해서
② 효율을 증가시키기 위해서
③ 스케일(scale)을 방지하기 위해서
④ 보일러 내의 안전수위를 확보하기 위해서

16. 급수방식에 관한 설명으로 옳은 것은?
① 수도직결방식은 수질 오염의 가능성이 가장 높다.
② 압력수조방식은 급수압력이 일정하다는 장점이 있다.
③ 펌프직송방식은 급수 압력 및 유량 조절을 위하여 제어의 정밀성이 요구된다.
④ 고가수조방식은 고가수조의 설치높이와 관계없이 최상층 세대에 충분한 수압으로 급수할 수 있다.

17. 건구온도 18℃, 상대습도 60℃인 공기가 여과기를 통과한 후 가열코일을 통과하였다. 통과 후의 공기상태는?
① 건구온도 증가, 비체적 감소
② 건구온도 증가, 엔탈피 감소
③ 건구온도 증가, 상대습도 증가
④ 건구온도 증가, 습구온도 증가

18. 양수량 10m³/min, 전양정 10m, 펌프의 효율은 80%일 때 펌프의 소요 동력은 얼마인가? (단, 물의 밀도는 1,000kg/m³, 여유율은 10%로 한다.)

① 22.5kW   ② 26.5kW
③ 30.6kW   ④ 32.4kW

19. 난방부하 계산 시 각 외벽을 통한 손실열량은 방위에 따른 방향계수에 의해 값을 보정하는데, 계수 값의 대소 관계가 옳게 표현된 것은?

① 북 > 동·서 > 남
② 북 > 남 > 동·서
③ 동 > 남·북 > 서
④ 남 > 북 > 동·서

20. 공기조화방식 중 팬코일유니트 방식에 대한 설명으로 옳지 않은 것은?

① 외기량이 부족하여 실내공기의 오염이 심하다.
② 중앙기계실의 면적이 작아도 된다.
③ 덕트 샤프트와 스페이스가 반드시 필요하다.
④ 각 실의 유니트는 수동으로도 제어할 수 있고, 개별제어가 쉽다.

해설 및 정답

1. 피뢰침의 보호각 : 일반건물은 60° 이내, 위험물 관계 건축물은 45° 이내로 한다.
(피뢰시스템에 관한 한국산업규격에서 삭제된 내용)

2. 플러시 밸브(세정밸브)식 대변기
최소급수관경 25mm, 최저필요수압 0.07MPa로 세정 소음이 작고 연속사용이 가능하다.

3. 간선설계 순서
부하용량 산정 - 전기방식 결정 - 배선방법 결정 - 전선굵기 결정

4. ① 생물화학적 산소요구량 - BOD
(Biochemical Oxygen Demand)
② 화학적 산소요구량 - COD
(Chemical Oxygen Demand)
③ 용존 산소량 - DO(Dissolved Oxygen)
④ 수소이온농도 - pH(hydrogenion concentration)
⑤ 부유 물질 - SS(Suspended Solid)
⑥ 백만분율 - PPM(Parts per Million)

5. ① 옥내소화전의 방수량 : $130 l/min$ 이상
② 옥외소화전의 방수량 : $350 l/min$ 이상
③ 스프링클러의 방수량 : $80 l/min$ 이상

6. 배수관 계통의 환기를 도모하여 관내를 청결하게 유지하는 역할을 하는 것은 통기관이다.

7. 벽, 바닥, 천정, 유리, 문 등 구조체를 통한 관류손실열량 $H_c(W)$
$H_c = k \cdot A \cdot \Delta t (W) = 5 \times 10 \times 30 = 1,500(W)$

8. 조명에 관한 용어의 단위
광속 - 루멘(lm), 조도 - 럭스(lx),
광속발산도 - radlux(rlx), 광도 - 칸델라(cd),
휘도 - 니트(nt), apostilb(asb)

9. 복사난방은 열용량이 크기 때문에 예열시간이 길어 간헐난방에는 적합하지 않다.

10. 개별식 급탕은 중앙식 급탕에 비해 배관이 짧으므로 배관 중의 열손실도 작다.

11. 우수(빗물)수직관은 건물내의 어느 배관과도 겸용하거나 연결시키면 안된다.

12. 난방부하는 시간당 필요한 열량을 말하므로 온수순환량은 다음의 열량계산식으로 계산한다.

열량 q(kJ/s)
$$= \frac{질량 G(kg/h) \times 비열 C(kJ/kg \cdot K) \times 온도차 \Delta t(K)}{3,600(s/h)}$$

즉 열량 $q = \frac{G \cdot C \cdot \Delta t}{3,600}(kW)$ 에서

시간당 질량(순환량) $G = \frac{3,600q}{C \cdot \Delta t} = \frac{3,600 \times 3.5}{4.2 \times 10}$
$= 300 kg/h$

kW = kJ/s 이며 물 1kg = 1L 이다.

13. • 정온식 : 주위온도가 일정온도 이상이 되면 작동
• 차동식 : 주위온도가 일정 온도상승률 이상이 되면 작동

14. 접하는 방법에 따른 접지의 종류
① 독립접지(단독접지) : 개개의 기기를 각각의 독립된 접지극에 접지하는 방식
② 공용(공동 또는 공통 접지) : 1개소 또는 여러 개소에 시공한 공동의 접지극에 개개의 기기를 모아서 접속하여 접지를 공용하는 것을 말한다. 제1종, 제2종, 제3종 접지를 공통으로 하여 사용하는 접지방식
③ 통합접지 : 접지해야 할 기기를 하나의 접지극에 공동으로 접지한다는 점에서는 공용접지와 유사하나, 통합접지에서는 전기기기뿐만 아니라 수도관, 가스관, 철근, 철골 등과 같이 전기와 무관한 도체도 모두 함께 접지하여 그들 간에 전위차가 없도록 함으로서 사람이 감전될 우려를 최소화하는 것

해설 및 정답

15. 하트포드 접속법은 보일러내의 수위를 확보하여 빈 불때기를 방지하기 위한 것이다.

16. ① 수도직결방식은 수질 오염의 가능성이 가장 낮다.
② 압력수조방식은 수조내의 수위에 따라 급수압력이 변한다.
④ 고가수조방식에서 최상층 세대에 충분한 수압으로 급수하기 위해서는 고가수조를 높게 설치해야 된다.

17. 공기가 가열코일을 통과하면 건구온도가 상승하고 이에 따라 다른 요소들은 다음과 같이 변한다.
상대습도-낮아진다.
엔탈피, 비체적, 습구온도-증가한다.
절대습도, 노점온도-변화없다.

18. 펌프의 축동력
$$\frac{\rho \cdot Q \cdot H}{6,120E}(1+\alpha) = \frac{1,000 \times 10 \times 10}{6,120 \times 0.8}(1+0.1) = 22.47(kw)$$

19. 난방부하 계산시 적용되는 방위계수 - 남측 : 1.0, 동측, 서측 : 1.1, 북측 : 1.2

20. 팬코일 유니트방식은 열매가 물인 전수방식이며 공기방식이 아니므로 덕트나 덕트배치공간은 필요없다.

1. ②	2. ④	3. ②	4. ③	5. ④
6. ③	7. ④	8. ④	9. ②	10. ④
11. ②	12. ①	13. ①	14. ③	15. ④
16. ③	17. ④	18. ①	19. ①	20. ③

과년도출제문제 (CBT 시험문제)

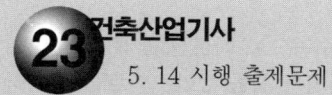

1. 다음의 공기조화방식 중 에너지 손실이 가장 큰 것은?
① 이중덕트방식
② 유인유닛방식
③ 정풍량 단일덕트방식
④ 변풍량 단일덕트방식

2. 다음 중 통기관을 설치하여도 트랩의 봉수 파괴를 막을 수 없는 것은?
① 분출작용에 의한 봉수파괴
② 자기 사이펀에 의한 봉수파괴
③ 유도 사이펀에 의한 봉수파괴
④ 모세관 현상에 의한 봉수파괴

3. 간선의 배선방식에 대한 설명 중 옳지 않은 것은?
① 평행식은 사고 발생시 파급되는 범위가 좁다.
② 루프식은 공급신뢰도가 높아 중요 부하에 적용된다.
③ 평행식은 각 층의 분전반까지 단독으로 배선되므로 전압강하가 평균화된다.
④ 나뭇가지식은 요구되는 전선의 굵기가 가늘어 대규모 건축물에 주로 사용된다.

4. 보일러의 출력표시 중 난방부하와 급탕부하를 합한 용량으로 표시되는 것은?
① 정미출력
② 상용출력
③ 정격출력
④ 과부하출력

5. 옥내의 은폐장소로서 건조한 콘크리트 바닥면에 매입 사용되는 것으로, 사무용 건물 등에 채용되는 배선방법은?
① 버스덕트 배선
② 금속몰드 배선
③ 금속덕트 배선
④ 플로어덕트 배선

6. 건구온도 18℃, 상대습도 60% 인 공기가 여과기를 통과한 후 가열 코일을 통과하였다. 통과 후의 공기 상태는?
① 비체적 감소
② 엔탈피 감소
③ 상대습도 증가
④ 습구온도 증가

7. 난방방식에 관한 설명으로 옳은 것은?
① 증기난방은 온수난방에 비해 예열시간이 길다.
② 온수난방은 증기난방에 비해 방열온도가 높으며 장치의 열용량이 작다.
③ 복사난방은 실을 개방상태로 하였을 때 난방 효과가 없다는 단점이 있다.
④ 온풍난방은 가열 공기를 보내어 난방 부하를 조달함과 동시에 습도의 제어도 가능하다.

8. 압력에 따른 도시가스의 분류에서 중압의 압력 범위로 옳은 것은?
① 0.1MPa 이상 1MPa 미만
② 0.1MPa 이상 10MPa 미만
③ 0.5MPa 이상 50MPa 미만
④ 0.5MPa 이상 10MPa 미만

9. 수동으로 회로를 개폐하고, 미리 설정된 전류의 과부하에서 자동적으로 회로를 개방하는 장치로 정격의 범위 내에서 적절히 사용하는 경우 자체에 어떠한 손상을 일으키지 않도록 설계된 장치는?
① 캐비닛
② 차단기
③ 단로스위치
④ 절환스위치

10. 스프링클러설비의 배관에 관한 설명으로 옳지 않은 것은?
① 가지배관은 각 층을 수직으로 관통하는 수직 배관이다.
② 교차배관이란 직접 또는 수직배관을 통하여 가지배관에 급수하는 배관이다.
③ 급수배관은 수원 및 옥외송수구로부터 스프링클러헤드에 급수하는 배관이다.
④ 신축배관은 가지배관과 스프링클러헤드를 연결하는 구부림이 용이하고 유연성을 가진 배관이다.

11. 생물화학적 산소요구량(BOD) 제거율을 나타내는 식은?
① $\dfrac{\text{유입수 BOD} - \text{유출수 BOD}}{\text{유입수 BOD}} \times 100(\%)$
② $\dfrac{\text{유출수 BOD} - \text{유입수 BOD}}{\text{유입수 BOD}} \times 100(\%)$
③ $\dfrac{\text{유출수 BOD} - \text{유입수 BOD}}{\text{유출수 BOD}} \times 100(\%)$
④ $\dfrac{\text{유입수 BOD} - \text{유출수 BOD}}{\text{유출수 BOD}} \times 100(\%)$

12. 다음 중 조명설계의 순서에서 가장 먼저 이루어져야 하는 사항은?
① 광원의 선정
② 조명 방식의 선정
③ 소요 조도의 결정
④ 조명 기구의 결정

13. 공기조화방식 중 전공기 방식에 관한 설명으로 옳지 않은 것은?
① 팬코일 유닛 방식 등이 있다.
② 중간기에 외기 냉방이 가능하다.
③ 송풍량이 많아서 실내공기의 오염이 적다.
④ 대형 덕트로 인한 덕트 스페이스가 요구된다.

14. 환기방식에 관한 설명으로 옳지 않은 것은?
① 기계환기는 환기풍량의 제어가 가능하다.
② 자연환기는 외기의 풍속, 풍향 및 온도에 의해 영향을 받는다.
③ 강제급기와 자연배기의 조합은 화장실, 욕조 등의 환기에 주로 사용된다.
④ 자연환기에서는 건물의 외벽체에 설치된 급기구와 배기구의 기능이 바뀔 수 있다.

15. 다음 중 효율이 가장 높지만 등황색의 단색광으로 색채의 식별이 곤란하므로 주로 터널 조명에 사용하는 것은?
① 형광램프
② 고압수은램프
③ 저압나트륨램프
④ 메탈핼라이드램프

16. 다음 중 옥내배선에서 간선의 굵기 결정요소와 가장 관계가 먼 것은?
① 허용전류
② 전압강하
③ 배선방식
④ 기계적 강도

17. 다음 중 펌프에서 공동현상(cavitation)의 방지 방법으로 가장 알맞은 것은?
① 흡입양정을 낮춘다.
② 토출양정을 낮춘다.
③ 마찰손실수두를 크게 한다.
④ 토출관의 직경을 굵게 한다.

18. 수관보일러에 관한 설명으로 옳지 않은 것은?

① 지역난방에 사용이 가능하다.
② 예열시간이 짧고 효율이 좋다.
③ 부하변동에 대한 추종성이 높다.
④ 연관식보다 사용압력은 낮으나 설치면적이 작다.

19. 30m 높이에 있는 옥상탱크에 펌프로 시간당 24m³의 물을 공급할 때, 펌프의 축동력은? (단, 배관 중의 마찰손실은 전양정의 20%, 흡입양정은 4m, 펌프의 효율은 55%이다.)

① 3.82 kW
② 4.85 kW
③ 5.65 kW
④ 6.12 kW

20. 중앙식 급탕법 중 직접가열식에 관한 설명으로 옳지 않은 것은?

① 대규모 급탕설비에는 비경제적이다.
② 급탕탱크용 가열코일이 필요하지 않다.
③ 보일러 내면의 스케일은 간접가열식보다 많이 생긴다.
④ 건물의 높이가 높을 경우라도 고압 보일러가 필요하지 않다.

해설 및 정답

1. 이중덕트방식은 냉온풍의 혼합손실이 발생하여 에너지손실이 많은 공조방식이다.

2. 모세관현상 및 증발에 의한 봉수파괴는 통기관을 설치하여도 막을 수 없다.

3. 나뭇가지식은 소규모 건축물에 적당하다.

4. 보일러의 용량
  - 정미출력 : 난방부하 + 급탕부하
  - 상용출력 : 난방부하 + 급탕부하 + 손실부하 = 정미출력 + 손실부하
  - 정격출력 : 난방부하 + 급탕부하 + 손실부하 + 예열부하 = 상용출력 + 예열부하

5. 플로어덕트 공사는 바닥면적이 넓은 실에서 전선을 콘크리트 바닥에 매입하고 바닥면과 일치한 콘센트를 설치하여 이용토록 한 것으로 노출공사는 불가능하다.

6. 공기가 가열코일을 통과하면 건구온도가 상승하고 이에 따라 다른 요소들은 다음과 같이 변한다.
  상대습도-낮아진다.
  엔탈피, 비체적, 습구온도-증가한다.
  절대습도, 노점온도-변화없다.

8. 가스의 사용압력
  저압 : 0.1MPa 미만, 중압 : 0.1~1 MPa,
  고압 : 1MPa 이상의 압력

10.
  - 주배관 : 각 층을 수직으로 관통하는 수직배관
  - 교차배관 : 수직배관을 통하여 가지배관에 물을 공급하는 수평배관
  - 가지배관 : 스프링클러 헤드가 설치되어 있는 수평배관

13. 팬코일 유닛방식은 전수방식에 해당한다.

14. 화장실, 주방 등 냄새가 나거나 오염이 있는 실은 3종환기(자연급기, 강제배기)로 하여 실내를 부압(-압)으로 만든다.

15. 나트륨램프는 효율은 좋으나 연색성이 좋지 않아 실내조명용으로는 부적합하다.

16. 전선의 굵기선정시 고려사항 : 허용전류, 전압강하, 기계적 강도

17. 공동현상(캐비테이션, cavitation) : 흡입양정이 너무 높거나 물의 온도가 높아 펌프의 흡입구 측에서 물의 일부가 증발하여 기포로 되며 소음과 진동이 발생하는 현상을 말한다. 이의 방지를 위해서는 흡입양정을 낮추어야 한다.

18. 연관식 보일러도 사용압력이 높지만 수관식 보일러는 대형건물이나 고압증기를 다량 사용하는 곳, 지역난방 등 주로 대규모 용도이므로 사용압력이 더 높고 크기도 더 크다.

19. 마찰손실수두(H_f)를 전양정(H)의 20%로 풀면 정답이 없는 것으로 보아 문제에 오류가 있는 것으로 보인다. 마찰손실수두(H_f)를 실양정의 20%로 풀면
  $H_f = 34 \times 0.2 = 6.8m$
  따라서 펌프 전양정(H) = 실양정 + 마찰손실수두
  $= 34 + 6.8 = 40.8m$
  펌프의 축동력 $= \dfrac{p \cdot Q \cdot H}{6120E} = \dfrac{1000 \times 24/60 \times 40.8}{6120 \times 0.55}$
  $= 4.848 ≒ 4.85(kw)$

20. 직접가열식에서는 건물의 높이에 따른 압력이 보일러에 직접 미치므로 고압보일러가 필요하다.

1. ①	2. ④	3. ④	4. ①	5. ④
6. ④	7. ④	8. ①	9. ②	10. ①
11. ①	12. ③	13. ①	14. ③	15. ③
16. ③	17. ①	18. ④	19. ②	20. ④

과년도출제문제 (CBT 시험문제)

23 건축산업기사 7.8 시행 출제문제

※ 본 기출문제는 수험자의 기억을 바탕으로 하여 복원한 문제이므로 실제 문제와 다를 수 있음을 미리 알려드립니다.

1. 습공기선도 상에서 별도의 수분 증가 및 감소 없이 건구온도만 상승시킬 경우 변화하지 않는 것은?
① 엔탈피
② 절대습도
③ 비체적
④ 습구온도

2. 너무 큰 신축에는 파손되어 누수의 원인이 되는 결점은 있으나 현장에서 2개 이상의 엘보를 사용하여 만들 수 있는 신축이음쇠는?
① 루프형 신축이음쇠
② 슬리브형 신축이음쇠
③ 스위블형 신축이음쇠
④ 벨로우즈형 신축이음쇠

3. 다음 설명에 알맞은 자동화재탐지설비의 감지기는?

> 주위 온도가 일정 온도 이상이 되면 작동하는 것으로 보일러실, 주방과 같이 다량의 열을 취급하는 곳에 설치한다.

① 정온식
② 차동식
③ 광전식
④ 이온화식

4. 각종 조명방식에 관한 설명으로 옳지 않은 것은?
① 간접조명방식은 확산성이 낮고 균일한 조도를 얻기 어렵다.
② 반간접조명방식은 직접조명방식에 비해 글레어가 작다는 장점이 있다.
③ 직접조명방식은 작업면에서 높은 조도를 얻을 수 있으나 주위와의 휘도차가 크다.
④ 반직접조명방식은 광원으로부터의 발산 광속 중 10~40%가 천장이나 윗벽 부분에서 반사된다.

5. 공기조화방식 중 2중덕트방식에 관한 설명으로 옳지 않은 것은?
① 전공기방식의 특성이 있다.
② 혼합상자에서 소음과 진동이 생긴다.
③ 냉·온풍은 혼합 사용하므로 에너지 절감효과가 크다.
④ 부하특성이 다른 다수의 실이나 존에도 적용할 수 있다.

6. 압력에 따른 도시가스의 분류에서 중압의 압력 범위로 옳은 것은?
① 0.1MPa 이상 1MPa 미만
② 0.1MPa 이상 10MPa 미만
③ 0.5MPa 이상 5MPa 미만
④ 0.5MPa 이상 10MPa 미만

7. 보일러의 출력표시 중 난방부하와 급탕부하를 합한 용량으로 표시되는 것은?
① 정미출력
② 상용출력
③ 정격출력
④ 과부하출력

8. 대변기의 세정방식 중 버큠 브레이커의 설치가 요구되는 것은?
① 세락식
② 로 탱크식
③ 하이 탱크식
④ 세정 밸브식

9. 일반적으로 지름이 큰 대형관에서 배관 조립이나 관의 교체를 손쉽게 할 목적으로 이용되는 이음 방식은?
① 신축 이음
② 용접 이음
③ 나사 이음
④ 플랜지 이음

10. 옥내소화전이 가장 많이 설치된 층의 설치개수가 5개인 경우, 펌프의 토출량은 최소 얼마 이상이 되도록 하여야 하는가? (단, 전동기 또는 내연기관에 따른 펌프를 이용하는 가압송수장치의 경우)
① 260 L/min ② 350 L/min
③ 550 L/min ④ 650 L/min

11. 급수방식에 관한 설명으로 옳은 것은?
① 수도직결방식은 수질오염의 가능성이 가장 높다.
② 압력수조방식은 급수압력이 일정하다는 장점이 있다.
③ 펌프직송방식은 급수 압력 및 유량 조절을 위하여 제어의 정밀성이 요구된다.
④ 고가수조방식은 고가수조의 설치높이와 관계없이 최상층 세대에 충분한 수압으로 급수할 수 있다.

12. 전기설비용 시설공간(실)에 관한 설명으로 옳지 않은 것은?
① 발전기실은 변전실과 인접하도록 배치한다.
② 중앙감시실은 일반적으로 방재센터와 겸하도록 한다.
③ 전기샤프트는 각 층에서 가능한 한 공급대상의 중심에 위치하도록 한다.
④ 주요 기기에 대한 반입, 반출 통로를 확보하되, 외부로 직접 출입할 수 있는 반출입구를 설치하여서는 안된다.

13. 최상부의 배수수평관이 배수수직관에 접속된 위치보다도 더욱 위로 배수수직관을 끌어올려 통기관으로 사용하는 부분으로 대기 중에 개구하는 것은?
① 신정통기관
② 각개통기관
③ 결합통기관
④ 루프통기관

14. 압력탱크로부터 수직높이 10[m]되는 곳에 세정밸브(flush valve)식 대변기가 설치되어 있다. 이 대변기에 압력탱크식으로 급수하기 위한 압력탱크의 최저 필요압력은? (단, 배관의 연장길이는 15[m]이고 관로의 전마찰손실 수두는 5[mAq]이다.)
① 220 kPa ② 270 kPa
③ 320 kPa ④ 370 kPa

15. 위생설비에 설치되는 저수 및 고가탱크에 관한 설명으로 옳지 않은 것은?
① 상수탱크의 천장·바닥 또는 주변 벽은 건축물의 구조 부분과 겸용하도록 한다.
② 상수탱크에 설치하는 뚜껑은 유효안지름 1000mm 이상의 것으로 한다.
③ 상수관 이외의 관은 상수용 탱크를 관통하거나 상부를 횡단해서는 안된다.
④ 상수탱크는 청소시 급수에 지장이 있을 경우 또는 기간에 따라 급수부하의 변동이 있는 경우에 대비하여 분할하여 설치하거나 또는 칸막이를 설치한다.

16. 리버스 리턴(reverse-return) 배관방식에 관한 설명으로 옳은 것은?
① 증기난방 설비에 주로 이용되는 배관방식이다.
② 계통별로 마찰저항을 균등하게 하기 위한 배관방식이다.
③ 배관의 온도변화에 따른 신축을 흡수하기 위한 배관방식이다.
④ 물의 온도차를 크게 하여 밀도차에 의한 자연순환을 원활하게 하기 위한 배관방식이다.

17. 증기난방에 관한 설명으로 옳지 않은 것은?
① 온수난방에 비해 방열기의 방열면적이 작다.
② 운전시 증기해머로 인한 소음을 일으키기 쉽다.
③ 온수난방에 비해 한랭지에서 동결의 우려가 적다.
④ 온수난방에 비해 열용량이 크므로 예열시간이 길다.

18. 10℃의 물 100L를 50℃까지 가열하는데 필요한 열량은? (단, 물의 비열은 4.2kJ/kg · K 이다.)

① 4,000 kJ   ② 8,400 kJ
③ 16,800 kJ   ④ 20,800 kJ

19. 배관의 연결 방법 중 리프트 이음(lift fitting)이 사용되는 곳은?

① 오수정화조에서 부패조
② 급수설비에서 펌프의 토출측
③ 난방설비에서 보일러의 주위
④ 배수설비에서 수평관과 수직관의 연결부위

20. 분기회로 구성 시 유의사항에 관한 설명으로 옳지 않은 것은?

① 전등회로와 콘센트회로는 별도의 회로로 한다.
② 같은 스위치로 점멸되는 전등은 같은 회로로 한다.
③ 습기가 있는 장소의 수구는 가능하면 별도의 회로로 한다.
④ 분기회로의 전선 길이는 60m 이하로 하는 것이 바람직하다.

해설 및 정답

1. 습공기선도에서 습공기의 건구온도가 상승하면
 상대습도 - 낮아진다.
 엔탈피, 비체적, 습구온도 - 증가한다.
 절대습도, 노점온도 - 변화없다.

2. 신축이음쇠의 종류 : 배관의 신축·팽창량을 흡수 처리하기 위해서는 신축이음쇠가 사용되며, 그 종류에는 스위블 조인트, 신축 곡관, 슬리브형, 벨로즈형 등이 있다.
 스위블 조인트 : 2개 이상의 엘보를 사용하여 신축을 흡수하는 것으로 신축과 팽창으로 누수의 원인이 되는 것이 결점이다.

3. • 정온식 : 주위온도가 일정온도 이상이 되면 작동
 • 차동식 : 주위온도가 일정 온도상승률 이상이 되면 작동

4. • 직접조명 : 조명능률이 좋으나 조도차이가 심하다.
 • 간접조명 : 조도가 균일하고 차분한 분위기를 얻을 수 있으나 입체감이 약하다.

5. 이중덕트방식은 냉·온풍의 혼합손실이 발생하여 에너지손실이 많은 공조방식이다.

6. 가스의 사용압력
 저압 : 0.1MPa 미만
 중압 : 0.1~1 MPa
 고압 : 1MPa 이상의 압력

7. 보일러의 용량
 • 정미출력 : 난방부하 + 급탕부하
 • 상용출력 : 난방부하 + 급탕부하 + 손실부하
   = 정미출력 + 손실부하
 • 정격출력 : 난방부하+급탕부하+손실부하+예열부하
   = 상용출력 + 예열부하

8. 버큠 브레이커(역류방지기, 진공방지기) : 세정밸브식 대변기의 배수관이 막히면 오수가 변기에 가득차서 변기 급수구 까지 잠기게 된다. 이와 같은 상태일 때 단수 등에 의해 급수관내의 압력이 작아지면 역사이펀 작용이 일어나 변기내의 오수가 급수관 속으로 빨려 들어가게 되는데 이것을 막기 위하여 설치한다.

9. 배관의 수리·교체 등에 대비해 50mm 이하의 관에는 유니온, 65mm 이상의 관에는 플랜지를 사용한다. 플랜지는 배관을 직선으로 연결할 때 두 장을 맞대어 사용하는 배관이음쇠이다.

10. 옥내소화전의 표준방수량은 130 L/min이므로 펌프의 토출량은 설치개수(한층 최대 2개)에 130 L/min을 곱한 양 이상이어야 한다.
 따라서 130 L/min × 2개 = 260 L/min이 된다.

11. ① 수도직결방식은 수질오염의 가능성이 가장 낮다.
 ② 압력수조방식은 수조내의 수위에 따라 급수압력이 변한다.
 ④ 고가수조방식에서 최상층 세대에 충분한 수압으로 급수하기 위해서는 고가수조를 높게 설치해야 된다.

12. 기계실, 전기실 등은 대개 건물의 지하층에 위치하므로 장비 등의 반입반출구가 필요하다.

13. 신정통기관 : 배수수직관 상부에서 관경을 축소하지 않고 연장하여 대기 중에 개방하는 통기관

14. 압력탱크의 최저필요수압 $P = P_1 + P_2 + P_3$
 여기서, P_1 은 (세정밸브까지의 높이가 10m이므로)
   0.1 MPa
   P_2 (기구최저필요압력)는 0.07 MPa
   P_3 는 (마찰손실수두가 5m 이므로) 0.05 MPa
 $P = 0.1 + 0.07 + 0.05 = 0.22 \text{ MPa} = 220 \text{ kPa}$

해설 및 정답

15. 건축구조체를 상수탱크로 이용하는 것은 원칙적으로 금지하며 부득이한 경우에는 내면을 위생상 지장이 없는 도료 또는 공법으로 처리한다.

16. 역환수방식(리버스 리턴방식)
방열기, FCU 등의 냉온수배관에서 배관마찰손실을 같게 하여 균등한 유량이 되도록 각 기기마다 배관회로의 길이를 같게 하는 방식

17. 증기난방은 열매(증기)온도가 온수보다 높아 온수난방에 비해 예열시간이 짧다.

18. 열량 $q = G \cdot C \cdot \Delta t$
$= 100\,kg \times 4.2\,kJ/kg \cdot K \times (50-10)K = 16,800\,kJ$

19. 리프트 이음(lift fitting) : 진공환수식 증기난방에서 응축수를 끌어 올릴 때 사용하는 배관법

20. 분기회로의 길이는 30m 이내로 한다.

1. ②	2. ③	3. ①	4. ①	5. ③
6. ①	7. ①	8. ④	9. ④	10. ①
11. ③	12. ④	13. ①	14. ①	15. ①
16. ②	17. ④	18. ③	19. ③	20. ④

과년도출제문제 (CBT 시험문제)

24 건축산업기사
2. 15 시행 출제문제

※ 본 기출문제는 수험자의 기억을 바탕으로 하여 복원한 문제이므로 실제 문제와 다를 수 있음을 미리 알려드립니다.

1. 전양정 24m, 양수량 13.8m³/h, 효율 60%일 때 펌프의 축동력은?

① 약 0.5kW ② 약 1.0kW
③ 약 1.5kW ④ 약 3.0kW

2. 배관의 신축이음쇠 중 2개 이상의 엘보를 사용하여 나사부분의 회전에 의하여 신축을 흡수하게 되어있는 것은?

① 스위블 이음쇠
② 루프형 이음쇠
③ 슬리브형 이음쇠
④ 벨로즈형 이음쇠

3. 처리대상 인원 1,000인, 1인 1일당 오수량 0.1m³, 오수의 평균 BOD 200ppm, BOD 제거율 85%인 오수처리시설에서 유출수의 BOD량은?

① 1.5kg/day
② 3kg/day
③ 4.5kg/day
④ 6kg/day

4. 스프링클러설비의 배관에 관한 설명으로 옳지 않은 것은?

① 가지배관은 각 층을 수직으로 관통하는 수직배관이다.
② 교차배관이란 직접 또는 수직배관을 통하여 가지배관에 급수하는 배관이다.
③ 급수배관은 수원 및 옥외송수구로부터 스프링클러 헤드에 급수하는 배관이다.
④ 신축배관은 가지배관과 스프링클러헤드를 연결하는 구부림이 용이하고 유연성을 가진 배관이다.

5. LPG와 LNG에 관한 설명으로 옳은 것은?

① LPG는 LNG보다 비중이 작다.
② LNG는 가스공급을 위해 큰 투자가 들지 않는다.
③ LPG의 가스누출검지기는 반드시 천장에 설치해야 한다.
④ LNG는 도시가스용으로 널리 사용되고 주성분은 메탄가스이다.

6. 열관류에 대한 설명으로 가장 알맞은 것은?

① 고체벽을 사이에 두고 양쪽의 유체사이에 열이 이동하는 현상
② 물체의 온도를 1℃ 상승시키는데 필요한 열량
③ 유체와 고체벽 사이에 열이 이동하는 현상
④ 열복사, 열대류와 함께 열전달 3방식의 하나로열이 어떠한 물체내의 고온 부분에서 저온부분으로 전달되어 가는 현상

7. 공기선도에서 어떤 공기를 가열했을 때 다음 중에서 변화하지 않는 것은?

① 건구온도
② 습구온도
③ 절대습도
④ 상대습도

8. 공기조화방식 중 전공기방식에 속하지 않는 것은?

① 2중덕트방식
② 팬코일 유닛방식
③ 멀티존 유닛방식
④ 변풍량 단일덕트방식

9. 건축물에 설치되는 예비전원설비에 해당하지 않는 것은?
① 축전지 설비
② 자가발전설비
③ 수·변전설비
④ 무정전 전원설비

10. 다음 중 증기 압축식 냉동기에 속하지 않는 것은?
① 터보식 냉동기
② 왕복동식 냉동기
③ 스크류식 냉동기
④ 흡수식 냉동기

11. 트랩의 봉수 파괴 원인과 가장 거리가 먼 것은?
① 서어징 현상
② 증발 현상
③ 자기사이펀 작용
④ 모세관 현상

12. 자동화재탐지설비의 감지기 중 감지기 주위의 온도가 일정한 온도 이상이 되었을 때 작동하는 것은?
① 차동식 감지기
② 정온식 감지기
③ 광전식 감지기
④ 이온화식 감지기

13. 교류전동기에 해당하지 않는 것은?
① 동기전동기
② 복권전동기
③ 3상 유도전동기
④ 분상 기동형전동기

14. 덕트에 관한 것 중 옳은 것은?
① 정방향 덕트는 관마찰저항이 가장 작다.
② 고속덕트의 단면은 보통 장방형으로 한다.
③ 스플릿 댐퍼는 분기부에 설치하여 풍량조절용으로 사용된다.
④ 버터플라이 댐퍼는 대형 덕트의 개폐용으로 주로 사용된다.

15. 난방부하 계산 시 방위에 따른 손실을 보정하는데 그 값이 큰 것부터 차례로 된 것은?
① 북 - 동, 서 - 남
② 북 - 남 - 동, 서
③ 동 - 남, 북 - 서
④ 남 - 북 - 동, 서

16. 어느 균등 점광원과 2m 떨어진 곳의 직각면 조도가 100[lx]일 때, 이 점광원과 1m 떨어진 곳의 직각면 조도는?
① 200[lx]   ② 300[lx]
③ 400[lx]   ④ 600[lx]

17. 보일러의 출력 중 상용출력의 구성에 속하지 않는 것은?
① 난방부하   ② 급탕부하
③ 예열부하   ④ 배관부하

18. 전기설비용 시설공간(실)에 관한 설명으로 옳지 않은 것은?
① 발전기실은 변전실과 인접하도록 배치한다.
② 중앙감시실은 일반적으로 방재센터와 겸하도록 한다.
③ 전기샤프트는 각 층에서 가능한 한 공급대상의 중심에 위치하도록 한다.
④ 주요 기기에 대한 반입, 반출 통로를 확보하되, 외부로 직접 출입할 수 있는 반출입구를 설치하여서는 안된다.

19. 저항 5〔Ω〕, 15〔Ω〕이 직렬로 접속된 회로에 5〔A〕의 전류가 흐를 때, 인가한 전압은?

① 200[V]
② 150[V]
③ 100[V]
④ 50[V]

20. 지름이 100mm인 관속을 통과하는 유체의 유량이 0.1m³/s인 경우, 이 유체의 유속은?

① 9.8m/s   ② 10.7m/s
③ 11.5m/s   ④ 12.7m/s

해설 및 정답

1. 펌프의 축동력 = $\dfrac{\rho \cdot Q \cdot H}{6{,}120E}$ (kW)

$= \dfrac{1{,}000 \times 13.8/60 \times 24}{6{,}120 \times 0.6} = 1.5$ (kW)

2. 스위블 조인트 : 2개 이상의 엘보를 사용하여 신축을 흡수하는 것으로 신축과 팽창으로 누수의 원인이 되는 것이 결점이다.

3. 1일 오수량
$= 1{,}000$인 $\times 0.1\text{m}^3$/인 · day $= 100\text{m}^3$/day
$= 100{,}000$kg/day
유입수 BOD량 $= 100{,}000$kg/day $\times 0.0002$
$= 20$kg/day
BOD 제거율(%)
$= \dfrac{\text{유입수 BOD} - \text{유출수 BOD}}{\text{유입수 BOD}} \times 100$에서

유출수 BOD량
$= $유입수 BOD량$ - \dfrac{\text{유입수 BOD량} \times \text{BOD 제거율}}{100}$
$= 20 - \dfrac{20 \times 85}{100} = 3$kg/day

4. 스프링클러의 배관
- 주배관 : 각 층을 수직으로 관통하는 수직배관
- 교차배관 : 수직배관을 통하여 가지배관에 물을 공급하는 수평배관
- 가지배관 : 스프링클러 헤드가 설치되어 있는 수평배관
- 신축배관 : 가지배관과 헤드를 연결하는 구부림이 용이하고 유연성있는 배관

5. ① LPG는 LNG보다 비중이 크다.
② LNG는 가스공급을 위해 저장시설 및 배관설비를 필요로 한다.
③ LPG는 공기보다 무거우므로 가스누출검지기를 바닥 부근에 설치해야 한다.

6. ②는 비열, ③은 열전달, ④는 열전도에 대한 설명이다.

7. 습공기선도에서 습공기의 건구온도가 상승하면
상대습도 - 낮아진다.
엔탈피, 비체적, 습구온도 - 증가한다.
절대습도, 노점온도 - 변화없다.

8. 팬코일 유닛방식은 전수방식에 해당한다.

10. 냉동기의 종류
1) 압축식 냉동기 : 전기의 입력에 의한 기계적에너지로 냉동하며 종류에는 왕복동식 냉동기, 터보식(원심식) 냉동기, 스크류식(회전식) 냉동기 등이 있다.
2) 흡수식 냉동기 : 냉매를 증발시키고 용액으로 흡수하여 열에너지로 냉동한다.

11.
- 트랩의 봉수파괴 원인 : 자기 사이펀 사용, 유인 사이펀 작용(흡인작용), 분출작용(토출작용), 모세관 작용, 증발, 운동량에 의한 관성 작용
- 서징현상 : 원심압축기나 펌프 등에서 일어나는 현상으로서 유체의 토출압력이나 토출량이 변동하여 진동이나 소음을 일으켜 운전을 불가능하게 한다. 보통 고압의 경우에 영향이 크다.

12.
- 정온식 : 주위온도가 일정온도 이상이 되면 작동
- 차동식 : 주위온도가 일정 온도상승률 이상이 되면 작동

13. 직류전동기의 종류 : 복권, 분권, 직권 전동기

14. ① 정방형 덕트보다 원형덕트가 마찰저항이 작다.
② 고속덕트의 단면은 보통 원형으로 한다.
④ 버터플라이 댐퍼는 주로 소형덕트의 개폐용으로 주로 사용된다.

해설 및 정답

15. 난방부하 계산시 적용되는 방위계수
- 남측 : 1.0, 동측,서측 : 1.1, 북측 : 1.2

16. 조도에 관한 거리의 역자승법칙 : $E = \dfrac{1}{d^2}$

조도(E)는 광도(I)에 비례하고 거리(d)의 제곱에 반비례한다.
따라서 거리가 1/2배가 되면 조도는 100[lx]의 4배인 400[lx]가 된다.

17. 보일러의 용량
- 정미출력 : 난방부하 + 급탕부하
- 상용출력 : 난방부하 + 급탕부하 + 손실부하
  = 정미출력 + 손실부하
- 정격출력 : 난방부하 + 급탕부하 + 손실부하 + 예열부하 = 상용출력 + 예열부하

18. 기계실, 전기실 등은 대개 건물의 지하층에 위치하므로 장비 등의 반입반출구가 필요하다.

19. 저항의 합
① 직렬연결시 : 총저항 $R = R_1 + R_2 + R_3$
② 병렬연결시 : 총저항 $R = 1/(1/R_1 + 1/R_2 + 1/R_3)$
직렬연결이므로 총저항 R = 5 + 15 = 20(Ω)이 된다.
따라서 전압 $V = IR = 5 \times 20 = 100(V)$

20. 유량(Q) = 단면적(A) × 속도(v)에서
속도(v) = 유량(Q) / 단면적(A)
단면적(A) = $\dfrac{\pi d^2}{4} = \pi r^2$ 이므로
유속(v) = $0.1/(3.14 \times 0.1^2/4)$ = 12.74m/s

1. ③	2. ①	3. ②	4. ①	5. ④
6. ①	7. ③	8. ②	9. ③	10. ④
11. ①	12. ②	13. ②	14. ③	15. ①
16. ③	17. ③	18. ④	19. ③	20. ④

과년도출제문제 (CBT 시험문제)

24 건축산업기사 5. 9 시행 출제문제

※ 본 기출문제는 수험자의 기억을 바탕으로 하여 복원한 문제이므로 실제 문제와 다를 수 있음을 미리 알려드립니다.

1. 실내 냉방부하 중 현열부하가 3000W, 잠열부하가 500W일 때 현열비는?
① 0.14
② 0.17
③ 0.86
④ 0.92

2. 리버스 리턴(reverse-return) 배관방식에 관한 설명으로 옳은 것은?
① 증기난방 설비에 주로 이용되는 배관방식이다.
② 계통별로 마찰저항을 균등하게 하기 위한 배관방식이다.
③ 배관의 온도변화에 따른 신축을 흡수하기 위한 배관방식이다.
④ 물의 온도차를 크게 하여 밀도차에 의한 자연순환을 원활하게 하기 위한 배관방식이다.

3. 다음 중 수변전 설비의 설계 순서로 가장 알맞은 것은?

| ㉠ 수전전압 결정 |
| ㉡ 배전전압 결정 |
| ㉢ 변전설비 용량 계산 |
| ㉣ 변전실 설치면적 계산 |

① ㉠ → ㉡ → ㉢ → ㉣
② ㉠ → ㉢ → ㉡ → ㉣
③ ㉣ → ㉢ → ㉡ → ㉠
④ ㉢ → ㉣ → ㉡ → ㉠

4. 다음의 공기조화방식 중 전공기방식에 속하지 않는 것은?
① 단일덕트방식
② 2중덕트방식
③ 팬코일유닛방식
④ 멀티존유닛방식

5. 축전지의 충전방식 중 전지의 자기방전을 보충함과 동시에 상용부하에 대한 전력공급은 충전기가 부담하도록 하되 충전기가 부담하기 어려운 일시적인 대전류 부하는 축전지로 하여금 부담하게 하는 방식은?
① 보통 충전
② 급속 충전
③ 균등 충전
④ 부동 충전

6. 전기설비에서 간선 크기의 결정 요소에 속하지 않는 것은?
① 전압 강하
② 송전 방식
③ 기계적 강도
④ 전선의 허용전류

7. 펌프의 전양정이 100m, 양수량이 12m³/h일 때, 펌프의 축동력은?(단, 펌프의 효율은 60%이다.)
① 약 3.52kW
② 약 4.05kW
③ 약 4.52kW
④ 약 5.45kW

8. 초고층 건물에서 급수압력의 균등화를 위해 조닝(zoning)을 하여야 하는데, 다음 중 고가수조를 설치하는 경우의 조닝 방식에 속하지 않는 것은?
① 중간수조방식
② 감압밸브방식
③ 펌프분리방식
④ 중간수조, 감압밸브 병용방식

9. 덕트(Duct)에 관한 설명으로 옳은 것은?
① 정방형 덕트는 관마찰저항이 가장 작다.
② 고속덕트의 단면은 보통 장방형으로 한다.
③ 스플릿 댐퍼는 분기부에 설치하여 풍량조절용으로 사용된다.
④ 버터플라이 댐퍼는 대형 덕트의 개폐용으로 주로 사용된다.

10. 최상부의 배수수평관이 배수수직관에 접속된 위치보다도 더욱 위로 배수수직관을 끌어올려 통기관으로 사용하는 부분으로 대기 중에 개구하는 것은?
① 신정통기관
② 각개통기관
③ 결합통기관
④ 루프통기관

11. 난방방식에 관한 설명으로 옳은 것은?
① 증기난방은 온수난방에 비해 예열시간이 길다.
② 온수난방은 증기난방에 비해 방열온도가 높으며 장치의 열용량이 작다.
③ 복사난방은 실을 개방상태로 하였을 때 난방효과가 없다는 단점이 있다.
④ 온풍난방은 가열공기를 보내어 난방부하를 조달함과 동시에 습도의 제어도 가능하다.

12. 통기관에 관한 설명으로 옳지 않은 것은?
① 통기관은 가능한 관길이를 짧게 하고 굴곡 부분을 적게 한다.
② 신정통기관의 관경은 배수수직관의 관경보다 작게 해서는 안된다.
③ 통기관의 배관길이를 길게 하면 저항이 작아지므로 관경을 줄일 수 있다.
④ 통기관의 관경은 접속되는 배수관의 관경이나 기구배수부하단위수에 의해 구할 수 있다.

13. 소화설비 중 스프링클러설비에 관한 설명으로 옳지 않은 것은?
① 초기 화재 진압에 효과가 크다.
② 소화기능은 있으나 경보기능은 없다.
③ 물로 인한 2차 피해가 발생할 수 있다.
④ 고층 건축물이나 지하층의 소화에 적합하다.

14. 다음 설명에 알맞은 밸브의 종류는?

• 관로를 전개하거나 전폐할 목적으로 사용된다.
• 밸브를 완전히 열면 배관경과 밸브의 구경이 동일하므로 유체의 저항이 적다.

① 체크밸브
② 앵글밸브
③ 글로브밸브
④ 게이트밸브

15. 같은 크기의 다른 보일러에 비해 전열면적이 크고 증기발생이 빠르며 고압증기를 만들기 쉬워서 대용량의 보일러로서 적당한 것은?
① 입형 보일러
② 수관 보일러
③ 노통 보일러
④ 관류 보일러

16. 난방부하가 10,000W인 방을 온수난방 할 경우 방열기의 온수순환량은?(단, 물의 비열은 4.2kJ/kg·K, 방열기의 입구 수온은 90℃, 출구 수온은 80℃이다.)
① 약 764kg/h
② 약 857kg/h
③ 약 926kg/h
④ 약 1,034kg/h

17. 보일러의 출력에 관한 설명 중 옳은 것은?

① 정격출력은 일반적으로 보일러 선정시에 기준이 된다.
② 상용출력은 정격출력에서 급탕부하를 뺀 값으로, 정미출력의 1/4 정도이다.
③ 정격출력은 난방부하와 급탕부하를 합한 용량으로 표시되며, 일반적으로 정미출력의 1/2 정도이다.
④ 정미출력은 연속해서 운전할 수 있는 보일러의 능력으로서 난방부하, 급탕부하, 배관부하, 예열부하의 합이다.

18. 다음의 소방시설 중 경보설비에 속하지 않는 것은?

① 비상방송설비
② 자동화재속보설비
③ 자동화재탐지설비
④ 무선통신보조설비

19. 수질 관련 용어 중 BOD가 의미하는 것은?

① 용존산소량
② 수소이온농도
③ 화학적 산소요구량
④ 생물화학적 산소요구량

20. 다음과 같은 식으로 산출되는 것은?

[최대수요전력/총 부하설비용량]×100(%)

① 수용률
② 부등률
③ 부하율
④ 역률

해설 및 정답

1. 현열비(SHF) = $\dfrac{\text{현열량}}{\text{현열량}+\text{잠열량}} = \dfrac{3,000}{3,000+500} ≒ 0.86$

2. 역환수방식(리버스리턴 방식)
방열기, FCU 등의 냉온수배관에서 배관마찰손실을 같게 하여 균등한 유량이 되도록 각 기기마다 배관회로의 길이를 같게 하는 방식

4. 팬코일 유닛방식은 전수방식에 해당한다.

5. 축전지의 충전방식
① 급속충전 : 축전지 용량의 1/3정도의 충전전압으로 짧은 시간에 충전하는 것. 축전지에서 순간적으로 발생하는 열이 높아 수명이 짧아지고 성능도 떨어진다.
② 보통충전 : 축전지 용량의 1/10정도의 충전전압으로 보다 장시간에 걸쳐 표준시간율로 충전하는 것
③ 부동충전 : 상용부하에 대한 전력공급은 충전기가 부담하도록 하되 충전기가 부담하기 어려운 일시적인 대전류부하는 축전지로 하여금 부담하게 하는 것
④ 세류충전 : 자기 방전에 가까운 낮은 전류로 서서히 충전을 하는 것

6. 전선의 굵기선정시 고려사항 : 허용전류, 전압강하, 기계적 강도

7. 펌프의 축동력 = $\dfrac{\rho \cdot Q \cdot H}{6,120E}$ (kW)

= $\dfrac{1,000 \times 12/60 \times 100}{6,120 \times 0.6} ≒ 54.45$ (kW)

8. 초고층 건물의 급수방식 중 펌프분리방식(펌프직송방식) : 건물을 고층부, 중층부, 저층부 등 몇 개의 존으로 구분하고 존마다 각각의 펌프를 설치하여 아래 저수조에서 위로 직접 상향공급하는 방식을 말한다.

9. ① 정방형 덕트보다 원형덕트가 마찰저항이 작다.
② 고속덕트의 단면은 보통 원형으로 한다.
④ 버터플라이 댐퍼는 주로 소형덕트의 개폐용으로 주로 사용된다.

10. 신정통기관 : 배수수직관 상부에서 관경을 축소하지 않고 연장하여 대기 중에 개방하는 통기관

11. ① 증기난방은 온수난방에 비해 예열시간이 짧다.
② 표준상태 증기의 온도는 102℃, 온수의 온도는 80℃로 증기난방이 온수난방에 비해 방열온도가 높다.
③ 복사난방은 실을 개방상태로 하여도 난방효과가 있다는 장점이 있다.

12. ③ 통기관을 포함한 모든 배관은 길이가 길어지면 저항도 커져 관경이 커져야 된다.

13. 스프링클러소화설비는 소화기능뿐만 아니라 자동경보기능도 있다. 화재가 감지되면 경보가 울림과 동시에 스프링클러펌프가 작동되어 물을 공급한다.

16. 난방부하는 시간당 필요한 열량을 말하므로 온수순환량은 다음의 열량계산식으로 계산한다.

열량 = $\dfrac{\text{질량}G(kg/h) \times \text{비열}C(kJ/kg \cdot K) \times \text{온도차} \Delta t(K)}{3,600(s/h)}$

즉 열량 $q = \dfrac{G \cdot C \cdot \Delta t}{3,600}$ (kW)에서

시간당 질량(순환량) $G = \dfrac{3,600q}{C \cdot \Delta t} = \dfrac{3,600 \times 5}{4.2 \times (85-85)}$

$= 857.14 kg/h ≒ 857 kg/h$

17. ② 상용출력은 정격출력에서 예열부하를 뺀 값이다.
③ 난방부하, 급탕부하의 합은 정미출력이다.
④ 난방부하, 급탕부하, 배관부하, 예열부하의 합은 정격출력이다.

해설 및 정답

18. 무선통신 보조설비 : 지하상가, 지하층, 터널 등의 화재시 안테나의 성능이 현저하게 감퇴되어 지상 및 지하 사이의 소방대원간 통신불능 상태가 되므로 누설동축케이블 등을 지하에 설치하여 소방대원 상호간 무선연락을 용이하게 하는 소방활동상 필요한 소화활동설비이다.

19. 수질관련 용어
- BOD - 생물화학적 산소요구량(Biochemical Oxygen Demand)
- COD - 화학적 산소요구량(Chemical Oxygen Demand)
- SS - 부유물질(Suspended Solid)
- DO - 용존산소(Dissolved Oxygen)
- PPM - 백만분율(Parts per Million)

20. 수용률 $= \dfrac{\text{최대수용전력(kW)}}{\text{부하설비용량(kW)}} \times 100(\%)$

일반건물의 수용률은 60~70%이며 이 값이 작을수록 최대수용전력이 작아져 변압기 용량도 작아진다.

1. ③	2. ②	3. ①	4. ③	5. ④
6. ②	7. ④	8. ③	9. ③	10. ①
11. ④	12. ③	13. ②	14. ④	15. ②
16. ②	17. ①	18. ④	19. ④	20. ①

과년도출제문제 (CBT 시험문제)

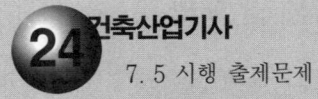

※ 본 기출문제는 수험자의 기억을 바탕으로 하여 복원한 문제이므로 실제 문제와 다를 수 있음을 미리 알려드립니다.

1. 대변기의 세정방식 중 바닥으로부터 1.6m 이상 높은 위치에 탱크를 설치하고, 낙차에 의한 수압으로 대변기를 세정하는 방식은?
① 로 탱크식
② 하이 탱크식
③ 사이폰 제트식
④ 플러시 밸브식

2. 공기조화설비에서 에너지 절약을 위한 방법으로 옳지 않은 것은?
① 전열교환기를 설치한다.
② 재온도차 공조방식을 채용한다.
③ 예열운전 시 외기도입량을 증가시킨다.
④ 외기냉방을 실시한다.

3. 급수배관 계통에 공기실(Air Chamber)을 설치하는 주된 이유는?
① 공기를 위하여
② 수격작용을 방지하기 위하여
③ 배관구배를 유지하기 위하여
④ 배관내 이물질을 제거하기 위하여

4. 공기조화방식 중 팬코일 유닛 방식에 관한 설명으로 옳지 않은 것은?
① 덕트방식에 비해 유닛의 위치 변경이 용이하다.
② 각 실에 수배관으로 인한 누수의 우려가 없다.
③ 덕트 샤프트와 스페이스가 필요 없거나 작아도 된다.
④ 각 실 유닛의 개별제어가 용이하다.

5. 피보호물을 연속된 망상도체나 금속판으로 싸는 방법으로 뇌격을 받더라도 내부에 전위차가 발생하지 않으므로 건물이나 내부에 있는 사람에게 위해를 주지 않는 피뢰설비 방식은?
① 돌침 방식(보통보호)
② 케이지 방식(완전보호)
③ 수평도체 방식(증강보호)
④ 가공지선 방식(간이보호)

6. 다음의 공기조화방식 중 전공기 방식에 속하지 않는 것은?
① 단일덕트방식
② 이중덕트방식
③ 팬코일 유닛 방식
④ 멀티존 유닛 방식

7. 각종 조명방식에 관한 설명으로 옳지 않은 것은?
① 간접조명방식은 확산성이 낮고 균일한 조도를 얻기 어렵다.
② 반간접조명방식은 직접조명방식에 비해 글레어가 작다는 장점이 있다.
③ 직접조명방식은 작업면에서 높은 조도를 얻을 수 있으나 주위와의 휘도차가 크다.
④ 반직접조명방식은 관원으로부터의 발산 광속 중 10~40%가 천장이나 윗벽 부분에서 반사된다.

8. 다음 설명에 맞는 화재의 종류는?

| 인화성 액체, 가연성 액체, 타르, 오일, 유성도료, 솔벤트, 래커, 알코올 및 인화성 가스와 같은 유류가 타고 나서 재가 남지 않는 화재 |

① C급 화재
② K급 화재
③ A급 화재
④ B급 화재

9. 그림에서 A점에 작용하는 수압은 얼마인가?

① 700Pa
② 7kPa
③ 70kPa
④ 700kPa

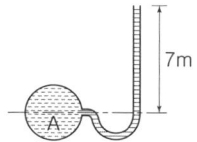

10. 다음 중 버큠 브레이커나 역류방지 기능을 가지는 것을 설치할 필요가 있는 위생기구는?

① 욕조
② 세면기
③ 대변기(세정밸브형)
④ 소변기(세정탱크형)

11. LPG 용기의 보관온도는 최대 얼마 이하로 하여야 하는가?

① 20℃
② 30℃
③ 40℃
④ 50℃

12. 원주 주위에 핀이 부착되어 있는 긴 형상을 가지고 있으며 온실과 같이 내식성을 요하고 설치 높이에 제약이 있는 긴 건물에 설치하는 자연대류복사식 방열기는?

① 길드 방열기
② 콘벡타
③ 휀콘벡타
④ 유니트 히터

13. 오수정화조의 설치에 관한 설명으로 옳지 않은 것은?

① 배수의 수위 변동에 의한 오수의 역류가 없도록 한다.
② 건물로부터의 배수가 펌프로 유입될 수 있도록 높은 곳에 설치한다.
③ 환경 문제가 발생하지 않도록 건물로부터 멀리 설치하는 것이 좋다.
④ 주변의 공지는 녹화하는 것이 좋다.

14. 220〔V〕, 200〔W〕 전열기를 110〔V〕에서 사용하였을 경우 소비전력은?

① 50〔W〕
② 100〔W〕
③ 200〔W〕
④ 400〔W〕

15. 방열기 입구의 온수온도가 85℃이고 출구온도가 80℃일 때 온수의 순환량은? (단, 방열기의 방열량은 5000W, 물의 비열은 4.2kJ/kg·K이다.)

① 998.5kg/h
② 957.4kg/h
③ 914.2kg/h
④ 857.1kg/h

16. 증기난방설비에서 방열기나 증기코일 및 배관 내에 공기가 고였을 경우에 관한 설명으로 옳지 않은 것은?

① 장치 내에 있는 공기가 열전달을 저하시켜 예열이 지연된다.
② 증기나 응축수의 흐름을 방해한다.
③ 공기의 분압만큼 증기의 실질압력이 높아져 증기의 온도가 내려간다.
④ 방열기나 증기코일의 내벽면에 공기막을 형성하여 전열을 저해한다.

17. 다음 중 옥내배선에서 전선의 굵기 결정요소와 가장 관계가 먼 것은?

① 허용전류
② 전압강하
③ 배선방식
④ 기계적 강도

18. 길이가 30m, 관경이 80mm인 급수관에 물이 2m/sec의 속도로 흐를 때 압력손실은? (단, 관마찰계수는 0.02)

① 35kPa
② 25kPa
③ 45kPa
④ 15kPa

19. 다음 중 난방부하 계산에서 일반적으로 고려하지 않는 것은?
① 도입외기에 의한 외기부하
② 인체의 발생열량에 의한 인체부하
③ 유리창을 통한 관류부하
④ 외벽을 통한 관류부하

20. 보일러 주변을 하트포드(Hartford) 접속으로 하는 가장 주된 이유는?
① 소음을 방지하기 위해서
② 효율을 증가시키기 위해서
③ 스케일(scale)을 방지하기 위해서
④ 보일러 내의 안전수위를 확보하기 위해서

해설 및 정답

2. 에너지절약을 위해서 온도차가 큰 외기는 환기를 위한 최소한의 양만 도입한다.

4. 팬코일유닛방식은 전수방식이므로 수배관으로 인한 누수의 우려가 있다.

5. 보호등급에 따른 피뢰설비의 4등급
① 완전보호 : 관측소, 골프장의 독립휴게소 등에 케이지 방식으로 완전보호
② 증강보호 : 중요건축물로서 케이지 방식의 채용이 어려울 때
③ 보통보호 : 피뢰침을 이용한 일반적인 보호
④ 간이보호 : 높이 20m 이하의 건물에 피뢰도체 등을 이용하여 자주적인 설비를 할 때

6. 팬코일 유닛방식은 열매가 물이므로 전수방식에 해당한다.

7. 간접조명방식은 조명효율이 낮고 입체감이 약하지만 균일한 조도를 얻을 수 있다는게 장점이다.

8. 유형에 따른 화재의 분류
① A급 화재 - 보통화재
② B급 화재 - 기름화재
③ C급 화재 - 전기화재
④ D급 화재 - 금속화재
⑤ E급 화재 - 가스화재
⑥ K급 화재 - 주방화재

9. $P = 0.01H(MPa) = 10H(kPa)$에서 $H = 7m$ 이므로
$P = 0.07 (MPa) = 70 (kPa)$

10. 버큠브레이커(역류방지기, 진공방지기) : 세정밸브식 대변기의 배수관이 막히면 오수가 변기에 가득차서 변기 급수구 까지 잠기게 된다. 이와 같은 상태일 때 단수 등에 의해 급수관내의 압력이 작아지면 역사이펀 작용이 일어나 변기내의 오수가 급수관 속으로 빨려 들어가게 되는데 이것을 막기 위하여 설치한다.

13. 정화조는 건물로부터의 오배수가 중력에 의해 자연 유입되도록 낮은 곳에 설치한다.

14. 전력 $W = VI = I^2R = V^2/R$에서 전압이 1/2로 감소하면 전력은 1/4이 된다. (전열기의 저항 R은 일정)

15. 열량 $q = \dfrac{G \cdot C \cdot \Delta t}{3,600}(kW)$ 에서

시간당 질량(순환량) $G = \dfrac{3,600q}{C \cdot \Delta t} = \dfrac{3,600 \times 5}{4.2 \times (85-80)}$
$= 857.14 kg/l$

문제조건 중 5,000W = 5kW 이고
W = J/s, KW = kJ/s 이다.

17. 전선의 굵기선정시 고려사항 : 허용전류, 전압강하, 기계적 강도

18. 마찰손실수두 $H_f = f\dfrac{l}{d} \cdot \dfrac{v^2}{2} = 0.02 \dfrac{30}{0.08} \cdot \dfrac{2^2}{2} = 15(kPa)$

19. 인체 발생열은 냉방부하에서만 고려한다. 인체 발열량, 조명이나 컴퓨터 등 기계기구 발열량, 일사량 등은 난방에 유리하게 작용하므로 난방부하 계산시 무시한다.

20. 하트포드 접속법은 보일러내의 수위를 확보하여 빈 불때기를 방지하기 위한 것이다.

1. ②	2. ③	3. ②	4. ②	5. ②
6. ③	7. ①	8. ④	9. ③	10. ③
11. ③	12. ①	13. ②	14. ②	15. ④
16. ③	17. ③	18. ④	19. ②	20. ④

과년도출제문제 (CBT 시험문제)

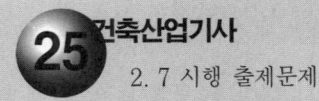
2.7 시행 출제문제

※ 본 기출문제는 수험자의 기억을 바탕으로 하여 복원한 문제이므로 실제 문제와 다를 수 있음을 미리 알려드립니다.

1. 전기설비용 시설공간(실)에 관한 설명으로 옳지 않은 것은?
① 발전기실은 변전실과 인접하도록 배치한다.
② 중앙감시실은 일반적으로 방재센터와 겸하도록 한다.
③ 전기샤프트는 각 층에서 가능한 한 공급대상의 중심에 위치하도록 한다.
④ 주요 기기에 대한 반입, 반출 통로를 확보하되, 외부로 직접 출입할 수 있는 반출입구를 설치하여서는 안된다.

2. 어느 균등 점광원과 2m 떨어진 곳의 직각면 조도가 100[lx]일 때, 이 광원과 1m 떨어진 곳의 직각면 조도는?
① 200[lx]
② 300[lx]
③ 400[lx]
④ 600[lx]

3. 전기설비에서 다음과 같이 정의되는 것은?

> 간선에서 분기하여 회로를 보호하는 최종 과전류 차단기와 부하 사이의 전로

① 아웃렛   ② 신호회로
③ 분기회로   ④ 인입케이블

4. 통기수직관을 설치한 배수·통기계통에 이용되며, 2개 이상의 기구트랩에 공통으로 하나의 통기관을 설치하는 통기방식은?
① 습통기방식
② 루프통기방식
③ 신정통기방식
④ 각개통기방식

5. 환기설비에 관한 설명으로 옳지 않은 것은?
① 환기는 복수의 실을 동일 계통으로 하는 것을 원칙으로 한다.
② 필요 환기량은 실의 이용목적과 사용 상황을 충분히 고려하여 결정한다.
③ 외기를 받아들이는 경우에는 외기의 오염도에 따라서 공기청정 장치를 설치한다.
④ 전열 교환기에서 열회수를 하는 배기계통에는 악취나 배기가스 등 오염물질을 수반하는 배기는 사용하지 않는다.

6. 처리대상 인원 1000인, 1인 1일당 오수량 0.1m³, 오수의 평균 BOD 200ppm, BOD 제거율 85%인 오수처리시설에서 유출수의 BOD량은?
① 1.5kg/day
② 3kg/day
③ 4.5kg/day
④ 6kg/day

7. 압력에 따른 도시가스의 분류에서 중압의 압력 범위로 옳은 것은?
① 0.1MPa 이상 1MPa 미만
② 0.1MPa 이상 10MPa 미만
③ 0.5MPa 이상 5MPa 미만
④ 0.5MPa 이상 10MPa 미만

8. 습공기를 가열할 경우 감소하는 상태값은?
① 엔탈피
② 비체적
③ 상대습도
④ 건구온도

9. 배관의 연결 방법 중 리프트 이음(lift fitting)이 사용되는 곳은?
① 오수정화조에서 부패조
② 급수설비에서 펌프의 토출측
③ 난방설비에서 보일러의 주위
④ 배수설비에서 수평관과 수직관의 연결부위

10. 수도본관에서 가장 높은 곳에 있는 수전까지의 높이가 30m인 경우, 수도본관의 최저 필요압력은? (단, 수전은 샤워기로 최소 필요압력은 70kPa, 배관 중 마찰손실은 5mAq이다.)
① 약 105 kPa
② 약 210 kPa
③ 약 420 kPa
④ 약 630 kPa

11. 덕트설비의 설계 및 시공에 관한 설명으로 옳지 않은 것은?
① 덕트계통에서 엘보 하류로부터 적정거리를 지난 후 취출구를 설치한다.
② 아스펙트비(aspect ratio)이란 장방형덕트에서 장변길이와 단변길이의 비율을 의미한다.
③ 송풍기와 덕트의 접속부는 캔버스이음을 설치하여 덕트 계통으로의 진동 전달을 방지한다.
④ 덕트의 단위길이당 압력손실이 일정한 것으로 가정하는 치수결정법을 정압재취득법이라 한다.

12. 급수방식에 관한 설명으로 옳지 않은 것은?
① 수도직결방식은 2층 이하의 주택 등과 같이 소규모 건물에 주로 사용된다.
② 압력수조방식은 미관 및 구조상 유리하며 급수압력의 변동이 없는 특징이 있다.
③ 고가수조방식은 수전에 미치는 압력의 변동이 적으며 취급이 간단하고 고장이 적다.
④ 펌프직송방식은 고가수조의 설치가 요구되지는 않으나 펌프의 설비비가 높아진다.

13. 호텔의 주방이나 레스토랑의 주방 등에서 배출되는 배수중의 유지분을 포집하기 위하여 사용되는 포집기는?
① 오일 포집기
② 헤어 포집기
③ 그리스 포집기
④ 플라스터 포집기

14. 설계온도가 22℃인 실의 현열부하가 9.3kW일 때 송풍공기량은? (단, 취출공기온도 32℃, 공기의 밀도 1.2kg/m³, 비열 1.005kJ/kg·K이다.)
① 2314 m³/h
② 2776 m³/h
③ 2968 m³/h
④ 3299 m³/h

15. 4℃의 물 800L를 100℃로 가열하면 체적 팽창량은? (단, 물의 밀도는 4℃일 때 1kg/L, 100℃일 때 0.9586kg/L이다.)
① 약 35L
② 약 40L
③ 약 45L
④ 약 50L

16. 자동화재탐지설비의 구성에 속하지 않는 것은?
① 수신기
② 유도등
③ 중계기
④ 음향장치

17. 냉풍과 온풍을 혼합하여 부하조건이 다른 계통마다 공기를 공급하는 공기조화방식은?
① 팬코일유닛방식
② 멀티존유닛방식
③ 변풍량 단일덕트방식
④ 정풍량 단일덕트방식

18. 스프링클러설비에서 각 층을 수직으로 관통하는 수직배관을 의미하는 것은?

① 주배관
② 가지배관
③ 교차배관
④ 급수배관

19. 온수난방설비에 사용되는 팽창탱크의 기능에 관한 설명으로 가장 알맞은 것은?

① 기포가 온수의 흐름과 같은 방향으로 흐르도록 한다.
② 온수의 저장소로 급탕수전을 열었을 때 온수가 즉시 나오도록 한다.
③ 운전 중 장치내의 온도상승으로 생기는 물의 체적팽창과 그 압력을 흡수한다.
④ 공급관과 환수관의 마찰저항값을 유사하게 하여 순환온수가 균등하게 흐르도록 한다.

20. 보일러의 스케일(Scale)에 관한 설명으로 옳지 않은 것은?

① 워터해머를 일으킨다.
② 보일러 전열면의 과열 원인이 된다.
③ 열의 전도를 방해하고 보일러 효율을 불량하게 한다.
④ 수처리장치 등을 이용하여 발생을 방지할 수 있다.

해설 및 정답

1. 기계실, 전기실 등은 대개 건물의 지하층에 위치하므로 외부로 직접 인출할 수 있는 장비 등의 반출입구가 필요하다.

2. 조도에 관한 거리의 역자승법칙 : $E = \dfrac{I}{d^2}$

조도(E)는 광도(I)에 비례하고 거리(d)의 제곱에 반비례한다.
따라서 거리가 1/2배가 되면 조도는 100[lx]의 4배인 400[lx]가 된다.

3. 분기회로 : 건물내의 분전반에서 전등이나 콘센트 등의 전기기기(부하)에 이르는 저압 옥내전로

4. 루프통기(회로통기, 환상통기) : 2개 이상 8개 이내의 트랩을 통기 보호하며 통기수직관에서 최상류 기구까지의 거리는 7.5m 이내로 한다.

5. 오염된 공기는 덕트로 연결된 인접한 다른 실을 오염시킬 수 있으므로 실별로 별도의 환기계통으로 하는 것이 원칙이다.

6. 1일 오수량
$= 1{,}000인 \times 0.1\text{m}^3/인 \cdot day = 100\text{m}^3/day$
$= 100{,}000\text{kg}/day$
유입수 BOD량 $= 100{,}000\text{kg}/day \times 0.0002$
$= 20\text{kg}/day$
BOD 제거율(%)
$= \dfrac{\text{유입수 BOD} - \text{유출수 BOD}}{\text{유입수 BOD}} \times 100$ 에서

유출수 BOD량
$= 유입수\ BOD량 - \dfrac{유입수\ BOD량 \times BOD\ 제거율}{100}$
$= 20 - \dfrac{20 \times 85}{100} = 3\text{kg}/day$

7. 가스의 사용압력
  저압 : 0.1MPa 미만
  중압 : 0.1~1 MPa
  고압 : 1MPa 이상의 압력

8. 습공기선도에서 습공기의 건구온도가 상승하면
  상대습도-낮아진다.
  엔탈피, 비체적, 습구온도-증가한다.
  절대습도, 노점온도-변화없다.

9. 리프트 이음(lift fitting) : 진공환수식 증기난방에서 응축수를 끌어 올릴 때 사용하는 배관법

10. 수도본관에 필요한 최저 수압
$P > P_1 + P_2 + \dfrac{h}{100}$ (MPa) 또는 $P_1 + P_2 + 10h$ (kPa)

여기서, P_1 (기구 최저 필요압력)은 샤워기
  70kPa = 0.07MPa
P_2 (마찰손실수압)는 5mAq = 0.05MPa
h (수도본관에서 최고층 급수기구까지의 높이)는 30m이므로
$P \geq 0.07 + 0.05 + 30/100 = 0.42 MPa = 420 kPa$

11. 덕트치수 결정법
① 등마찰법 : 덕트의 단위길이당 압력손실이 일정한 것으로 가정하는 치수결정 방법
② 등속법 : 덕트 내의 풍속을 일정한 것으로 가정하는 치수결정 방법
③ 정압재취득법 : 덕트내의 분기나 취출 등으로 인한 풍속 감소에 따른 정압 재취득에 의한 상승 정압을 다음의 손실 압력에 충당하여 덕트내 전 계통의 정압이 일정한 것으로 가정하는 치수결정 방법

12. 압력수조방식은 압력수조내의 수위에 따라 수압이 변한다.

13. 그리스 포집기 - 주방배수 중에 포함된 기름기를 제거하기 위해 설치

해설 및 정답

14. 공조기의 송풍량 계산
부하는 시간당 필요한 열량과 같은 의미이므로 다음의 열량계산식으로 풀면 된다.
열량(q, kJ/s) = 밀도(ρ, kg/m³)×풍량(Q, m³/s)×비열(C, kJ/kg·K)×온도차(Δt, K)에서
풍량(Q, m³/h)

$$= \frac{열량(q,\ kJ/h)}{밀도(\rho,\ kg/m^3) \times 비열(C,\ kJ/m^3 \cdot K) \times 온도차(\Delta t,\ K)}$$

$$= \frac{33{,}480(kJ/h)}{1.2(kg/m^3) \times 1.005(kJ/kg \cdot K) \times (22\text{-}12)(K)}$$

= 0.7711 m³/s = 2,776 m³/h
여기에서 9.3 kW = 9.3 kJ/s = 33,480 kJ/h

15. 물의 팽창량 계산

$$물의\ 팽창비율 = \left(\frac{1}{급탕의\ 밀도} - \frac{1}{급수의\ 밀도}\right) \cdot 100$$

$$= \left(\frac{1}{0.9586} - \frac{1}{1}\right) ≒ 4.319\%$$

물의 팽창량 = 800L × 0.04319 ≒ 35L

16. 자동화재탐지설비는 수신기, 발신기, 중계기, 감지기, 음향장치 등으로 구성되어 화재를 탐지하는 경보설비 중의 하나이나 유도등은 피난설비에 해당한다.

17. 냉풍과 온풍을 각각 생산하여 혼합 사용하는 공조방식에는 이중덕트방식 및 멀티존유닛방식이 있으며 그 차이점은 다음과 같다.
- 이중덕트방식 : 냉풍과 온풍을 각 존으로 공급한 후 혼합상자에서 혼합
- 멀티존유닛방식 : 냉풍과 온풍을 각 존별로 혼합한 후 공급

18. 스프링클러의 배관
- 주배관 : 각 층을 수직으로 관통하는 수직배관
- 교차배관 : 수직배관을 통하여 가지배관에 물을 공급하는 수평배관
- 가지배관 : 스프링클러 헤드가 설치되어 있는 수평배관
- 신축배관 : 가지배관과 스프링클러헤드를 연결하는 구부림이 용이하고 유연성있는 배관

19. 팽창탱크(expansion tank) : 배관내 물의 온도변화에 따른 팽창과 압력을 흡수하여 배관이 파열되거나 누수되는것을 방지하기 위한 설비. 개방형과 밀폐형이 있다.

20. 경수를 보일러에 사용시 보일러 내면에 스케일이 생겨 전열효율이 저하되며 과열과 수명단축의 원인이 된다. 해결책으로는 경수연화장치 등 수처리장치를 사용하여 경수를 연수로 만들어 보일러에 공급한다.

1. ④	2. ③	3. ③	4. ②	5. ①
6. ②	7. ①	8. ③	9. ③	10. ③
11. ④	12. ②	13. ③	14. ②	15. ①
16. ②	17. ②	18. ①	19. ③	20. ①

과년도출제문제 (CBT 시험문제)

25 건축산업기사 5. 10 시행 출제문제

※ 본 기출문제는 수험자의 기억을 바탕으로 하여 복원한 문제이므로 실제 문제와 다를 수 있음을 미리 알려드립니다.

1. 정풍량 단일덕트 공조방식에 관한 설명으로 옳은 것은?
① 송풍량을 일정하게 하고 공조 대상실의 부하변동에 따라 송풍온도를 조절하는 전공기식 공조방식
② 공조 대상실의 부하변동에 따라 송풍량을 조절하는 전공기식 공조방식
③ 실내에 설치한 팬코일 유닛에 냉수 또는 온수를 공급하여 공조하는 방식
④ 냉풍과 온풍의 2개 덕트를 사용하여 혼합유닛으로 냉풍과 온풍을 혼합해 송풍하는 전공기식 공조방식

2. 주위 온도가 일정온도 이상이 되면 작동하도록 된 열감지기는?
① 정온식　　② 차동식
③ 이온화식　④ 광전식

3. 1개의 루프통기관에 접속하여 통기할 수 있는 위생기구의 수는 최대 얼마 이하로 하는가?
① 10개　　② 8개
③ 6개　　　④ 4개

4. 난방용 열매 중 증기에 관한 설명으로 옳지 않은 것은?
① 증기의 압력이 증가하면 포화증기가 갖게 되는 잠열은 감소하게 된다.
② 건포화증기를 다시 가열하면 증기의 온도는 포화증기보다 높아지며 체적은 더욱 증가한다.
③ 포화증기의 비체적은 증기의 압력이 증가할수록 증가한다.
④ 증기의 포화온도는 압력의 변화에 따라 변한다.

5. 습공기선도 상에서 별도의 수분 증가 및 감소 없이 건구온도만 상승시킬 경우 변화하지 않는 것은?
① 엔탈피
② 절대습도
③ 비체적
④ 습구온도

6. 공기조화방식 중 전공기 방식에 속하지 않는 것은?
① 이중덕트방식
② 멀티존 유닛방식
③ 유인 유닛방식
④ 단일덕트방식

7. 30m 높이에 있는 옥상탱크에 펌프로 시간당 24m³의 물을 공급할 때, 펌프의 축동력은? (단, 배관 중의 마찰손실은 전양정의 20%, 흡입양정은 4m, 펌프의 효율은 55%이다.)
① 3.82kW
② 4.85kW
③ 5.65kW
④ 6.12kW

8. 다음은 옥내소화전 방수구에 관한 설명이다. ( ) 안에 알맞은 것은?

> 특정소방대상물의 층마다 설치하되, 해당 특정소방 대상물의 각 부분으로부터 하나의 옥내소화전방수구까지의 수평거리가 ( ) 이하가 되도록 할 것

① 15m
② 20m
③ 25m
④ 30m

9. 증기난방에 대한 설명으로 옳지 않은 것은?
① 온수난방에 비해 방열기의 방열면적이 작다.
② 운전시 증기해머로 인한 소음을 일으키기 쉽다.
③ 온수난방에 비해 한랭지에서 동경의 우려가 적다.
④ 온수난방에 비해 열용량이 크므로 예열시간이 길다.

10. 백열전구와 비교한 형광램프의 특징으로 옳지 않은 것은?
① 휘도가 낮다.
② 효율이 높다.
③ 수명이 길다.
④ 전원 전압의 변동에 대하여 광속 변동이 크다.

11. 전기설비 용량이 80kW, 120kW의 부하설비가 있다. 수용률이 70%인 경우 최대수용전력은?
① 90kW
② 100kW
③ 140kW
④ 200kW

12. 대변기의 세정방식 중 바닥으로부터 1.9m 이상 높은 위치에 탱크를 설치하고, 볼 탭을 통하여 공급된 일정량의 물을 저장하고 있다가 핸들 또는 레버의 조작에 의해 낙차에 의한 수압으로 대변기를 세적하는 방식은?
① 로 탱크식
② 하이 탱크식
③ 플러시 밸브식
④ 사이폰 제트식

13. 다음 설명에 맞는 보일러는?

- 수직으로 세운 드럼 내에 연관 또는 수관이 있는 소규모의 패키지형으로 되어 있다.
- 설치면적이 작고 취급이 용이하다.

① 입형보일러
② 관류보일러
③ 주철제보일러
④ 수관보일러

14. 다음의 전원설비와 관련된 설명 중 ( )안에 알맞는 용어는?

수전점에서 변압기 1차측까지의 기기 구성을 (㉠)라 하고 변압기에서 전력 부하 설비의 배전반까지를 (㉡)라 한다.

① ㉠ : 배전설비, ㉡ : 수전설비
② ㉠ : 수전설비, ㉡ : 배전설비
③ ㉠ : 간선설비, ㉡ : 동력설비
④ ㉠ : 동력설비, ㉡ : 간선설비

15. 정화조에서 유입된 오수를 혐기성균에 의하여 소화작용으로 분리침전이 이루어지도록 하는 곳은?
① 산화조
② 부패조
③ 소독조
④ 여과조

16. 3상 Y결선되고 선간전압이 380V인 3상교류의 상전압은?
① 120V
② 220V
③ 380V
④ 660V

17. 220[V], 400[W] 전열기를 110[V]에서 사용하였을 경우 소비전력[W]은?
① 50[W]
② 100[W]
③ 200[W]
④ 400[W]

18. 건축물의 냉방부하를 감소시키기 위한 유리창 계획으로 옳지 않은 것은?

① 유리창의 면적을 작게 한다.
② 반사율이 큰 유리를 사용한다.
③ 차폐계수가 큰 유리를 사용한다.
④ 열관류율이 작은 유리를 사용한다.

19. 다음 중 저수조가 필요하고, 수전에서 압력변동이 크게 발생할 우려가 있는 급수방식은?

① 수도직결방식
② 고가탱크방식
③ 펌프직송방식
④ 압력탱크방식

20. 다음 중 실측식 가스계량기(가스미터)에 해당하는 것은?

① 벤투리식
② 루츠식
③ 오리피스식
④ 와류식

해설 및 정답

1. ② 부하변동에 따라 송풍량을 조절하는 전공기식 공조방식 - 변풍량방식
③ 팬코일 유닛에 냉수 또는 온수를 공급하는 공조방식 - 팬코일유닛방식
④ 냉풍과 온풍의 2개 덕트를 사용하는 전공기식 공조방식 - 이중덕트방식

2. 작동원리에 따른 감지기의 구분
- 정온식 : 주위온도가 일정온도 이상이 되면 작동
- 차동식 : 주위온도가 일정 온도상승률 이상이 되면 작동

3. 루프통기(회로통기, 환상통기) : 2개 이상 8개 이내의 트랩을 통기 보호하며 통기수직관에서 최상류 기구까지의 거리는 7.5m 이내로 한다.

4. 포화증기의 비체적(m^3/kg)은 증기의 압력이 증가할수록 감소한다.

5. 습공기선도에서 습공기의 건구온도가 상승하면
상대습도-낮아진다.
엔탈피, 비체적, 습구온도-증가한다.
절대습도, 노점온도-변화없다.

6. 열매에 따른 공조방식의 분류
- 전공기방식 : 단일덕트방식, 이중덕트방식, 멀티존유니트방식
- 수공기방식 : 덕트병용 팬코일유니트방식, 유인유니트 방식
- 전수방식 : 팬코일유니트방식
- 냉매방식 : 패키지방식

7. 마찰손실수두(H_f)를 전양정(H)의 20%로 풀면 정답이 없는 것으로 보아 문제에 오류가 있는 것으로 보인다.

마찰손실수두(H_f)를 실양정의 20%로 풀면
$H_f = 34 \times 0.2 = 6.8m$
따라서 펌프 전양정(H) = 실양정 + 마찰손실수두
$= 34 + 6.8 = 40.8m$

펌프의 축동력 $= \dfrac{\rho \cdot Q \cdot H}{6120E} = \dfrac{1000 \times 24/60 \times 40.8}{6120 \times 0.55} = 4.848$
$\fallingdotseq 4.85(kw)$

8. 증기난방은 열매(증기)온도가 온수보다 높아 온수난방에 비해 예열시간이 짧다.

11. 수용률 $= \dfrac{최대수요전력(kW)}{부하설비용량(kW)} \times 100(\%)$ 에서
최대수요전력 = 수용률 × 부하설비용량/100
$= 70 \times (80 + 120)/100 = 140kW$

15.
- 부패조 : 공기(산소)를 차단, 혐기성균
- 산화조 : 산소를 공급, 호기성균

16. 3상4선식에서 상전압을 E, 선간전압을 Vab라 하면
$Vab = \sqrt{3} \ E$
그러므로 $E = Vab / \sqrt{3} = 380 / \sqrt{3} = 220V$

17. 전력 $W = VI = I^2R = V^2/R$ 에서 전압(V)이 1/2로 감소하면 전력(W)은 1/4이 된다.(전열기의 저항(R)은 일정)

18. 차폐계수(SC) 값이 클수록 차폐를 못시켜 부하가 커진다.
보통유리 1.0, 밝은색 브라인드 설치 0.65, 반사유리 0.5 정도

19. 압력탱크 방식은 압력탱크내의 수위에 따라 수압이 변한다.

해설 및 정답

20. 가스미터기의 종류
① 실측식(사용한 가스의 양을 직접 측정) - 다이어프램식(습식), 루츠(roots)식(건식)
② 간접식 또는 추정식(가스통과량과 관계있는 다른 량을 측정하여 계산) - 오리피스식, 벤투리식, 터빈식, 와류식, 델타식

1. ①	2. ①	3. ②	4. ③	5. ②
6. ③	7. ②	8. ③	9. ④	10. ④
11. ③	12. ②	13. ①	14. ②	15. ②
16. ②	17. ②	18. ③	19. ④	20. ②

과년도출제문제 (CBT 시험문제)

25 건축산업기사 8. 9 시행 출제문제

※ 본 기출문제는 수험자의 기억을 바탕으로 하여 복원한 문제이므로 실제 문제와 다를 수 있음을 미리 알려드립니다.

1. 공기조화설비에 관한 설명으로 옳지 않은 것은?
① 변풍량방식은 정풍량방식에 비해 부하변동에 대한 제어응답이 빠르다.
② 필요 축열량이 같은 경우 빙축열방식은 수축열방식에 비해 축열조 크기가 작다.
③ 흡수식 냉동기는 크게 증발기, 압축기, 발생기, 응축기의 4개 부문으로 구성되어 있다.
④ 팬코일 유닛방식에서 각 실의 유닛은 수동으로도 제어할 수 있고, 개별제어가 쉽다.

2. 다음과 같은 조건에서 틈새바람 100/h가 실내로 유입되었다. 이로 인해 발생하는 냉방현열부하는?

[조건]
- 실내공기 : 온도 27℃, 상대습도 60%
- 외기 : 온도 34℃, 상대습도 70%
- 공기의 밀도 : 1.2kg/m³
- 공기의 정압비열 : 1.01kJ/kg · K

① 약 174W
② 약 236W
③ 약 350W
④ 약 465W

3. 취출구 방향을 상하좌우 자유롭게 조절할 수 있어 주방, 공장 등의 국부냉방에 적용되는 취출구는?
① 팬형
② 라인형
③ 펑커루버
④ 아네모스탯형

4. 전기설비용 시설공간(실)에 관한 설명으로 옳지 않은 것은?
① 발전기실은 변전실과 인접하도록 배치한다.
② 중앙감시실은 일반적으로 방재센터와 겸하도록 한다.
③ 전기샤프트는 각 층에서 가능한 한 공급대상의 중심에 위치하도록 한다.
④ 주요 기기에 대한 반입, 반출 통로를 확보하되, 외부로 직접 출입할 수 있는 반출입구를 설치하여서는 안된다.

5. 어떤 건물의 급탕량이 3m³/h일 때 급탕부하는? (단, 물의 비열은 4.2kJ/kg · K, 급탕온도는 75℃, 급수온도는 5℃ 이다.)
① 195kW
② 215kW
③ 245kW
④ 295kW

6. 송풍온도를 일정하게 하고 송풍량을 변경해 부하 변동에 대응하는 공기조화방식은?
① 이중덕트방식
② 멀티존 유닛방식
③ 단일덕트 정풍량 방식
④ 단일덕트 변풍량 방식

7. 스프링클러설비의 배관에 관한 설명으로 옳지 않은 것은?
① 가지배관은 각 층을 수직으로 관통하는 수직 배관이다.
② 교차배관이란 직접 또는 수직배관을 통하여 가지배관에 급수하는 배관이다.
③ 급수배관은 수원 및 옥외송수구로부터 스프링클러헤드에 급수하는 배관이다.
④ 신축배관은 가지배관과 스프링클러헤드를 연결하는 구부림이 용이하고 유연성을 가진 배관이다.

8. 펌프의 회전수를 2배로 증가시켰을 때, 펌프 양정의 변화는?

① 1/2로 감소
② 2배 증가
③ 4배 증가
④ 8배 증가

9. 지락전류를 영상변류기로 검출하는 전류동작형으로 지락전류가 미리 정해 놓은 값을 초과할 경우, 설정된 시간 내에 회로나 회로의 일부의 전원을 자동으로 차단하는 장치는?

① 단로스위치
② 절환스위치
③ 누전차단기
④ 과전류차단기

10. 급수설비에서 크로스커넥션에 따른 수질오염의 방지방법으로 가장 적절한 것은?

① 토수구 공간을 설치한다.
② 차광성 FRP 재질의 고가탱크를 설치한다.
③ 버큠 브레이커나 역류방지 장치를 부착한다.
④ 각 계통마다의 배관을 색깔별로 구분하여 오접합을 방지한다.

11. 증기난방설비에서 방열기나 증기코일 및 배관 내에 공기가 고였을 경우에 관한 설명으로 옳지 않은 것은?

① 증기나 응축수의 흐름을 방해한다.
② 장치 내에 있는 공기가 열전달을 저하시켜 예열이 지연된다.
③ 방열기나 증기코일의 내벽면에 공기막을 형성하여 전열을 저해한다.
④ 공기의 분압만큼 증기의 실질압력이 높아져 증기의 온도가 내려간다.

12. 최상부의 배수수평관이 배수수직관에 접속된 위치보다도 더욱 위로 배수수직관을 끌어올려 통기관으로 사용하는 부분으로 대기 중에 개구하는 것은?

① 신정통기관
② 각개통기관
③ 결합통기관
④ 루프통기관

13. 급수방식에 관한 설명으로 옳지 않은 것은?

① 수도직결방식은 2층 이하의 주택 등과 같이 소규모 건물에 주로 사용된다.
② 압력수조방식은 미관 및 구조상 유리하며 급수압력의 변동이 없는 특징이 있다.
③ 고가수조방식은 수전에 미치는 압력의 변동이 적으며 취급이 간단하고 고장이 적다.
④ 펌프직송방식은 고가수조의 설치가 요구되지는 않으나 펌프의 설비비가 높아진다.

14. 난방방식에 관한 설명으로 옳은 것은?

① 증기난방은 온수난방에 비해 예열시간이 길다.
② 온수난방은 증기난방에 비해 방열온도가 높으며 장치의 열용량이 작다.
③ 복사난방은 실을 개방상태로 하였을 때 난방효과가 없다는 단점이 있다.
④ 온풍난방은 가열공기를 보내어 난방부하를 조달함과 동시에 습도의 제어도 가능하다.

15. 면적 100m^2, 천장높이 3.5m인 교실의 평균조도를 100[lx]로 하고자 한다. 다음과 같은 조건에서 필요한 광원의 개수는?

[조건]
- 광원 1개의 광속 : 2000[lm]
- 조명률 : 50%
- 감광 보상률 : 1.5

① 8개
② 15개
③ 19개
④ 23개

16. 다음 중 효율이 가장 높지만 등황색의 단색광으로 색채의 식별이 곤란하므로 주로 터널조명에 사용하는 것은?

① 형광램프
② 고압수은램프
③ 저압나트륨램프
④ 메탈헬라이드램프

17. 리버스 리턴(reverse-return) 배관방식에 관한 설명으로 옳은 것은?

① 증기난방 설비에 주로 이용되는 배관방식이다.
② 계통별로 마찰저항을 균등하게 하기 위한 배관방식이다.
③ 배관의 온도변화에 따른 신축을 흡수하기 위한 배관방식이다.
④ 물의 온도차를 크게 하여 밀도차에 의한 자연순환을 원활하게 하기 위한 배관방식이다.

18. 초고층 건물에서 급수압력의 균등화를 위해 조닝(zoning)을 하여야 하는데, 다음 중 고가수조를 설치하는 경우의 조닝방식에 속하지 않는 것은?

① 중간수조방식
② 감압밸브방식
③ 펌프분리방식
④ 중간수조, 감압밸브 병용방식

19. 다음 설명에 알맞은 자동화재탐지설비의 감지기는?

주위 온도가 일정 온도 이상이 되면 작동하는 것으로 보일러실, 주방과 같이 다량의 열을 취급하는 곳에 설치한다.

① 정온식
② 차동식
③ 광전식
④ 이온화식

20. LPG의 일반적 특성으로 옳지 않은 것은?

① 발열량이 크다.
② 순수한 LPG는 무색 무취이다.
③ 연소시 다량의 공기가 필요하다.
④ 공기보다 가볍기 때문에 안전성이 높다.

해설 및 정답

1. 냉동기 종류별 구성기기
- 흡수식 냉동기 : 흡수기, 응축기, 재생기(발생기), 증발기
- 압축식 냉동기 : 압축기, 응축기, 팽창밸브, 증발기

2. 외기 또는 틈새바람에 의한 현열부하
부하는 시간당 필요한 열량과 같은 의미이므로 다음의 열량계산식으로 계산한다.
q_{SH} = 밀도(ρ, kg/m³)×풍량(Q, m³/s)
×비열(C, kJ/kg·K)×온도차(Δt, K)에서
= 1.2(kg/m³)×100/3,600(m³/s)×1.01(kJ/kg·K)
×(34-27)(K) ≒ 0.236(kW) = 236(W)

4. 기계실, 전기실 등은 대개 건물의 지하층에 위치하므로 장비를 외부로 직접 인출할 수 있는 장비 반출입구가 필요하다.

5. 급탕부하
$$= \frac{\text{시간당급탕량}\,G(kg/h)\times \text{비열}\,C(kJ/kg\cdot K)\times \text{온도차}\,\Delta t(K)}{3600(s/h)}$$
$$= \frac{3,000(kg/h)\times 4.2(kJ/kg\cdot K)\times 70(K)}{3600(s/h)} = 245 kw$$

6. 부하의 변화에 따라
- 정풍량 방식 - 송풍량 일정, 송풍온도 변화
- 변풍량 방식 - 송풍량 변화, 송풍온도 일정

7. 스프링클러의 배관
- 주배관 : 각 층을 수직으로 관통하는 수직배관
- 교차배관 : 수직배관을 통하여 가지배관에 물을 공급하는 수평배관
- 가지배관 : 스프링클러 헤드가 설치되어 있는 수평배관
- 신축배관 : 가지배관과 스프링클러헤드를 연결하는 구부림이 용이하고 유연성있는 배관

8. 펌프의 양수량은 임펠러의 회전수에 비례, 양정은 회전수의 제곱에 비례, 축동력은 회전수의 세제곱에 비례한다. 따라서 회전수가 2배로 증가하면 양정은 제곱인 4배로 증가한다.

9.
- 지락전류 - 도체가 땅에 떨어져 지면으로 흐르는 고장 전류로 화재, 감전 또는 전로나 기기의 손상 등 사고를 일으키는 전류
- 누전차단기(ELCB) : 개폐기구, 트립장치 등을 절연물 용기내에 일체로 조립한 것으로 통전상태의 전로를 수동 또는 전기 조작에 의해 개폐할 수 있으며, 과부하, 단로 및 누전발생 시 자동적으로 전류를 차단하는 기구

10. 크로스커넥션(cross connection) : 수도물과 수돗물 이외의 물질이 혼입되는 현상

11. 증기배관에 공기가 차면 공기의 분압만큼 증기의 실질압력이 낮아진다.

12. 신정통기관 : 배수수직관 상부에서 관경을 축소하지 않고 연장하여 대기 중에 개방하는 통기관

13. 압력수조방식은 압력수조내의 수위에 따라 수압이 변한다.

14. ① 증기난방은 온수난방에 비해 예열시간이 짧다.
② 온수난방은 증기난방에 비해 방열온도가 낮고 장치의 열용량이 크다.
③ 복사난방은 실을 개방상태로 해도 난방효과가 있다.

15. 광속법에 의한 조명설계식 $F\cdot N\cdot U = E\cdot A\cdot D$ 에서
광원의 개수 $N = \dfrac{E\cdot A\cdot D}{F\cdot U}$
$= \dfrac{\text{조도}\times\text{바닥면적}\times\text{감광보상율}}{\text{조명등당 광속}\times\text{조명률}} = \dfrac{100\times 100\times 1.5}{2,000\times 0.5}$
= 15개

해설 및 정답

16. 나트륨램프는 효율은 좋으나 연색성이 좋지 않아 실내조명용으로는 부적합하다.

17. 역환수방식(리버스리턴 방식)
방열기, FCU 등의 냉온수배관에서 배관마찰손실을 같게 하여 균등한 유량이 되도록 각 기기마다 배관회로의 길이를 같게 하는 방식

18. 펌프분리방식은 펌프를 저층, 중층, 고층 각각 분리 설치하여 직송하는 방식으로 그다지 높지 않은 건물에서 사용된다.

19. 작동원리에 따른 감지기의 구분
- 정온식 : 주위온도가 일정온도 이상이 되면 작동
- 차동식 : 주위온도가 일정 온도상승률 이상이 되면 작동

20. LPG는 공기보다 비중이 커서 누설시 바닥으로 가라앉아 폭발의 위험이 있으므로 가스누출검지기는 반드시 바닥쪽에 설치하여야 한다.

1. ③	2. ②	3. ③	4. ④	5. ③
6. ④	7. ①	8. ③	9. ③	10. ④
11. ④	12. ①	13. ②	14. ④	15. ②
16. ③	17. ②	18. ③	19. ①	20. ④

건축기사 대비 **건축설비** 4

定價 27,000원

저 자 오병칠 · 권영철
　　　　오호영
발행인 이　종　권

2000年 12月 13日 초판1쇄 발행
2020年　1月 20日 20차개정1쇄 발행
2021年　1月 12日 21차개정1쇄 발행
2022年　1月 10日 22차개정1쇄 발행
2023年　1月 19日 23차개정1쇄 발행
2024年　1月 　5日 24차개정1쇄 발행
2025年　1月 14日 25차개정1쇄 발행
2026年　1月 　6日 26차개정1쇄 발행

發行處　(주)한솔아카데미

(우)06775 서울시 서초구 마방로10길 25 트윈타워 A동 2002호
TEL : (02)575-6144/5　FAX : (02)529-1130
〈1998. 2. 19 登錄 第16-1608號〉

※ 본 교재의 내용 중에서 오타, 오류 등은 발견되는 대로 한솔아카데미 인터넷 홈페이지를 통해 공지하여 드리며 보다 완벽한 교재를 위해 끊임없이 최선의 노력을 다하겠습니다.

※ 파본은 구입하신 서점에서 교환해 드립니다.
www.inup.co.kr / www.bestbook.co.kr

ISBN 979-11-6654-757-7　13540

한솔아카데미 발행도서

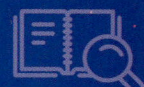

건축기사시리즈
①건축계획
이종석, 이병억 공저
432쪽 | 27,000원

건축기사시리즈
②건축시공
김형중, 한규대, 이명철 공저
570쪽 | 27,000원

건축기사시리즈
③건축구조
안광호, 홍태화, 고길용 공저
796쪽 | 27,000원

건축기사시리즈
④건축설비
오병칠, 권영철, 오호영 공저
564쪽 | 27,000원

건축기사시리즈
⑤건축법규
현정기, 조영호, 한웅규, 김주석 공저
622쪽 | 27,000원

건축기사 필기 10개년 핵심 과년도문제해설
안광호, 백종엽, 이병억 공저
1,028쪽 | 45,000원

건축기사 4주완성
남재호, 송우용 공저
1,412쪽 | 47,000원

건축산업기사 4주완성
남재호, 송우용 공저
1,136쪽 | 44,000원

7개년 기출문제 건축산업기사 필기
한솔아카데미 수험연구회
868쪽 | 38,000원

건축설비기사 4주완성
남재호 저
1,088쪽 | 46,000원

건축설비산업기사 4주완성
남재호 저
872쪽 | 40,000원

10개년 핵심 건축설비기사 과년도
남재호 저
1,148쪽 | 40,000원

건축기사 실기
한규대, 김형중, 안광호, 이병억 공저
1,708쪽 | 53,000원

건축기사 실기 (The Bible)
안광호, 백종엽, 이병억 공저
1,000쪽 | 41,000원

건축기사 실기 14개년 과년도
안광호, 백종엽, 이병억 공저
688쪽 | 34,000원

건축산업기사 실기
한규대, 김형중, 안광호, 이병억 공저
696쪽 | 33,000원

건축산업기사 실기 (The Bible)
안광호, 백종엽, 이병억 공저
300쪽 | 30,000원

실내건축기사 4주완성
남재호 저
1,320쪽 | 39,000원

실내건축산업기사 4주완성
남재호 저
1,096쪽 | 32,000원

시공실무 실내건축(산업)기사 실기
안동훈, 이병억 공저
422쪽 | 30,000원

Hansol Academy

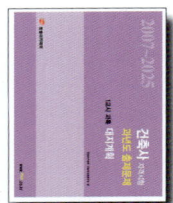
**건축사 과년도출제문제
1교시 대지계획**
한솔아카데미 건축사수험연구회
346쪽 | 33,000원

**건축사 과년도출제문제
2교시 건축설계1**
한솔아카데미 건축사수험연구회
192쪽 | 33,000원

**건축사 과년도출제문제
3교시 건축설계2**
한솔아카데미 건축사수험연구회
436쪽 | 33,000원

**건축물에너지평가사
①건물 에너지 관계법규**
건축물에너지평가사 수험연구회
852쪽 | 32,000원

**건축물에너지평가사
②건축환경계획**
건축물에너지평가사 수험연구회
516쪽 | 30,000원

**건축물에너지평가사
③건축설비시스템**
건축물에너지평가사 수험연구회
708쪽 | 32,000원

**건축물에너지평가사
④건물 에너지효율설계·평가**
건축물에너지평가사 수험연구회
648쪽 | 32,000원

**건축물에너지평가사
2차실기(상)**
건축물에너지평가사 수험연구회
940쪽 | 45,000원

**건축물에너지평가사
2차실기(하)**
건축물에너지평가사 수험연구회
905쪽 | 50,000원

**토목기사시리즈
①응용역학**
안광호, 김창원, 염창열, 정용욱 공저
540쪽 | 28,000원

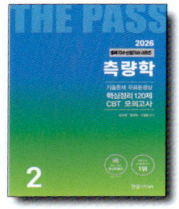
**토목기사시리즈
②측량학**
남수영, 정경동, 고길용 공저
392쪽 | 28,000원

**토목기사시리즈
③수리학 및 수문학**
심기오, 노재식, 한웅규 공저
396쪽 | 28,000원

**토목기사시리즈
④철근콘크리트 및 강구조**
정경동, 정용욱, 고길용, 김지우 공저
464쪽 | 28,000원

**토목기사시리즈
⑤토질 및 기초**
안진수, 박광진, 김창원, 홍성협 공저
588쪽 | 28,000원

**토목기사시리즈
⑥상하수도공학**
노재식, 이상도, 한웅규, 정용욱 공저
544쪽 | 28,000원

**10개년 핵심 토목기사
과년도문제해설**
김창원 외 5인 공저
1,076쪽 | 46,000원

**토목기사 4주완성
핵심 및 과년도문제해설**
이상도, 고길용, 안광호, 한웅규, 홍성협, 김지우 공저
1,054쪽 | 45,000원

**토목산업기사 4주완성
과년도문제해설**
이상도, 정경동, 고길용, 안광호, 한웅규, 홍성협 공저
752쪽 | 42,000원

토목기사 실기
김태선, 박광진, 홍성협, 김창원, 김상욱, 이상도, 한웅규 공저
1,540쪽 | 52,000원

**토목기사 실기
과년도문제해설**
김태선, 이상도, 한웅규, 홍성협, 김상욱, 김지우 공저
892쪽 | 38,000원

www.bestbook.co.kr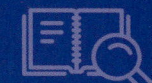

콘크리트기사 · 산업기사 4주완성(필기)
정용욱, 고길용, 전지현, 김지우 공저
856쪽 | 39,000원

콘크리트기사 과년도(필기)
정용욱, 고길용, 김지우 공저
684쪽 | 30,000원

콘크리트기사 · 산업기사 3주완성(실기)
정용욱, 한웅규, 홍성협, 전지현 공저
784쪽 | 33,000원

건설재료시험기사 4주완성 필독서 필기
박광진, 이상도, 김지우, 전지현 공저
742쪽 | 39,000원

건설재료시험기사 과년도(필기)
고길용, 정용욱, 홍성협, 전지현 공저
692쪽 | 32,000원

건설재료시험기사 3주완성(실기)
고길용, 홍성협, 전지현, 김지우 공저
728쪽 | 33,000원

콘크리트기능사 3주완성(필기+실기)
정용욱, 고길용, 염창열, 전지현 공저
538쪽 | 27,000원

지적기능사(필기+실기) 3주완성
염창열, 정병노 공저
640쪽 | 30,000원

측량기능사 3주완성
염창열, 정병노, 고길용 공저
580쪽 | 29,000원

전산응용토목제도기능사 필기 3주완성
염창열, 김지우, 최진호 공저
644쪽 | 29,000원

건설안전기사 4주완성 필기
지준석, 조태연 공저
1,388쪽 | 38,000원

산업안전기사 4주완성 필기
지준석, 조태연 공저
1,560쪽 | 38,000원

공조냉동기계기사 필기
조성안, 이승원, 강희중 공저
1,358쪽 | 41,000원

공조냉동기계산업기사 필기
조성안, 이승원, 강희중 공저
1,236쪽 | 36,000원

공조냉동기계기사 실기
조성안, 강희중 공저
1,040쪽 | 38,000원

조경기사 · 산업기사 필기
이윤진 저
1,464쪽 | 49,000원

조경기사 · 산업기사 실기
이윤진 저
784쪽 | 45,000원

조경기능사 필기
이윤진 저
682쪽 | 29,000원

조경기능사 실기
이윤진 저
360쪽 | 29,000원

조경기능사 필기
한상엽 저
712쪽 | 28,000원

Hansol Academy

조경기능사 실기
한상엽 저
823쪽 | 30,000원

산림기사・산업기사 1권
이윤진 저
888쪽 | 27,000원

산림기사・산업기사 2권
이윤진 저
974쪽 | 27,000원

전기기사시리즈(전6권)
대산전기수험연구회
2,240쪽 | 131,000원

전기기사 5주완성
전기기사수험연구회
2,140쪽 | 43,000원

전기산업기사 5주완성
전기산업기사수험연구회
1,964쪽 | 43,000원

전기공사기사 5주완성
전기공사기사수험연구회
2,096쪽 | 43,000원

전기공사산업기사 5주완성
전기공사산업기사수험연구회
1,606쪽 | 43,000원

전기(산업)기사 실기
대산전기수험연구회
766쪽 | 43,000원

전기기사 실기 20개년 과년도문제해설
대산전기수험연구회
992쪽 | 38,000원

전기기사시리즈(전6권)
김대호 저
3,230쪽 | 136,000원

전기기사 실기 기본서
김대호 저
964쪽 | 39,000원

전기기사 실기 기출문제
김대호 저
1,340쪽 | 43,000원

전기산업기사 실기 기본서
김대호 저
920쪽 | 39,000원

전기산업기사 실기 기출문제
김대호 저
1,076쪽 | 41,000원

전기기사/전기산업기사 실기 마인드 맵
김대호 저
232 | 15,000원

CBT 전기기사 단기완성
이승원, 김승철, 윤종식 공저
1,244쪽 | 42,000원

전기기능사 3단계 핵심 및 과년도
김승철, 신면순, 오용환, 이승원 공저
876쪽 | 28,000원

전기기능사 3주완성
이승원, 김승철, 윤종식 공저
532쪽 | 27,000원

소방설비기사 기계분야 필기
김홍준, 윤중오 공저
1,212쪽 | 40,000원

www.bestbook.co.kr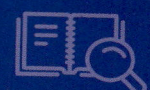

소방설비기사 전기분야 필기
김홍준, 신면순 공저
1,148쪽 | 40,000원

공무원 건축계획
이병억 저
800쪽 | 37,000원

7·9급 토목직 응용역학
정경동 저
1,192쪽 | 42,000원

응용역학개론 기출문제
정경동 저
686쪽 | 40,000원

측량학(9급 기술직/ 서울시·지방직)
정병노, 염창열, 정경동 공저
756쪽 | 29,000원

응용역학(9급 기술직/ 서울시·지방직)
이국형 저
628쪽 | 23,000원

스마트 9급 물리 (서울시·지방직)
신용찬 저
422쪽 | 23,000원

7급 공무원 스마트 물리학개론
신용찬 저
996쪽 | 45,000원

1종 운전면허
도로교통공단 저
110쪽 | 13,000원

2종 운전면허
도로교통공단 저
110쪽 | 13,000원

지게차 운전기능사
건설기계수험연구회 편
216쪽 | 15,000원

굴삭기 운전기능사
건설기계수험연구회 편
224쪽 | 15,000원

지게차 운전기능사 3주완성
건설기계수험연구회 편
338쪽 | 12,000원

굴삭기 운전기능사 3주완성
건설기계수험연구회 편
356쪽 | 12,000원

초경량 비행장치 무인멀티콥터
권희춘, 김병구 공저
258쪽 | 22,000원

시각디자인 산업기사 4주완성
김영애, 서정술, 이원범 공저
1,102쪽 | 36,000원

시각디자인 기사·산업기사 실기
김영애, 이원범 공저
508쪽 | 35,000원

토목 BIM 설계활용서
김영휘, 박형순, 송윤상, 신현준, 안서현, 박진훈, 노기태 공저
388쪽 | 30,000원

BIM 전문가 토목 2급자격(필기+실기)
BIM전문가 토목연구회 공저
324쪽 | 32,000원

BIM 구조편
(주)알피종합건축사사무소
(주)동양구조안전기술 공저
536쪽 | 32,000원

Hansol Academy

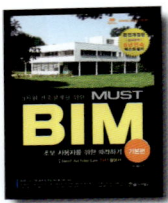
BIM 기본편
(주)알피종합건축사사무소
402쪽 | 32,000원

BIM 기본편 2탄
(주)알피종합건축사사무소
380쪽 | 28,000원

BIM 건축계획설계 Revit 실무지침서
BIMFACTORY
607쪽 | 35,000원

전통가옥에서 BIM을 보며
김요한, 함남혁, 유기찬 공저
548쪽 | 32,000원

BIM 주택설계편
(주)알피종합건축사사무소
박기백, 서창석, 함남혁, 유기찬 공저
514쪽 | 32,000원

BIM 활용편 2탄
(주)알피종합건축사사무소
380쪽 | 30,000원

BIM 건축전기설비설계
모델링스토어, 함남혁
572쪽 | 32,000원

BIM 토목편
송현혜, 김동욱, 임성순, 유자영, 심창수 공저
278쪽 | 25,000원

디지털모델링 방법론
이나래, 박기백, 함남혁, 유기찬 공저
380쪽 | 28,000원

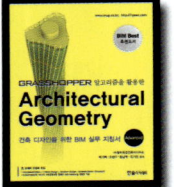
건축디자인을 위한 BIM 실무 지침서
(주)알피종합건축사사무소
박기백, 오정우, 함남혁, 유기찬 공저
516쪽 | 30,000원

BIM 전문가 건축 2급자격(필기+실기)
모델링스토어
760쪽 | 36,000원

BIM 전문가 토목 2급 실무활용서
채재현, 김영휘, 박준오, 소광영, 김소희, 이기수, 조수연
614쪽 | 35,000원

BE Architect
유기찬, 김재준, 차성민, 신수진, 홍유찬 공저
282쪽 | 20,000원

BE Architect 라이노&그래스호퍼
유기찬, 김재준, 조준상, 오주연 공저
288쪽 | 22,000원

BE Architect AUTO CAD
유기찬, 김재준 공저
400쪽 | 25,000원

건축관계법규(전3권)
최한석, 김수영 공저
3,544쪽 | 110,000원

건축법령집
최한석, 김수영 공저
1,490쪽 | 60,000원

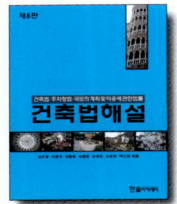
건축법해설
김수영, 이종석, 김동화, 김용환, 조영호, 오호영 공저
918쪽 | 32,000원

건축설비관계법규
김수영, 이종석, 박호준, 조영호, 오호영 공저
790쪽 | 34,000원

건축계획
이순희, 오호영 공저
422쪽 | 23,000원

www.bestbook.co.kr

건축시공학
이찬식, 김선국, 김예상, 고성석,
손보식, 유정호, 김태완 공저
776쪽 | 30,000원

**현장실무를 위한
토목시공학**
남기천,김상환,유광호,강보순,
김종민,최준성 공저
1,212쪽 | 45,000원

알기쉬운 토목시공
남기천, 유광호, 류명찬, 윤영철,
최준성, 고준영, 김연덕 공저
818쪽 | 28,000원

Auto CAD 오토캐드
김수영, 정기범 공저
364쪽 | 25,000원

친환경 업무매뉴얼
정보현, 장동원 공저
352쪽 | 30,000원

**건축시공기술사
기출문제**
배용환, 서갑성 공저
1,146쪽 | 69,000원

**합격의 정석
건축시공기술사**
조민수 저
904쪽 | 67,000원

**건축시공기술사
용어해설**
조민수 저
1,438쪽 | 70,000원

**건축전기설비기술사
(상,하)**
서학범 저
1,532쪽 | 65,000원(각권)

**디테일 기본서 PE
건축시공기술사**
백종엽 저
730쪽 | 62,000원

**디테일 마법지 PE
건축시공기술사**
백종엽 저
504쪽 | 50,000원

**용어설명1000 PE
건축시공기술사(상,하)**
백종엽 저
2,148쪽 | 70,000원(각권)

역학의 정석
김성민, 김성범 공저
788쪽 | 52,000원

**합격의 정석
토목시공기술사**
김무섭, 조민수 공저
874쪽 | 60,000원

건설안전기술사
이태엽 저
776쪽 | 60,000원

소방기술사 上
윤정득, 박견용 공저
656쪽 | 55,000원

소방기술사 下
윤정득, 박견용 공저
730쪽 | 55,000원

**소방시설관리사 1차
(상,하)**
김흥준 저
1,630쪽 | 63,000원

건축에너지관계법해설
조영호 저
614쪽 | 27,000원

ENERGYPULS
이광호 저
236쪽 | 25,000원

Hansol Academy

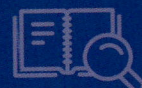

수학의 마술(2권)
아서 벤저민 저, 이경희, 윤미선, 김은현, 성지현 옮김
206쪽 | 24,000원

스트레스, 과학으로 풀다
그리고리 L. 프리키온, 애너이브 코비치, 앨버트 S.융 저
176쪽 | 20,000원

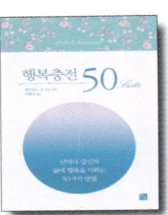
행복충전 50Lists
에드워드 호프만 저
272쪽 | 16,000원

지치지 않는 뇌 휴식법
이시카와 요시키 저
188쪽 | 12,800원

지능형홈관리사
김일진, 이의신, 송한춘, 황준호, 장우성 공저
500쪽 | 35,000원

스마트 건설, 스마트 시티, 스마트 홈
김선근 저
436쪽 | 19,500원

e-Test 엑셀 ver.2016
임창인, 조은경, 성대근, 강현권 공저
268쪽 | 17,000원

e-Test 파워포인트 ver.2016
임창인, 권영희, 성대근, 강현권 공저
206쪽 | 15,000원

e-Test 한글 ver.2016
임창인, 이권일, 성대근, 강현권 공저
198쪽 | 13,000원

e-Test 엑셀 2010(영문판)
Daegeun-Seong
188쪽 | 25,000원

e-Test 한글+엑셀+파워포인트
성대근, 유재휘, 강현권 공저
412쪽 | 28,000원

재미있고 쉽게 배우는 포토샵 CC2020
이영주 저
320쪽 | 23,000원

건축기사 실기 (전 3권)

한규대, 김형중, 안광호, 이병억
1,708쪽 | 53,000원

건축기사 실기(The Bible) (전 2권)

안광호, 백종엽, 이병억
1,000쪽 | 41,000원

※ 구입처는 **전국대형서점**에서 구매하실 수 있습니다.